MEASUREMENTS AND CONVERSIONS

Prefixes

deci-	(d)	1/10	0. 1	1×10^{-1}
centi-	(c)	1/100	0. 01	1×10^{-2}
milli-	(m)	1/1000	0. 001	1×10^{-3}
micro-	(μ)	1/1, 000, 000	0. 000001	1×10^{-6}
nano-	(n)	1/1, 000, 000, 000	0. 000000001	1×10^{-9}
pico-	(p)	1/1, 000, 000, 000, 000	0. 000000000001	1×10^{-12}
kilo-	(k)		1, 000	1×10^{3}

Metric system

1 meter (m) = 100 centimeters (cm) = 1, 000 millimeters (mm) = 39. 37 inches

1 centimeter (cm) = 10 millimeters (mm) = 0. 01 meters (m)

1 millimeter (mm) = 1, 000 micrometers (μm ; also called micron, μ)

1 μm = 10^{-6} m

1 angstrom (Å) = 1/10, 000 micrometer = 1×10^{-7} millimeters

1 liter (L) = 1, 000 milliliters (mL)

1 deciliter (dL) = 100 milliliters (mL) = 0. 1 liters (L)

1 cubic centimeter (cc)' = 1 milliliter (mL)

1 milliliter (mL) = 1, 000 microliters (μL) = 0. 03 fluid ounces

1 fluid ounce = 30 milliliters

1 gallon = 3. 79 liters

1 quart = 0. 95 liter or 32 fluid ounces

1 kilogram (kg) = 1, 000 grams (g)

1 gram (g) = 1, 000 milligrams (mg)

1 milligram = 1, 000 micrograms (μg)

Conversions

1 yard (yd) = 0. 92 meters	1 meter = 1. 09 yards
1 inch (in) = 2. 54 centimeters	1 centimeter = 0. 39 inches
1 liquid quart (qt) = 946 milliliters	1 liter = 1. 05 liquid quarts

1 fluid ounce (oz) = 8 fluid drams = 29. 57 milliliters (mL) = 28 grams (g)
1 pound (lb) = 453. 6 grams = 16 ounces   1 kilogram = 2. 2 pounds

International Units (IU)

To convert IU to :

- μg RE, divide by 3. 33 for retinol and by 10 for betacarotene
- μg vitamin D, divide by 40 or multiply by 0. 025
- mg α-TE, divide by 1. 5

Temperature

Freezing = 0 degrees   Celsius (℃) = 32 degrees   Fahrenheit (°F) = 273 degrees Kelvin (K)

To convert degrees Celsius (℃) to degrees Fahrenheit (°F) : (℃×9/5) + 32

To convert degrees Fahrenheit (°F) to degrees Celsius (℃) : (°F − 32)×5/9

Normal values of blood components

Substance or parameter	Normal range	Measured in
Calcium (Ca^{2+})	4. 3 − 5. 3 meq / L	Serum
Chloride (Cl^-)	100 − 108 meq / L	Serum
Potassium (K^+)	3. 5 − 5. 0 meq / L	Serum
Sodium (Na^+)	135 − 145 meq / L	Serum
pH	7. 35 − 7. 45	Whole blood
Po_2	75 − 100 mm Hg	Arterial blood
Pco_2	35 − 45 mm Hg	Arterial blood
Osmolality	280 − 296 mosmol / kg water	Serum
Glucose, fasting	70 − 110 mg / dL	Plasma
Creatinine	0. 6 − 1. 5 mg / dL	Serum
Protein, total	6. 0 − 8. 0 g / dL	Serum

Modified from W. F. Ganong, Review of Medical Physiology, Appleton & Lange, Norwalk, 1995.

Nutritional Physiology

[제 3개정판]

NEW 영양생리학

강남이 / 권순형 / 김경민 / 김순미 / 정혜경 / 조미숙

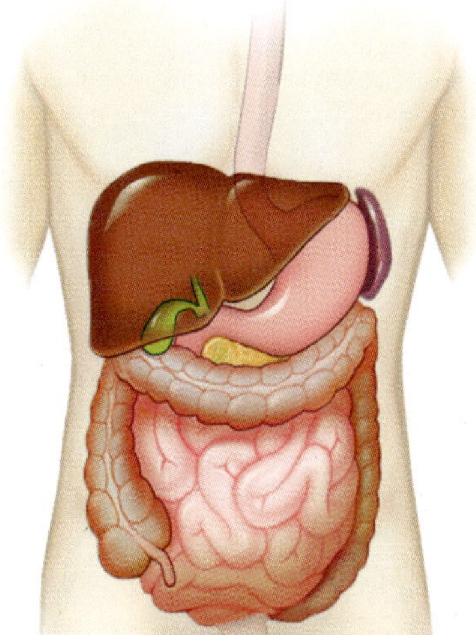

지구문화사
JIGU PUBLISHING Co.

머 리 말

생리학이란, "내 몸이 어떠한 기관으로 구성되어 있으며, 이 여러 기관들이 어떤 기능을 가지고 또 다른 기관과 어떤 보완관계를 이루어 나아가고 있는지?"를 익히고 연구하는 학문입니다.

또 영양생리학은 "이 기관들이 활동하는 데 있어서 필요로 하는 것은 무엇이며, 대사과정을 통해 인체에 어떠한 영양을 공급하는가?"를 연구하는 학문입니다.

이처럼 영양생리학은 건강한 삶을 살아가는 데 있어서 꼭 알아야 할 필수 요소들을 다루고 있습니다. 따라서 최근에는 이 분야의 서적과 방송 등 정보를 다루는 기회가 늘어나 어린이들을 대상으로 하는 프로그램도 많이 생겼습니다.

이 책은 오랫동안 영양생리학을 연구하고, 강의해 온 교수들이, 대학생과 일반인들이 좀 더 폭넓게, 그리고 쉽게 이해할 수 있도록 '체크 포인트'를 통해 관련 전문용어 해설과 질병과의 관계 등을 다루었으며, 판을 거듭하는 동안 새로운 정보 등의 보완을 통해 영양생리학의 모든 내용을 망라함으로써 〈영양사〉는 물론, 〈임상영양사〉까지 대비할 수 있도록 엮었습니다.

앞으로도 보완과 교정에 최선을 다해 어디에 내놓아도 손색없는 교재가 되도록 노력하겠습니다. 모쪼록 선배·동료 교수님들의 지도와 편달을 부탁드리며, 아울러 독자 여러분의 건강 지침서가 되었으면 하는 바램입니다.

끝으로 이 책이 햇빛을 볼 수 있도록 애써주신 지구문화사 임직원 여러분들에게 심심한 감사의 말씀을 드립니다.

정유년 새 봄에

필자 대표

차 례

Chapter 4 신경전달

Chapter 5 근 육

Chapter 6 골 격 계

Chapter 7 혈액과 면역

Chapter 8 심장과 혈관

Chapter 9 호 흡

Chapter 10 소화와 흡수

Chapter 11 신 장

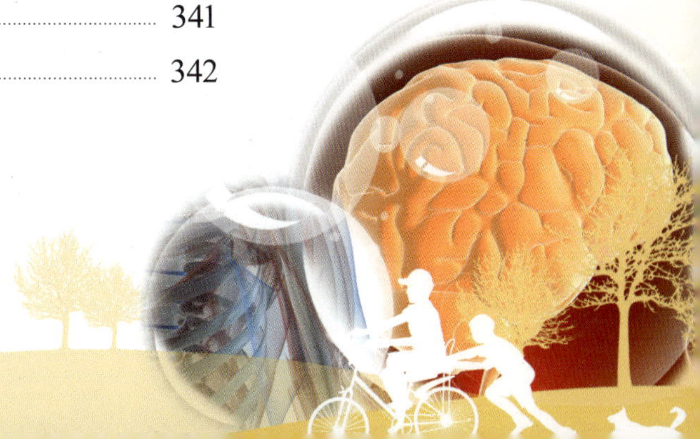

Chapter 12 뇌와 신경

Chapter 13 내분비 호르몬

Chapter 14 감 각

Chapter 15 생 식

Chapter 16 운동생리

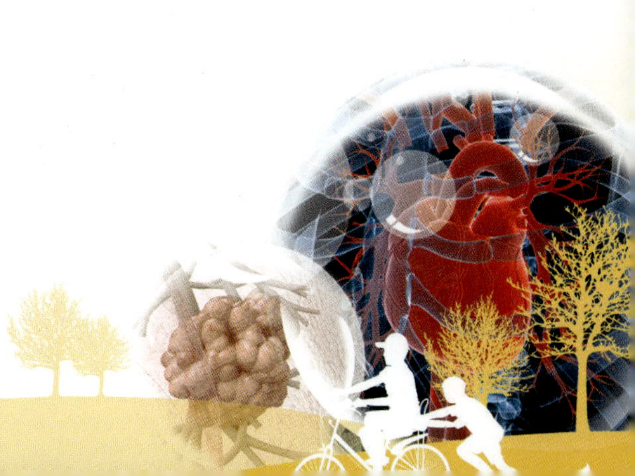

NUTRITIONAL PHYSIOLOGY

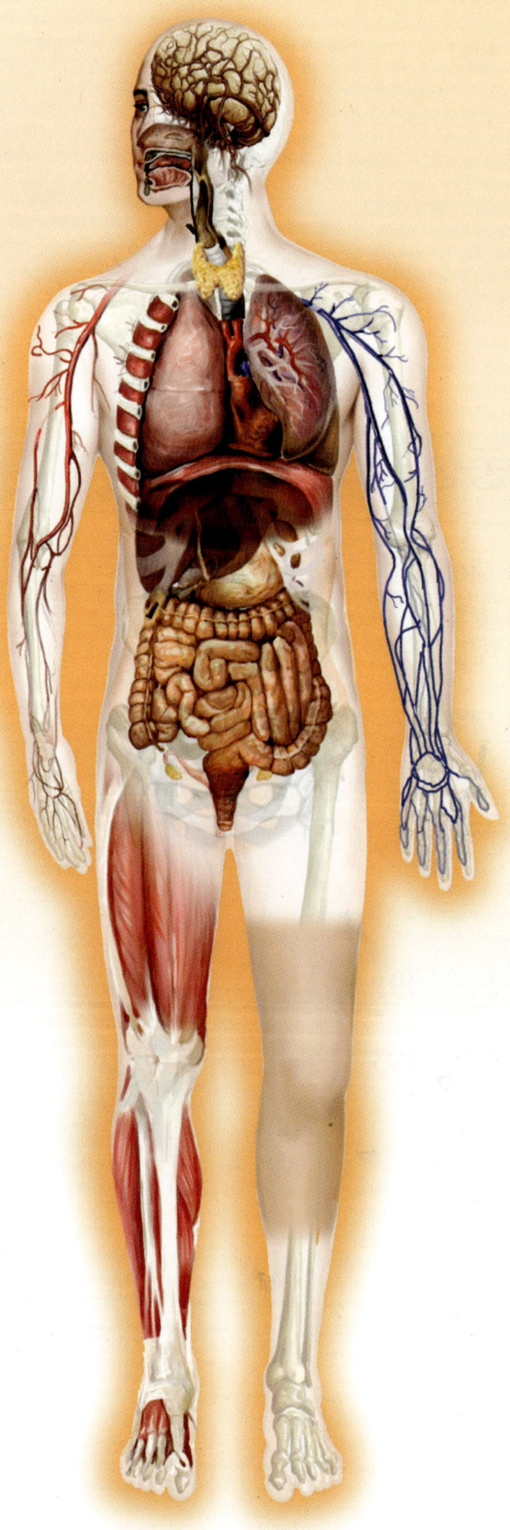

Chapter

1. 생리학의 개요

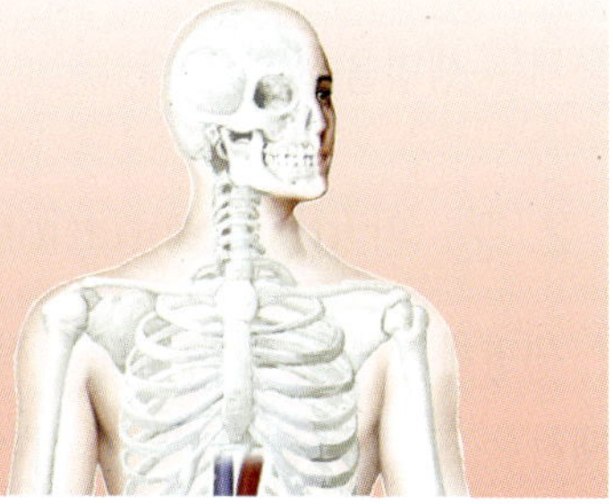

생리학(physiology)이란 용어는 라틴어에서 유래된 것으로 'physio-' 는 자연(nature), 본질, '-logy' 는 학문이라는 의미를 담고 있다. 따라서 생리학은 자연을 공부하는 학문으로서 생명현상이 유지되고 있는 원리를 탐구하는 학문이다. 생리학은 각 생물체의 기본 단위인 세포로부터 조직, 기관의 각 기능과 이들로 이루어진 시스템이 어떻게 유기적인 상호관계를 가지고 있는지 그 기전(mechanism)을 통해 생명현상을 이해하는 것을 목적으로 한다.

인체 또는 의학생리학(human or medical physiology)은 화학·물리학·생화학의 기초과학을 바탕으로 인체를 구성하는 세포·조직·기관의 구조와 기능, 유기적인 상호관계에 관해 다루는 학문 분야라고 할 수 있다.

영양학(nutrition)은 생명체가 외부의 고분자에너지 물질인 영양소를 통해 에너지를 생성하고 생명을 유지하는 기전을 탐구하는 학문 분야로서 인체생리학에 대한 전반적인 이해가 필수적이다. 영양생리학에서는 인체생리학을 바탕으로 영양소 대사가 인체의 어느 장소에서 어떻게 진행되는지, 인체 각 기관의 기능과 조절이 어떻게 이루어지는지 연결하여 공부하게 되므로 영양학과 관련된 인체의 생리적 기전을 이해하는데 도움이 될 것이다.

1-1 생명체의 특성

1. 신진대사(metabolism)

모든 생명체는 살아 있는 동안 끊임없이 수행되는 화학반응을 통하여 체내외로 물질의 출입이 일어나고, 영양분을 흡수해서 생활에 필요한 에너지를 얻으며, 삶을 영위하는 대사활동을 수행한다. 그러므로 이 활동이 중지되면 생물체는 생명을 잃게 된다.

2. 분 화(differentiation)

생명체는 기본적으로 매우 정교하고 복잡한 체제를 하고 있다. 지구상에 존재하는 모든 생물은 비록 그것이 박테리아나 아메바처럼 단세포성이고, 현미경적인 크기를 가진 것들이라도 하나의 원형질덩어리 안에서 고도로 분화된 체제에 의해 생명현상이 수행되며, 고등생물에서는 고도로 분화된 각 기관에 의해 이뤄진다.

3. 항상성(homeostasis)

생명체는 또한 갖가지 기능을 조절하고 조화롭게 유지할 수 있는 항상성을 지니고 있다.

예를 들어 사람의 체온은 외부 온도의 변화에 관계없이 36.5°C 정도로 일정하게 유지된다. 그 이유는 체온이 높아지면 땀을 흘려 피부로부터의 수분증발을 통하여 체온을 떨어뜨리고, 반대로 체온이 낮아지면 대사활동을 활발히 하여 온몸을 떨어 근육의 수축열을 발생시켜 체온을 높이기 때문이다. 이처럼 항상성은 각종 체온조절기구의 체온을 유지하는 체계로, 개체가 살아 있는 동안에 나타낼 수 있는 고유한 기능이다.

4. 성장과 생식(growth & reproduction)

생물체는 외부로부터 섭취한 물질로 신진대사를 통하여 자신의 몸을 성장시킬 수 있는 능력을 가지며, 충분히 성장한 후에는 생식을 통해서 새로운 개체를 생성한다.

성장은 단세포 생물에서 세포가 커지는 현상과 다세포 생물에서 세포가 분열하여 수가 늘어나서 몸이 커지는 현상 모두를 의미하고, 이들의 기능적 분화까지 포함해서 말하기도 한다. 그러나 많은 경우, 성장은 한계가 있어서 얼마만큼 성장을 하게 되면 그 이상 양적인 성장은 하지 않기도 한다.

생식은 종족을 유지하는 수단이 되며, 개체의 유한한 생명을 다음 세대의 생물을 통하여 계승하는 방법이기도 하다. 생물의 생식방법에는 아메바처럼 분열함으로써 수를 늘리는 것과 같은 무성생식이 있고, 알과 정자가 결합하여 새로운 생명체가 되는 유성생식이 있다.

5. 운동과 반응(movement & response)

생명체는 살아 있다는 사실을 운동과 자극에 대한 반응으로 감지할 수 있다. 동물의 경우에는 이동운동(locomotion)을 나타내어 살아 있음을 보여 주나, 식물의 경우는 창가에 둔 해바라기꽃이 햇빛을 향하는 것과 같은 주화성이나 봉오리가 개화하는 현상 등으로 나타낸다. 현미경을 통해 세포를 관찰하면 살아 있는 세포 내 내용물이 유동하는 현상도 볼 수 있다.

따라서 생명체를 둘러싸고 있는 외부환경으로부터 오는 물리·화학적인 변화뿐만 아니라 체내에서 일어나는 변화도 자극에 포함시킬 수 있으며, 이 때 생명체는 자극에 대한 해를 최소화하는 쪽으로 반응하게 된다.

6. 적 응(adaptation)

생명체는 환경변화에 대응하여 살아남기 위한 한 방안으로 자기 몸의 내부환경을 주위의 환경변화에 점차 조화시키게 된다. 그 결과, 자신이 지니고 있던 고유한 형질들이 필연적으로 변하게 된다. 그러므로 다양한 환경조건에 따라서 여러 가지 모양으로 적응하게 되면 오랜 세월이 지나는 동안에 그 생물이 속한 종족의 특성이 변할 수 있다. 그러한 예로, 다양한 생물들이 과거 지질시대를 거쳐 변화된 적응의 산물로 진화(evolution)된 것을 들 수 있다.

1-2 생명체의 구성

생명체는 생명력의 유지, 즉 생존 그 자체가 가장 중요하다. 생명을 위하여 인체의 각 부분은 끊임없이 활동하여 내부환경의 항상성을 유지시켜야 하는데, 이를 유지하기 위한 활동의 구조적·기능적 최소단위가 세포이다.

세포는 스스로 생활을 영위하고 생식할 수 있으며, 그 구조나 기능은 매우 복잡하다. 생명체로서 인체는 수많은 세포로 구성되어 그 형태를 유지하고 기능을 수행하도록 적당한 집단을 이루고 있다.

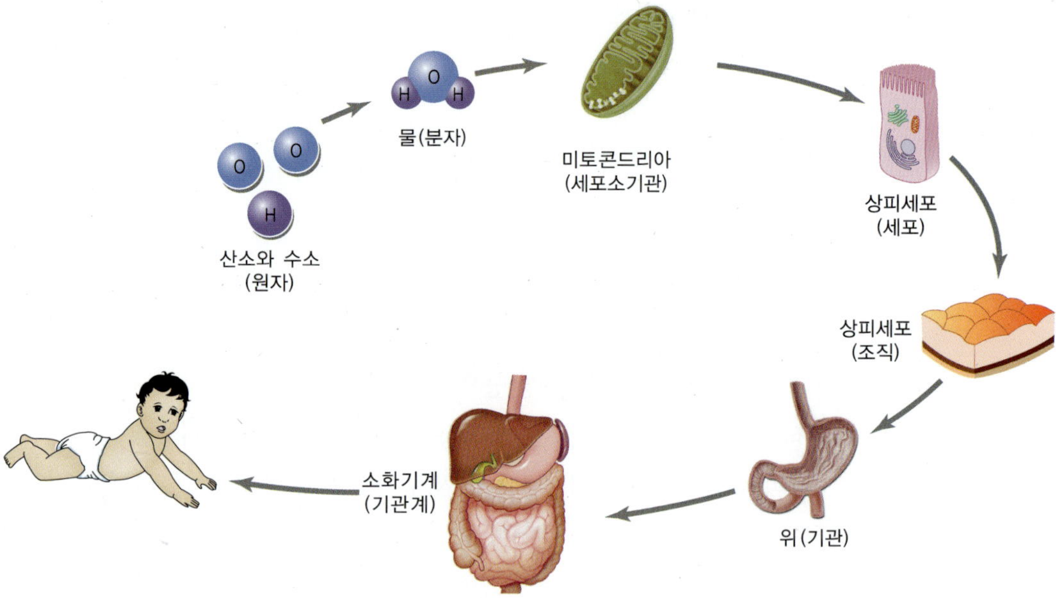

그림 1-1 생명체의 구성

그 구조적 단위는 조직(tissue), 기관(organ) 및 기관계(organ system)의 단계별로 형성된 개체의 구조물이다.

개체 내에서 분화의 방향이 같고 구조와 기능이 비슷한 세포들이 모여서 일정한 규칙에 따라 집단을 이루며 배열되어 있을 때를 **조직**(tissue)이라고 한다. 그리고 이러한 조직이 협동하여 일정한 기능을 이루어 나가는 것을 **기관**(organ)이라고 한다. 또한 기관이 서로 연결하여 일련의 작업을 기능적으로 수행하는 것을 **기관계**(organ system)라고 하며, 이 기관계들은 질서정연하게 배치되어 전체적으로 조화·통일된 개체로서 **생명체**(organism)인 **인체**(human)를 형성한다.

1. 세 포(cell)

세포는 원칙적으로 한 개의 핵을 가진 원형질의 덩어리이며, 세포의 어원은 희랍어의 'room' 이란 뜻에서 왔다. 인체는 약 60~100조의 세포로 구성되어 있으며 세포의 크기나 모양은 일정하지 않다.

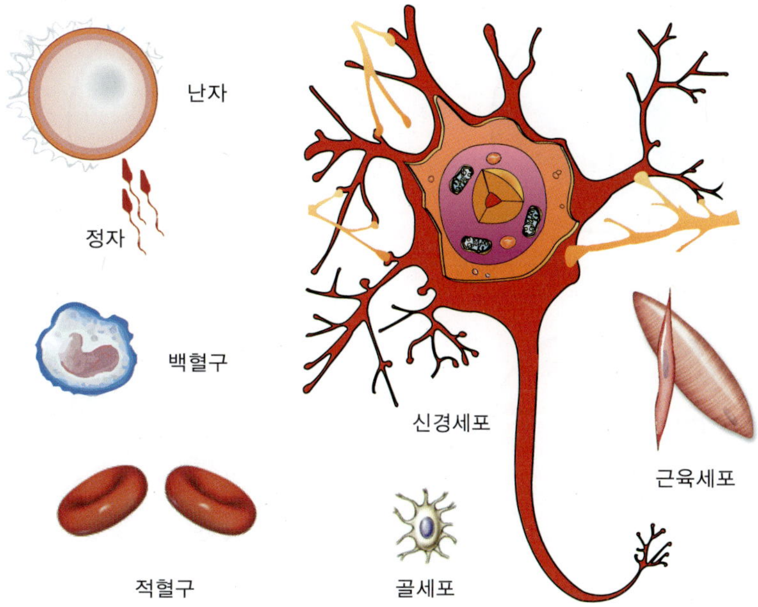

그림 1-2 여러 가지 세포의 모양

가장 큰 세포인 난자는 직경 230μ인 데 비해, 가장 작은 세포는 약 6μ의 크기도 있다. 그리고 신경세포처럼 긴 모양도 있고, 난자처럼 둥글며 큰 모양을 가진 것도 있다.

세포는 **구조적·기능적 기본단위**일 뿐만 아니라 **세포분열의 단위**이며, 유전정보를 전달하는 **유전의 단위**이기도 하다. 또한 형태에 따라 지지세포, 상피세포, 근육세포, 신경세포 등으로 나눌 수 있다.

2. 조 직(tissue)

조직은 동일한 기능을 수행하기 위해 비슷한 형태의 세포들이 집단을 이룬 것으로, 같은 방향으로 분화된 세포와 세포간질로 구성된다. 세포간질은 세포로부터 만들어진 것인데, 세포와 세포 사이에 위치하며, 형태면에서는 세포를 지지해 주고 기능적으로는 세포가 신진대사를 하는 데 필요한 여러 환경을 제공해 준다.

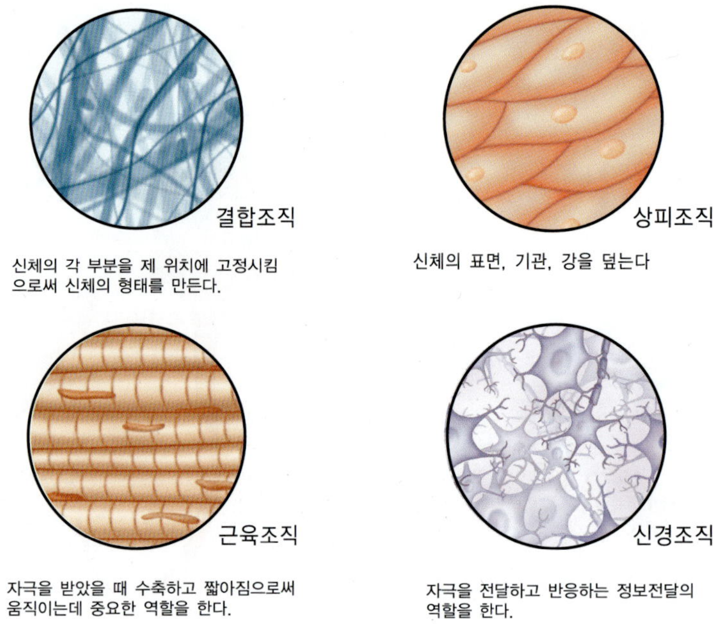

그림 1-3 인체의 여러 조직

세포간질은 교원섬유(collagenous fiber), 탄력섬유(elastic fiber), 세망섬유(reticular fiber)와 기질(ground substance)로 구성된다.

인체의 조직은 상피조직, 지지조직, 근육조직, 신경조직으로 나눌 수 있다.

(1) 상피조직(epithelial tissue)

상피조직은 인체의 외부나 내부에 있는 공간의 표면을 덮는 조직으로 서로 밀착되어 있으며, 세포간질이 거의 없고 세포성분이 압도적으로 많다.

또한 상피조직은 규칙적으로 탈락되고 다시 재생되고 있으며, 손상되더라도 상흔(scar)이 남지 않고 혈관분포가 없는 것이 특징이다.

1) 상피조직의 기능

주기능은 **보호**, **흡수**, **분비**이다. 그 밖에 운반, 배출, 감각 수용 및 방광의 용적변화 등이 있다.

2) 상피조직의 분류

상피조직을 모양에 따라 분류하면 편평상피(squamous epithelium), 입방상피(cuboidal epithelium), 원주상피(columnar epithelium) 및 이행상피(transitional epithelium)로 나눈다.

그리고 배열된 상태에 따라 하나의 세포층으로 구성된 단층상피와 여러 세포층으로 구성된 중층상피(stratified epithelium), 중층처럼 보이지만 단층인 거짓중층상피(pseudostratified epithelium)로 분류한다.

① **단층편평상피**(simple squamous epithelium) : 세포모양은 납작하고 둘레는 매우 얇으며 확산과 여과에 적합하다. 단층편평상피는 심막, 혈관내피, 폐포, 림프관을 구성한다.

② **단층입방상피**(simple cuboidal epithelium) : 짧은 프리즘 모양으로 세포 넓이와 높이가 비슷하여 다각형의 모자이크 같은 표면을 보인다. 단층입방상피는 난소표면, 갑상선소포, 외분비선과 신세뇨관 등의 표피를 구성한다.

③ **단층원주상피**(simple columnar epithelium) : 원주모양의 세포가 빽빽하게 접합되어 위의 내면을 덮고 있는 상피로 분비기능이 있는 세포이다. 단층원주상피는 위와 장의 내부 표면을 구성한다.

④ **중층편평상피**(stratified squamous epithelium) : 중층편평상피는 마찰이나 감염에 대한 보호작용을 한다. 피부, 구강, 식도, 후두, 성대, 항문, 질의 표피조직이 중층상피로 구성되어 있다. 다른 조직과 달리 피부의 표피는 여러 층으로 되어 있어, 조직의 제일 위층이 물고기 비늘 모양으로 각질화되어 계속 떨어져 나간다.

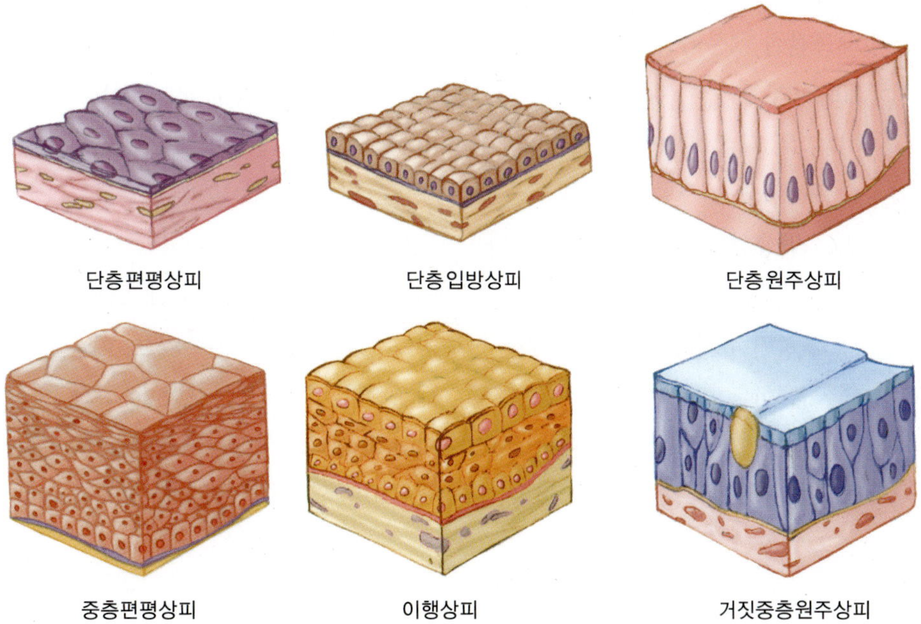

그림 1-4 상피조직의 종류

⑤ 중층입방상피(stratifieds columnar epithelium) : 중층입방상피는 분비기능을 주로 담당하며 땀샘의 분비관이 중층입방상피로 구성되어 있다.

⑥ 거짓중층원주상피(pseudostratified epithelium) : 거짓중층원주상피는 핵의 모양으로는 중층인 것 같으나 실제로는 단층인 상피로 보호·분비작용을 한다. 비강, 기관, 기관지, 요도, 남성 생식기관을 구성하고 있다.

⑦ 이행상피(transitional epithelium) : 기관의 수축 또는 이완상태에 따라 층의 부피가 바뀌어 모양이 변화되는 상피막으로 요관, 방광, 요도의 표피를 구성하고 있다.

⑧ 섬모상피(ciliated epithelium) : 원주상피가 변형된 것으로, 세포표면에 섬모가 있어서 섬모운동을 볼 수 있다.

(2) 지지조직(supporting tissue)

지지조직은 결합조직(결체조직), 연골조직, 골격조직으로 분류된다.

1) 지지조직의 기능

지지(support), 연결(connection), 보호(protection)의 기능이 있다.

2) 지지조직의 분류

① 결합조직(connective tissue) : 조직과 조직 사이를 기계적으로 연결하고 결합시키는 것을 주된 기능으로 하는 조직들을 말한다. 뼈나 기관의 피막, 인대, 힘줄 등을 형성한다. 상피조직과는 달리, 세포성분에 비해서 세포간질 성분이 훨씬 많다. 세포간질의 성분으로는 교원섬유(collagen fiber)와 탄성섬유(elastin fiber)가 있고, 세포형태로 섬유아세포(fibro blast)와 대식세포(macrophage) 및 비만세포(mast cell)가 있다. 이 중 섬유아세포는 가장 많은 세포로 교원섬유를 만들며, 그 밖에 탄력섬유 또는 망상섬유 등을 만들기도 한다.

② 연골조직(cartilage tissue) : 연골은 연골세포(chondrocyte)와 세포간질로 구성되며, 단단하면서도 약간 신축성이 있는 구조로 지주와 보호의 역할을 한다. 연골조직에는 초자연골, 탄성연골, 섬유연골이 있다. 초자연골에는 연골점소(chondromucoid), chondrosulfuric acid이 다량 함유되어 있고, 탄성연골에는 탄성섬유가 많으며, 섬유연골에는 굵은 교원섬유가 많다.

③ 골격조직(bone tissue) : 골은 골세포(osteocyte)와 세포간질로 구성되며, 간질성분은 칼슘염이 침전하여 석회화되어 견고한 성질을 갖는다.

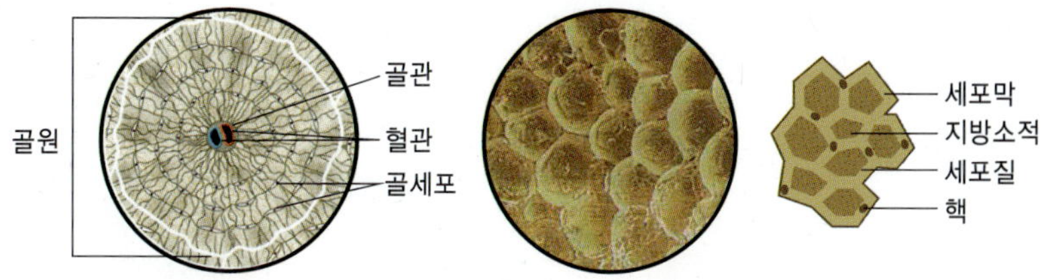

(a) 골기질의 구조 (b) 지방조직의 형태

그림 1-5 골기질의 구조

골격조직은 기질과 교원섬유로 이루어진다. 교원섬유는 규칙적인 배열을 갖고 골층판을 형성하며, 혈관의 통로이고 망상구조인 하버스관(Haversian canal)과 뼈의 표면에 개구된 볼크만관(Volkmann's canal)이 있다.

(3) 근육조직(muscular tissue)

근육조직은 근육세포로 이루어져 있으며, 구조에 따라 가로무늬인 횡문근, 민무늬인 평활근으로 나눈다. 또한 위치에 따라 횡문근을 골격근과 심장근으로, 평활근을 내장근으로 분류한다. 그리고 지배하는 신경계에 따라 골격근을 **수의근**이라고도 하며, 내장근과 심장근을 **불수의근**이라고 한다.

1) 근육조직의 기능

수축과 이완에 의한 **운동**, **자세유지**, **체열방산** 등이 있다.

2) 근육조직의 분류

① **평활근**(smooth muscle) : 내장근이라고도 하며 불수의근이다. 혈관벽들과 위, 장, 자궁 같은 속이 빈 장기의 벽 등 신체 각 부위에서 볼 수 있다.

② **골격근**(skeletal muscle) : 횡문근이며 수의근이다. 조직이 직접·간접적으로 골격과 붙어서 우리 몸을 의사대로 움직이게 한다.

③ **심장근**(cardiac muscle) : 심장에서만 볼 수 있는 독특한 특징이 있으며, 불수의근이다.

(4) 신경조직(nervous tissue)

신경조직은 신체의 내적 혹은 외적 자극을 받아들여서 이를 통합하고, 다시 신체반응으로 연결시켜 주는 회로망으로 흥분성(excitability)과 전도성(conductivity)을 가지며, 신체생리기능을 조절한다.

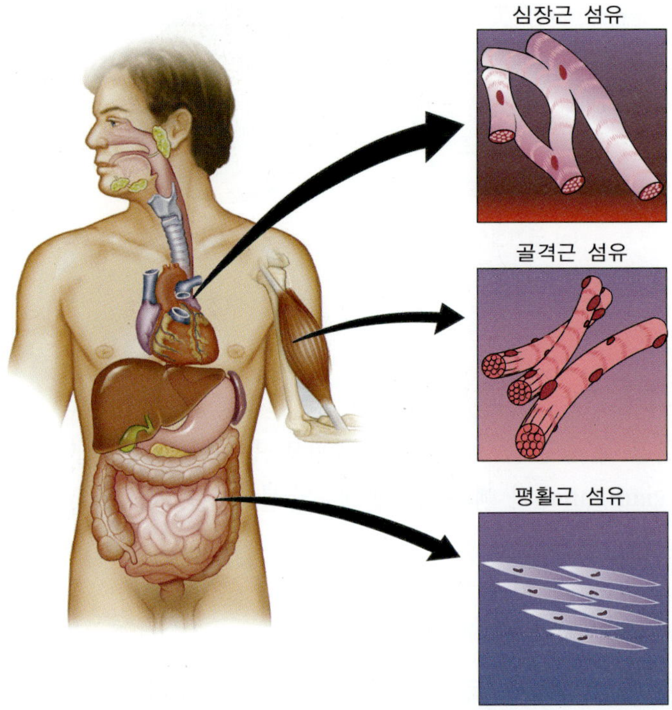

(a) 골격근(횡문근) : 골격근 세포는 실린더 모양의 줄무늬(횡문)가 있는 다핵세포이다.
(b) 심장근(횡문근) : 심장근 세포는 실린더 모양의 줄무늬가 있지만, 단핵세포이고 개재판 (intercalated disc)에 의해 서로 다른 세포와 결합되어 있다.
(c) 내장근(평활근) : 세포 각각의 끝이 가늘게 되고 줄무늬가 없으며 단핵세포이다.

그림 1-6 근육조직의 종류

신경조직의 형태적 또는 기능적 최소단위는 신경세포인 뉴런(Neuron)이고, 신경은 신경세포(neuron)와 신경교(neuroglia)로 구성되어 있다.

3. 기 관(organ)

두 가지 이상의 조직이 모여서 특별한 기능이나 일련의 관련된 기능을 수행하게 된 조직의 집단을 기관(organ)이라고 한다. 예를 들면 위(stomach)는 4가지 기본조직(상피조직, 근육조직, 신경조직, 결합조직)으로 구성되어 음식을 받아서 저장하고, 소화시키며, 다음 과정을 위해 부분적으로 소화된 음식을 이동시키기 위한 목적으로 구성되어 있다. 따라서 몇 가지 활동이 함께 수행되어야 하므로 한 가지 조직만으로는 그 임무를 수행할 수 없다.

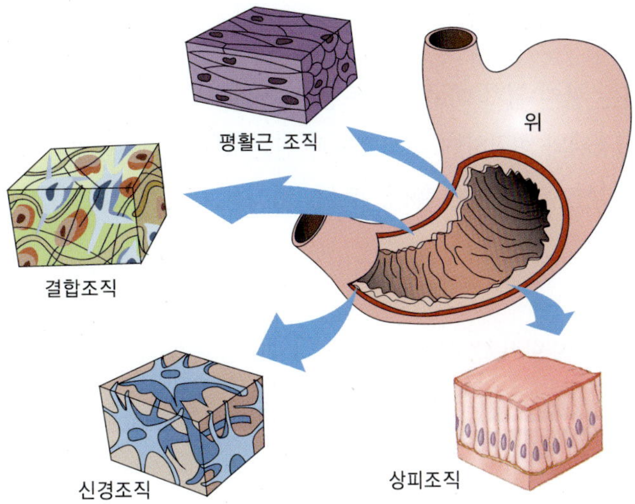

그림 1-7 위(stomach)의 구성 조직

4. 기관계(organ system)

관련된 기능을 적절히 수행하는 데에 협력하는 기관과 다른 구조물들을 기관계라고 한다. 하나의 기관으로 어떤 특정한 기능은 할 수 있지만, 몸의 다른 부분과는 서로 유기적인 관계를 맺을 수 없으므로 기관 하나만으로는 개체의 생명유지에 도움이 되지 못한다.

이를테면 비뇨기계(urinary system)는 콩팥(kidney), 수뇨관(ureters), 방광(urinary bladder), 요도(urethra)로 구성되어 있다. 이 기관들은 혈액으로부터 노폐물을 운반하고 인체로부터 노폐물들을 제거하기 위한 공동목적을 수행하는 기능을 한다.

(1) 피부계(integumentary system)

피부계는 표피계라고도 한다. 주기능은 체온조절과 신체 보호이며, 감염체로부터 우리 몸을 방어해주고 비타민 D를 합성하는 부위이기도 하다. 피부, 머리카락, 손톱, 땀샘, 선(gland)들로 구성되어 있다.

(2) 신경계(nervous system)

신경계는 뇌(brain), 척수(spinal cord), 말초신경(peripheral nerve)들로 구성되어 있다. 주된 기능은 사고과정, 근육이나 여러 선의 의식적 또는 무의식적 작용을 조절하는 것이다.

(3) 내분비계(endocrine system)

내분비계는 관이 없기 때문에 호르몬을 생성해서 혈액을 통해 공급한다. 내분비계는 신경계와 협력하여 신체활동과 신진대사를 조절한다. 내분비계는 **뇌하수체, 갑상선, 부갑상선, 췌장, 부신, 생식선, 흉선** 등의 내분비선으로 구성되어 있다.

(4) 골격계(skeletal system)

골격계는 206개의 뼈로 인체골격을 이룬다. 신체운동을 하게 하는 중요부분으로 뼈, 연골, 관절이 구성되어 있다. 주요기능은 인체의 **지주역할**(support)이고, 내장을 보호한다. 혈구 생성부위(골수)에서의 **조혈기능** 및 칼슘대사와 밀접한 관계가 있다.

(5) 근육계(muscular system)

근육계는 근육이 뼈에 견고하게 붙어 있게 하는 건(tendon)이라는 흰색의 결합조직으로 이루어져 있다. 신경자극을 통해 근육이 수축되고, 그때 발생하는 장력에 의해 뼈를 움직이게 한다. **골격근, 내장근, 심장근**으로 분류되어 있다.

(6) 순환계(circulatory system)

순환계는 심장, 혈액, 혈관으로 구성되어 심혈관계(cardiovascular system)라고도 한다. 심장의 펌프운동(pumping action)에 의해 혈액을 온몸으로 순환시킨다. 즉, 혈액은 대정맥이 우심방을 통해 우심실에서 나와 폐동맥이 되어 폐로 보내져서 이산화탄소를 버리고 산소를 얻은 후, 다시 폐정맥이 되어 좌심방으로 들어와 좌심실에서 박출된 대동맥을 온몸으로 순환시킨다. 혈액은 모세혈관을 통해 필요한 **산소, 영양소, 호르몬, 효소** 등을 운반해 주는 역할을 담당한다.

(7) 면역계(immune system)

면역계는 골수, 비장, 편도선과 림프액, 림프관, 림프절 등 여러 가지 **림프기관**(lymphoid organ)으로 구성되어 있으며 우리 몸의 방어 역할을 담당한다.

> *Guide*
> **면역계**
> 림프계(lymphatic system)라고도 한다.

(8) 호흡기계(respiratory system)

호흡기계는 **허파**, **기도**(코, 인두, 기관지), **늑간근**, **횡격막** 등으로 구성되어 있다. 주기능은 허파꽈리(폐포)와 혈액 사이의 가스교환($CO_2 \leftrightarrow O_2$)이다.

(9) 비뇨기계(urinary system)

비뇨기계는 **배설계**(excretory system)라고도 한다. **콩팥**, **수뇨관**, **방광**, **요도**로 구성되어 있다. 혈액 중 몸에 필요한 성분은 체내에 머물게 하고, 노폐물은 수용성 폐기물로 배설시키며, 체액의 삼투압을 조절하여 체액의 산과 알칼리가 균형을 이루게 하는 것이 주기능이다.

(10) 소화기계(digestive system)

소화기계는 입, 위, 장과 타액선, 간, 췌장의 소화부속기관으로 구성되어 있으며, 주기능은 섭취한 음식물을 분해하여 **소화**, **흡수**, **배설**하는 역할이다.

음식물이 위, 장, 침샘, 췌장, 간으로부터 분비되는 소화액에 포함된 효소에 의해 포도당과 아미노산, 글리세롤과 지방산으로 분해되어야 이들 영양소가 흡수되어 혈액으로 들어간다. 그리고 온몸을 순환하면서 세포의 복잡한 대사계로 들어가서 산화되어 에너지를 유지시키며, 이 에너지를 이용하여 세포 안에서 생명물질이 합성되기도 한다.

(11) 생식계(reproductive system)

생식계를 구성하는 기관의 구조와 기능이 남녀에 따라 다르다. 생식계는 **난자**, **자궁**, **고환**, **정자** 등으로 구성되어 있다.

표 1-1 기관·기관계의 주요 기능

기관계	주요 기관	주요 기능
피부계	피부, 머리털, 손톱	보호, 체온조절
신경계	뇌, 척수, 신경세포	많은 기관계 조절
내분비계	뇌하수체, 갑상선, 부신	호르몬 분비
골격계	뼈, 연골	운동과 지지
근육계	골격근	골격과 운동
순환계	심장, 혈관, 림프관	혈액과 림프의 이동
면역계	골수, 림프기관	면역반응
호흡기계	폐, 기도	가스교환
비뇨기계	신장, 수뇨관, 요도	혈액량과 구성 조절
소화기계	입, 위, 장, 간, 췌장	음식물 소화와 흡수
생식계	생식소, 생식기	종의 번식

1-3 항 상 성

생명체는 외부나 체내환경이 변하더라도 조절반응을 통해서 내부환경을 항상 일정하게 유지하려는 성질이 있는데 이것을 항상성(homeostasis)이라고 한다. 19C 프랑스 생리학자 베르나르(Claude Bernard)는 생명현상이 일정하게 유지되기 위해서는 외부환경이 변화하더라도 내적 환경의 항상성이 있어야만 한다고 하였다. 또한 세포를 직접 둘러싸고 있는 세포의 내액이 항상성 유지에 가장 중요한 신체성분라는 의미에서 이를 내부환경(internal milieu)이라 불렀고, 항상성은 생리적 생물화학적 과정에 의해서 유지되는 것이라고 설명했다.

그러나 베르나르의 원리는 일정한 수준만을 유지한다는 정적인(static) 개념인 반면, 미국의 생리학자 캐넌(Walter B. Cannon)은 역동적(dynamic) 개념을 포함시켜 항상성 개념을 체온, 혈압, 혈당농도, 수분과 전해질 균형, H^+균형, 근 긴장도, 혈액 내 O_2/CO_2 농도를 유지하려는 생리적 자가조절과정(self-regulation)에도 적용하였다.

1. 항상성의 특징

항상성의 기본 특성은 다음과 같다.

(1) 항상성을 유지하기 위해서 신체는 산소·물·영양소·무기물질 등 필요한 물질을 외부환경에서 구할 수 있어야 하며, 또한 공급된 물질을 생체 내에서 이용할 수 있어야 한다. 즉, 신체 요구도에 따라 필요한 물질을 공급하거나 대체할 수 있는 능력을 가져야 한다.

(2) 항상성은 신체가 통합된 개체로서 기능하며, 손상시에 곧 회복되어야 한다. 예컨대 상해(injury)로부터 신체를 보호하는 기전(예 : 눈 깜박거리기)이나, 손상으로부터 복구하는 기전(예 : 혈관 손상시의 응고기전을 통한 출혈예방)을 말한다.

(3) 항상성 기전은 보상성(compensatory)과 자가조절성(self-regulatory)을 갖는다. 즉, 항상성 기전은 정상에서 벗어난 상태를 교정하여 다시 정상 상태로 회복시키는 역할을 한다. 이를테면 혈액 내 pH와 당·전해질 수치 및 체온의 유지는 모두 항상성 보상기전의 역할이 있다.

그림 1-8 체온유지를 위한 항상성 조절계

또한 항상성의 보상적 성장의 예로, 세포증식의 조절과 기관의 비대를 들 수 있다. 즉, 우리 몸에 병원체가 침입하면 면역기관인 비장(spleen)과 림프기관(lymphoid organ)은 확대되며, 신장(kidney) 중 한쪽이 심한 손상을 받거나 제거되었을 때는 남은 신장이 두 개의 신장역할을 하기 위해 크기가 커지기도 한다.

2. 피드백 조절체계(feedback control system)

어떤 원인에 의한 변화로 결과가 나타나고 그 결과가 다시 원인에 영향을 미치는 현상을 피드백(feedback)이라고 한다. 인체의 항상성은 신경계와 내분비계의 피드백 조절체계에 의해 유지된다. 피드백 기전은 **음성 피드백 기전**(negative feedback system)과 **양성 피드백 기전**(positive feedback system)이 있다. 음성 피드백 기전은 내부환경 변화에 대해 평형을 회복하기 위해 상반된 반응으로 항상성을 유지하는 기전이다.

반면 양성 피드백 기전은 정상에서 벗어난 변화를 수정하지 않고 그 변화를 더욱 강화시키는 기전이다. 양성 피드백 기전의 예는 분만과정을 들 수 있다. 자궁이 수축되면 자궁경부가 확장되고 이때 분비되는 옥시토신은 자궁을 더욱 강하게 수축시켜 자궁경부가 더욱 늘어나게 된다.

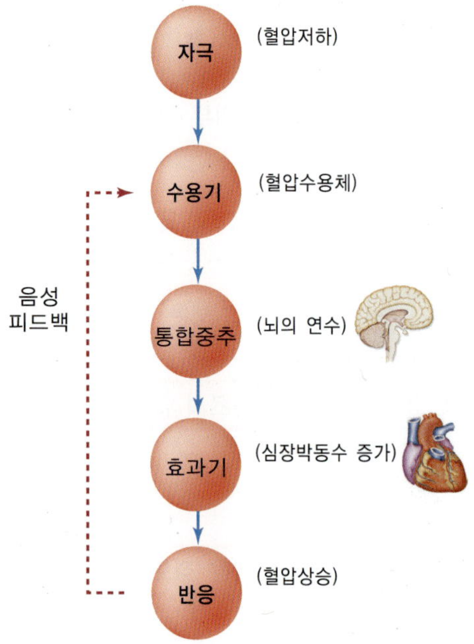

그림 1-9 신경계에 의한 혈압의 조절 경로

(1) 신경계에 의한 조절

뇌, 척수, 감각수용기, 신경 등으로 구성된 신경계는 변화를 감지하는 여러 종류의 감각기를 통해 정보를 받게 된다. 예를 들어 외부의 온도 변화를 감지하면 신경섬유를 통해 신호가 전달되고 근육과 같은 효과기로 신호를 보내 반응이 일어나도록 한다.

(2) 내분비계에 의한 조절

내분비계는 호르몬이라는 화학 전령(chemical messenger)에 의해 정보를 주고 받는다. 즉 외부의 자극이 오면 분비샘으로부터 호르몬이 혈액으로 분비되고 호르몬은 표적기관(target organ)에 있는 수용기와 결합하여 적절한 반응이 시작되도록 한다. 내분비계는 신경계보다 자극에 대한 반응이 느리다.

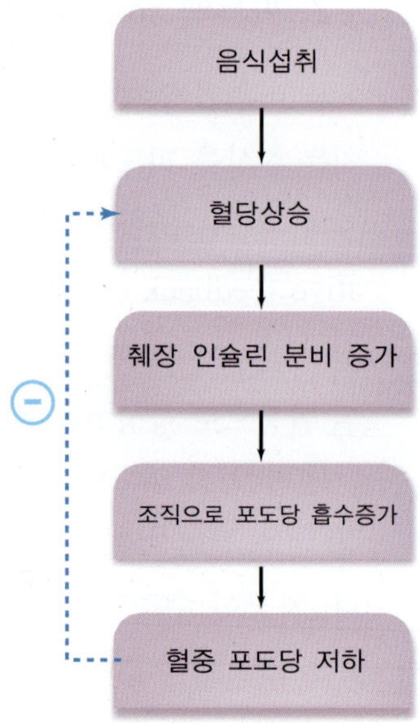

그림 1-10 인슐린 분비의 음성 피드백 조절

check point

세균, 바이러스, 프리온

바이러스와 세균은 전혀 다르다. 세균은 세포로 이루어진 생명체라고 할 수 있으나 바이러스는 '핵산을 가진 단백질 덩어리' 라고 할 수 있으며 생물과 무생물의 중간쯤 되는 존재이다. 항생물질(antibiotics)은 인간세포와 달리 세균의 세포에만 존재하는 세포벽을 파괴하여 세균을 없애기 때문에 세포벽이 없는 바이러스에는 효과가 없다.

항생제인 페니실린은 바로 세포벽을 만들지 못하도록 하는 약물이다. '감기' 는 바이러스에 의한 감염이므로 항생제로는 큰 효과를 보기 힘들다. 또한 '광우병' 이라 불리는 질병은 이상 프리온이 원인이다.

'프리온(prion)' 은 원래 신경세포에 다량 함유된 평범한 단백질인데 정상 프리온에서 구조가 달라진 이상 프리온은 근처의 정상 프리온을 이상 프리온으로 바꾸게 된다.

증식된 이상 프리온은 세포 내에 축적되어 세포의 정상적인 대사를 방해하여 신경세포를 손상시킨다. 따라서 세균, 바이러스, 프리온까지 인류를 위협하는 적에 대항하여 과학자들의 끊임없는 연구가 진행되고 있다.

Chapter

2. 세포와 물질이동

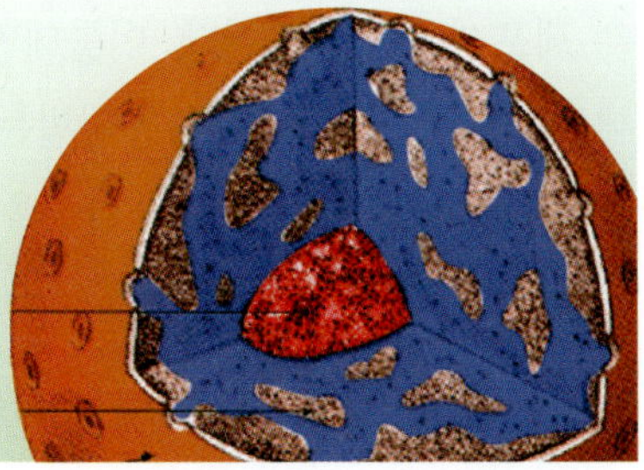

세포(cell)는 살아가는 모든 유기체를 구성하는 구조적이고 기능적인 기본 단위로, '생명을 가진 가장 작은 단위(basic living unit)' 라고 할 수 있다. 하나의 생물체(living organism)는 각기 다른 기능을 가진 여러 기관(organ)의 집합체이며, 각 기관은 또한 같은 기능을 가지고 있는 몇몇 조직(tissue)으로 이루어졌고, 각 조직은 동질성을 갖는 여러 개의 세포(cell)가 모여서 이루어진 것이다.

생물체의 모든 기능은 항상성(homeostasis)을 유지하고, 생활환경의 변화에 대한 각종 자극을 받아들이고 이에 대한 반응을 하게 된다.

2-1 세포의 특성

세포(cell)의 어원은 희랍어의 'room' 에서 왔다. 세포를 중심으로 볼 때 사람의 내적 환경은 체액과 같은 액체라고 볼 수 있고, 사람의 외적 환경은 공기라고 할 수 있다. 세포는 액체로 되어 있거나 액체에 잠겨 있으며, 액체와 접촉되지 않은 것은 죽은 세포(예: 손톱, 머리카락)로 보게 된다. 또한 액체인 체액(세포외액, ECF)의 물질 농도는 항상 머리끝부터 발끝까지 일정해야 하고, 이러한 농도에 변화가 있으면 몸에 이상이 있다는 증거이다. **단세포생물**의 경우, 세포의 기능(영양소 섭취, 대사, 제거)을 모두 독립적으로 수행하며, 외부환경에 직접적인 영향을 받으므로 분화나 발달이 다세포생물보다 미숙하다.

고등동물일수록 세포는 고도로 발달되어 세포마다 기능이 다르고 분화되어 전문화 된 기능을 갖추는 세포의 특수화를 보여 준다. 그러나 **다세포생물**은 세포끼리 의존적이다. 이를테면 골격세포는 호흡을 못하지만 허파와 혈액세포의 도움으로 산소를 공급받는다. 또한 외부환경에 적응하기 위하여 추우면 몸을 떨거나 하여 내적 환경을 스스로 조절해서 직접적인 영향을 받지 않도록 할 수 있다.

세균과 같은 하등생물체는 DNA와 같은 유전물질을 싸고 있는 핵막과 미토콘드리아 같은 세포 소기관이 없으므로 원핵세포(prokaryotic cell)라고 한다. 그에 비하여 고등 생물체에서와 같이 핵막과 세포 소기관이 발달한 세포들을 **진핵세포**(eukaryotic cell)라고 한다. 일반적으로 진핵세포(직경 10~100μm)가 원핵세포(1~10μm)보다 그 크기가 크다.

2-2 세포의 구조와 기능

세포의 크기는 다양하며(사람의 경우), 대개 10~30μm이다.

Guide
1μm=10^{-3}mm

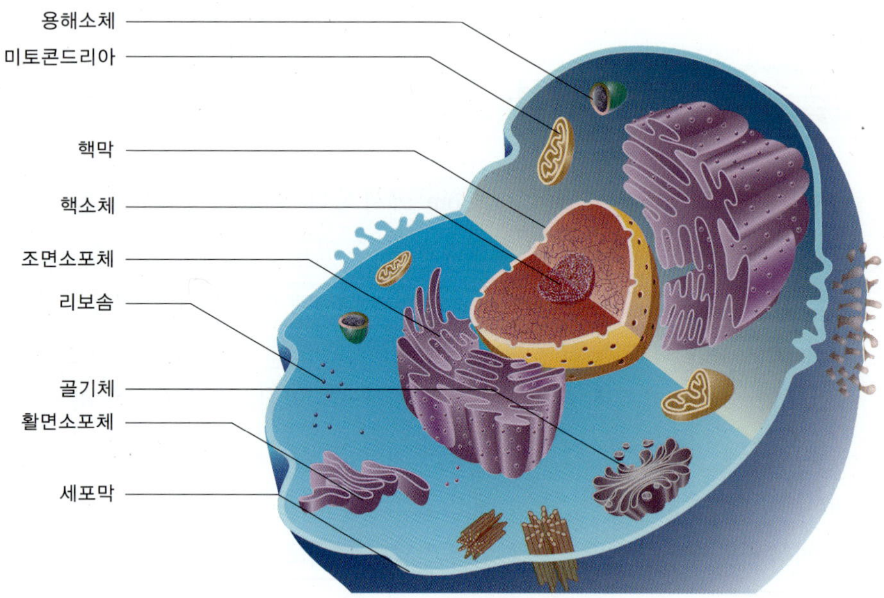

그림 2-1 인체세포의 구조

가장 큰 세포인 난세포는 직경 230μ이며, 가장 작은 것은 약 6μ 크기인 것도 있다. 세균의 형태는 매우 단순하여 구형·간형·나선형 등이며, 크기는 직경 0.5~1μm 정도이고, 나선형인 것은 500μm 정도로 긴 것도 있다. 한편, 세포는 아니지만 세포 안에 침입하여 증식하는 바이러스(virus)는 0.1μm보다 작기 때문에 전자현미경으로만 그 형태를 관찰할 수 있다.

사람의 세포 수는 10^{14}개 정도이나 세포의 종류에 따라 세포의 수명, 재생능력이 다르고, 세포는 계속 생성되고 소멸된다. 예컨대 장점막세포와 같이 대략 5일 정도의 수명을 갖고 재생되는 세포가 있는 반면, 간세포처럼 다치거나 수술로 절제해야 비로소 재생되는 경우도 있고, 뇌세포와 같이 영구재생이 힘든 경우도 있다.

세포의 모양도 기능에 따라 다르다. 즉, 근육세포와 같이 수축이나 이완을 주기능으로 하는 세포는 막대모양으로 길며, 지방저장기능을 맡아서 하는 세포는 그 기능을 위해 속이 텅 비어 있고, 영양소 흡수기능을 맡은 장세포는 융털돌기(융모, villi)에 의해 주름을 많이 만들어서 표면적을 넓히고 있다.

표 2-1 세포 내 소기관들(organelles)과 그 기능

소 기 관	기 능
세포막(plasma membrane)	세포 내외의 물질의 이동을 조절하는 세포의 바깥 경계 : 세포 내 연락체계의 부분
핵(nucleus)	단백질 합성을 조절함으로써 세포활동을 규제하는 유전물질(DNA)을 함유한다.
핵소체(nucleolus)	핵에서 리보솜을 합성하는 부분
리보솜(ribosome)	단백질 합성장소
소포체(endoplasmic reticulum:ER)	조면소포체(Rough ER : 리보솜이 있는 것)는 단백질 합성부위이고 활면소포체(Smooth ER : 리보솜이 없는 것)는 지방 합성부위이다.
골지체(Golgi apparatus)	고분자물질의 합성, 운반, 분비(저장고 기능)
분비액포(secretory vesicle)	세포 내에서 생산된 물질을 세포막으로 운반하며 세포 외부로 분비하게 되는 물질
리소좀(용해소체,lysosome)	세포 내에 들어온 물질을 소화하는 효소를 함유한다.
미토콘드리아(mitochondria)	ATP 합성장소
섬모(cilia)	세포표면 위로 물질을 이동시킨다.
편모(flagella)	세포(정자)의 추진운동에 관여한다.
미세소관(microtubule)	세포표면부위를 증가시켜 물질의 흡수 및 분비를 증진시킨다. 세포 내 소기관 이동 시에 도움을 준다.

2-3 세 포 막

1. 세포막 구성성분

세포막(plasma membrane, cell membrane)은 탄력성이 있는 얇은 막으로 일명 단위막(unit membrane)이라고도 한다. 세포막의 전자현미경적 구조를 살펴보면 동물세포막의 두께는 약 75~100Å(10^{-10}m)로 세포내용물인 세포질(cytoplasm)을 둘러싸고 지탱해 주며, 세포 내외로 움직임을 결정해 주는 선택적인 경계(barrier)이기도 하다. 또한 세포 안의 많은 소기관(organelles)도 세포막의 구조나 기능 면에서 유사한 막을 갖기도 한다.

Guide
Å=10^{-7}mm
=10^{-10}m

세포막을 구성하는 대부분의 분자들은 지질(lipid)과 단백질(protein)이고, 바깥쪽에 탄수화물(carbohydrates)이 부착되어 있다(그림 2-2). 이러한 동물 세포막의 지질은 세 가지 종류, 즉 **인지질**(phospholipid), **당지질**(glycolipid) 및 **콜레스테롤**(cholesterol) 등으로 구성되어 있다.

인지질은 전체 지질량의 약 60~70%를 차지하고 있으며, 생리적인 온도(physiological temperature)에서 반액체 상태(semiliquid state)로 존재한다. 인지질은 콜레스테롤과 함께 두 층(double layer of molecules)으로 구성되었고, **친수성 부분**(머리)과 **소수성 부분**(꼬리)을 둘 다 가지고 있는 **양친매성**(amphiphatic) **물질**이다. 인지질은 이러한 특성으로 미셀(micelle)을 형성할 수 있다. 그러나 세포막에서는 미셀을 형성하지 않고 두 층(bilayer)을 형성하며, 자체가 막히는 성질(self-sealing)을 갖는다.

지용성 물질들은 세포막의 인지질층을 그대로 통과할 수 있다. 그러나 지방에 녹을 수 없는 물질(수용성)들은 세포막에 있는 **구멍**(pore)을 통해 통과하는데, 구멍의 크기는 4~8Å이다.

나머지 25~30%가 콜레스테롤 및 당지질로, **콜레스테롤**의 역할은 물질이 세포막을 지나 이동되는 속도를 결정하는 특성인 유동성(fluidity)을 조절하는 데 있다. **당지질**은 적혈구막에 있는 혈액형을 결정하는 적혈구 응집반응에서 항원(antigen) 역할을 하기도 하고, 세포가 서로 접촉할 때 같은 종류(self)의 세포인지 또는 다른 종류(non-self)의 세포인지를 인식하는 과정에도 관계한다.

단백질은 막의 통로(channel)이자 운반체(carrier) 분자물질이며, 수용체(receptor) 분자, 효소 및 구조적 지지물의 기능을 한다.

세포막의 지질층과 단백질층의 구성비율은 대개 지질 35%, 단백질 60%, 탄수화물 5%로 구성되어 있다. 그러나 막의 생리적 기능에 따라 그 구성비율이 몇 가지 형태로 구분된다.

신경계의 절연체 역할을 하는 유수신경의 마이엘린초(수초, myelin sheath)의 막 성분은 75%의 지질, 20%의 단백질, 5%의 탄수화물의 구성비를 가진다. 미토콘드리아의 내측막은 25%의 지질 및 탄수화물과 75%의 단백질로 구성되지만 적혈구 막은 50%의 단백질, 43%의 지질 및 8%의 탄수화물로 대략 1 : 1의 구성비를 갖는다.

막의 구성비율과 별도로 막지질을 구성하는 지방산의 종류는 식이(diet)의 영향을 받는 것으로 알려져 있다. 막성분의 지방산의 길이가 길수록, 지방산의 불포화도가 클수록 막 구조의 유동성(fluidity)이 증가하여 막의 투과도(permeability)에 변화를 줌으로써 세포대사에 영향을 미치게 된다고 말한다.

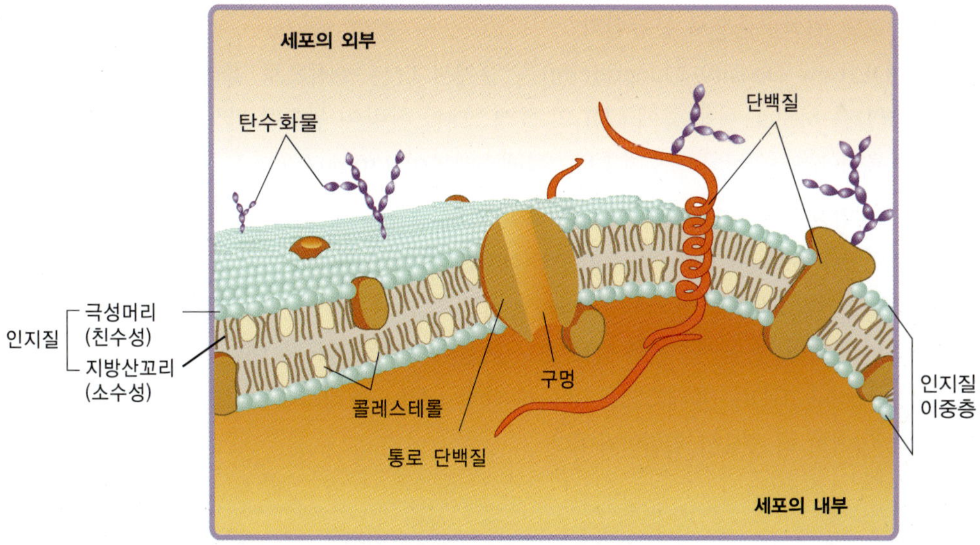

세포막은 콜레스테롤을 포함한 인지질분자의 이중층으로 구성되어 있다. 탄수화물과 부착된 단백질은 인지질층의 바깥표면 위에 있거나 인지질층을 가로질러 뻗어 있다. 단백질은 막의 통로(membrane channels), 운반체 분자(carrier molecules), 수용체 분자(receptor molecules)를 구성할 수 있다.

그림 2-2 세포막 모형(G.L. Nicolson & S.J. Singer)

check point

콜레스테롤과 영양

콜레스테롤은 인지질과 함께 세포막을 구성하는 지질이다. 간, 신장, 뇌 등에 많은 양의 콜레스테롤이 존재하여 세포의 완전성을 부여하므로 세포 크기가 증가하는 유아기와 아동기에는 콜레스테롤의 제한을 심하게 하지 않도록 한다.

또한 에스트로겐, 테스토스테론, 코르티코스테로이드 같은 스테로이드계 호르몬의 전구체로 이용되며, 체내 피부에서 자외선에 의해 합성되는 비타민 D의 전구체인 7-데히드로 콜레스테롤(7-dehydrocholesterol)도 이 콜레스테롤로부터 합성된다.

담즙산 또한 콜레스테롤로부터 생성되고, 유화제로써 지질의 소화와 흡수에 중요한 역할을 한다.

일반적으로 간에서 약 500mg의 콜레스테롤이 합성되고 나머지는 음식으로부터 공급되기 때문에, 식이 중의 콜레스테롤을 제한해도 혈액 내 콜레스테롤의 양을 완전하게 감소시킬 수 없고 약간의 감소효과만 있을 뿐이다. 예컨대 식이 중 콜레스테롤 함량이 100mg 증가한다면 혈액 내의 콜레스테롤은 5mg 증가한다. 혈청 콜레스테롤 농도가 200mg/100mL 이하면 정상, 200~239mg/100mL이면 경계선, 240mg/100mL 이상이면 위험수준으로 분류한다.

LDL(Low Density Lipoproteim)은 간에서 다른 조직으로 콜레스테롤을 운반하는 역할을 하므로 혈액 중에 LDL의 콜레스테롤 함량이 높으면 관상동맥의 벽에 콜레스테롤이 쌓일 위험이 높으며 LDL 콜레스테롤이 130mg/100mL 이상이면 경계선이고, 160mg/100mL 이상이면 위험하다고 본다.

또한 HDL(High Density Lipoprotein)은 조직의 콜레스테롤을 간으로 운반하여 간에서 콜레스테롤을 체외로 내보내게 되므로 동맥경화에 대한 방어효과를 지닌다. 따라서 혈청의 총 콜레스테롤 농도보다 총 콜레스테롤 농도에 대한 HDL-콜레스테롤의 농도비나, HDL-콜레스테롤 농도에 대한 LDL-콜레스테롤의 농도비가 심혈관질환에 있어서 더 중요한 위험인자이다.

2. 세포막의 구조

세포막은 구성하는 인지질과 단백질은 고정되어 있지 않고 유동성을 갖는다. 이러한 세포막의 구조를 유동 모자이크 모형(Fluid mosaic membrane model) 또는 빙산모형(Iceberg model)이라 하며 1972년 니컬슨과 싱어(G.L. Nicolson & S.J. Singer)가 주장하였다(그림 2-2).

이 모형은 단백질의 소수성 부위가 지질층(lipid bilayer)에 깊숙이 들어가서 소수성인 인지질층 꼬리(lipid tail)에 접해 있고, 단백질의 친수성 부위는 친수성인 인지질층 머리(lipid head)에 둘러싸여 막 주위의 용액 내로 돌출됨으로써 마치 빙산(단백질층)이 빙해(지질층)에 둥둥 떠 있는 모양으로 되어 있다. 이때 세포막의 생리적 기능은 그림 2-3과 같이 세포막 내외로 물질이 이동하는 통로인 단백질에 의해 조절된다. 즉, 단백질 중 내재 단백질(integral protein)이 그림 2-3의 d 단백질처럼 지질층(lipid bilayer)보다 길 때 단백질 분자 양단의 친수성 부분 내 **구멍**(pore)이 존재할 것으로 추측하여 수용성 물질이 통과한다고 본다.

이 구조에서 지질층(유동성 있는 얇은 기름막인 인지질·당지질 포함)은 물질투과에 대한 장벽 역할 및 내재단백질의 용매역할을 하고, 지질의 일부분이 단백질과 결합함으로써 그 단백질의 기능을 조절한다.

특이 네 가지 형태의 단백질이 지질층과 결합한 막의 구성분자로 막 내부의 단백질은 한 군데 고정되어 있지 않고 막 내부를 이동한다.

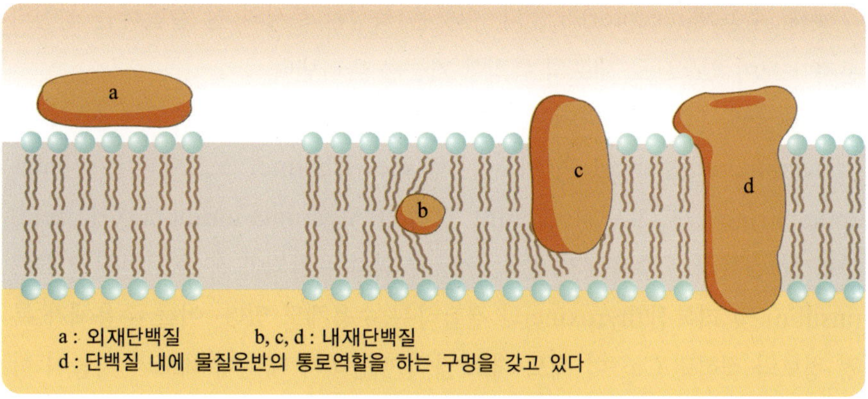

그림 2-3 생체막의 단백질

이 단백질은 막을 따라 종적으로는 이동할 수 있지만 막을 가로질러 이동하거나 회전하지는 못하는 것이 특징이다. 세포막은 지방에 의한 유동성(fluidity), 단백질 덩어리에 의한 유연성(flexibility), 자체가 닫히는 성질(self-sealing)의 특성을 갖는다.

3. 세포막의 기능

세포막의 기능을 요약해 보면 다음과 같다.

첫째, **물질운반 기능**으로 세포막과 세포 내에 있는 구조물에 의해서 지배된다. 즉, 세포막이 세포의 활동에 필요한 모든 정보를 간직하고, 막을 통과하는 물질 운반작용인 확산(diffusion), 여과(filtration), 삼투(osmosis), 능동적 운반(active transport) 및 음세포작용(pinocytosis) 등을 조절하고 있다.

둘째, 세포가 모여서 **조직 및 기관을 형성**한다. 세포와 세포 사이는 느슨한 결합상태를 취하고 있다. 이때 인접한 세포들에 대해 인지(recognition)하는 능력을 세포막이 갖고 있다. 이것은 세포 내의 유전인자에 의해 생산된 단백질이 세포막의 외층에 부착되기 때문이다.

셋째, 세포막에는 여러 가지 **효소**(enzyme)가 있다. 이것은 특별한 화학적 반응을 나타낸다. 이를테면 세포막에 Na^{+}–K^{+}pump를 활성화시키는 ATP 분해효소(adenosine triphosphatase)가 있어서 세포막에 Na^{+}과 K^{+}의 능동적 운반에 관여한다.

넷째, **수용체**(receptor)가 있다. 이곳은 특정한 분자와 잘 결합하는 성질의 분자가 모여 있으므로 세포의 특정한 기능을 나타낸다.

예를 들면, 어떤 세포막에는 신경섬유의 말단 부위에서 방출되는 전달물질(transmitter substance), 즉 아세틸콜린(acetylcholine), 노르에피네프린(norepinephrine), 세로토닌(serotonin) 및 GABA(gamma aminobutyric acid) 등과 잘 결합하는 수용체가 있고, 혈액에 의해 운반되어 온 호르몬인 인슐린(insulin) 및 티록신(thyroxine)과 결합하는 수용체도 있다. 이들 수용체가 특정 정보와 접하면 Ca^{2+}이 세포 내로 많이 이동하기 때문에 세포의 기능이 항진된다.

2-4 세포와 세포의 결합

세포와 세포 사이의 기능적인 결합으로 경결연접(tight junction)과 부착반(desmosome)이 있다. 또한 강화된 구조적 단위를 형성하게 하는 갭연접(gap junction)이라고 부르는 관 형태의 통로가 있어, 서로를 연결해주고 있다.

1. 기능적 결합

세포는 세포끼리 서로 결합하는데, 역학적으로 안정화하기 위한 구조로서 경결연접과 부착반이 있다.

경결연접(tight junction)은 소장상피와 신세뇨관 등에 위치하여 세포막을 하나로 융합하여 세포 사이의 공간을 밀폐시키며 세포막끼리 틈새가 없을 정도로 견고하게 밀착되도록 만든다.

부착반(desmosome)은 외부의 피부세포와 같이 이웃한 세포막 사이를 연결하여 인접한 표피세포들을 하나로 묶어서 용접시키는 역할을 한다.

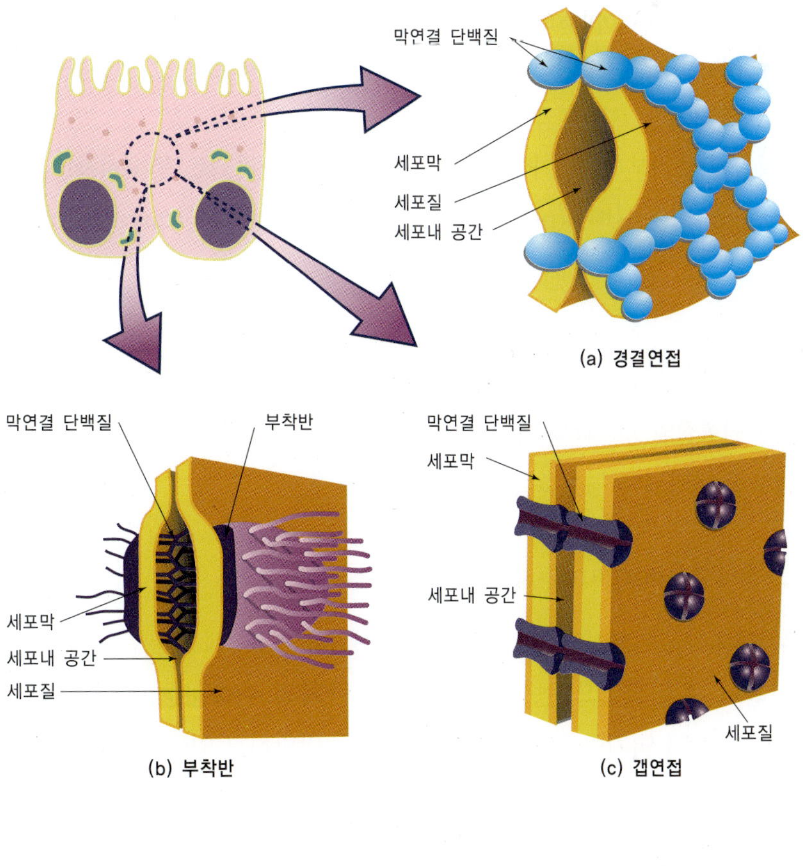

그림 2-4 세포간 연접

2. 갭연접

갭연접(gap junction; nexus)은 심근과 소화관 근육세포에서 주로 볼 수 있으며, 세포 사이의 물질수송 역할을 한다. 갭연접은 이곳에 단백질로 이루어진 직경 2mm의 통로를 많이 가지고 있어서 이온과 영양소(당, 아미노산 및 뉴클레오타이드) 등의 물질이동이 가능한 세포 사이의 관과 같은 통로를 형성시킨다. 따라서 심근과 평활근에서 활동전압의 전달에 기여한다.

또한 세포 내의 생리활성물질과 대사기질의 통로가 되어 세포 내의 Ca^{2+}과 H^{+}농도의 상승으로 갭연접 통로가 폐쇄되기도 하며, 이로 인해 손상된 세포의 영향이 다른 세포에 미치는 것을 방지하는 손상부 회복(healing-over)의 기능을 하기도 한다.

2-5 세포 내의 구성물질

세포 내의 구성물질(component)은 반유동성 액체로 세포를 이루는 모든 물질을 **원형질**(protoplasm)이라고 한다. 원형질은 핵질(nucleoplasm)과 세포질(cytoplasm)로 구성되어 있고, 원형질의 기능은 세포가 그 기능을 수행할 때 최적의 환경을 제공해 주는 데 있다.

원형질에는 기본적인 5가지 물질의 구성성분이 있다. 즉, 물(water), 무기염(inorganic salt), 단백질(protein), 지질(lipid) 및 탄수화물(carbohydrate) 등이다.

1. 물(water)

전체 원형질의 75~85%를 차지하고 있으며, 화학물질을 용해시키고 확산시켜 세포질 내의 수분평형조절을 맡고 있다.

2. 무기염(inorganic salt)

무기염은 +, − 전기를 띤 이온으로 구성되어 있고, 세포막을 중심으로 세포 안팎의 여러 물질의 농도를 유지하며, 근육의 수축운동, 신경정보전달 및 체내의 산과 염기의 균형유지 등의 기능을 담당하고 있다.

대표적인 전해질로는 K^+(potassium), Mg^{2+}(magnesium), P(phosphate), S(sulfate), HCO_3^-(중탄산염; bicarbonate), Na^+(sodium), Cl^-(chloride) 등이 있다. 전해질은 세포 내 원형질의 1.5%에 해당한다.

3. 단백질(protein)

단백질은 세포 내 구조의 기본물질 혹은 기능적 단백질로 존재한다. 원형질의 리보솜에 의해 합성되며, 10~20%를 차지하고 있다. 주로 머리카락이나 세포 내벽과 세포 내액에 존재하며, 효소로서 작용하고 핵단백질로도 존재한다.

4. 지 질(lipid)

지질은 전체 원형질의 2~3%를 차지한다. 주로 세포막(cell membrane)이나 핵막(nuclear membrane), 미토콘드리아(mitochondria), 소포체(endoplasmic reticulum), 각종 장기들의 외형질 등에 가장 많이 들어 있다. 그리고 주요 중성지방(triglyceride)이나 핵지질(nuclear fat), 인지질(phospholipid)이나 콜레스테롤로 존재한다.

주요 기능은 단백질과 결합하여 세포막 내 구멍(pore)을 만들고, 용해물질 사이에 경계를 만들며, 불투과성 물질이 스며들지 않도록 하고, 주요 에너지를 공급하는 역할을 한다.

5. 탄수화물(carbohydrate)

탄수화물은 전체의 약 1%를 차지하며, 세포질 내의 중요한 영양공급원으로 작용한다. 세포 외액에서는 포도당으로 존재하며, 간세포나 골 및 근육세포 내에는 주로 글리코겐으로 존재한다.

또한 원형질의 물리적인 성질은 이러한 단백질·지방·탄수화물 입자의 구성 성분들을 분산상으로 하고 물을 분산매로 한, 마치 콜로이드(colloid)와 같은 상태라고 할 수 있다. 따라서 pH의 변화, 수분증감에 의한 졸(sol, 유동상태) $\rightleftarrows$ 겔(gel, 반유동 상태)의 변환을 볼 수 있다.

2-6 세포 내의 소기관

세포 내에는 미토콘드리아를 비롯하여 소포체, 리보솜, 골지체, 리소좀, 중심체 등의 소기관(organelles)들이 존재한다. 이런 소기관의 **공통적인 특징**은 존재가 영구적이라는 것이다. 대부분 막으로 둘러싸여 있고, 자기 생식(self-reproducing) 능력을 가진다.

각기 형태를 갖춘 특정한 모양을 하고 세포 안의 여러 화학반응을 나눠 가지기 위해 그 존재가 필요하게 되어, 전문화된 작업분할을 위한 진화과정 중에서 세포 내 소기관(cytoplasmic organelles)들이 발생한 것으로 보인다.

1. 핵(nucleus)

핵은 라틴어의 'seed'라는 뜻이며, 세포 내의 모든 일을 조절하는 세포의 사령관 역할을 한다. 적혈구와 혈소판을 제외한 모든 세포에 핵이 존재한다. 대개 세포의 중앙부분에 위치하고 형태는 구형·난원형·방추형으로 다양하며, 핵막이 없는 원핵세포나 핵이 여러 개인 다핵세포도 있다. 핵막은 핵공(nuclear pore)을 가진 이중막으로 되어 있으며, 핵 내는 핵질(nucleoplasm), 핵소체(nucleolus), 염색질(chromatin)로 구성된다(그림 2-5).

핵의 주요기능은 2가지로 나눌 수 있다. 첫째, 세포 내에서 일어나는 모든 일을 조절하는 세포의 조절센터(control center)로서 대사나 증식 및 유전지배 등을 관할하고 세포가 분열할 때 주도적인 역할을 하며, 성장과 분열을 하여 단백질 합성에 관여한다. 둘째, 유전인자의 정보센터(gene activity center)로서 DNA(deoxyribonucleic acid)를 갖고 있다.

핵이 이와 같은 기능을 수행할 수 있는 것은, 세포나 조직의 작용 및 구조상의 특징을 결정짓는 정보가 유전인자(gene) 형태로 들어 있기 때문이다.

이 유전자의 본체는 DNA라는 핵산이다. 이 DNA 사슬이 가지는 유전정보에 따라 특정 단백질이 만들어지고, 이 단백질에 의해 체구성 및 모든 대사의 조절이 가능해진다.

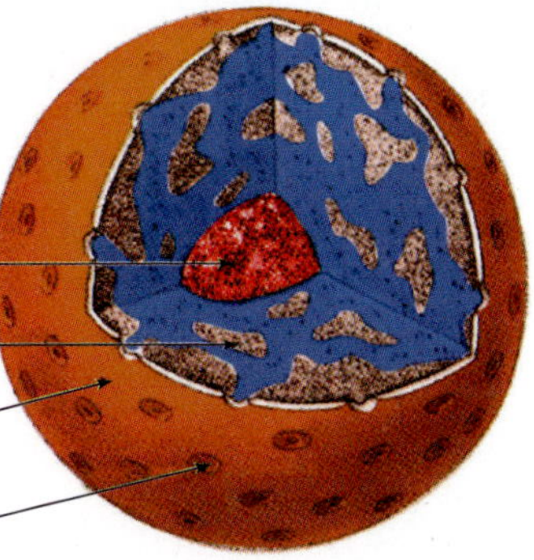

그림 2-5 세포핵의 구조

(1) 핵막(nuclear membrane)

평평한 이중막으로 구성되어 있으며, 핵막의 여러 군데에 70~120nm의 **핵공**(nuclear pore)이 있고, 이 부위를 통해서 핵과 세포질 사이에 물질교환이 이루어진다. 그러나 핵막이 세포막과 다른 점은 구성성분 중 뮤코다당체(mucopolysaccharide)와 같은 탄수화물층이 없으며, 핵공이 세포막의 구멍(pore)보다 크다는 것이다.

(2) 핵소체(핵인, nucleolus)

동물세포는 핵 속에 엷게 염색되는 둥근 모양의 인을 한 개 또는 두 개 가지고 있다. 주로 인은 ribosomal RNA, 즉 단백질 합성인자와 단백질로 구성되며, **인**에는 RNA가 많다. 이 RNA가 세포질 내로 이동하여 단백질 합성에 관여하는 리보솜이 된다. 단백질 합성이 왕성하게 이루어지고 있는 상태에서는 세포의 인이 상당히 커진다.

광학현미경으로 보면 핵질에는 염기성 색소로 진하게 염색되는 그물 모양의 구조가 있고, 전자현미경으로 보면 과립의 연결이 보이는데, 이를 염색질 (염색사, chromatin)이라고 한다.

세포가 증식과정을 수행하기 시작할 때, 과립이 가느다란 실 모양을 한 염색질의 분자가 좀 더 탄탄하게 털실 모양으로 엉켜 있는 상태가 되어, 작은 막대기 모양의 **염색체**(chromosome)로 변형된다.

이 염색질은 단백질(histone)과 핵산의 결합체인 DNA(deoxyribonucleic acid)로 구성되며, 유사 분열시에 염색체로 나타난다. 염색체는 유전인자(gene)가 많고, 유전인자는 세포분열 시에 관여하고 DNA로 구성되어 유전정보를 유전시켜 주는 역할을 한다.

check point

염색체

사람의 세포에 있는 핵에는 23쌍(46개)의 염색체가 있는데, 이 중 22쌍은 상염색체(autosome)이고 1쌍은 성염색체(sex chromosome : XX 또는 XY)이다. 따라서 성숙된 생식세포(난자, 정자)는 23개 염색체만을 함유하고 있다. 이들은 약 500만 개의 유전자에 해당하는 양의 DNA를 갖고 있다.

유전자는 한 DNA 분자의 짧은 토막으로 별개의 유전자 역할을 한다. 이 유전자는 세포의 활동에 필요한 수많은 효소들의 화학적 구조를 결정하는 구실을 하며, 모든 유전자가 동시에 작용하는 것은 아니고 세포의 활동상황에 따라 일정한 순서로 효소 생산의 지시를 내린다.

유전병

염색체의 이상(돌연변이)에 의해서 올 수 있는 대표적인 유전병은 21번째 염색체가 3개인 47개의 염색체를 갖고 있는 다운증후군(Down's syndrome, mongolism), X 염색체 수가 1개인 45개의 염색체를 갖고 있는 터너증후군(Turner's syndrome), 성염색체가 XXY인 47개의 염색체 수를 갖고 있는 클라인펠터증후군(Klinefelter's syndrome) 등이 있다. 이는 사람의 혈액이나 조직을 배양하고, 그 세포분열 중기의 염색체를 촬영함으로써 일정한 순서로 배열한 핵형(karyotype)을 사용하여 유전질환이나 성감별 진단에 이용한다.

핵 산

핵산에 보존되어 있는 유전정보에 따라 세포에서 언제 어떤 단백질을 얼마나 만들어야 하는가를 결정한다. 핵산은 뉴클레오티드가 인산다이에스터(phosphodiester) 결합으로 길게 연결되어 형성된 거대 분자이고, 각 뉴클레오티드는 염기(base), 5탄당, 인산으로 구성되어 있다. 포함된 5탄당이 리보스인 경우에는 리보 뉴클레오티드(ribonucleotide)라고 하며, 이는 다중결합하여 RNA를 형성한다. 그리고 5탄당이 데옥시리보스인 경우에는 데옥시 리보뉴클레오티드(deoxyribonucleotide)라고 하며, DNA를 구성한다.

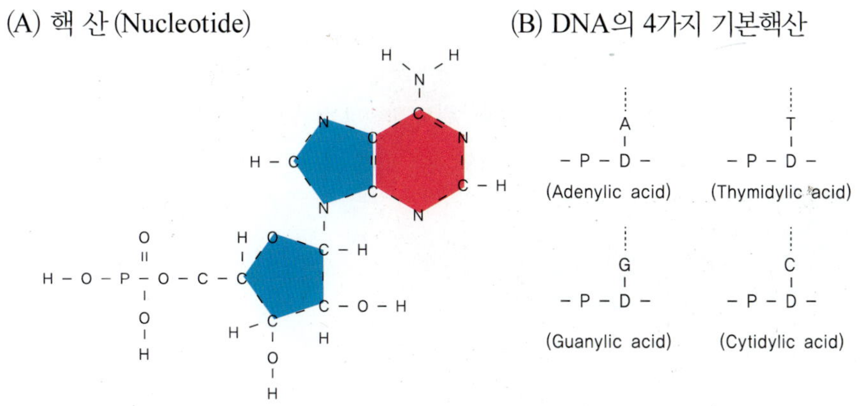

(A : adenine, C : cytosine, D : deoxyribose, G : guanine, P : phyosphoric, T : thymine)

DNA 핵산의 기본구조

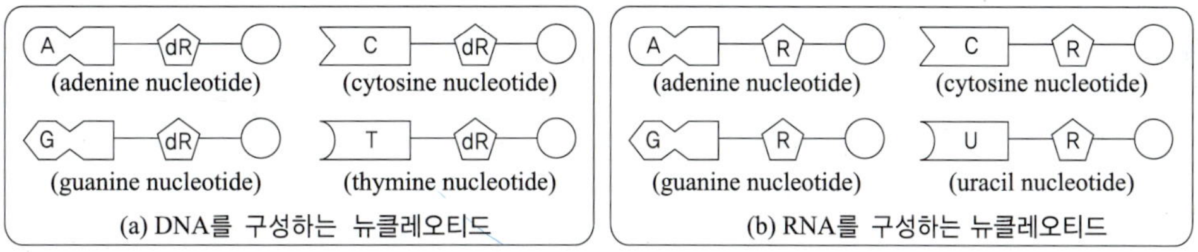

DNA와 RNA를 구성하는 뉴클레오티드

DNA

일명 유전자(gene)라고도 한다. 즉, 핵 속에 주로 존재하며, 핵산염기(nucleotides base)로 구성되어 있다. 다시 염기는 2개로 나뉘는데, 퓨린 염기는 adenine(A)과 guanine(G), 피리미딘 염기는 thymine(T)과 cytosine(C)으로 구성되어 있다.

RNA

3가지 형태의 종류가 있다. 즉, 주로 핵인에 존재하거나 세포질 내에 유전자(gene)를 갖고 단백질 합성에 관여하며 정보를 전달하는 messenger RNA(mRNA), 아미노산과 연결하는 데 관여하는 단백질을 합성하는 transfer RNA(tRNA) 및 펩타이드 연결에 필요한 효소를 주어 아미노산 합성에 관여하는 ribosomal RNA(rRNA)가 있다.

RNA의 기본구조는 DNA와 거의 같으나, 3가지의 다른 구조를 갖고 있다. 즉, DNA의 데옥시리보스가 리보스로, 피리미딘 염기의 thymine이 uracil로 바뀐 것을 들 수 있다. RNA의 기본구조는 인산과 리보스, 그리고 염기로 구성되어 있다.

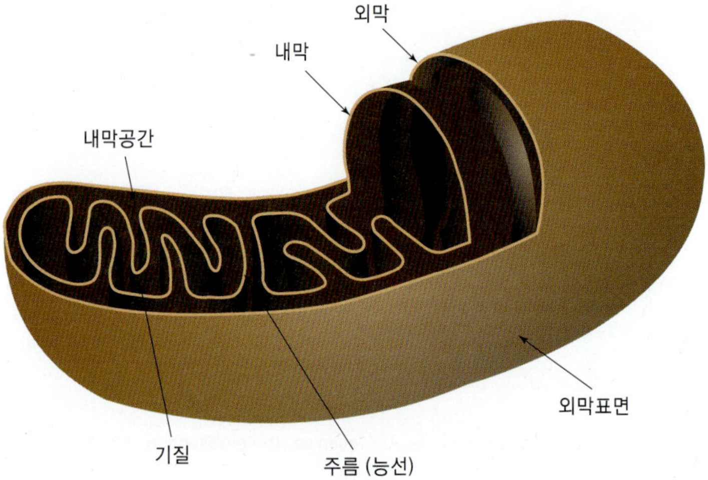

그림 2-6 미토콘드리아의 구조

2. 미토콘드리아(mitochondria)

미토콘드리아는 세포 내의 호흡생리를 담당하며, 이화작용과 동화작용으로 생물체가 생명을 유지하기 위해 가장 필요한 에너지를 생산하는 **세포 내 발전소**와 같은 역할을 한다.

생물체에 쓰여지는 에너지는 ATP라는 물질인데, ATP는 미토콘드리아에서 호흡연쇄 반응을 거쳐 생성된다. 이때 우리가 호흡한 공기 중의 산소가 각 조직의 세포까지 운반되어 이 호흡연쇄의 마지막 단계에서 산화제로 사용되고 대신 물이 생성된다. 이와 같이 미토콘드리아의 기질산화과정에 의한 ATP 형성을 **산화적 인산화**(oxidative phosphorylation) 과정이라고 한다.

미토콘드리아는 길이가 7μm, 직경이 0.1~0.5μm인 봉 모양이고, 세포에 따라 실·공·입자 모양도 있다. 미토콘드리아의 수는 많은 차이가 있으며, 에너지를 많이 내는 세포에 발달되어 있다. 간세포에는 1,000개, 정자세포에는 25개, 난자세포에는 30만 개까지 함유되어 있다. 그러나 고등동물의 적혈구에는 존재하지 않는다.

미토콘드리아는 두 층의 막(외막과 내막)으로 둘러싸여 있는데, 내막의 표면적을 넓히기 위한 주름을 크리스테(cristae), 그 내막의 안 부분을 기질(matrix)이라고 한다. 주름 표면(내막)에는 전자전달 효소군이 배열되어 ATP를 생성해서 에너지를 공급하고, 기질에는 탈탄산 효소 및 탈수소 효소 등의 호흡효소가 있어 TCA 회로를 통해 산소호흡을 하는 장소로 쓰인다.

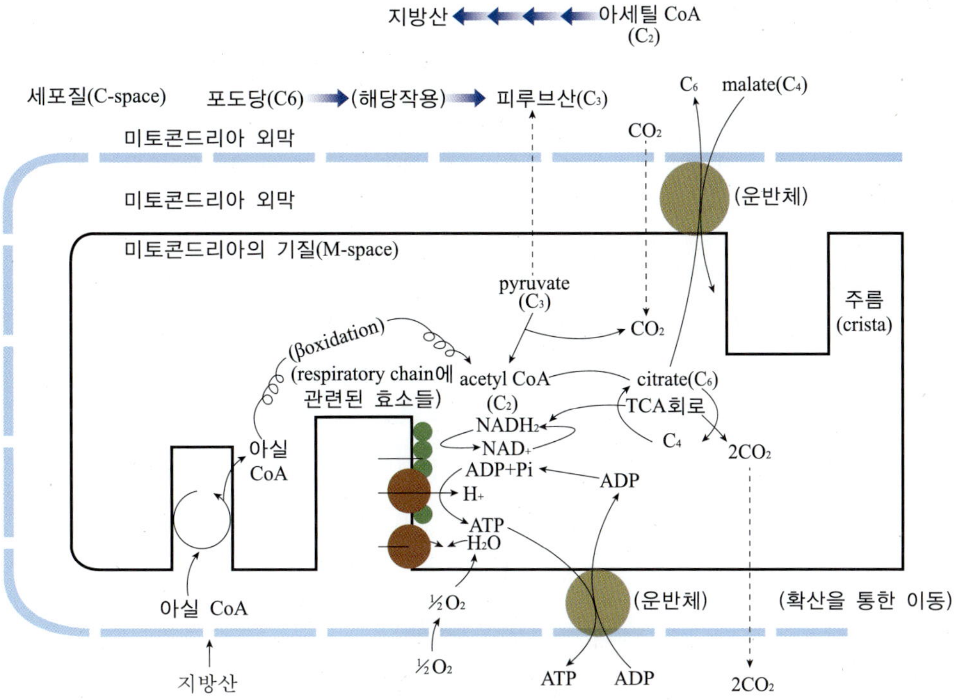

그림 2-7 미토콘드리아 기질 내의 TCA 회로 및 호흡연쇄를 통한 ATP 생성과정

또한 미토콘드리아의 기질 내 반응에는 포도당(C6)이 해당작용(glycolysis)을 거쳐 피루브산(C3; pyruvate)이 되어야만 미토콘드리아 막을 뚫고 들어와 TCA cycle에 의해 ATP를 합성하며, 지방산은 acetyl CoA로 되어 미토콘드리아 내에서 연소된다.

3. 소포체(endoplasmic reticulum)

> *Guide*
> **소포체**
> 망상체, 형질세망이라고도 한다.

소포체(ER)는 복잡한 그물 형태의 상호 연결된 막으로 세포의 외부와 내부의 교통로이며, 관 모양의 **운반통로** 구실을 하는 세포 내 소기관이다. 즉, 핵막 근처에 많이 분포되어 있는 평평한 주머니에 체액으로 가득차 있는 길다란 관이다. 또한 소포체는 세포막, 핵막 및 다른 세포질 소기관에 연결되어 세포질 내에 넓게 분포되어 있다.

소포체의 종류를 보면 표면에 150~200Å 크기의 리보솜이 다수 붙어 있는 **조면소포체**(rough endoplasmic reticulum; RER)와 리보솜이 붙어 있지 않은 **활면소포체**(smooth endoplasmic reticulum; SER)가 있다. 조면소포체는 주로 단백질 합성이 일어나는 장소이며, 단백질이 왕성한 세포, 예컨대 효소분비가 많은 선세포(gland cell)에 발달되어 있고, 합성된 단백질은 골지체로 운반되어 농축된 후 세포 외부로 방출된다. 활면소포체는 지방을 합성하는 장소로 소포체는 물질이동의 통로일 뿐 아니라 그 내부에 많은 효소를 가지고 있어서 여러 가지 대사활동에도 관여한다.

활면소포체는 지방합성이 왕성한 세포, 즉 간세포나 소장의 상피세포 등에서 발달되어 있는데, 소화관(GI tract)에서 지방이 지방산, 글리세롤, 모노글리세라이드(monoglyceride) 등 간단한 물질로 분해되어 흡수되면 소화관 상피세포의 소포체에서 여러 효소들에 의해 다시 트리글리세리드(triglyceride)로 합성된다. 활면소포체는 특히 근육세포와 같은 흥분성 세포에서는 근장내 그물(sacroplasmic reticulum; SR)이라는 **Ca^{2+}의 저장고**(Ca^{2+}의 deep pool이라고도 함)가 있는데, 여기서 Ca^{2+}을 저장하였다가 흥분이 전달되면 세포질 내로 방출하여 근육수축에 중요한 역할을 한다.

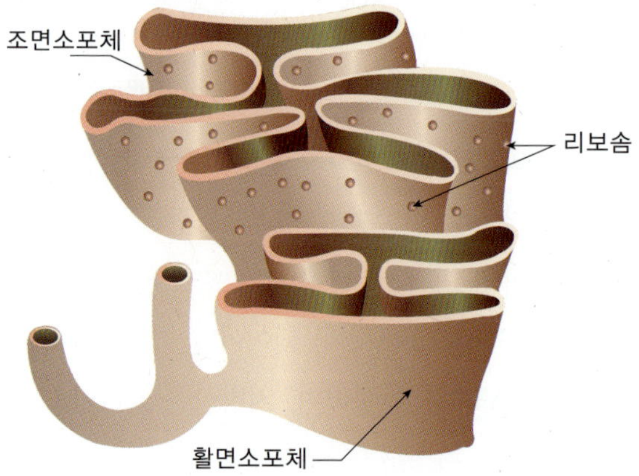

그림 2-8 소포체

4. 골지체(Golgi apparatus)

골지체는 대개 핵 근처에 위치한 리보솜이 없는 소포체와 비슷한 관 모양의 통로로 소포체와 연결되어 선(gland) 분비기능에 관계한다. 주요기능은 고분자 물질의 합성, 운반 및 분비에 관여하며 분비 전에 저장하거나 분비되기 쉬운 형태로 바꿔 주는 **분비 전의 저장고적 기능**(package 역할)을 한다. 또한 골지체는 분비기능이 왕성한 세포(호르몬 내분비선, 효소생산기관 등)에 발달되어 있는데, 특히 점액(mucos) 분비조직에서 당단백질(glycoprotein)을 형성하여 분비한다.

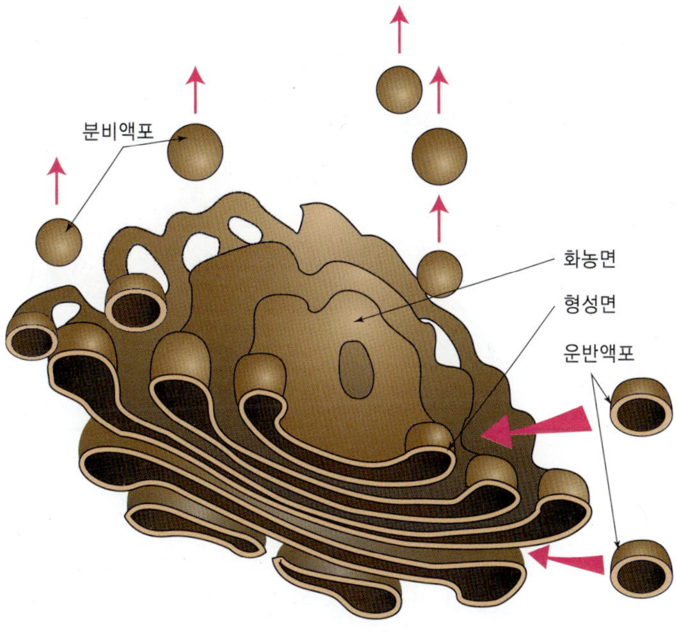

그림 2-9 골지체 구조

5. 리소좀(용해소체, lysosome)

리소좀(lysosome)은 적혈구 세포를 제외하고는 모든 동물에서 볼 수 있는 미세구조로써 세포 내외의 소화작용에 관여한다.

리소좀 내에는 여러 가지 가수분해효소(약 50여 종)가 포함되어 있어서 **세포 안의 소화기관**이 되며, 비정상적이거나 상처난 세포 내 소기관들을 감싸서 소화하는 청소부 역할을 한다.

리소좀은 세포 내 함입작용(endocytosis), 즉 식작용(phagocytosis)이나 음작용(pinocytosis)에 의해서 세포 밖으로부터 세포 내로 들어온 이물질과 세포 내에서 미토콘드리아, 리보솜 등의 낡은 미세구조를 감싸서 소화하여 그 분해물을 세포질로 내보내어 다시 사용하게 하거나, 우리 몸에 침입한 바이러스나 다른 병원균들이 식세포에 의해 세포 내로 흡수되면 분해시키는 작용을 한다.

리소좀의 크기는 0.25~0.8μm이며 세포에 따라 크기나 수가 다르다. 특히 백혈구 또는 대식세포(macrophage)에 많으며, 소화와 관계 있는 부분에 발달되어 있다. 리소좀의 막은 단일막으로, 성분은 지단백질(lipoprotein)로 구성되어 있고, 막에 의해 소화 효소들이 원형질로 분비되는 것을 방지하는 보호벽의 역할을 한다.

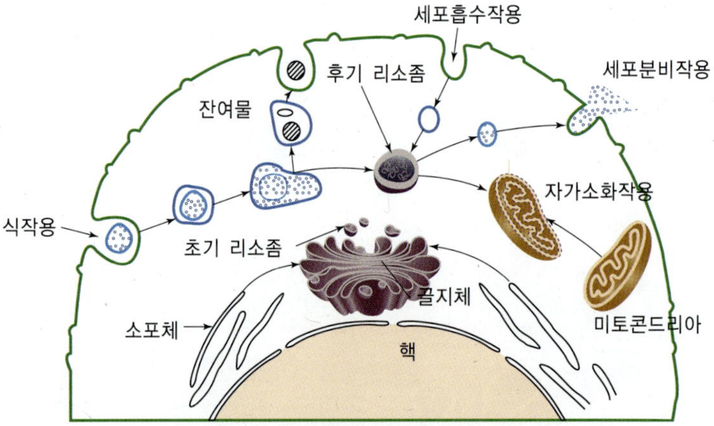

그림 2-10 활동적인 리소좀의 형태

리소좀에는 막을 소화하는 효소가 없기 때문에 효소에 의한 리소좀막의 파괴는 일어나지 않는다. 그러나 막이 해를 입어 파괴되면 리소좀의 효소들이 세포질로 나와 세포 내 미세구조들을 파괴시키거나 세포자체를 소화시켜 세포가 죽게 되는 세포의 자가분해(자가면역질환인 류머티스의 원인)가 일어나는 경우도 있다.

또한 노화현상도 리소좀막이 파괴되어 효소들이 세포를 소화시킨 경우이다. 가령 노인 피부에 생기는 검은 반점 등을 예를 들 수 있다. 리소좀의 지단백질막에 영향을 미치는 원인은 여러 가지가 있다.

저산소증(hypoxia), pH 감소, 강산, 비타민 A 과잉이나 결핍, 또는 비타민 E 결핍 시에 단일막이 파괴될 수 있다. 비타민 A의 경우는 막에 구멍을 뚫어 크게 만들면서 리소좀막을 파괴하며, 비타민 E가 부족할 경우에는 지단백질막의 지방성분인 불포화지방산이 산화되면서 생성된 과산화물에 의해 세포막이 파괴된다.

따라서 비타민 E는 식사 시에 지방섭취가 증가됨에 따라 점차 그 섭취량을 늘려서 비타민 E의 **항산화제**(antioxidant) 역할로 불포화지방산의 산화를 막아 줌으로써 리소좀의 단일막을 보호할 수 있다.

6. 리보솜(ribosome)

리보솜은 세포질 내 미세구조로써 **단백질 합성을 주관**하는 역할을 하며, 세포 내 소포체에 붙어 있기도 하고 자유롭게 떨어져 있는 것도 있다. 리보솜은 r-RNA와 단백질로 구성되어 있고, 100~150Å 정도 크기의 입자이며, 큰 부분(50s)과 작은 부분(30s)으로 나눠진다.

Guide

RNA의 종류

rRNA
(ribosomal RNA)
mRNA
(messenger RNA)
tRNA
(transfer RNA)

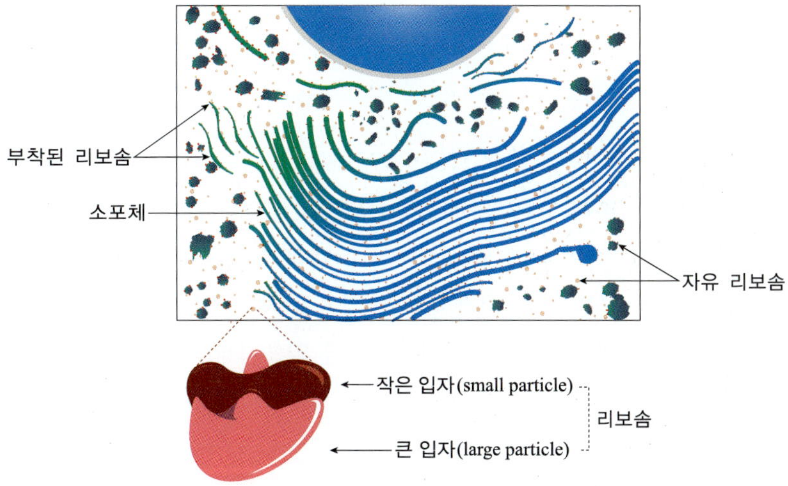

그림 2-11 리보솜의 구조

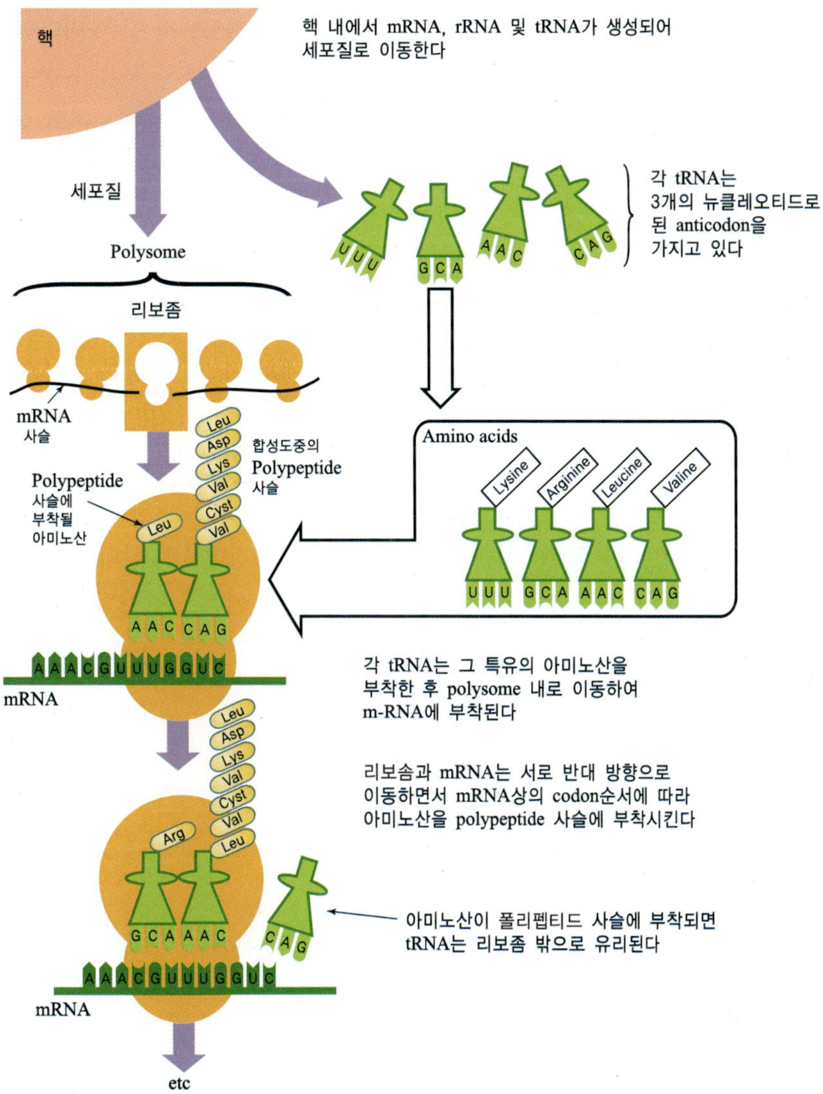

그림 2-12 단백질 합성과정

check point

활성산소(active oxygen)

호흡을 통해 몸에 들어온 산소는 자유산소로 분리되고, 다른 물질과 쉽게 결합하여 활성산소를 형성하는데, 활성산소는 신체에 손상을 가져올 수 있다. 즉, 세포 내에 존재하는 지방산이나 지단백과 같은 유기물을 체내에서 이용될 수 없는 물질로 변형시키고, 이러한 변형은 세포 내 대사장애를 일으키게 되며, 체내 암 또는 심장순환계 질환 등의 질병을 유발하거나 노화를 촉진시킬 수 있다.

항산화제(antioxidants)

항산화제는 스스로 산화되면서 세포막과 DNA와 같은 세포 내 물질을 자유기로부터 보호하는 역할을 하며, 비타민 E, 비타민 C, β-카로틴과 같은 비타민이 이러한 작용을 한다. 두 개 이상의 불포화기를 가진 불포화지방산은 자유기 반응을 선호하는 물질이므로, 자유기를 생성시켜 심장질환발생, 노화촉진, 면역능력의 이상을 초래할 수 있다. 따라서 식사 내의 지방섭취가 증가할수록 균형된 식사를 통해서 항산화제인 비타민을 식품으로 섭취하는 것이 바람직하다.

비타민 E와 리소좀막(lysosome membrane)과의 관계

막성분은 지단백(lipoprotein)으로 구성되어 있으며, 이 지방은 불포화 지방산이다. 이것은 비타민 E가 없으면 지방산패(lipid peroxidation)가 일어나서 자유기(free radical: H·)를 형성하는데, 이것이 산화되어 peroxide(과산화수소)를 생성하여 세포막을 파괴하게 된다.

비타민 E는 항산화제(antioxidant)역할로 불포화지방산의 산화를 막아주어 리소좀막을 보호하므로 식사 시에 지방(불포화지방산)의 섭취가 많아지면 비타민 E의 섭취량도 늘려야 한다.

우리가 흔히 발견하는 형태는 리보솜이 연결되어 체인 상태로 존재하는 폴리솜(polysome)인데, 여러 개의 리보솜이 mRNA의 사슬에 붙어 있다.

핵에서 만들어져 세포질 내로 나온 mRNA는 리보솜과 결합되면 단백질 합성에 들어가게 된다. 소포체에 붙어 있던 리보솜이 mRNA를 붙잡아서 이 mRNA를 움직여 가며 그 부호에 맞는 tRNA를 받아들이는데, tRNA의 역암호단위(anticodon; 3개의 뉴클레오티드)가 mRNA의 유전부호(genetic code)와 짝을 맞추어 찾아들며 아미노산을 폴리펩타이드 사슬에 부착시키면서 단백질이 합성된다.

7. 중심체 (centrosome)

중심체는 평균직경 0.2μm, 평균길이 0.6μm의 매우 작은 구조물로 핵 가까이에 있고, 중심체 내에 두 개의 짧은 원통형의 중심소체(centriole)가 90도 각도로 존재하는데, 항상 보이는 것은 아니며 **세포분열 시**에만 볼 수 있다.

중심체는 1쌍의 중심립으로 구성되며, 각 중심립은 3개의 미세소관(microtubule)을 한 단위로 하여 9개가 고리모양으로 배열되어 있다.

세포의 유사분열(mitosis) 초기에 2쌍의 중심소체(centriole)가 나타나서 각 쌍들은 핵의 염색체를 중심으로 하여 양극의 방추사(spindle fiber)를 나열하고 염색체가 분열한 후에 양극으로 끌어당기는 역할, 즉 분극을 조절한다.

그림 2-13 중심소체

8. 과산화소체(peroxisome)

과산화소체는 크기와 형태가 리소좀과 비슷한 한 겹의 막으로 된 주머니로, 그 안에 단백질을 많이 포함한다. 이들은 대부분 간과 신장의 세포에 존재하며 영양소 산화에 관여한다. 그리고 과산화효소(peroxidase)라고 불리는 효소가 있어, 부산물로 과산화수소를 만들어 내는 대사반응을 촉진시킨다. 또한 카탈라아제(catalase)라고 불리는 효소를 가지고 있는데, 이 효소는 대사 과정에서 생성되고 세포에는 치명적이며 독성이 강한 과산화수소(H_2O_2)를 무독한 물과 산소로 분해하는 작용이 있어서 우리 몸을 과산화물(peroxide)의 위험으로부터 보호하는 **방어체제**를 갖는다.

$$2H_2O_2 \xrightarrow[O_2]{catalase} 2O_2 + 2H_2O$$

9. 미세소관(microtubule)과 미세사(microfilament)

세포질 내에서 볼 수 있는 가느다란 실과 같은 구조의 2가지 형태가 미세소관과 미세사이다. 둘 다 단백질로 구성된 **세포질 내 골격**(cytoskeleton)을 형성하여 세포의 형태나 각 부분을 유지시키는 세포 내 뼈와 같은 역할을 한다.

(1) 미세소관(microtubule)

미세사보다 2~3배 큰 직경 25nm의 긴 막대기 모양의 관으로 속이 빈 원통 구조이며 α-tubulin, β-tubulin이란 구형 단백질로 구성되어 있다.

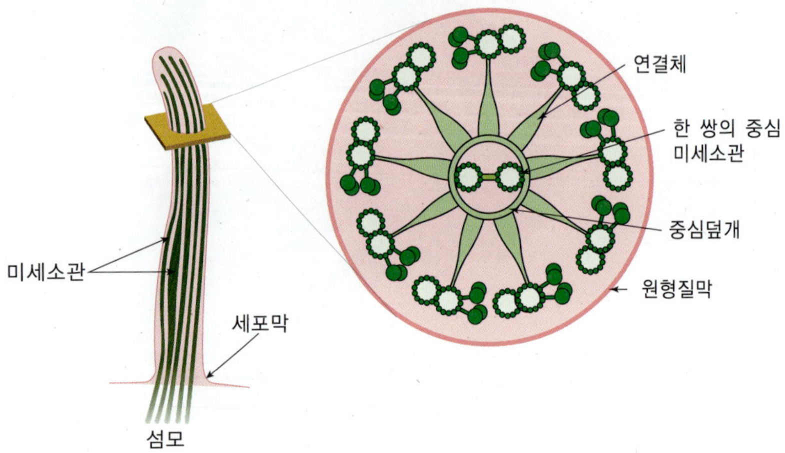

그림 2-14 미세소관

섬모나 편모 구조는 미세소관에 세포막을 입힌 것 같은 형태로 **세포의 운동성**에 관여하여 한 장소에서 다른 장소로 소기관이 이동할 때 도움을 주며, 그때 ATP가 소모된다.

또한 미세소관은 중심체의 형태로 세포증식이 이루어지는 동안 세포질에 나타나서 새로 형성된 세포에 염색체를 분배시킬 때 작용함으로써 세포가 분열할 때 방추사 형성에 관여하는 것으로 보인다.

(2) 미세사(microfilament)

미세사는 직경 7nm의 그물 또는 다발로 배열된 작은 막대기 모양의 단백질(actin)로 구성되어 있다. 세포분열 시에 잠시 생기는 방추사와 같은 것으로 세포 내의 수축성 물질인데, 근육세포가 작아지거나 수축하도록 작용한다. 이는 근원섬유(myofibril)와 같은 액틴(actin)·미오신(myosin)·트로포미오신(tropomyosin) 등의 단백질을 갖추고 있기 때문이다.

또한 세포의 분비작용에도 관여하여 세포막의 확장(extension)과 수축(folding)뿐 아니라 세포의 식균작용에도 영향을 미치며, 편모나 섬모의 추진력과 같은 세포의 움직임에 관여하고, 세포막의 내면에 연결되어 있어서 세포 운동성에 도움을 준다.

표 2-2 근육수축단백질의 종류

구분 모양	세포 내 골격섬유성분 (cytoskeletal filaments)	직경(nm)	단백질성분
	미세사(microfilaments)	7	액틴(actin)
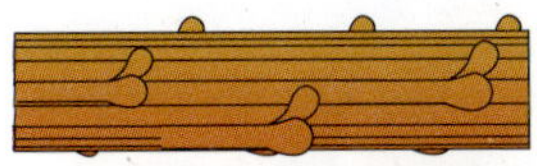	근육의 두꺼운 미세사 (thick filaments)	15	미오신 (myosin)
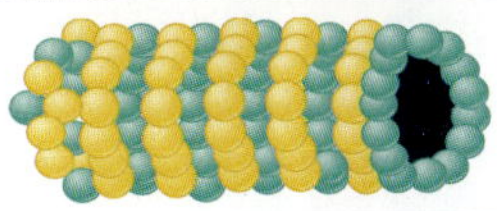	미세소관 (microtubules)	25	튜불린 (tubulin)

2-7 세포의 생활주기

세포주기(cell cycle)란 한 세포분열이 시작될 때에서부터 다음 세포분열이 시작될 때까지를 일컫는다. 인체세포는 신경세포나 적혈구를 제외하고는 모두 세포분열을 하는데, 세포주기 시간이 빠른 경우(장 상피세포)는 8시간에서, 느린 경우(신장세포)에는 100일 이상까지 다양하다.

세포주기는 간기(interphase)와 세포분열(cell division) 두 가지의 주요 시기로 나눈다. 간기는 한 세포분열의 끝과 다음 시작 사이로 모든 정상적인 성장과 대사진행, DNA의 복제(replication)를 수행한다. 세포분열은 핵과 세포질이 DNA 양과 염색체 수가 똑같은 2개의 새로운 세포를 만들기 위한 분열이다. 세포분열 과정을 M기라고 하며, 2가지 단계인 유사분열(mitosis)과 세포질분열(cytokinesis) 과정을 포함한다. 유사분열은 핵이 2개의 핵으로 분열되는 것이고, 세포질분열은 세포질이 2개로 분열되는 것이다.

1. 간기-성장과 DNA 복제

세포분열의 많은 준비는 세포주기의 성장기 동안에 일어난다. 이러한 때를 간기(interphase)라고 하는데, 세포주기의 약 90% 이상을 차지한다. 간기는 합성기(S phase), 2가지의 Gap phase(G_1, G_2) 등 3가지 단계로 나누어진다(그림 2-15).

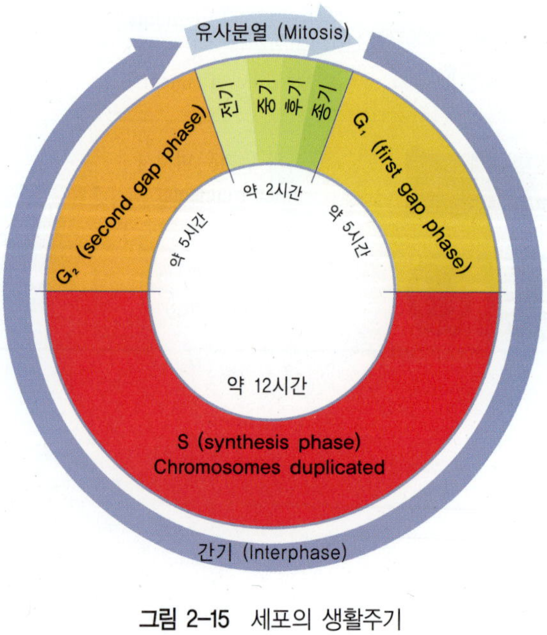

그림 2-15 세포의 생활주기

(1) G_1기(first gap phase)

모세포로부터 받은 소기관(organelles)의 생합성(biosynthetic activity) 기능 회복으로 새로운 세포의 성장에 관여한다. 세포주기의 길고 짧음은 이 주기와 관련이 있다.

(2) S기(synthesis phase)

G_1기 다음에 오며, 간기 중에서 가장 길다. 즉, 세포 분열의 준비를 하고 DNA의 복제를 위해 핵에서 DNA의 **합성**이 이루어지는 시기이다.

(3) G_2기(second gap phase)

세포분열의 마지막 준비기간으로 **단백질 합성**이 증가하는 시기이다.

S기의 시작부터 M기의 끝까지 진행에 소요되는 시간은 어떤 세포에서나 비슷하다. 그러나 G_1기는 세포에 따라 짧게는 며칠에서, 길게는 몇 년이 걸릴 수도 있다.

2. 세포분열(cell division); 유사분열

인체의 체세포는 유사분열(mitosis)을 한다. 그 결과, 딸세포의 핵은 모세포의 핵과 똑같은 염색체를 갖게 되고, 유전적인 특성을 그대로 받게 된다.

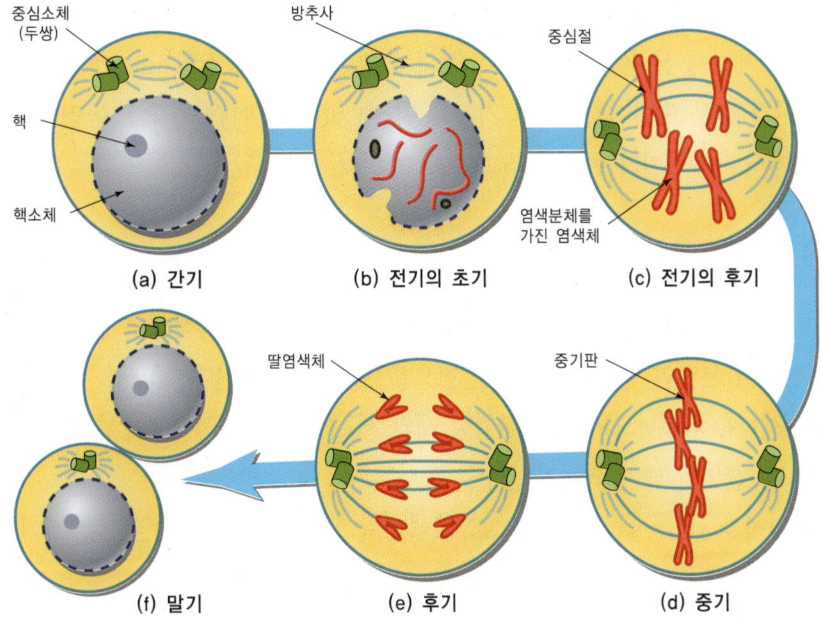

그림 2-16 세포분열(유사분열)

(1) 전　기(prophase)

중심체가 둘로 쪼개지고 세포양극으로 나누어져서, 그들 사이에 **방추사**(spindle fiber)라고 하는 가는 실 모양의 구조가 생기는 시기이다.

핵 안에 있는 염색질이 모여서 염색체가 되고, 이것이 점점 짧아지며 굵어져서 염색체가 이중구조로 꼬이게 된다. 이 시기의 마지막 단계에서 핵막과 인이 없어진다.

(2) 중　기(metaphase)

염색체가 세로의 **적도면**에 나열하여 방추체의 중앙에 있는 시기이다.

(3) 후　기(anaphase)

염색체가 세로로 갈라져서 두 개가 되고, 세포의 **양극**으로 하나씩 끌려가서 모이게 된다. 이 시기에 세포체의 중앙부가 잘룩해지기 시작한다.

(4) 종　기(telophase)

양극에 도달한 염색체는 형태가 없어져서 염색질이 되고, 핵막과 인이 나타나서 완전히 **딸핵**이 된다.

한편 세포질도 잘룩해진 것이 분열되어 독립된 2개의 세포가 된다.

유사분열의 소요시간은 대략 2시간이며, 전기가 가장 길고 후기가 가장 짧다. 이 분열과정은 일정한 속도로 조절되지만, 조절기능이 상실되어 무제한으로 무절제하게 분열이 계속되어 증식해서 생긴 딸세포를 **암**(cancer)이라고 한다. 이와 같은 이상 증식은 그 기전은 알 수 없지만, 어떤 세포가 돌연변이를 일으켜서 유전인자가 변동한 결과로 보고 있다.

3. 감수분열(miosis)

체세포의 모든 분열은 유사분열(mitosis)이지만, 남녀 생식세포에서는 특수한 형태의 분열인 감수분열을 2번 함으로써 완전 성숙된다. 즉, 남자(여자)에서는 제1차 정모(난모)세포로 분열할 때와 제2차 정모(난모)세포에서 정자세포(난자)로 분열할 때 염색체가 반수로 줄어든다.

따라서 모든 정자는 22개의 상동염색체와 한 개의 X 또는 Y의 성염색체만을 갖고 있게 된다.

check point

● 암세포와 영양

암의 발생기전은 하나의 세포가 제 기능을 못하여 여러 기능이 손상받게 됨으로써 생긴 극단적인 형태로 나타나는 한 예이다. 정상적인 세포는 생성과 소멸을 조절하는 조절유전자(regulatory gene)에 의해 민감하게 조절되지만 간혹 유전적 돌연변이, 감염, 발암물질, 방사능조사 등의 원인에 의해서 암을 유발시킬 수 있는 종양유전자(oncogene)로 변화될 수 있다.

정상세포는 세포분열을 하여 세포끼리 접촉하면 서로 정보를 교환하여 더 이상의 세포분열을 하지 않는 접촉억제 기능을 가지는데, 암세포는 이런 억제기능이 없기 때문에 분열을 계속하여 축적되고 기관의 구조를 변화시키며 다른 조직으로 퍼지는 전이현상까지 나타난다.

암세포가 분열하여 종양으로서 작용하려면 약 30회의 분열(약 2개월)을 해야 하므로 검사를 통해 종양을 확인할 수 있는 크기까지 성장하려면 일정 기간(암세포 생성 후에 약 5년 이상)이 경과되어야 한다.

암을 발생시키는 과정을 살펴보면 발암물질이 있는 것만으로는 암이 발생하지 않고, 이것이 개시단계(initiation)를 지나 촉진단계(promotion)를 거쳐 암으로 발전한다. 이러한 과정에서 음식섭취로 인해 식품성분이 직접적으로 발암물질을 제공한다기보다는 암 발생 단계에서 조절자로 작용함으로써 암 발생을 억제하거나 촉진시키는 환경을 제공하는 것으로 받아들여지고 있다.

암은 열량섭취, 지질섭취, 동물성 단백질의 과도섭취 시에 발생이 증가될 수 있다. 하지만 식이섬유의 증가나 비타민 A, C, D 등의 항산화작용을 하는 비타민의 섭취는 암 발생의 위험을 낮추며, 무기질의 경우에는 셀레늄(selenium)의 항산화작용이나 아연의 면역능력작용이 암발생과 관련이 있는 것으로 보고 있다.

4. 무사분열(amitosis)

세균과 같은 하등생물에서 볼 수 있는 분열로서, 염색체나 방추사 등이 형성되지 않고 핵과 세포체가 다같이 길게 되었다가 그 중간이 잘룩하게 되어 직접 2개의 세포로 나뉘어지는 단순한 세포분열의 형태이다.

check point

● 비만과 세포조절

세포의 성장은 4단계로 나눌 수 있다.

첫 번째 단계는 세포의 수가 증식하는 증식기이다. 이 시기에 세포는 복제되며 모든 세포의 크기는 거의 동일하다. 두 번째 단계는 세포비대기이다. 새로운 세포가 계속 만들어지면서 동시에 이미 존재하는 세포들의 크기가 커진다. 세 번째 단계는 세포의 크기만 증가하고 새로운 세포는 더 이상 만들어지지 않는다. 네 번째 단계는 성숙기로서 모든 세포의 수와 크기의 증가에 의한 성장은 정지되고, 효소의 구조가 정교해지며 세포의 기능이 통합되는 등의 발달이 일어난다. 비만은 성장·유지·활동을 위하여 필요한 열량보다 더 많은 열량섭취가 이루어질 때 발생하며, 과다한 체지방이 남자는 체중의 25%, 여자는 30% 이상일 때 비만으로 판정한다. 비만의 원인은 유전적·대사적·외부적 요인으로 나누어 생각해 볼 수 있다. 성인비만의 경우는 지방세포의 크기가 증가하는 지방세포 비대형이고, 유아비만의 경우는 지방조직의 세포의 수와 크기가 모두 증가하는 지방세포 증식형의 특징을 가지고 있다.

한 번 늘어난 지방세포의 수는 다시 줄어들지 않기 때문에 어렸을 때 생긴 비만은 체중을 줄이거나 감소된 체중을 유지하기가 성인기에 발생한 비만보다 더 어려워서 청년기나 성인기까지 지속될 위험률이 높고, 그 후에 성인병의 발병 위험률도 높다.

최근 연구에 의하면, 식사에 의한 열생산 차이가 개인의 체중증가 능력차이와 관계가 있다고 한다. 즉, 인체의 비만조직 중 갈색 지방조직(brown adipose tissue, BAT)에 의한 열발생 기전과 연관지어 체내에서 에너지효율을 떨어뜨리는 적응대사 기전이 관련되어 있을 것으로 보고 있다. 갈색 지방조직은 주로 열생산을 담당하며, 특히 세포 내 열생산의 주요 부위인 미토콘드리아(철을 함유한 cytochrome 색소를 고농도로 함유하여 특징적인 갈색을 얻음)가 많기 때문이다.

동물에서는 갈색 지방조직의 크기가 클수록 체지방의 과다축적이 감소될 수 있음을 보여 준다.

2-8 세포막을 통한 물질이동

세포막을 통한 물질이동은 에너지 사용 여부에 따라 능동적 이동(active transport)과 수동적 이동(passive transport)으로 구분한다.

수동적 이동으로는 물리적인 힘에 의한 농도차, 압력차, 전위차에 의한 이동으로 확산, 촉진확산, 압력에 의한 물질이동, 여과, 삼투 등이 있고, 세포막 내에서 에너지 공급 없이 농도, 압력, 전위의 경사도에 따라 이루어지는 운반으로 ATP를 소모하지 않는다.

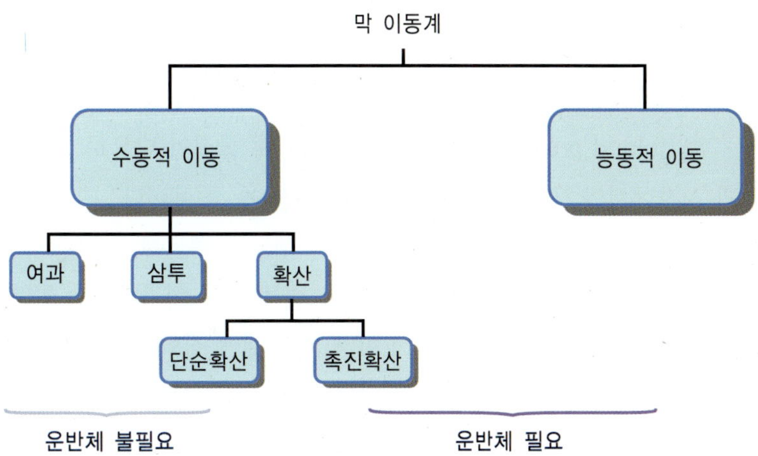

그림 2-17 막 이동계

능동적 이동은 일명 에너지 운반체 이동이라고 한다. 식작용, 음세포작용과 같은 용적운반도 능동적 이동으로, 세포 내외막에서 에너지의 공급에 의해 일어나는 반응이라고 말할 수 있다.

1. 수동적 이동

(1) 여 과(filtration)

작은 구멍을 가진 막으로 구분된 2개의 구획의 내외막에 압력차를 주었을 때, 막을 통해 액체가 이동하는 순물리적인 현상을 여과라고 한다. 흔히 화학실험에서 여과지를 사용하여 액체와 고체 입자를 분리할 때 쓰는 방법으로, 고체입자가 여과지의 구멍(눈)보다 클 때는 액체만 여과되어 나오는데, 이때 여과지의 상부에 있는 액체의 무게나 중력이 작용하여 여과되는 것이다.

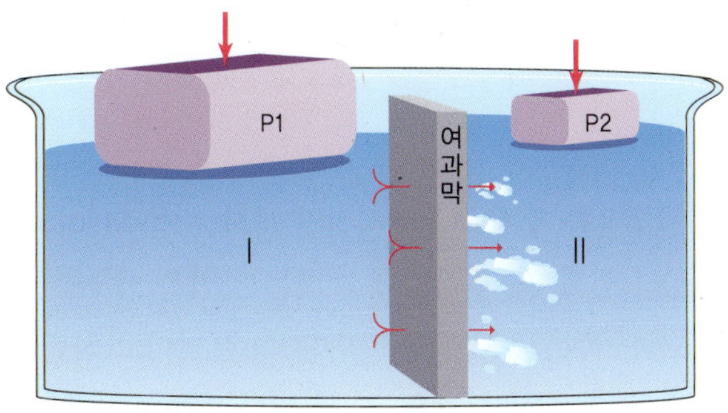

그림 2-18 여 과 (filtration)

그림 2-18에서 보는 바와 같이 P는 가해지는 정수압으로 $P_1 > P_2$이다. 이때 액체는 I 구획으로부터 II 구획으로 이동한다. 단위시간 동안의 유통량은 정수압의 차에 비례한다.

생체 내에서도 여과에 의해서 물질이동 현상이 일어나는데, 심장박동으로 발생되는 혈압(blood pressure)에 의해 모세혈관 내 물질이 밖으로 스며 나가는 현상과 신장에서의 사구체 여과(**소변형성 과정**)가 그 예이다.

신장의 신소체(사구체+보우만 낭)의 막에서 세뇨관 쪽으로 압력차에 의해 혈액의 액체성분이 여과되는데, 단백질과 같은 큰 분자는 여과하지 못한다. 이때 여과의 힘은 사구체 모세혈관의 혈압이다. 사구체에 질환이 생기면 단백질과 같은 대분자도 여과막을 빠져나가게 되므로 소변에 단백질이 섞여 나온다. 이를 단백뇨(albuminuria)라 하며, 단백뇨가 나타났을 때 신장의 질환을 의심하게 되는 것은 이 때문이다.

check point

● 용적 흐름 (bulk flow)

용적 흐름은 압력이 높은 곳에서 낮은 곳으로 용액 전체가 이동하는 현상이다. 예를들어 주사기의 피스톤을 누르면 주사기 안의 액체가 바늘 밖으로 흐르는 것처럼, 몸 안에서는 심장이 수축함으로써 압력경사를 만들어 혈액을 내보낸다.

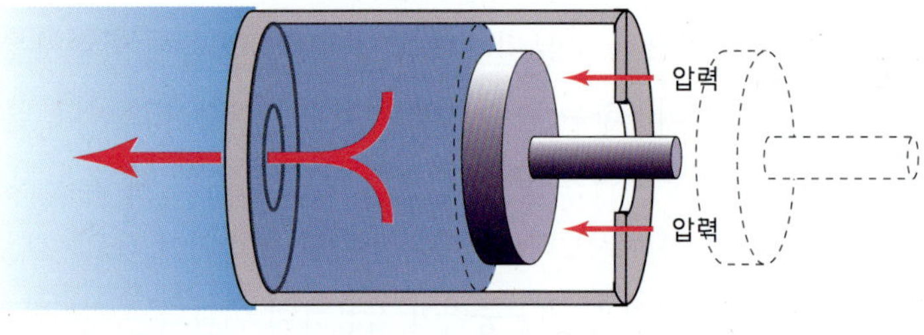

그림 2-19 압력에 의한 용적 이동(bulk flow)

(2) 삼 투(osmosis)

어떤 물질이 반투막을 경계로 투과시키지 못하는 용질(solute)과 투과시키는 용매(solvent)가 있을 때, 반투막에 미치는 압력을 삼투압이라 한다. 반투막을 사이에 두고 한 쪽은 농도가 높고 다른 쪽은 낮다고 하면 용질의 농도가 낮은 쪽에서 높은 쪽으로 물과 같은 용매분자가 이동하는데, 그 현상을 삼투(osmosis)라고 한다. 즉, 반투막을 경계로 농도가 낮은 용매나 물은 반투막을 투과하여 농도가 높은 쪽으로 이동하여 부피가 올라가게 되고, 이 이동은 양쪽 농도가 같아질 때까지 계속된다.

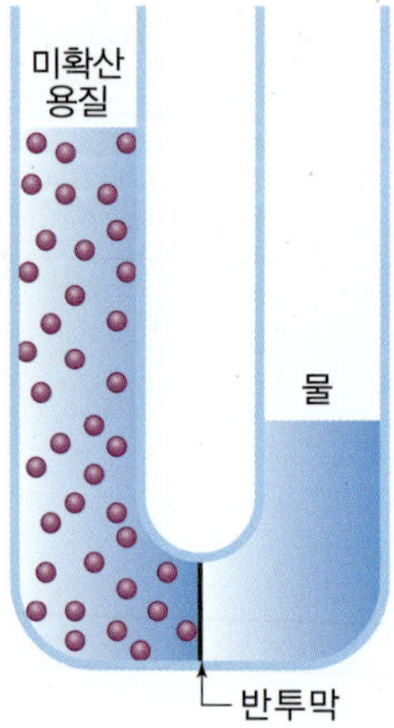

그림 2-20 삼투압의 측정

그림 2-21에서 보는 바와 같이 수조의 중간에 선택적 투과성 막인 반투막(semipermeable membrane)을 넣어 A와 B로 구분한다. 이때 구획 B에서 구

획 A로 밀어 올리는 힘을 삼투압(osmotic pressure)이라고 하며, 이 용액 속에 있는 포도당 농도를 삼투질 농도(osmotic concentration)라고 한다. 삼투질 농도의 단위는 오스몰(Osmol)로 표시하며 체액의 삼투질 농도는 300 m Osmol 이다.

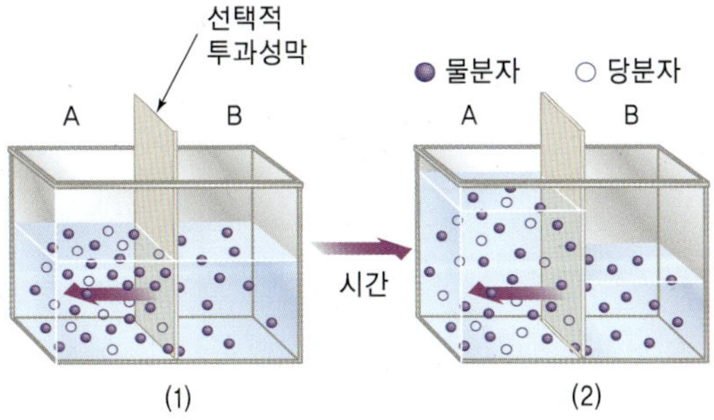

(1) 용기는 선택적 투과성 막에 의해 두 부분으로 나누어진다. 처음에는 A부분은 물과 당분자를 포함하는 반면, B부분은 단지 물분자만 가지고 있다. 분자운동의 결과 물분자는 삼투에 의해 B부분으로부터 A부분으로 확산이 일어나게 된다. 당분자는 막의 구멍을 통해 통과하기에는 너무 크기 때문에 물이 축적되게 되고 A부분의 수면이 상승하게 된다.
(2) 또한 더 많은 물이 A부분에서 유출되기보다는 유입되기 때문에 물이 축적되게 되고, A부분의 수면이 상승하게 된다.

그림 2-21 삼투현상

1) 등장액(isotonic solution)

체액과 같이 세포 내외의 삼투압농도가 똑같은 두 가지 용액은 선택적 삼투막을 사이에 두고 접해 있더라도 물의 이동이 생기지 않는다. 이때의 두 가지 용액을 등장액이라고 한다.

세포외액의 농도와 원형질 내의 농도가 같은 등장액으로는 **생리적 식염수**(physiological saline solution or normal saline)가 있는데, 사람의 생리적 식염수는 0.85~0.9% NaCl 용액이다.

2) 저장액(hypotonic solution)

원형질에 비교하여 상대적으로 낮은 농도의 용액을 말한다. 사람의 혈구세포를 0.2% NaCl 용액(저장액)에 넣으면 농도가 낮은 물분자가 높은 농도의 혈구 속으로 들어가기 때문에 혈구는 팽창하다가 세포막이 터지고 만다. 이를 '삼투성 용혈(osmotic hemolysis)' 현상이라고 한다.

3) 고장액(hypertonic solution)

선택적 삼투막을 사이에 둔 내외 용액에서 한쪽 용액에 용량과 압력이 증가할 때, 그 용액을 고장성 용액이라고 한다.

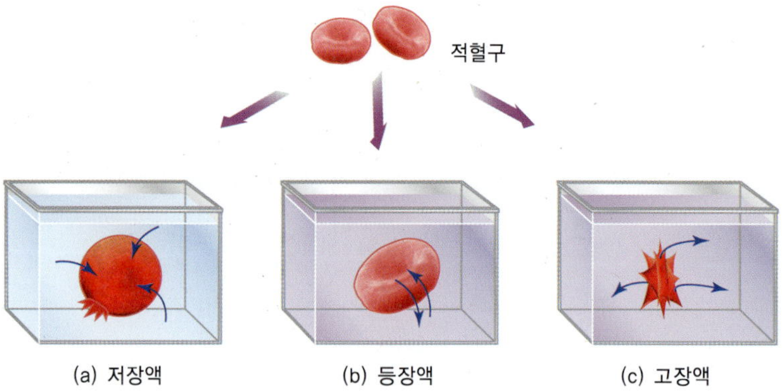

(a) 저장액에서 적혈구는 팽창하며, 마침내 세포가 터진다.
(b) 등장액은 정상세포를 유지한다.
(c) 고장액에서 세포는 수축한다.

그림 2-22 적혈구를 저장액, 등장액, 고장액에 넣었을 때의 변화

적혈구를 10% NaCl 용액에 넣으면 적혈구 내의 물이 농도가 더 높은 소금물 쪽으로 스며 나가서 세포가 쭈글쭈글하게 수축되는 현상(**톱니현상**: crenated shape)이 일어나는데, 이와 같은 용액을 고장액이라 한다.

check point

● 삼투현상의 예

당뇨병의 경우는 불충분한 인슐린의 작용 때문에 포도당이 세포 내로 들어갈 수 없으므로 포도당은 혈관 내에 축적된다. 따라서 치료되지 않은 당뇨환자의 세포는 세포 내에 포도당 농도가 낮고 세포 밖에는 포도당 농도가 높으므로, 삼투압에 의해 세포 내의 물이 빠져 나가 세포는 수축될 것이다.

● 투석(dialysis)

투석은 투석막에 의한 선택적 투과에 의해 용질의 분리역할을 하는 확산이라는 방법을 사용하여 액체상태에 있는 작은 분자들을 보다 큰 분자들로부터 분리시키는 방법이다. 이 방법은 신장 기능 장애를 앓고 있는 환자를 치료하기 위해 인공신장이 사용될 때 **혈액투석**이라 불리는 임상적 과정에 적용된다. 즉, 인공신장기는 콩팥의 혈액을 걸러주고 노폐물을 제거해 주는 중요한 역할을 한다.

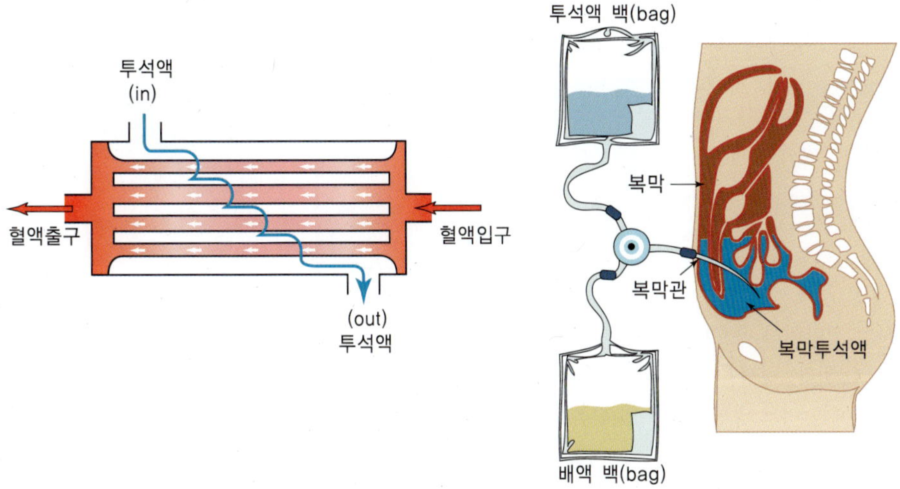

그림 2-23 투석원리

인공 신장이 혈액에 있는 요소를 제거해야 하기 때문에 투석액은 혈액보다 낮은 농도의 요소를 가지고 있어야 한다. 투석액의 분자 농도를 바꿈으로써 혈액 외부로 확산되려는 분자(요소)와 혈액 내에 남아 있으려는 분자(혈장단백질)를 조절할 수 있게 된다.

이와 같은 **정맥투석**(hemodialysis) 외에 신장 질환을 가지고 있는 환자를 치료하기 위해 사용되는 또 다른 투석 방법으로, **복막투석**(peritoneal dialysis)이 있다.

(3) 확 산(diffusion)

용액 또는 가스상태로 있는 분자들은 임의로 분자운동(random movement)을 불규칙하게 하는데, 이런 운동을 브라운(brown)운동이라고 한다. 만약 막을 경계로 분자농도가 높은 것과 낮은 것이 서로 인접하고 있다면 분자농도가 높은 곳에서 낮은 쪽으로 이동하는 분자의 개수가, 분자농도가 낮은 쪽으로부터 높은 쪽으로 이동되는 개수보다 많다.

결국 이런 분자운동의 차이로 인하여 분자농도가 높은 쪽으로부터 분자 농도가 낮은 쪽으로의 이동이 발생하는데, 이런 현상은 양쪽 분자농도가 같아질 때까지 계속된다.

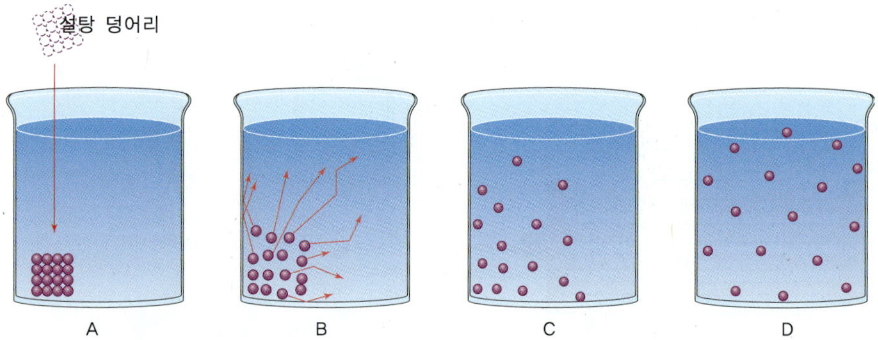

확산 : 설탕이나 포도당 덩어리를 넣고 물을 교반하면, 그 분자들은 용해(A)되거나 확산(B, C)된다. 평형을 이룰 때 포도당의 농도는 용기 전체 내에서 같고, 포도당 분자의 평균 수효는 어느 방향에서든 언제나 같다.

그림 2-24 확 산

이와 같은 용액 또는 가스 상태의 분자들이 서로 인접해 있는 막의 경계를 기준으로 분자의 농도가 높은 곳에서 낮은 곳으로 이동하는 현상을 **확산**(diffusion)이라 하며, 이때에 두 방향의 물질분자의 농도 차이를 농도경사(concentration gradient)라고 한다.

생체에서 확산의 대표적인 예는 호흡 시 폐포의 가스교환이다. 폐포공기의 산소 분압(PO_2)과 탄산가스 분압(PCO_2), 그리고 폐포 주위 모세혈관의 산소 분압과 탄산가스 분압은 서로 차이가 있기 때문에 산소는 산소분압이 높은 폐포로부터 낮은 혈액 쪽으로 이동하고, 반대로 이산화탄소는 이산화탄소 분압이 높은 혈액으로부터 낮은 폐포 쪽으로 이동한다.

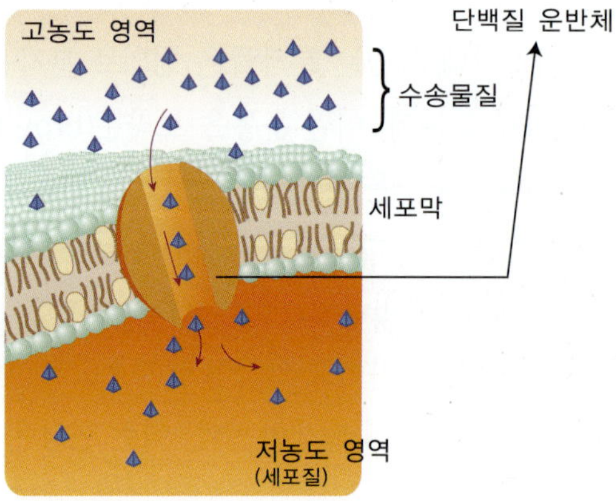

몇 가지 물질은 단백질 운반체를 통해 높은 농도 쪽에서 낮은 농도 쪽으로 물질을 수송하는 과정인 촉진적 확산에 의해 세포막을 통해 이동한다.

그림 2-25 촉진적 확산

(4) 촉진확산(facilitated diffusion)

세포대사에 필수 불가결한 아미노산이나 포도당, 혹은 전해질같이 지질용해도가 매우 작은 물질도 쉽게 세포막을 통해 이동하는 것을 관찰할 수 있다.

이는 이들 물질이 세포막의 지질층을 통해 이동하는 것이 아니라 세포막의 단백질 운반체로 인해 세포 내로 이동되거나, 단백질에 의해 형성된 구멍(pore)을 통해 이동하기 때문이다.

운반체(carrier)를 갖고 있는 점은 능동적 운반과 같다. 그러나 에너지를 필요로 하지 않기 때문에 농도경사(concentration gradient)의 역방향으로 용질이 이동하지 않고 정방향으로 이동하는 수동적 이동이라는 큰 차이점을 갖고 있다. 또한 운반 능력이 크고, 운반체를 갖고 있어서 이동속도가 빠르다는 점에서 단순확산과도 차이가 있다. 운반되는 물질의 농도가 증가할수록 이동속도가 빨라지며 운반체가 모두 포화되면 최대 이동속도(V_{max})에 도달하게 되어 더 이상 이동속도가 증가하지 않는다는 특징을 갖는다.

예를 들면, 수용성인 포도당은 적혈구 세포막의 구멍을 통과하기에는 너무 커서 촉진확산이 이뤄지는데, 이때 인슐린의 작용으로 호르몬이 세포막을 통한 포도당의 촉진적 확산을 10배까지 증가시킨다.

2. 능동적 이동

모든 세포들은 세포막을 경계로 세포내액(intracellular fluid)과 세포외액(extracellular fluid)으로 구분되어 있으며, 세포 내외의 화학성분의 분포도 각기 다른 비율을 갖고 있다.

이 화학성분 중에서 Na^+을 예로 설명하면, 세포외액에는 세포내액보다 14배 이상 진하게 분포되어 있어, 농도경사만 본다면 Na^+이 확산되어 세포 내로 들어갈 것은 분명한 사실이다. 그러나 세포 외 분포가 항상성 상태를 유지하며 언제나 일정한 값을 유지하는 것으로부터 확산하여 들어간 것만큼 Na^+을 어떠한 방법으로든지 내부로부터 외부로 이동시키고 있음을 알 수 있다.

이때 농도가 낮은 내부로부터 농도가 높은 외부를 향하여 Na^+의 이동이 일어나고 있다는 것은 명확한 사실이다.

또한 K^+의 경우도 Na^+과 이동되는 방향이 반대일 뿐, 같은 현상이 나타난다. 포도당이나 아미노산 등의 세포 구성성분은 외부보다 세포내부가 높은 상태이지만, 내부를 향하여 이동이 일어난다. 이와 같이 어떤 물질이 **농도경사**나 **전압경사**에 **역행**하여 이동되는 것을 **능동적 이동**(active transport), 혹은 **에너지효소계**(energy–enzyme system) **운반**이라고 한다.

(1) 능동적 이동의 특징

능동적 이동은 자유에너지 수준이 낮은 곳에서 높은 곳으로 이동하는 것이기 때문에 외부로부터 에너지가 공급되어야 하며, 이 때 세포 내에서 합성된 ATP가 ADP로 가수분해되면서 나오는 에너지를 이용한다.

이처럼 대사에너지의 공급을 받아 전기·화학적 전압차에 역행하여 운반되려는 물질의 운반체(carrier)에 의한 운반방식과 이온 분자물질이 화학변화에 의하여 다른 물질로 전환되기도 한다. 즉, 이온물질과 운반체가 결합된 물질로 되어서 이동되기 때문에 단순확산보다 이동속도가 대단히 빠르다.

그림 2–26에서 보는 바와 같이 세포 밖에서 세포 내로 어떤 물질 S가 능동적으로 이동될 때 세포막 외측에서 물질 S와 운반체 C가 결합하여 CS 복합체를 형성한 후에 막의 내측으로 확산해 들어가면 여기서 CS가 분해되어 S는 세포질 내로 들어가고, 운반체 C는 다시 세포막 외측으로 확산해 나와서 새로 들어온 물질 S와 복합체를 형성한다. 이와 같은 과정을 반복함으로써 물질이 계속 세포막 내부로 이동될 수 있게 된다.

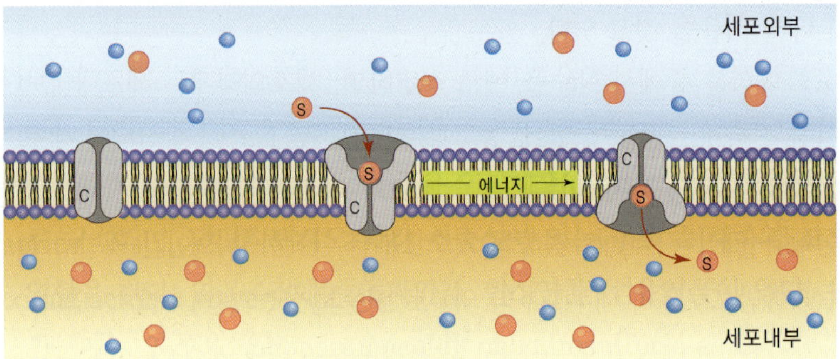

C : 운반체, S : 물질, CS : 운반체–물질 (복합체)

그림 2–26 세포막 내의 운반체에 의한 물질이동의 기전

운반체의 종류는 운반되는 물질에 따라 특이하지만 화학적으로 비슷한 물질들은 동일한 운반체를 사용하기도 한다. 따라서 같은 운반체에 의하여 이동되는 물질들끼리는 서로 운반체를 차지하려고 경쟁하기 때문에 단독으로 존재할 때보다 이동률이 저하되고, 세포막 내에는 한정된 수의 운반체가 존재하므로 단위 시간에 최대로 운반될 수 있는 물질량은 한정된다.

즉, 이동되는 물질의 농도가 증가할수록 운반체와 결합하는 수도 많아질 것이므로 이동되는 물질량도 따라서 증가하겠지만, 만일 세포막에 있는 운반체가 모두 물질 S와 결합하여 CS복합체를 형성했다면 S물질 농도가 더 높아지더라도 그 이상의 CS복합체를 형성할 수는 없을 것이다. 이러한 현상을 능동적 운반기전의 포화라고 하는데, 이때의 이동률이 최대운반치(transfer maxima)에 해당된다.

체내에서의 물질의 이동은 어떠한 단일 방식에 의하여 진행되는 경우는 드물고, 여러 과정이 병행하여 진행되는 일이 많다.

그러므로 능동적 이동의 특성은 어떤 물질의 이동과정이 능동적인가 수동적인가를 결정하는 데 중요한 역할을 한다. 능동적 이동의 특성을 4가지로 요약해서 설명하면 다음과 같다.

1) 포화현상(saturation)

단순확산에서 농도경사가 2배로 되면 이동속도도 2배가 되나, 이 경우는 반드시 농도경사에 정비례하는 것은 아니다. 즉, 운반체의 양은 언제나 일정하기 때문에 운반되어야 할 용질농도가 커져서, 모든 운반체가 결합되면 그 이상 용질농도를 높이더라도 이동속도는 커지지 않는다. 이 점을 그 물질의 최고이동속도(maximum transport speed)라고 한다.

2) 에너지 이용설

주위 온도가 내려가거나, 대사억제물질(2,4−dinitrophenol ; DNP)을 사용하면 능동적 운반이 억제된다. 예를 들면, 적혈구의 Na^+과 K^+ 농도가 능동적 운반에 의하여 유지되는데, 혈액을 저장할 경우에 온도가 떨어져 에너지 공급과정이 멎게 되면 능동적 운반이 정지되어 단순한 확산으로 적혈구 내에 Na^+이 축적되고 K^+을 잃게 될 때가 있다.

3) 운반체의 특이성(선택성)

Na^+ 운반체는 Na^+만 운반하는 선택성을 갖고 있고, 아미노산 운반체는 아미노산, 당류 운반체는 당류만 선택적으로 운반하는 특이성을 갖고 있다.

4) 운반체의 유사한 물질 결합에 대한 경쟁성

구조상 혹은 작용상 유사한 물질 사이에 운반체와의 결합이 경쟁적으로 나타나서, 어느 하나의 단독 운반속도보다 느려진다. 이러한 현상을 '경쟁적 억제(competitve inhibition)'라고 한다. 예를 들면, 한 운반체가 포도당과 과당 모두에 결합할 수 있을 경우에 서로 경쟁적으로 결합한다.

다시 말해서 포도당과 과당의 최고이동속도를 각각 100이라고 가정하고, 동시에 두 물질을 작용시켜서 최고이동속도를 측정할 때, 이론상으로는 그 값이 200이 되어야 하지만, 실제로 100밖에는 되지 않는다. 이것은 포도당과 결합한 일부에 과당이 결합되기 때문이다.

이상과 같은 네 가지 특성을 종합하여 수동적 이동과 능동적 이동을 올바로 인식하는 것이 중요하다.

(2) Na^+–K^+ 교환펌프(Na^+–K^+ exchange pump)

Na^+의 농도는 세포내액보다 외액에서 높고, 반대로 K^+의 농도는 세포외액보다 내액에서 높다. 따라서 이들 이온들의 전기적인 역할을 고려하더라도 각기 농도차에 따라 Na^+은 세포외액에서 내액으로, K^+은 세포내액에서 외액으로 이동할 것이다.

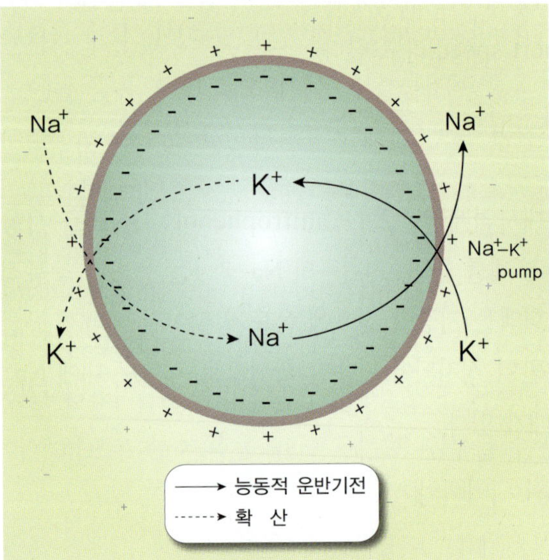

펌프는 확산에 의해 들어간 Na^+을 효과적으로 세포 밖으로 운반하고 확산에 의해 나간 K^+을 세포 내부로 이동시킨다.

그림 2–27 Na^+–K^+ 펌프

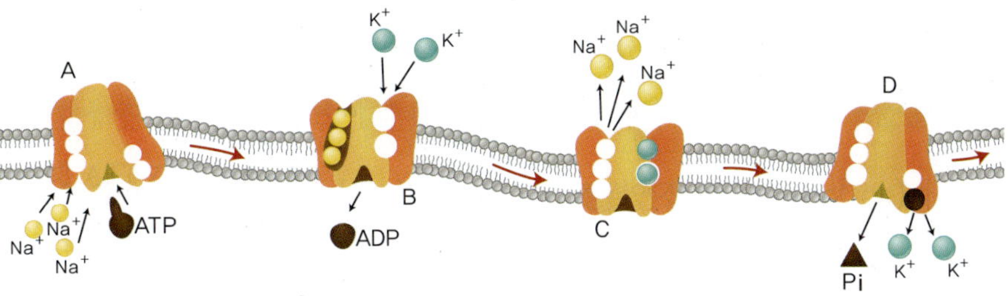

A : 3개의 Na^+이온이 세포내부쪽과 결합한다.

B : 펌프단백질은 ATP에 의해 인산화된다.

C : 인산화는 단백질의 구조적인 변화를 일으키며, Na^+결합부위에 대한 친화력은 감소되고, K^+결합부위에 대한 친화력은 증가한다. 그리하여 3개의 Na^+이온이 세포 외부로 분비된다.

D : 2개의 K^+이온은 K^+결합부위를 차지하며, 펌프단백질은 인산을 유리시키고 원래 구조로 되돌아간다. K^+결합부위의 친화력은 감소하고 Na^+쪽은 증가한다. 따라서 K^+이온은 막의 세포질 쪽으로 들어가고 펌프는 3개의 Na^+을 결합할 준비를 갖추며, 사이클은 다시 시작된다.

그림 2-28 Na^+-K^+ 펌프사이클의 모형도

그럼에도 불구하고 정상상태에서는 세포 내외의 Na^+ 및 K^+의 분포가 항상 일정하게 유지되고 있다. 이는, 세포막에 존재하는 능동적 이동 기전에 의하여 세포 내로 확산(diffusion)해 들어간 Na^+은 세포 외로 이동되고, 또 세포 외로 확산해 나온 K^+은 세포 내로 다시 이동되기 때문이다(그림 2-29).

이 능동적 이동 기전(active transport)을 Na^+-펌프라고 하는데, 보통 Na^+ 이동과 K^+ 이동이 밀접한 상관성을 유지하고 있으므로 Na^+-K^+ 교환펌프라고도 한다. 평상시에 Na-펌프의 기능은 항상 확산되는 양에 맞추어 조절되고 있다.

즉, 어떤 원인에 의하여 세포막의 Na^+ 및 K^+에 대한 투과도가 증가하여 Na^+과 K^+의 확산량이 증가하면 Na^+-펌프도 항진되어 능동적으로 이동되는 양도 증가하게 되므로 세포막 내외의 전해질 분포는 변하지 않는다. 따라서 세포 내외의 Na^+과 K^+의 분포는 확산과 능동적 이동의 동적인 평행에 의하여 항상 일정하게 유지되고 있다.

Na^+-K^+ 펌프는 ATP를 이용하여 Na^+과 K^+을 농도차에 역행해서 이동시킨다. 세포막에 존재하는 Na^+/K^+ ATPase, 즉 ATP를 ADP로 분해시키는 효소에 의해 생긴 에너지를 이용한다.

최근 연구에 의하면 Na^+-K^+ 펌프는 큰 단백질과 작은 단백질의 두 부분으로 구성되어 있으며, 큰 단백질의 세 가지 특수한 모양의 구조만 알려져 있다(그림 2-28).

세포 안쪽에 Na^+이 결합하는 수용기가 3개 있고 바깥에는 K^+이 결합하는 수용기(receptor)가 2개 있으며, Na^+이 결합하는 부위의 옆에서 ATPase 활성이 있다. 3개의 Na^+이 운반체의 안쪽에 결합하고 2개의 K^+이 운반체의 바깥에 결합하게 되면 ATPase의 활성도가 증가되어 ATP를 ADP와 Pi로 유리시킨다. 이때 발생하는 에너지로 3개의 Na^+을 세포 밖으로, 2개의 K^+을 세포 안으로 농도차이를 역행하여 능동적으로 이동시킨다(그림 2-28, 2-29).

Na^+-K^+ 펌프에 의하여 양이온인 Na^+이 세포막 밖으로 나가게 되면 삼투현상에 의하여 물이 밖으로 나가게 되므로 세포의 팽창(swelling)을 방지하게 되어 Na^+-K^+ 펌프는 세포용적을 조절하게 된다. 또한 ATP 한 분자가 분해될 때 양이온인 Na^+ 1개가 더 세포 밖으로 나가게 되므로 세포막의 막전위 형성에도 일부 기여하는데, 이런 펌프를 전기형성 펌프(electrogenic pump)라고 한다.

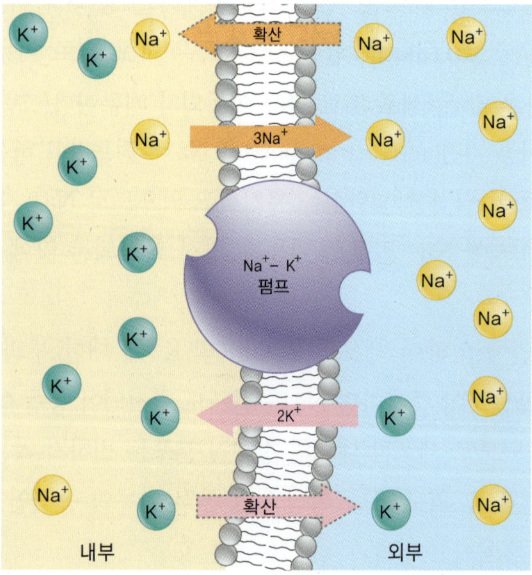

Na^+-K^+펌프는 확산에 의한 Na의 유입과 K이 유출되면서 Na과 K의 경사도를 유지한다.

그림 2-29 Na^+-K^+펌프의 농도경사

Na^+-K^+ 펌프 활동의 예로 장점막 세포와 콩팥의 세뇨관에서 영양소(포도당) 흡수상태를 보면, **식사 후**(feeding state)는 장 내 포도당 농도가 높다. 그런데 확산과 같은 **수동적 이동**으로 농도가 낮은 장점막 모세혈관 내로 영양소가 이동되고, 식사 후 3~4시간이 지난 **공복상태**(fasting state)일 때도 **능동적 이동** 기전에 의해 장 내용물이 포도당 농도가 거의 없음에도 불구하고 농도가 높은 혈액 쪽으로 이동하여 최대한으로 남은 영양소(포도당)를 모두 흡수하려는 생리적인 현상을 보여준다.

Na^+-K^+ 펌프는 거의 모든 종류의 세포에 존재하여 여러 가지 세포의 기능을 조절한다. 이 펌프는 단순히 세포 내외의 이온 분포를 조절하는 기능 이외에도 신경의 전도 자극, 심장의 활동, 근육 수축, 그리고 여러 상피조직에서 물질의 분비 및 재흡수 등 여러 가지 생리현상에 관여한다.

그밖에도 세포 내액에 매우 낮은 농도인 Ca^{2+}을 ATP 한 분자가 분해될 때마다 2개씩 세포 밖으로 능동적 이동하는 Ca^{2+} 펌프, 소장점막측 세포막에 포도당 및 Na^+을 이동시키는 운반체에 의한 Na^+–포도당 공동운반체(Na^+–glucose cotransporter)가 있다(그림 2–30).

심장에서 Na^+이 농도경사로 세포 내로 확산될 때 Ca^{2+}이 농도경사에 역행하여 세포 밖으로 이동되는 기전이 있다. 이때 근육의 근장 내 그물(sarcoplasmic reticulum, SR)에 저장되는 Ca^{2+}의 양이 많아져서 근수축시에 증가하게 되는 Ca^{2+}과 Na^+의 역방향 공동운반(countertransport) 등의 여러 가지 능동적 이동을 볼 수 있다.

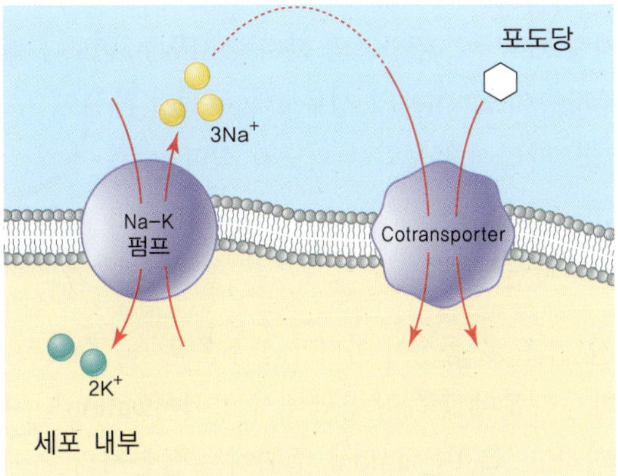

그림 2–30 Na–포도당 공동운반

(3) 세포막의 물질 이동속도에 영향을 주는 인자

세포막의 **두께**가 얇을수록 물질이동 속도가 빠르고, 통과될 물질의 **농도차**와 **압력차**가 클수록 또는 **분자크기**가 작을수록 물질이동 속도가 빠르며, **온도**가 높아서 분자운동이 활발할수록 또는 **지방의 용해도**가 클수록(지용성) 물질이동 속도가 빨라진다. 그리고 통과될 물질의 **전기적인 하전** 상태가 +이온보다는 −이온일수록 물질이동 속도가 빨라지며, 같은 이온일 경우에 ±1가가 ±2가 보다 속도가 빠르고 **수화된 분자이온의 크기**가 작을수록 물질이동 속도가 빠르다.

또한 세포막의 **운반체**(효소, 호르몬)가 있을 경우, 물질이동에 도움을 준다. 큰 물질분자가 통과할 경우는 음세포작용, 식세포작용에 의해 덩어리 이동을 할 수 있다.

check point

이온의 투과도

하전수에 따라 달라서 1가인 Na^{+}, K^{+} 등이 2가인 Ca^{2+}, Mg^{2+}보다 투과도가 크며, 또 이들 2가 이온은 3가인 Fe^{3+}보다 투과도가 크다. 음이온에서도 역시 1가인 Cl^{-}의 투과도가 2가인 SO_4^{2-}보다 크다. 그러나 등가인 이온이 모두 같은 투과도를 가지는 것은 아니다.

이온 상태로 있는 분자의 크기는 분자량뿐만 아니라 그 이온을 둘러싸고 있는 물분자층의 두께에 의해서도 좌우된다.

Na^{+}의 분자량(MW=23)은 K^{+}의 분자량(MW=39)보다 작지만, Na^{+}이온을 둘러싸고 있는 물 분자층이 K^{+}이온의 경우보다 두껍기 때문에 수화된 분자의 크기는 Na^{+}이 K^{+}보다 크고, 따라서 세포막 투과도가 작다.

이온의 수화현상

물분자가 전기적으로 중성이 아니라 산소쪽은 −, 수소쪽은 +전기를 띠고 있는 쌍극자(dipole)이기 때문에 전해질 용액에서 양이온(cation) 주위에는 물분자의 −쪽(즉, 산소쪽)이 결합하고, 음이온(anion) 주위에는 물분자의 +쪽(즉, 수소쪽)이 결합하여 이온들을 둘러싸는 현상을 이온의 수화현상이라 한다.

3. 용적운반(bulk transport : 덩어리 이동)

세포막을 통한 이동을 운반력에 의거하여 분류한다면 능동적 이동과 수동적 이동으로 나눌 수 있다. 이동물질이 이온들과 같이 작은 입자이면 대체로 위의 과정에 준하나, 이동물질이 생체 내의 박테리아나 단백질분자와 같이 거대분자로 되어 있을 경우에는 위의 과정으로는 이동될 수 없다.

따라서 생체는 특히 외부로부터 들어온 병원균이나 이물질의 처치를 위하여 세포막의 운반기능이 진화되었는데, 이것이 소위 용적운반(bulk transport)으로서 단백질이나 지방입자, 그 밖의 이물질을 세포 내외로 이동시킬 수 있다. 용적운반에는 세포 내로 거대분자를 흡수하는 세포 내 이입작용(endocytosis)과 세포내부에서 외부로 분비(효소나 호르몬)하는 세포 외 유출작용(exocytosis)으로 나눌 수 있다.

(1) 세포 내 이입작용(endocytosis)

세포 내 이입작용은 거의 모든 진핵세포(eukaryotic cell)에서 볼 수 있지만 특히 백혈구, 대식세포(macrophage), 모세혈관 내피세포, 갑상선 세포, 달걀 난황낭(yolk sac) 및 난자(oocyte) 등에서 가장 현저하게 나타나는 ATP를 필요로 하는 일종의 **능동적 이동**이다.

여러 거대분자를 세포막의 일부로 둘러싸서 입자나 액체형태 그대로 세포 내로 이동시키는 과정이다. 병균의 식작용, 면역반응, 거대분자의 이동, 호르몬 운반 및 분비, 대사 과정의 조절, 세포에 대한 영양공급, 노쇠한 세포나 손상된 세포의 제거 등에 이용되며, 임신부에서는 태아 발생의 여러 단계에서 모체로부터 태아에게로 여러 가지 단백질 이동 과정에 관여하고 있다.

세포 내 이입작용은 **식세포 작용**(phagocytosis, cell eating)과 **음세포 작용**(pinocytosis, cell drinking)으로 나뉜다.

1) 식세포 작용 (phagocytosis)

광학현미경으로 볼 수 있을 정도의 큰 거대분자가 입자형태로 세포 내에 흡수되는 과정이다.

감염되거나 상처난 부위로 식균세포가 가서 항체(antibody)로 감싸서 삼키기 쉬운 형태로 만들어 식세포(phagocytic cell)의 세포막에 의해 둘러싸여 소포(vesicle) 혹은 액포(vacuole)가 포식소체(phagosome)를 형성한 후에 세포 내로 흡수되는 것이다.

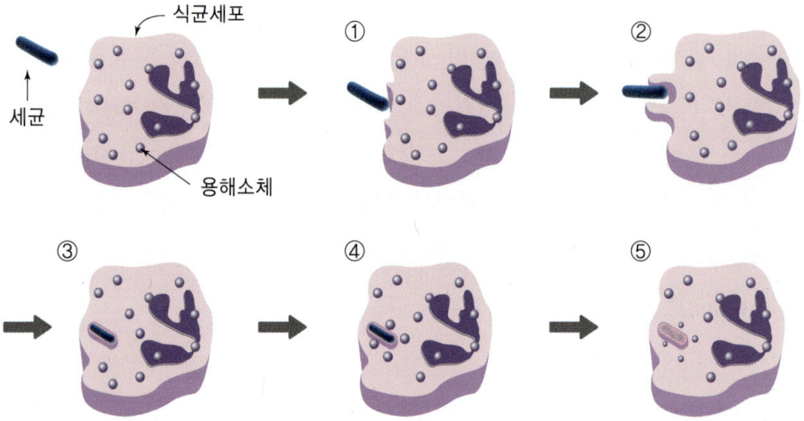

그림 2-31 식균세포(백혈구)의 세균 식균작용(phagocytosis) 과정

2) 음세포 작용 (pinocytosis)

아메바, 신장 상피세포, 소화관 점막세포, 신경세포, 배아세포, 쿠퍼세포(kupffer cell), 섬유아세포(fibroblst) 등에서 ECF(세포외액)와 함께 큰 수용성 거대분자들이 액체형태로 세포 내로 이동하는 것이다.

액포가 세포 내로 들어오면 대부분의 경우는 용해소체와 융합되어 용해소체 내의 소화효소들에 의하여 흡수된 입자가 분해된다. 식균세포의 형태는 두 가지로, 백혈구와 같이 혈류를 따라 이동하면서 물질을 제거하는 자유형태(free form)가 있고, 고정형태(fixed form)처럼 간·지라·골수·림프조직 등의 기관같이 그 곳을 지나는 병균이나 세포잔해·이물질 등을 포식하는 형태가 있다.

check point

● 식균작용 (phagocytosis)의 기전

식균작용은 몇 가지 단계를 거쳐 일어난다.

① 물질 입자가 세포막에 접촉되어 막 외부에 부착되면

② Na^+이 세포 내로 이동하여 소포체(endoplasmic reticulum)에서 Ca^{2+}을 유리시키고,

③ 그 결과, 세포 내 미세사(microfilament)들이 수축되면서 세포막이 주름잡혀 입자 주위를 둘러싸기 시작하고,

④ 이 주름이 점차 확장되어 입자를 둘러싸서,

⑤ 포식소체(phagosome)가 형성되면 Ca^{2+}은 다시 소포체로 회수되고,

⑥ 포식소체는 세포질 내부로 이동하여 용해소체와 결합된다.

식균작용은 물질 입자가 식균세포의 세포막 표면에 부착되는 과정과 부착된 입자가 세포막으로 둘러싸여 포식소체를 형성한 후에 세포 내로 이입되는 과정(ingestion)으로 나눌 수 있다.

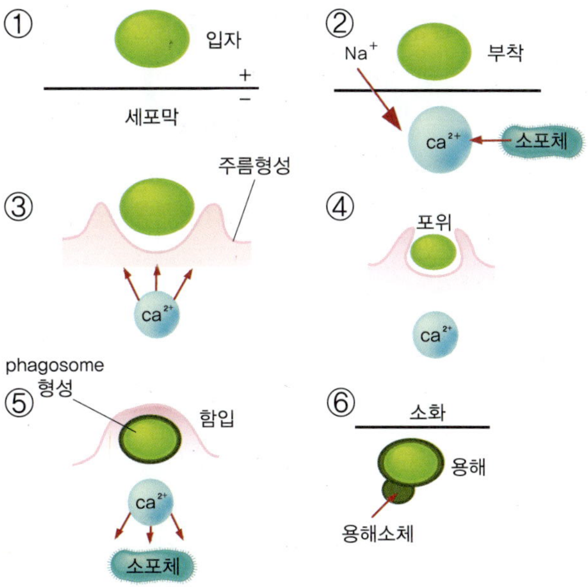

그림 2-32 식균작용이 일어나는 과정

3) 수용기 매개 세포 내 이입작용(receptor-mediated endocytosis)

세포 내로 특별한 분자만 들어오도록 허용하는 매우 선택적인 이입과정의 경우를 말하며, 단계적으로 설명하면 그림 2-33과 같다.

수용기 매개 세포 내 이입작용은 단백질호르몬, 성장인자, 항체, 철분, 비타민, 콜레스테롤을 운반하는 운반체 작용을 하는 혈장단백질을 포함한 수많은 물질을 운반한다. 혈액에서 세포로 수용기 매개 콜레스테롤의 이동은 전체 콜레스테롤 대사에 중요한 역할을 한다.

check point

● 수용기 매개 세포 내 이입작용과 세포 외 유출작용

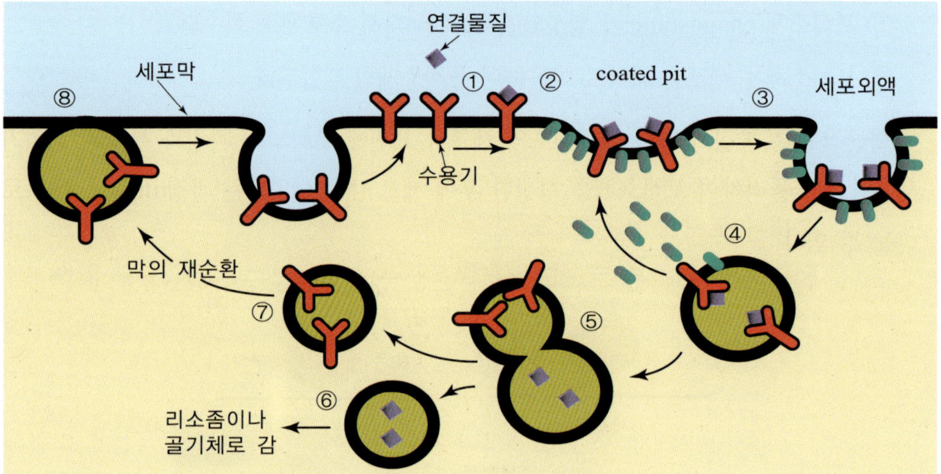

그림 2-33 수용기 매개 함입작용과 유출작용

① 세포막의 단백질 수용기는 특별한 연결물질(ligand)과 결합한다.

② 수용기-연결물질 복합체(receptor-ligand complex)는 세포막의 표면을 따라 외막구멍(coated pit)이라고 알려진 부위로 이동한다. 외막구멍 내의 세포막의 세포질 쪽은 단백질 외막(coating)으로 입혀져 있다.

③ 외막구멍은 막과 결합된 작은 액포를 만들기 위해 함입한다.

④ 소포가 세포막으로부터 분리된다. 단백질 외막분자는 소포로부터 떨어져 나와 세포막으로 되돌아간다.

⑤ 소포는 세포 내로 이동하고 수용기와 연결물질은 분리된다. 때때로 그들은 두 가지 다른 소포를 만드는데, 막에서 계속 하나는 연결물질을 포함하고 다른 하나는 수용기를 포함한다.

⑥ 연결물질을 포함한 소포는 골지체나 용해소체를 통해서 발생할 수 있는 세포질 내로 이동한다.

⑦ 수용기를 가진 분비소포는 세포막으로 돌아와서 용해된다.

⑧ 용해된 부분이 열리고 소포막은 다시 세포막의 일부분(membrane recycling)이 된다.

⑨ 세포막과 함께 분비소포의 용해와 열림은 세포 외 유출작용과 같다.

(2) 세포 외 유출작용(토세포 작용, exocytosis)

세포 외 유출작용은 세포 내 이입작용의 역과정으로 세포 내 이입작용처럼 ATP의 형태로 에너지를 요구하며, 세포가 투과할 수 없는 거대분자를 세포로부터 분비하는 과정의 기전이다.

여러 호르몬, 신경전달물질, 효소 등의 물질분비 기전으로 Ca^{++}에 의해 조절된다. 그 예로는 부신수질의 카테콜라민(catecholamine) 분비, 뇌하수체 후엽의 바소프레신(vasopressin; 항이뇨 호르몬) 및 옥시토신(oxytocin) 분비, 뇌하수체전엽의 여러 가지 호르몬(thyrotropin 등), 췌장의 인슐린 및 소화효소 분비, 타액선에서 소화효소의 분비, 신경말단의 화학매개물질(Ach) 분비, 비만세포(mast cell)의 히스타민(histamine) 분비, 백혈구와 혈소판에서의 효소 분비, 하등무척추 동물에서의 세포 내 노폐물의 분비, 장 내 고블릿(goblet) 세포의 점액분비, 결합조직의 섬유아세포(fibroblst)에서 콜라겐(collagen) 생성 등이 세포 외 유출작용에 의하여 세포로부터 물질이 분비되는 경우이다.

그림 2-34 Exocytosis의 분비물질

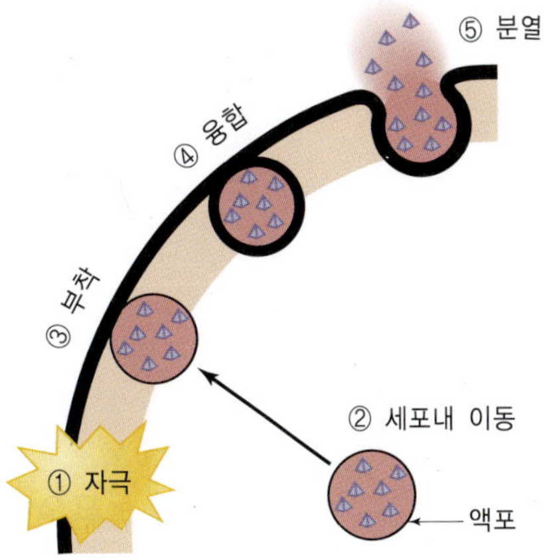

그림 2-35 Exocytosis의 여러 가지 단계

용적운반(bulk transport)은 기능적으로 밀접하게 연관되어 있다. 세포 외 유출작용(exocytosis)에 의해 세포내부에서 세포막 쪽으로 이동된 막성분은 곧이어 세포 내 이입작용(endocytosis)에 의해 세포 내로 다시 돌려보내지며, 반대 방향의 경우도 같은 현상을 나타내어 세포막 성분은 항상 그대로 유지될 수 있다.

check point

세포의 유출작용이 일어나는 기전

① 분비세포가 자극되면 막의 형태에 변형을 초래하여 Na^{+}, Ca^{2+}, K^{+} 및 다른 이온의 투과도가 증가된다 : **자극**

② 세포질의 유동성이 증가하고 점성도가 감소하여 저장입자의 브라운 운동이 증가한 결과로, 세포막에 액포들의 접근이 증가한다 : **저장입자의 세포 내 이동**

③ 세포막의 증가된 Ca^{2+}에 의해 세포막 내측의 음전하와 액포막 위측의 음전하가 중화되어 액포가 세포막에 쉽게 접근할 수 있다 : **세포막으로의 액포 부착**

④ Ca^{2+}은 세포막에 존재하는 특수한 수용기 부위(receptor)에 결합하여 액포외막과 세포내막의 융합을 촉진한다 : **융합**

⑤ 액포와 세포막이 융합된 후에 융합부위에서 액포가 터져서 세포 밖으로 배출된다 : **분열**

Chapter

3. 체 액

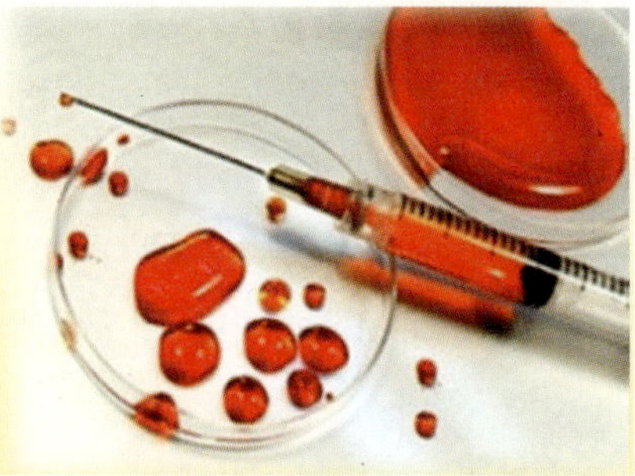

3-1 체 액

1. 체액의 구성

인체 내 수분의 함량은 체중의 50~70%로서 몸의 구성 성분 중 가장 많은 부위를 차지하며, 그 안에 여러 가지 전해질 및 유기물로 구성되어 **체액**(body fluid)을 이루고 있다. 총체액(total body fluid: TBF)은 크게 **세포내액**(intracellular fluid: ICF)과 **세포외액**(extracellular fluid: ECF)으로 구성된다.

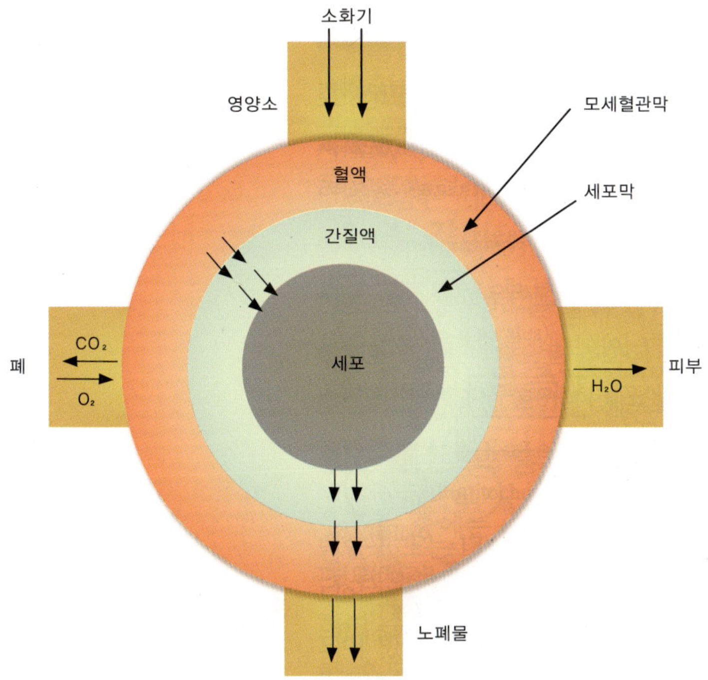

그림 3-1 체액의 이동

세포내액은 세포막을 경계로 세포 내에 존재하는 액체로서 생명현상의 본체가 되는 모든 생화학적 반응이 일어나는 곳이며, 세포외액은 세포 외에서 세포를 둘러싸고 있는 액체로서 세포가 필요로 하는 산소 및 영양물질을 외부환경으로부터 받아서 세포에 공급해 주고, 세포 내에서 생성된 노폐물을 체외로 배출되게 함과 동시에 전해질 농도, pH, 삼투질 농도(osmolality) 등을 일정하게 유지시킴으로써 세포의 기능을 원활하게 한다(그림 3-1).

세포외액은 다시 **간질액**(interstitial fluid: ISF)과 **혈장**(plasma)으로 구분되는데, 간질액은 또 조직액(tissue fluid)이라고도 하며, 세포와 세포 사이에서 세포를 직접 둘러싸고 있는 액체이다.

혈장은 관내 세포외액이라고도 하며, 혈관 내에 있는 세포외액으로 혈구를 제외한 혈액성분이다.

그 구분이 모호하지만 세포외액의 일부로는 **세포횡단액**(transcellular fluid)이 있다. 그 성분은 주로 상피조직의 분비물로서 소화선에서 분비되는 소화를 담당하는 소화액, 활액낭 속에서 관절이 움직임을 원활하게 하는 활액, 자궁 속 태아를 감싸주는 양수나 기계적인 충격으로부터 뇌를 보호하는 뇌척수액, 안구 내 압력을 유지해 주며 안구를 팽창시키고 눈의 모양과 기능을 원활하게 하는 안구액 및 흉강과 복강 내의 수분이 이에 해당된다.

세포횡단액의 양은 극히 적으나 실험적, 임상적으로 체액조절에 중요한 위치를 차지한다. 예를 들면, 위액의 하루 분비량이 약 2.5L 가량 분비되고 재흡수되는 데 따라서 구토나 설사가 심한 환자에게서는 체액조성에 큰 변화를 초래할 수 있다.

2. 체액구획의 크기

그림 3-2에 표시한 바와 같이 총 체액량은 체중의 50~70%, 그 중에서 세포내액(ICF)은 40~50% 그리고 세포외액(ECF)은 약 20%에 해당한다. 세포외액 중에서 간질액(ISF)이 체중의 약 15%, 혈장이 5%, 그리고 세포횡단액이 약 2% 가량이다.

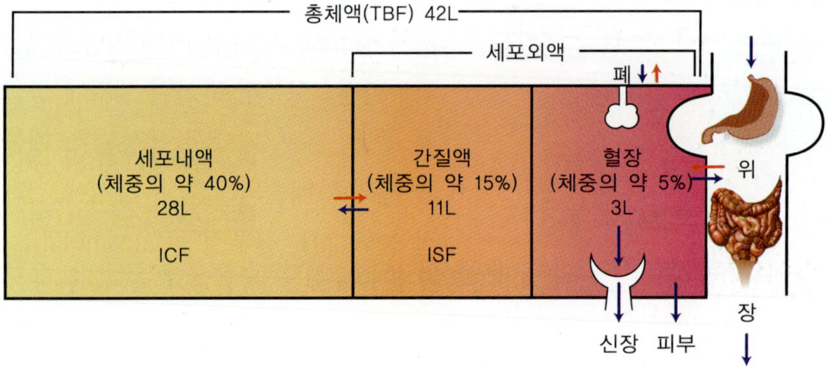

각 구획의 크기는 체중에 대한 백분율 및 70kg 되는 남자를 기준으로 환산하여 나타내었음.

그림 3-2 각 체액의 구획의 크기

체액량은 연령, 성별 및 체내 지방함량에 따라 달라진다. 표 3-1에서 보는 바와 같이, 연령에 따른 체액량의 변화를 보면 일반적으로 성인보다 유아에서 체액량이 많다. 이는, 유아가 성인보다 세포외액, 특히 간질액의 양이 많기 때문이다.

표 3-1 체액의 구간(체중의 백분율)

	남자(%, 체중)	여자(%, 체중)	유아(%, 체중)
총 체액(TBF)	60(50~71)	50(40~60)	77(70~83)
세포내액(ICF)	40(36~50)	35(26~40)	48(46~50)
세포외액(ECF)	20(13~21)	15(13~19)	29(25~33)
간 질 액(ISF)	15(10~18)	10(10~15)	25(20~27)
혈 장(plasma)	5(3.5~5.8)	5(3.2~5)	4(3.2~5)

또한 체액량은 체내 **지방함량**에 영향을 받는다. 즉, 근육, 피부, 심장, 간장 등 체내 대부분의 조직에서 수분함량이 70% 이상인데 반해, 지방조직의 수분함량은 6~10%에 불과하다. 한 예로써 성인의 총 체액량은 일반적으로 남자(체중의 60%)보다 여자(체중의 50%)가 다소 적다. 이는, 남자보다 여자가 체내 지방조직이나 지방함량이 많기 때문에 체내 수분함량이 적고 세포내액량이 남자보다 작은 데 기인한다.

(1) 세포 내액(intracellular fluid)

세포 내에 있는 액체를 총칭하여 세포 내액이라 하며, 체중의 약 40%를 차지하는데, 유기물질이 대부분이고 무기물질은 적다.

전해질이 많이 함유된 것으로는 K^+, Mg^{2+}, HPO_4^{2-} 등이다. 이들의 주요 기능은 수분평형 조절, 능동적 운반, 삼투작용, 산-염기 평형조절 등의 생명현상에 본체가 되는 모든 생화학적 반응이 일어나는 장소로 기여하고 있다. 또한 세포 내에는 세포의 대사과정에서 쓰이는 영양소로 포도당, 중성지방 및 인지질, 콜레스테롤과 아미노산이 있으며, 이러한 영양소를 산화하는 데 이용할 다량의 산소(O_2)로 인해 생기는 CO_2가 확산에 의해 세포막을 빠져서 세포외액으로 나간다.

(2) 세포 외액(extracellular fluid)

세포외액은 체중의 약 20%를 차지하고 있으며, 세포내액과 세포외액 사이에는 세포막을 통해서 물질의 교류가 일어난다.

세포외액의 주성분은 전해질 농도에 있어서 세포내액과 뚜렷한 차이가 있어 Na^+, Ca^{2+}, HCO_3^-, Cl^-의 농도가 세포 내액보다 많다(표 3-2).

표 3-2 체액의 전해질 조성

이 온(mEq/L)	세포외액(ECF)		세포내액(적혈구)
	혈 장	간 질 액	
Na^+	145	140	17
K^+	4	4	135
Ca^{2+}	5	2.5	1
Mg^{2+}	3	1.5	4
총 양이온	157	148	157
Cl^-	106	114	78
HCO_3^-	27	30	18
PO_4^{2-}	2	2	4
기 타	6	6	25
단백질	16	0	32
총 음이온	157	152	157
삼투압(mosm/L)	300	300	300

혈장과 간질액의 무기이온의 조성은 대체로 유사하나, 혈장 내에는 간질액에 비해 양이온의 농도가 다소 높고 음이온의 농도는 다소 낮다. 특기할 만한 사실은 혈장 내에는 단백질이 포함되어 있고, 간질액에는 단백질이 없다. 이는, **모세혈관막**이 단백질을 통과시키지 못하기 때문이다.

이와 같은 차이는 단백질이 혈장 내에 많이 존재하기 때문에 나타나는 Gibbs-Donnan 평형의 결과이다.

이들의 주기능은 몸의 어떤 부분으로부터 다른 부분으로 운반을 해주거나 산소나 영양물질을 공급하고 노폐물을 제거하며 전해질, pH, 삼투압 농도를 유지하기도 한다.

check point

● 깁스-도난의 평형(Gibbs-Donnan 평형)

세포 내에는 세포막을 투과할 수 없는 음이온(−)으로 하전된 단백질이 존재하기 때문에 양이온의 K^+를 끌어당기고, Cl^-은 반발하게 하므로 K^+와 Cl^-의 분포에 불균형이 발생하게 된다. 이것을 도난의 막평형이라고 한다.

이러한 세포내액과 외액의 전해질 조성의 차이로 전위차가 생기고 세포막의 투과성 차이에 의한 능동적 운반기전으로 근육이나 신경세포막 내외에 막전위를 발생시키는 원인이 된다. 따라서 신경전달, 근육수축, 심장박동, 소화기관의 연동운동 등과 같은 자극에 대한 반응과 물질이동이 발생한다.

3. 체액의 조성

체액 내에는 여러 가지 무기물과 유기물들이 포함되어 있는데, 이들은 모두 생명활동에 중요한 역할을 담당하고 있다.

체액 각 구간 내의 전해질 조성은 표 3–2에 요약한 바와 같다. 즉, 세포외액에 가장 다량으로 존재하는 이온은 Na^+과 Cl^-이고, 소량의 Ca^{2+}, K^+, Mg^{2+} 등이 존재한다.

세포내액에 가장 다량으로 존재하는 이온은 K^+과 Cl^-이다. 그 밖에 세포내액에는 소량의 양이온인 Mg^{2+}, Na^+ 등이 존재하고, 음이온으로서는 HPO_4^{2-}가 대부분 차지하고 있으며 단백질이 많다는 것이 특징이다.

또한 체액에는 하전된 유기이온과 많은 비전해질이 함유되어 있다. 비전해질로는 인지질(280 mg/dL), 콜레스테롤(180 mg/dL), 중성지방(120 mg/dL), 포도당(80 mg/dL), 요소(15 mg/dL), 크레아티닌(1.0 mg/dL), 빌리루빈(0.5 mg/dL) 등이 있다.

이처럼 체액의 각 구간 간의 **전해질 조성**에 차가 있음에도 불구하고 각 구간 내에는 양이온의 총량과 음이온의 **총량**이 같아 전기적으로 **중성**을 유지하고 있으며, 또 삼투질 농도는 모든 체액구간에서 300 mosm/L 내외로 균일하게 유지되고 있음은 중요한 사실이다.

4. 체액량의 조절

신체 수분의 총량은 매우 정확하게 조정되고 있는데, 이는 **수분취득과 수분소실의 균형**(수분균형, water balance)에 의한다. 수분취득은 음료수와 음식물 속에 포함된 수분을 섭취하거나 탄수화물과 지질대사에서 생기는 대사수분에 의한다.

그 반면에 수분소실은 소변을 통한 배설, 대변을 통한 배설, 피부와 호흡을 통한 배설에 의한다. 이 중 피부나 호흡을 통한 배설은 우리가 느끼지 못하는 사이에 배설되기 때문에 불감성 소실(insensible loss)이라 한다.

항정상태에서 수분취득과 수분소실은 같아서 체내의 수분변화는 거의 일어나지 않는다. 즉, 하루에 섭취하는 수분량이 대략 2.5L(음료수: 1.5L, 음식물: 0.7L, 대사수분: 0.3L)인데, 하루에 배설되는 수분량 또한 약 2.5L(소변: 1.5L, 대변 0.15L, 불감성 소실: 0.85L)로, 체내 수분량이 거의 일정하게 유지되고 있다.

3-2 세포 내외액의 이동

신체의 모든 세포는 항상 내외액의 환경을 일정하게 유지하고 있다. 이와 같은 현상은 세포액의 항상성(homeostasis)에 의해 무엇보다 내외액이 끊임없이 이동하고 있다는 것과 서로 잘 혼합되고 있다는 것이며, 세포 내에서는 대사산물이 세포외액의 형태인 노폐물로 배출된다. 즉, 폐와 신장과 소화기관을 통해서 배설한 양과 몸에 저장·축적된 양이 매일 섭취한 체액의 양과 거의 같다는 것을 알 수 있다.

세포외액을 크게 두 가지로 구분할 때 조직 내에서 직접 세포에 접해 있는 간질액과 혈관을 통해 수송되는 혈장으로 나눈다. 간질액은 조직 내에서 물과 용질분자의 확산에 의한 혼합액이고, 혈액은 혈액순환에 의한 전신 순환액인데 신체 각 부위 간질액이나 세포내액과 항상 교류될 수 있는 것이다. 즉, 모세혈관 벽을 통한 액체의 이동에 의한 세포외액으로 인하여 혈액의 항상성이 유지되고 있다.

1. 모세혈관에서 액체이동

모세혈관은 단층으로 된 얇은 세포가 연결된 것이다. 즉, 적혈구 3개가 함께 통과할 정도의 가는 관으로 전신의 모든 조직 내에 세밀하게 세망을 이루고 있다.

모세혈관막에는 작은 구멍(pore)이 있어 이곳을 액체가 출입하게 된다. 그러나 단백질이나 입자가 큰 물질은 통과하지 못하고, 각종 삼투압과 액압, 조직압 등에 의해 물질의 이동이 이루어지고 있다.

(1) 모세혈관압(capillary pressure)

소동맥단과 소정맥단의 모세혈관에서 발생되는 혈액의 압력

모세혈관 내의 혈액의 압력은 액압(fluid pressure: FP) 혹은 모세혈관압(capillary pressure: CP)이며, 소동맥단(arteriole)은 35 mmHg, 모세혈관은 25 mmHg, 소정맥단(venule)은 15 mmHg으로서 심장이 혈액을 압출하여 혈액의 액체 성분을 모세혈관 밖으로 여과시키는 힘을 말한다.

(2) 혈장교질삼투압(plasma colloidal osmotic pressure)

모세혈관막이 혈장 내에 있는 단백질 분자를 통과시키지 못하므로 생기는 삼투압이다. 단백질은 분자가 크기 때문에 물에 분산되어 용액이 되지 못하고 교질용액으로 되어 있기 때문에 생기는 압력이다. 즉, 모세혈관 밖에 있는 액체를 모세혈관 내로 밀어 넣는 힘을 말한다. 혈장단백질의 교질삼투압은 25 mmHg이다.

(3) 조직압(tissue pressure)

세포 사이에 있는 조직액이 갖는 압력으로서 2mmHg이며, 이 압력에 의하여 조직이 일정한 형태를 유지하고 있다. 즉, 이 압력은 조직액을 모세혈관 내로 밀어내는 힘을 말한다.

(4) 조직교질삼투압(tissue colloidal osmotic pressure)

조직액 내에도 소량이나마 단백질이 있기 때문에 교질삼투압을 갖게 된다. 즉, 2mmHg이다. 이것은 모세혈관 내에 있는 혈장에서 액체를 조직 쪽으로 밀어내는 힘을 말한다.

이 네 가지 압력이 모세혈관벽을 경계로 하여 혈장과 조직액 사이에서 서로 상반된 방향으로 힘을 나타내기 때문에 액체가 이동하게 된다.

액체의 이동을 살펴보면, 모세혈관이 동맥과 정맥을 연결하고 있으므로, 동맥 쪽의 모세혈관 혈압은 35mmHg이고, 정맥 쪽의 모세혈관 혈압은 15mmHg로, 동맥 쪽이 더 높다. 이것은 모세혈관이 가늘기 때문에 혈액의 흐름에 대하여 혈관의 저항을 받아서 압력이 소모된 결과이다. (그림 3-3)

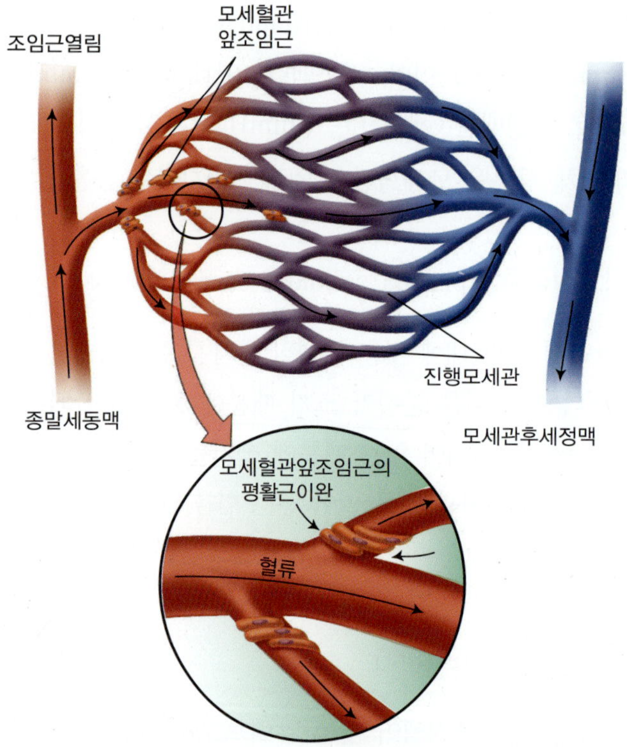

그림 3-3 모세혈관과 조직 사이에서 액체의 이동

모세혈관의 동맥단에서 액체에 작용하는 압력은 액압이 35mmHg, 조직에서 생긴 조직교질삼투압이 2mmHg이며, 이것은 모두 액체를 혈관 밖으로 이동시키는 압력, 즉 35+2=37(mmHg)이다.

반대로 액체를 혈관 쪽으로 이동시키는 압력은 혈장의 교질삼투압 25mmHg와 조직압 2mmHg로서 25+2=27mmHg이다. 그러므로 37−27 =10mmHg의 압력으로 모세혈관 내에 있는 액체가 조직 내로 이동된다.

한편, 모세혈관 정맥 쪽에는 액체를 조직 쪽으로 이동시키는 압력은 액압 15mmHg+조직교질삼투압 2mmHg, 즉 15+2=17mmHg과 혈관 쪽으로 이동시키는 압력은 27mmHg였으므로,

결국 정맥 쪽에서는 27−17=10 mmHg의 압력으로 액체가 이동하게 된다. 이것을 스타링의 가설(Starling's hypothesis)이라고 한다.

이와 같은 기전으로 혈액과 조직액 사이에는 액체 교류가 이루어지고 혈액 순환으로 서로 혼합되는데, 실험 결과 10~30분 내에 전신의 모든 곳에서 한 번은 혼합된다. 사람의 전신적 모세혈관 동맥단에서 혈관 밖으로 이동되는 체액량은 매시간 1L이고, 정맥단에서 혈관 안으로 이동되는 체액량은 매시간 0.9L이다.

정맥단의 모세혈관은 동맥단의 모세혈관보다 더욱 수가 많고 투과도가 크므로 액체를 흡수하는 데에 작은 압력이 요구되며, 동맥단에서 여과된 액체의 9/10은 이렇게 정맥단으로 재흡수되고 나머지 1/10은 림프말단(lymphatic terminal)을 통해 흡수된다.

따라서 0.1L가 덜 들어가는 것은 매우 적은 양이지만 혈장알부민이 나오는데, 이 알부민은 정맥단에서 혈관 내로 들어가지 못하기 때문에 이 혈장알부민이 포함하는 물이 0.1L이다. 이 나머지 0.1L의 체액은 림프관을 지나서 순환계에 들어간다.

check point

● 스타링의 가설(Starling's hypothesis)

혈액은 여러 가지 물질을 운반하는데, 혈액이 가지고 있는 물질이 혈관 밖으로 나가게 되는 장소가 모세혈관이다. 이러한 모세혈관 부위의 동맥단에서는 혈액의 액체가 간질액(조직)쪽으로 나가고(여과), 정맥단에서는 간질액으로부터 혈액쪽으로 액체가 들어오게 되는(재흡수) 액체의 이동 원리를 설명한 학설이다

2. 체액의 불균형(water unbalance)

(1) 부종(Edema)

세포와 세포 사이의 공간이나 체강에 비정상적으로 액체(조직액)가 과량으로 축적되는 것을 **부종**이라 한다. 즉, 혈관에서 액체 이동에서 아래 4가지 형태의 이상이 올 때 조직압이 2mmHg보다 높아지기 때문에 발생되는 것이다.

① **조직압의 상승**: 모세혈관 내 액압이 상승하거나 신장병으로 혈액량이 증가하여 조직압이 상승하므로, 조직간격에 액체가 점점 많아져 조직압이 높아지게 된다.

② **혈장 단백질의 감소**: 신장병을 앓고 있을 때 단백질 손실로 인해 혈장 내 단백질량이 감소되면 혈장교질 삼투압이 떨어지며, 영양부족일 때에도 단백질 합성 저하로 같은 결과가 온다. 따라서 동맥단에서 더 많은 양의 액체가 조직쪽으로 흘러 들어가고 정맥단에서는 적은 양의 액체가 흘러 들어온다.

③ **모세혈관의 투과성 증가**: 정상적인 모세혈관은 단백질 분자를 거의 통과시키지 못하나 벌독 또는 독성물질의 작용으로 모세혈관의 투과성이 증가하면 혈장 단백질이 조직 내로 이동하여 조직의 교질삼투압이 증가하게 됨으로써 조직 내 액체량도 증가하게 된다.

④ **림프관의 폐쇄**: 조직 내 소량의 단백질이 소림프관을 통한 순환장애

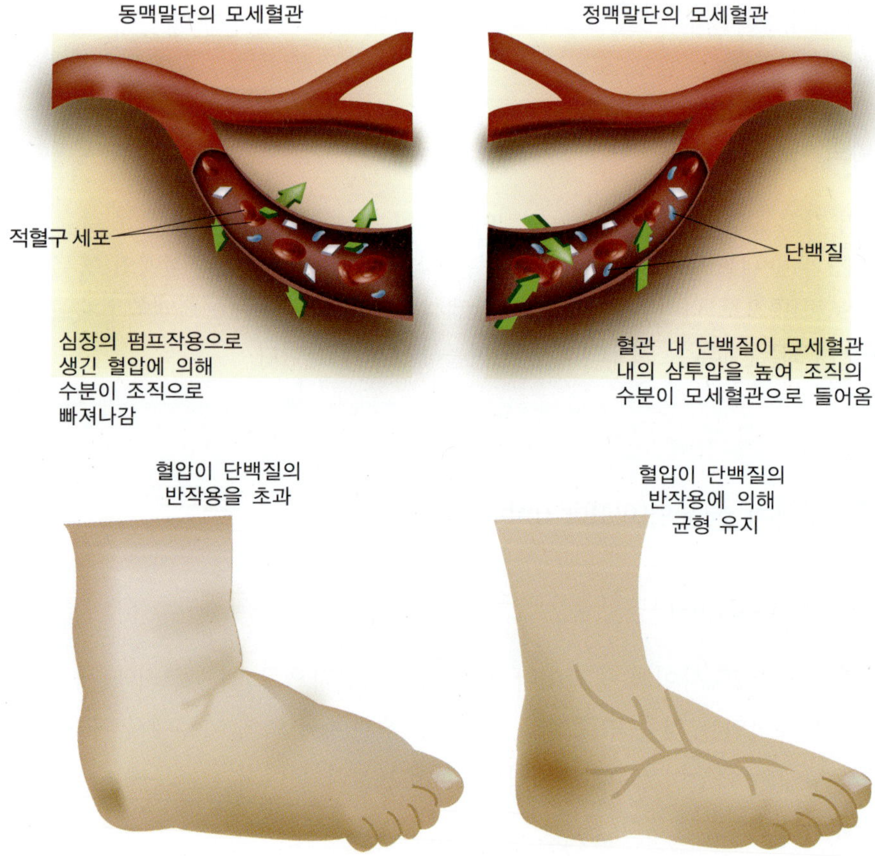

그림 3-4 단백질의 수분평형기능과 불균형 상태의 발

로 인해 조직의 교질삼투압을 증가시키고 따라서 조직 내 액체가 증가하게 되어 부종이 온다. 예를 들면, 열대지방 풍토병인 필라리아시스(filariasis)도 림프관 폐쇄로 부종을 일으키며, 계속되면 상피증(elephantiasis)이 된다.

부종의 증상으로 체온이 낮아지고, 구토가 나타나며, 경련이 일어나고, 혼수상태(coma)가 되어, 마침내는 죽음에 이르게 된다. 이와 같은 증상들이 나타날 때를 흔히 물중독(water intoxication)이라고도 한다.

(2) 탈 수(dehydration)

일반적으로 체액량을 1%만큼만 잃더라도 갈증(thirst)이 나타나서 물을 섭취하여 체액을 보충하게 된다. 그러나 여러 가지 원인으로 부득이 체액을 더 많이 잃게 되거나 섭취되지 못하면 **탈수현**상이 나타난다. 탈수가 일어나면 다음과 같은 증상이 나타난다.

즉, 몸무게가 감소되고, 산–염기 평형의 장애로 산증(acidosis)이 되며, 체온은 높아지나 맥박은 증가하고, 심박출량은 감소된다. 또한 격심한 갈증이 나타나고, 피부가 건조해져서 주름이 생기며, 허탈(collapse) 상태에 빠지게 되고, 더 나아가서 생명에 위협을 받게 된다.

탈수의 원인을 두 가지로 구분하면, 하나는 어떤 원인으로든지 물을 섭취하지 못한 경우이고, 다른 하나는 체액을 다량으로 손실한 경우이다. 즉, 실혈(hemorrhage), 요붕증(diabetes insipidus), 구토(vomiting)와 설사(diarrhea) 및 많은 땀을 흘리는 경우는 후자에 속한다.

3. 체액의 pH와 조절

인체의 고형성분의 대부분은 단백질로 조성되어 있고, 단백질의 하전상태, 효소활성은 체액 pH의 영향을 강하게 받는다. 그래서 체액의 pH를 일정하게 유지하는 것이 항상성 유지면에서도 중요하다.

세포외액의 pH는 매우 정확하게 일정한 수준으로 유지되고 있으며, 정상인의 혈장 pH는 7.35~7.45이다. 또한 산과 염기가 체내에 들어가거나 산성·염기성의 대사산물이 혈중에서 증가했다고 하더라도 pH는 거의 변화하지 않는다. 이것은 혈액 중에 완충계가 있기 때문이다.

Chapter

4. 신경전달

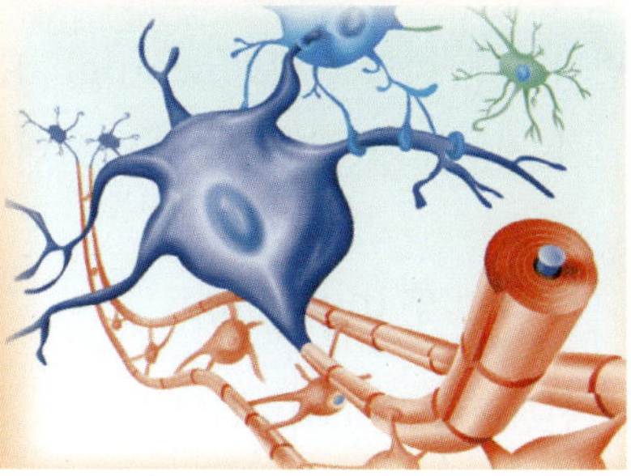

신경계는 내분비계와 함께 우리 몸 안팎의 환경변화를 감지하고, 연락하며, 통제하여 그 환경에 적응하도록 조절하는 기능을 담당하고 있다.

특히 신경계는 우리의 몸을 통제하는 거대하고 정교한 컴퓨터 통신망과 같은 존재이다. 즉, 신경의 말단에서는 환경 변화를 감지하는 수용기(receptor)를 통해 그 정보를 중추로 보내고, 중추는 많은 수용기로부터 받은 정보를 통합하여 근육 및 분비선 등의 효과기(effector)에서 적절한 반응을 나타내도록 조절한다.

이러한 모든 정보의 이동은 **전기적 흥분**(electrical impulses)의 형태로 나타난다. 그 정보의 범위는 매우 넓어서 눈·코·귀와 같이 특수화된 감각기관뿐만 아니라 피부 및 내장에서의 감각 등을 인지하고, 의식적 또는 무의식적인 운동기능을 나타내며, 필요한 정보를 기억하고 판단하고 사고하는 인지기능과 정서기능까지 포함한다.

4-1 신경계를 구성하는 세포

신경계는 1조 개 이상의 세포로 구성된 복잡한 구조로 되어 있다. 많은 세포들은 전기적 흥분(electrical impulses)을 발생하고, 그것을 재빨리 다른 세포로 보내기 위하여 서로 교통하게 된다.

신경계는 **뉴런**(neuron)과 **신경교**(neuroglia)의 두 가지 형태의 세포로 구성된다.

뉴런은 하나의 세포에서 다른 세포로 정보를 빠르게 전달하기 위한 구조로 설계되어 있으며, 걷고 말하는 것과 같이 신경계가 갖고 있는 정상적인 기능을 담당한다. 한편 신경교(neuroglia)는 뉴런의 주변환경을 유지하도록 하며, 빠르게 정보를 전달하여야 하는 뉴런의 기능을 보조한다.

1. 뉴 런(neuron)

신경충동 전도체로서의 뉴런은 신경조직의 기본 단위이며, 신경원이라고도 한다. 뉴런은 주어지는 모든 자극을 전기신호화하여 신경세포의 한 부분으로부터 다른 곳으로 전달하며, 화학전달물질들을 방출함으로써 다른 세포와 연결된다.

뉴런의 모양과 크기는 다양하지만 공통적인 형태를 갖고 있는데, 그 구조를 크게 신경세포체(cell body)·수상돌기(dendrites)·축삭돌기(axon)·신경종말(axon terminals)로 나눌 수 있다(그림 4-1).

(1) 뉴런의 구조

1) 신경세포체(cell body)

뉴런의 몸체이자 대사의 중심이 되는 부분이다. 신경세포체의 중심에 크고 둥근 핵이 있으며, 그 안에 핵인이 뚜렷이 나타난다. 신경세포체는 세포막과 과립형태의 세포질 및 일반 세포가 갖고 있는 미토콘드리아·용해소체(lysosome)·골지장치(golgi apparatus)와 같은 미세소기관이 존재한다. 또한 세포질 안에서는 실처럼 가느다란 망(network)을 이루면서 세포체나 축삭 및 수상돌기를 통해 펴져서 세포체를 지지해 주는 신경원섬유(neurofibril)와 일반세포의 조면소포체(RER)와 비슷한 많은 막으로 구성된 주머니인 **니슬소체**(Nissel bodies)가 존재한다. 니슬소체의 막에는 리보솜이 부착되어 있어 단백질의 합성에 도움을 주고 신경세포체에 영양을 공급하며 이 물질에 대해 식균작용(phagocytosis)을 한다.

2) 수상돌기와 축삭돌기(dendrites and axon)

신경세포체에서 뻗어 나오는 세포돌기(process)에는 수상돌기(dendrites)와 축삭돌기(axon)의 2가지 종류가 있다. 한 개의 뉴런은 여러 개의 짧은 가지 모양의 수상돌기를 갖고 있으나, 축삭돌기는 한 개이다.

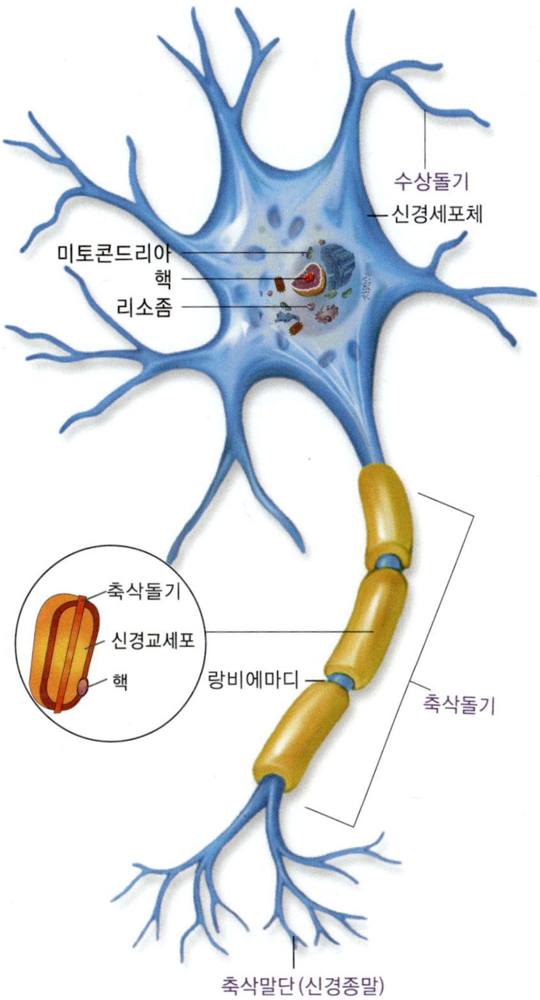

뉴런은 크게 신경세포체, 수상돌기, 축삭돌기, 신경 종말로 구성된다.

그림 4-1 뉴런의 구조

수상돌기는 세포체의 막과 같이 붙어 있으며, 다른 뉴런과 접촉할 수 있도록 되어 있어서 신경전달을 받아들인다.

축삭돌기는 다른 신경세포와 접촉하기 위하여 세포체로부터 뻗어 나오는 긴 섬유상의 구조를 하고 있다. 길이가 긴 것은 1m를 넘는 것도 있고 매우 짧은 것은 몇 μm인 것도 있다. 많은 신경세포에서 축삭돌기의 마디는 수초(myelin)로 감겨 있다. 수초는 주로 인지질 성분으로, 절연체(insulator)로서 작용하게 되는데, 이들 마디 사이의 영역을 랑비에마디(node of Ranvier)라고 한다.

축삭돌기의 세포질 안에는 많은 미토콘드리아(mitochondria)·미세소관(microtubules)·신경원섬유(neurofibril)가 있다. 축삭은 신경흥분의 전도 이외에도 신경세포체에서 만들어진 물질을 운반하는 역할을 한다. 축삭운반(axonal transport)이라고 하는 이 과정은, 소포와 미토콘드리아와 같은 소기관 및 이온·영양소·신경전달물질 등을 세포체에서 축삭 끝으로 운반한다.

3) 신경종말(axon terminals)

축삭돌기의 말단은 가느다란 가지들의 끝이 꼭지 모양으로 커져서 시냅스 꼭지(synaptic knob)를 만들고, 이것이 다음 뉴런이나 근육, 분비선 세포 등의 효과기(effector)에 연결된다. 축삭돌기 말단의 시냅스 꼭지에는 과립 또는 작은 주머니가 있으며, 이 안에는 신경흥분에 의해 분비되는 시냅스 전달물질이 저장되어 있다.

신경종말에는 말초에서 자극을 받아들이는 감각신경의 수용기(receptor)와 중추의 흥분을 근육 및 분비선과 같은 효과기에 전달해 주는 운동신경의 신경종말이 있다.

check point

● 유수신경섬유와 무수신경섬유

말초신경의 큰 축삭은 슈반세포(Schwann cells)라고 하는 신경교세포(neuroglial cell)로 둘러싸여 있으며, 슈반세포와 수초(myelin)를 둘러싸고 있는 얇고 투명한 피막을 신경초(neurilemma)라고 한다. 축삭과 신경초 사이에 생기는 수초는 계통발생학적으로 비교적 늦게 발생하고, 축삭주위를 마치 손가락에 붕대를 감은 것처럼 단단히 감고 있어 수초층(myelin sheath)을 형성하고 있다.

완성된 수초의 끝은 슈반세포막에 연결되어 있다. 수초의 구조는 두 줄의 지질층 사이에 단백질층을 갖고 있으므로 전기저항이 매우 높아서 절연기능을 나타내며, 이온의 투과도 거의 없다. 이처럼 축삭이 수초로 둘러싸여 있는 뉴런을 유수신경섬유(myelinated nerve fibers)라고 한다[그림 4-2(A)].

수초는 축삭의 전체를 감싸고 있으나 축삭의 시작 부분과 랑비에마디(node of Ranvier), 신경종말 부분에는 없다. 랑비에마디는 축삭의 말단부와 약 1.5mm 간격으로 규칙적으로 배열되어 있는 폭 1μm의 잘록한 마디 부분이다. 모든 포유류의 뉴런이 수초로 덮여 있지는 않으며, 약간의 뉴런은 수초가 없는 무수신경섬유(unmyelinated nerve fibers)로 단지 슈반세포로만 둘러싸여 있다[그림 4-2(B)].

유수신경섬유는 수초를 생산하는 슈반세포막이 축삭의 주위를 몇 겹으로 감고 있다. 그러나 중추신경계에 있어서 수초를 만드는 세포는 슈반세포라기보다는 오히려 신경교세포의 일종인 희돌기교세포(oligodendrocyte)이다.

슈반세포가 1개의 뉴런에 있어서 2개의 랑비에마디 사이에 수초를 만드는 것과 달리, 희돌기교세포는 많은 돌기를 내어 주위에 있는 수십 개의 축삭에서 수초를 형성한다. 유수신경섬유의 집단은 백색을 띠므로 이 섬유의 덩어리는 뇌 또는 척수의 백질에 해당되며, 무수신경섬유는 회색을 띠고 있으므로 뇌와 척수의 회백질에 풍부한 무수신경섬유가 함유되어 있음을 알 수 있다.

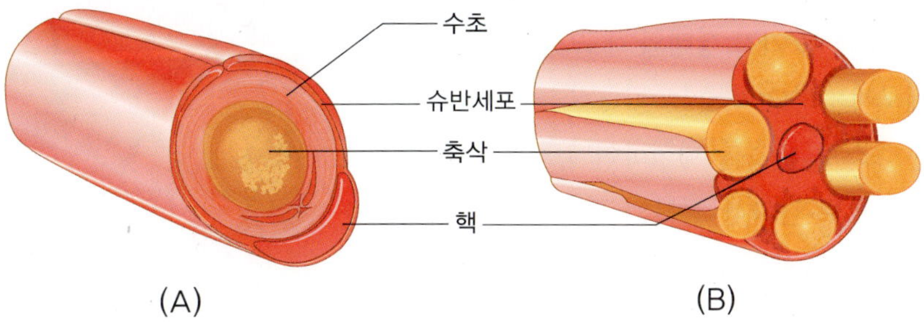

그림 4-2 유수신경섬유(A)와 무수신경섬유(B)의 단면구조

(무수신경섬유에는 수초층이 존재하지 않는다)

(2) 뉴런의 종류

뉴런은 그 기능에 따라 다음과 같은 3종류의 뉴런으로 분류할 수 있다.

① 운동뉴런(motor neurons)

중추신경계에서 효과기까지, 그리고 또한 중추신경계의 상위중추에서 하위중추까지 전기적 자극을 전달하는 뉴런이며, 원심성 뉴런이라고도 불린다. 따라서 세포체, 수상돌기 및 축삭의 일부분은 중추신경계 내에 존재하며, 축삭의 대부분은 중추신경계의 바깥에 존재하게 된다.

② 감각뉴런(sensory neurons)

감각을 받아들이는 수용기, 즉 말초신경의 종말에서 중추신경계로, 또는 하위중추에서 상위중추로 정보를 전달해 주는 뉴런이다. 구심성 뉴런이라고도 한다. 따라서 신경세포체와 축삭의 많은 부분은 중추신경계 바깥에 존재하며, 축삭의 짧은 부분만이 중추신경계로 들어간다. 또한 수상돌기를 갖지 않는다.

③ 중간뉴런(interneurons)

원심성 뉴런과 구심성 뉴런 사이의 자극을 전달하는 뉴런이다. 이 뉴런은 오직 중추신경계 내에서만 볼 수 있으며, 전체 뉴런의 약 99%에 해당한다.

2. 신경교(neuroglia)

신경계에서 다양한 기능을 담당하는 다기능 세포인 신경교에는 기본적으로 성상교세포와 희돌기교세포라고 하는 두 가지 형태의 세포가 있다.

희돌기교세포(oligodendroglia 또는 oligodendrocytes)는 스스로 수초를 형성하여 뉴런의 축삭돌기를 여러 겹으로 감싸서 정보의 전달을 가속화시킨다. 성상교세포(astroglia, astrocytes)는 뇌에서 혈관에 발을 붙인 것과 같은 형태로 연결되어 있는 별 모양의 세포이다. 어떤 형태의 성상교세포는 퇴화하고 있는 뉴런의 부스러기를 제거하는 청소기능을 담당하기도 한다(그림 4-3).

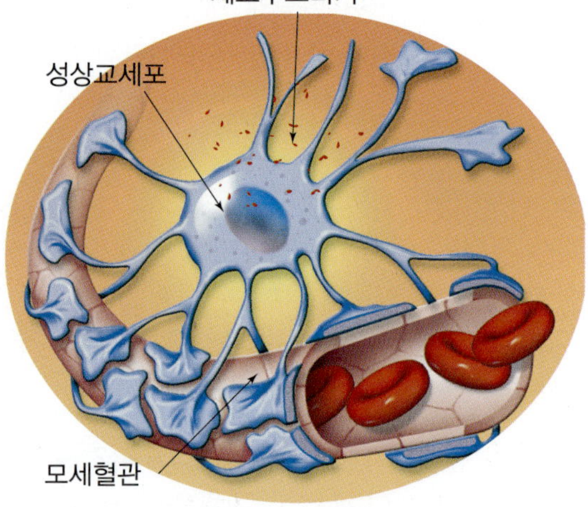

그림 4-3 성상교세포

신경교는 뉴런보다 수가 많아서 뇌중량의 반 이상을 차지한다. 실제로 뇌에서 발생하는 암(cancer)의 대부분은 뉴런이 아닌 신경교에서 발생한다(그림 4-4).

(1) 성상교세포(astrocytes)

주로 중추신경계에 존재하는 신경교세포로 많은 수의 돌기를 가진 별 모양의 세포이다. 그 돌기는 주로 신경세포에 대한 지지장치라고 생각되며, 기능적으로는 신경계의 교통기능(communication function)에 중요한 역할을 한다. 즉, 근접한 혈관벽에 부착하며, 모세혈관과 뉴런 사이의 물질운반을 조절하는 **혈액-뇌 장벽**(blood-brain barrier) 역할을 한다.

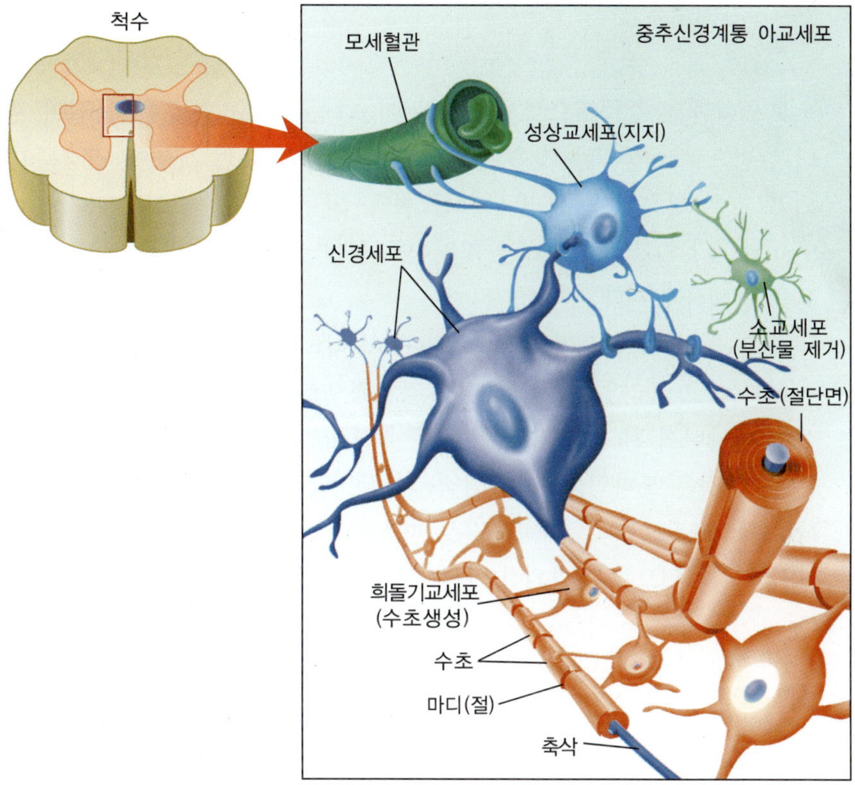

그림 4-4 뉴런과 신경교의 상호관계

(2) 희돌기교세포(oligodendrocyte)

성상교세포보다 작으며, 돌기를 거의 갖고 있지 않다. 돌기들의 일부는 중추신경계에서 축삭을 싸고 있으며, 수초형성에 관여하고, 말초신경계에서는 슈반세포와 같은 역할도 한다. 희돌기교세포와 성상교세포는 소교세포(microglia)와 구별하여 **대교세포**(macroglia)로 분류하기도 한다.

(3) 소교세포(microglia)

신경교세포 중에서 가장 작으며, 중추신경계의 이물질이나 죽은 세포를 처리하는 식균작용(phagocytosis)을 한다. 뇌에서는 대식세포의 기능을 담당한다. 핵은 장원형이며 돌기는 분지되어 있다. 다른 신경교세포가 외배엽에서 분화되는 반면, 소교세포는 중배엽성이다.

check point

● 혈액-뇌 장벽과 파킨슨씨병

모세혈관은 선택적으로 물질이동이 가능하므로 해로운 물질이 혈액으로부터 뉴런으로 이동되는 것을 방어하지만, 혈액과 뉴런 사이에 영양분이나 노폐물의 교환은 허용된다. 그러나 가끔 혈액-뇌 장벽은 중추신경계(Central Nervous System, CNS)로 들어가려는 몇몇 약제들의 출입을 차단함으로써 CNS의 질병치료를 방해하게 된다.

예를 들어, 파킨슨씨병(Parkinson's disease)의 경우는 뇌 안의 도파민(dopamine)이라고 불리우는 화학물질이 감소됨으로써 근의 통제력이 떨어지고 떨림 증상이 나타나게 된다. 그러나 이 경우에 도파민을 복용하여도 효과가 나타나지 않는데, 그것은 도파민 성분이 혈액-뇌 장벽을 통과하지 못하기 때문이다. 다행히 L-dopa라고 불리우는 화학물질은 혈액-뇌 장벽을 통과할 수 있다. L-dopa는 뇌에서만 도파민으로 전환되어 일시적으로 파킨슨씨병의 증상을 완화시킬 수 있다.

(4) 상의세포(ependymal cell)

중추신경계의 뇌실계나 맥락총 및 척수중심관의 내피성막에 분포하는 신경교세포로서 입방형·원추형이다. 세포기저부가 점차 실처럼 가늘어져서 상의섬유(ependymal fiber)라는 긴 돌기를 형성한다.

4-2 안정막전압과 활동전압

1. 신경세포막의 이온통로

시냅스 전달을 유발시키는 전기적 충동을 **활동전압**(action potential)이라고 하며, 이는 축삭막의 성질에 의존한다. 축삭의 막도 다른 세포막처럼 인지질의 이중구조로 되어 있으며, 이중층을 관통하는 특수화된 단백질이 있다. 이들 단백질은 세포막을 가로지르는 이온의 이동을 조절하며, 활동전압을 생성한다. Na^+, K^+, Cl^-, Ca^{2+}과 같은 이온들은 각각 특정한 이온들을 통과시키는 특수한 단백질인 이온통로(ion channels)를 통해서만 세포막을 건널 수 있다. 이온통로에는 다음과 같은 세 가지 형태가 있다(그림 4-5).

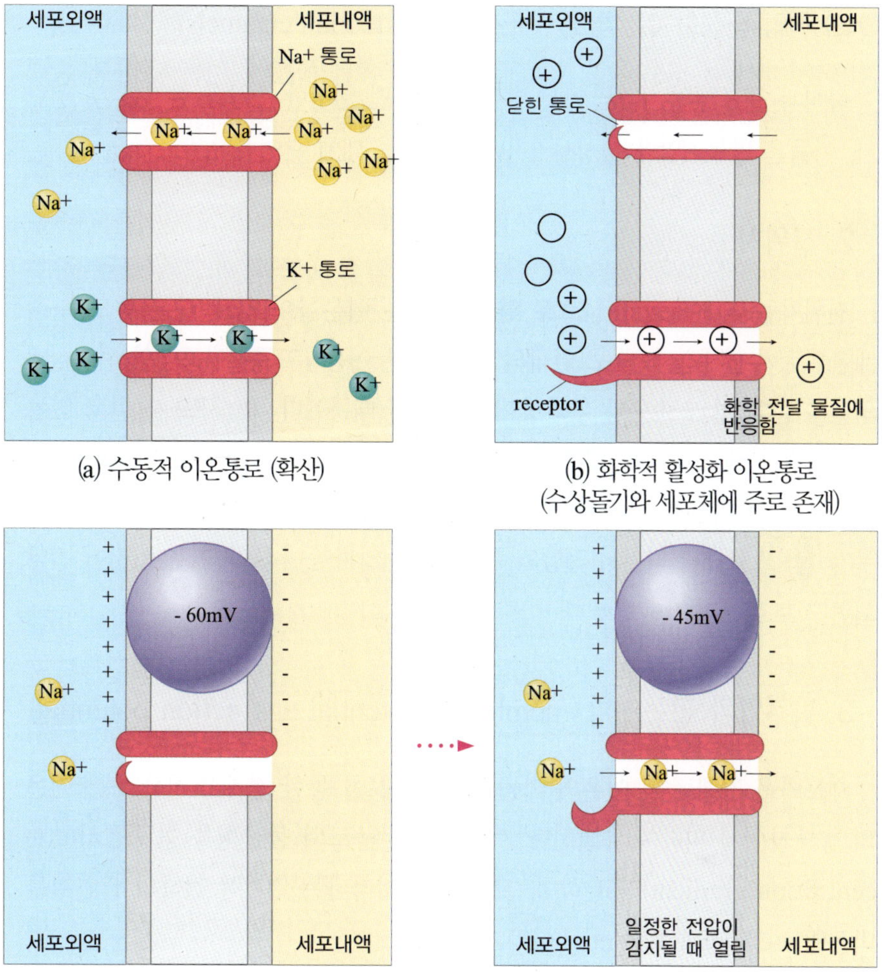

(a) 수동적 이온통로 (확산)

(b) 화학적 활성화 이온통로 (수상돌기와 세포체에 주로 존재)

(c) 전압 활성화 이온통로

그림 4-5 여러 가지 이온통로

(1) 수동적 이온통로(passive ion channels)

모든 신경세포의 세포막에서 발견된다. 이들 통로는 통과하는 특정 이온에 따라 Na^+통로, K^+통로, Cl^-통로, Ca^{2+}통로 등으로 구분된다.

(2) 화학적 활성화 이온통로(chemically activated ion channels)

주로 수상돌기와 세포체에 존재한다. 이 통로들은 세포막을 통한 이온의 흐름을 막기 위한 '문(gate)' 으로서 평소에는 닫혀 있다. 화학전달물질들은 단백질 통로상에서 이들과 결합하여 문을 열도록 하고 그 통로를 통하여 이온의 흐름이 가능하도록 한다. 이와 같이 화학적으로 활성화되는 통로들을 **수용기**(receptors)라고 한다.

(3) 전압 활성화 이온통로(voltage-activated ion channels)

축삭과 세포체의 세포막에서 발견되며, 어떤 일정한 전압을 감지할 때 열린다. 이들은 활동전압을 생성시키거나 전도하는 데에 관여한다.

2. 전위차

전위차는 세포막을 중심으로 양쪽에 다른 이온들이 서로 다른 농도로 존재함으로써 발생된다. 세포 안팎의 서로 다른 이온 분포는 세포막의 선택성에 의한 이온의 투과 속도와 투과량이 달라지기 때문이다. 즉, 세포가 쉬고 있는 상태에서는 세포 외부가 내부에 비해 '양'의 상태로 하전되어 있다. 그러나 자극을 받으면 이온의 이동에 의해 일시적으로 세포 내부가 '양'으로, 세포 외부가 '음'으로 하전되면서 전압의 기복, 즉 전압파동이 발생하고, 이것이 전달되면 정보로써 처리되게 된다.

3. 막전압과 활동전압(membrane potential and action potential)

세포막을 경계로 한 이온의 이동은 이온통로를 통한 전기적 전하 또는 이온의 농도차이에 의하여 유발된다. 이러한 이온농도의 불균형을 **농도경사**(concentration gradient)라고 하며, 그 결과로 나타나는 전기적 전하의 불균형을 **막전압**(membrane potential)이라고 한다.

신경흥분(nervous impulses)을 전달하지 않는 휴식상태인 세포는 일정한 막전압(안정막전압)을 갖는다. 그리고 막전압이 일시적으로 변하여 활동전압이 시작되면 세포의 신경전도과정이 시작된다.

(1) 안정막전압(휴식상태 세포의 막전압)

막전압은 세포막을 건너는 양이온과 음이온의 수적 차이에 의하여 형성된 전위차(electrical potential)를 뜻한다. 휴식상태인 세포의 세포외액에서 두 점의 전하는 같으므로 전압을 발생하지 않으나, 세포 밖의 한 점과 세포 안의 한 점 사이에는 전하의 차이가 있으므로 전압이 발생한다.

이 상태에서의 막전압을 **안정막전압**(resting membrane potential)이라고 하며, 안정막전압은 약 −60~−90mV이다.

check point

● 농도경사와 확산

신경세포도 다른 세포와 비슷하여 세포 내에는 K^+의 농도는 높은 반면에 Na+ 농도는 낮고, 세포외액은 K^+ 농도는 낮으나, Na^+ 농도는 높다. 따라서 이온 농도 차에 의해 K^+이온은 세포 밖으로, Na^+이온은 세포 안으로 확산된다. 이러한 확산현상이 계속된다면 결과적으로 농도차는 없어지게 된다. 그러나 Na/K-ATPase의 펌프기전에 의하여 다시 Na^+이온은 세포 밖으로, K^+이온은 세포 내로 돌아가게 된다(Chapter 2 세포와 물질이동 참조). 따라서 세포 내외 이온의 농도는 계속되는 확산현상에도 불구하고 농도경사를 유지하게 된다.

(2) 활동전압(막전압의 일시적 변화)

안정막전압 상태에 있는 신경세포에 자극이 가해지면 그 부위의 Na^+과 K^+의 세포막 투과성이 변화하면서 양성으로 되는데, 이 과정을 **탈분극**(depolarization)이라고 한다. 이때 전압은 약 −45 mV인 **역치**(threshold)에 이르게 된다. 역치에 닿은 후, 막전압은 급히 상승하여 **가시전압**(spike potential)을 형성하면서 정점에 달하게 되며, 이때의 막전압은 약 +25 mV에 이르게 된다.

그 후 다시 막전압은 안정막 전압으로 급속히 회복되며, **재분극**(repolarization) 상태를 이룬다. 재분극시기에 막은 **과분극**(hyperpolalization)되거나 정상적인 휴식상태보다 더욱 큰 '음'의 상태가 된다.

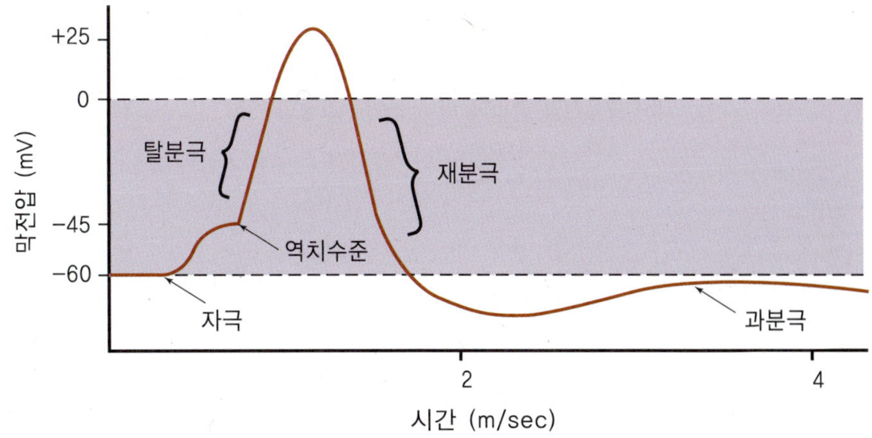

그림 4-6 활동전압곡선

즉, 안정막 상태로 돌아오기 전의 과분극 상태로 남아 있게 된다. 이러한 일련의 전압변동을 **활동전압**(action potential)이라고 한다(그림 4-7).

(a) 활동전압곡선(각 단계에서의 이온통로의 변화)

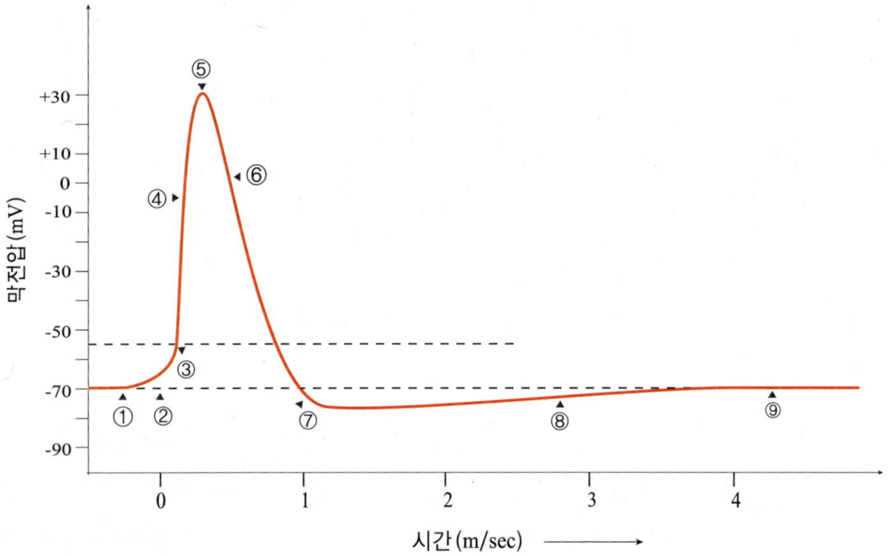

① 휴식상태의 막전압
② 탈분극을 위한 자극
③ 역치수준까지의 탈분극. 전압활성화 Na^+ 통로가 열리면서 Na^+ 유입. K^+통로는 서서히 열리기 시작
④ 급격한 Na^+의 유입이 세포를 탈분극시킴
⑤ Na^+통로가 닫히면서 K^+통로가 열림
⑥ K^+의 유출
⑦ K^+통로가 열린 상태에서 K^+의 유출이 지속되어 과분극 상태 유발
⑧ K^+통로가 닫히고, 약간의 K^+가 통로를 통하여 새어 들어옴
⑨ 세포 이온 투과성이 본래 상태로 돌아와서 안정막 전압유지

(b) 활동전압 경과에 따른 이온투과성의 변화

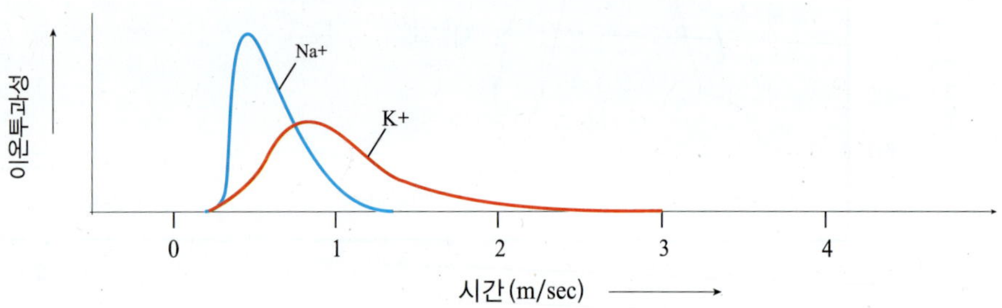

그림 4-7 활동전압

1) 자극의 역치와 흥분성

신경이나 근이 흥분하려면 우선 자극이 가해져야 한다. 그런데 가해진 자극이 효력을 발생하기 위해서는 자극의 강도, 속도 및 자극에 요하는 시간 등의 조건이 적절하여야 한다.

① **자극강도** : 신경섬유를 흥분시키기 위한 자극의 강도는 역치(threshold) 수준 이상을 유지하여야 하며, 자극강도가 이 수준에 도달하지 못하면 자극을 받은 부분에서만 전기적 변동이 일어난다. 이것을 국소반응(local response)이라 하고, 이런 경우의 자극강도를 역하자극(subthreshold stimulus)이라고 하며, 또한 역치 이상의 자극강도를 역상자극(suprathreshold stimulus)이라고 한다.

② **자극속도** : 자극은 충분히 빠른 속도로 도달하여야 하며, 만일 시간적으로 매우 느리게 되면 자극이 전달될 수 없다.

② **자극시간** : 역상자극이라고 하더라도, 자극강도가 일정시간 이상 계속되지 않으면 흥분을 유발시킬 수 없다.

2) 실무율(all or none principles)

단일 신경섬유에 단일 역하자극을 주면 신경섬유는 전혀 흥분을 전달하지 못하지만, 자극의 강도를 높여서 어느 한계의 자극강도에 도달하도록 하면 그 신경섬유는 흥분하게 된다. 또한 이 역치자극보다 더욱 더 강력한 자극을 주어도 발생되는 활동전압에는 전혀 변화가 없다.

이와 같이 단일 신경섬유가 자극의 강도에 따라 최고조로 흥분을 하든지 또는 전혀 활동전압을 나타내지 않는 현상을 **실무율**(all or none principles)이라고 한다. 따라서 활동전압의 크기와 자극의 전도 속도는 신경섬유의 조건에 따라 변동하고, 자극이 역상자극이라면 자극의 강도나 자극의 종류에는 영향을 받지 않는다. 그러나 단일 신경섬유가 모여서 이룬 말초신경 다발의 활동전압은 실무율을 따르지 않는다.

3) 불응기(refractory period)

활동전압이 시작되고 일정기간 동안 축삭은 막전압이 다시 탈분극됨에도 불구하고 두 번째 활동전압을 발생시킬 수 없다.

이 시기를 **절대적 불응기**(absolute refractory period)라고 하며, 처음 활동전압 발생 후 10ms 정도 지속된다. 가시전압의 상행각과 하행각의 위쪽 2/3를 이루는 시기이고, 아무리 강력한 자극을 주어도 반응이 일어나지 않는 시기, 즉 흥분성이 소멸되는 기간이다.

그 뒤를 이어서 재분극의 시작에 이르는 동안에는 안정 시에 역치자극으로는 흥분하지 않으나, 선행된 자극의 강도보다 더 큰 자극을 주면 흥분하는 시기가 된다. 이 시기를 **상대적 불응기**(relative refractory period)라고 한다. 이 시기에는 활동전압을 유발하기 위하여 필요한 역치 전압이 훨씬 더 커진다(그림 4–8).

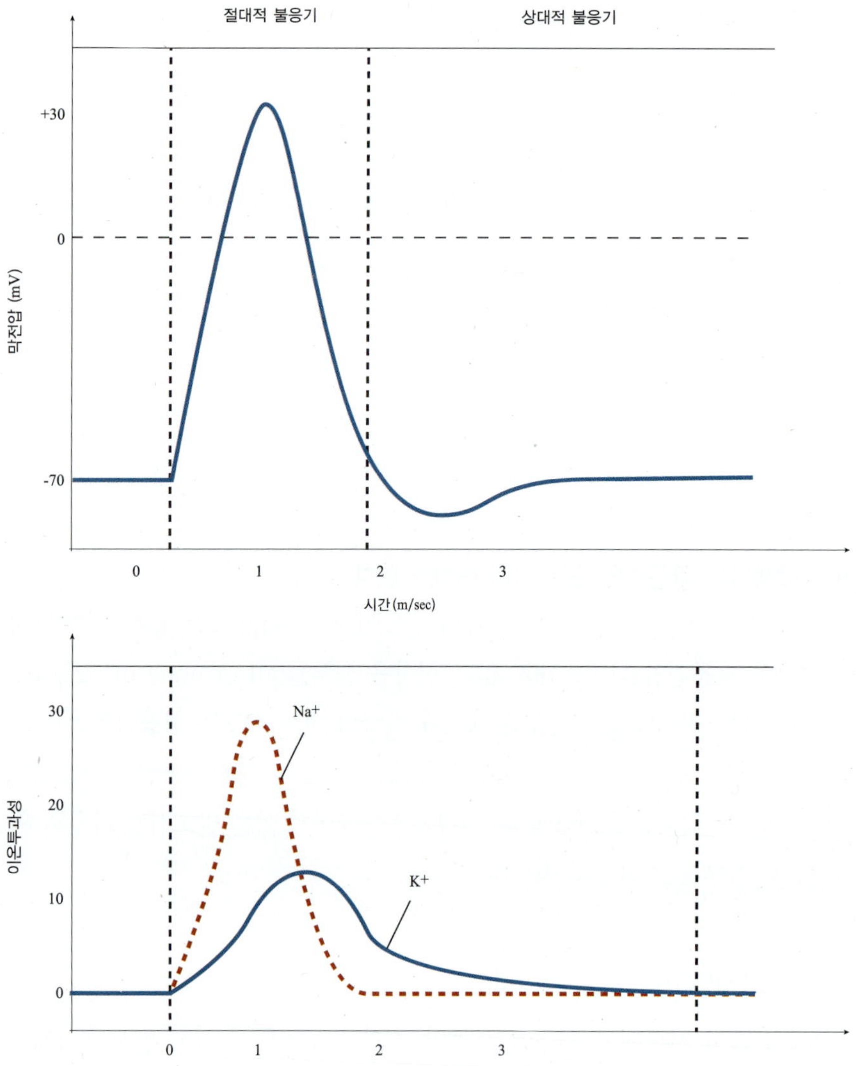

그림 4–8 절대적 불응기, 상대적 불응기와 그 시기의 이온투과성

(3) 활동전압의 전도

신경섬유를 자극하면 자극된 부분에서 흥분이 발생하고, 이 흥분은 신경섬유의 양쪽 방향으로 전도된다. 무수신경섬유에서의 흥분전도는 흥분된 국소의 신경섬유 안쪽이 안정상태와는 반대로 '+'로 하전되고 그 주위는 '−'로 하전되므로 흥분한 곳에서 흥분하지 않은 양쪽 부위로 전류가 흘러간다. 이런 전류를 **국소전류**(local current)라고 한다.

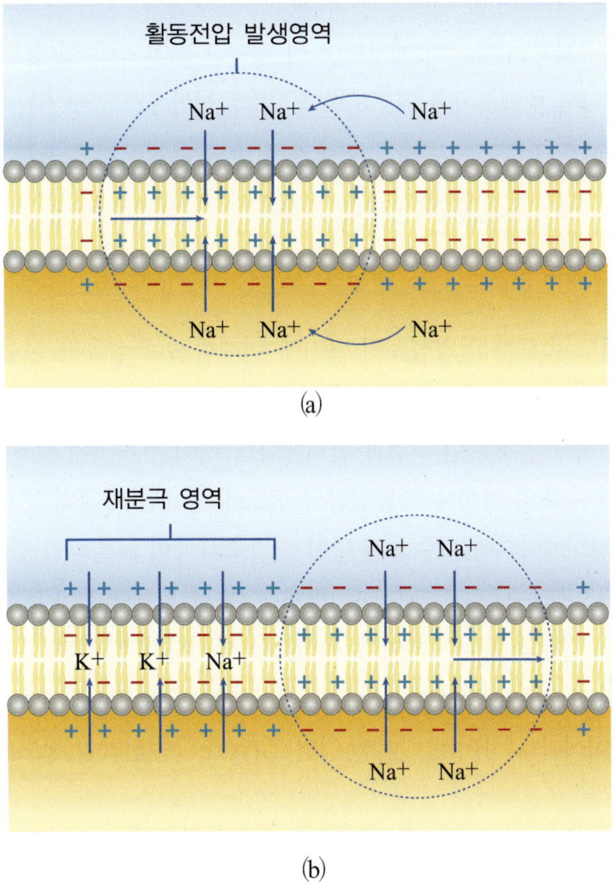

그림 4-9 활동전압의 전도

국소전류가 발생하면 흥분하지 않은 부위의 '−' 하전을 중화시키므로 막전압은 감소하게 되고, 섬유막 밖에서는 흥분하지 않은 곳에서 흥분한 곳으로 국소전류가 흘러서 흥분하지 않는 부위의 '+' 하전을 잃게 된다. 따라서 흥분하지 않은 부위의 막전압이 감소하여 역치에 도달하게 되므로 양쪽 부위에서 활동전압이 발생한다.

흥분이 발생한 국소로부터 양쪽 방향으로의 전도는 단일 뉴런 내에서 일어나며, 시냅스를 이루고 있는 신경계의 흥분은 세포체에서 신경종말로 한 방향으로만 고정되어 있다. 이러한 흥분전도방식을 **전방 전도의 법칙**(law of forword conduction)이라고 한다.

즉, 활동전압의 전도는 그림 4-9에서 보는 바와 같이 휴식상태에서는 여러 이온의 농도가 능동적 운반(active transport) 체계에 의해 유지되던 것이 자극을 받음으로써 축삭 안으로 Na^+이온이 흘러 들어와서 활동전압이 발생하면 Na^+이온은 주변의 막 영역을 돌아들면서 세포외액으로부터 들어온다.

옆의 영역으로부터 Na^+이 제거되면 이 영역은 탈분극이 일어나고(a), 이 탈분극치가 역치에 도달하기에 충분하면 두 번째 영역에서 활동전압이 발생한다(b). 이러한 연속적인 탈분극 현상에 의하여 활동전압이 전파된다.

(4) 활동전압의 속도

신경의 전도 속도는 신경섬유의 굵기에 비례하므로 섬유가 굵을수록 전도속도가 빠르다. 유수신경섬유가 무수신경섬유보다 전도속도가 빠르다. 유수신경의 전도 속도는 축삭의 직경과 랑비에마디 사이의 거리에 비례한다.

축삭 주위 수초의 형성은 활동전압의 전도에 필요한 이온의 투과를 저해한다. 그러나 랑비에마디에는 수초가 없이 신경축삭막이 노출되어 있고, 많은 수의 Na^+와 K^+ 통로를 갖고 있다. 랑비에마디에서 활동전압이 발생하면 옆의 랑비에결절의 탈분극을 유도하여 활동전압을 발생시킨다. 이런 식으로 유수화된 신경을 따라 활동전압이 발생하는 것을 **도약전도**(saltatory conduction)라고 한다. 랑비에마디 사이의 길이가 길면 길수록 활동전압의 전도속도도 커진다.

또한 활동전압이 축삭 끝에 전달되면, 그것은 시냅스 종말(synaptic terminal)로 들어가게 된다. 여기에서 축삭을 따라온 활동전압은 **시냅스 전달**(synaptic transmission)이라고 불리는 과정에서 뉴런 사이를 교통할 때에 사용되는 화학물질을 분비시키게 된다.

4-3 시냅스 전달

신경계는 수없이 많은 뉴런이 복잡한 그물망을 이루면서도 질서정연하게 자극을 전달하고 있다. 이런 자극의 전달은 시냅스(synapse)에서 이루어진다. **시냅스**란 1개의 신경세포(시냅스 전세포, pre-synaptic cell)의 축삭 또는 다른 부분이 또 다른 뉴런의 세포체나 수상돌기, 경우에 따라서는 근 또는 선세포(시냅스 후세포, post-synaptic cell)에 닿아 있는 연결부위를 뜻한다(그림 4-10).

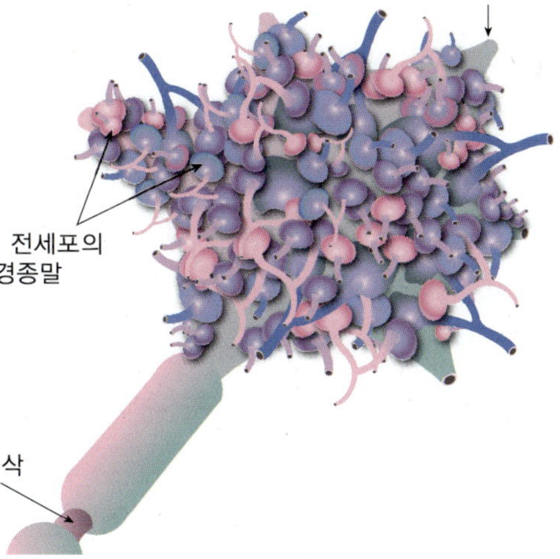

그림 4-10 시냅스 후세포에 닿아있는 시냅스 전세포의 연결부위

> *Guide*
> 시냅스에는 전기적 시냅스와 화학적 시냅스라고 하는 두 종류가 있다.

전기적 시냅스는 세포와 세포 사이에 이온이나 다른 작은 분자를 직접 전달하는 갭연접(gap junction)으로 구성되며, 양쪽 방향으로 정보를 전달한다. 그 반면 화학적 시냅스는 이온의 직접적인 전달을 차단하는 시냅스 간격(synaptic cleft)이라고 불리는 세포와 세포 사이의 공간이 존재한다. 이 경우는 이온이 흐르게 하기 위하여 반드시 시냅스 전세포로부터 화학전달물질이 분비되어야 한다.

1. 전기적 시냅스

전기적 시냅스(electrical synapses)는 시냅스 전·후세포 사이의 간격을 연결시켜 주는 단백질 통로에 의하여 연결되어 있다. 이 통로들은 세포로부터 다른 세포로 이온을 직접 전달하는 통로가 되며, cAMP·sucrose 및 작은 펩티드와 같은 분자를 통과시킬 수 있을 만큼 크다. 이러한 교통방식은 세포 사이의 빠른 정보전달뿐만 아니라 많은 인접한 세포들의 활성을 동조시키는 역할도 담당하게 된다. 특히 심장세포나 많은 평활근세포 등과 같이 세포 사이의 동조화(synchronization)를 필요로 하는 세포들에서 전기적 시냅스를 관찰할 수 있다.

2. 화학적 시냅스

화학적 시냅스(chemical synapses)에서 시냅스 전세포는 화학 신호를 생산하는 세포로, 시냅스 후세포는 그 신호를 받는 표적세포로 작용하게 된다. 시냅스 전세포의 신경종말은 팽대하여 종말단추(terminal button) 또는 신경종말(synaptic knob)의 형태를 만들고 있으며, 그 안에는 신경전달물질을 함유한 시냅스 소포(synaptic vesicles)가 들어 있다. 말초신경계에 있어서 시냅스 후세포는 근(muscle) 또는 선(gland)세포가 된다. 시냅스 전세포가 시냅스 후세포의 어느 부위에 접속하는지는 다음과 같이 구분하여 볼 수 있다(그림 4-11).

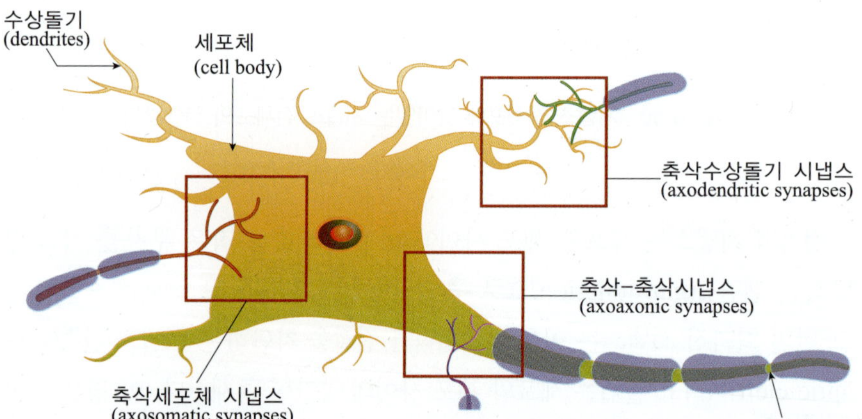

그림 4-11 시냅스 접속

(1) 화학적 신경전달 기전

이 과정은 신경전달물질의 합성, 신경전달물질의 저장 및 방출, 신경전달물질과 시냅스 수용기의 상호작용, 시냅스 전달의 종결 등 4단계로 진행된다.

1) 시냅스 전세포의 신경전달

시냅스 전세포의 신경종말에서 합성·저장된 신경전달물질은 활동전압이 신경종말까지 밀어닥치게 되면 방출을 시작한다. 즉, 막전압은 전압에 민감한 Ca^{2+}통로를 활성화하여 신경종말 안으로 Ca^{2+}이온을 유입시킨다. 이들 이온은 시냅스 소포로 하여금 시냅스 전세포막과 융합하도록 하여 세포 외 유출작용(exocytosis)에 의해 시냅스 간격 안으로 신경전달물질을 방출한다. 이때 방출되는 신경전달물질의 양은 유입된 Ca^{2+}이온의 농도에 비례한다.

2) 시냅스 후세포의 신경전달

방출된 신경전달물질은 시냅스 후세포의 수용기와 결합한다. 이러한 결합에 의해 통로가 열리면서 특정 이온이 세포 안팎으로 이동하여 막전압에 영향을 미친다. 막전압을 탈분극시키는 시냅스 후전압은 활동전압을 일으키도록 신경세포를 자극하는데, 이것을 **흥분성 시냅스 후전압**(EPSP)이라고 한다. 그 반면, 막전압을 과분극시키는 시냅스 후전압은 신경세포가 활동전압을 일으키지 못하도록 저해하는데, 이것을 **억제성 시냅스 후전압**(IPSP)이라고 한다(그림 4-12).

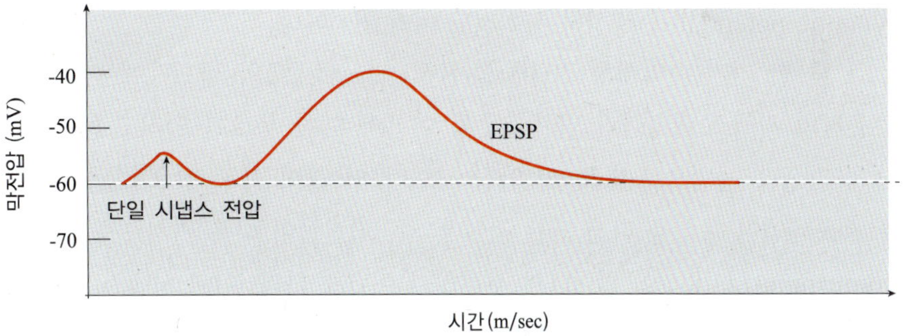

(a) 흥분성 시냅스 후전압(EPSP)

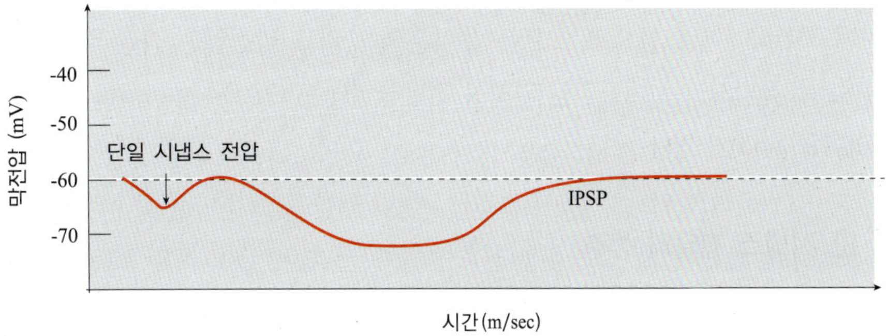

(b) 억제성 시냅스 후전압(IPSP)

그림 4-12 흥분성 시냅스

① 흥분성 시냅스 후전압(EPSP)

여러 종류의 이온들이 EPSP(excitatory postsynaptic potential)를 발생시킬 수 있다. 그 중 Na^+이온의 기전은 Na^+수용기가 활성화되면 농도경사와 전기적 경사에 의해 세포 안으로 Na^+의 유입이 늘어나고, 이러한 양이온의 증가는 막전압을 탈분극시키게 되는 것이다. EPSP는 어느 정도 비선택적인 통로가 열림으로써 생성될 수도 있다. 이 경우에 세포 안으로 Na^+의 유입과 K^+의 유출이 동시에 일어나지만, 안정막전압 상태에서 K^+이 밖으로 나가려는 힘보다 Na^+이온이 안으로 들어오는 힘이 더 크므로 막은 탈분극될 수 있다.

흥분성 시냅스 후전압(EPSP)을 유발하게 하는 신경전달물질에는 자율신경계의 모든 절전섬유와 부교감 신경계의 절후섬유인 말단에서 유리되는 아세틸콜린(acetylcholine)과 교감신경 절후섬유 말단에서 유리되는 노르에피네프린(norepinephrine)과 세로토닌(serotonin, 5-hydroxy tryptamine) 등이 있다.

② 억제성 시냅스 후전압(IPSP)

흥분을 높이는 전달물질과 반대로 억제하는 것도 있는데, 이것을 억제성 전달물질이라고 한다. EPSP처럼 억제성 시냅스 후전압(IPSP; inhibitory post synaptic potential)를 생성하는 기전도 여러 가지이다.

그 중 한 가지는 억제성 전달물질이 시냅스 후세포의 세포막에 작용하면 수용기의 시냅스 활성화가 일어나서 K^+이온에 대한 통로가 열리고 K^+에 대한 투과성을 높임으로써 K^+이 안정 시보다 더 많이 세포 밖으로 유출되므로 세포내액이 음성을 띠게 되는 것이다. 즉, 막전압이 더욱 커지므로 과분극(hyperpolarization)이 일어나서 흥분하기 어렵게 한다. 이때 시냅스 후 뉴런 세포막에 나타난 전위변동을 억제성 시냅스 후전압이라고 한다(그림 4-12).

IPSP는 또한 Cl^-이온이 막을 통해 세포 안으로 흘러 들어가면서도 발생하게 되는데, 세포 안으로 흐르는 음이온의 증가도 막전압을 과분극시킨다. IPSP를 유발시키는 대표적인 억제성 전달물질에는 GABA(gamma amino butyric acid)가 있다.

3) 시냅스 전달의 종결

신경전달물질이 시냅스 간격으로부터 제거될 때 일어난다. 이것은 대부분의 신경전달체계에서 시냅스 전 종말(presynapic terminal) 안으로 전달물질을 회수함으로써 일어난다. 그 밖의 전달물질들은 효소에 의해 분해되어 시냅스 간격으로부터 제거되고, 대사산물이 시냅스 전 종말 안으로 수송된다. 이 기전은 신경전달물질의 유형 또는 대사산물에 따라 특이적으로 나타나며, 선택 약제에 의해 영향받을 수 있다.

4) 신경전달물질의 재활용

회수된 신경전달물질은 다시 소포체로 둘러싸인 후에 저장된다. 시냅스 종말 안으로 대사산물이 수송된 경우는 대사 전구물질로부터 재합성된 후에 소포 안에서 둘러싸인다. 신경전달물질이 소포체에 포장되는 과정은 ATP를 필요로 한다.

check point

● 신경전달물질 (neurotransmitter substances)

신경계 내에서는 여러 가지 신경전달물질이 생성된다. 어떤 뉴런은 1종류만을 방출하나, 다른 뉴런은 2종류 또는 3종류의 신경전달물질을 방출하기도 한다. 골격근의 수축을 자극하는 아세틸콜린도 신경전달물질에 포함되는데, 현재까지 밝혀진 신경전달물질은 크게 두 종류로 구분된다.

즉, 저분자량의 아민류, 그리고 아미노산과 폴리펩타이드로 구성된 신경펩티드 전달물질(neuropeptide transmitters)이다. 저분자량의 신경전달물질은 시냅스 전 뉴런의 신경종말에서 합성된다. 이때 합성에 필요한 효소는 신경세포체에서 생산되어 신경종말쪽으로 운반된다.

그 반면에, 신경펩티드(neuropeptide)는 주로 뇌나 척수의 신경세포체에서 합성되어 축삭이동에 의하여 시냅스 종말로 이동된다. 이 물질은 신경전달물질로서 작용하거나, 그런 물질에 대한 뉴런의 반응을 변화시키고 신경전달물질의 방출을 억제시키는 신경조절자로서의 역할을 한다.

저분자량 신경전달물질로는 아세틸콜린과 아민류인 도파민, 노르에피네프린, 세로토닌 등과 아미노산류인 글루타민산염(glutamate), GABA 등이 있다.

신경펩티드는 다시 구조적·기능적으로 몇 개의 군으로 분류된다.

즉, 통증을 완화시키는 아편류와 비슷한 구조의 opioid성 펩티드, 뇌하수체 후엽에서 발견되며 혈장삼투압과 젖의 분비를 조절하는 신경하수체성 펩티드(neurohypophyseal peptide), 소화기계에서 발견되는 펩티드로서 호르몬과 유사한 구조를 갖는 세크레틴(secretin)과 가스트린(gastrin) 그리고 인슐린과 신경성장인자 등을 포함하는 인슐린류와 성장인자와 구조적으로 비슷한 소마토스타틴(somatostatin) 등으로 나눌 수 있다.

오피오이드(opioid)성 신경펩티드 중 엔케펄린(enkephalins)라고 하는 물질은 뇌와 척수에 광범위하게 존재하며, 5개의 아미노산이 구성되어 있다. 이들 물질의 합성은 통증을 수반하는, 즉 스트레스를 받는 동안 증가하며, 마약성 모르핀과 같이 뇌의 수용기와 결합하여 통증을 줄여 주는 것으로 알려져 있다.

그 반면에 7개의 아미노산으로 구성된 Substance P라는 신경펩티드는 통증충격을 뉴런에서 척수나 뇌에 전달하는 기능을 하므로 엔케펄린과 엔돌핀 등 통증 완화작용을 하는 물질들의 작용기전이 통증을 전달하는 뉴런에 영향을 미쳐 Substance P의 방출을 억제하는 것으로 보는 견해도 있다.

4. 공간적 가중과 시간적 가중

만일 여러 개의 종말단추가 동시에 전달물질을 방출하여 EPSP가 서로 겹쳐져서 어느 크기 이상이 되면 비로소 시냅스 후세포에서 활동전압이 발생한다. 이 경우에 종말단추가 부착되어 있는 곳이 공간적으로 서로 다른 곳이기 때문에 이것을 **공간적 가중**(spatial summation)이라고 부른다.

이에 대하여 어떤 하나의 종말단추가 매우 짧은 시간간격으로 흥분을 되풀이할 때 처음의 화학물질 방출에 의하여 생긴 EPSP가 아직 사라지기 전에 다음 번의 화학물질 방출에 의한 탈분극, 즉 다음의 EPSP가 겹쳐져서 결과적으로 큰 탈분극이 일어나는 것을 **시간적 가중**(temporal summation)이라고 한다. 물론, 이 경우에도 가중된 EPSP가 일정 크기 이상일 때에는 시냅스 후세포의 흥분을 일으킨다(그림 4-13).

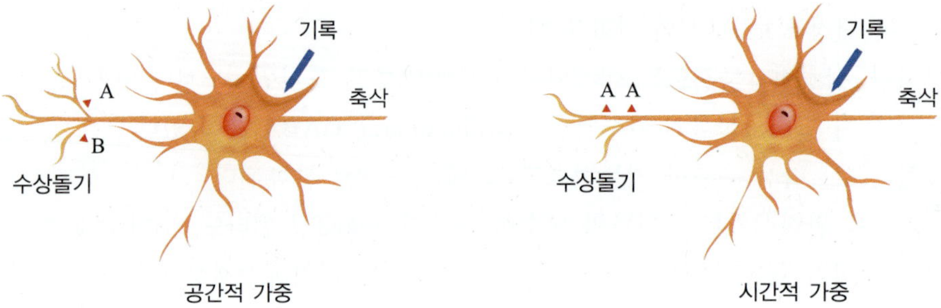

그림 4-13 공간적 가중과 시간적 가중

3. 폭주와 발산(Convergence and Divergence)

하나의 신경세포에 많은 신경세포의 신경종말이 접속되어 있다면, 그 시냅스 후 뉴런은 다수의 신경세포로부터 보내지는 신호를 통합하게 된다. 이러한 시냅스의 접속모양을 **폭주**(convergence 또는 수렴)라고 한다. 그 반대로 하나의 신경세포의 축삭이 갈라져서 다수의 신경세포에 접속되어 있다면 다수의 세포에 동시에 정보를 보낼 수 있다. 이러한 시냅스 접속을 **발산**(divergence)이라고 한다(그림 4-14).

예를 들어, 운동뉴런이 중추신경계의 여러 부위로부터 온 신경흥분을 받게 되는 경우가 폭주에 해당한다면, 감각 수용기에서 받은 자극을 여러 개의 척수뉴런을 통해 중추로 전달하는 경우는 발산에 해당한다고 할 수 있다.

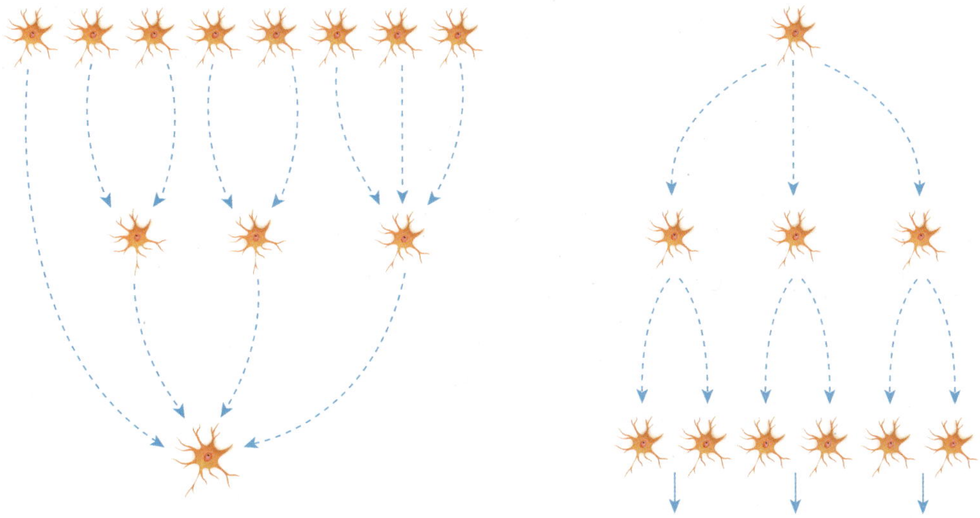

(a) 폭주 (b) 발산

폭주 (a)는 다수의 신경세포로부터의 신호를 통합하며, 발산(b)은 동시에 다수의 세포로 정보를 전달한다.

그림 4-14 폭주와 발산

check point

● 뉴런의 흥분전도에 영향을 미치는 요인

흔히 커피를 마시게 되면 정신이 맑아지는 것을 경험하게 된다. 이는 커피 속에 함유된 카페인(caffeine)이 시냅스 후 뉴런을 촉진시켜 활동전압을 생성시키기 때문이다. 그 반면에 최면제나 진통제, 마취제 등은 뉴런이 활동전압을 일으키는 역치(threshold) 수준을 증가시켜 시냅스 활성을 감소시킴으로써 오히려 과분극 상태를 유발시킨다. 따라서 자극에 대한 감수성이 저하된다.

혈중 pH 역시 뉴런의 흥분 전도에 영향을 주는데, alkalosis(과염기증)의 경우는 시냅스 활성이 증가하여 탈분극상태를 유발시키는 반면, acidosis(산독증)일 경우는 오히려 시냅스 활성이 감소하여 과분극상태가 된다. 그러나 산소부족(hypoxia) 상태에 빠지게 되면 시냅스 활성은 아예 중지되어 사망에 이르게 된다.

4-4 신경의 재생

말초신경섬유의 축삭이 절단된 후, 역행성 변성이 세포체에 도달하기 전에 멈추면 손상된 신경섬유의 중추단으로부터 50개 내지 100개의 가느다란 가지가 새로 나오기 시작한다. 이런 현상을 신경섬유의 재생(regeneration)이라고 한다. 가는 가지가 슈반 세포(신경초세포, Schwann cells)에 접촉되면 이 세포가 다리 역할을 하여 성장하게 된다. 신경섬유의 재생속도는 재생시작 초기에는 하루에 0.25 mm에 불과하나, 재생과정이 진행되어 말단부위에 도달하면 하루에 3~4 mm나 재생된다.

재생이 진행되어 변성된 중추쪽과 말초쪽이 연결되면 그 신경섬유가 말초의 근육이나 선과 같은 효과기와 연결됨으로써 기능적인 재생이 끝나게 된다. 이러한 뉴런의 재생은 말초신경섬유에서만 일어나며 중추신경섬유에서는 볼 수 없는데, 그것은 중추신경계의 뉴런에는 신경의 재생과 밀접한 관련이 있는 신경초세포가 없기 때문으로 알려져 있다(그림 4-15).

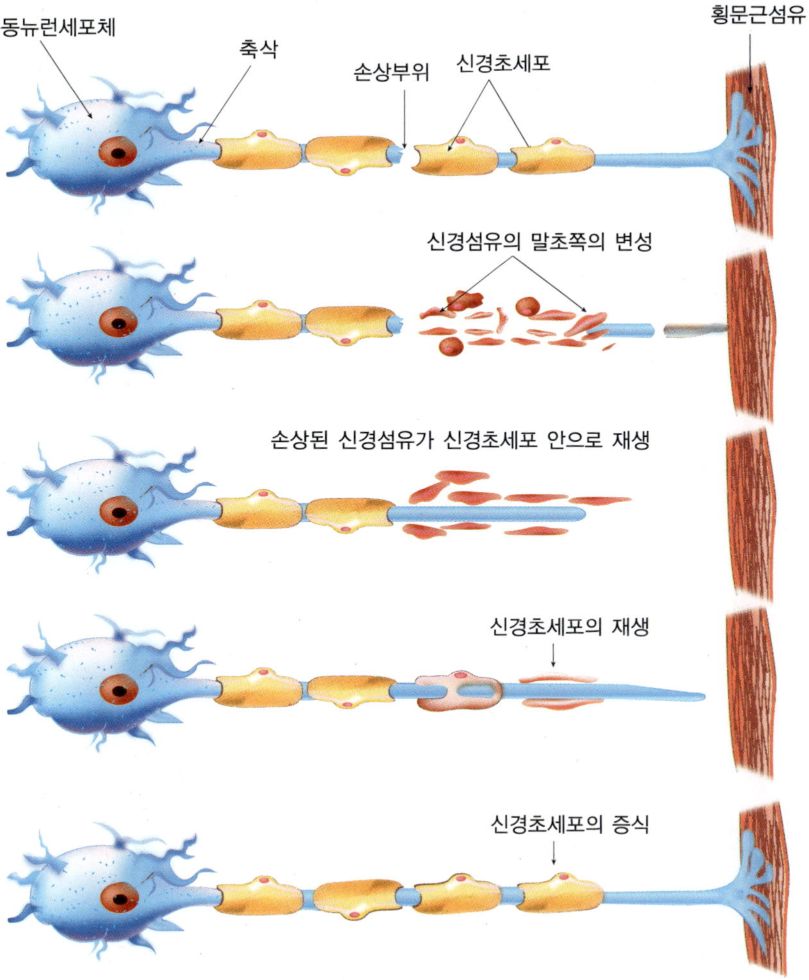

그림 4-15 신경섬유의 변성과 재생

Chapter

5. 근육

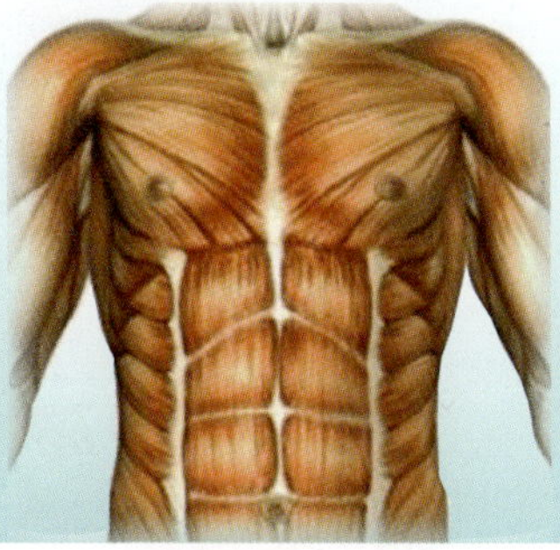

5-1 골격근

인체의 근육은 그 모양에 따라 **횡문근**(striated muscle)과 **평활근**(smooth muscle)으로 분류하고, 횡문근은 다시 **골격근**(skeletal muscle)과 **심장근**(cardiac muscle)으로 구분된다. 골격근은 체신경의 지배 하에 있어 의지에 따르므로 **수의근**(voluntary muscle)이라 하고, 평활근과 심장근은 자율신경의 반사적 조절에 의하므로 **불수의근**(involuntary muscle)이라 한다. 심장근은 골격근과 평활근의 특성을 함께 갖고 있다(그림 5-1).

골격근은 뼈에 붙어 있는 근육을 이루고, 심장근은 오직 심장벽에서만 발견되며, 평활근은 내장기관의 벽을 이루고 있다. 골격근과 심장근은 현미경으로 보면 줄무늬가 보이고, 평활근에는 줄무늬가 없다. 그래서 골격근과 심장근을 횡문근이라고 한다.

근육은 **화학적 에너지**를 **기계적 에너지**와 **열**로 변화시키는 기능을 한다. 즉, 골격근은 뼈에 부착되어 있어 근섬유가 수축하여 모든 신체동작을 할 수 있게 한다. 또한 심장근의 수축에 의한 혈액순환, 소화관근의 수축에 의한 음식물의 흡수·소화·배설, 방광근의 수축에 의한 배뇨 기능을 한다.

눈은 평활근인 모양체근의 수축에 의해 광선을 조절하는 기능을 한다. 근육은 수축을 하여 뼈와 뼈를 서로 접근시킴으로써 운동할 수 있게 하는 능동적 운동기관이며, 실제의 신체운동은 근육 하나가 단독으로 작용하는 일은 거의 없고 몇 개의 근육이 공동으로 활동한다.

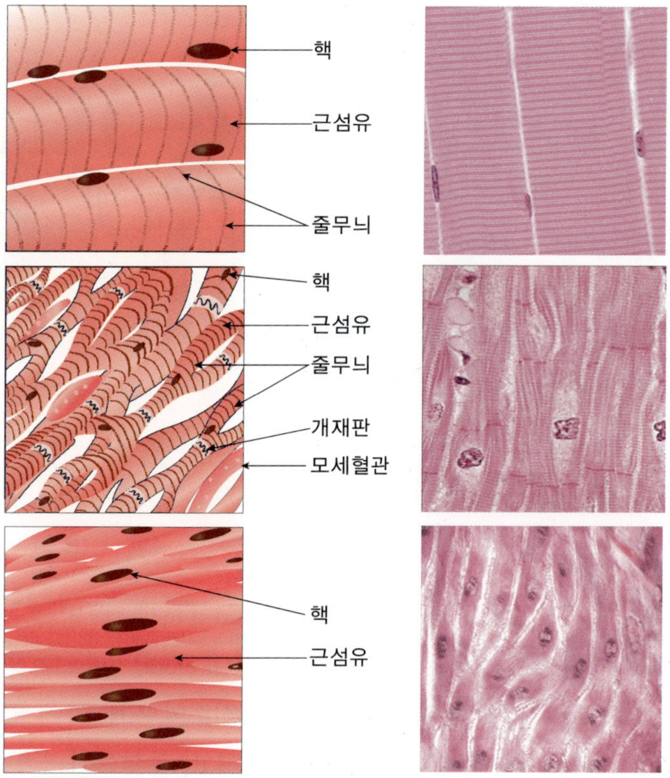

(a) 골격근섬유는현미경으로 볼 때 줄무늬를 보이는 큰 다핵세포이다.

(b) 심장근섬유는이웃세포와 특수한 연접으로 연결되는 개재판(intercalated disks)이 있는 줄무늬를 보이는 단핵세포이다.

(c) 내장근섬유는 명백한 띠 형태를 보이지 않는 좀 더 작은 단핵세포이다.

그림 5-1 근육의 3가지 형태

1. 골격근의 미세구조

신체운동에 직접 관여하는 골격근은 그 수가 600여 개 정도이며, 체중의 약 40%를 차지한다. 각 골격근은 결체조직의 막으로 덮여 있다. 근육의 기본단위를 근섬유(muscle fiber)라고 하며, 한 세포 안에 여러 개의 핵이 존재한다. 근세포의 세포질인 근장(근형질, sarcoplasm)에는 액틴(actin)과 미오신(myosin)이라고 하는 단백질 분자들이 주기적으로 배열되어 있으므로 구조상 가로무늬의 횡문(striation)을 나타낸다.

근섬유의 결합조직은 그림 5-2(a)와 같이 근섬유 내초(endomysium)로 싸여 있고 이러한 몇 개의 근섬유들이 다시 근초(perimysium)라는 결합조직에 의해 묶여 있는데, 이를 근속(근다발: faciculus)이라고 한다.

근속들은 다시 근외막(epimysium)에 의해 서로 결합된다. 결국 양 끝에는 다발로 되어 그물과 같이 되어 있다.

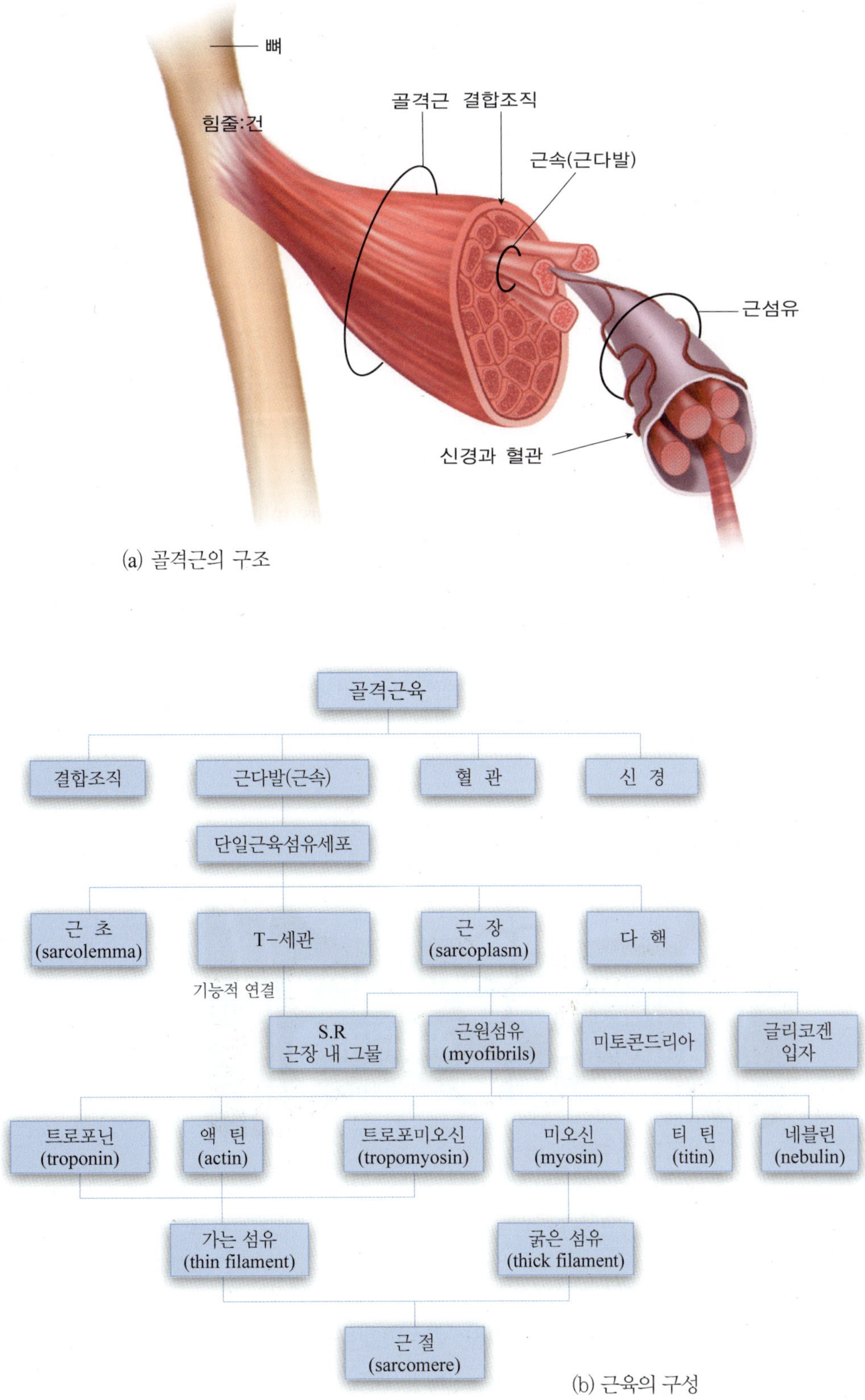

그림 5-2 근육의 구조와 구성

중간에서는 그물의 눈과 같이 되어 있는 결합조직의 중간부분에 수축성을 가진 많은 근섬유가 세로 방향으로 나란히 부착하여 한 개의 근육으로 되어 있다. 건은 콜라겐이라고 하는 섬유성의 단백질이 주성분으로, 극히 강한 힘에도 견디지만, 그 자체에는 수축성이 없다.

(1) 근원섬유(myofibril)

근육을 구성하고 있는 것은 근세포(muscle cell)인 **근섬유**(muscle fiber)이다. 즉, 1개의 근섬유는 1개의 세포이다. 골격근의 운동단위(motor unit)인 근섬유는 긴 모양을 한 원통형 세포이며, 양쪽은 점차 가늘게 되어 있고, 길이는 2.3mm~7.5cm, 직경은 10~100μm이다.

근섬유는 수백 내지 수천 개의 **근원섬유**와 **근장**(sarcoplasm)이라 불리는 반유동성 내용물로 되어 있으며, 그 주위를 근초(sarcolemma)라 불리는 얇은 막이 둘러싸고 있어서 인접된 근섬유와의 사이가 전기적으로 절연되어 있다.

근초에서 일어난 흥분은 근장 속에 종횡으로 연결되어 있는 **근장 내 그물**(sarcoplasmic reticulum)을 통해 깊은 곳까지 전달된다(그림 5-3).

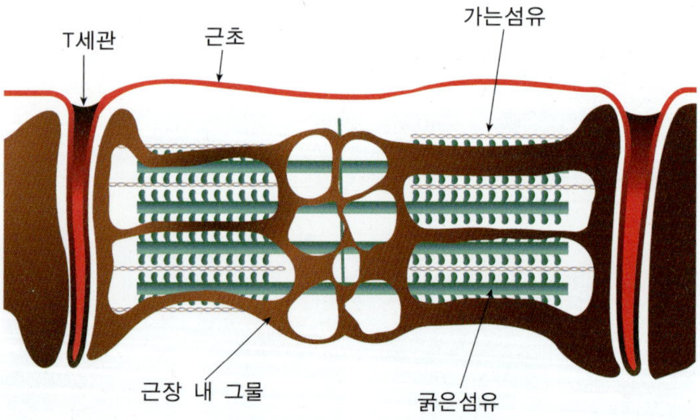

그림 5-3 T 세관과 근장 내 그물(sarcoplasmic reticulum)

이 근초에는 다수의 핵이 보이며, 근섬유 사이에는 원형질 연락이 없다.

근원섬유는 평행으로 주행하는 400~2,500개의 근미세섬유(myofilament)로 구성되며, 하나의 근섬유는 100만 개의 근미세섬유로 구성된다. 이 근미세섬유는 **굵은 섬유**(thick filament)와 **가는 섬유**(thin filament)의 두 종류가 있다.

전자는 주로 미오신(myosin)이라는 단백질로 이루어져 있다. 그리고 후자는 액틴(actin), 트로포미오신(tropomyosin), 트로포닌(troponin) 등의 단백질 분자로 이루어졌으며, 직경은 약 15Å이다.

횡문근에 비단 모양으로 보이는 것은 이 굵은 섬유와 가는 섬유가 각 근원섬유와 같은 위치에 규칙적으로 함께 배열되어 있기 때문이다.

2. 근육수축의 구조

근육, 근섬유, 근원섬유, 미세섬유까지의 각각의 관계를 종합하면 그림 5-4와 같이 된다.

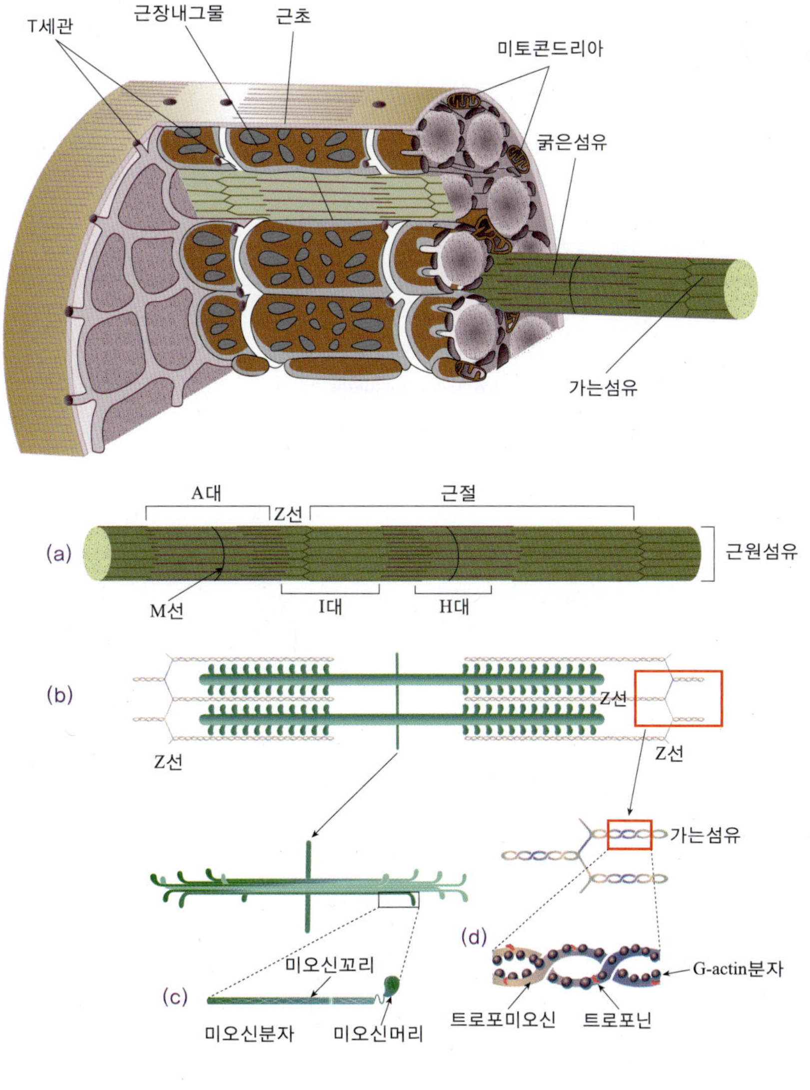

(a) 근원섬유의 미세구조
(b) 근미세섬유의 배열
(c) 굵은 섬유의 구조
(d) 가는 섬유의 구조

그림 5-4 근육의 구조

보통의 광학현미경으로 관찰할 때 골격근이나 심장근은 어둡게 보이는 곳과 밝게 보이는 부분이 서로 교대로 배열되어 가로무늬(횡문)를 형성하는데, 이 중 어둡게 보이는 부분을 A대(암대, anisotropic band: A band), 밝게 보이는 부분을 I대(명대, isotropic band: I band)라고 한다.

A대는 미오신과 액틴의 두 미세섬유가 겹쳐 있는 곳으로 A대의 중앙에 약간 밝게 보이는 H대(H zone)가 있고, 그 중앙부위의 가느다란 선으로 미오신 분자가 부풀어 올라 두꺼워진 곳을 M선(M line)이라고 한다.

또한 액틴만 있는 밝은 부위인 I대의 중앙에도 약간 굵은 선이 있는데, 이것을 Z선(Z line)이라고 한다. 그리고 Z선과 Z선 사이를 근절(sarcomere)이라 하는데, 근육 수축의 최소단위이자 기능적 단위가 된다(그림 5-5).

근원섬유는 미오신(분자량 500,000), 액틴(분자량 45,000), 트로포미오신(분자량 70,000), 트로포닌(분자량 18,000~35,000) 등의 단백질을 포함하고 있다. 트로포닌은 다시 그 분자량에 따라서 트로포닌 I, T 및 C 등으로 나누어진다.

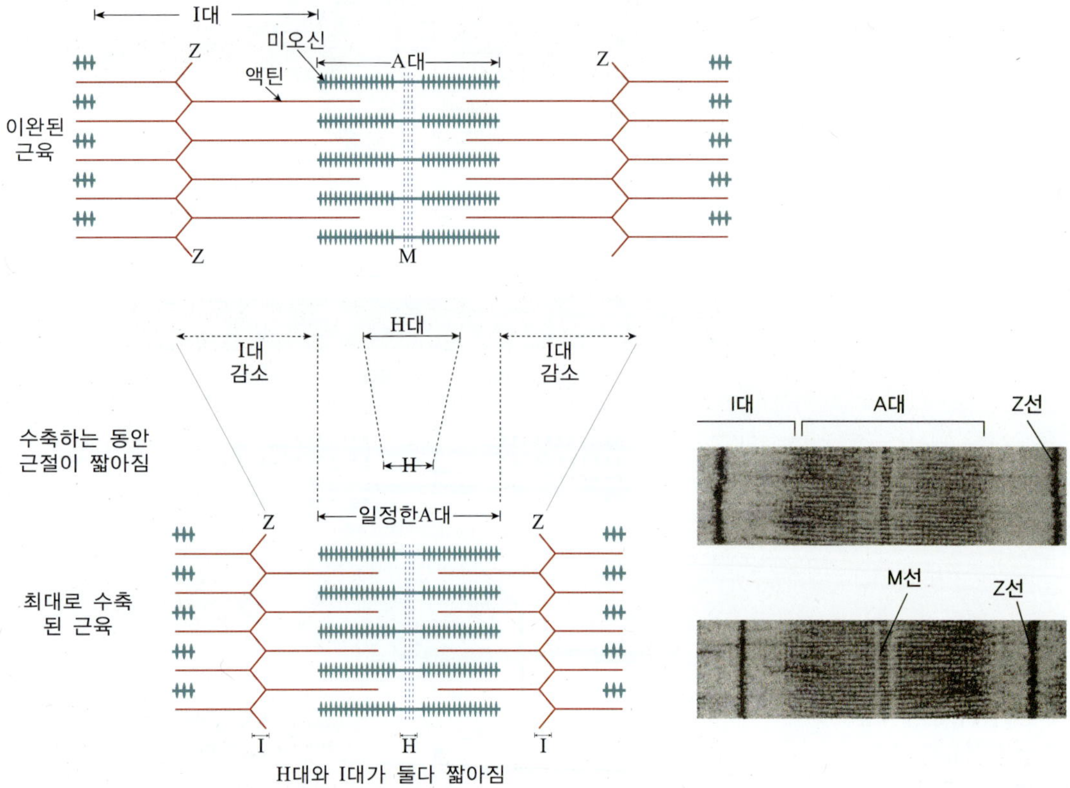

그림 5-5 근육수축과정에서 근절의 변화

3. 근육의 종류

근섬유가 갖는 붉은 색의 농도에 따라 백근(white muscle)과 적근(red muscle)으로 구별되며, 성질도 다르다. 붉은 색소의 농도는 미오글로빈(myoglobin)의 양에 의하여 적근에는 많고 백근에는 적게 함유되어 있다.

적근에는 미토콘드리아와 모세혈관이 많고 ATP 분해효소도 활발하다. 이 양쪽의 근육은 조직성분과 신경지배에 차이가 있으며, 이에 따라 특유한 성질을 가지고 있다.

즉, 적근은 지구성이 풍부하지만 수축 속도가 늦고, 백근은 수축 속도가 빠르나 지구성이 결여되어 있다. 따라서 적근은 피로가 늦게 오기 때문에 정적인 동작이나 자세를 유지하고 장시간 그대로 지속하는 데 필요한 부위에 위치하고, 백근은 동체나 팔, 다리의 위치를 변동하는 것과 같은 국부적인 동작에 필요한 부위에 많다.

또한 같은 근육이라도 적근섬유는 근육의 내층부에, 백근섬유는 근육의 외층부에 많다. 백근은 빠르고 섬세한 운동에 적합하고 적근은 서서히, 지속적으로 하는 수축, 즉 자세를 유지하는 데 알맞다.

표 5-1 적근과 백근의 특성과 기능

	적 근	백 근
구성	• 근원섬유가 굵다. • 횡문이 적다. • 주로 긴장성 신경 · 근 단위로 구성 • 운동단위의 크기(지배비율)가 크다.	• 근원섬유가 가늘다. • 횡문이 많다. • 주로 운동성 신경 · 근 단위로 구성 • 신경 지배비율(innervation ratio)이 작다.
기능	• 자세조절을 관장하는 느린 근(다리, 팔 근육) • 긴 잠복기를 갖고 천천히 반응하고 피로가 쉽게 오지 않는 신장성 • 장시간의 수축 또는 지속적 수축을 필요로 한다. • 흥분성이 낮고 수축의 강도가 크다. • 호흡효소가 강하다.	• 민첩한 운동을 관장하는 빠른 근 숙련된 움직임, 예민한 동작부위(손, 눈) • 짧은 간격으로 반응하고 피로하기 쉬운 운동성 • 단시간의 수축을 한다. • 흥분성이 높고, 수축의 강도는 적다. • 호흡효소가 약하다.
화학적 성분	• 미오글로빈(Mb) 양이 많다. • 미토콘드리아가 크고 수도 많다. • creatine 및 creatinine 양이 적다. • 글리코겐 양이 적다. • 고 에너지 인산 보유량이 적다.	• 미오글로빈(Mb) 양이 적다. • 미토콘드리아가 적고 수도 적다. • creatin 및 creatinine 양이 많다. • 글리코겐 양이 많다. • 고 에너지 인산 보유량이 많다.

4. 근육의 수축기전

골격근의 근육섬유는 척수의 전각에서 나오는 운동신경의 지배를 받는다. 이 운동신경은 골격근과 접속하는 부위에서 작은 가지의 종말부를 형성한다. 그런데 이 운동신경이 흥분할 때에는 이 종말부에서 **아세틸콜린**(acetylcholine; Ach)이라는 화학물질이 유리되어 나온다.

이 물질이 근막에서의 **종판전압**(end plate potential)을 형성하고, 이는 다시 활동전압을 형성하는 데까지 발전하므로 아세틸콜린은 결국 종판전압을 통하여 활동전압 형성에 중요한 역할을 하며, 근육에서 활동전압이 형성되면 이 흥분이 결국 수축을 유발한다.

check point

Ca^{2+}과 근장 내 그물의 역할

Ca^{2+}은 근육수축의 필수 불가결한 물질이며, 근장 내 그물(Sarcoplasmic reticulum, SR)이라는 망상조직이 근원섬유들을 둘러싸고 있다. 여기에 Ca^{2+}이 축적되었다가 근육이 흥분되면 이 흥분파(활동전위)가 Z선 부위에서 세포 외부로부터 근육세포 내부로 연결된 T-세관(T-tubule: transverse tubule)을 지나서 SR에 도달될 때 이로부터 Ca^{2+} 이 유리되어 근원섬유들을 활성화시킨다고 한다. T-세관이 SR막에 미치는 영향은 SR막의 Ca^{2+}채널을 열어 Ca^{2+}을 유리시키는 두 가지 기전으로 설명된다.

하나는 T-세관에 도달한 자극, 즉 전기적 탈분극이 이것과 접속되어 있는 SR막의 고분자물질의 입체 구조 배열의 변화를 초래함으로써 SR막의 Ca^{2+}채널을 개방하여 Ca^{2+}의 유출을 유발한다는 것이고, 다른 하나는 T-세관의 탈분극 때에 이 세관의 막으로부터 어떤 화학물질이 형성되어 유리됨으로써 SR막의 Ca^{2+} channel을 개방한다는 것이다.

이 화학물질은 IP_3(inositol 1,4,5-triphosphate)일 것으로 추측된다. Ca^{2+}이 SR로부터 유출(유리)되면 근육수축 요소들 주위 세포내액 중의 Ca^{2+}농도가 높아지고, 이에 따라 트리포닌의 Ca^{2+} 결합부위에 가서 결합하는 Ca^{2+} 양이 증가되면 결과적으로 액틴과 미오신은 결합하여 횡교(cross bridge)를 형성함으로써 근육의 수축이 초래된다.

이런 반응 후에 SR로 다시 능동적 이동하여(이때에도 ATP가 생성된다) 근육수축 요소 주위의 Ca^{2+}농도가 감소하면 트로포닌으로부터 Ca^{2+}이 떨어져 나오므로 cross bridge는 분리된다(즉 근육이 이완된다). 그러므로 근육은 근원섬유 주위의 Ca^{2+}농도를 높였다 낮추었다 함으로써 수축 또는 이완현상을 일으키게 되며, SR은 Ca^{2+}을 저장하고 있기 때문에 칼슘의 저장고(Ca store)라고 한다.

(1) 활주설(Sliding filament theory)

근육의 수축 기전에 관해 근래에는 헉슬리(Huxley) 등에 의해 굵은 섬유와 가는 섬유가 서로 미끄러져 지나간다고 한, **활주설**이 인정받고 있다.

① 굵은 섬유와 가는 섬유가 서로 중첩하되, 굵은 섬유 사이로 상대적인 가는 섬유가 끼어 들어가 있고,

② 근육이 수축하든지 이완하든지 A대의 길이는 항상 일정하고, 다만 근절(sarcomere)의 길이만 변하며, 전자현미경 상으로 볼 때 가는 섬유나 굵은 섬유 자체의 길이는 변하지 않는다.

③ 근절의 길이를 3.5μm 이상으로 늘려서 굵은 섬유와 가는 섬유의 중첩이 없게 하면 근육은 수축하지 못한다.

④ 근육이 수축할 때, 즉 근절의 길이가 감소할 때는 그 중간에 위치한 H대가 줄어든다.

즉, 그림 5-6에 이것을 나타내었는데, A대에 해당하는 부분은 굵은 줄이 굵은 섬유이고, 양쪽의 Z선에서 시작하여 H대까지 연장되는 가는 줄이 가는 섬유이며, 수축은 가는 섬유가 중앙으로 미끄러져 들어가는 현상으로 진행된다.

즉, H대의 크기는 근육이 수축할 때에 줄어들지만 A대의 크기는 근육의 수축에도 불구하고 그 길이가 일정하다. 액틴과 미오신의 결합이 차례로 ATP에서 유리되어 에너지를 이용해서 결합체를 만들고 또 끊어지며, 이런 과정이 되풀이되어 수축이 진행되는 것으로 본다.

그림 5-6에서 보는 바와 같이 각 섬유에는 결합장소가 일정한 간격을 두고 배열되어 있으며, 두 섬유의 일부는 겹쳐져서 결합을 이루고 있다. 이완상태에서는 겹쳐진 부분이 적은 데 반하여 수축상태에서는 더 많은 결합을 이루는 것을 볼 수 있다.

> *Guide*
> 미오신(myosin)
> 미오신의 머리 부분은 heavy meromyosin 이라고 하며 횡교를 형성하고 미오신 전체 표면에 돌출되어 있다.

근래의 연구에 의하면 미오신은 누워 있는 상태로 있다가 수축기전이 활성화되면 돌기가 일어나서 액틴의 결합부위로 가서 결합하는 동시에 수축 또는 장력을 발생시킨다고 한다.

이 구형의 머리(head) 부분에는 액틴 미세섬유와의 사이에 횡교를 형성하는 결합부위와 아데노신 3인산(ATP)을 아데노신 2인산(ADP)과 무기물로 분해하는 2개의 효소부위(enzymatic site)가 있다.

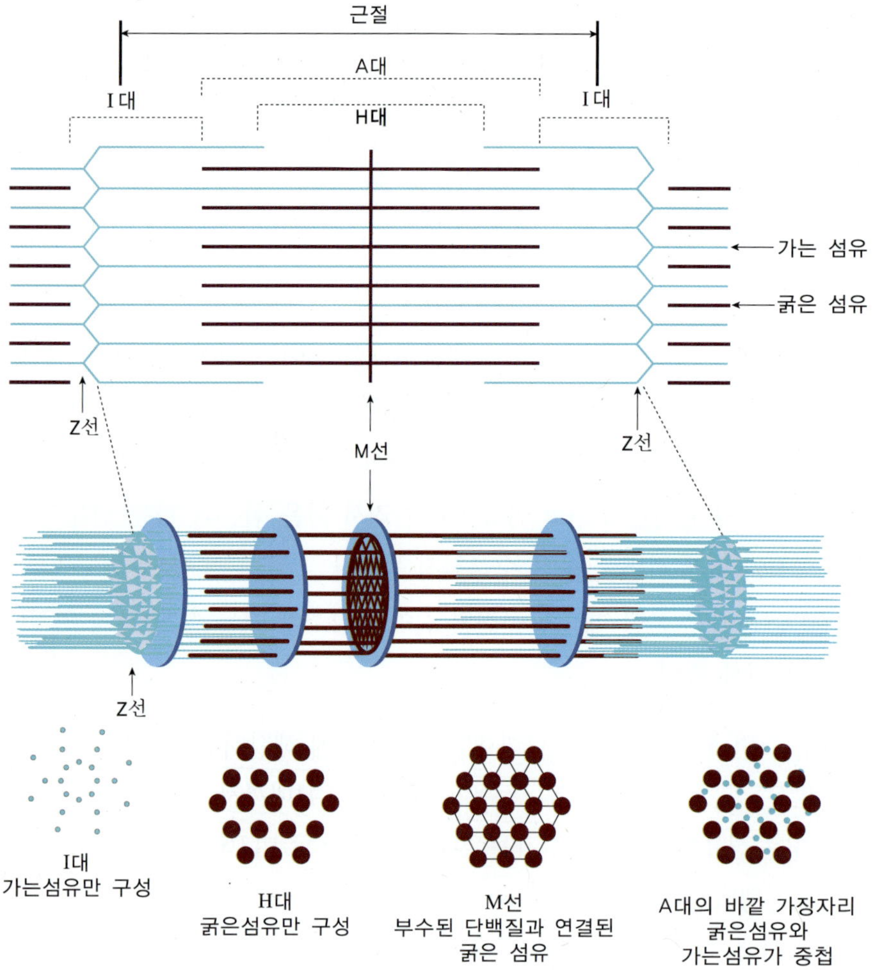

그림 5-6 근절의 2차원 및 3차원적 구조

즉, 미오신이 액틴과 결합하기 전에 미오신에서 ATP의 분해가 일어나면, 이때 생긴 에너지가 미오신과 결합하게 된다(M*).

이 에너지를 포함한 미오신(M*)이 액틴과의 사이에 횡교를 형성하고, 이어서 에너지를 소모하면서 소위 횡교운동(cross bridge movement)을 일으키게 된다(ADP와 Pi은 이때 미오신에서 분리된다). 이러한 미오신에 의한 에너지의 저장과 방출은 구체적으로 밝혀져 있지 않다.

근수축 동안에 미오신과 액틴의 횡교는 매우 단단하게 결합한다. 근육이 다시 수축하기 위해서는 이 결합(linkage)이 풀어져야만 한다. 즉, 새로운 ATP 분자가 미오신과 결합하기 위해서는 반드시 이 결합이 깨어져야 한다. 이러한 횡교 사이클(cross-bridge cycle)에서 ATP는 2가지 역할을 수행하게 된다.

① ATP의 분해에 의해 방출된 에너지는 횡교운동 에너지를 제공하고,

② ATP와 미오신의 결합은 횡교 사이클의 끝 부분에 액틴과 미오신의 결합을 깨뜨려서 사이클이 되풀이되도록 한다.

check point

티틴(Titin)과 네블린(Nebulin)

티틴(titin)은 Z선에서 M선까지 거리만큼 뻗쳐져서 거대 단백질로 늘어난 근원절이 쉴 때의 길이만큼 되돌아오게 도와주는 탄력성 있는 성분이며, 또 다른 비탄력성 거대 단백질인 네블린(nebulin)의 도움으로 근원절 내에 있는 미세섬유들의 구조를 안정화시켜 주는 역할을 한다.

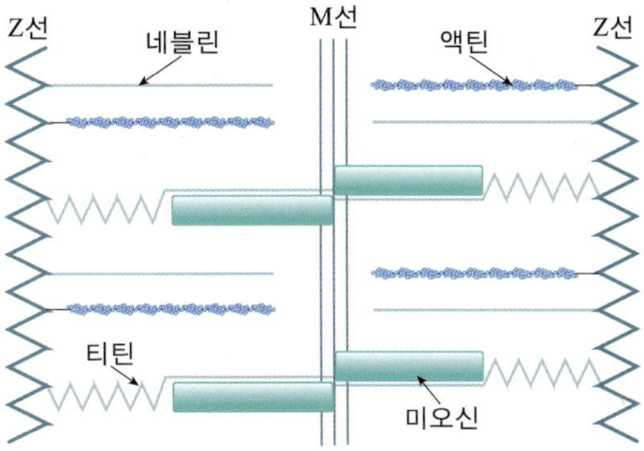

그림 5-7 티틴(Titin) & 네블린(Nebulin)

check point

조절단백질과 칼슘

근섬유는 횡교를 형성하는 데에 액틴, 미오신, 그리고 ATP가 필요하다. 여기서 근육은 쉬고(이완되어) 있을 때는 근섬유에서 미오신의 횡교가 액틴과 결합할 수 없고, 또 근수축을 일으키는 횡교사이클을 만들 수 없다. 이러한 횡교형성을 방해하는 것은 가는 미세섬유와 결합되어 있는 트로포닌과 트로포미오신이란 단백질이다. 트로포미오신은 7개 정도의 액틴분자의 길이와 비슷한 막대 모양의 분자이다. 트로포미오신은 액틴 분자의 사슬(chain)을 따라 끝과 끝이 연결되어 있어서 액틴에 있는 미오신의 결합부위를 부분적으로 봉쇄하고 있다.

각각의 트로포미오신 분자의 봉쇄 부분에는 트로포닌 분자가 위치하고 있기 때문에 미오신의 횡교가 액틴과 결합하기 위해서는 가는 미세섬유의 봉쇄 부위에 있는 분자를 제거해야만 한다.

이 과정은 칼슘이 조절단백질의 트로포닌에 있는 Ca 결합부위에 결합해야만 한다. Ca이 트로포닌의 결합부위에 결합하면 트로포닌의 분자모양을 변화시키게 되고, 트로포미오신을 잡아당기게 되어 액틴에 있는 결합부위가 드러나게 되므로 횡교를 형성할 수 있게 된다(그림 5-8).

이 억제를 풀어 주고 근수축을 유발하는 것이 곧 Ca^{2+}이다. 즉, Ca^{2+}은 근육의 흥분-수축결합(excitation-contraction coupling)의 연결물질이라고 생각할 수 있다(그림 5-8). 근섬유 속에는 약 10^{-7} mol/L의 Ca^{2+}이 축적되어 있고, 근장 내 그물(SR) 속에는 많은 Ca^{2+}이 축척되어 있다.

근섬유에 활동전압이 유발되면 T-세관을 따라 활동전압이 내부로 전달되어 근장 내 그물 속에 있던 Ca^{2+}이 유리되어 근섬유 속으로 나오는데, 그 농도가 안정시에는 농도의 50배 가량 높아진다.

이러한 반응으로 트로포닌-트로포미오신의 억제를 풀어 주고 근육을 강력하게 수축하게 하지만, 수축이 끝난 다음에는 Ca^{2+}은 다시 근장 내 그물 속으로 능동적으로 회수되어 축적된다(그림 5-9).

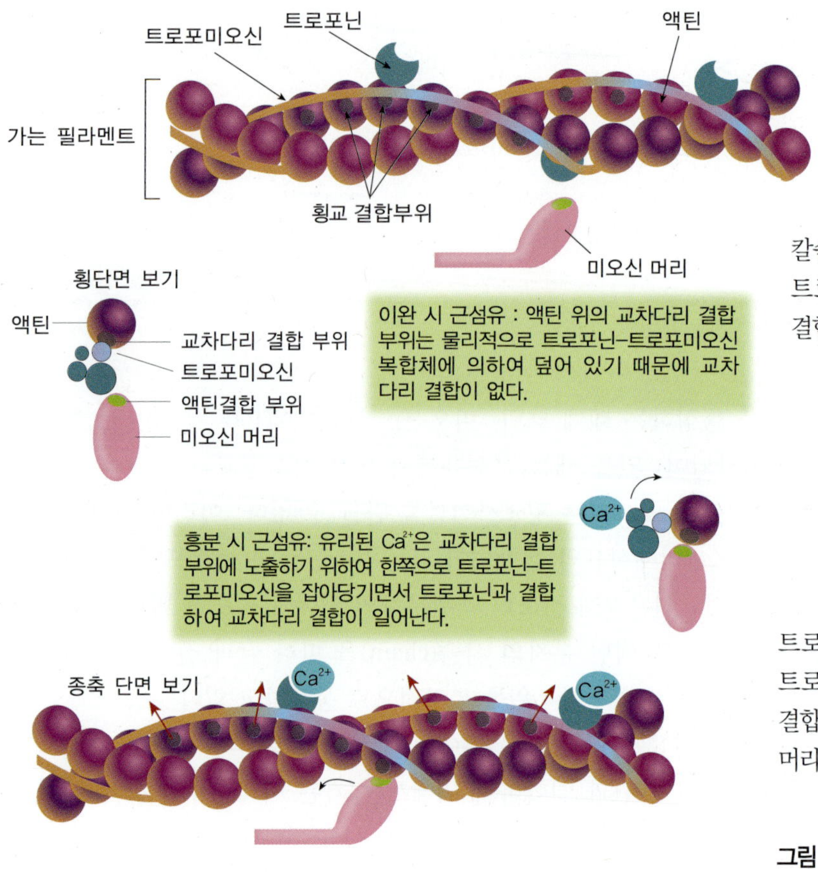

칼슘이 없는 상태에서 트로포미오신이 액틴에 있는 횡교 결합부위를 봉쇄하고 있는 상태(위).

트로포닌에 칼슘이 결합하면 트로포미오신을 이동시켜서 결합부위가 드러나게 되고, 미오신의 머리가 액틴에 결합하게 된다(아래).

그림 5-8 횡교결합과정

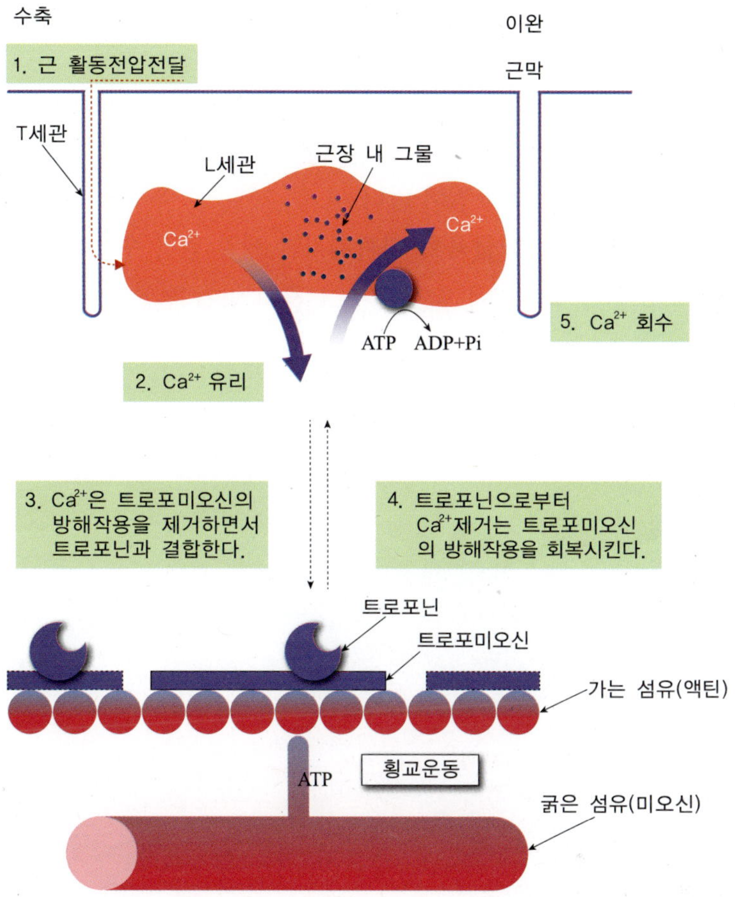

그림 5-9 근육수축의 흥분전도 과정

5. 신경-근 접합(neuromuscular junction)

골격근에 분포하는 운동신경(motor nerve)은 척수(spinal cord)의 전각(anterior horn)에서 시작하고, 그 축색돌기(axon)는 근육에 접근함에 따라 많은 분지를 내며, 여러 근육세포의 표면에서 근육과 접속한다.

이 한 개의 축색돌기와 이것이 분포하는 근육세포군을 합하여 운동단위(motor unit)라고 하는데, 이것은 일종의 기능적 단위(functional unit)라고 볼 수 있다. 모든 근에는 운동신경이 분포되어 뇌와 척수의 흥분을 전달받아 반응한다. 이와 같이 근에 운동신경이 분포하는 것을 신경지배(innervation)라고 한다. 운동 뉴런(motor neuron)은 지배하는 근육의 수많은 근섬유와 연결되어 있다. 이것을 **지배비율**(innervation ratio)이라고 부르며, 그 지배비율은 근육의 종류, 또는 그 기능에 따라서 차이가 있다.

(1) 신경-근 사이의 흥분전달

운동신경과 근육 사이의 연결부를 신경-근 접합이라고 부르는데, 이것은 신경원과 신경원 사이의 접합(neuronal synapses)에서의 흥분의 전달방식, 즉 시냅스와 비슷한 점이 많다.

운동신경의 섬유가 근육에 가까워지면 제일 먼저 수초(myelin sheath)가 없어진 후 근육표면에 도달하여 그 끝이 약간 부풀어 올라 커진다.

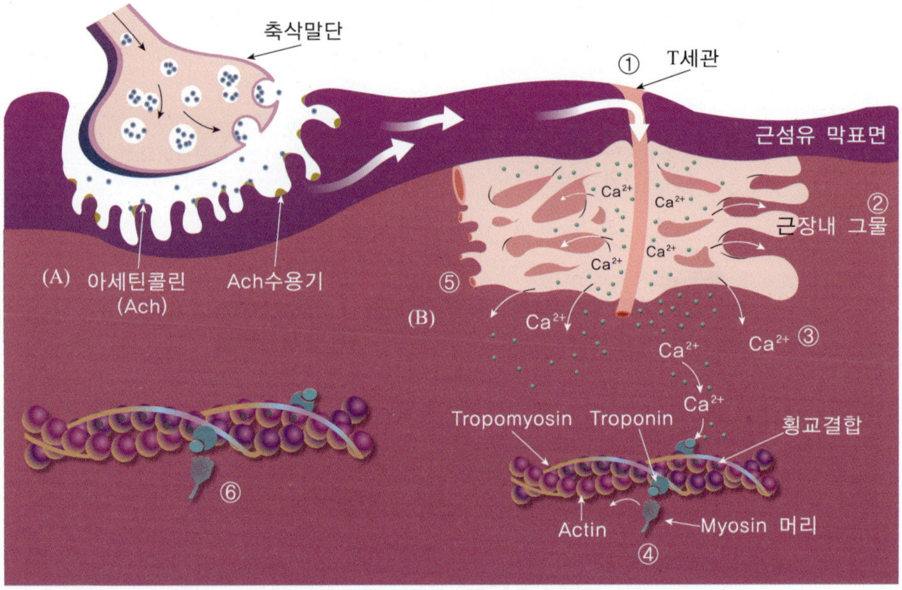

(A) 신경-근 접합부위 : Ach이 축색 끝에서 분비되어 시냅스 간격을 건너 근섬유 종판의 수용기에 결합한다.

(B) 흥분-수축연결의 Ca작용

① 활동전압이 Ach과 결합함에 따라 발생되고, 이어서 종판 전압이 막표면을 따라 전파되어 근섬유의 T 세관을 따라 내려간다.

② 활동전압이 SR(근장 내 그물)로부터 Ca^{2+}을 유리시키기 시작한다.

③ 유리된 Ca^{2+}은 액틴에 트로포닌을 결합시키고, 트로포미오신은 물리적으로 액틴의 횡교결합부위를 벗기 위해 옆으로 이동한다.

④ 미오신 횡교는 액틴과 만나서 근원절의 중앙을 향해 액틴섬유를 당기면서 구부린다(ATP의 에너지를 사용).

⑤ Ca^{2+}은 더 이상의 부분활동전압이 없으면 SR에 의해 효과적으로 저장된다.

⑥ Ca^{2+}은 더 이상 트로포닌과 결합하지 않으며, 트로포미오신은 액틴의 결합부위의 방해위치로 미끄러져 돌아간다. 수축이 끝나고 액틴은 원래 쉴 때의 위치로 미끄러져 돌아간다.

그림 5-10 신경-근 접합

그것을 **신경종말**(nerve ending)이라고 한다. 또한 신경종말이 접촉하는 근육의 세포막은 약간 두터워진 근막에 함몰되어 **종판**(end plate)을 형성한다. 신경종말과 종판 사이에는 500~1,000Å 정도의 간격이 있는데, 이 간격을 **시냅스 간격**(synaptic cleft)이라 하며, 이 간격 사이에 원형질의 연락은 없으나 매우 근접하고 있다[그림 5-10(A)].

신경종말에는 다수의 액포(vesicle)가 있고, 그 속에는 아세틸콜린(acetylcholine ; Ach)이 축적되어 있다. 자극에 의하여 신경섬유가 흥분(탈분극)되면 전기적 변동(활동전압)이 일어나서 신경섬유를 따라 전도된다. 흥분이 신경종말까지 전달되면 액포 속에 축적되어 있던 아세틸콜린이 분비되어 신경종말과 종판 사이의 좁은 간격으로 확산되어 유출된다.

Ach이 근의 수용기(receptor)에 도달되어 **수용기-아세틸콜린 복합체**(receptor-Ach complex)를 만든다. 복합체는 좁은 간격과 근섬유 내에 있는 여러 종류의 이온으로 하여금 종판의 막에 대한 투과성을 높이므로 막에 대한 탈분극이 일어나서 흥분을 새로이 발생시키며, 이것을 근섬유에 전달하게 된다(그림 5-10).

아세틸콜린이 분비되어 좁은 간격으로 나오면 우선 종판에 있는 아세틸콜린 수용기와 결합하여 아세틸콜린 복합체를 만든다. 이후 아세틸콜린 복합체를 파괴시키는 아세틸콜린 에스테라제(acetylcholine esterase; Ach-E)가 작용하여 아세틸콜린 복합체의 가수분해를 촉진시키며, 그 기능을 소멸하게 한다.

유리된 아세틸콜린이 종판에 작용할 수 있는 시간은 2msec에 불과하다. 일단 흥분하였던 세포가 다시 분극상태를 이루어서 흥분성을 회복하려면 3~5msec이 걸린다. 아세틸콜린의 분해는 **콜린**(choline)과 **아세트산**(acetic acid)으로 된 후에 신경종말막을 통해 흡수되며, 필요에 따라 다시 아세틸콜린으로 합성된다.

이 두 수용기는 시냅스에서와 같이 약물의 작용을 받기 쉽다. 즉, 열대지방 원주민들이 화살촉에 바르는 식물독인 쿠라레(curare)가 체내에 들어오면 신경-근 연접부위의 좁은 간격으로 이동하여 아세틸콜린 복합체를 형성하는 수용기와 결합하지만, 신경종말에서 유출되어 나온 아세틸콜린 구조와 비슷하다. 그러나 아세틸콜린을 복합체로 만들 수 없게 된다.

따라서 아세틸콜린 복합체의 작용을 억제하므로 골격근이 마비되어 운동마비가 일어난다. 반대로 피소스티그민(physostigmine) 같은 약물은 Ach-E의 작용을 억제하여 아세틸콜린의 작용을 오랫동안 유지하게 하므로 근육수축이 계속되어 근 경련(convulsion)이 일어나게 된다.

check point

골격근 섬유의 수축과정

① 운동뉴런의 신경흥분이 신경-근 접합부에 도달하면 신경말단으로부터 아세틸콜린이 유리되어 근섬유 세포막에 있는 감수체와 결합한다.

② 운동뉴런으로부터 전도된 활동전압이 근세포막과 T세관을 따라서도 전도된다.

③ T세관을 따라 활동전압이 전도되면 근장 내 그물로부터 Ca^{2+}이 유리된다.

④ 근장 내 그물 속으로 유리된 Ca^{2+}이 트로포닌과 결합한다.

⑤ 미오신과 결합할 액틴의 부위를 덮고 있던 트로포미오신이 이동되어 액틴에 있는 결합부위를 노출시킨다.

⑥ 이때 고에너지 미오신 머리가 액틴과 결합한다.

⑦ 고에너지 미오신 머리에 저장된 에너지를 이용하여 미오신 머리가 움직여서 가는 필라멘트를 당기게 된다.

⑧ ATP가 미오신 머리와 결합하면 미오신 액틴과 분리된다.

⑨ ATP는 ADP와 인산으로 분해되고 고 에너지 미오신이 다시 생성됨으로써 6, 7단계가 반복된다.

⑩ Ca^{2+}은 근장 내 그물로 능동 이동에 의해 되돌아간다.

⑪ 트로포미오신은 원래의 위치로 되돌아가고, 고에너지 미오신과 액틴의 상호작용이 끝난다.

⑫ 근수축은 멈추고 근섬유는 이완된다.

6. 근수축의 에너지

근육이 수축할 때에는 ATP의 분해로 생기는 에너지가 필요하다. 근육수축과 이완의 과정으로 ATP에서 방출되는 에너지를 사용하는 것은 수축과정에서 횡교운동이나 이완과정에 있어서 Ca^{2+}이 근장 내 그물로 회수될 때에 볼 수 있다.

근수축 시에는 대개 ATP, 글리코겐(glycogen), 산소 및 유기인산염이 소모되고 젖산, 탄산가스 및 무기인산염이 만들어지는데, 이러한 반응으로 산소가 쓰이고 탄산가스가 생성되어 결국은 근육운동 시에 호흡이 촉진되는 것이다.

근섬유의 수축 및 이완과 관련해서 ATP는 세 가지 기능을 한다. 첫째는 미오신에 의해 ATP가 분해되면서 생기는 에너지가 횡교운동에 관여하고, 둘째는 미오신과 결합한 ATP가 횡교(cross bridges)와 액틴(actin) 사이의 연결을 깨뜨리는 데 필요하며, 셋째는 ATP 분해과정에서 생기는 에너지가 근장 내 그물에서 칼슘이온을 재충전시키고 근섬유를 이완시키는 칼슘 펌프에 사용된다.

근육을 인체에서 분리해 내고 여기에 충분한 효소와 에너지(포도당)를 공급하면 에너지원은 근육 내에서 분해되어 ATP를 끊임없이 공급할 수 있게 된다. 따라서 몇 초에 한 번 정도의 자극을 근육에 직접 부여하는 경우에는 연축을 계속 일으킬 수 있게 된다. 그러나 자극의 빈도를 증가해 가면 연축의 크기는 자극의 반복에 의하여 점차로 작아지며, 결국에는 수축을 일으키지 못하게 된다. 이렇게 장시간의 반복 자극에 의하여 근육의 수축력이 약해지는 현상을 근육의 피로(fatigue)라고 한다.

그러므로 근육이 그 수축활동을 계속 유지하기 위해서는 ATP의 분자가 분해되는 것과 같은 속도로 합성되지 않으면 안 된다.

근육의 수축이 길게 계속될 때에는 근육 중의 크레아틴 인산의 농도도 급속히 떨어지게 되며, ATP의 공급을 따로 구하지 않으면 안된다.

근육이 중간 정도의 수축활동이나 한 가지 운동을 계속할 경우에 산화적 인산화 과정에 의하여 ATP가 공급되는데, ATP의 생성속도가 비교적 느려 근육 안의 ATP가 분해되는 속도에 미치지 못하게 되며, 그 밖의 운동 시에도 ATP 공급을 위하여 작용하는 것은 해당과정에 의한 젖산생성과정이다. 이 과정이 왕성하게 작용하게 되면 ATP의 생산은 증가하나 근육 안에는 글리코겐의 축적이 감소되고 젖산의 합성이 증가하게 된다. 따라서 이 젖산은 혈액 중으로 확산하고 혈액 중의 젖산농도를 상승시킨다. 위에서 설명한 근육수축에 사용되는 ATP의 공급로를 그림 5-11에 요약해서 나타내었다. 또한 혈장 속에 있는 유리된 지방산(fatty acid)도 산화과정을 거쳐 CO_2와 H_2O로 분리되어 ATP를 생성한다.

위 과정을 종합하면 다음과 같다.

① $ATP + H_2O \longrightarrow ADP + H_2PO_4 + 12,000$ calories

② Phosphocreatine + ADP $\rightleftarrows$ creatine + ATP

③ Glucose+2ATP(또는 glycogen+1ATP) $\xrightarrow{\text{혐기성 분해}}$ 2 lactic acid+4 ATP

④ Glucose + 2 ATP $\xrightarrow[\text{호기성 분해}]{O_2}$ $6CO_2 + 6H_2O$ + 40 ATP

⑤ Free fatty acid $\xrightarrow{O_2}$ $CO_2 + H_2O$ + ATP

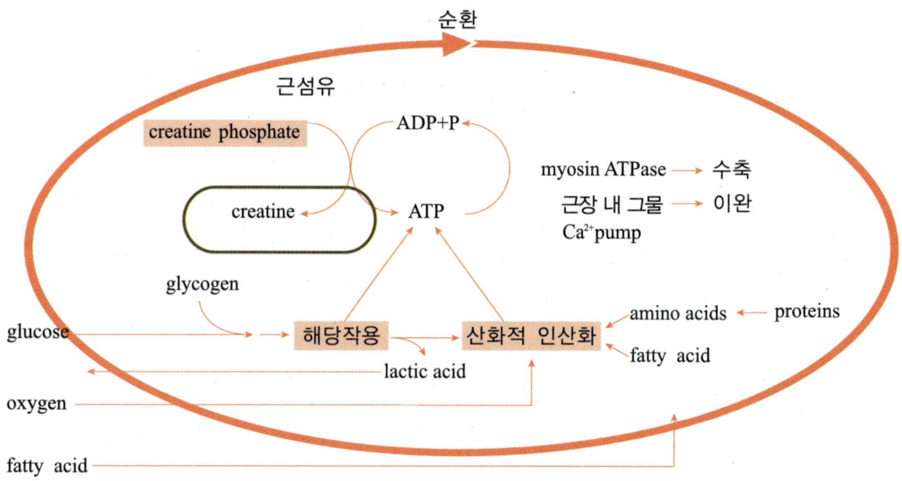

그림 5-11 근수축에 이용되는 ATP 생산의 대사과정

check point

● 운동과 혈액

격렬한 운동 시에 대사기능의 항진은 체온상승을 초래하고, 혈액온도가 상승하면 혈색소와 산소가 결합하는 양이 감소되며, 조직에 유리되는 산소의 양도 감소하여 결국 산소의 용해도를 감소시키게 된다. 운동 시에는 근육에서 소모되는 에너지원으로 당류가 요구되며, 운동개시와 더불어 혈당이 상승하다가 장시간 계속 운동하게 되면 혈당이 감소하게 되는데, 이는 간(liver)에서의 당류공급이 근육에서의 당류 소모보다 적기 때문이므로 혈당(100mg/dL)을 잘 유지하는 것이 좋다.

또한 혈액 내 젖산의 정상치는 10mg/dL이지만, 근육운동 시에 산소가 부족하면 젖산이 산화되지 않으므로 글리코겐(glycogen)이 재합성되지 못하고 점차 없어져 혈액 내 젖산이 축적된다. 보통 산소 소비량이 2L/min 이상, 맥박수 120회/min 이상 강도의 운동 시에 젖산이 증가하게 되어 혈액을 산성으로 기울게 한다. 그러나 훈련에 의해 감소되며 무산소운동 시에는 근육을 훨씬 빨리 피로하게 만든다.

운동과 산소부채

신체운동이 심해지면 평상시보다 과다하게 산소를 요구하게 된다. 이러한 산소부족 상태를 '산소부채(oxygen debt)'라고 하는데, 운동 중에 산소결핍으로 생기고 체내 축적된 젖산을 산화시켜 완전 처리할 때 소요되는 산소의 양을 말한다. 운동 후의 회복기에 높은 산소소비가 일어나는 것은, 운동이 끝난 후에 호흡을 심하게 함으로써 산소부채를 갚게 되기 때문이며, 흔히 일상생활에서 경험하게 된다.

7. 근수축의 종류

신경근연접이 흥분되어 전체의 근섬유에 흥분이 전도되면 일련의 화학반응이 일어남과 함께 수축현상을 일으킨다. 이때 수축되는 모양에 따라 연축(twitch), 강축(tetanus), 긴장(tonus) 및 강직(contracture)으로 근수축의 유형을 나타낸다.

(1) 연 축(twitch)

근수축의 기본형으로서 신경–근표본의 신경섬유 위에 1회의 극히 짧은 전기자극을 가하면 근육은 자극 후의 짧은 시간(0.01~0.02초)에 근의 수축이 시작되고, 약 0.1초 정도 계속되다가 원상태로 복귀한다.

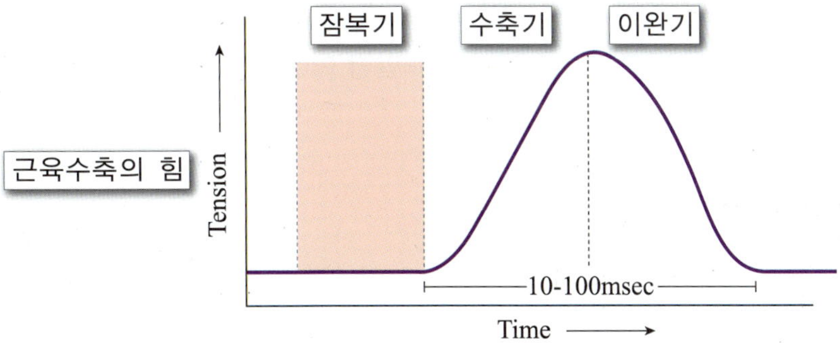

그림 5–12 연축의 단계

연축의 시간적 변동을 기록하면 3단계로 나눌 수 있다.

1) 잠복기(latent period)

자극을 가한 후부터 근육이 수축하기 전까지의 약 0.01초 동안이며, 이 시기에 활동전압과 에너지 유리반응이 나타난다.

2) **수축기**(contraction period)

근육에서 복잡한 화학반응이 진행되어 화학적 에너지가 기계적 수축으로 전환되어 작업을 수행하는 시기이며, 0.04초 동안 계속된다.

3) **이완기**(relaxtion period)

수축기에 뒤따라서 일어나는 시기로서, 약 0.05초 동안 계속된다. 이로써 근섬유는 안정상태인 원위치로 돌아간다. 이완기를 지난 근육은 회복기가 오는데 근육의 상태에 따라 기간이 일정치 않으며, 이완기와 회복기를 통하여 수축기에서 분해된 여러 가지 화학물질이 재합성된다. 단일자극이 연축을 일으키지만, 연축은 생리적인 수축이 아닌 실험적인 수축으로 우리 몸에서 실제로 일어나는 일은 없으며, 거의 모든 운동은 강축에 의해서 일어난다.

(2) 근수축(연축)의 분류

1) **등력성 수축**(isotonic contraction, 동적 수축)

근육이 수축할 때 근육에 주는 부하는 변하지 않는데, 근육 자체의 길이가 짧아지는 경우를 **'등력성 수축'** 혹은 **'동적 수축'**이라고 한다. 가령 근육의 한 끝에 무게를 달아 수축하여 이것을 끌어올릴 수 있게 하였을 때 일어나는 수축으로, 근육의 길이는 짧아지나 장력은 변화하지 않고, 다만 I band가 단축되는 것이다. 예를 들어 턱걸이 운동을 쉽게 한두 번 한다든지, 공을 던지는 동작, 달리기와 같은 동적 운동은 모두 근육의 등력성 수축에 의한 것이며, 이때 내는 힘을 '순발력'이라고 한다.

check point

● 펜 (Fenn) 효과

수축열이 발생하고 근육이 외부로 일을 하게 되므로 등력성 수축이 등장성 수축보다 더 많은 에너지를 발생시킨다. 즉, 근작업이 클수록 근의 에너지 방출이 커진다.

2) **등장성 수축**(isometric contraction, 정적 수축)

엄밀한 의미에서는 수축이라고 할 수 없는 것으로, 근육에 주어지는 부하는 변하더라도 근육의 길이는 변하지 않는 상태의 수축이며, **'정적 수**

축'이라고도 한다. 가령 근육의 양쪽 끝을 고정하여 근육이 자극을 받아 수축하더라도 근육의 길이는 변화하지 않고 힘만 나타낼 때 일어나는 수축으로, 근육의 길이는 짧아지지 않고 장력만 증가되어 외부로 나타나는 일이 거의 없으며, 이때 I band와 A band의 길이는 변화하지 않는다.

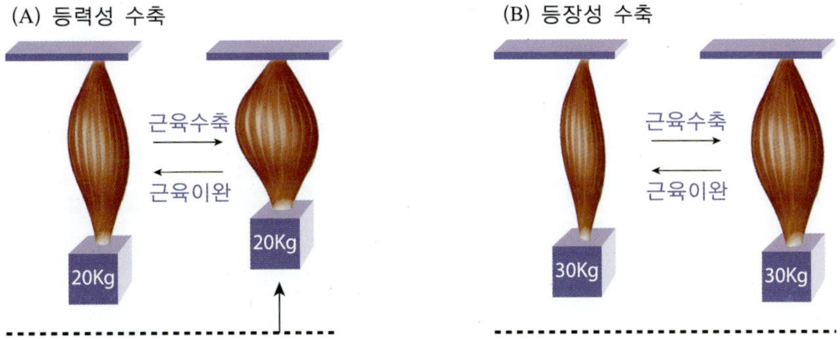

그림 5-13 등력성(A)과 등장성(B) 수축

예를 들어, 양손을 벽에 대고 밀거나 줄다리기에서 양쪽 팀이 팽팽히 맞서면 끌리지도 않고 끌지도 못하게 되는데, 이때 줄다리기 선수들은 모두 전신적인 **등장성 운동**을 하고 있는 상태이며, 똑바로 선 자세를 유지하는 경우도 마찬가지로, 이 힘을 '근력'이라고 한다.

(3) 강 축(tetanus)

골격근에 단일자극이 아닌 적당한 시간 간격(5~30회/1초)으로 되풀이하여 자극을 가하면 연축이 합해져서 더욱 큰 힘과 지속적인 수축을 일으킨다. 이것을 '**강축**'이라 하며, 근의 길이를 50% 단축하고 수축의 크기가 연축보다 훨씬 크다.

(4) 긴 장(tonus)

정상적인 근육은 운동신경으로부터 부분적으로 자극을 계속하여 받고 있기 때문에 지속적으로 부분적인 수축을 하고 있다. 이것을 '**긴장**'이라 한다. 각성 시의 근육상태로서 자세 위치의 유지, 서 있는 상태, 앉은 상태 등을 이룬다. 이때에는 극히 적은 양의 에너지만 사용되므로 이로 인해 피로가 일어나지는 않지만 혼수나 수면 시에는 근육의 긴장이 풀린다.

(5) 강 직(contracture)

골격근은 병적 상태에서 활동전압 없이도 수축을 계속할 때가 있다. 이것을 '**강직**(contracture)'이라고 한다. 골격근은 수의적(voluntary)으로 수축을 일으킬 수 있는데, 이것은 대뇌피질(brain cortex)에서 시작한 신경흥분이 중추신경계와 운동신경을 거쳐서 골격근에 도달하기 때문이다.

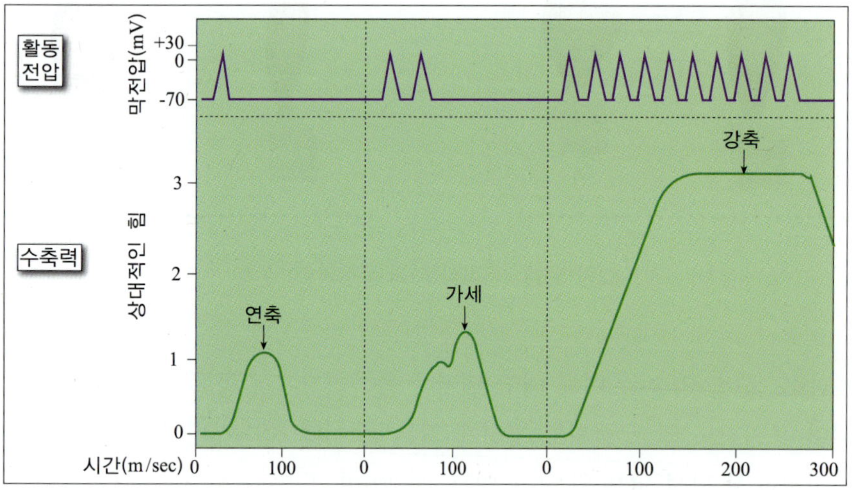

그림 5-14 활동전압에 따라 반응하는 근육섬유의 수축력

check point

● 사후강직 (rigor mortis, postmortem rigidity)

사람이 죽은 후 일정한 시간(사망 후 2~3시간)이 지나면 전신의 골격근이 강한 수축을 계속하여 신전성이 없어지는 것으로, 살아서는 탄력성이 있었던 근이 흥분성을 잃고 길이가 짧아지고 경직되며, 또한 근육이 과도하게 피로하였을 때도 일어날 수 있다. 사후 호흡정지로 인해 근세포 내의 다량의 젖산이 단백질을 변성시킨다. 이는, 액틴과 미오신이 영구적인 결합으로 액토미오신을 형성하고 근절(sarcomere)이 단축된 것으로, 결국은 **근육 속의 젖산축적**과 **ATP의 고갈**을 원인으로 보고 있으나, 활동전압이 없이도 수축이 일어나는 이유는 분명하지 않다.

사후강직에 의한 수축은 매우 강력하며, 온몸에 동시에 생기는 것이 아니라 심장, 목, 팔, 다리 순서로 일어나고, 시간이 경과하면(약 3~4일 후) 사후강직이 풀리게 된다. 풀리는 순서는 반대로 팔, 다리, 목, 심장으로 일어난다. 이러한 현상을 법의학에서 이용하여 시체의 사망시간을 추정하기도 한다.

8. 근육의 성질

(1) 불응기(refractory period)

골격근은 신경섬유와 마찬가지로 활동전압이 발생하고 있는 동안에는 아무리 강한 자극을 반복하여 가하더라도 새로운 활동전압을 생성하지 않는다. 이 기간으로 흥분조직이 다른 자극에 전혀 반응하지 않는 기간을 **절대 불응기**(absolute refractory period)라고 한다. 그 후에는 보통강도의 자극에서는 반응하지 않으나 활동전압 말기에 정상보다 강한 자극에 한하여 활동전압을 일으킬 수 있는 기간이 있는데, 이 기간을 **상대적 불응기**(relative refractory period)라고 한다.

그러나 골격근의 불응기는 심근과 비교하면 훨씬 짧고, 신경과 비교하면 매우 길다. 이 불응기가 지나야만 다음 자극에 대해 반응한다. 불응기는 대체로 하나의 유효자극이 가해진 후의 약 0.001~0.005초 동안이며, 이 기간 동안에 근육은 화학적·물리적 회복이 이루어져서 다음 자극에 대하여 반응을 나타낼 수 있다.

(2) 실무율의 법칙

근육에 적당한 자극을 가하면 수축한다. 이때의 근수축은 일정한 강도 이상의 자극에 의해서만 일어나는데, 이와 같이 근육이 수축을 시작하는 최소의 자극 강도를 **역치**(threshold)라고 한다.

모든 단일신경섬유가 자극강도에 따라 역치 이상의 자극을 가하였을 경우에 최고의 크기로 흥분(수축)하고, 역치 이하의 자극에 대하여는 전혀 흥분을 하지 않는 현상을 **실무율**이라 한다. 심근 및 신경섬유에서는 실무율을 뚜렷이 볼 수 있으나, 골격근에서는 단일근육섬유에서만 볼 수 있는 성질이다.

(3) 가중(가세, summation)

역치 이하의 여러 자극이 한꺼번에 일어나거나 처음 자극으로 생긴 수축이 완전히 이완되기 전에 새로운 자극을 가하면 나중에 가한 자극으로 생긴 수축곡선이 처음보다 훨씬 크게 나타난다. 이는 처음 자극으로 발생된 장력 위에 나중 자극의 장력이 가세되어 융합되므로 하나씩 따로 자극할 때보다 더 강력한 수축을 할 수가 있기 때문이다.

이것을 가중 혹은 가세라고 한다(그림 5-15).

시간적 가중(temporal summation)은 역치 이하의 자극이 같은 장소에서 시간적 간격을 두고 발생하여 수축곡선을 나타내는 것이며, **공간적 가중**(spatial summation)은 같은 시각에 여러 곳에서 역치 이하의 자극을 줄 경우에 그 자극이 합해져서 활동전압을 만들고 수축곡선을 그리는 경우를 말한다.

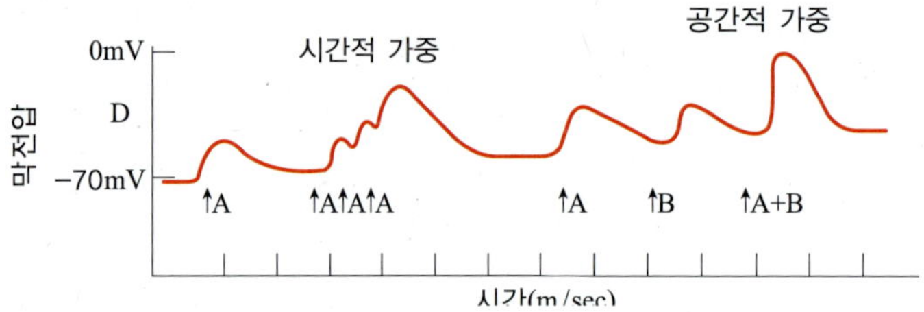

그림 5-15 가중(summation)

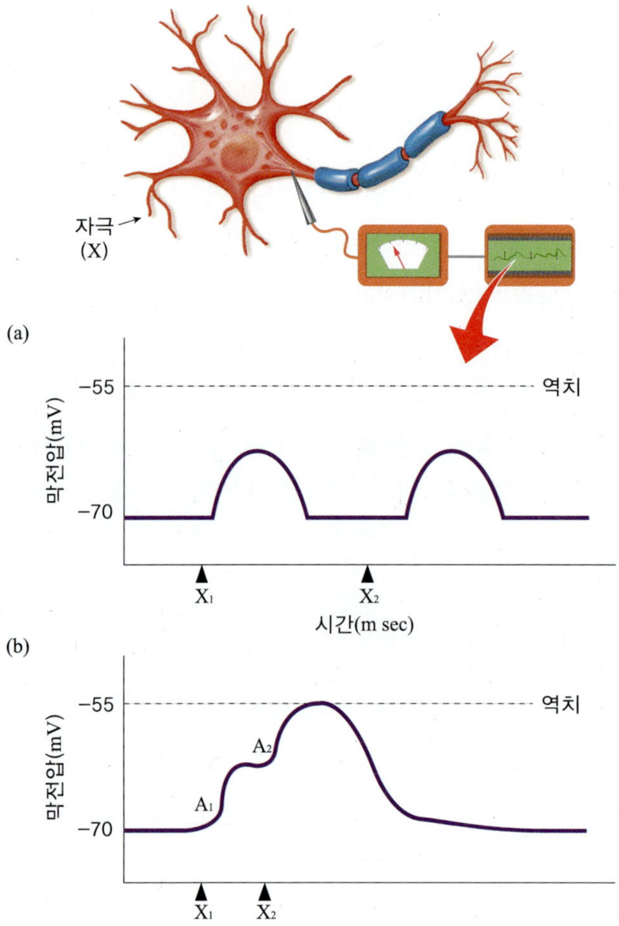

그림 5-15 시간적 가중

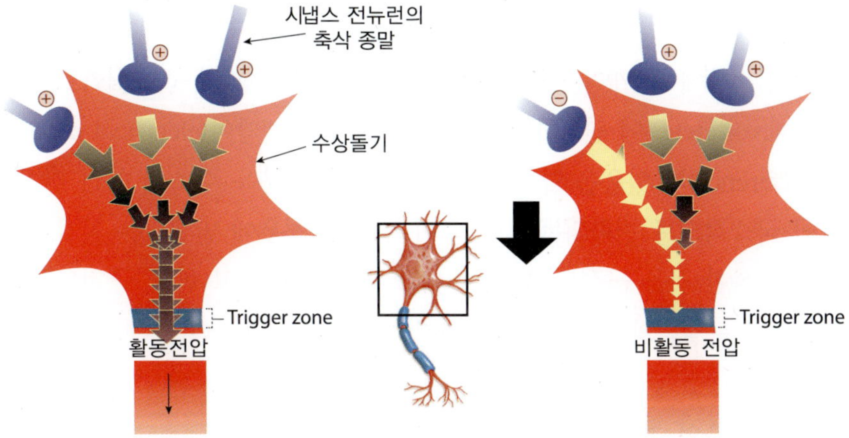

그림 5-15 공간적 가중

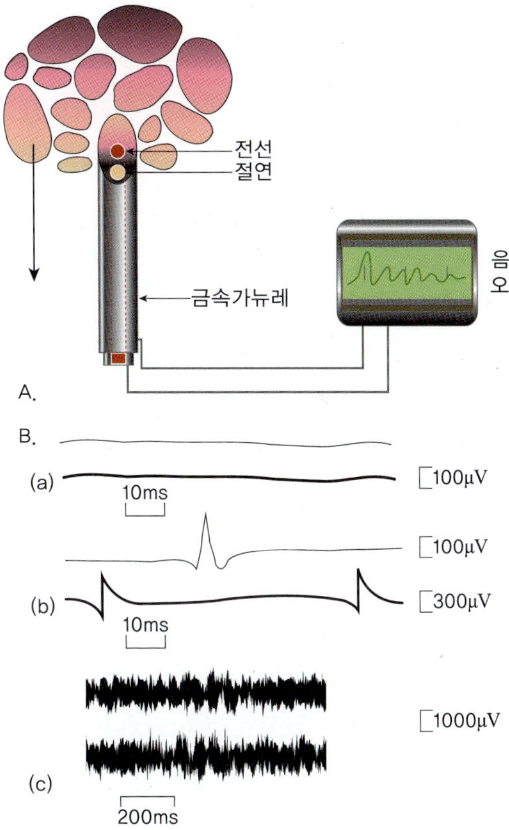

A : 근전도 기록장치

B : 근전도

a : 이완근

b : 약한 수의적 수축

c : 강력한 수의적 수축

그림 5-16 근전도

(4) 근전도(electomyogram : EMG)

생체 피부에 두 개의 전극(electrode)을 적당한 거리에 접촉시키고 이를 전압계(voltmeter)에 연결하면 두 전극 사이에는 전압차(electrical potential difference)가 있음을 알 수 있다. 인체에서는 근육 수축에 따라 전기현상이 국소적으로 변화되는데, 근육이 수축할 경우에 발생되는 전기적 변동을 기록한 것을 **근전도**(electromyogram: EMG)라고 한다. 근전도는 임상적으로 근질환의 진단 및 회복 과정의 추적에 이용한다(그림 5-16).

9. 골격근의 기능장애

(1) 경 련(Cramps)

경련은 통증을 수반하는 불수의적인 근육수축으로, 운동할 때 또는 안정상태에서 발생할 수 있다. 경련이 발생하는 자세한 원인은 알려져 있지 않으나, 근육의 산소공급이 부족할 때 또는 신경계로부터의 자극에 의한 것으로 생각된다. 주로 종아리, 대퇴부, 둔부근육에 발생한다.

(2) 근이영양증(Muscular dystrophy)

근육이 점진적으로 약화되는 질환으로, 근육 내의 결합조직이 증가하거나, 근섬유가 지방조직에 의해 대치되어 퇴행한다. 이 병은 유전적으로 결정되며, 형태에 따라 예후가 다양하다.

(3) 근무력증(Myasthenia gravis)

신체면역계의 비정상적인 반응이 신경접합부에서 근육 세포막에 있는 아세틸콜린 수용체를 파괴시킨다. 수용체가 파괴되면 운동뉴런 말단부에서 분리되는 아세틸콜린에 대한 근섬유의 민감성이 감소되는데, 이 때문에 발생하는 극도의 근육약화를 일으키는 만성질환이다.

5-2 평활근

1. 평활근의 구조 및 작용

평활근(smooth muscle)은 횡문이 없으며, 내장을 구성하므로 **내장근**이라고도 한다. 내장근은 보통 2개의 층으로 구성되어 있는데, 내층은 두꺼우며 환상근층이고, 외층은 얇고 종주근층이다.

이 근육은 우리의 의지에 의해 뜻대로 움직일 수 없으므로 불수의근이라고 하며, 근세포의 크기가 일정하지 않으나 한 개의 큰 핵을 지닌 방추형의 세포로서 직경이 2~5μm, 길이가 50~100μm이다. 핵은 방추상의 중앙에 존재하며, 근형질에 둘러싸여 있고, 탄성섬유(elastic fiber)와 교원섬유(collagenous fiber)에 의해 서로 밀접하게 결합되어 있다(그림 5-17).

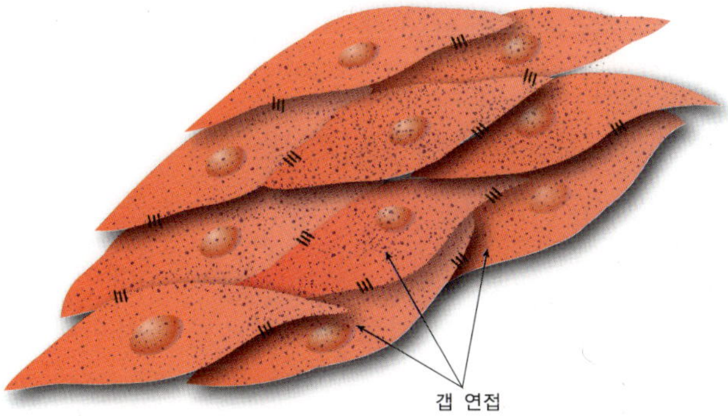

그림 5-17 평활근 세포

골격근에 비하여 평활근은 미오신과 액틴의 양이 적고, 즉 T세관도 없어서 수축이 완만하지만, 근 신전력과 수축력을 오래 유지할 수 있는 힘을 가지고 있다.

혈관벽에서 혈관의 구경을 크게 하거나 작게 하는 작용을 하여 혈관 속으로 흐르는 혈액의 양을 조절하기도 하고, 또한 방광(bladder)을 수축시키는 일, 눈의 동공(pupil)을 확대하거나 수축시키는 일, 위장관(gastrointestine)을 움직이는 일 등 모든 내장(viscera)의 기능에 관여한다.

(4) 평활근의 분류

① 내장 평활근(unitary or visceral smooth muscle)

방광·자궁·요관이나 소화관의 벽을 이루고 있는 평활근으로서, 심근에서와 같이 근섬유들을 연결시켜 주는 많은 연락교(cellular bridge)를 갖고 있어서 근섬유들이 서로 융합되어 있고, 융합부위에서는 전기저항이 매우 낮기 때문에 한 근세포의 흥분이 다음 근세포에 전기적으로 전도될 수 있다. 즉, 기능적 세포결체(syncytium)의 기능을 나타낸다.

② 다단위 평활근(multiunitary smooth muscle)

혈관의 벽이나 눈의 홍채(iris)·모양체근(ciliary muscle)에 있는 평활근으로서 내장평활근과 같은 근세포 사이에서 세포막의 융합이 없다. 또한 기능적 세포결체를 형성하지 않으므로 내장근처럼 인접세포로 수축이 파급되지 않는다. 신경자극에 의해 더 긴밀하게 조절되며, 화학적 매개물질(transmitter)이 그 유리부위에서 오래 지속되는 경향이 있어서 지속적인 반응을 유발하게 된다.

따라서 내장 평활근처럼 근속이 하나의 덩어리로 수축하는 일이 없고, 수축하는 근섬유에 따라서 하나의 근속이라도 여러 가지 크기로 수축을 나타낼 수 있으며, 평상시에는 그대로 있다가 자율신경에 의해 활성화되는데, 두 가지 신경이 동시 분포되어 서로 길항적으로 작용한다.

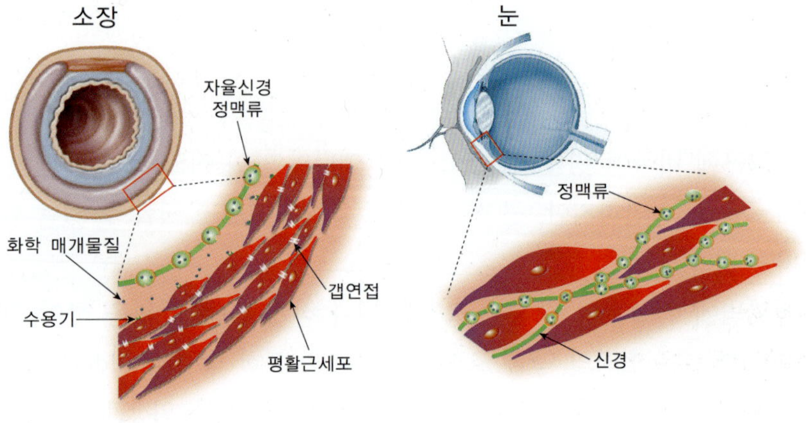

(a) 내장평활근 (b) 다단위평활근

그림 5-18 평활근의 분류

2. 평활근의 활동전압

평활근의 활동전압은 근수축이 일어날 때 나타나는 활동전압이 같은 근육일지라도 수축할 때마다 그 모습이 달라질 수 있고, 또 근육에 따라 다르다. 평활근은 교감신경계, 부교감신경계의 이중 신경지배를 받고 있다.

또한 같은 신경전달물질일지라도 평활근의 종류에 따라서 그 반응이 다르게 나타난다.

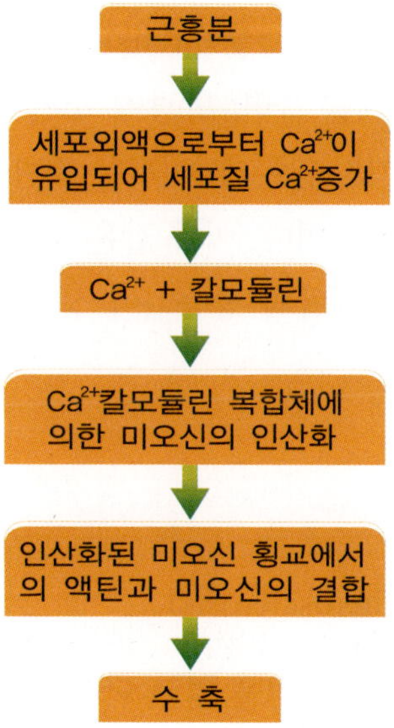

그림 5-19 평활근수축에서 Ca의 역할

예를 들면, 소장벽에 있는 평활근은 아세틸콜린의 작용으로 수축이 강화되고 노르에피네프린(norepinephrine)에 의하여 억제되나 소동맥에 있는 평활근은 노르에피네프린에 의하여 오히려 강력한 수축을 한다.

평활근이 노르에피네프린에 의하여 수축이 억제될 때의 활동전압을 그려 보면 일반적으로 안정막전압(resting membrane potential)이 음성쪽으로 커지는 과분극이 된다. 그럼으로써 흥분성이 낮아지고, 심하면 자발적인 흥분이 일어나지 못하게 되며, 과분극이 약할 때는 자발적인 수축의 빈도가 감소하고, 수축의 크기도 감소한다.

소장벽에 있는 평활근에 아세틸콜린이 작용하였을 때는 안정막전위를 작게 함으로써(즉, 음성값의 감소) 저분극 상태가 되므로 이 평활근의 흥분성이 높아져서 자발적인 수축빈도도 빨라지며, 수축력도 강화된다. 이는 아마도 근육 세포막의 Na^+ 또는 K^+에 대한 투과성을 변동시킨 결과로 보여진다.

3. 가소성(plasticity)

평활근을 잡아당기면 쉽게 늘어나서 그 길이가 길어진다. 이 경우에 잡아 당기기 시작할 때 발생하는 장력(tension)이 바로 없어져서 연장된 길이를 그대로 유지한다. 예를 들면, 방광에 소변의 양이 점점 늘어나더라도 방광의 내압은 별로 커지지 않는데, 이것은 소변량의 증가에 따라 그때 그때 평활근이 늘어나기 때문이다. 이와 같은 성질은 가소성이 있다고 한다. 그러므로 방광에는 방광내압의 상승없이 상당히 많은 소변이 축적될 수 있다.

check point

● 동맥경화증(atherosclerosis)

동맥경화는 동맥이 탄력성을 잃고 단단해지는 증세로, 혈액 내 콜레스테롤 등 지질성분이 많으면 플라그(plaque)라는 물질을 만드는데 플라그는 점점 커지고 단단해지며, 이로 인해 혈관은 자연스러운 탄력성을 잃게 된다. 혈전과 수축된 혈관은 혈압을 증가시켜 고혈압을 발생시키고, 이것은 더 많은 플라그의 형성을 촉진한다. 시간이 지나면 플라그는 혈액의 이동을 심하게 억제하여 혈액이동이 잘 안되므로 심장과 말초에 통증을 나타낸다. 그러나 대부분의 경우에는 증상이 없고 최초의 증상이 심장마비나 뇌출혈이 될 수 있는 위험이 있다.

5-3 심 장 근

심장근(cardiac muscle)은 골격근과 평활근의 양쪽에 비슷한 성질을 갖고 있다. 심장근육에는 가로무늬(횡문)가 있고, 여기에 A, I대 및 Z선, 많은 미토콘드리아가 있으며, Z선 부위에 조직학적으로 근섬유에 특이한 **개재판**(intercalated disc)이 있어서 근세포를 연결하는 요철과 같은 톱니의 형상으로 심장근의 흥분전도에 영향을 준다(그림 5-20).

근세포는 근원섬유의 집합으로 되어 근원섬유 중에는 액틴 필라멘트와 미오신 필라멘트가 규칙적으로 나란하게 있고 트로포닌(troponin), 트로포미오신(tropomyocin)도 포함된다. 또한 심근에서는 근장 내 그물(SR)이 잘 발달하여 활동전위는 SR로부터 Ca^{2+}의 방출을 촉진하고, 액틴 및 미오신에 의한 수축의 구성에 활력을 준다(그림 5-20).

심근이 내장 평활근과 비슷한 점은 신경 및 호르몬의 지배가 없더라도 기능학적으로는 평활근과 같이 **세포결체**(syncytium)를 이루므로 어떤 한 점에 흥분이 발생하면 모든 심장근 섬유로 흥분이 전도되어 마치 한 개의 세포와 같이 행동한다.

심장근육의 독자적인 뚜렷한 특징으로는 활동전위의 지속이 상당히 긴 것이 있다. 따라서 활동전위의 불응기도 길고 반복해서 자극하더라도 심근에서는 수축의 가중이 있고 강축은 일어나지 않는다. 만일, 심장근육이 단시간이더라도 강축을 일으키면 심장근육에서 혈액의 박출이 중지되고 사망하게 된다.

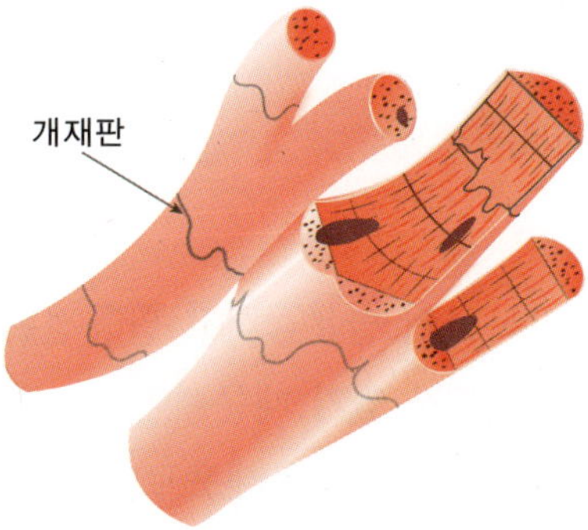

(a) 심장근 세포 그림

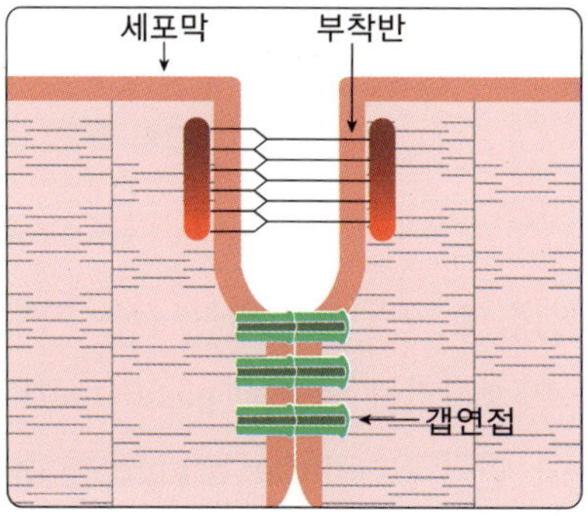

(b) 두 개 심장근 세포를 연결하는 개재판

그림 5-20

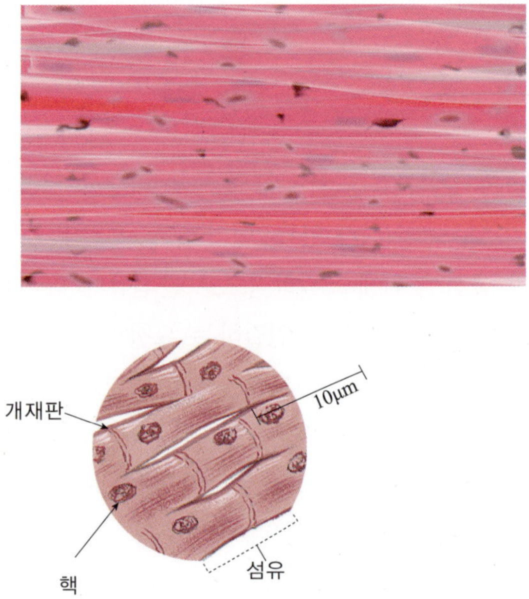

A : 광학현미경으로 관찰한 심장근의 사진

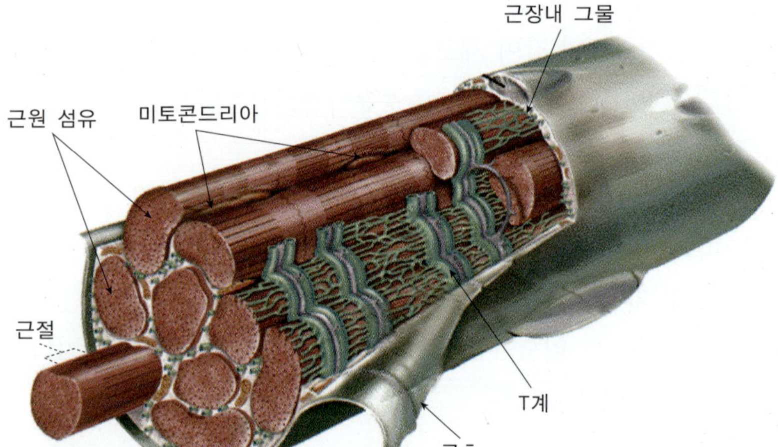

B : 전자현미경 사진을 종합한 모식도

그림 5-21 심장근의 미세 구조

심장에 자동성이 있는 것은 자발적으로 반복하여 탈분극하고 활동전위를 발생시키는 박동원(pace-marker)이라는 세포가 있기 때문이며, 그 흥분이 연락교(cellular bridge)를 통하여 근육세포에서 근육세포로 전달되게 된다.

Chapter

6. 골격계

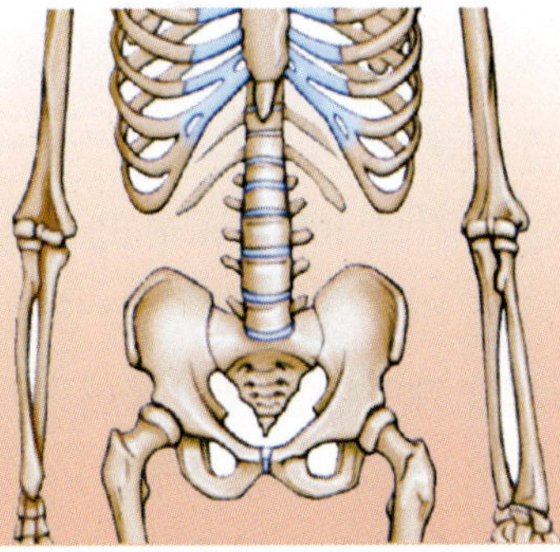

인체의 수많은 경골과 연골 및 결합조직이 서로 결합되어 몸을 지탱하고 특이한 형태를 유지하는 것을 골격(skeleton)이라고 한다.

골격의 기능은 인체를 지지하고(supporting), 뇌 및 내장 기타의 기관을 보호하며(protecting), 수동적인 운동기관으로서 근육의 부착점이 되어 운동(movement)에 관여한다. 또한 적혈구와 백혈구를 골수에서 생산하는 조혈(erythropoiesis) 작용과 저장하는 저장소의 역할을 하고 있다.

성인의 골격은 전부 206개의 뼈로 이루어져 있으며, 다음과 같이 구분할 수 있다(표 6-1).

표 6-1 성인의 골격

체간골격(skeleton of trunk) 또는 중축성 골격(axial skeleton)		
척추(vertebral column)	26(경:7, 흉:12, 요:5, 천:1, 미:1)	계 74
두개(skull)	22(뇌두개:8, 안면두개:14)	
설골(hyoid bone)	1	
늑골 및 흉골(ribs and stemum)	25(흉골:1, 늑골:24)	
체지골격(skeleton of extremities) 또는 부속성 골격(appendicular skeleton)		
상지골(bones of upper extrimities)	64	계 132
하지골(bones of lower extrimities)	62	
이소골(auditory ossicles) 또는 고실소골(tympanic ossicles)	6	
		계 206

골의 크기는 길이가 몇 mm인 **청소골**(auditory ossicle)로부터 400mm 이상되는 대퇴골(femur)에 이르기까지 여러 가지가 있다. 즉, 긴 원주상인 대퇴골, 얇고 넓은 두개골 등의 형태 차이가 있으며, 뼈와 뼈 사이에는 질긴 섬유질로 된 인대(ligament)가 있어서 강하게 연결되어 있다.

뼈는 생후 10주째부터 생성되기 시작하여 유아기에는 350개 정도로 이루어져 있으나, 계속 자라면서 몇 개가 결합되어 결국 206개의 뼈가 모여 신체를 이룬다.

뼈는 유기질 30%와 Ca, P, Mg과 Na을 포함하는 무기질 45%, 그리고 물 25%로 이루어져 있다. 그 중에서도 체내 칼슘의 99%를 함유하고 있어서 필요할 때마다 혈액을 통해 체내로 공급해 주며, 각종 칼슘대사에 중요한 역할을 하고 있다. 완전히 성숙한 뼈는 계속적으로 침착과 유출을 반복함으로써 체내의 각종 무기질의 균형을 이루는 데에 중요한 역할을 하고 있다. 골격의 주요 기능은 다음과 같다.

① 신체의 연부를 지탱하는 지주의 역할(지지작용)

② 섬세한 신체 내부구조를 보호하는 일(보호작용)

③ 근육의 부착점이 되어 운동에 관여(운동작용)

④ 혈구를 생산하는 일(조혈작용)

⑤ 광물질을 저장하였다(저장작용)가 신체의 요구에 따라 이것을 체내에 공급하는 일 등의 기능을 가지고 있다. 물론 모든 뼈가 이와 같은 기능을 다 갖추고 있는 것은 아니고 뼈에 따라 상당히 차이가 있다.

두개골은 뇌를 보호하고, 흉곽(thorax)은 심장, 폐 및 기타 내부기관을 보호하는 일이 주된 기능이며, 팔 다리에 있는 뼈는 여기에 근육이 부착되어 근육의 수축으로 보행 및 운동을 할 수 있게 한다.

또한 혈구의 생산은 20세 이전까지는 장골(long bone), 즉 길고 원주모양을 하는 뼈에서 그 후부터는 늑골 및 흉골에서 가장 활발하게 조혈한다. 다만 광물질의 저장소로서의 기능은 모든 뼈가 하고 있다. 특히 임신한 부인에게서 태아의 골격을 성장시킬 때 필요한 광물질 중 칼슘과 인이 음식물에서 부족할 때는 전신의 뼈에서 이 성분이 빠져 나와 태아에게 공급된다. 뼈가 단단한 것은 광물질 성분이 많기 때문으로 뼈 무게의 2/3 이상을 차지한다.

칼슘, 인, 마그네슘의 무기 또는 유기염이 뼈의 주된 성분이다. 그 밖에 양은 적으나 중요한 것으로는 칼륨(K), 불소(F), 나트륨(Na) 및 철(Fe) 등이 있다.

6-1 뼈의 형태와 구조

1. 뼈의 분류

뼈는 그 형태에 따라 장골, 단골, 편평골, 불규칙형골 및 함기골 등으로 구분한다.

(1) 장 골(long bone)

길게 생기고 양끝 또는 한쪽 끝에 관절부가 있는 뼈로서 대퇴골(femur), 경골(tibia), 비골(fibula), 상완골(humerus), 척골(ulna), 요골(radius) 및 지골(phalanges) 등이 있다.

(2) 단 골(short bone)

짧고 어느 정도 불규칙하게 생긴 뼈로서 손목이나 발목에 있는 수근골(carpal bones)이나 족근골(tarsal bones) 등이 있다.

(3) 편평골(flat bone)

두개골(skull)을 형성하고 있는 뼈, 늑골(rib) 및 견갑골(scapula) 등과 같이 납작한 뼈를 말한다.

(4) 불규칙골(irregular bone)

위의 3가지 중에 하나로 분류할 수 없게 2가지 이상의 혼합형이거나 기타 복잡하게 생긴 뼈로서 척추골(vertebra), 접형골(sphenoid), 사골(ethmoid), 천골(sacrum), 미골(coccyx) 및 하악골(mandible) 등이 있다.

(5) 함기골(pneumatic bone)

뼈 속에 공기로 채워진 공동이 있는 뼈로서 조류의 골격에서는 많이 볼 수 있으나, 인체에서는 두개골에서만 볼 수 있다. 그 좋은 예는 비강과 교통하고 있는 상악골, 전두골, 사골, 접형골, 측두골 등이다. 이것들은 모두 점막으로 덮여 있다. 이 공동은 노인이 될수록 커진다.

2. 뼈의 구조

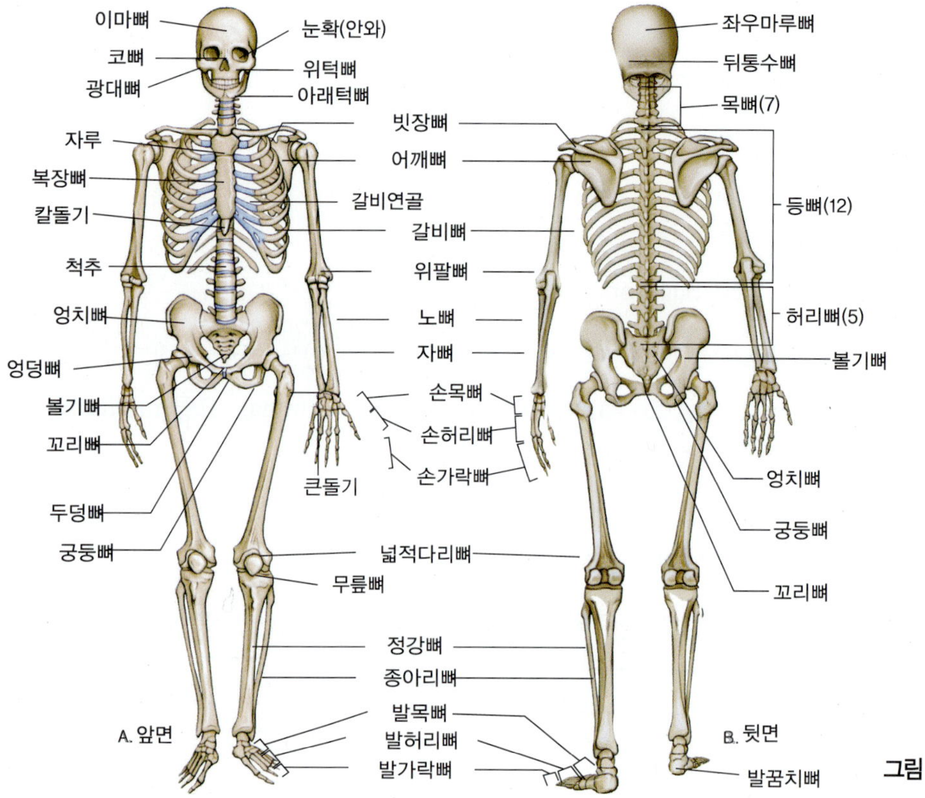

그림 6-1 (a) 뼈의 구조

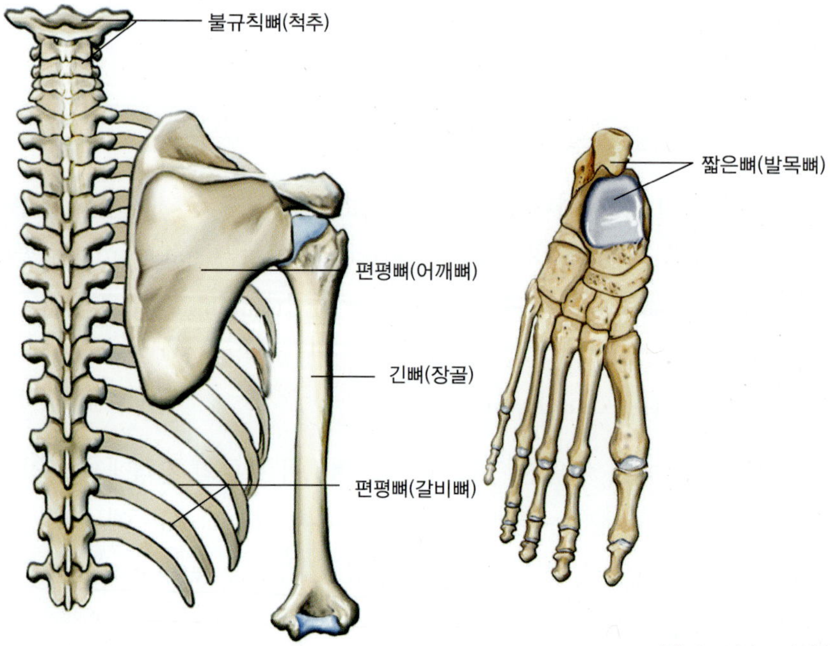

그림 6-1 (b) 다양한 뼈의 형태

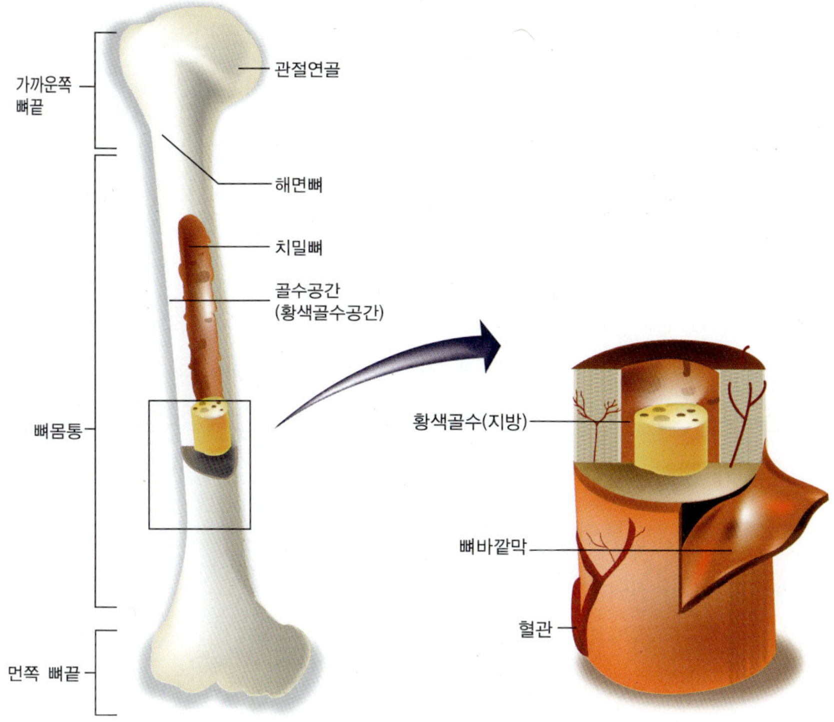

그림 6-1 (c) 뼈의 기본구조

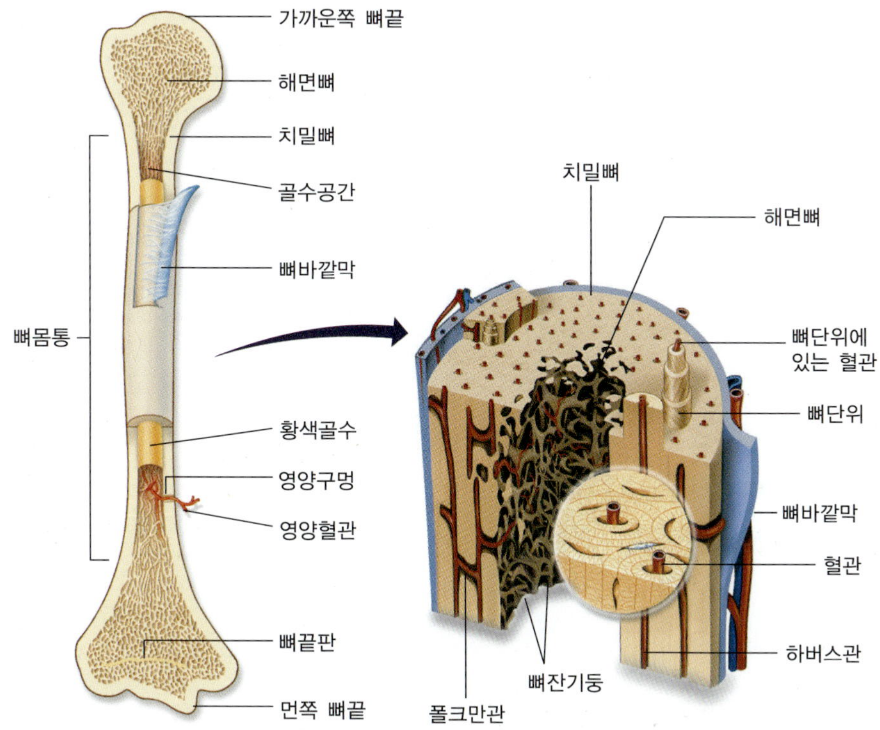

그림 6-2 치밀골과 해면골의 비교

장골을 기준으로 해서 각 부분의 명칭은 골간부, 골단부, 관절연골, 골외막, 골내막, 골수강 등으로 크게 나눌 수 있다(그림 6-1).

골간부는 중량을 지지하기에 적당하도록 벽이 두꺼운 치밀골(compact bone)로 만들어지고, 속은 한 개의 커다란 골수강이 있는 수도관 모양으로서 원주형보다 무게가 가벼우나 견인력은 비슷하다.

골단부는 장골의 양 끝의 부푼 구형 부분이다. 속은 골수강이 수많은 작은 방으로 불규칙하게 나누어진 해면골(spongy bone)로 되어 있고, 겉은 얇은 치밀골로 싸여 있다. 이러한 모양은 관절의 안정성을 높여 주고 관절 주위에 많은 인대와 근육이 부착될 수 있게 넓은 표면을 제공한다.

관절연골은 골단부의 관절면을 덮고 있는 얇은 초자 연골층으로, 탄력성이 있어서 충격이나 진동을 흡수한다.

골외막은 불규칙 치밀 결합조직으로 된 섬유성 막으로, 연골이 덮여 있는 관절면을 제외한 모든 부분을 덮고 있다. 이 골외막으로부터 많은 섬유가 뼈 내로 뻗어 있어서 골막이 뼈에서 분리되지 않게 접착시켜 주고 있는데, 이 섬유를 '**샤페이 섬유**(Sharpey's fiber)' 라고 한다. 골외막은 조골세포(osteoblast)와 혈관을 가지고 있어서 뼈의 성장 및 재생기능을 수행한다.

골수강은 성인에서 지방성의 황색골수(yellow marrow)를 가지고 있는 골간부의 내강과 조혈성의 적색골수(red marrow)를 가지고 있는 골단부의 무수히 많은 작은 방들을 말한다.

골내막은 골수강과 혈관이 지나가는 통로인 하버스관(Harversian canal)을 싸고 있는 얇은 섬유막으로, 필요할 때는 조골세포로 분화될 수 있는 세포들로 구성되어 있다.

단골은 장골의 골단부와 같이 전체적으로 해면골로 되어 있고, 얇은 치밀골로 싸여 있다. 편평골은 양면이 치밀골판으로 되어 있고, 그 사이에 판간층(diploe)이라고 하는 해면골판이 들어 있다. 그리고 불규칙골은 대체로 단골과 같은 구조이다.

(1) 세부 구조

뼈도 다른 조직과 마찬가지로 세포와 세포간질로 구성되고 있다.

세포수에 비하여 세포 간질의 양은 많은데 다만 세포간질이 석회화(calcify)되어 있을 뿐이다.

즉, 다량의 칼슘염(calcium salts)이 많은 교원섬유가 묻혀 있는 무형의 기질(amorphous ground substance)에 침착되어 있는 것이다.

뼈의 또 하나의 독특한 구조는 그림 6-2에서와 같이 혈관이 들어 있는 세로관을 중심으로 하여 석화화된 세포간질, 즉 **골간질**(bone matrix)이 원통상의 층판을 만들어서 동심원상으로 배열된 것이다.

이러한 골간질의 각 층을 '**골층판**(lamella)'이라고 한다. 또 중심관을 '하버스관(Harversian canal)'이라고 하며, 이들을 총칭하여 '하버스 계통(Harversian system)'이라고 한다.

대부분의 하버스관 속에는 한 줄기의 대형 모세혈관이 지나가고 일부에서는 세동맥(arteriole), 세정맥(venule) 및 림프관(lymphatics) 등이 지나가고 있다.

골세포(bone cell, osteocyte)는 골층판 사이의 **골소강**(lacuna)이라는 작은 방 속에 들어 있는데, 이러한 골소강은 **골소관**(canaliculus)이라는 미세한 관들이 사방으로 뚫려서 인접하고 있는 골소강들이나 하버스관과 연결되어 있고, 이것을 통해서 조직액과 접촉할 수 있다. 모든 골세포는 하버스관에서 0.1mm 이내의 거리에 위치한다.

뼈는 골층판의 배열상태에 따라 2가지 종류, 즉 치밀골(compact bone)과 해면골(cancellous, spongy bone)로 구분된다. **치밀골**은 여러 개의 하버스 계통이 밀착되어 있고, 그 사이에는 불규칙한 간질성 골층판(interstitial lamellae)으로 채워져 있다. **해면골**은 얇은 돌기나 판상으로 된 골편이 불규칙하게 배열되어 있어서 마치 해면체 같은 모양이고, 골편들 사이의 빈 곳은 조혈조직으로 채워져 있다.

뼈는 골기질(matrix)이 대부분을 차지하고 있기 때문에 외관상 생명이 없는 것 같아 보이지만, 실제로는 그 속에 살아 있는 골세포들이 쉬지 않고 영양소와 산소를 받아들이고 노폐물을 배출해야 하기 때문에 많은 혈관들이 분포되어 있다. 뼈는 큰 혈관이 골간부(diaphysis)를 통하여 들어오고, 그 외에도 많은 작은 혈관들이 골외막(periosteum)으로부터 횡으로 위치한 **폴크만관**(Volkmann's canal)을 통하여 들어와서 하버스관 내의 혈관에 연결되어 있다.

뼈에 함유된 칼슘염은 주로 인산칼슘(calcium phosphate)으로 85%를 차지하고, 그 다음은 탄산칼슘(calcium carbonate)으로 10% 정도이며, 기타 다른 염류들도 소량이 함유되어 있다. 뼈와 무기질은 전체 중량의 70% 정도나 되는데, 나이가 먹을수록 증가하여 뼈의 탄력성이 감소되므로 쉽게 골절(fracture)을 일으키게 된다.

(2) 골 수

골수(bone marrow)는 기능과 상태에 따라서 적색, 황색 및 교양골수로 나눌 수 있다. **적골수**(red bone marrow)는 조혈작용을 하고 있는 상태이며 성인에서는 장골 골단과 단골 및 편평골의 해면질 내에서만 볼 수 있고, **황골수**(yellow bone marrow)는 적골수의 조혈작용이 정지되고 주로 지방으로 대치된 상태이며 성인의 장골 골간에서 볼 수 있다. 이것은 잠재적 활성을 지니고 있어서 실혈 등으로 혈액 성분이 더 요구될 때에는 적색골수로 변화한다. **젤라틴골수**(gelatinous bone marrow)는 노인이나 만성 소모성 질환 환자의 골수에서 볼 수 있는 것인데, 교질상으로 변한 상태이다.

6-2 뼈의 발생 및 성장

인체의 골조직은 처음에 연골조직이 있던 곳에 골세포가 들어와서 만들어지는데, 이것을 '**골화**(ossification)'라고 한다. 어린이들의 골격은 비교적 연골조직이 많고 연령이 많아지면서 점차로 골세포로 바뀐다. 그리고 노인들의 골격은 대부분 골세포와 그것이 만들어 낸 칼슘인산으로 되어 있다. 그 결과로 어린이의 뼈는 유연하고 노인의 뼈는 단단하다.

뼈의 형성은 연골로부터 시작한다. 연골조직 내에 조골세포(osteoblast)가 생겨서 매우 단단한 기질을 만들고, 그 후 파골세포(osteoclast)가 들어와서 구멍을 뚫는다. 이 구멍 구조를 하버스계(Harversian canal system)라고 하며, 그림 6-3에서 보는 바와 같이 현미경으로 뼈를 볼 때에 잘 보이는 특징 있는 구멍계열이다.

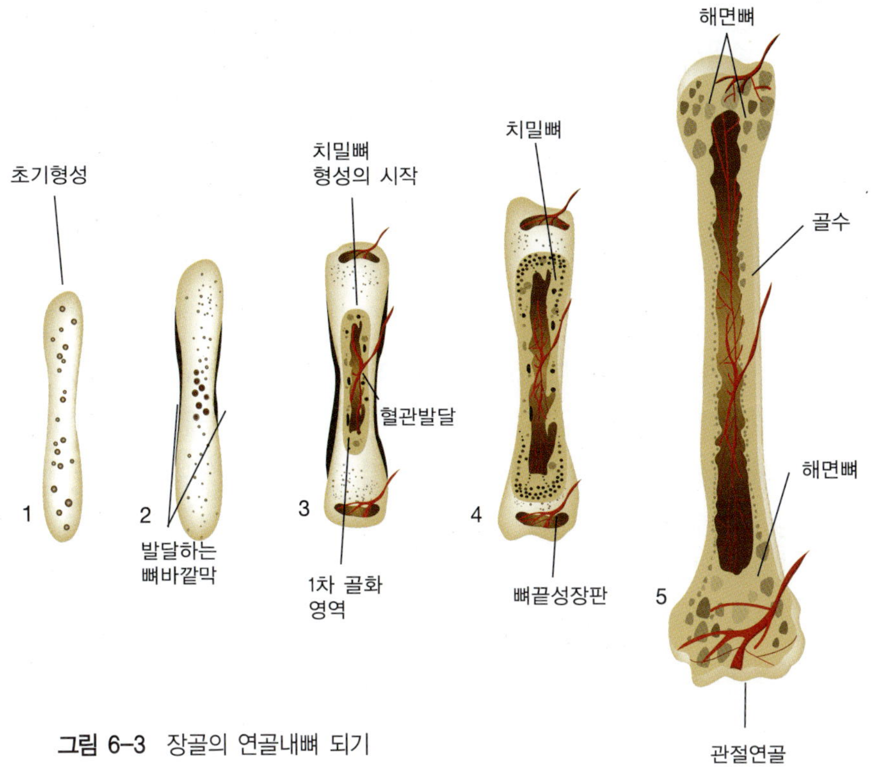

그림 6-3 장골의 연골내뼈 되기

이 구멍을 중심으로 동심원을 그리면서 조골세포가 뼈기질을 둘러싸면 성장은 중지하고, 골세포(osteocyte)가 되어 오래 남는다. 이 세포는 뼈 속에서 활동을 정지한 상태로 있으나, 골절이 일어날 때는 다시 활발하게 활동하고, 다시 조골세포로 전환되어 뼈기질을 만들어 낸다.

대부분 인체를 구성하는 뼈들은 일단 연골모형이 형성되었다가 이것이 다시 골로 변화되는데, 이러한 현상을 '연골내골화(endochondral 또는 intracartilagenous ossification)'라고 한다. 그리고 두개골을 형성하고 있는 편평골은 간엽성 세포들이 증식하여 막을 형성하고, 이 막은 연골화되지 않고 직접 뼈로 변화되는데, 이러한 현상을 '막내골화(intramembranous ossification)'라고 한다. 장골에서 연골내골화는 골간부에서 먼저 시작되고 이보다 늦게 양쪽 골단부에서도 일어난다. 골간부와 골단부에 있는 양쪽 골화중심(ossification center) 사이의 연골을 '골단연골(epiphyseal cartilage)'이라고 한다. 이 연골은 계속 증식하여 두꺼워지고 양쪽 골화 중심에서부터 계속 골화되어 점차 뼈가 길어진다. 결국은 연골의 증식이 중지되고 남은 연골판이 완전히 골화되었을 때 성장은 끝난다.

check point

- 조골세포(osteoblast)

섬유모세포에서 발생된 세포로, 성숙되면서 뼈의 형성에 관여함

- 파골세포(osteoclast)

골흡수 및 제거와 관계되는 큰 다핵세포로, 부갑상선 호르몬의 존재에 의해서 활성화되어 골흡수 및 세포외액으로 인과 칼슘의 방출을 증가시킨다.

뼈의 부피자람은 **조골세포**(osteoblast)와 **파골세포**(osteoclast)의 2가지 세포의 기능에 의한다. 뼈의 질서있는 구조를 만드는 **파골세포**는 골내막에서 분화되어 골조직을 파괴하여 제거시킴으로써 신경이나 혈관을 통하게 하는 골수강을 확장시킨다.

한편 뼈의 기질을 만들어 내는 **조골세포**는 골외막에서 분화되어 골조직을 형성하여 뼈의 외면에 첨가한다. 이렇게 하여 작은 골수강을 가진 가는 뼈는 큰 골수강을 가진 굵은 뼈로 성장된다.

뼈는 유년기에는 파괴되는 것보다 생성되는 양이 많아서 빠른 속도로 성장하고, 청년기를 지나 장년기에는 파괴와 생성이 균형을 이루며, 노년기에는 생성보다는 변성되어 흡수되는 양이 많아서 뼈가 다공성(porous)으로 되어 부서지기 쉽게 된다. 이러한 현상을 **노인성 골다공증**(senile-osteoporosis)이라고 한다. 뼈에 영향을 미치는 요소들은 현재까지도 명확한 것은 아니지만, 여러 가지 복합적으로 관계된다. 그러한 것들로

① 운동(exercise)
② 여성 호르몬인 에스트로겐(estrogen)
③ 부갑상선 호르몬(PTH)
④ 칼시토닌(calcitonin)
⑤ 혈액 내의 칼슘과 인(calcium and phosphorus)의 농도비율

등을 들 수 있다.

check point

- 비타민 D와 구루병(rickets) 및 골연화증(osteomalacia)

[비타민 D]

가장 잘 알려진 기능으로는 부갑상선 호르몬과 함께 혈장의 칼슘 항상성을 유지하는 것이다. 이러한 작용은 뼈의 대사와 구조뿐만 아니라, 칼슘이온의 유출에 의해 조절되는 세포나 신경기능을 유지하는 데에도 중요하다. 혈액의 칼슘농도가 감소하면 부갑상선 호르몬이 분비되어 신장에서 활성형 비타민 D의 활성을 촉진하는데,

활성형의 비타민 D는 소장점막에서 칼슘과 인의 흡수를 촉진하며, 또 파골세포에서 뼈의 칼슘이 혈액으로 용해되어 나오는 것을 촉진시킨다. 비타민 D는 뼈의 성장에 필요하나, 뼈의 탈석회화에도 관여하여 혈장농도를 유지하기 위한 칼슘과 인을 제공하며, 비타민 D가 부족한 경우에는 뼈의 석회화가 저조해져서 골연화증이나 구루병이 발생한다.

[구루병 및 골연화증]

활성형 비타민 D가 혈중 칼슘과 인의 농도를 과포화 상태로 증가시켜 뼈에 칼슘과 인의 결정이 축적되게 한다. 이때 뼈에 칼슘과 인이 충분히 축적되지 못하면 골격이 적절하게 석회화되지 못하여 뼈가 약해지고 압력을 받으면 뼈가 굽게 되는 구루병이 나타나는데, 어린이에게 발생할 경우를 말하며, 증상으로는 머리, 관절, 흉곽이 커지고 골반형성이 잘 되지 않고 다리가 굽는다.

골연화증이란 어른에게서 발생하는 구루병으로, 골반뼈 또는 갈비뼈의 골절이 쉽게 발생하는 것이다. 원인으로는 비타민 D 섭취 부족 및 자외선에 대한 노출 부족, 섭취한 비타민 D의 흡수 부족, 간이나 신장의 장애로 비타민 D의 활성화 부족 등을 들 수 있으며, 뼈의 총량은 정상이지만 기질의 석회화가 감소하여 뼈의 조성이 비정상적이 된다.

또한 골연화증은 신장질환, 위장질환, 담낭질환, 소장질환, 간경변증 환자에게서 자주 발생하며, 비타민 D 대사와 칼슘 흡수 모두에 영향을 준다. 따라서 치료는 햇빛에 노출시키거나 활성형 비타민 D를 처방하여 공급하며 칼슘보충제도 필요하다.

6-3 결합조직 섬유

결합 조직 섬유의 3가지 형태는 섬유아세포(fibroblast)에 의해서 만들어진다.

1. 교원섬유(Collagenous fiber)

단백질인 콜라겐(collagen)으로 이루어진 비교적 두껍고 실과 같은 형태로서 우리 몸을 구성하고 있는 주 단백질이다(교원질은 가죽의 주성분이며, 끓이면 gelatin으로 바뀐다). 이 섬유는 길고 평형하며 굴절성이 있고, 약간의 탄력성을 갖고 있다. 게다가 큰 신장력을 갖고 있어서 완만한 신장력에 대하여 대처할 수 있다는 것이 더욱더 중요하다.

조직 내 교원섬유가 많이 존재할 때의 조직은 '치밀 결합조직(dense connective tissue)'이라고 하며, 이러한 조직은 희게 보이는데, 그 이유 때문에 '백섬유(white fiber)'라고도 한다. 그와 반대로 연성 결합조직(loose C.T.)은 빈약한 교원섬유로 구성되어 있다.

2. 탄력섬유(Elastic fiber)

엘라스틴(elastin)이라는 단백질을 함유한 미세섬유(microfiberils)의 다발(bundle)로 구성되어 있다. 이 섬유는 여러 조직 속에 가지처럼 퍼져 있으나 복잡한 그물 형태를 하고 있고, 교원섬유보다는 덜한 신장력을 갖고 있으나 매우 탄력적이다.

6-4 연 골

연골(cartilage)도 뼈와 마찬가지로 세포 수에 비해 세포간질의 양이 훨씬 많고 무수한 교원섬유들이 기질에 보강되어 있으며, 굴곡성(flexibility)이 큰 치밀한 조직이다. 연골은 마치 어린이에게서 장차는 뼈가 되는 어머니와 같은 노릇을 한다. 그러나 어른이 되어서도 이 조직이 그대로 남아 있는 곳이 있는데, 특히 굴곡성이 필요한 부위로서는 늑골(ribs)과 흉골(sternum)이 연결된 부위로 호흡운동 때 구부러지는 곳이며, 그 밖에 코끝과 귀뿌리에도 있다.

연골이 뼈와 다른 점은 기질이 단단한 교질(gel)로 되어 있어, 뼈같이 강직하지 않고 플라스틱과 같은 유연성이 있다. 연골 내에는 관계통(canal system)이 없어 혈관이 분포되어 있지 않고 연골막(perichondrium)까지만 혈관이 와 있는 것이다.

연골세포도 골세포같이 소강(lacuna)에 들어 있으나, 혈관이 없어서 단순히 확산(diffusion)에 의하여 생활한다. 연골기질은 확산이 잘 되므로 영양소와 산소가 연골을 싸고 있는 연골막에 있는 모세혈관으로부터 확산되어 들어오고, 관절연골(articular cartilage)의 경우에는 관절강의 활액으로부터 확산되어 들어간다.

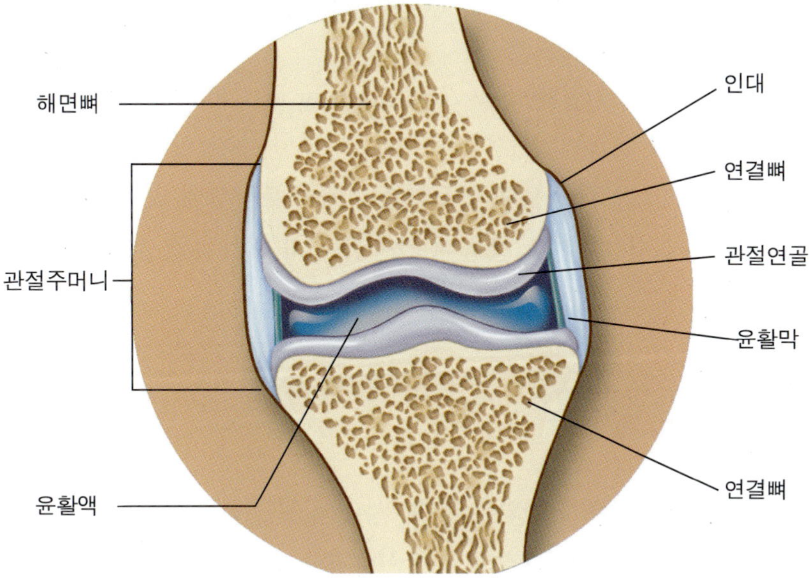

그림 6-4 연골의 구조

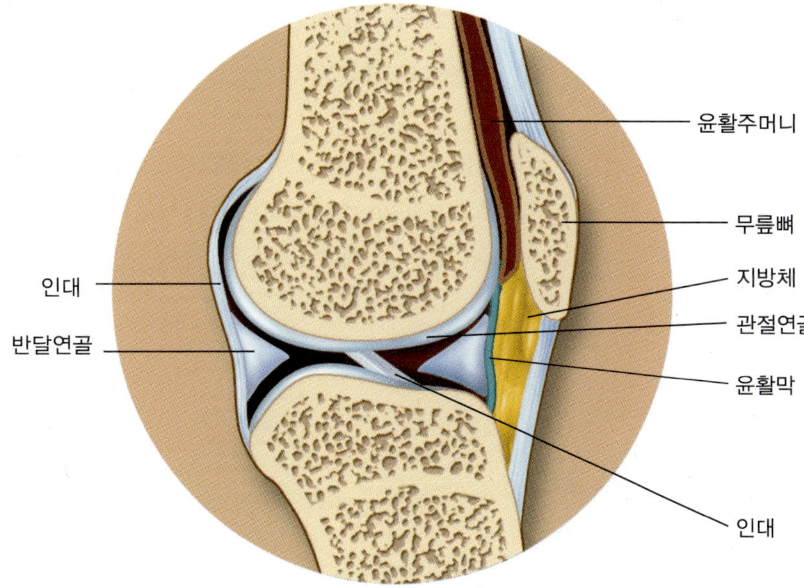

그림 6-5 윤활관절의 구조

6-5 관 절

2개 이상의 뼈가 인접된 것을 '관절(joint or articulation)'이라고 한다. 연접상태에 따라 운동범위가 여러 가지로 나타날 수가 있다. 이 운동범위는 뼈 끝부분의 모양뼈를 연결하고 있는 인대의 부착상태 및 뼈 주위 조직의 상태에 따라 결정되는데, 운동이 가능한 것과 불가능한 것도 있다.

6-6 인대와 건

인대(ligament)는 관절이 되는 양 뼈 사이의 관절낭을 밖에서 싸면서 걸쳐 있는 결합조직성 섬유다발로서 관절낭과는 유착하는 수가 많아서 양자를 구별하기 어려울 때가 많다. 인대 중에서 관절낭 내에 있는 것을 특히 '관절 내 인대(intra capsular ligament)'라고 한다.

인대의 역할은 관절에서 뼈의 결합을 돕고, 또 관절운동을 조절하는 것이다. 예컨대 슬관절(무릎)과 주관절(팔꿈치)이 한쪽으로는 굴곡하나 반대쪽으로는 구부러지지 않는 것과 대퇴골이 상완골보다 회선하지 않는 것은 인대가 과도한 운동을 제한하고 있기 때문인데, 이와 같은 제한은 모두 한 목적을 지니고 있다.

건(tendon)은 섬유성 결합조직으로, 한쪽은 근섬유에 유합되고 다른 한쪽은 골막에 부착된다. 다시 말해서 근육의 끝은 질긴 건이 뼈와 부착되어 있는 것이다. 따라서 근육이 수축하면 그 힘이 건을 통해서 뼈에 전달되어 운동이 일어난다.

6-7 뼈의 질환

1. 골수염(Osteomyelitis)

골수염은 뼈 이외에 다른 조직의 세균감염에서 오는 것이 많다. 예를 들면, 치아의 감염, 폐렴, 장티푸스(typhoid-fever) 등의 경우에 뼈가 외력으로 큰 충격을 받았을 때는 감염을 일으키기 쉽다.

2. 관절염(Arthritis)

골격의 병적 이상으로 비교적 많이 볼 수 있는 것으로서 **관절염**이 있다. 관절염은 관절에 생기는 염증(inflammation)을 말하는데, 그 종류가 많다. 그 중 **류마티스성 관절염**(rheumatoid arthritis)이 가장 장해가 심하고, 여자가 남자보다 많다. 그 원인은 확실하지 않다. 하지만 감정의 불안정, 감염, 대사 이상, 내분비 이상, 신경계 질환 등으로 짐작된다.

증상으로는 관절이 부풀어오르고 아프며, 근육이 경련성으로 수축하여 관절이 변형되기도 한다. 심하면 관절의 연골이 차차 파괴되어 단단한 골조직이 생김으로써 운동범위가 좁아지고, 근육이 위축되어 그 결과로 절름발이가 되기도 한다.

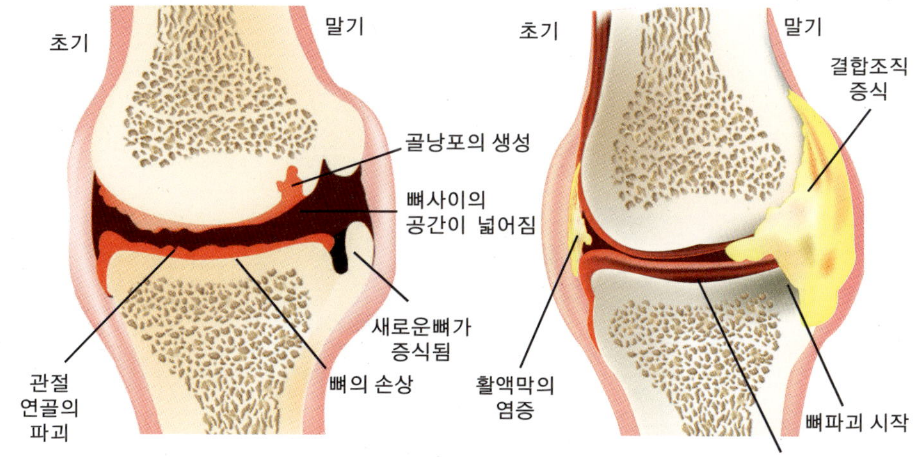

그림 6-6 관절염의 종류

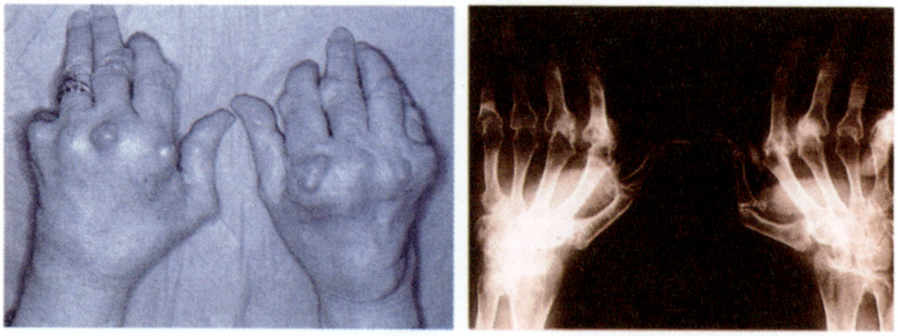

그림 6-7 류머티스성 관절염의 예

골관절염(osteoarthritis)
(나이가 들어 나타나는 퇴행성 관절질환)

류머티스성 관절염(rheumatoid arthritis)
(체내의 면역 이상으로 일어나는 염증성 질환)

3. 척추 질환(Vertebral column disease)

척추(vertebral column)는 그것을 구성하는 뼈의 병적 장애로 인해 몇 가지 변형이 생긴다. 척추가 옆 방향으로 구부러진 것을 일컬어 '측만증(scoliosis)'이라고 한다. 유아 때 근마비(muscle paralysis)가 생겨서 한쪽 근육의 긴장도가 약해진 결과로, 또는 어릴 때 바르지 못한 자세를 습관적으로 취한 결과로 생긴다.

대개 흉추부에서 옆으로 만곡하고 요추부에서는 반대 방향으로 만곡하게 된다. 척추골이 감염으로 파괴되면 체중을 지탱할 수 없게 되어 척추가 뒤쪽으로 구부러지게 된다. 이것을 **'후만증(kyphosis; 곱사등이)'**이라고 하며, 뼈의 결핵이 원인일 때가 많다. 이와 반대로 앞 방향으로의 만곡을 **'전만증(lordosis)'**이라 하며, 천골(sacrum)의 바로 위에서 생길 때가 많다.

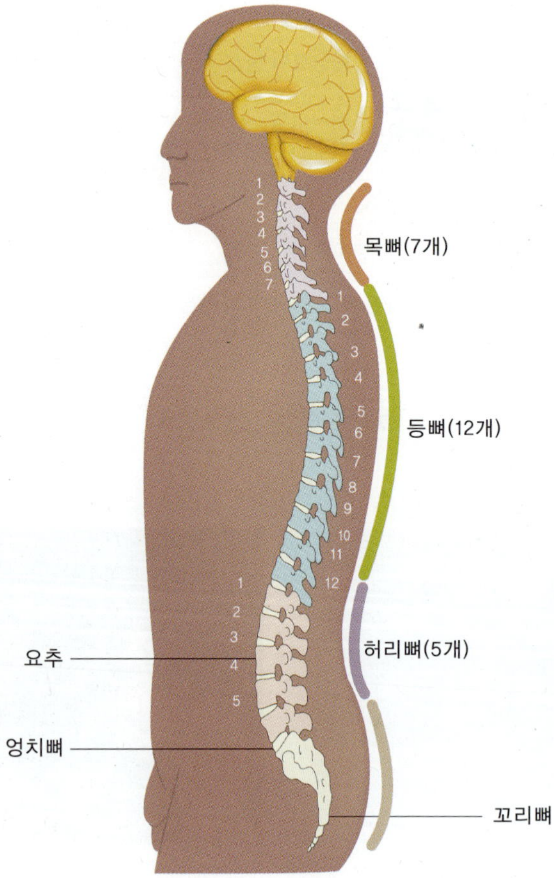

그림 6-8 척추의 구조

나이가 들면서 가장 많이 볼 수 있는 질환은 '**추간판 헤르니아**(일명 disk)'라고 하는데, 디스크의 수핵이 섬유륜의 찢어진 틈을 통해서 돌출되어 신경다발을 압박하게 되기 때문에 생긴다. 그 밖에 '변형성 척추증(spondylosis deformans)', '척추분리증(spondylolysis)' 등이 있다.

4. 골 절(Fracture)

골절은 뼈에 과중한 외력이 가해질 때 생길 경우가 많으며, '**단순골절**(simple fracture)'은 부러진 골절단이 연부와 피부를 뚫는 일이 없기 때문에 외부와 연락이 생기지 않는 것을 말한다. 또 골절단이 피부를 뚫고 밖으로 나온 것을 '**복잡골절**(complicated fracture)'이라고 한다. 단순골절은 주로 다른 골절이 겹치고 복잡골절에서는 감염이 일어나기 쉽다.

골절이 치유될 때는 골막과 골내막의 역할이 크다. 장골에서 보면 우선 골절부에 섬유성인 연골이 위의 두 막에서부터 생겨서 사이를 채운 후에 조골세포가 나타나서 가골(callus)을 만든 다음, 뼈가 새로 만들어지는 경로를 밟아서 완전한 융합이 이루어진다.

5. 탈구 및 염좌(Dislocation and sprain)

외력의 힘이 가해져서 관절을 구성하는 뼈의 위치가 정상과 달라지는 임상증을 **탈구**(dislocation)라고 한다. 또한 **염좌**(sprain)는 관절이 급격한 이상 방향의 운동에 의해 건(tendon) 또는 인대(ligament)가 일부 단절되거나 늘어나서 심한 통증이 있고, 부어오르는 임상증상을 말한다.

6. 골다공증(osteoporosis)

칼슘대사의 변화로 인해 골의 화학적 조성에는 변화가 없으나, 단위용적 내의 골량의 감소를 초래하여 **골밀도**가 감소하므로 척추, 요골 및 대퇴부의 골절을 쉽게 일으키는 질환이다.

이 질환은 나이와 관계가 깊고, 골용적과 무기질 내용물의 과다한 손실로 인하여 공간과 관이 커진 곳에 섬유나 지방조직이 채워짐으로써 체중을 견디지 못해 쉽게 골절이 되거나 부스러지기 쉽다. 45세 이후의 사람들에게 문제가 되며, 특히 **폐경기**(menopause) 이후의 여성들에게 많다.

발병원인은 낮은 칼슘섭취와 육체적 운동의 결핍으로, 여성에 있어서는 여성호르몬인 에스트로겐(estrogen)의 혈중농도의 저하에 기인하며, 그 밖에 활성형 비타민 D 결핍, calcitonin 결핍, 부갑상선 호르몬(parathyroid hormone) 과잉 및 장관으로부터의 칼슘 흡수능력의 저하 등이 원인이다.

특히, 노년기의 가장 흔한 대사성 질환이기도 한 **골다공증**은 서양에서 문제가 되는 질병으로, 최근 우리나라에서도 급격히 증가하고 있어서 예방(적당한 운동, 칼슘을 800mg/일 섭취)하는 것을 권장하고 있다. 골다공증의 치료에서 흔히 비타민 D를 처방하며, 활성비타민 1,25-(OH)2-D의 처방도 골밀도를 유지하고 골절을 줄이는 데 효과적이다.

1일 700mg의 칼슘이 음식물로부터 공급되어도 실제로 흡수되는 칼슘의 양은 동시에 섭취되는 음식물에 함유된 각종 흡수촉진 인자 및 흡수저해 인자의 영향을 받아서 변동된다. 다음 표 6-2는 장관에서의 칼슘 흡수에 영향을 미치는 인자를 나타낸 표이다.

표 6-2 장관에서의 칼슘 흡수에 영향을 미치는 인자

	흡 수 촉 진 인 자	흡 수 억 제 인 자
영양적 요 인	비타민 D	phytic acid
	유 당	식물섬유
영양적 요 인	카제인 부분수화물	oxalic acid
	우유 중의 CaBP	유지
	아미노산: arginine lysine tryptophan	알코올
생리적 요 인	Ca 부족	비타민 D 결핍
	인 부족	부신피질 호르몬
	PTH	갑상선 호르몬
	성장호르몬	당뇨병
	임신, 수유	만성신장해
	성장, 발육	폐경, 노화

check point

골다공증과 영양

골질량을 증가시키고 골손실을 감소시킴으로써 골다공증을 예방할 수 있다. 골질량 형성에 영향을 주는 요인으로는 유전적 요인, 환경 요인, 생리적 요인 및 영양소 섭취 실태 등이 있다.

골다공증의 위험인자인 나이, 폐경, 체중, 운동, 흡연, 약물복용 등이 문제가 되고, 식이도 중요한 인자로 작용하여 칼슘과 비타민 D 부족이 위험인자로 작용하며, 그 밖에 고단백식, 섬유소식 및 커피, 알콜 등의 과다섭취도 위험하다고 본다. 이에 비해 에스트로겐 복용이나 운동, 칼슘 보충 등은 골다공증의 예방인자라고 본다.

식품 내의 칼슘 함량은 1인 분량(g) 기준으로 볼 때 쌀(90)의 칼슘함량(mg)은 1.8, 식빵(100)은 14, 카스텔라(100)는 54, 감자 볶음용(75)은 2.3, 찜용(130)은 3.9, 배추김치(60)는 27, 시금치(70)는 28.7, 쇠고기(60)는 6.6, 돼지고기(60)는 2.4, 소시지(40)는 4, 우유(200)는 200, 치즈(20)는 179, 초콜릿(100)은 34, 땅콩(100)은 50, 귤(100)은 89, 조기(100)는 36, 새우(100)는 77이며, 우유 및 유제품, 치즈 다음으로는 녹색 야채가 칼슘의 좋은 급원이지만 시금치는 수산이 많아서 칼슘 흡수를 저해한다.

Chapter

7. 혈액과 면역

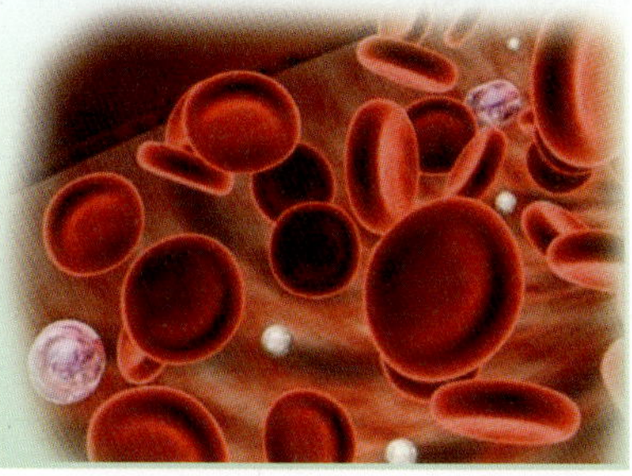

7-1 혈 액

1. 혈액의 구성과 기능

혈액은 액체 상태인 혈장과 그 곳에 떠 있는 세포들로 구성되어 있으며, 우리 몸을 구성하는 세포들에 영양소와 산소를 운반해 주는 역할을 담당한다. 혈액의 세포 성분으로는 적혈구와 백혈구 및 혈소판이 있으며, 적혈구는 산소를 운반하고, 백혈구는 암과 감염에 대한 면역작용을 하며, 혈소판은 혈액응고에 관여한다. 반면, 혈장은 각종 영양물질과 노폐물이 녹아 있으며 이산화탄소와 중탄산 이온을 운반한다.

(1) 혈액의 구성

혈액(blood)은 체중의 약 8%를 차지하고 있으며, 평균 성인의 총 혈액량은 약 5L 정도이다. 또한 혈액은 평균 pH 7.4 정도의 약알칼리성으로 pH 7.35~7.45의 좁은 범위에서 조절된다.

혈액을 시험관에 넣고 원심분리를 하면 비중이 큰 세포 성분은 아래로 가라앉고 액체 성분인 혈장은 상층에 남게 되는데, 세포 성분은 총 혈액량의 42~45%를 차지하고 혈장(plasma)은 나머지 55~58%를 차지한다. 혈액의 세포 성분 중 99% 이상은 적혈구이며, 혈액의 색깔이 빨갛게 보이는 것은 적혈구 속에 함유되어 있는 혈색소(헤모글로빈)에 의한 것이다.

전체 혈액량에 대한 적혈구의 백분비율을 **헤마토크리트**(hematocrit, HCT)라고 하며, 빈혈의 진단 기준으로 이용된다. 정상인의 헤마토크리트치는 남자가 40~54%이며, 여자는 37~47%이다. 성인의 평균 혈액량이 5.5L이므로, 성인 남자의 총 적혈구의 부피는 약 2.5L가 된다(0.45×5.5=2.5).

표 7-1 혈액의 특성

특 성	정상범위
평균 혈액량	80~85mL/kg
혈액 삼투농도	285~295 mOsm
혈액 pH	7.35~7.45
PO_2(산소 분압)	80~100 mm Hg
PCO_2(이산화탄소 분압)	35~45 mm Hg

원심분리한 혈액에서 백혈구와 혈소판은 혈구와 혈장 사이에 매우 얇은 막으로 존재하며, 혈청(serum)은 혈액응고로 인해 피브리노겐(fibrinogen)과 혈액응고에 관여하는 단백질이 제거된 혈장을 말한다. 혈액의 특성과 혈액 성분의 정상범위는 그림 7-1, 표 7-2와 같다.

(2) 혈액의 기능

혈액은 체내 조직세포 안팎으로 물질을 운반하고, 체내 조직세포의 기능을 조절하며, 보호하는 작용을 한다. 혈액의 대부분을 차지하고 있는 물은 혈액을 따라 운반하는 모든 물질의 효과적인 운반매체가 된다.

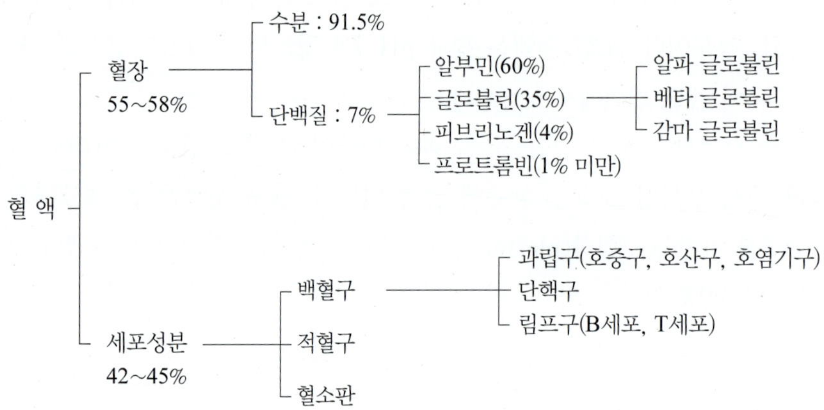

그림 7-1 혈액의 조성

표 7-2 혈액성분의 정상범위

혈 액 성 분		남 자	여 자
헤마토크리트(%)		40~54	37~47
Hb(g／dL)		14~17	12~16
적혈구(cells／μL)		$4.5\sim6.5\times10^6$	$3.9\sim5.6\times10^6$
총백혈구(cells／μL)		$4\sim11\times10^3$	$4\sim11\times10^3$
백혈구감별계수(Differential white cell count)			
과립구	호중구(neutrophils)	50~70%	50~70%
	호산구(eosinophils)	1~4%	1~4%
	호염기구(basophils)	<1%	<1%
림프구(lymphocytes)		20~40%	20~40%
단핵구(monocytes)		2~8%	2~8%
혈소판(platelets／μL)		$200\sim500\times10^3$	$200\sim500\times10^3$

① 물질의 운반작용

영양소와 가스를 운반하며, 대사 산물과 이산화탄소·산 등 노폐물을 배출시킨다. 즉, 혈액은 폐에서 각 세포로 산소를 운반하며, 조직에서 폐로 이산화탄소를 운반하여 체외로 배출하게 한다. 또한 소화관에서 흡수된 영양소를 조직과 세포로 운반하며, 각 조직에서 생성된 대사 산물을 배설기관인 신장·간·피부로 운반한다.

② 체액의 항상성 유지

정상적인 간질량(interstitial fluid volume)을 유지하여 체액의 양, 이온 분포상태, 수소 이온농도 등을 조절한다. 특히 혈청 알부민은 혈액 내의 삼투압을 조절하여 과잉의 수분이나 염류를 소변과 땀으로 배설시킨다. 산염기 평형을 유지하며, pH를 7.35~7.45로 유지해 준다.

③ 호르몬의 운반작용

내분비 기관에서 합성된 호르몬은 혈액을 통해 표적기관으로 운반된다.

④ 체온 유지

혈액은 순환에 의해 체온, 특히 근육과 간 등에서 생산된 열을 피부 및 폐 등의 신체 각 부위로 분포시켜서 체온을 조절하며 전신의 체온을 균일하게 한다.

⑤ 신체 보호작용

혈액 응고 기전을 통해 혈액손실을 방지하며, 혈액 중의 면역물질들은 박테리아나 이물질에 대항하여 항체나 백혈구 증가 등의 면역작용을 함으로써 신체를 보호한다.

(3) 혈액 세포의 생성

혈액 세포 성분인 혈구는 **조혈**(hematopoiesis)이라는 과정을 통해서 생성되며, 그 근간이 되는 세포가 **조혈모세포**(hematopoietic stem cell)이다. 조혈은 발생초기에는 배아 난황낭(yolk sac)에서 시작되지만 임신 3개월이 되면 조혈모세포가 난황낭으로부터 태아의 간과 비장으로 이동한다. 간과 비장은 임신 3개월부터 7개월까지 조혈에 중요한 역할을 담당한다. 이 기간이 지나면 골수에서의 조혈모세포의 분화가 중요한 역할을 하며, 출생 무렵에는 간과 비장에서의 조혈은 거의 일어나지 않게 된다(그림 7–2).

조혈 초기에 조혈모세포는 골수계 전구세포(myeloid progenitor) 또는 림프계 전구세포(lymphoid progenitor)라는 두 가지 경로를 거쳐 분화를 하게 된다. 골수계 전구세포들은 적혈구, 다양한 백혈구(중성구, 호산구, 단핵구, 비만세포, 수지상세포)와 거대핵세포(megakaryocyte)라고 하는 혈소판 전구세포들을 생산한다.

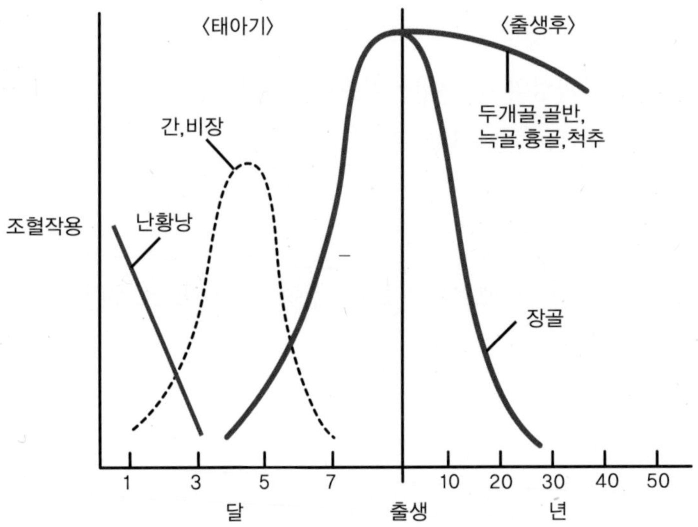

그림 7–2 태아기 및 출생 후의 조혈장소

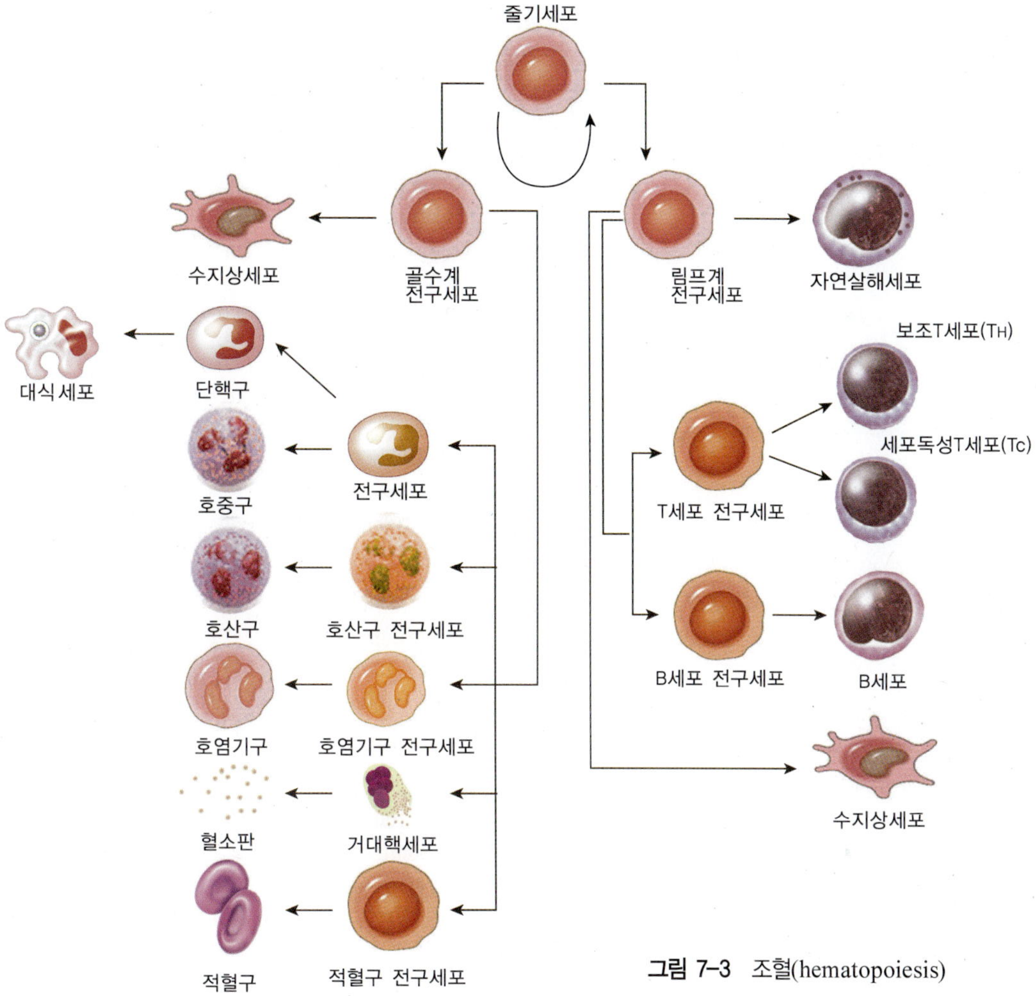

그림 7-3 조혈(hematopoiesis)

한편, 림프계 전구세포들은 림프구인 B세포, T세포와 자연살해세포인 NK(natural killer)세포들을 생산한다(그림 7-3).

(4) 혈장

혈장(plasma)은 혈액의 액체 부분으로, 수분 속에 용해된 다량의 유기물질과 무기물질로 구성되어 있다. 혈장의 구성성분을 보면 90~93%는 수분이고, 약 7%(6~8%)는 혈장단백질이며, 약 1.5%는 무기염류이다.

혈장 내 무기이온 중 Na^{+}, Cl^{-}, Ca^{2+}이 가장 많고, 그 밖에 K^{+}, Mg^{2+}과 그 밖에 미량의 여러 이온들이 존재하는데, 대부분 염의 형태이다. 이 이온들의 평형상태가 세포활동에 큰 영향을 준다.

표 7-3 혈장의 구성성분

구성성분	정상범위
수 분	혈장무게의 93%
전해질	혈장무게의 1% 이하
Na^+	135~145mM
K^+	3.5~5.0mM
Ca^{2+}	4.5~5.6mM
Cl^-	100~106mM
HCO^{3-}	24~30mM
HPO_4^{2-}	1mM
SO_4^{2-}	0.5mM
단백질	5.5~8.0g/100mL
알부민	3.5~5.0g/100mL
글로불린	2.0~3.5g/100mL
피브리노겐	0.2~0.45g/100mL
영양소	
포도당과 다른 당류	70~110mg/100mL
총 아미노산	40mg/100mL (2mM)
총 지질	350~680mg/100mL
콜레스테롤	130~230mg/100mL
노폐물	
요소질소(단백질 대사물)	10~26mg/100mL
크레아티닌(크레아틴 대사물)	0.7~1.4mg/100mL
요산(핵산 대사물)	3~7mg/100mL
빌리루빈(헴 대사물)	0.2~1.2mg/100mL

혈장 내 유기물로는 호르몬·효소·혈액응고인자·요산·크레아틴 등이 있으며, 영양물질인 아미노산·지방산·지질·단백질·탄수화물 등이 있다. 혈장 내 탄수화물은 포도당의 형태로 혈액 내 약 100mg/dL(0.1%)의 일정 농도를 유지하고 있다.

혈장단백질 중 감마 글로불린을 제외한 모든 단백질은 간에서 합성된다. 감마 글로불린은 항체 성분으로 면역반응을 나타내므로 면역 글로불린(immunoglobulin)이라고 하며, 세망내피계(reticuloendothelial system, RES)에서 합성된다. 이들 혈장 단백질의 기능은 다음과 같다.

① 영양소의 운반 기능을 한다.

영양소의 이동에 중요하며, 기아 상태에서는 아미노산 및 에너지원의 공급원으로 이용된다.

② 혈액의 점성도를 높인다.

혈액의 점도를 높여 혈액 흐름에 저항을 일으킨다. 이 저항은 심장활동에 중요하다.

③ 혈장단백질에 의해 생성된 교질삼투압은 혈액과 조직 사이의 수분분포를 조절한다.

혈장과 조직액 속에 공통적으로 들어 있는 포도당·아미노산·요소와 염분 등은 모세혈관 벽을 쉽게 통과한다. 하지만 혈장단백질은 분자구조가 커서 모세혈관 벽을 통해 쉽게 확산되지 않으므로, 이들 농도에 의해 혈장의 교질삼투압(colloid osmotic pressure)이 형성된다. 혈장의 단백질은 조직액의 단백질량보다 많기 때문에 혈장의 삼투압이 더 높고, 이러한 삼투압의 차이에 의해 수분이 조직에서 혈액으로 끌려오게 된다.

④ 혈액 응고 작용으로 출혈을 방지한다.

피브리노겐과 프로트롬빈은 혈액 응고 작용을 하므로 과도한 출혈을 막아준다.

⑤ 혈장단백질은 체액의 정상 pH를 유지하는 완충제 역할을 한다.

혈장단백질은 산성 물질로부터 H^+이온을 받아들이거나 알칼리성 물질에 H^+이온을 공급함으로써 pH를 유지해 준다.

⑥ 감마글로불린은 항체 성분으로 2차 감염으로부터 신체를 방어하는 작용을 한다.

2. 적혈구

적혈구(red blood cell, erythrocytes)는 직경이 약 7.5μm, 두께가 약 2~2.5μm인 원반형이며, 양쪽의 가운데가 움푹 들어간 모양(biconcave shape)을 하고 있다(그림 7-4). 이러한 모양은 혈관의 굵기에 따라서 모양이 변형되어 좁은 혈관도 통과할 수 있게 되는 이점이 있으며, 부피에 비해 넓은 표면적을 갖게 되므로 산소와 이산화탄소의 확산이 쉽게 일어난다. 적혈구의 총 표면적을 계산하면 약 3,800mm^2나 된다.

적혈구는 골수에서 분화되는데 처음에는 핵이 있으나 성숙하면서 핵이 사라지게 되므로 혈액 중의 정상적인 적혈구는 분열할 수 없다. 그러나 포유동물을 제외한 모든 척추동물의 적혈구에는 핵이 있다.

혈액 내에는 적혈구가 정상적으로 1mm^3 당 450~500만 개가 함유되어 있으며 적혈구에는 핵과 함께 미토콘드리아가 없는데 이 때문에 적혈구의 평균수명은 약 120일 정도로 짧은 편이다. 따라서 우리 몸 안에 있는 전체 혈액의 1/120에 해당되는 체내 적혈구가 매일 새로 합성되며, 동시에 파괴되는 셈이다. 수명을 다한 적혈구는 간이나 비장(지라, spleen)에서 매초 240만 분자 정도가 파괴되며, 골수세포에서는 새로운 적혈구를 생성하여 보충한다.

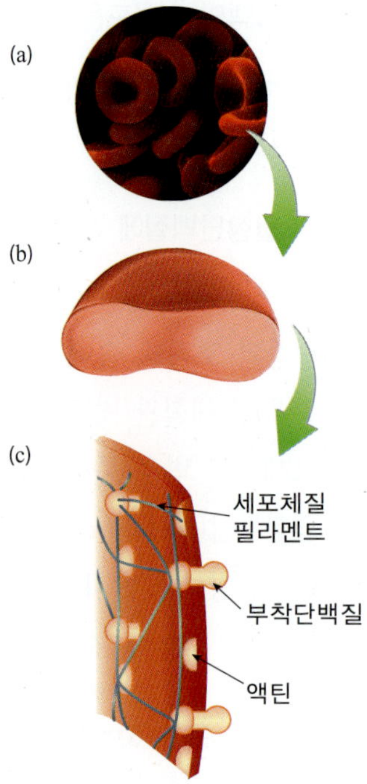

그림 7-4 전자 현미경으로 본 적혈구

(1) 적혈구 생성(erythropoiesis)

적혈구는 태아기 초기에 난황낭에서 생성되지만, 3~7개월 사이에는 간과 비장에서 생성된다. 그 후 적혈구는 적색골수에서 생성된다. 그러나 성인이 되면서 장골(long bone)의 골수가 황색골수로 대치됨으로써 두개골·척추·늑골·흉골·골반, 그리고 대퇴골과 상완골의 골단에 있는 적색골수에서만 적혈구가 생성된다.

(2) 적혈구 생성에 영향을 미치는 요인

1) 적혈구 생성 인자

적혈구 생성을 촉진시키는 가장 주된 요인은 조직의 산소량 부족이다. 그러나 적혈구 생성을 촉진하기 위해 골수를 직접 자극하는 것은 신장에서 분비되는 호르몬인 적혈구 생성인자, 즉 에리트로포이에틴(erythropoietin)이다.

신장혈류의 산도가 저하되면 신장의 구심성 소동맥 벽에 위치한 사구체옆장치(juxtaglomerular apparatus)에서 에리트로제닌(erythrogenin)이라는 효소가 분비되며, 이 효소는 간에서 합성된 후 혈액 내에 일정한 농도로 존재하는 에리트로포이에티노젠(erythropoietinogen)을 에리트로포이에틴으로 활성화시킨다.

$$\text{erythropoietinogen} \xrightarrow{\text{erythrogenin}} \text{erythropoietin}$$

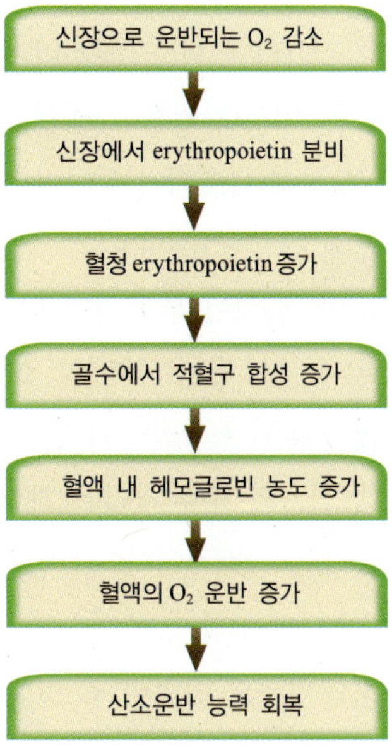

그림 7-5 에리트로포이에틴에 의한 적혈구 생성 기전

에리트로포이에틴은 골수로 가서 조혈 모세포를 증식시키고 분화시켜 적아세포에서 헤모글로빈의 합성을 촉진함으로써 적혈구 생성을 자극하게 된다(그림 7-5). 에리트로포이에틴은 신장 이외에 간에서도 소량 합성된다.

2) 적혈구 생성에 필요한 영양소

에리트로포이에틴의 자극을 받은 골수가 정상적으로 적혈구를 생성하기 위해서는 단백질, 철분, 비타민 B_{12}, 엽산 및 구리 등의 영양소가 필요하다.

① 단백질

적혈구의 세포막과 헤모글로빈의 글로빈 성분의 합성을 위해 필요하다.

② 철분

헤모글로빈 합성에 필수적이다. 식품 중의 철분은 흡수율이 매우 낮으며, 소장 점막에서 흡수된 철분은 단백질인 아포페리틴(apoferritin)과 결합하여 페리틴(ferritin)을 형성함으로써 장점막과 간에 저장된다. 헤모글로빈 합성에 사용되는 철분은 대부분 수명이 다한 적혈구가 파괴될 때 유리된 철분이 재생되어 이용된다.

출혈·임신·저산소증(hypoxia) 등과 같이 적혈구 필요량이 증가할 때는 소장에서 철분의 흡수율도 증가하게 된다. 대소변·땀·피부세포에 의하여 소량의 철분이 매일 손실되며, 여성의 경우에는 생리혈을 통해 철분이 손실된다. 손실된 철분은 식품을 통해 보충되어야 한다. 철분은 육류·간·패류, 난황·두류·견과류 및 곡류에 함유되어 있다.
철분이 결핍되면 헤모글로빈 합성이 부족하게 되고, 철분의 균형을 유지하기 위한 항상성의 조절은 철분의 흡수 부위인 소장점막에서 일어난다. 즉, 체내의 철분 보유량이 많을수록 소장점막의 철분 함량이 증가하면서 흡수량은 감소하게 된다. 체내 철분의 50% 가량은 헤모글로빈 형태의 철분이며, 25%는 헴(heme)을 함유하는 단백질이다. 나머지 25%는 간, 비장, 장점막 등에 저장된 페리틴에 함유되어 있다.
철분의 재순환은 매우 효율적으로 일어난다. 비장에서 수명이 다한 적혈구가 파괴되면 철분은 혈장 내로 유리되고, 철분 운반 단백질인 트랜스페린(transferrin)과 결합하여 골수로 이동한 후 다시 새로운 적혈구 합성에 이용된다.

③ 엽산

엽산은 녹색 잎과 효모 또는 간에 많이 함유되어 있으며, 피리미딘, 티민의 합성에 관여한다. 따라서 엽산은 DNA 합성에 반드시 필요하며, 세포분열에 필수적이다. 엽산이 부족하면 세포분열에 손상이 일어나는데, 특히 적혈구 전구세포와 같이 분열속도가 빠른 세포의 경우에는 큰 영향을 받게 된다. 따라서 엽산이 부족하면 적혈구의 합성은 감소하게 된다.

④ 비타민 B_{12}

비타민 B_{12}는 적혈구 합성 시에 엽산의 작용을 위해서 극히 소량만 필요하다. 그러나 체내에서 합성되지 않으므로 식품을 통해서 섭취해야 한다. 따라서 비타민 B_{12}는 외재인자(extrinsic factor)라고 불리며, 이것이 흡수되기 위해서는 위 점막에서 분비되는 내재인자(intrinsic factor)가 필요하다. 외재인자나 내재인자가 결핍되는 경우에 적혈구 수가 감소되고 비정상적인 적혈구가 나타난다. 비타민 B_{12}는 간과 붉은 고기에 많으며, 정상적인 경우는 식사만으로도 결핍되지 않는다고 알려져 있다.

⑤ 구리

소량의 구리가 철분의 흡수와 헤모글로빈 합성과정에 촉매로써 이용된다.

(3) 헤모글로빈

1) 헤모글로빈의 구조

적혈구는 폐와 조직 사이에 산소와 이산화탄소를 운반하는 역할을 한다. 헤모글로빈(hemoglobin)은 혈색소라고도 하며 적혈구 내용물 중에 가장 많이 존재하고, 산소를 호흡하는 동물에 반드시 필요한 단백질이다. 헤모글로빈은 입체구조를 갖고 있는 단백질로서 헴과 글로빈으로 구성된다.

헴(heme)은 프로토포르피린(protoporphyrin)이라고 하는 질소를 함유하는 4개의 고리를 가진 복잡한 구조를 갖고 있으며, 편평한 분자 중앙에 2가 이온인 철(Fe^{2+})이 들어있는 모양이다. 헤모글로빈이 붉은 색을 띠고 있는 것은 바로 이 철분 분자 때문이다. 4 분자의 헴이 1 분자의 글로빈과 결합하여 헤모글로빈을 형성하게 된다. 글로빈은 α사슬 2개와 β사슬 2개로 구성된다(그림 7–6).

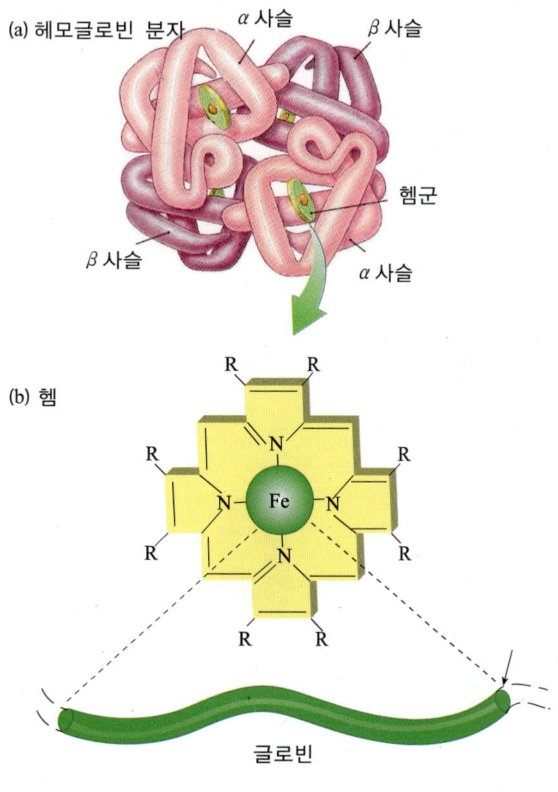

그림 7–6 헤모글로빈의 구조

2) 헤모글로빈의 산소 운반

산소(O_2)는 헤모글로빈에 대해 친화력을 갖고 있으며, 이러한 친화력 때문에 혈색소인 헤모글로빈이 산소를 폐에서 조직으로 운반할 수 있다. 네 분자의 산소는 한 분자의 헤모글로빈과 결합하여 산소혈색소(oxyhemoglobin)가 된다. 그러나 헤모글로빈의 산소에 대한 친화력은 낮은 편이므로, 산소가 없거나 산소압이 낮은 곳에서는 다시 산소와 헤모글로빈으로 분해된다.

$$\underset{\text{oxygen}}{4O_2} + \underset{\text{hemoglobin}}{Hb} \rightleftarrows \underset{\text{oxyhemoglobin}}{Hb(O_2)_4}$$

산소가 많은 폐에서의 반응은 오른쪽으로 진행되며, 산소가 적은 조직에서는 반응이 왼쪽으로 진행된다. 산소의 압력이 100mmHg인 폐의 경우에 혈액 내 헤모글로빈의 95~96%가 산소와 결합한 헤모글로빈의 상태이다.

한 개의 철분 원자는 한 분자의 산소와 결합할 수 있고, 1.0g의 혈색소는 최대 1.34mL의 산소와 결합할 수 있다. 또한 정상적인 성인 남자의 혈액 100mL 중에는 약 16g의 혈색소가 들어 있게 된다. 따라서 혈액 100mL와 결합할 수 있는 최대 산소량은 약 21mL 정도가 된다. 헤모글로빈과 결합한 산소와 산소분압과의 관계를 나타낸 그래프를 산소해리곡선(O_2 dissociation curve)이라고 한다.

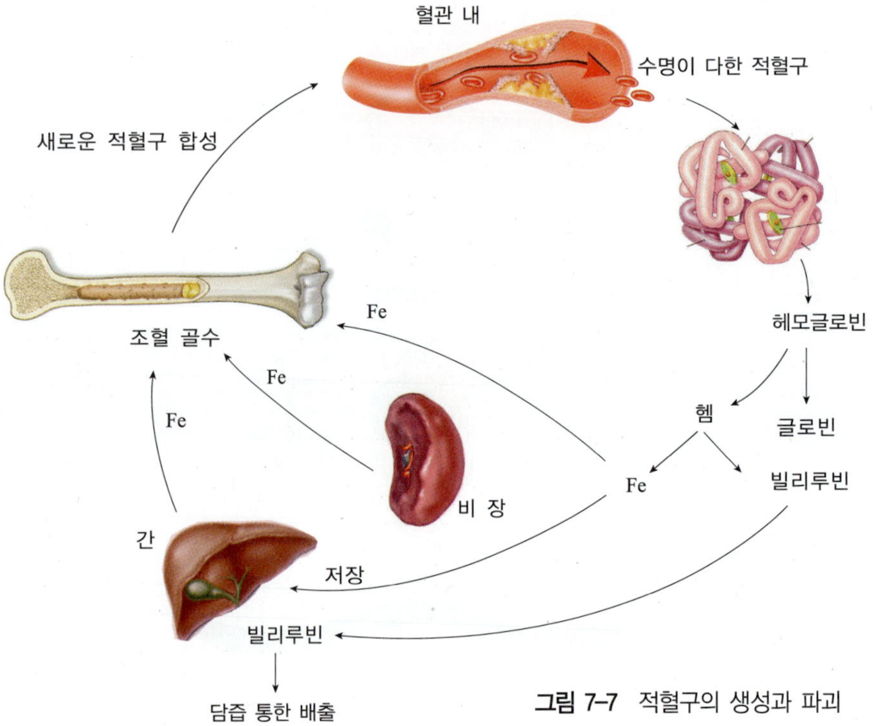

그림 7-7 적혈구의 생성과 파괴

(4) 적혈구의 파괴

적혈구의 평균 수명은 약 120일이다. 수명을 다해 노화된 적혈구는 대사과정의 변화로 세포막이 취약해져서 간, 비장 등의 세망내피계(RES)를 지나면서 파괴된다. 그리고 파괴된 적혈구는 세망내피계에 존재하는 대식세포(macrophage)의 식작용(phagocytosis)에 의해 파괴된다.

파괴된 적혈구는 적혈구의 대부분을 차지하고 있던 헴의 철분과 글로빈을 재생하여 이용함으로써 높은 효율성을 갖는다. 헴이 파괴되면 Fe^{2+}가 분리되며, 포르피린(porphyrin) 고리가 열려서 녹색의 담록소(biliverdin)가 형성된다. 담록소는 환원되어 빌리루빈(bilirubin)이 되는데, 조직에서 형성된 빌리루빈은 순환하면서 알부민과 결합하여 간으로 가게 된다. 빌리루빈은 간세포에서 주로 글루크론산과 결합하여 포합형 빌리루빈이 된 후에 담즙의 구성성분으로 담즙과 함께 배설되고, 장간순환(enterohepatic circulation)에 의해 다시 순환계로 재흡수된다(그림 7–7).

check point

적혈구 취약성 검사

혈장 삼투압보다 높은 고장액(hypertonic solution)에서는 삼투작용에 의해 적혈구 내에서 수분이 밖으로 이동하게 되어 적혈구는 수축하게 된다. 그러나 등장성 용액보다 삼투압이 낮은 저장액(hypotonic solution)에서는 반대로 수분이 적혈구 안으로 이동하여 적혈구가 팽창하게 되고 결국은 적혈구 막이 파괴되며, 적혈구 막의 커진 구멍으로 혈색소가 밖으로 빠져 나오게 된다.

이러한 현상을 '용혈(hemolysis)'이라 한다. 적혈구 막의 이러한 성질을 이용하여 삼투적 취약성 검사(osmotic fragility test)를 하는데, 이것은 적혈구의 수명검사와도 관계가 있으므로 중요하다.

적혈구 막을 검사하기 위해 0.9% NaCl 용액인 등장성 용액에 적혈구를 넣으면 적혈구 크기에 아무런 변화가 없다. 그러나 점점 농도를 낮추어서 0.48% NaCl 용액으로 만들면 적혈구의 용혈이 시작되며, 0.44%의 NaCl 용액에서 적혈구의 반이, 그리고 0.33% NaCl 용액에서는 완전히 용혈된다. 용혈성 빈혈에서는 0.70~0.54%에서 이미 용혈이 시작된다.

(5) 빈혈(anemia)

빈혈은 출혈 등으로 전체 혈액량이 감소하거나 적혈구만 감소하는 경우, 또는 적혈구의 수는 정상이지만 헤모글로빈의 양이 감소한 경우를 말하며, 어떠한 경우든지 혈액의 산소운반 능력을 떨어뜨리게 된다.

표 7-4 WHO의 빈혈 판정기준

연 령	유 아 (0.5~4세)	소 아 (5~12세)	청소년 (12~13세)	성인남자	성인여자	임신부
Hb(g/dL)	11.0	11.5	12.0	13.0	12.0	11.0
Hct(%)	33.0	35.0	36.0	39.0	36.0	33.0

빈혈이 나타나는 경우는 임신기나 성장기와 같이 새로운 조직의 합성을 위해 필요한 혈액이 증가하거나 과량의 출혈이나 소량이라도 지속적인 출혈로 혈액의 손실이 있을 때, 또는 적절한 영양소의 섭취가 이루어지지 않아서 영양의 불균형이 나타날 경우 등이다. 특히 가임기 여성의 경우에는 절식이나 편식으로 인한 빈혈이 흔하며, 성장기의 아동과 임산부에서도 흔히 나타난다. WHO의 빈혈 판정기준은 표 7-4와 같다.

3. 백혈구

혈액 중의 백혈구(white blood cell, leukocytes)는 적혈구보다 그 수가 적어서 혈액 $1mm^3$당 6,000~9,000개가 있으며, 그 모양과 크기가 일정치 않으나 일반적으로 적혈구보다 크기가 더 커서 8~20μm 정도이다. 적혈구와 달리 핵과 미토콘드리아가 있고 헤모글로빈을 갖고 있지 않으므로 무색이다. 백혈구는 아메바 운동을 하므로 모세혈관벽의 구멍을 통해 조직으로 빠져나올 수 있는데 이러한 현상을 혈구누출(diapedesis)이라고 한다.

백혈구를 현미경으로 관찰하기 위해서는 염색을 해야 하는데 백혈구는 이들 염료에 대한 특성에 따라 특수한 과립을 가지고 있는 과립백혈구와 과립을 가지고 있지 않은 무과립백혈구로 분류된다. 과립백혈구는 염색 상태에 따라 산성과 염기성 염료로 착색되는 과립 세포질을 갖고 있으며 다형핵(polymorphonuclear) 백혈구인 **호중구**, 산성 염료인 에오신 레드(eosin red)에 착색되는 과립 세포질을 갖고 있으며 이엽핵 백혈구인 **호산구**, 염기성 염료인 메틸렌 블루(methylene blue)에 착색되는 과립 세포질을 가진 단핵인 **호염기구**로 나뉜다. 과립 백혈구 중 대부분은 호중구이며, 호염기구는 소수 존재한다. 무과립 백혈구는 세포질에 과립이 없는 것으로 **림프구**(lymphocyte)와 **단핵구**(monocyte)가 있다. 백혈구는 우리 몸을 방어하는 면역 기능을 담당한다. (표 7-6)

(1) 백혈구의 종류와 기능

1) 과립 백혈구

① 호중구(neutrophils)

호중구는 탐식작용을 가진 작은 세포로써 혈액으로부터 감염된 조직으로 가장 먼저 이동하여 이물질을 공격하는 제일선을 담당한다. 호중구는 백혈구 중 가장 큰 비율을 차지하지만 탐식능력은 크지 않아서 소수의 미생물만을 탐식하고 죽게 된다. 농(pus)이라 하는 것은 감염 장소에서 호중구가 죽은 시체더미라고 할 수 있다.

② 호산구(eosinophils)

호산구도 호중구와 마찬가지로 혈액에서 조직으로 이동할 수 있는 이동성 포식세포지만 그 역할의 중요성은 호중구에 비해 덜하다. 호산구는 기생충의 방어 역할을 하는 것으로 생각되는데 호산구 과립에서 분비된 분비물은 기생충막을 손상시킬 수도 있다.

③ 호염기구(basophils)

호염기구는 결합조직에서 세포질 과립으로부터 히스타민과 헤파린과 같은 약리적 활성물질을 방출함으로써 작용하는 비포식성 과립구이다. 이들 활성물질은 알레르기 발생에 중요한 역할을 한다.

2) 무과립 백혈구

① 단핵구(monocytes)

백혈구의 2~8%를 차지한다. 강력한 식균작용을 하고, 호중구의 5배 이상에 해당하는 식균작용을 담당한다. 단핵구는 직경이 20μm 정도 되는 가장 큰 백혈구로 골수에서 생성된다. 혈액 내에서 24시간 정도 지나면 순환계를 떠나서 조직으로 이동하여 더 큰 세포로 분화되어 특정 조직의 대식세포가 된다. 단핵구가 조직 대식세포로 분화하는 과정에서 세포는 5~10배로 커지며, 포식능력이 증가한다.

따라서 대식세포는 빠른 속도로 박테리아나 죽은 세포, 조직의 파편 등을 포식하는 작용을 나타낸다. 보통 대식세포는 호중구보다 늦게 감염조직에 나타나고, 죽은 호중구의 처리를 비롯하여 감염후기에 있어서 탐식작용의 대부분을 책임지는 세포이다. 대식세포는 신체 전체로 분산되어 있으며, 다양한 조직에서 다른 기능을 수행하는데, 간의 쿠퍼세포, 신장의 사구체간질세포, 뇌의 소교세포, 뼈의 파골세포 등이 그 예이다.

표 7-5 다양한 조직에 존재하는 대식세포의 유사세포

- **폐** : 폐포 대식세포(alveolar macrophages)
- **간** : 쿠퍼세포(Kupffer cells)
- **장** : 장관 대식세포(intestinal macrophages)
- **뇌** : 소교세포(microglial cells)
- **뼈** : 파골세포(osteoclasts)
- **신장** : 사구체간질세포(mesangial cells)
- **결합조직** : 조직구(histocytes)

check point

비만세포(mast cells)

조혈에 의해 골수에서 형성되어 혈액으로 방출되는 비만세포는 혈액을 떠나 조직으로 이동한다. 비만세포는 피부·결합조직·기도·비뇨생식기·소화관의 점막 상피조직을 포함하는 다양한 조직에서 발견된다. 호염기구와 마찬가지로 히스타민과 헤파린(heparin) 같은 약리적 활성물질을 방출하는 과립을 많이 가지고 있어 알레르기 발생에 중요한 역할을 한다.

② NK세포(자연살해세포, natural killer cells)

NK세포는 감염세포나 종양세포 표면에 나타나는 변화를 인식하여, 이들과 결합하고 파괴시키는 세포독성(cytotoxicity)을 나타내는 세포이다. NK세포는 표적이 되는 세포들이 분비하는 인터페론과 수용성 인자들로 인해 표적세포를 공격하기가 더욱 쉽게 된다.

③ 림프구(lymphocytes)

과립백혈구보다 훨씬 작은 백혈구이며, 면역계의 중추적인 역할을 담당한다. 자기(self)와 비자기(nonself)를 구분하는 능력뿐만 아니라 적응면역의 특징인 다양성(diversity), 특이성(specificity), 기억(memory)의 특성을 지닌다.

표 7-6 백혈구의 종류와 기능

종류	이름		크기 (μ)	비율 (%)	수명 (일)	기능
과 립 백혈구	호중구		11	50~70	10	강한 식균작용, 급성 염증 시에 증가
	호산구		11	1~4	10	기생충 방어
	호염기구		10	0.4	10	알레르기 유발, 혈액응고 방지작용
무과립 백혈구	림프구	T 림프구	8	20~40	2~3	세포성 면역반응, 사이토카인 생산
		B 림프구				체액성 면역반응, 항체 생산
	단핵구		15	4.0	200	강한 식균작용, 만성염증 시에 작용

(2) 백혈구의 식세포 작용

적혈구와는 달리, 호중구나 단핵구와 같은 백혈구는 모세혈관 벽을 벗어나 조직세포 속을 드나들면서 외부에서 감염되어 들어온 세균이나 해로운 이물질을 탐식하는 식균작용을 지닌다. 즉, 조직에 염증이 생기거나 세균 또는 이물질 등이 침입하게 되면 조직은 화학물질들을 분비하여 백혈구들을 끌어당기게 되는데 이와 같은 특성을 화학주성(chemotaxis)이라고 한다. 화학주성을 일으키는 물질은 모세혈관 벽의 내피세포들 사이에 있는 구멍의 투과성을 촉진시켜 백혈구를 혈관으로부터 조직으로 빠져나올 수 있도록 한다.

식작용을 하는 백혈구들은 위족(pseudopodia)이라는 돌기를 내어 세균이나 이물질을 감싸는 식소체(phagosome)를 형성하고, 이 식소체는 세포 내부에서 용해소체(lysosome)와 융합하여 포식용해소체(phagolysosome)를 형성

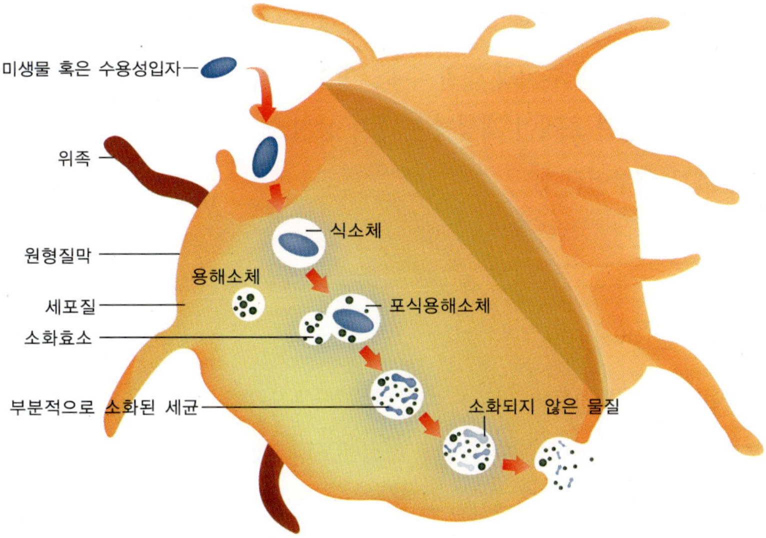

그림 7-8 식세포 작용

한다. 용해소체는 리소자임(lysozyme)과 같은 가수분해효소를 함유하므로 섭취된 물질을 소화시킨다. 이렇게 소화된 내용물은 세포 외 배출(exocytosis) 과정에 의해 제거된다.

4. 혈소판과 지혈

(1) 혈소판(platelet, thrombocytes)

혈소판은 골수의 거대핵세포(megakaryocyte)의 세포질 일부가 떨어져 혈액으로 나온 것으로 혈액응고에 중요한 역할을 하는 고형 성분이다. 따라서 핵은 없으며, 혈액성분 중 크기가 가장 작아서 직경이 2~4μ이다. 혈액 1mm^3 당 250,000~500,000개가 있으며, 수명은 약 7~10일 정도이다. 세로토닌(serotonin), 카테콜라민(catecholamine), ADP(adenosine−2−phosphate) 등과 혈액응고인자를 함유하고 있으며, 간, 비장과 같은 세망내피계에서 파괴된다.

혈소판은 혈관벽이 손상되어 혈관의 결합조직이 노출되면, 그 곳에 달라붙어서(부착기능, adhesiveness) 세로토닌이나 ADP를 방출하여 응집(agglutination)하게 된다. 응집된 혈소판에 Ca^{2+}이 작용하게 되면, 혈소판 마개인 혈전(plug)이 형성되어 지혈이 된다.

(2) 지혈(hemostasis)

지혈은 출혈을 멈추는 복잡한 과정이다. 혈관이 손상되면 내피세포는 혈액응고를 막는 물질의 분비를 멈추고 지혈에 필요한 물질들을 분비하기 시작한다. 지혈은 상처가 난 부위의 혈관 수축, 혈소판 마개에 의한 일시적인 혈전의 형성과 손상된 혈관 조직이 재생될 때까지 상처 구멍을 때우는 혈액응고 과정의 세 단계로 이루어진다.

check point

- **고름(pus)**

감염된 조직에 침투한 세균에 대항하여 식균작용을 한 결과, 많은 백혈구는 세균의 독소에 의해서 죽게 된다. 그때 감염된 조직세포의 파괴된 모세혈관에서 들어온 적혈구가 죽은 백혈구와 같이 섞여 축적되면 고름(농, pus)이 된다.

① 국소 혈관의 수축(local vasoconstriction)

혈관에 상처가 나면 상처부위의 동통자극이 척수(spinal cord)로 전달되고 여기에 대한 신경반사로서 근육의 연축(myogenic spasm)이 일어나서 혈관이 수축하게 된다. 상처부위의 세동맥의 수축작용은 거의 완전하여, 상처의 흔적이 없을 정도이다.
혈관의 수축은 손상된 혈관에 모여든 활성화된 혈소판이 분비하는 트롬복산 A_2(thromboxane A_2)와 같은 혈관수축물질에 의한 것으로 생각된다. 국소의 혈관수축에 의한 지혈은 일시적인 현상이며, 혈관이 길이로 손상되거나 불규칙하게 손상되면 출혈이 계속되게 된다.

② 혈전의 형성

혈관이 손상되면 혈관 내피세포층(endothelial cell)이 파괴되고, 여기에 배열되어 있는 결합조직인 콜라겐(collagen)이 노출된다. 콜라겐은 혈소판을 잡아당기므로 주위에 혈소판이 와서 달라붙고 부착된 혈소판이 파괴되면서 세로토닌과 ADP가 방출된다. 이 ADP는 다른 혈소판을 끌어당겨서 모여든 혈소판 덩어리인 마개(plug)를 일시적으로 형성하게 된다. 이러한 일시적인 혈전의 형성은 손상된 혈관부위를 축소시켜 주어서 혈관 밖으로의 혈액의 손실을 막아 주기 때문에 지혈에 도움이 된다.

③ 혈액응고(blood coagulation)

혈액응고는 지혈에서 최종적으로 나타나는 과정이다. 이것은 일시적으로 만들어진 혈전에 적혈구가 응집을 일으켜서 서로 결합하고, 섬유소에 의해 단단한 응고물로 변하는 일련의 복잡한 과정을 거친다.

check point

● 정상적인 혈관에서 혈액응고가 일어나지 않는 이유

손상되지 않은 정상적인 혈관은 헤파린과 유사한 분자, 즉 트롬보모듈린(thrombomodulin) 같은 분자들을 분비함으로써 혈액응고를 막고, 일산화질소(nitric oxide, NO)와 프로스타글란딘(prostaglandin, PG)을 분비함으로써 혈소판의 응집을 억제할 수 있기 때문이다.

표 7-7 혈액응고인자(coagulation factors)

인자	명칭	특성	경로
I	피브리노겐(fibrinogen)	피브린 전구체	공통
II	프로트롬빈(prothrombin)	트롬빈 전구체	공통
III	조직 인자(tissue factor)	보조인자	외인성
IV	칼슘이온(Ca^{2+})	보조인자	내인성, 외인성, 공통
V	프로악셀레린(proaccelerin)	보조인자	공통
VII	프로콘베르틴(proconvertin)	효소	외인성
VIII	항혈우병인자(antihemophilic factor)	보조인자	내인성
IX	크리스마스 인자(Christmas factor)**	효소	내인성
X	스튜어트-프라워 인자(Stuart-Prower factor), prothrombinase	효소	공통
XI	혈장 트롬보플라스틴 전구물질 (plasma thromboplastic antecedent)	효소	내인성
XII	하게만 인자(Hageman factor)	효소	내인성
XIII	피브린 안정화 인자(fibrin stabilizing factor)	효소	공통

* 인자의 번호는 반응의 순서가 아닌 발견 순서에 따라 붙여진 것이며, 인자 VI는 인자 V와 같은 것으로 추정되므로 제외되었다.

** 크리스마스 인자는 IX인자의 결핍에 의해 혈우병이 생긴 소년인 Stephen Christmas를 기념하여 붙인 이름이다.

혈액응고에 관여하는 인자는 모두 혈장 내에 존재하며 현재 12가지 종류가 알려져 있다(표 7-7). 혈액응고에서 가장 중요하고 기본적인 반응은 가용성 혈장단백질인 섬유소원(fibrinogen)이 비가용성인 섬유소(fibrin)로 전환되는 과정인데, 이 과정은 외인성 경로와 내인성 경로, 그리고 이 두 경로에 의해서 활성화된 혈액응고 인자 X에 의해 최종적으로 피브린 복합체가 형성되는 과정인 공통적 경로로 구분된다(그림 7-9). 이 과정에는 칼슘, 인지질, 비타민 K 등이 중요한 역할을 담당한다.

- 외인성 경로(extrinsic pathway) : 혈관이 손상을 받으면 혈액응고인자 VII은 조직 인자(tissue factor, TF)와 결합함으로써 활성화된 복합체를 형성하게 되고 이는 IX와 X인자를 활성화시킨다.
- 내인성 경로(intrinsic pathway) : 이 경로는 손상 부위 내피세포의 콜라겐이 혈액응고인자 XII 등과 복합체를 형성함으로써 시작한다. XII인자가 활성화된 후 XI, IX인자가 차례로 활성화된다. 활성화된 IX인자는 항혈우병인자인 VIII인자와 함께 X인자를 활성화시킨다.
- 공통 경로(final common pathway) : 위의 두 경로에 의해 활성화된 X인자는 프로트롬빈(prothrombin)을 트롬빈(thrombin)으로 전환한다.

트롬빈의 가장 중요한 역할은 가용성 단백질인 피브리노겐을 불용성 단백질인 피브린(fibin)으로 바꾸는 것이지만 다른 인자들을 활성화시켜 단량체인 피브린을 견고한 중합체로 묶는 역할도 한다.

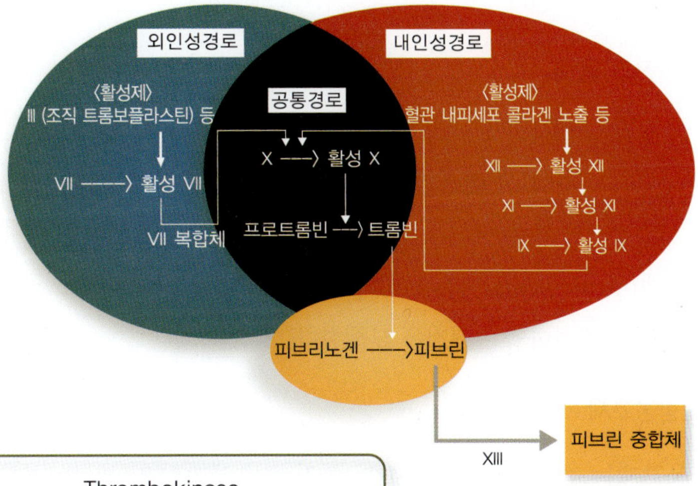

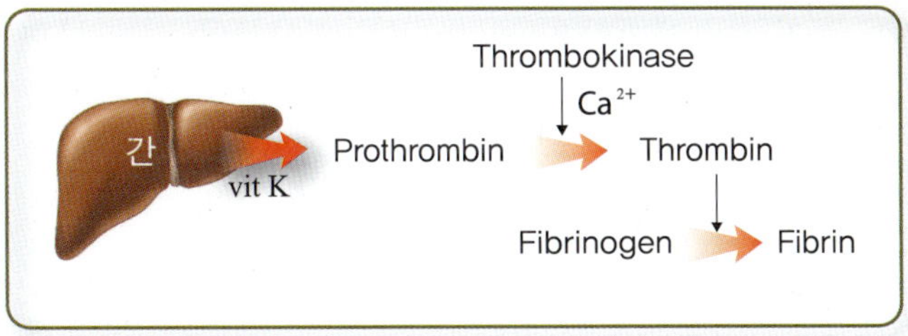

그림 7-9 혈액응고과정
(blood coagulation)

check point

● 조직 인자(tissue factor)

조직 인자는 혈소판 조직 인자(platelet tissue factor), 혈액응고인자 III, 트롬보키나아제(thrombokinase)라고도 불리며, 내피하조직(subendothelial tissue), 혈소판, 백혈구에 존재하는 단백질이다. 비활성 상태의 효소인 프로트롬빈을 트롬빈으로 전환시키는데 필요하다. 조직 인자는 트롬보플라스틴(thromboplastin)이라 불리기도 하지만 이는 태반으로부터 분리된 것으로 프로트롬빈 시간(prothrombin time)을 측정할 때 쓰이는 시약이기 때문에 잘못된 동의어이다.

(3) 항응고 기전

혈액응고 기전은 상처를 입어서 출혈이 있을 때 유리하게 작용한다. 그러나 상처가 없는 혈관 내에서는 혈액이 쉽게 정상적으로 흘러야 하므로 체내에는 혈액응고 기전과 함께 혈액응고를 방지하는 항응고 기전(anticlotting mechanism, fibrinolysis)도 발달되어 있다.

따라서 혈액은 혈액의 응고를 촉진하는 응고촉진제(procoagulant)와 혈액의 응고를 방지하는 항응고제(anticoagulant) 사이에서 평형을 이루고 있다. 정상적인 경우에는 항응고제의 작용이 응고촉진제의 작용보다 우세하여 혈액의 흐름을 유지하지만, 혈관이 파손되면 응고촉진제의 작용이 우세해져서 혈액을 응고시키게 된다.

① 혈전의 용해

우리 몸에는 혈액이 응고되어 생긴 혈전(thrombus)을 용해시키는 기전(fibrinolysis)이 있으며 이 역할을 담당하는 것이 플라스민(plasmin)이다. 플라스민은 전구물질인 플라스미노겐(plasminogen)의 형태로 간에서 합성되는데 혈관내부계(intravascular system)와 혈관외부계(extravascular system)의 두 가지 경로로 활성화되어 혈전을 분해한다(그림 7-10).

② 항응고제

항응고제는 혈액응고를 방지하는 물질로써 헤파린(heparin)처럼 정상인의 혈액에 존재하는 물질 이외에도 채혈을 위해 시험관에 첨가하거나 혈액투석을 위한 장비, 인공 심장 판막 등에 사용하는 화학물질, 혈관 내 혈전형성을 방지하기 위해 사용하는 각종 약물들을 포함한다.

- 쿠마딘(coumadins) : 혈액응고기전 중 비타민 K의 영향을 억제하는 물질로써 경구투여 할 수 있는 항응고제이다. 대표적인 예로 와파린(warfarin)이 있다.

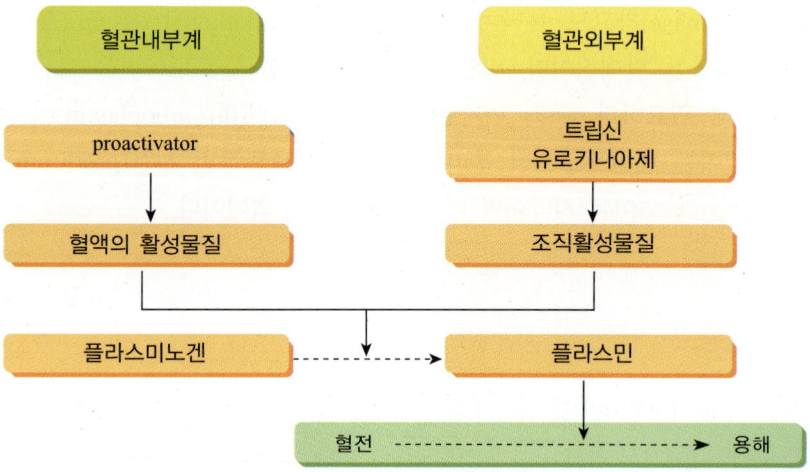

그림 7-10 혈전 용해

- 헤파린(heparin) : 트롬빈의 작용을 억제시킴으로써 혈액응고를 방지한다. 임상에서 정맥주사를 통해 혈액응고를 방지하는데 사용된다.
- 아스피린(aspirin) : 트롬복산(thromboxane)의 생성을 억제하여 혈소판의 응집을 억제한다. 소량을 지속적으로 복용하면 혈전을 방지하여 심근경색, 뇌졸중 등을 예방할 수 있는 것으로 알려져 있다.
- 칼슘이온 결합제 : EDTA(ethylene diamine tetraacetic acid), 구연산나트륨, 옥살산나트륨 등은 칼슘이온과 결합함으로써 혈액의 응고를 방지하는 화학물질로서 시험관, 수혈 백, 실험장비 및 수술장비 등에 사용된다.

5. 혈액형과 수혈

(1) ABO식 혈액형

1901년 란트슈타이너(Landsteiner)는 사람의 적혈구 막에 응집원인 다당류의 항원이 있다는 것을 발견하였다. 이들 항원을 기준으로 4개의 혈액형, 즉 A, B, AB 및 O형으로 분류한 것을 ABO식 혈액형이라 한다. 적혈구 표면에 있는 항원을 응집원(agglutinogen)이라고 하는데, A와 B의 두 종류가 있다. A와 B, 두 가지 응집원을 모두 가지고 있는 혈액을 AB형, 두 가지 응집원을 모두 가지고 있지 않은 혈액은 O형, A형 응집원만 가지고 있는 혈액을 A형, B형 응집원만 가지고 있는 혈액형을 B형이라고 한다.

그 반면에 혈장 내에는 항체(antibody)에 해당하는 두 가지 응집소(agglutinin)인 anti-A(α)와 anti-B(β)가 있는데 O형 혈액의 혈장에는 이 두응집소가 모두 있으나 AB형 혈장에는 둘 다 없으며, B형은 anti-A응집소만, A형의 혈장에는 anti-B응집소만 있다.

check point

식품 중의 항응고제

우리나라의 청국장과 같은 일본의 대두발효식품인 낫토(natto)에는 나토키나아제(nattokinase)라는 효소가 생성되며, 이 효소는 혈전을 부수고 혈액을 묽게 하는 작용이 있어 아스피린을 대체하는 약물로 이용되기도 한다.

혈액형 판정에는 항 A 혈장과 항 B 혈장의 두 가지 표준혈장을 사용하는데, 검사 결과 A형은 항 A혈청을 떨어뜨린 쪽에서만 응집반응(+)이 일어나고, B형은 항 B혈청쪽에서만 응집반응이 일어나며, O형은 둘 다 응집반응이 없고, AB형은 둘 다 응집반응을 일으킨다(그림 7–11).

(2) Rh식 혈액형

사람의 혈액형은 ABO식 이외에 여러 분류 방법이 있다. 란트슈타이너와 위너(Landsteiner & Wiener)는 붉은털원숭이의 적혈구로 면역시킨 기니아 피그(guinea pig)의 혈청에 대해 사람의 적혈구도 응집하는 것을 발견하고, 이 응집원을 Rh인자라고 하였으며, Rh인자의 유무에 따라서 Rh^+형과 Rh^-형으로 분류하였다. 한국인은 대부분이 Rh^+형이며, 1~2%만이 Rh^-형이고, 백인의 경우 14~17%가 Rh^-형이다.

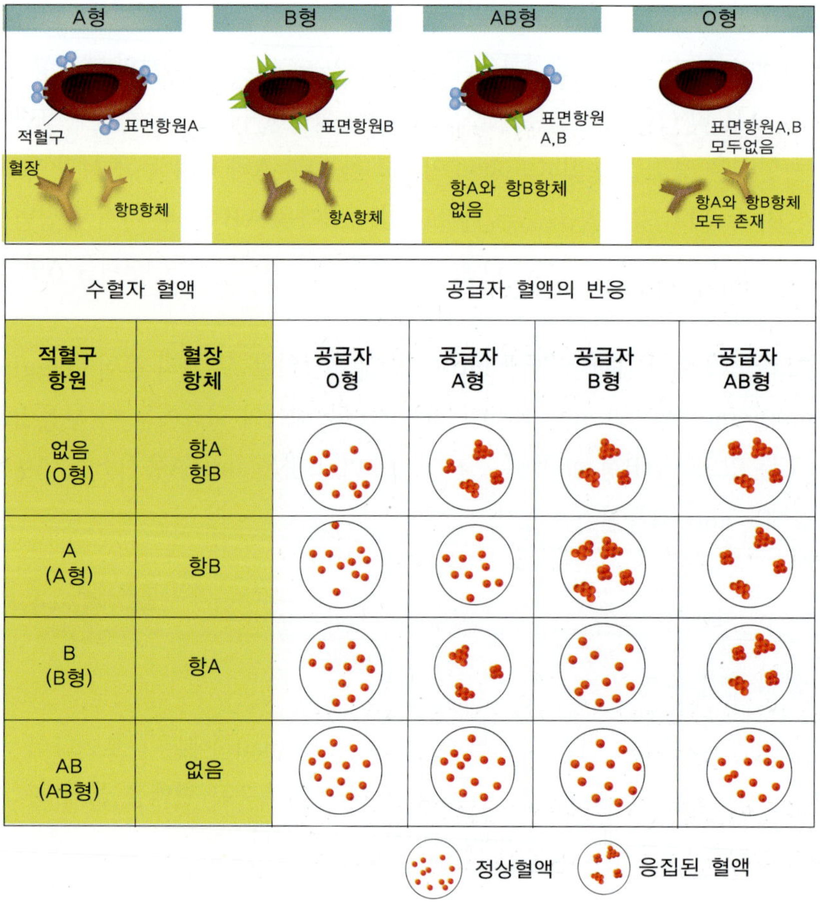

그림 7–11 혈액형 분류와 검사

표 7-8 ABO식 혈액형의 빈도

혈액형	혈액형 빈도(%)		
	한국인	일본인	미국인
O	28	30	44
A	32	38	42
B	31	22	10
AB	10	10	4

http://www.bloodbook.com

Rh^+형과 Rh^-형이 처음 만났을 때에는 응집 반응이 없으나, 두 번째 만나게 되면 응집반응을 일으킨다. Rh^-형인 어머니가 Rh^+형인 태아를 임신하는 경우에 처음 임신했을 때는 어머니의 혈액 내에 Rh응집소의 양이 적기 때문에 큰 지장은 없다. 그러나 다음에 임신하면 모체의 응집소가 태아에게 전해져 태아의 적혈구와 응집반응을 일으킴으로써 태아의 적혈구를 파괴하게 되고, 따라서 출산 후에 아이가 사망하거나 사산하게 된다. 이를 '태아적아구증(erythroblastosis fetalis)' 이라고 한다.

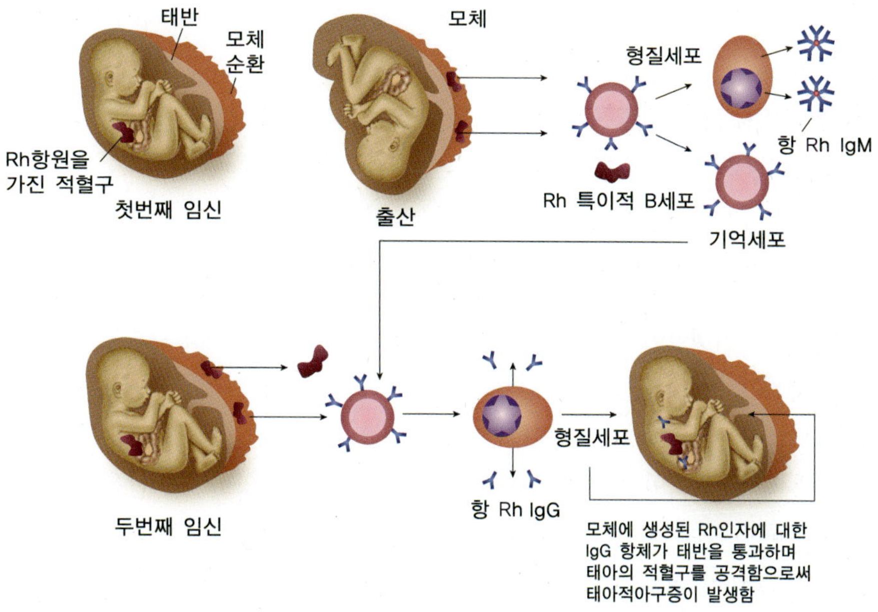

그림 7-12 태아적아구증의 발생 기전

Rh인자는 우성인자이므로 Rh^-인 어머니와 Rh^+인 아버지 사이에서는 Rh^+형의 아이가 생기기 쉽다.

(3) 수혈

수술이나 사고 등으로 인해 출혈이 심할 때, 또는 빈혈환자의 치료를 위해서는 수혈(transfusion)을 해야 한다. 수혈은 동일한 혈액형을 사용하는 것이 원칙이며, ABO식 혈액형 및 Rh인자형에 따라 용혈반응을 검사한 후에 실시해야 한다.

O형은 만능공혈자(universal donor)로 모든 혈액형의 사람들에게 피를 공급할 수 있으며, AB형은 모든 형의 혈액을 수혈 받을 수 있으므로 만능수혈자라고 한다. 공혈자와 수혈자 간의 혈액 적합성 검사로는 교차시험(cross matching)이 있으며, 이때 응집반응이 없어야 수혈할 수 있다. 교차시험이란 환자의 혈청(recipient serum)과 공혈자의 혈구(donor cell)를 섞어 보는 주시험(major crossmatching)과, 환자의 혈구(recipient cell)와 공혈자의 혈청(donor serum)을 섞어 보는 부시험(minor crossmatching)이 있다. 두 시험에서 응집반응, 용혈현상이 없어야 수혈할 수 있다.

7-2 면 역

1. 면역계와 방어체계

면역이란 미생물이나 미생물이 분비한 독소와 같은 화학물질들로부터 생체를 방어하기 위한 수단이다. 미생물만 하더라도 바이러스·세균·진균·원생동물과 다세포 기생충까지 그 종류가 무수하고 또한 다양한 형태로 숙주를 공격하므로 이들로부터의 감염에 대처하기 위해서는 매우 다양한 면역반응이 준비되어 있어야 한다. 이들 면역반응은 크게 **선천성 면역**과 **적응면역**의 두 가지로 구분된다. 적응면역은 선천성 면역에 비해 후천적으로 획득되는 면역이므로 **후천성 면역**이라고도 한다.

(1) 선천성 면역(innate immunity)

선천성 면역은 출생과 동시에 물려받게 되는 내재된 능력이다.

이들은 생체가 외부물질의 공격을 받았을 때 그 외부물질을 개체별로 인지한다거나, 두세 번 같은 개체의 공격을 받을 경우에도 방어능력이 강화되지는 않는다. 그러나 선천성 면역에 관여하는 세포들은 감염되기 전부터 우리 몸속에 존재하고 있으며, 감염 후 특이적인 적응면역이 작용할 때까지의 일차적 방어선의 역할을 담당한다.

선천성 면역과 적응면역은 서로 협조하며, 상호의존적인 방식으로 작용하는데, 선천성 면역의 활성화는 이어지는 적응면역반응을 자극하고, 지시하는 신호들을 만들어낸다.

(2) 적응면역(adaptive immunity)

적응면역은 어떤 특정한 병원체에 대해서 고도로 특수화된 항원에 대한 특이성(specificity)을 갖고 있어 항원들 사이의 미묘한 차이를 구분할 수 있다. 항원에 특이적으로 생성되는 항체는 한 개의 아미노산이 다른 두 개의 단백질을 구별할 수 있다. 따라서 적응면역은 수많은 항원 분자들을 인식하기 위한 엄청난 다양성을 나타낼 수 있게 된다.

더욱이 동일한 병원체에 계속적으로 공격당할 때마다 방어능력은 더욱 효과적으로 빠르게 강화된다. 즉, 적응면역은 실제로 병원체를 "기억"하고 후에 다시 그 병원체가 질병을 유발시키지 못하도록 방어한다. 또한 면역계는 보통 외래 항원들에 대해서만 반응을 나타내는데, 이는 면역계가 자기(self)와 비자기(nonself)를 구별할 수 있기 때문이다. 비자기 분자들에 대해서만 반응하는 능력은 매우 중요한데 면역계가 자기 분자들에 대해서 나타내는 부적절한 반응은 자가면역질환(autoimmune disease)에서 볼 수 있는 것처럼 치명적인 결과로 이어지기 때문이다.

적응면역반응은 림프구(lymphocytes)와 항원제시세포의 작용에 의한 결과이다. 림프구는 B세포(B cells)와 T세포(T cells)의 두 종류로 구분된다. 이들 세포는 성인의 경우 모두 적색골수(red bone marrow)의 줄기세포(stem cell)로부터 분화되며, 여기서 분화된 세포의 일부는 혈류를 타고 흉선(thymus)을 지나면서 자기/비자기 항원을 인지하는 능력을 부여받아 T세포로 분화한다. 한편 B세포는 골수 내에서 성숙하고, 혈류로 들어가 미지의 장소에서 B세포로 분화한다.

2. 선천성 면역

선천성 면역은 해부학적 방어벽, 생리학적 방어벽, 식세포의 식작용, 염증반응 등 네 가지 종류의 방어벽으로 구성된다.

(1) 해부학적 방어벽

사람의 피부와 점막은 병원체가 체내로 침입하는 것을 막는 첫 번째 방어선이다. 해로운 화학물질들뿐만 아니라 대부분의 병원체들은 표피의 케라틴으로 조밀하게 둘러싸인 세포를 뚫고 들어갈 수가 없다. 또한 피부에서 분비되는 땀과 피지는 병원성 세균의 성장을 저해하는 화학물질을 포함한다. 피지(sebum)는 지방산을 함유하고 있는데 피부의 pH를 3~5 사이로 유지시켜서 다른 미생물들의 성장을 억제한다. 피부의 중요성은 넓은 부위에 화상을 입은 환자의 경우 화상 그 자체보다는 미생물의 감염에 의한 파상풍이나 패혈증에 의하여 생명을 잃게 되기 쉽다는 것만 보아도 알 수가 있다.

점막은 피부처럼 밖으로 열린 체강을 둘러싸고 있으면서 병원체의 침입에 대해 강력하게 대처한다. 소화관·기도·비뇨기·생식기 등 내부를 둘러싸고 있는 점막들이 그 예이다. 이들 점막에서 분비되는 점액(mucus)은 건조로부터 세포막을 보호할 뿐 아니라, 미생물을 가두어 버리는 효과도 있다.

호흡기의 경우 역시 섬모가 나 있는 점막에 의해 미생물들이 갇히게 되고 목을 통해 역류되어 삼켜지게 된다. 기침·재채기 등도 기도 안의 미생물을 제거할 수 있는 또 다른 수단이다. 눈물, 침, 오줌·변 등은 미생물이 점막에 붙어서 집락(colony)을 형성하지 못하도록 씻어 내리는 효과를 낸다.

(2) 생리학적 방어벽

낮은 pH의 환경에 살아남을 수 있는 미생물은 극소수이다. 따라서 위산은 음식과 함께 삼켜진 미생물에 대한 살균작용을 나타낸다. 신생아는 성인에 비해 위의 산도가 낮으므로 쉽게 병에 걸리게 된다. 또한 생체에서 분비되는 대부분의 분비물은 항미생물성 화학물질을 함유한다.

예를 들어 젖·땀·침·눈물에는 많은 종류의 병원성 세균의 세포벽을 분해하는 효소인 라이소자임(lysozyme)이 함유되어 있다. 인터페론(interferon)은 바이러스에 의해 감염된 세포로부터 분비되는 단백질의 일종이다.

인터페론은 새로운 바이러스가 세포에 감염되면 감염된 세포 주위의 세포 표면과 결합하여 항바이러스성 물질의 생산을 촉진시키고, 새로운 바이러스의 복제를 억제한다. 또한 평상시에는 비활성상태로 체내를 순환하는 혈청단백질인 보체는 선천성 및 후천성 면역반응들에 의해 활성화되어 세균을 파괴하거나 미생물의 표면을 둘러싸 식세포에 의해 쉽게 포식되도록 하는 역할을 한다.

(3) 식작용에 의한 방어벽

선천성 면역의 중요한 방어기전 중 하나가 호중구, 대식세포 및 단핵구 등에 의한 식작용(phagocytosis)이다. 식작용은 세포 내 이입(endocytosis)의 일종으로 세포가 외부 환경의 물질을 세포 내로 섭취하는 것을 말한다. 식작용에서 세포의 원형질막은 병원성 미생물 같은 입자형태의 물질을 둘러싸기 위한 커다란 소포(phagosome)를 형성하여 미생물을 세포 내부로 들어오게 한다. 세포 내로 이입된 병원성 미생물은 세포 내의 리소좀(lysosome)이 소포와 융합한 후 소화되고, 그 분해산물은 세포 외로 방출된다.

(4) 염증(inflammation)

상처나 병원성 미생물의 침입에 의해 조직이 손상되면 염증반응이라고 알려진 복잡한 연쇄 반응이 유발된다. 염증이란 조직이 상해를 입었거나 병원체가 조직에 침입하여 상해를 입은 경우에 나타나는 국소적인 생체반응으로, 발적·열·부종과 통증·기능장해 등의 증상을 동반한다. 염증반응은 다음과 같은 중요한 반응을 유발한다.

① **혈관확장** : 상해를 입은 세포, 호염기구, 비만세포 등은 상처난 곳의 혈액공급을 증가시키기 위하여 혈관을 확장시키는 히스타민과 같은 몇몇 화학물질들을 방출하는데 이 과정에서 피부는 붉어지고 화끈거린다.

② **부종과 통증** : 히스타민과 같은 몇몇 화학물질들은 국소 모세혈관의 투과성을 증가시키므로 면역반응을 매개하는 항체 단백질과 다른 화학물질들이 모세혈관을 빠져 나와 조직으로 들어가게 한다. 삼출물이 축적된 체액은 보통의 경우보다 더 높은 농도의 단백질을 함유하므로 조직을 더욱 부풀어 오르게 하여 **부종**(edema)을 일으킨다. 한편, 상해세포로부터 방출된 화학물질들은 통증을 유발한다.

③ **화학주성** : 호중구 및 다른 백혈구들은 삼출현상(diapedesis)에 의해 모세혈관을 빠져나가 주위 조직으로 들어간다. 호중구와 조직의 대식세포들은 상해세포, 활성화된 보체 단백질, 림프구로부터 분비된 림포카인(lymphokines)과 다른 세포로부터 분비된 화학물질에 의한 화학주성(chemotaxis)에 의해 상해 조직이 있는 영역으로 유인되며(그림 7-13), 이들 식세포가 손상 조직 부위에 축적되어 세균에 대한 식균작용이 일어나게 된다. 그러나 식세포들은 주변의 건강한 세포까지 손상을 줄 수 있는 물질들을 분비한다. 죽은 세포와 분해된 산물, 액성 물질들이 모인 것을 **고름**(pus)이라고 한다.

염증 반응이란 위와 같은 기전을 통하여 병원체로부터 생체를 방어하고, 병원체가 다른 조직으로 퍼져 나가거나, 더 이상 해를 입히지 못하도록 방어하는 중요한 수단이다.

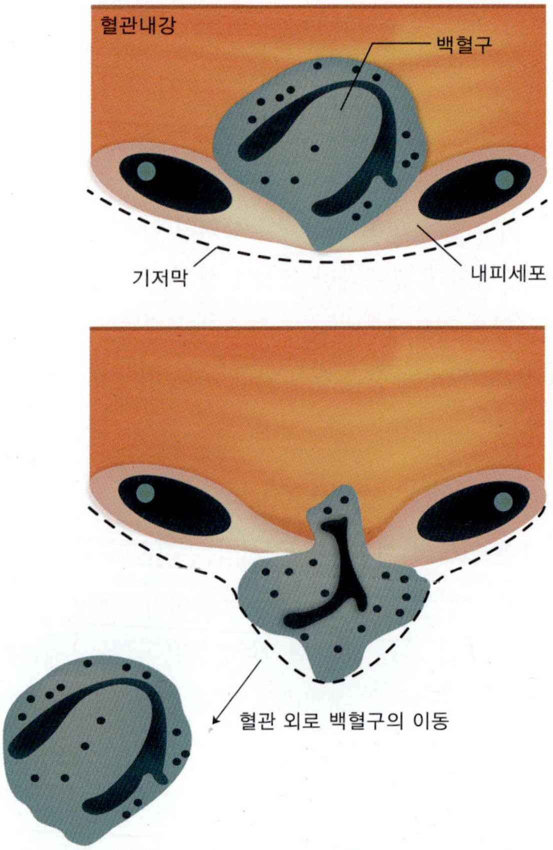

그림 7-13 백혈구의 화학주성에 이한 이동

3. 적응면역

(1) B세포에 의한 체액성 면역

① B세포(B cells)

B세포는 항원(antigen)이라는 특정한 표적분자를 특이하게 인지하고 그것과 결합하는 분자인 항체(antibody)를 생산하여 방출한다. 항원은 병원체의 표면에 존재하는 분자일 수도 있고, 병원체가 생산하는 독소(toxin)일 수도 있다. B세포가 분비하는 항체는 체액 안으로 방출되므로 이들이 매개하는 면역 반응을 체액성 면역(humoral immunity)이라고 한다.

골수에서 성숙한 B세포가 골수를 떠날 때 각 세포는 그 세포막에 한 가지 독특한 항원 결합 수용체를 발현하는데 이 항원 결합 수용체 또는 B세포 수용체가 막에 결합된 항체분자이다. 전에 한 번도 항원을 만난 적이 없는 B세포가 표면 항체에 부합되는 항원을 처음 만나게 되면 이 항원–항체 반응에 의해 B세포는 신속하게 분열하고, 그 딸세포들은 기억 B세포와 표면 항체구조와 동일한 항체를 분비하는 형질세포(plasma cell)로 분화하게 된다(그림 7–14).

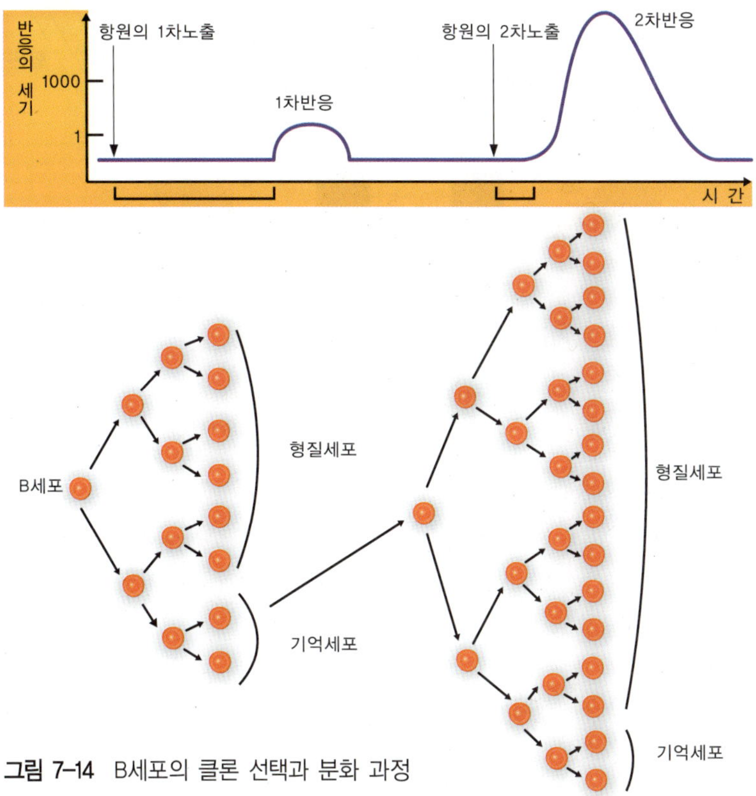

그림 7–14 B세포의 클론 선택과 분화 과정

② 항체(antibody)

항체란 특이적인 항원에 대하여 B세포가 생산하고 분비하는 면역 글로불린(immunoglobulin)이라고 불리는 당단백질이다. 면역 글로불린은 혈청 성분을 전기영동(electrophoresis) 시켰을 때 감마 글로불린(γ−globulin)에 속하며, 기본구조는 모두 같아서 동일한 두 개의 경사슬과 두 개의 중사슬이 S−S 결합에 의해 Y자 모양을 그리는 4개의 폴리펩티드 사슬로 구성된다.

경사슬(light chain)은 모든 면역 글로불린에 있어서 공통구조를 갖고 있는 반면, 중사슬(heavy chain)은 구조가 다른 데 이 중사슬의 형태에 따라 IgG, IgA, IgM, IgD, IgE의 다섯 가지 클래스로 구분한다.

면역 글로불린을 구성하는 4개의 사슬에는 각각 결합하는 항원분자의 구조적 차이와 관계없이 항상 일정한 분자구조의 **정상영역**(constant region)과 항원분자 구조에 따라 그 구조가 달라지는 **가변영역**(variable region)으로 구분된다.

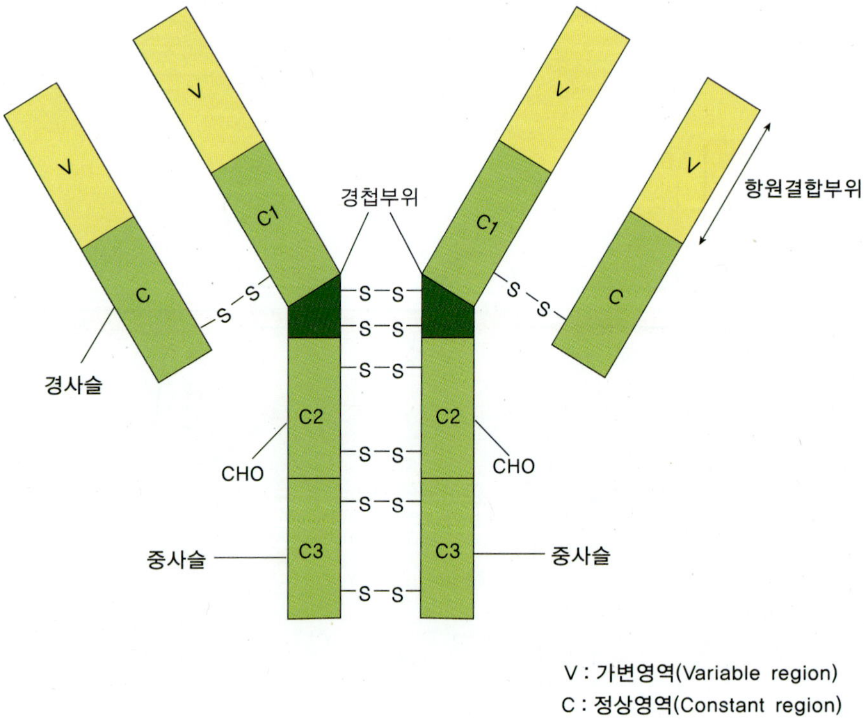

그림 7-15 면역 글로불린의 기본 구조

중사슬의 정상영역의 일부에는 **항원–항체 복합체**(antigenantibody complex)를 형성한 경우 여기에 보체 단백질이 결합하는 보체 수용체가 있으며, 또한 대식세포·단구·호중구 및 NK세포와도 결합할 수 있는 수용체가 있다. 또한 경사슬과 중사슬의 가변영역은 Y자 모양의 양팔에 해당하는 부분으로 특이적인 항원과 결합할 수 있는 분자구조를 갖고 있다(그림 7–15).

따라서 단위체 구조(monomer)로 되어 있는 면역 글로불린 1분자는 같은 종류의 항원분자 2개와 결합할 수 있고, 이들은 보체계를 활성화시키거나 대식세포와 같은 세포 표면에 결합하여 그들로 하여금 면역 복합체를 포식하게 함으로써 항원을 파괴시킬 수 있도록 한다(그림 7–15).

③ 면역 글로불린의 종류

• IgG

IgG는 정상혈액에서 가장 중요한 기능을 하는 면역 글로불린으로서 전체의 약 70~75%를 차지한다. 이들은 세균·바이러스·곰팡이뿐만 아니라 독소 등과 같은 다양한 병원체에 대한 면역을 담당하며, 특히 2차 면역반응 이후 중요한 역할을 담당한다(그림 7–14). 사람의 IgG는 대부분 태반을 통과하므로 모체가 갖고 있는 항체를 나누어줌으로써 신생아에게 수동면역 능력을 제공해주는 면역 글로불린이기도 하다.

• IgA

전체 면역 글로불린의 약 15~20%를 차지하는 IgA는 소화관·호흡기·생식기·비뇨기의 점액·타액·유즙 등 다양한 분비물 속에서 발견되는 주요한 항체이다. 혈청과 분비액 중에 발견되는 IgA는 2개의 IgA 단위체가 J사슬에 의해 결합된 형태인 2량체(dimer) 또는 3량체(trimer)의 구조를 띠고 있다. 특히 분비액 중의 IgA는 이들 이량체에 분비요소(secretory components)를 포함하는데, 이 분비요소는 항체가 형질세포(plasma cell)에서 생산되어 상피세포를 통해 분비액중에 분비되는 도중 단백질 분해효소로부터의 분해를 막고, 상피세포를 통한 분비과정을 도와준다. IgA에는 보체와 결합하는 부위가 없어 보체 활성화에 따른 염증반응의 위험이 적으며, 주로 항원과 결합하여 항원으로 하여금 분해효소 등의 작용을 받도록 하여 그들 항원이 체내로 흡수·유입되는 것을 막는다(그림 7–16).

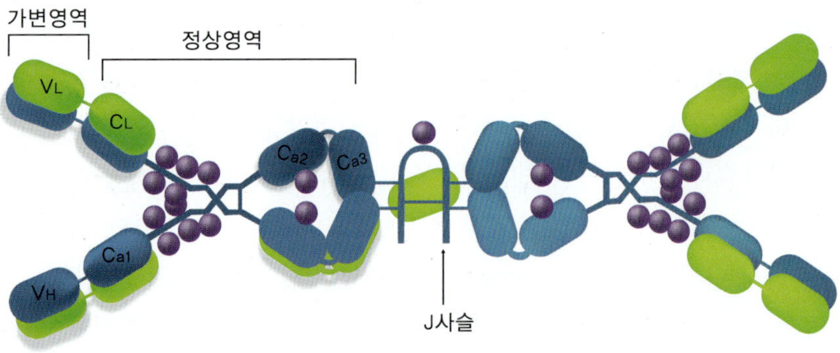

그림 7-16 분비형 IgA의 구조

• IgM

전체 면역 글로불린의 약 10%를 차지하며, 거의 모든 IgM 분자는 혈액 속에 존재한다. 처음 만나게 되는 항원에 대한 면역반응, 즉 1차 면역반응에서 주요한 항체이다. 이들 IgM는 5량체(pentamer)의 구조를 가지며, 입자상의 항원 구조에 맞추어 형태를 바꾸어 포획하므로 특히 세균의 방어에 중요한 역할을 담당하게 된다. 즉, IgM 응집반응을 일으키기 쉬우며, 또한 ABO식 혈액형을 구분하게 하는 항체이기도 하다(그림 7-17).

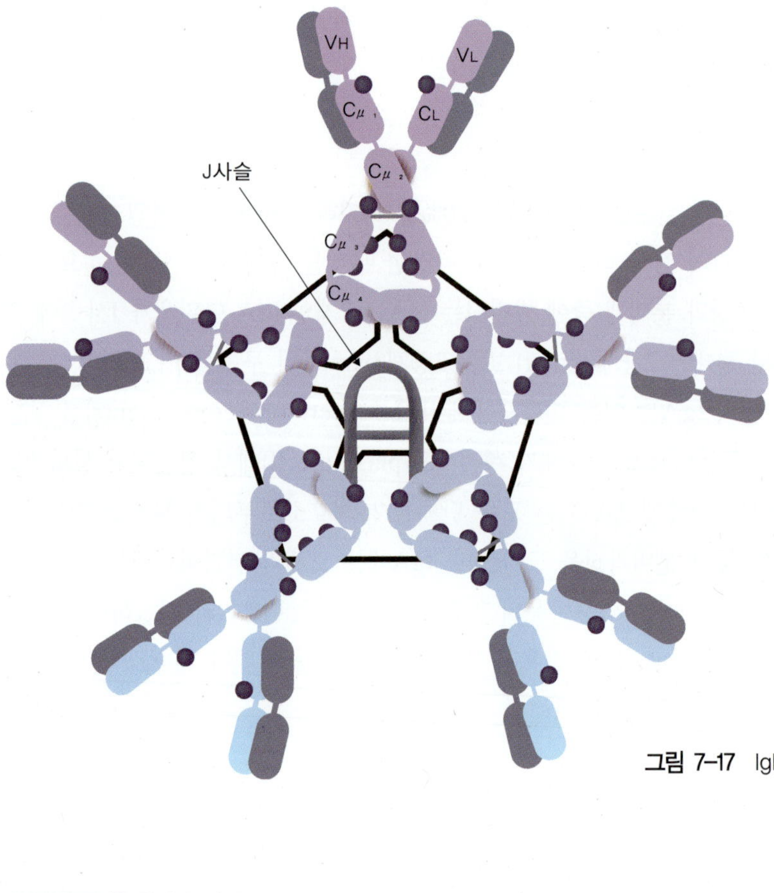

그림 7-17 IgM의 구조

• IgD

IgD는 전체 혈청 면역 글로불린의 1% 이하를 차지하는 미량성분이지만, 다른 면역 글로불린과 달리 혈액 내에 유리상태로 존재하지 않고 순환하는 B림프구의 표면에 존재한다. IgD는 항원에 의해 자극을 받아 림프구가 분화하는 과정, 즉 B림프구로부터 형질세포와 기억세포로 성숙되는 과정에 관여하는 것으로 알려져 있다.

• IgE

IgE는 유리상태로 순환하는 항체로서는 거의 발견되지 않으며, 표면에 IgE의 수용체를 갖고 있는 세포인 호염기구와 비만세포(mast cells)의 표면에 결합된 상태로 주로 발견된다. IgE가 항원과 결합하면 IgE는 호염기구와 비만세포를 자극하여 종종 알레르기 반응을 유발하는 물질인 히스타민과 같은 화학물질을 분비한다. 그러므로 IgE는 어떤 항원에 대해 과민증(hypersensitivity)과 같은 과도한 면역반응을 일으킨다.

④ 형질세포와 기억세포

B세포가 항체를 분비하여 면역반응을 유발하기 위해서 T세포의 도움은 거의 절대적이라고 할 수 있다. 특정한 T세포는 활성화된 B세포와 결합하여 사이토카인(cytokine)을 분비하고, 이 물질은 B세포로 하여금 분열(division)과 분화(differentiation)를 촉진시켜 형질세포와 기억세포라고 하는 두 종류의 세포를 형성시킨다.

• 형질세포(plasma cell)

형질세포는 고도로 발전되고 광범위한 형질내 세망(endoplasmic reticulum)을 갖고 있는 커다란 B림프구이다. 이들 세포는 B림프구 표면에서 항원을 인식한 면역글로불린 분자와 화학적으로 동일한 항체 분자를 분비한다. 그러나 B세포와 달리 표면에는 막결합 항체가 거의 없거나 전혀 없다. 형질세포는 단 며칠만 살아 있지만 이 기간 동안 엄청난 양의 항체를 분비한다.

• 기억세포(memory cell)

항원과 B세포와의 첫 번째 접촉에 의해 유발되는 1차 면역반응에서 항체 수준이 높아지기까지 거의 5~7일이 걸리며, 항체 수준은 약 14일 만에 최고에 이르게 되는데 이후 형질세포가 죽기 시작하면서 떨어지게 된다.

그러나 1차 반응 이후 생성된 기억 B세포는 소멸되지 않고 남아서 순환하다가 같은 항원에 다시 노출되었을 때 재빨리 형질세포로 분화되어 항체를 생성한다(그림 7-14).

2차 반응은 1차 반응에 비해 두 가지 면에서 우수한 방어능력을 제공한다. 즉, 항체를 생산하는데 걸리는 시간이 매우 짧다(몇 시간 또는 며칠 정도)는 것과 훨씬 더 많은 양의 항체를 생산한다는 것이다. 결과적으로 생체는 병의 제증상이 나타나기 전에 항원을 제거할 수 있는데, 우리는 이것을 두고 '**면역**'이 되었다고 한다. 따라서 기억세포란 특이적인 면역반응의 기본 개념이 되는 것이며, 이들 기억세포는 종류에 따라 몇 년 또는 평생 살아남기도 한다.

(2) T세포에 의한 세포성 면역

① T세포

세포성 면역반응은 T세포와 항원제시세포(antigen presenting cell)의 협력 기능에 의한 것이며, 세포 내에 침입한 바이러스, 세균 등의 미생물에 대한 가장 효과적인 면역반응이다. T세포 역시 골수에서 발생하지만 여기서 성숙하는 B세포와 달리 T세포들은 흉선으로 이동하여 성숙한다. 이 성숙과정에서 T세포들은 T세포 수용체(T-cell receptors)라고 하는 항원 결합 분자를 세포막에 발현하게 된다.

그러나 항원 그 자체를 인식하여 결합하는 B세포와 달리 T세포 수용체는 주조직적합 복합체(major histocompatibility complex, MHC)라고 하는 세포막 단백질에 결합한 항원만을 인식할 수 있다. 이때 T세포가 인지하는 항원은 B세포나 항체가 체액 중에 존재하는 항원분자(free antigen)의 구조를 그대로 인지하는 것과 달리 항원제시세포가 항원을 처리하여 분해시킨 후 표면에 노출된 항원이다.

MHC에는 MHC class I과 MIIC class II라고 하는 두 가지 중요한 종류가 있다. MHC class I은 척추동물의 핵을 갖고 있는 모든 세포막에 발현되는 분자이며, MHC class II는 항원제시세포에서만 발현되는 분자이다.

T세포는 크게 보조 T세포(T_H)와 세포독성 T세포(Tc)로 구분하며, T_H와 Tc는 CD4와 CD8이라고 하는 세포막 당단백질의 유무로 구분된다.

T_H세포 수용체는 항원과 결합한 MHC class II 분자의 복합체를 인식하여 결합한 후 다양한 사이토카인(cytokine)을 분비하는 효과 T세포가 된다. 활성화된 T_H세포는 이들이 분비하는 사이토카인에 따라 다양한 면역반응을 유도한다. 한편, Tc세포 수용체는 항원과 결합한 MHC class I 분자의 복합체를 인식하여 결합한 후 세포를 살해하거나 독성을 나타내는 효과세포로 분화한다. 이들 세포독성 T세포는 체내의 세포들을 감시하여 바이러스 감염 세포, 종양세포, 외부로부터 이식된 조직 세포와 같은 세포들을 제거하는 중요한 기능을 수행한다.

② 항원제시세포

B세포에 의한 체액성 면역과 T세포에 의한 세포성 면역이 활성화되기 위해서는 T_H세포가 분비하는 사이토카인이 필요하다. T_H 세포는 항원 분자를 단독으로 인식할 수 없고, 항원제시세포(antigen presenting cells, APC) 표면상에 MHC class II 분자와 함께 결합되어 있는 항원만을 인식할 수 있다. 이러한 역할을 담당하는 항원제시세포는 B세포, 대식세포와 수지상세포(dendritic cells)들이다.

항원제시세포들은 식작용을 통해 항원을 세포내부로 받아들이고, 분해를 거친 항원 조각이 MHC class II 분자와 결합한 상태로 세포막에 노출되는데 T_H세포의 수용체는 항원제시세포의 막에 나타나는 항원-MHC class II 분자의 결합체를 인식하여 상호반응하게 된다.

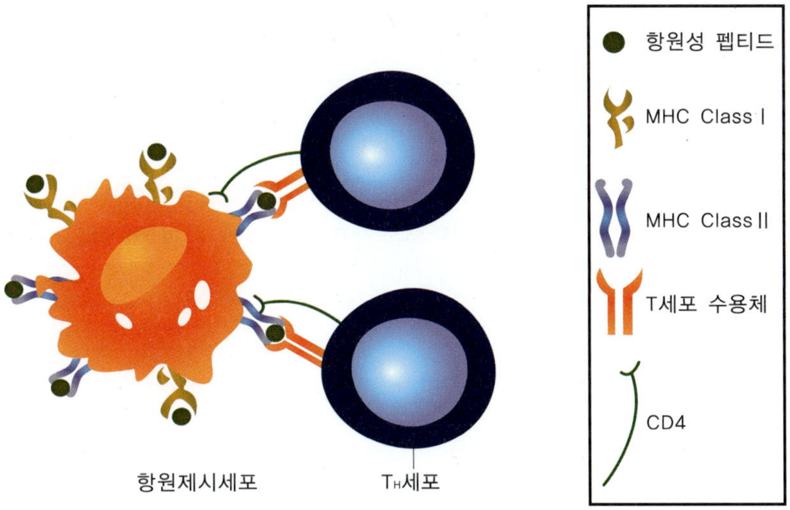

그림 7-18 항원 제시세포의 T_H 세포에 대한 항원제시

③ 기억 T세포(memory T cells)

세포 매개성 면역 반응이 억제된 후에 Th세포와 Tc세포는 모두 소멸되지 않고, 일부가 기억 T세포(memory T cells)로 남아 순환하며 장기간의 면역을 담당하게 되는데, 만일 이들 세포가 동일한 항원에 재차 접촉하게 되면 1차 면역반응(primary immune response) 때와는 달리 면역반응의 활성화 속도는 기하급수적으로 빨라지게 되며 반응의 정도도 강력해진다.

4. 적응면역의 종류

생체가 특정한 외래항원(foreign antigen)에 대하여 특이적인 면역능력을 획득하는 방법에는 능동 자연 면역, 능동 인공 면역, 수동 자연 면역과 수동 인공 면역의 4가지가 있다.

자연(natural)과 인공(artificial)의 차이는 생체가 어떤 식으로 항원에 노출되었는지에 따라 달라진다. 즉 생체가 일상생활을 하는 중에 항원에 노출되게 되었다면 그것은 자연적인 것이지만, 생체 내에 인위적으로 직접 항원이나 항체를 주입하게 된다면 그것은 인공적으로 항원에 노출되는 방법일 것이다.

능동 면역(active immunity)이란 생체가 자연적으로든 인공적으로든 항원에 직접 노출되어 생체 그 자신의 면역계가 면역능력을 획득하는 것이며, 수동 면역(passive immunity)이란 다른 개체에서 발생한 면역능력을 아직 면역이 되지 않은 개체에게 이전시킴으로서 얻어지는 일시적인 면역능력을 뜻한다.

(1) 능동 자연면역(active natural immunity)

우리가 살아가면서 병에 걸리고, 그 병으로 고통받는 과정에서 생체 면역계가 그 병원체에 대응하여 병으로부터 회복되고, 그 결과 기억세포를 남김으로써 그 병원체에 대해 면역되는 경우처럼 자연적으로 항원에 노출되며, 이에 대해 생체 면역계가 적극적으로 또한 능동적으로 대처한 결과 얻어지는 면역능력이다.

(2) 능동 인공면역(active artificial immunity)

능동 인공 면역이란 생체로 하여금 병에 고통받는 일 없이 그가 가진 면역계를 자극하기 위하여 인위적으로 항원을 접종함으로써 얻어진다. 이 과정을 흔히 예방접종(vaccination)이라고 하며, 이때 접종하는 항원을 **백신**이라고 한다. 백신은 보통 미생물의 부분, 죽은 사균체 또는 살아있지만 변형된 미생물들을 포함한다. 병에 따른 증상 없이 면역능력을 획득할 수 있는 방법이다.

(3) 수동 자연면역(passive natural immunity)

우리는 흔히 갓 태어나 너무도 연약해 보이는 아기에 비해 백일이 지난 통통한 아기가 자주 더 병에 걸리는 것을 보게 된다. 갓 태어난 아기가 더 큰 아기보다도 병에 대한 저항력이 큰 이유는 바로 엄마로부터 물려받은 수동 자연면역 능력에 기인한 것이다.

수동 자연 면역은 임신기간 중 태반을 통하여 엄마가 갖고 있는 항체를 태아에게 전달함으로써 일어난다. 엄마는 생애를 통하여 자연적이든 인공적이든 수없이 많은 병원체와 접촉하였고, 혈액 중에는 그 중 많은 항원들에 대한 항체가 포함되어 있다. 이 중 몇몇 항체(IgG)는 태반을 통과할 수 있어 태아의 혈액 내로 들어가게 된다.

이렇게 전달받은 항체는 아직 자신의 면역계가 미성숙한 상태인 아기의 생후 몇 달간 병으로부터 아기를 보호하는 역할을 담당한다. 그러나 그 항체는 시간이 지나면 결국 분해되고 아기는 스스로 획득한 면역계에 의지해야만 한다. 만일 엄마가 아기에게 모유를 먹인다면 모유 속에 들어있는 항체 (주로 IgA의 역할) 또한 아기를 보호해 줄 수 있게 된다.

(4) 수동 인공면역(passive artificial immunity)

수동 인공 면역은 처음에는 동물을 예방접종하기 위하여 시작된 방법이다. 동물에 인위적으로 항원을 주입한 후에 그 동물로부터 항체를 얻어 면역을 필요로 하는 또 다른 동물에게 접종하는 것이다. 수동 인공 면역은 항체의 수명이 있기 때문에 일시적인 방어 능력만을 제공하게 된다.

일반적으로 항원에 대한 1차 반응은 그 항원을 전부 파괴시키기 위하여 충분한 양의 항체를 만드는 동안 매일매일 계속해서 진행된다. 그러므로 수동 인공 면역은 생체가 스스로의 능동 면역을 나타낼 충분한 시간이 없을 때 선호되는 치료법이다. 예를 들어 B형 간염에 면역되지 않은 사람의 상처에 B형 간염 환자의 혈액이 묻은 경우, 그 사람은 B형 간염 바이러스에 감염될 확률이 매우 커진다.

그 사실을 알고 있는 사람이 그때서야 B형 간염에 대한 예방접종을 하려고 한다면 예방접종에 의해 생성되는 항체의 증가량은 이미 감염된 바이러스의 증식 속도를 따라 잡을 수 없을 것이다. 이때 다른 생체 내에서 생성된 B형 간염 바이러스에 대한 항체를 그 사람에게 투여한다면 감염된 바이러스는 충분히 증식되기 전에 제거되어 B형 간염의 위험으로부터 벗어나게 될 것이다. 그러나 이 항체 역시 일시적인 것으로 면역계에 기억세포를 만들기 전에 항원이 제거되기 때문에 영구적인 면역력을 갖지 못한다.

5. 식품알레르기

(1) 식품 알레르기의 정의

우리 몸은 병원성 미생물처럼 해가 되는 항원이 침입하면 이를 퇴치하기 위한 면역반응을 유도한다. 그러나 알레르기는 음식이나 약물, 꽃가루 등 인체에 해가 되지 않는 항원에 대해 나타나는 과도한 면역반응을 의미한다. 식품 알레르기는 '식품이나 식품첨가물에 의해 일어나는 비정상적인 면역반응' 으로 정의하지만 주로 식품 단백질에 의해 유도되는 부적절한 면역반응을 뜻한다.

(2) 식품 알레르기에서 GALT의 역할

소화관은 인체 최대의 면역기관으로, 인체면역기능의 약 70%를 소화기계가 담당하고 있다고 알려져 있다. 장에는 GALT(gut-associated lymphoid tissue)라고 불리는 장 관련 림프조직이 잘 발달되어 있는데 여기에는 면역을 담당하는 많은 종류의 면역세포가 존재하며(그림 7-19), 이들은 사람에게 필요한 다량의 필수 영양소 항원에는 반응하지 않으나 해로운 외부물질과 병원체에 대해서는 빠르고 강력하게 반응한다.

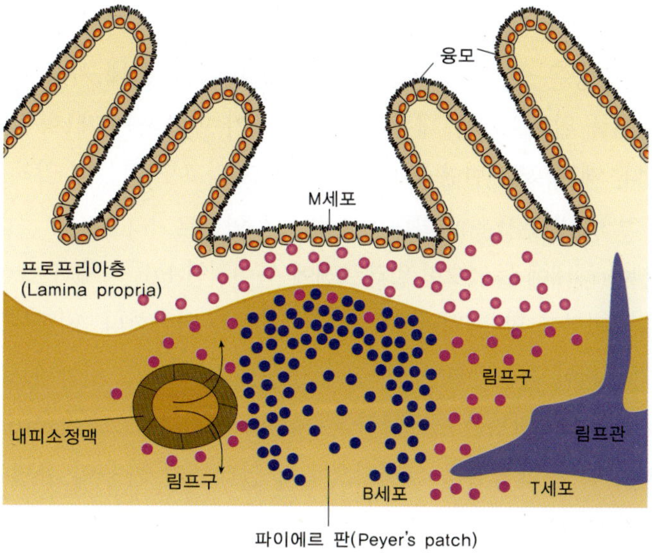

그림 7-19 GALT(장 관련 림프조직)

식품 알레르기가 영유아에게서 많이 나타나는 이유 중 하나는 아직 GALT가 발달하지 않은 상태에서 충분히 소화되지 않아 항원성을 지닌 식품 항원이 소장 점막을 통과하여 GALT를 자극하기 때문이다. 식품 항원은 특히 미숙아나 저체중아의 경우 소화관의 미성숙으로 인해 체내에 침투하기 쉽고 설사·장염·위산 결핍·췌장기능 장애 등이 있을 때 증가한다.

식품 알레르기는 IgA 항체의 결핍·식균작용의 장애·영양결핍·AIDS·방사능이나 화학 등에 의해 식품 알레르기가 증가할 수 있으나 가장 큰 원인은 유전적 소인이라 할 수 있다.

(3) 식품 알레르기의 원인 물질

식품 알레르기를 유발하는 물질을 **식품 알레르겐**(food allergen)이라고 하는데, 어떤 식품이 알레르겐이 되는지는 각 개인의 유전적 소인과 식이습관, 섭취량 등에 따라 다르다. 어린이의 주요 식품 알레르겐은 우유·계란·콩 등이며, 땅콩·생선·조개·새우·오징어 등의 해산물과 바나나·복숭아·살구 등의 과일 및 향기가 강한 채소, 밀과 같은 곡류에 대해서는 어린이뿐 아니라 성인에게서도 알레르기 반응이 나타날 수 있다.

(4) 식품 알레르기의 발병기전과 증상

알레르기 반응은 쿰스와 겔(Coombs & Gell)에 의해 네 가지 유형으로 분류되는데, 식품 알레르기는 대부분 IgE 항체가 매개하는 제1형 과민반응이 가장 흔하다. 제1형 과민반응을 아토피(atophy)라고도 하는데 알레르겐에 노출된지 수 분 안에 증상을 나타내므로 즉시형 알레르기라고도 부른다.

알레르겐이 체내에 들어오면 알레르겐에 특이적인 IgE 항체가 생성되고, 이는 점막이나 피부에 많은 비만세포(mast cell)와 결합한다. 비만세포 표면의 IgE에 알레르겐이 결합하면 항원–항체 반응이 일어나고, 비만세포에서 히스타민(histamine)을 비롯한 류코트리엔(leucotriene), 세로토닌(serotonin) 같은 세포 내부의 화학물질을 분비함으로써 알레르기 반응이 유발된다(그림 7–20).

식품 알레르기도 다른 면역반응과 마찬가지로 항체뿐 아니라, T세포에 의해 매개되는 반응에 의해서도 유발되는데, 특히 주로 T세포에 의해 유발되는 알레르기는 알레르겐에 노출된 지 수 시간에서 수일 후에 그 반응이 나타나므로 이를 지연형 과민반응(delayed type hypersensitivity)이라 한다.

이처럼 생체는 알레르겐에 노출되게 되면 이를 제거하기 위한 면역 반응을 수행하는 과정에서 화학물질을 분비하게 되고 이들 화학물질은 강력한 염증반응(inflammatory reaction)을 유발시키며, 이런 반응이 국소적 또는 전신적으로 일어나면서 각종 알레르기 증상을 나타내게 된다. 식품 알레르기에서 가장 흔히 나타나는 증상은 두드러기, 아토피성 피부염과 같은 피부 증상과 복통, 구토, 설사와 같은 소화기 증상이지만 드물게는 천식, 호흡곤란과 같은 호흡기 증상이 나타나기도 한다.

특히 전신성 아나필락시스(systemic anaphylaxis) 반응은 알레르겐에 노출된 후 수 분 안에 일어나는 즉시형 알레르기 반응으로 호흡곤란, 저혈압 등의 증상으로 인하여 빠른 시간 내에 사망에까지 이를 수 있는 증상이다.

(5) 식품 알레르기의 진단과 치료

식품 알레르기를 진단하고 원인식품을 알아내는 방법에는 병력 조사, 식품일지 작성, 제거 식이(elimination diet), 피부반응 시험, RAST(radioallergosorbent test), DBPCFC(double blind placebo controlled food challenge) 등이 있다.

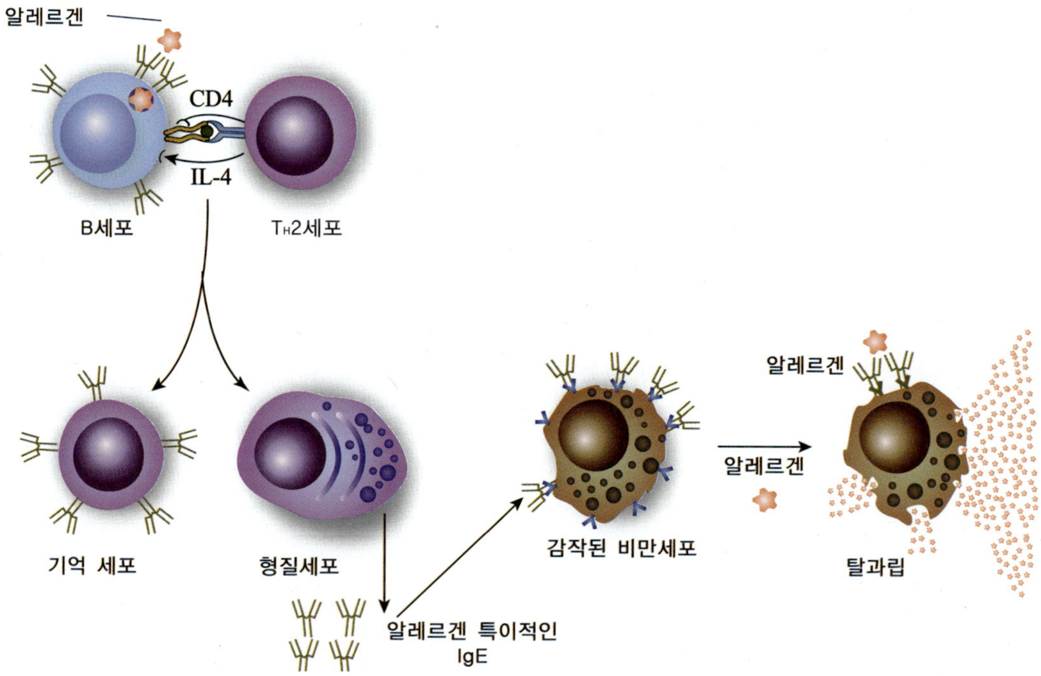

그림 7-20 즉시형 알레르기 반응

현재까지 알려진 식품 알레르기를 예방하는 최선의 방법은 원인식품을 먹지 않는 것이며, 특히 알레르기의 가족력을 가진 유아 및 수유부의 경우 알레르겐성이 큰 식품을 식이에서 제한하는 방법이 바람직하다. 예를 들어 우유는 1세까지, 달걀은 2세까지, 땅콩·견과류·생선은 생후 3개월까지는 섭취시키지 않는 것이 좋으며, 모유 수유를 하는 수유부의 경우도 이러한 식이 제한이 필요하다.

6. 자가면역질환과 면역관용

(1) 자가면역질환

우리 몸의 면역계가 하는 일 중 가장 중요한 역할은 자기(self)와 비자기(nonself)를 구분하는 일이다. 그러나 이 과정에 문제가 생기면 면역계는 우리 몸을 구성하는 세포나 조직을 공격하여 면역반응을 일으키는데 이를 자가면역(autoimmunity)이라고 하며, 이로 인하여 유발되는 질환을 **자가면역질환**(autoimmune disease)이라고 한다. 자가면역질환은 세포나 조직에 심각한 손상을 일으켜 치명적인 결과를 초래하기도 한다.

자가면역 반응은 자가항원(self antigen)에 대해 특이적으로 생성된 항체(자가항체, auto-antibody)에 의해 유발될 수도 있지만, 많은 경우 T세포에 의해 직접적으로 매개된다. 또한 이러한 질환은 주로 하나의 장기나 선(gland)에 발생하는 장기 특이적 자가면역질환과 신체 전체의 광범위한 조직이 표적이 되는 전신성 자가면역질환으로 구분할 수 있다.

(2) 면역관용

우리 몸은 면역계가 자가항원에 대해 면역반응을 일으키는 것을 막아야 하는 경우처럼 불필요한 면역반응을 피하기 위한 여러 단계의 보호 장치를 갖고 있는데 이처럼 항원에 대한 무반응 상태를 **관용**(tolerance)이라고 한다. 인체가 특정 항원에 자극되었을 때 면역반응 대신 관용을 유발하게 하는 인자는 항원이 고용량으로 투여된다거나 숙주 내에 항원이 지속적으로 존재하는 경우, 경구로 투여되는 경우 등이 있다.

특히 소화기를 통해 섭취한 항원에 대한 관용을 경구관용(oral tolerance)이라고 하는데 이는 비자기 성분으로서 항원이 될 수 있는 계란, 우유, 고기, 생선 등 식품성분에 대해 면역반응이 일어나지 않도록, 즉 식품 알레르기로부터 우리 몸을 방어해 주는 중요한 기전이다.

(3) 자가면역질환의 예

① 하시모토씨 갑상선염(Hashimoto's thyroiditis)

하시모토씨 갑상선염은 자가항체에 의한 것이 주원인이며, 갑상선 과산화효소나 갑상선 글로불린(thyroglobulin) 같은 자가항원에 반응하여 심각한 조직손상을 유발한다.

② 그레이브씨 병(Grave's disease)

갑상선호르몬은 뇌하수체에서 생산된 갑상선 자극 호르몬이 혈액을 통해 갑상선 세포에 있는 수용체에 결합하므로써 합성된다. 그레이브씨 병은 갑상선자극호르몬 수용체에 대한 자가항체가 생성되어 갑상선자극호르몬처럼 작용하므로써 갑상선호르몬을 생산하도록 한다. 그러나 이러한 자가항체는 갑상선호르몬의 필요에 따라 생산량이 조절되지 않으므로 갑상선을 지속적으로 과도하게 자극하게 된다.

③ 류머티스성 관절염(Rheumatoid arthritis)

류머티스 관절염은 40~60대 여성에게 높은 빈도로 발생하는 질환으로 T세포에 의해 직접적으로 매개되는 대표적인 질환이다. 이 질환에서 T세포는 주로 관절 조직을 공격하여 관절 조직 파괴의 원인이 되는 염증반응을 일으키지만 혈액·심혈관·호흡계에도 이상을 나타내는 전신성 자가면역질환이다.

④ 제1형 당뇨병(type I diabetes mellitus)

제1형 당뇨병인 인슐린 의존형 당뇨병은 인슐린을 분비하는 췌장 랑게르한스섬의 베타세포가 공격을 받는 자가면역질환이다. 그 결과 인슐린 생산이 감소되고 결국 혈당 농도가 증가하게 된다. 이 경우 활성화된 세포독성 T세포가 랑게르한스섬 안으로 이동하여 베타세포를 공격하며, 이후 사이토카인의 분비와 자가항체에 의해 공격을 받게 된다.

표 7-9 자가면역질환의 예

자가면역질환		자가항원	면역반응
장기특이적	애디슨병 (Addison's disease)	부신세포	자가항체
	그레이브씨 병 (Grave's disease)	갑상선 자극 호르몬 수용체	자가항체
	하시모토씨 갑상선염 (Hashimoto's thyroiditis)	갑상선 단백질과 세포	T세포, 자가항체
	중증 근무력증 (Myasthenia gravis)	아세틸콜린 수용체	자가항체
	악성 빈혈 (Pernicious anemia)	위의 벽세포(내재인자)	자가항체
전신성	다발성 경화증 (Multiple sclerosis)	뇌 또는 백질	T세포, 자가항체
	류머티스성 관절염 (Rheumatoid arthritis)	결체조직, IgG	자가항체, 면역복합체
	전신 홍반성 낭창 (Systemic lupus erythematosus, SLE)	DNA, 핵단백질, 적혈구 및 혈소판 막	자가항체, 면역복합체

Chapter

8. 심장과 순환

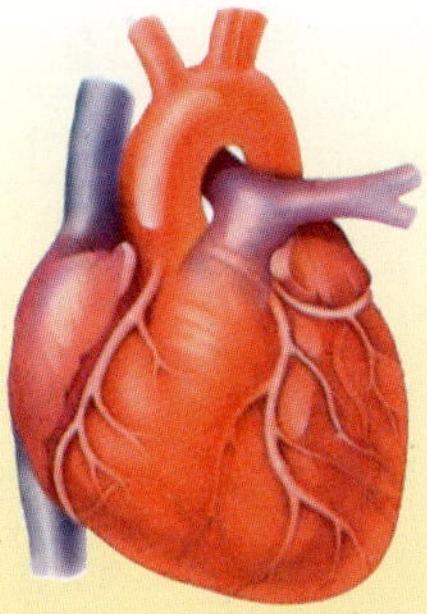

아메바와 같은 단세포 생물은 확산과정을 통해 영양소를 직접 외부에서 들여오며 불필요한 대사산물을 직접 외부로 배설한다. 확산은 가까운 거리의 세포와 세포 사이의 물질이동 방법으로 적당하지만 복잡한 구조의 고등동물은 세포와 체표면 또는 각 기관으로 물질을 이동시키기 위해 보다 효율적인 운반수단인 심혈관계를 발달시켜 왔다.

8-1 순환기계

1. 순환기계의 역할과 구성

심혈관계(cardiovascular system)는 혈액이 순환될 수 있도록 펌프 역할을 하는 심장(heart)과 혈관(vasculum, little vessel), 혈액으로 구성되어 있다. 1628년 영국의 생리학자 윌리엄 하비(William Harvey)에 의해 심혈관계가 순환한다는 사실이 밝혀졌으며 혈액이 순환한다는 의미에서 **순환기계**(circulatory system)라고도 한다.

심혈관계의 기능은 세포에 필요한 산소, 영양분과 호르몬, 항체 등을 비롯한 여러 가지 화학물질을 세포로 운반하고, 대사작용으로 생성된 이산화탄소와 노폐물을 배설장기로 운반해 주는 것이다.

심혈관계는 체내에서 물질을 운반하는 작용을 한다. 이것은 심혈관계의 일차적인 기능으로, 심혈관계를 통해서 이동되는 물질로는 영양소, 물, 외부에서 들어오는 가스류, 세포와 세포 사이를 이동하는 물질들과 세포의 노폐물 등이 있다(표 8-1).

표 8-1 심혈관계의 운반작용

이 동 물 질		출 발 지	도 착 지
체내로 들어오는 물질	산 소	폐	모든 세포
	영양소와 물	소 장	모든 세포
세포에서 세포로 이동하는 물질	노폐물	노폐물 형성 세포	간, 배설기관
	면역세포, 항체	혈액 내에 지속적으로 존재	필요로 하는 세포
	호르몬	내분비세포	표적세포
	저장된 영양소	간과 지방조직	모든 세포
체외로 나가는 물질	대사 산물	모든 세포	신 장
	열	모든 세포	피 부
	이산화탄소	모든 세포	폐

세포에서 지속적인 산소의 공급은 매우 중요하며, 약 5~10초의 짧은 시간이라 하더라도 뇌로 산소의 공급이 중단되면 의식을 잃을 수 있다. 만일 4~5분 동안 산소 운반이 중단된다면 영구적인 뇌손상을 입게 된다. 세포와 세포 사이의 운반작용도 중요하며, 내분비선에서 분비된 호르몬은 표적세포로 이동되어야 작용할 수 있다.

2. 혈액의 순환

심장은 중앙의 벽인 **심중격**(septum)에 의해 좌·우로 나뉘어지며, 각각은 심방과 심실로 구성되어 있다.

심방(atrium)은 혈관으로부터 혈액이 심장으로 되돌아오는 곳이며, **심실**(ventricle)은 혈관으로 혈액을 뿜어내는 곳이다. 심장은 마치 두 개의 펌프가 연속적으로 작용하는 것과 같다.

좌심실에서 나간 혈액은 대동맥(aorta)을 통해 이동하며, 대동맥은 더욱 작은 소동맥을 거쳐서 모세혈관으로 혈액을 이동시킨다. 모세혈관에서 산소는 확산을 통해 조직으로 이동하고, 혈액은 다시 정맥이 되어 소정맥과 대정맥(vena cava)을 거쳐서 우심방으로 돌아오게 되는데, 이것을 체순환(대순환)이라고 한다. 한편, 혈액이 우심실에서부터 폐를 거쳐서 좌심방으로 순환하는 것을 폐순환(소순환)이라고 한다.

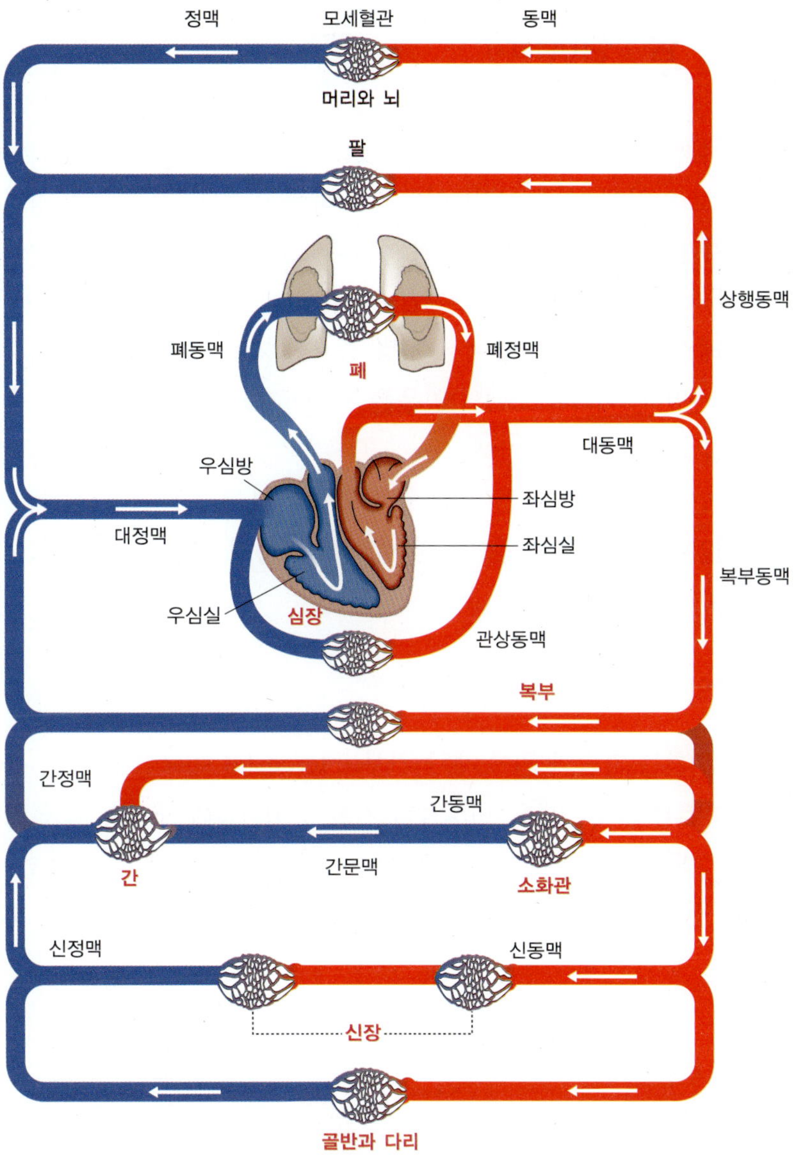

그림 8-1 혈액의 순환

check point

● 폐순환과 체순환

- 폐순환(pulmonary circulation): 우심실에서 시작하여 폐동맥과 폐를 거쳐서 폐정맥을 통해 좌심방으로 돌아오는 순환(우심실 → 폐동맥 → 동맥 → 세동맥 → 폐모세혈관 → 세정맥 → 폐정맥 → 좌심방)
- 체순환(systemic circulation): 좌심실에서 시작하여 신체의 각 부위의 조직을 지나 우심방에 이르는 순환(좌심실 → 대동맥 → 동맥 → 세동맥 → 모세혈관 → 세정맥 → 정맥 → 대정맥 → 우심방)

8-2 심 장(heart)

고대에 심장은 '마음(mind)'이 있는 곳으로 여겨졌기에 펌프 이상의 의미를 가지고 있었다. 고대 이집트인들은 미라를 만들 때 대부분의 장기는 제거하였지만, 심장은 제자리에 남겨 두었다. 그것은 신이 사자(死者)에 대한 위대함의 지표로서 심장의 무게를 잴 수 있게 하기 위한 것이었다. 아리스토텔레스는 심장이 체내에서 가장 중요한 기관이며, 지성이 위치한 곳이라고 하였다. 이러한 고대의 믿음은 지금까지도 남아서 '심금을 울린다'는 등의 표현이 쓰이고 있다.

심장은 인체에서 일생 동안 가장 일을 열심히 하는 기관이다. 심장의 근육은 끊임없이 수축과 이완을 반복하며, 심장박동과 박동 사이에 짧은 순간의 휴식만을 취할 뿐이다.

1. 심장의 위치와 구조

심장의 위치는 가슴의 왼쪽 제5늑간부(intercostal space)에 있고, 몸의 중앙에서 약 15도의 각도로 비스듬히 기울어 있다(그림 8-2). 보통 자기 주먹만한 정도의 크기인데, 탄력성이 강한 심근으로 되어 있다. 심장은 혈액순환의 원동력으로 펌프작용에 의해 각 조직에 혈액을 조절하여 보내준다.

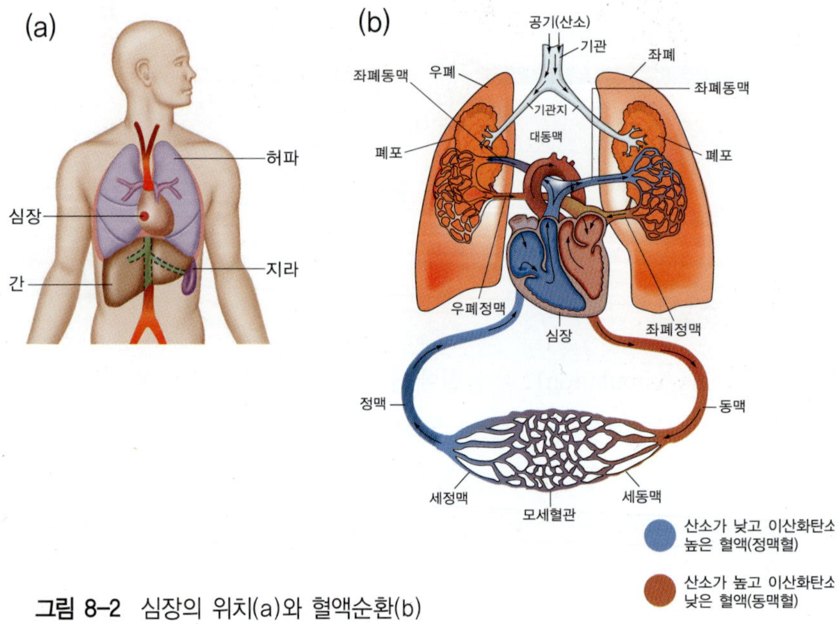

그림 8-2 심장의 위치(a)와 혈액순환(b)

Guide
pericardium
peri=around
kardia=heart

심장의 크기는 정상성인은 길이 12.5cm, 폭 9cm, 전후경 6cm 정도이다. 그리고 무게는 성인 남자가 280~300g, 여자가 약 230~250g 정도이다.

심장의 외부는 심낭(pericardium)이라는 두 겹의 두꺼운 섬유성 주머니로 싸여 있는데, 심낭 속에는 심낭액이 있어서 심장이 박동할 때 윤활유 역할을 해준다.

심장의 내부구조를 보면 심장 중앙에서 좌·우심장을 구분하는 **심중격**(cardiac septum)이 있으며, 좌·우 심방과 심실의 4부분으로 이루어진다. 태아기 때는 심중격의 중앙에 **'난원공**(foremen ovale)'이라고 불리는 구멍이 있어서 우심방과 좌심방이 서로 연결되어 혈액이 우심방에서 좌심방으로 흐르게 된다.

그러나 이것은 태아가 출산된 직후에 곧 막히게 되는데, 만일 이때에도 난원공이 막히지 않으면 우심방의 정맥혈이 부분적으로 좌심방으로 들어와서 동맥혈과 섞이게 되기 때문에 조직에서 산소부족 현상이 나타나게 된다. 이것을 **'선천성 심장병**(congenital heart disease)'이라고 한다.

심방의 심근은 심실의 심근층보다 얇은데, 특히 좌심실벽은 폐를 제외한 몸 전체에 혈액을 보내야 하므로 가장 두꺼워서 우심실벽보다 3배 정도 두껍다. 우심방과 우심실 사이에는 3개의 판으로 되어 있는 '삼첨판(tricupsid valve)'이 있으며, 좌심방과 좌심실 사이에는 2개의 판으로 되어 있는 '이첨판(bicupsid valve)' 혹은 신부님이 쓴 모자와 흡사하다고 해서 '승모판(mitral valve)'이라고 불리는 판막이 있다.

방실판막은 심실이 수축할 때 혈액이 심실에서부터 심방 쪽으로 역류하는 것을 막아 준다.

check point

심장판막증(valvular disease)

선천적으로 나타나기도 하며 류마티스성 심내막염, 매독성 심내막염, 세균성 심내막염 및 동맥경화 등으로 인해 심장의 판막이 완전히 닫히거나 완전히 열리지 않아 폐쇄부전이나 협착현상이 나타나는 판막질환이다.

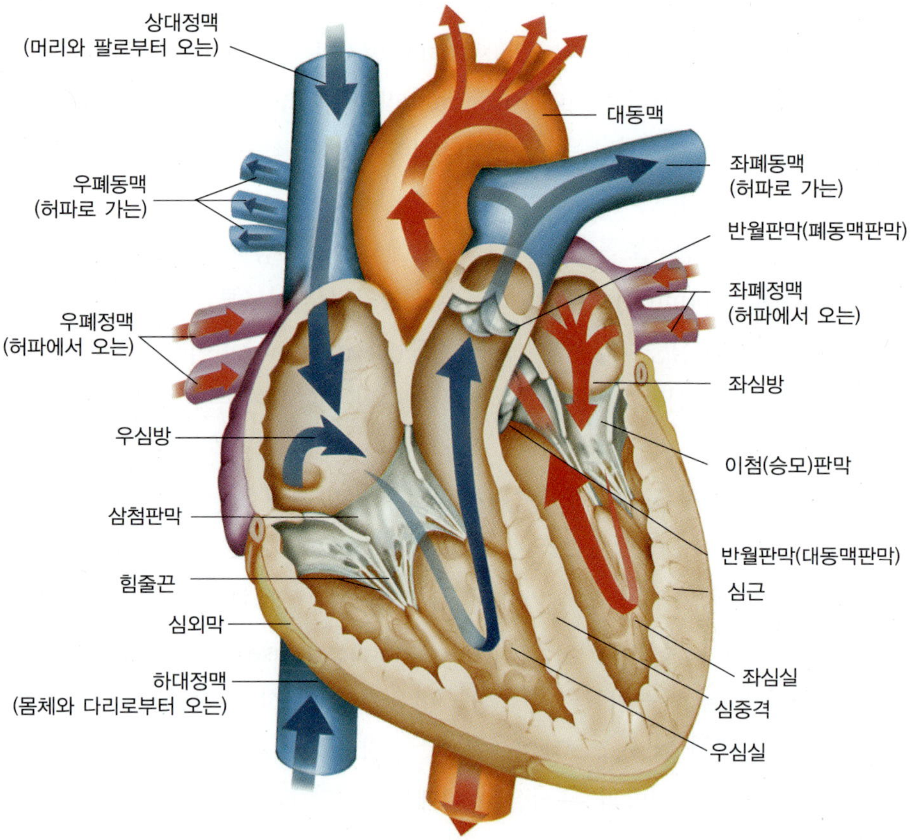

그림 8-3 심장근육의 구조

방실판막 외에도 심장에는 2개의 '반월판막(semilunar valve)'이 있으며, 대동맥 입구에 있는 것은 대동맥판막(arteric valve), 폐동맥 입구에 있는 것은 '폐동맥판막(pulmonic valve)'이라고 한다(그림 8-3).

2. 심장근육

심장은 심장근육(myocardium)으로 되어 있으며, 이것은 상피세포와 결체조직으로 이루어진 얇은 외막과 내막으로 구성되어 있다. 심장근육은 세 층으로 이루어져 있다. 즉, 가장 내층인 **심내막**(endocardium)과 가운데층인 **심근**(myocardium), 그리고 가장 외층인 **심외막**(epicardium)이다. 가운데층인 심근은 심벽 두께의 75%를 차지하며, 심장박동을 위한 힘을 제공한다.

Guide
myocardium
myo=muscle
kardia=heart

심장의 근육은 골격근과 내장근의 특징을 모두 갖고 있으며, 인접한 세포 사이에 개재판(intercalated disk)이 있고, 1개의 핵을 갖고 있는 구조이다. 구조로 보았을 때 심근은 횡문근(striated muscle)으로 골격근섬유와 같은 구조이다. 하지만 직경은 15μ 이하로 가늘며, 섬유에 가는 분지가 있어서 인접하는 섬유와 문합하고 있는 것이 특징이다. 인접한 세포끼리는 끝과 끝이 경계판(개재판) 형태로 결합되어 있으며, 경계판 가까이에는 다른 내장근처럼 갭연접(gap junction)이 있다.

이러한 구조는 심장세포들이 기계적으로나 전기적으로 밀접하게 연합되어 하나의 큰 세포인 것처럼 활동할 수 있도록 해준다. 심근세포는 기능상으로는 불수의근(involuntary muscle)으로 자율신경계의 지배를 받는다. 그러나 자동능을 갖고 있어서 중추신경이 차단되더라도 자동적으로 수축할 수 있다.

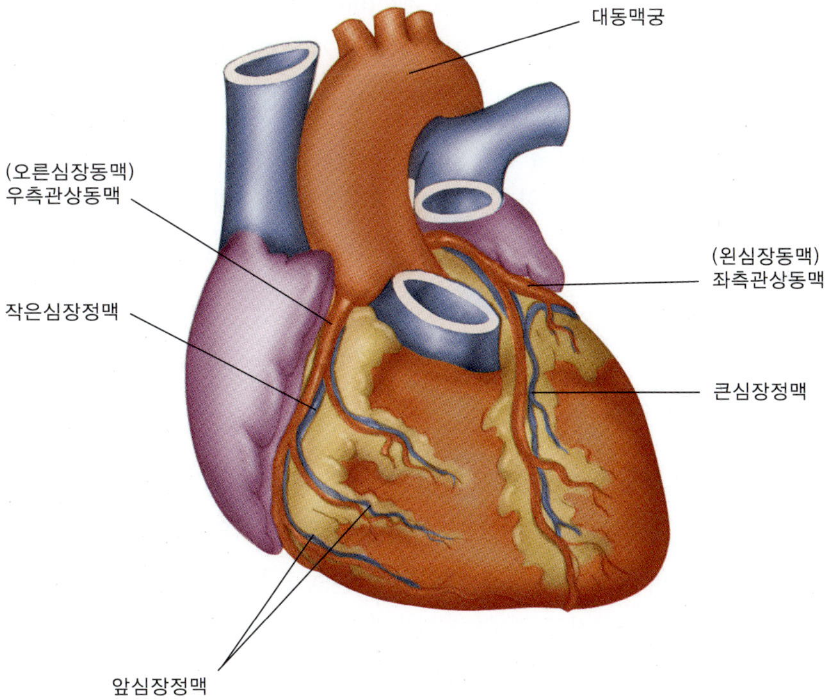

그림 8-4 심장순환

3. 심장의 혈관

심장이 기능을 하기 위해서는 심장 자신도 산소와 영양분을 소모해야 한다. 이렇게 심장에 필요한 영양분과 산소를 공급해 주는 기관이 심장에 있는 관상동맥(coronary arteries)이다. 관상동맥은 심장전체에 분포되어 있으며, 대동맥판막 바로 위의 좌우 관상동맥에서 시작된다. 심근은 계속적으로 활동해야 하므로 많은 양의 혈액을 필요로 한다. 휴식 시에 관상동맥으로 들어오는 혈액은 총 심박출량의 약 4% 정도로 알려져 있다. 관상동맥의 혈액은 대동맥의 혈압에 의해 조절되는데, 혈압이 감소하면 관상동맥으로 들어오는 혈액량이 감소하게 된다.

4. 심장의 흥분과 박동

심장근육의 수축은 다른 근육과 마찬가지로 근육세포막의 탈분극화로 나타난다. 심근에는 특수한 흥분전도계(conducting system)가 발달되어 있고, 이 흥분전도계가 심장박동을 시작하면서 심장 전체에 빠른 속도로 흥분을 전파시킨다. 심근세포의 대부분은 수축성이지만, 약 1%의 심근세포는 지속적으로 활동전압을 생성하는 특수한 세포이다. 이러한 세포들은 외부의 자극이 없이도 수축할 수 있으며, 따라서 심장의 자동성을 나타낸다. 이러한 자동리듬세포는 심장박동률을 조절하므로 '박동원' 또는 '향도잡이(pacemakers)'라고 부른다.

(1) 심장의 활동전압

심장근육은 세포막 내외에 약 −80mV에서 −90mV의 전압차를 유지하고 있다. 세포막 내부는 전기적으로 음성이며 외부는 양성으로 심근에서도 다른 근육과 마찬가지로 세포 내외의 이온농도차에 의해 안정막 전압이 유지되는 것이다. 심장근육세포도 내부의 K^+ 이온농도가 외부에 비해 약 30배나 높고, 그 반면에 세포 내의 Na^+ 이온농도는 세포 밖의 1/10에 불과해서 세포막의 Na^+-K^+ pump에 의해 능동적으로 Na^+가 세포 밖으로 이동하게 된다. 안정상태에서 세포막은 거의 K^+만을 투과시키므로 K^+는 세포 안에서 밖으로 확산되어 나오려고 하는데, 이 힘이 세포 속을 전기적으로 음성이 되게 만드는 요인이 된다.

심근이 흥분하면 초기에는 세포막이 Na^+만 투과시켜 매우 짧은 시간(1~2msec) 동안 Na^+이 세포 속으로 이동하게 되므로 세포 속이 세포 밖에 비해 일시적으로 약 15~30mV의 전압을 갖게 되는데, 이것이 심근의 활동전압이다. 심근에서 발생하는 활동전압의 기간은 다른 흥분조직에 비해 길다. 활동전압의 기간 중 아무리 큰 자극을 가해도 활동전압을 형성하지 못하는 기간을 **절대적 불응기**(absolute refractory period)라고 하며, 그 후에 정상보다 큰 자극에 의해 활동전압을 일으킬 수 있는 기간을 **상대적 불응기**(relative refractory period)라고 한다. 심장박동수가 매우 증가할 때는 활동전압의 기간이 감소하는데, 이때 불응기도 병행하여 감소하게 된다. 골격근육에서와 마찬가지로 심장근육의 탈분극화 과정에서도 칼슘의 작용이 필요하다. 칼슘은 조절단백질인 트로포닌(troponin)과 결합하여 액틴과 미오신 사이에 횡교(cross-bridge)가 형성되도록 도와 준다.

골격근육이 수축될 때와 마찬가지로 심근수축에서도 칼슘은 주로 근소포체(sarcoplasmic reticulum)에서부터 방출되며, 그 밖에 활동전압이 형성되는 동안에 세포막을 통해 칼슘통로로 확산되어 들어온 칼슘도 작용한다. 세포막을 통해 들어오는 칼슘의 양은 매우 적지만, 이것은 근소포체에서부터 보다 많은 칼슘이 방출되도록 하는 자극이 되므로 매우 중요하다. 세포 내의 칼슘 농도가 낮아지면 심장근육의 수축도 중단된다. 세포 내의 칼슘이 많을수록 심근의 수축력은 더 커진다.

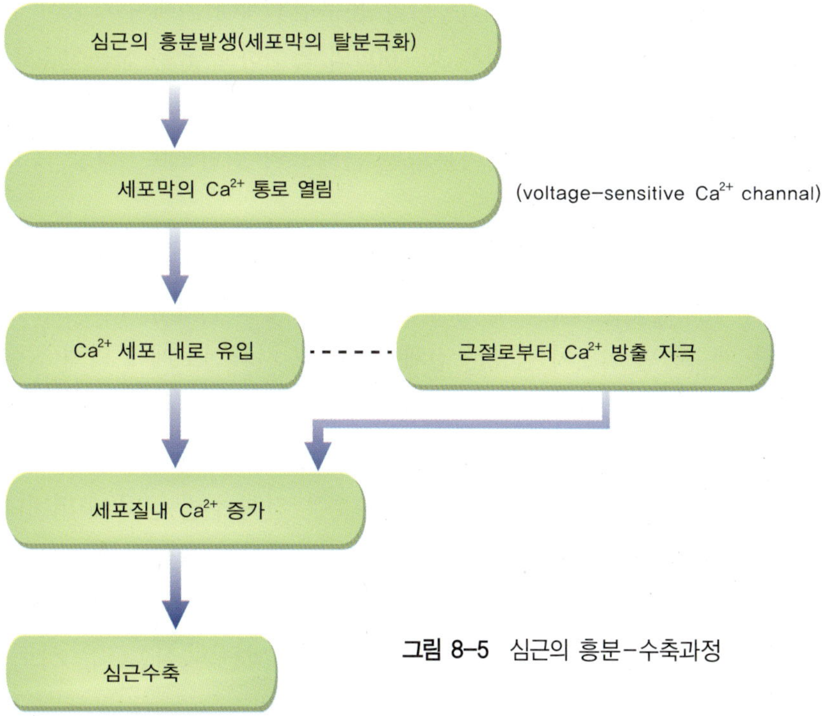

그림 8-5 심근의 흥분-수축과정

(2) 흥분전도의 과정

심장은 신경을 끊거나 몸 밖으로 떼어 내도 계속 일정한 율동으로 수축과 이완을 되풀이한다. 이것을 심장박동의 자동성(automaticity)이라고 한다. 1분 간의 심장박동수를 70회라고 하면, 1년 간에 약 26억 회라는 엄청난 양의 일을 하고 있는 셈이다.

닭의 배아(embryo)에서 떼어 낸 심장근섬유를 충분한 산소와 영양분을 갖춘 실험실의 배지 내에서 조직배양했을 때에 약 30년 간이나 계속해서 수축과 이완이 일어났다는 보고도 있다. 이러한 심장의 자동성의 기전은 불분명하지만 심장근육 자체에 원인이 있다고 생각하는 근원설과 신경쪽에 원인이 있다고 생각하는 신경원설이 있다. 그러나 신경연접 부위를 차단해도 박동이 멈추지 않는 것과 신경세포가 없는 부분만을 잘라 내도 박동이 계속되는 것, 그리고 발생초기에 신경이 심장에 도달하기 이전에도 심근조직을 배양할 때에 박동을 시작하는 것으로 보아 심근의 자동능은 근원성으로 보고 있다.

심장근육의 흥분은 다른 근육에서와 같이 세포에서 세포로 전달된다. 그러나 심방과 심실 사이는 결합조직성의 막으로 경계가 되어 있어서 근섬유 사이의 연락이 없으므로 흥분이 전파되지 않는다. 따라서 다른 부위와는 달리, 방실 사이의 흥분전달은 다만 흥분전도계에 의해서 가능하게 된다. '흥분전도계'라고 하는 것은 30~60μ의 특수하고 굵은 심근섬유로 심방 내에 있는 결절조직 사이(동방계)와 방실 사이에 걸쳐서 뻗어 있다. 결절조직이란 신경지배가 많은 미분화된 근세포의 집합으로, 심장 특유의 자동성이 시작되는 부위이다.

심장 박동이 시작되는 부분은 '**동방결절**(sinoatrial node: S–A node)'이라 불리는 특수한 부분으로 동방결절의 심근세포가 자동적으로 율동적 흥분을 계속하면 이것이 심방근 전체에 퍼지고 자극전도계에 의해 심실에까지 퍼지게 되는 것이다. 따라서 동방결절은 심장의 박동을 주동하는 곳이라는 뜻으로 '박동원' 또는 '**향도잡이**(pacemaker)'라고 부른다.

박동원인 동방결절이 흥분하게 되면 흥분은 전체 심방 근육에 퍼져나가게 되기 때문에 심방근이 수축하게 된다. 그러나 이때 심실은 수축하지 않으며, 이완상태를 유지하고 있게 된다. 심방과 심실근은 모두 같이 3층의 근육층(내막, 근육층, 외막)으로 되어 있으며, 심방근과 심실근은 서로 연접되어 있지만, 각각 독립된 기관을 형성하고 있다.

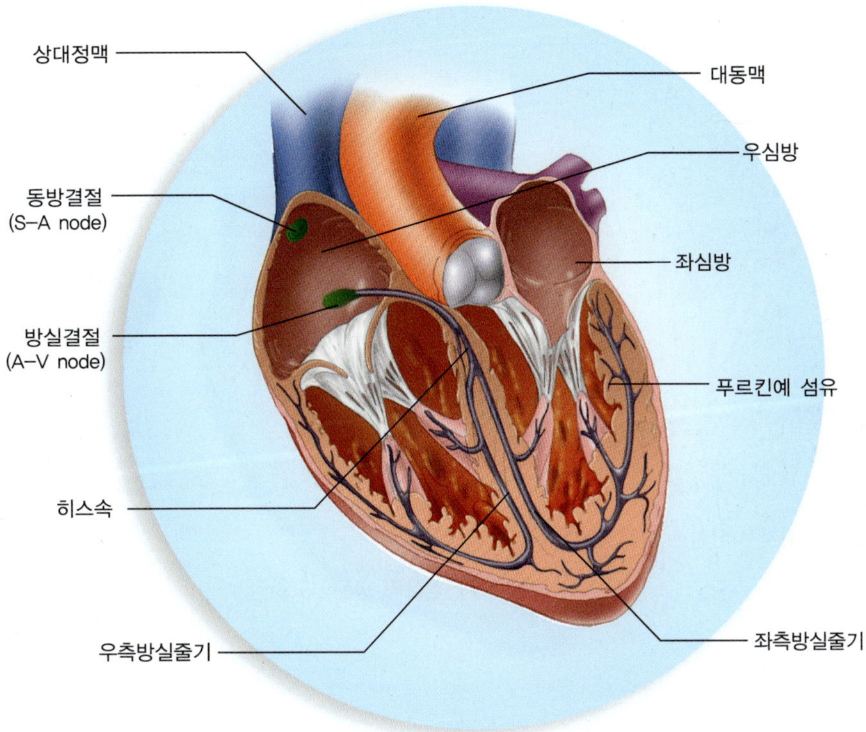

그림 8–6 심장의 흥분전도계

그러므로 심방이 흥분해도 인접부위를 통해 직접 심실로 흥분이 전달되지 않는다. 심방의 흥분이 심실로 전도되기 위해서는 특수한 전도계(conducting system)의 작용이 필요하다.

전도계는 우심방과 우심실 사이의 경계부위에 있는 방실결절(atrioventricular node; A–V node)에서 시작되어 히스속(bundle of His)과 방실줄기(atrioventricular bundle)를 따라 심실쪽으로 내려간다. 방실줄기는 다시 방실가지가 되고, 방실가지에서 다시 많은 가지를 통해 고르게 심실 근육층 내로 들어간 푸르킨예(Purkinje) 섬유를 이룬다. 즉, 심근의 흥분 전도계는 다음과 같다.

① 동방결절의 흥분: 우심방에 위치한 향도잡이‥‥‥심방수축
② 방실결절 흥분: 우심방과 우심실의 경계부위‥‥‥심실로 흥분전달
③ 히스속–방실줄기–푸르킨예 섬유의 흥분‥‥‥‥‥심실수축

심방흥분 심실흥분

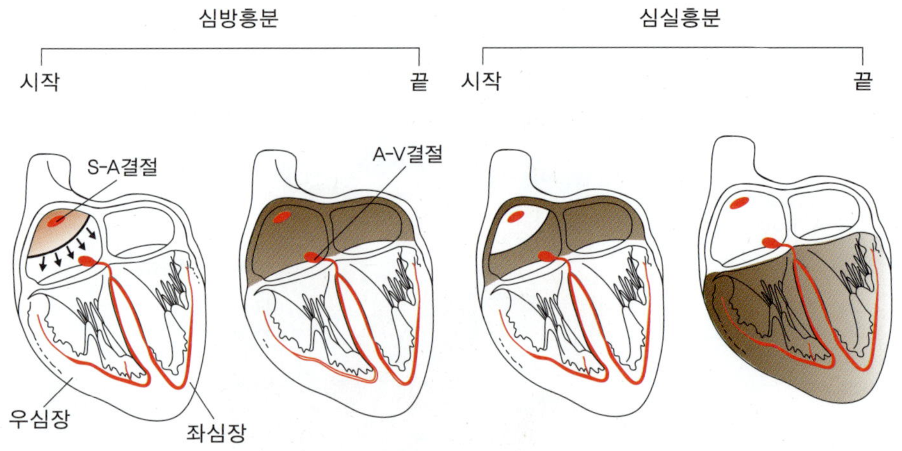

그림자진 부분이 분극화된 부분으로, 자극은 우심방으로부터 시작되어 좌심방을 거쳐서 심실 전체로 전달된다.

그림 8-7 심장의 흥분전도과정

check point

Stannius의 실험

개구리의 심장을 이용하여 심방의 동방결절과 심실전도계인 방실결절, 방실가지 및 푸르킨예 섬유 등의 위치와 흥분의 전도과정을 증명한 실험이다.

(3) 심전도(ECG or EKG, Electrocardiogram)

심장이 활동할 때 전기적인 변동이 일어난다. 이러한 변동을 심전도기(electrocardiograph)에 연결하여 기록한 것을 심전도라고 한다. 심전도를 측정하기 위한 심전기는 1903년 에인트호번(Einthoven)이 고안하여 사용하기 시작했으며, 현재까지도 심전도에 관한 용어나 약속은 그대로 사용되고 있다. 심전도에서 최초로 기록되는 P파는 심방이 탈분극될 때 나타나고, QRS 복합파(QRS complex)는 약 0.15초 후에 나타나는데, 심실의 탈분극으로 나타나는 것이다. 이것은 P파와 같은 단일 파로 나타난다기보다는 한꺼번에 나타난다. T파는 심실이 재분극되면서 나타난다. 임상적으로 심전도는 심장 각 부위에 대한 정보를 얻기 위해서 가슴과 사지의 여러 부위에서 측정한 결과를 종합하게 된다. 심전도는 심장질환을 진단하기 위한 유용한 기준이다.

① P파(심방흥분기) : 동방결절이 흥분된 직후에 시작하며, 흥분이 좌우 심방으로 퍼져서 심방전체에 퍼질 때에 끝나게 된다. 이때 심장에서는 심방근이 수축하여 혈액을 심방에서 심실로 밀어 내리게 되고, 이는 심방의 탈분극으로 나타난다.

② QRS파군(심실흥분기) : 심근의 흥분이 방실결절, 방실줄기, 줄기가지 및 푸르킨예 섬유를 따라 심실근에 차례로 전달되는 과정이 기록된 것이다. 이때는 좌심실의 근육두께가 우심실의 두께보다 두껍기 때문에 흥분전도 시간이 더 오래 걸려서 S파가 기본선 아래쪽으로 약간 내려가게 된다. QRS파가 발생된 후 심장에서는 심실에 있던 혈액이 대동맥이나 폐동맥으로 분출된다.

③ T파(심실재분극기) : 심실근의 재분극이 기록된 것이다.

④ U파 : 심실 내 전도계의 뒤늦은 재분극에 의해 형성된다.

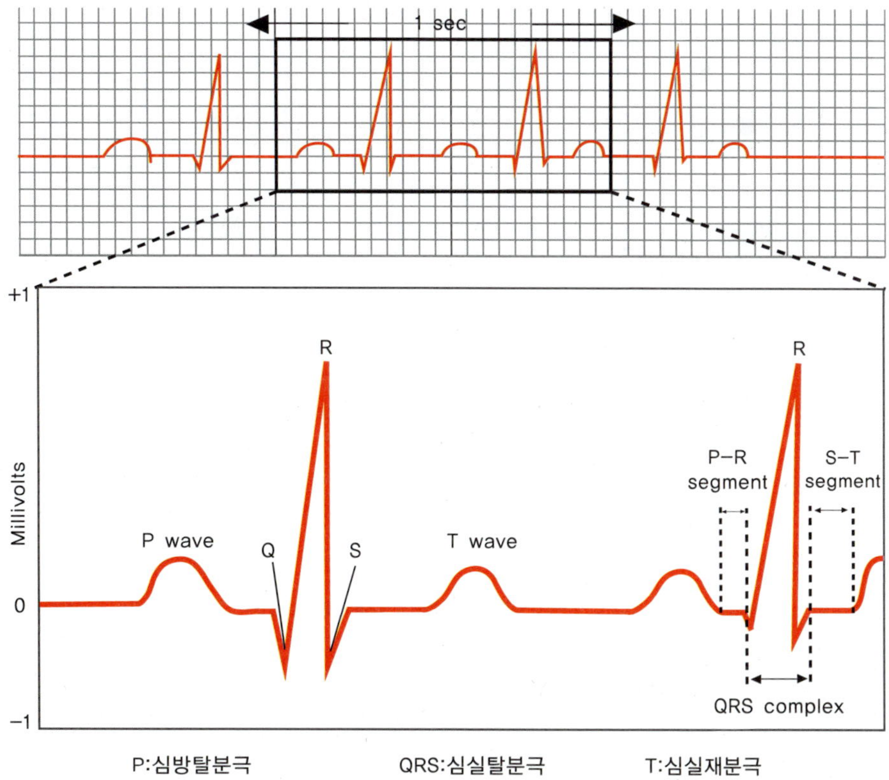

그림 8–8 좌·우 손목에서 측정한 전형적인 심전도 형태

[심전도 유도법]

심전도를 유도하는 방법에는 표준사지 유도법, 심장앞단극 유도법 및 증폭단극 유도법 등 3가지 방법이 있다. 그러나 어느 방법이든지 심장 박동 1주기 동안의 전기적 변화를 기록해 준다. 그 자세한 표준사지 유도법은 다음과 같다.

- **표준사지 유도법**(쌍극유도법; standard limb lead or bipolar lead)

이것은 쌍극유도법으로 두 전극 사이의 전압차를 절대치로 기록하는 것이다.

① **제1유도**: 좌·우 팔목 사이의 전압차이를 기록한 것
② **제2유도**: 오른쪽 팔목과 왼쪽 발목 사이의 전압차를 기록한 것
③ **제3유도**: 왼쪽 팔목과 왼쪽 발목 사이의 전압차를 기록한 것

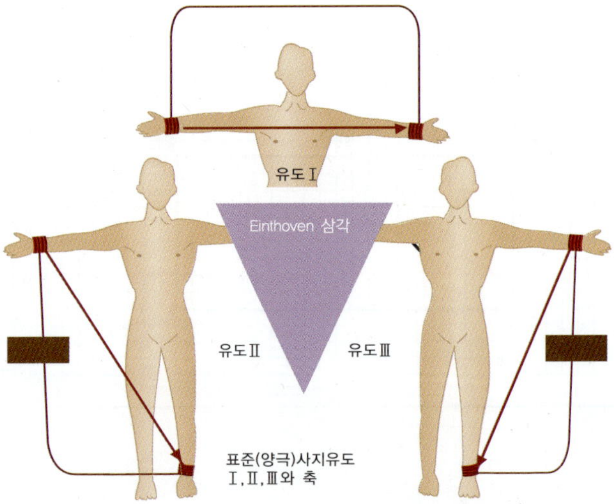

그림 8-9 표준사지 유도법

심전도는 공통적으로 그래프의 횡축은 1초 동안 25mm를 지나가게 조정하고, 그래프의 종축은 1mV의 전압에 대해 10mm가 올라가게 조정하였다. 기록된 심전도에는 P파, QRS파, T파 등의 이름이 붙어 있다. 심전도는 심장박동의 1주기가 지나는 동안에 P파와 QRS파 및 T파가 기본선의 위와 아래쪽에 차례로 나타나게 된다.

(4) 심장주기(cardiac cycle)

심장이 1회 수축했다가 이완하는 것을 **심장주기**라고 하며, 이것은 수축기와 이완기 다음의 수축기가 시작되기 전까지의 기간을 말한다. 심장의 박동을 살펴보면 좌우심방이 수축하는 심방수축기(arterial systolic period)와 좌우심실이 수축하는 심실수축기(ventricular systolic period), 심방과 심실이 이완하는 방실이완기(diastolic period)로 구분할 수 있다. 심장주기에는 이와 같은 과정이 포함되는데, 안정상태에서 심장주기에 소요되는 시간은 약 0.8초이다. 이를 다시 나누어 보면 심방수축기가 0.11초, 심실수축기가 0.27초, 그리고 이완기가 약 0.42초가 된다.

(5) 심장박동의 조절

1) 자율신경계에 의한 조절

심장에는 자율신경계에 속하는 교감신경과 부교감신경이 분포되어 있다. 교감신경이 흥분하면 심장의 박동수가 증가되고, 심장근의 수축력이 강화되면서 관상순환계의 혈류량이 많아진다. 따라서 교감신경의 흥분은 심장의 활동을 촉진한다. 그러나 부교감신경의 흥분은 동방결절에서 시작되는 흥분발사빈도를 느리게 해서 박동수를 감소시키고 심근의 수축력을 약화시키며, 또 심방근의 흥분전도속도를 느리게 하고 관상순환계를 흐르는 혈류의 양도 감소시킨다. 그러므로 부교감신경의 흥분은 심장활동에 억제적으로 작용한다.

2) 심장중추에 의한 조절

심장은 교감신경계와 부교감신경계의 작용에 의해 조절되지만, 이들 두 신경계만으로는 자발적인 조절이 일어나지 못한다. 그러므로 따로 이를 주관하는 중추가 있는데, 이것을 '심장중추(cardiac center)'라고 한다. 심장중추는 연수(medulla oblongata)에 위치하며, 심장의 활동을 촉진하는 심장촉진중추와 심장활동을 억제하는 심장억제중추가 있다.

(6) 심음(heart sound)

우리는 달리기를 하고 난 후나 흥분했을 때 심장이 두근거리는 소리가 들리는 것처럼 느낀다. 실제로 심장 근처에 귀를 대거나 청진기를 대면 심장주기가 지날 때마다 소리가 들리는 것을 들을 수 있다.

이것을 심음(heart sound)이라고 한다. 즉 심음은 판막이 닫힐 때 서로 맞물리는 소리로 언뜻 듣기에는 두 종류의 소리가 들린다.

① **제1심음**(first heart sound): 심실근 수축 초기에 방실판막이 닫히면서 길고 낮은 소리가 난다.

② **제2심음**(second heart sound): 심실확장기의 시작 직후에 대동맥 판막과 폐동맥 판막이 닫힘으로써 일어나는 짧고 높은 진동음이다.

③ **제3심음**(third heart sound): 매우 약하고 짧은 기간 동안에 나타나며, 마이크로폰을 통해서 들을 수 있다. 심실유입기의 초기에 심실로 혈액이 빨리 유입됨으로써 나타난다.

④ **제4심음**(fourth heart sound): 심방 수축에 의해서 심실로 혈액이 유입될 때 나타난다.

제1심음과 제2심음은 청진기로 뚜렷하게 들을 수 있으며, 심장판막증을 비롯한 여러 심장의 이상 시에 독특한 심음이 발생되어 심장의 상태를 파악할 수 있기 때문에 질병의 진단에 많은 도움을 준다.

(7) 심장기능의 조절

우리가 안정상태에서 조용히 앉아 있을 때는 심장의 박동을 거의 느끼지 못하지만 운동을 하거나 흥분을 했을 때에 두근거리는 심장의 박동을 느끼게 되며, 이것이 지나치면 마치 심장이 터질 것 같은 느낌을 갖게 된다. 운동을 하게 되면 안정 시에 비해 몇 배나 많은 영양분과 산소가 골격근에서 소모되고, 세포 내의 노폐물질도 많아져서 혈류량이 증가하게 된다. 사람의 심장은 운동을 하게 되면 정상시에 비해 7~8배나 혈류량을 증가시킬 능력을 갖고 있는 것이다. 혈류량의 증가는 박동량의 증가뿐만 아니라 박동수의 증가나 심장근의 수축력의 증가 등에 의해 이루어진다.

1) 심박출량

심장이 1분 동안에 동맥 내로 밀어내는 총 혈액의 양을 심박출량(cardiac output: CO)이라고 한다. 즉, 심박출량이란 체순환과 폐순환을 통해 일분간 심장에서 방출되는 혈액의 양으로, 심장의 기능을 평가하는 대표적인 척도이다. 안정상태에서 성인 남자의 심박출량은 약 5L이고 여자는 10%가 적은 4.5L이다.

$$\text{심박출량(CO)} = \text{1분 동안 박동량(SV)} \times \text{박동수(HR)}$$

① **박동량**(stroke volume; SV): 심장이 1회 수축을 통해 동맥으로 밀어내는 혈액량으로, 안정 시에는 약 70mL이다. 그러나 심장이 최고의 기능을 발휘하여 수축할 경우의 박동량은 3배 이상(150~200mL)으로 늘어날 수 있다.

② **박동수**(heart rate; HR): 1분 동안의 수축횟수로 안정상태에서 약 70~72회이다. 따라서,

$$\text{심박출량} = 0.07\,\text{L/회} \times 72\,\text{회/분} = 5.0\,\text{L/분}$$

이것은 정상 성인의 휴식 시의 심박출량이다. 그런데 체내 총 혈액의 양도 약 5L이므로, 이것은 체내 모든 혈액이 매분마다 순환하고 있음을 의미한다. 훈련된 운동선수가 운동을 할 때 심박출량은 35L/분까지 증가할 수 있다.

2) 심박동량의 조절

심박출량은 심장의 박동량과 박동수에 의해 결정되므로, 이 두 가지 요인을 조절함으로써 심박출량이 조절될 수 있다. 심장의 1회 박동량은 심근 자체의 특성에 의한 내인성 조절과 신경·호르몬 등에 의한 외인성 조절로 나눌 수 있다.

check point

Frank-Starling의 법칙(Starling의 심장법칙)

스탈링(Starling, 1914)은 개를 이용하여 1회의 심박동량과 혈압과의 관계를 조사했는데, 결과적으로 신경지배를 받지 않는 심장의 1회 박동량은 동맥으로 나가는 혈액의 동맥혈압에는 관계없이 정맥으로부터 심장으로 들어오는 혈액의 양에 의해 결정된다는 것을 알았다. 즉, 이완상태에서 심장에 많은 혈액이 흘러 들어와서 부풀게 되며, 자연히 심장섬유의 길이가 늘어나게 되는데, 이때 심장이 수축을 하게 되면 심근 섬유가 늘어나기 전에 비해 더 강하게 수축하게 된다는 것이다. 마치 우리가 풍선을 불 때 공기를 많이 불어넣을수록 풍선이 크게 부풀고 수축력이 강해지는 것과 같은 현상이다. 이런 성질은 프랭크(Frank, 1895)가 개구리의 심장에 대하여 관찰한 것과 같아서 Frank-Starling의 법칙이라고 부른다.

① 내인성 조절(intrinsic regulation)

심장근섬유의 길이에 따라 심장의 박동량이 달라지는데, 즉 일정한 한도 내에서 심장근섬유의 길이가 길어지면 길어질수록 수축력이 증대된다.

② 외인성 조절(extrinsic regulation)

교감신경이 흥분하면 근소포체 및 세포외액으로부터 심근세포 내로 이동하는 칼슘이온의 양이 증가하여 심실의 수축이 더 빠르고 강해지며, 이에 따라 1회 박동량이 증가하게 된다. 또한 교감신경은 세포질 내의 Ca^{2+}이 근소포체 내로 이동하는 속도도 빠르게 하여 심근의 이완속도를 빠르게 한다. 결국은 교감신경이 자극되면 심근의 수축속도와 이완속도가 모두 빨라지게 되어, 심근의 수축기가 짧아지게 된다. 이것은 수축기를 줄이는 만큼 이완기를 늘임으로써 이완기 말기의 용적을 증가시켜 심박출량을 더욱 증가시킨다. 부교감신경이 흥분되면 교감신경의 효과를 차단함으로써 심장의 수축성은 저하된다.

표 8-2 심장 박동수를 변화시키는 자극

심박동수 증가	심박동수 감소
동맥혈압강하, 정맥환류량증가, 흡식 정신흥분, 분노, 수치, 심한 통각, 피부통각 교감신경 활동증진, cathecholamine 근육운동, thyroxine, 발열 등 체온상승 CO_2 증가, O_2 결핍	동맥혈압상승, 호식, 슬픔, 공포, 냉각 내장통각, 3차 신경영역의 통각 미주신경의 활동, acetylcholine 안정, 뇌내압상승

표 8-3 심장에 미치는 자율신경의 영향

영향받는 부위	교감신경	부교감신경
SA node	심장박동률 증가	박동률 감소
AV node	전도율 증가	전도율 감소
atrial muscle	수축력 증가	수축력 감소
ventricular muscle	수축력 증가	수축력 감소

3) 심장 박동수의 조절

손목에 있는 요골동맥에서 셀 수 있는 맥박수는 심장의 박동수와 일치한다. 심장의 박동수를 재어 보면 성인의 경우에 안정상태에서 매분 70회 정도인 것을 알 수 있다. 그러나 어린이의 경우는 어른에 비해 박동이 매우 빨라서 갓난아이는 130회 정도이며, 나이가 들면서 감소하게 된다. 운동을 한다든가 흥분을 할 때 우리는 심장의 박동수가 증가하는 것을 느끼게 된다. 때에 따라서는 1분에 118회까지 증가하기도 한다. 그러면 어떻게 심장의 박동수가 빨라질 수 있을까? 실험동물의 심장을 몸 밖으로 분리하여 링거액에 담가 놓고 신경의 영향을 받지 않도록 한 후, 심장박동수에 영향을 주는 인자들을 조사할 수 있다. 심장박동수에 영향을 주는 가장 큰 요인은 온도 또는 이온 및 약물의 작용 등이다.

① 온도의 작용

개구리의 심장을 떼어 내어 링거(Ringer)액 속에 담그고 온도를 변화시키면서 박동수를 관찰할 때, 동방결절의 온도가 올라가면 박동수가 증가하는 것을 볼 수 있다. 온도가 10도 올라가면 박동수는 2~2.5배로 증가한다. 반대로 온도가 낮아지면 심장의 박동수는 감소하는 것으로 나타나서 심장의 박동수는 온도의 영향을 받는 것을 알 수 있다.

② 화학물질과 신경의 작용

몹시 화가 나거나 놀랐을 때, 흥분을 했을 때, 우리는 '심장이 뛴다'고 표현한다. 반면에 매우 공포감을 느끼거나 슬플 때는 '심장이 멎을 것 같다'고 표현한다. 즉, 인체가 스트레스에 노출되거나 위급한 상황이 되면 교감신경이 자극되며 부신수질에서 에피네프린(아드레날린) 또는 노르에피네프린의 분비가 증가되고, 이로 인해 심장의 박동수가 증가하며 수축력도 강화되어 결국 심박출량을 증가시킨다. 에피네프린은 심장박동수를 증가시키는 효과와 심장근의 수축력을 강화시키는 효과를 나타내고, 조직과 근육에 충분한 혈액을 공급하게 된다. 이와는 달리, 미주신경을 자극한다든지 아세틸콜린을 투여하면 심장박동수가 감소된다.

8-3 혈관계

1. 혈관의 구조

심혈관계는 심장과 혈관 및 혈액으로 구성되어 있다. 혈관 중 심장에서 나가는 혈관을 동맥, 심장으로 되돌아오는 혈관을 정맥이라고 부른다. 심장과 정맥의 판막은 심혈관계에서 혈액이 한쪽 방향으로 흐르도록 해준다. 그림 8-10에 혈관의 구조와 모양을 나타내었다.

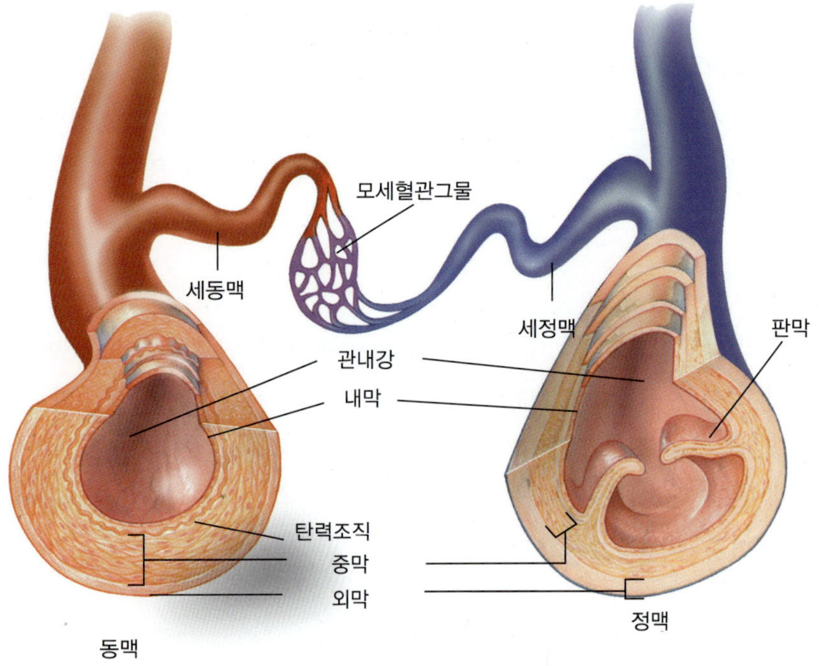

그림 8-10 혈관의 구조와 모양

혈관의 구조는 동맥, 정맥이 원칙적으로 같다. 안에서부터 내막(tunica intima), 중막(tunica media), 외막(tunica adventitia)의 3층으로 되어 있으며, 각 층의 두께와 구성조직의 성분에서 차이가 나타난다. 혈관벽은 내장근(smooth muscle), 탄성 결체조직(elastic connective tissue) 및 섬유성 결체조직(fibrous connective tissue) 층으로 구성되어 있다.

내막은 상피세포(epithelium)의 일종인 한 층의 얇은 내피(endothelium) 층으로 되어 있다. 내피층은 혈압조절과 혈관의 성장 및 물질의 흡수에서 중요한 역할을 하며 내피 주변에는 탄성섬유층이 있다.

중막은 두꺼운 혈관평활근층이며 평활근세포를 메우는 결합조직에는 다량의 탄력섬유가 있다. 동맥은 정맥에 비해 중막의 평활근 함량이 높아 신축성이 높다. 외막은 중막을 싸고 있는 결합조직이다. 혈관 수축 시에는 내경이 좁아지게 되는데, 이 세포들은 혈관 근육의 긴장(tone)을 유지하며, 항상 부분적인 수축상태를 유지해 준다. 여러 가지 신경전달물질이나 호르몬 등이 혈관내장근육에 영향을 준다.

(1) 동맥(arteries)

대동맥(aorta)과 동맥은 심장으로부터 각 신체조직으로 혈류를 전달하는 경로이다. 심장에서 나오는 가장 굵은 대동맥의 직경은 2.5~ 3cm 정도로 중막의 평활근세포 사이에 많은 탄력섬유층이 존재한다.

동맥벽은 평활근과 탄성조직으로 이루어져 있으며, 조직이나 기관으로 분포하면서 동맥이 가늘어지는데 탄력섬유층은 줄고 평활근 섬유는 늘어나게 된다. 심실이 수축될 때 혈액이 방출되면 동맥벽이 늘어나서 혈액을 받아들였다가 심실확장기 동안에 다시 줄어들어 혈액을 조직 쪽으로 이동시킨다.

(2) 정맥(veins)

정맥은 다량의 혈액이 흘러 들어와도 압력의 변화가 거의 없다. 따라서 정맥계는 단순히 모세혈관으로부터 심장으로 혈액이 되돌아가는 통로의 역할을 할 뿐만 아니라 혈액의 저장소(blood reservoir)의 역할을 한다.

따라서 정맥을 '용량혈관(capacitance vessel)'이라고 하며, 총 혈액량의 약 75%는 정맥계에 존재한다. 정맥의 저장용량은 가변적이고, 정맥벽 평활근이 수축할 때 저장용량이 감소해서 혈액이 심장으로 이동한다.

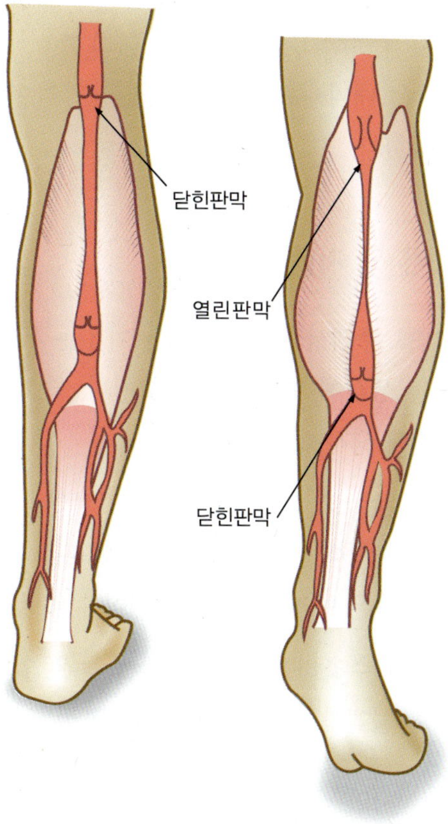

그림 8-11
정맥의 흐름과 판막

정맥의 저항이 낮은 이유는 정맥의 직경이 크기 때문이며, 정맥에는 일방성 판막(one-way valve)이 있어서 정맥의 혈류를 원활하게 해준다. 정맥의 판막은 혈액의 역류를 방지해 주고, 정맥 주위의 골격근이 수축할 때 혈액을 심장쪽으로 이동하도록 해준다.

(3) 모세혈관(capillary vessel)

동맥·정맥과 달리 모세혈관은 단층의 내피세포층인 단층편평상피층으로 구성되어 있다. 따라서 매우 얇고 구멍이 많아 작은 물질이 모세혈관과 세포 사이의 조직으로 빠르게 확산할 수 있다. 골격·심장 등의 많은 조직에서는 내피세포의 결합이 매우 느슨해서 단백질 보다 작은 물질들은 통과시키지만 뇌의 모세혈관에서는 단백질뿐 아니라 단백질보다 작은 많은 분자들도 통과할 수 없다.

뇌에 존재하는 혈액-뇌 장벽(blood-brain barrier, BBB)이라 불리는 장벽을 피해 포도당·아미노산과 같은 영양성분은 뇌 모세혈관의 내피세포에 있는 촉진 운반체에 의해 운반된다. 또한 신장·내분비선·장관 등에 존재하는 모세혈관 내피세포는 '유창(fenestration)'이라 불리는 큰 창문이 많아 표면적을 크게 하여 투과가 잘 일어난다.

간의 모세혈관은 내피세포들이 큰 간격을 만들어 단백질과 같은 큰 분자들도 쉽게 통과한다.

2. 혈압과 혈류 및 저항

혈액이 혈관계를 통해서 흐를 수 있는 이유는 무엇일까? 혈액은 어떻게 흐를 수 있을까를 생각해 보는 것은 중요하다. 즉, 혈액을 흐르게 하는 원동력과 기전에 대해 생각해 보아야 한다.

혈액이 흐르는 것은 모든 액체와 기체가 압력이 높은 곳에서 낮은 곳으로 압력차에 의해 이동하는 것과 같은 원리이다. 따라서 심혈관계 내에서도 혈액은 압력이 높은 곳과 낮은 곳이 있어야 비로소 흐를 수 있다.

심장에서 심장이 수축하는 힘에 의해서 높은 압력이 형성되면 압력이 낮은 혈관 안으로 혈액이 흐르게 된다. 즉, 혈액은 압력이 높은 곳에서 낮은 곳으로 흐른다. 혈액이 심장에서 멀어지면 혈관벽과 액체 사이의 마찰 때문에 압력이 낮아지게 된다. 따라서 대동맥압이 가장 높으며, 대정맥압이 가장 낮다.

동맥 내에는 높은 혈압이 유지되고 있으며, 이것은 혈액이 모세혈관을 지나 다시 심장으로 돌아오게 하는 원동력이 된다. 혈류는 두 지점의 압력 차에 비례하고 저항에 반비례하므로 대동맥으로부터 대정맥까지의 혈류는 다음과 같이 표현할 수 있다.

$$F = \frac{\Delta P}{R} = \frac{\text{대동맥압} - \text{대정맥압}}{R}$$

F: Flow(액체의 흐름)
ΔP: Pressure difference(두 지점 사이의 압력차)
R: Resistance(저항)

이때 대정맥압은 대동맥압과 비교하면 무시해도 될 정도로 작으며, 대동맥압은 동맥압과 거의 같다. 또한 혈류는 심박출량에 해당되며, 저항은 총말초저항(total peripheral resistance; TPR)이 되므로 위의 식은 다음과 같이 쓸 수 있다.

$$\text{심박출량} = \frac{\text{동맥압} - 0}{\text{TRP}} = \frac{\text{동맥압}}{\text{TRP}}$$

정상적인 경우에 체순환 동맥압은 약 100mmHg이 되고, 체순환의 각 부분을 지나면서 혈압이 점차 감소하게 되어 심장으로 되돌아올 때는 거의 0mmHg에 가까워진다. 혈압이 가장 크게 감소하는 부위는 세동맥이다(그림 8–12).

동맥압의 최고치를 '수축기 혈압(systolic pressure)'이라고 하고, 최저치를 '확장기 혈압(diastolic pressure)'이라고 한다. 수축기 혈압과 확장기 혈압의 차이를 '맥압(pulse pressure)'이라고 한다. 맥압은 1회 박출량이 증가하거나 동맥의 신전성(distensibility)이 감소할 때 증가한다.

움직이는 액체의 압력은 거리가 증가함에 따라 감소한다. 액체의 압력은 액체가 담겨 있는 용기에 대해 액체가 나타내는 힘을 가리킨다.

액체가 움직이지 않을 때, 그 압력을 '정수압(hydrostatic pressure)'이라고 부르며, 모든 방향에서 압력은 동일하다.

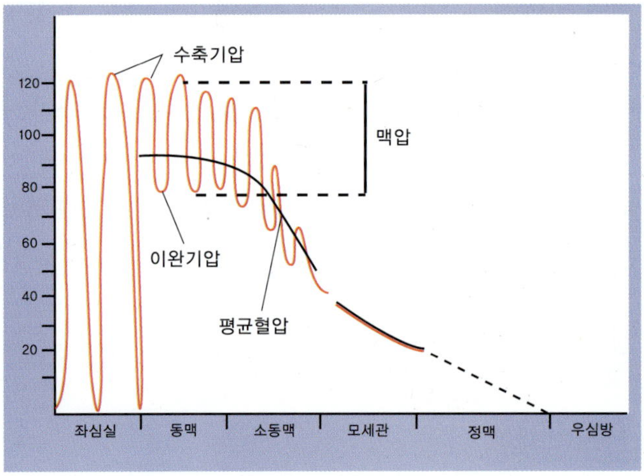

그림 8-12 체순환에서 혈압의 변화

Guide

평균혈압

- 심장박동 1주기에 걸친 혈압의 평균치
- 심장의 작업량이나 혈관 저항의 계산 등에 이용

평균혈압
$$= \text{9완기압} + \frac{\text{맥압}}{3}$$

예를 들어, 관 속의 액체는 바닥과 관 옆 방향에 동일한 압력을 나타낸다(그림 8-13). 심장과 혈관 내에서 압력은 mmHg(milimeters of mercury, 또는 torr)로 나타내며, 이것은 $1cm^2$의 면적에 1mm의 수은기둥이 나타내는 압력과 같다.

정지하고 있는 액체와는 달리, 액체가 흐를 때의 압력은 마찰 때문에 거리가 증가할수록 감소한다. 즉, 액체의 흐름(F)은 압력차에 비례하며, 저항에 반비례하게 된다.

$$F = \frac{\Delta P}{R}$$

F: Flow(액체의 흐름)
ΔP: Pressure difference(두 지점 사이의 압력차)
R: Resistance(저항)

Guide

1mmHg=1 torr

물 1cm의 압력을 나타내는 생리적 용어

1cm H_2O = 0.74mmHg

저항(resistance)이란 혈액이 압력 차이가 있는 두 지점 사이를 흐르는데 얼만큼의 힘을 받는가 하는 것이다. 저항(R)은 직접 계산하기는 어렵지만, 압력차와 유속(flow rate)을 알면 계산할 수 있다.

각 지점의 압력이 달라도 압력차는 동일하므로 흐름이 같아진다.

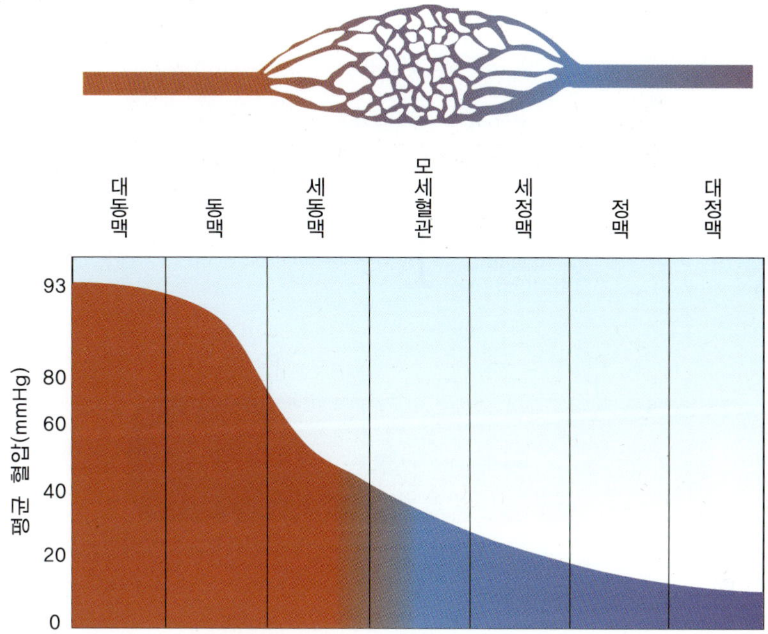

그림 8-13 혈관 내에서의 압력차

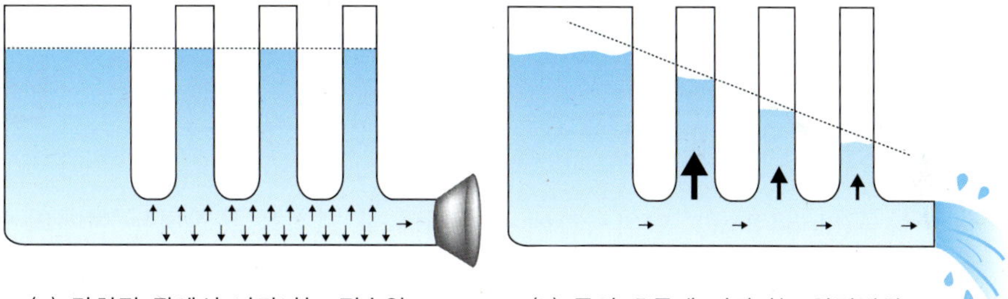

(a) 막혀진 관에서 나타나는 정수압 (b) 물이 흐를때 나타나는 압력변화

그림 8-14 정수압

Guide

푸아세이유의 법칙
(Poiseille's law)

소동맥에서의 혈류량에 대한 물리적 법칙으로, 액체가 관을 흐를 때 유량은 액체압력에 비례하고 점성에 반비례하며, 반지름의 4제곱에 비례하고 관의 길이에 반비례 한다는 법칙.

그렇다면 저항은 왜 생기게 될까? 액체에서 저항은 점성(viscosity)에 따라서 달라지게 된다. 저항은 흐르는 액체와 인접한 막 사이에서 나타나는 마찰을 말한다. 마찰이 클수록 점성은 커지게 된다. 그 밖에 관의 길이와 직경도 저항을 다르게 한다.

$$R = \frac{\eta L}{r^4} \times \frac{8}{\pi}$$

R : 저항
η : 액체의 점성 L : 관의 길이
r : 관의 내부 반지름 $8/\pi$: 항 수

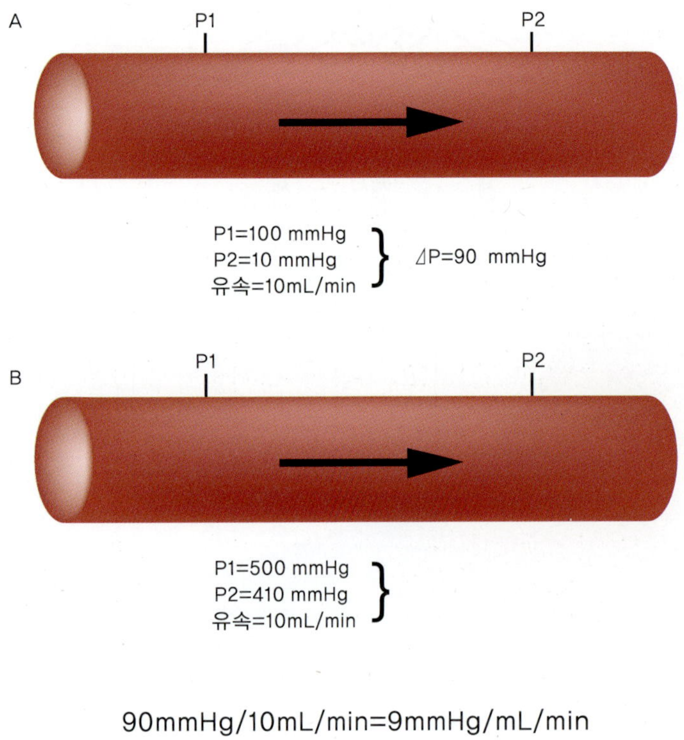

그림 8-15 압력차와 유속

각 지점의 압력이 달라도 압력 차는 동일하므로 흐름이 같아진다.

check point

혈류와 저항 및 혈압

- 혈류(blood flow): 단위시간에 순환계의 한 지점을 통과하는 혈액의 양
- 저항(resistance): 마찰력에 의해 혈류가 방해받는 정도
- 혈압(blood pressure): 혈류를 일으키는 원동력

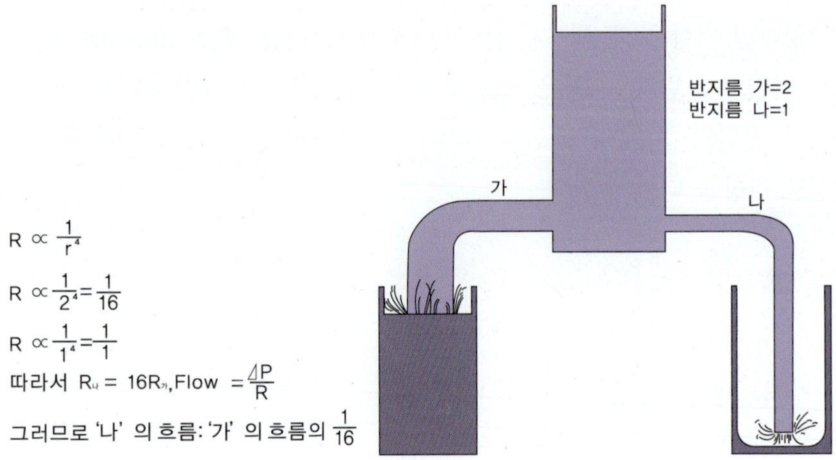

그림 8-16 관의 직경에 따른 저항과 흐름의 차이

즉, 저항은 액체의 점성과 관의 길이에 비례하며, 관의 반경의 4배에 반비례한다는 것이다. 혈액의 점성은 항상 일정한 것은 아니고, 헤마토크리트치가 증가하면 점성이 커지게 된다. 그러나 정상적인 경우에 헤마토크리트치는 대부분 일정하다. 혈관의 길이도 체내에서 일정하게 유지되므로 결국 혈관의 반경이 혈액의 흐름에서 저항을 결정하는 가장 중요한 요인이 된다.

그림에서 보듯이 관의 반경이 2배로 커지게 되면 저항은 1/16배나 감소하게 되는 것이다. 반대로 혈관의 반경이 반으로 작아지게 되면 저항은 16배나 증가하게 된다.

3. 세동맥과 국소혈류의 조절

(1) 세동맥의 굵기와 저항

세동맥(arterioles)은 동맥에 비해 직경이 매우 작으며, 따라서 혈액의 흐름에 대해 큰 저항이 되어 대표적인 저항혈관(resistance vessel)으로 작용한다. 혈관의 굵기는 저항을 결정하는 가장 중요한 요인인데, 이것은 혈관의 굵기가 조금만 변해도 저항은 크게 변화하기 때문이다. 저항(R)은 혈관 반경(r)의 4승에 반비례한다.

$$R \propto \frac{1}{r^4}$$

또한 세동맥은 평활근이 매우 발달하여 근육의 수축과 이완을 통해 굵기를 자유롭게 바꿀 수 있어서 저항에 변화를 준다. 이렇게 세동맥에서의 저항이 변화되면 각 조직으로 가는 혈류도 조절할 수 있다.

(2) 국소인자에 의한 조직의 혈류조절

일반적으로 조직의 혈류는 필요에 따라 자동조절(auto-regulation)된다. 이것은 세동맥벽 평활근의 수축정도를 변화시킴으로써 세동맥의 저항이 변화된 결과이다. 세동맥 평활근은 보통 일정한 수축상태를 유지하고 있지만 몇 가지 요인에 의해 변화한다.

1) 활동성 충혈(active hyperemia)

조직에서 혈류는 그 조직의 혈류 요구량에 비례하여 증가하는데, 이것을 '활동성 충혈'이라고 한다. 골격 근육은 운동 중에 조직의 대사가 증가하면서 산소의 농도는 감소하는 반면에 이산화탄소, adenosine, H^+, 열 등과 같은 대사산물이 생성되며, 간질액의 K^+는 증가한다. 이때 세동맥 평활근은 확장하게 된다.

2) 반응성 충혈(reactive hyperemia)

혈류를 완전히 차단했다가 다시 개통했을 때 심한 혈관 확장이 나타나는데, 이것을 '반응성 충혈'이라고 한다. 이것은 혈류의 중단으로 초래된 산소의 결핍과 대사산물의 축적으로 나타나는 현상이다.

3) 그밖의 인자들

히스타민(histamine)은 염증반응 중에 비만세포(mast cell)로부터 생성되어 혈관을 확장시킨다. 프로스타글란딘(prostaglandin)은 두 종류에 따라 혈관을 확장시키거나 수축시킨다. 혈관 내피세포에서 유리되는 내피세포성 이완인자(endothelium-derived relaxing factor, EDRF)는 많은 경우에 nitric oxide(NO)인 것으로 밝혀졌으며, 강력한 혈관 확장제이다. 또한 내피세포에서 유리되는 엔도텔린(endothelin)은 혈관수축제이다.

(3) 신경과 호르몬에 의한 조절

자율신경계와 호르몬에 의해 혈압과 혈류의 조절이 일어나는데, 교감신경 전달물질인 노르에피네프린(norepinephrine)은 혈관 평활근의 수용체와 결합하여 혈관 수축을 일으킨다. 부교감신경 전달물질인 아세틸콜린(acetylcholine)은 혈관확장제이지만, 부교감신경 자체는 혈류조절에 참여하지 않는다.

부신수질에서 분비되는 호르몬인 에피네프린은 세동맥 평활근의 수용체에 결합하여 혈관을 확장시키며 수용체는 심장과 골격근 및 간의 혈관에서 주로 발견된다. 신장으로 유입되는 혈액량이 감소하면 신장에서 레닌(renin)이 분비가 증가하고 레닌은 혈액 내의 안지오텐신 II(angiotensin II)를 증가시키는데 이것은 강력한 혈관수축 물질이다.

8-4 림프계

혈장의 1/3~2/3는 모세혈관을 통해 조직세포로 들어오는데, 이들의 대부분은 모세혈관 끝의 소정맥을 통해서 되돌아가지만, 일부는 남아서 조직세포 사이를 채우고 있다.

이것을 '세포 간질액(interstitial fluid)' 또는 '조직액(tissue fluid)'이라고 한다. 조직액은 혈장의 조성과 거의 유사하며, 조직세포를 채우고 남은 조직액은 몸의 각 부분에 퍼져 있는 림프모세관을 통해 흡수되는데, 이것을 '림프(lymph)'라고 한다.

림프모세관은 그 끝이 맹관이며, 그 막은 투과성이 매우 커서 조직액 내의 단백질이나 큰 분자들도 통과시킨다.

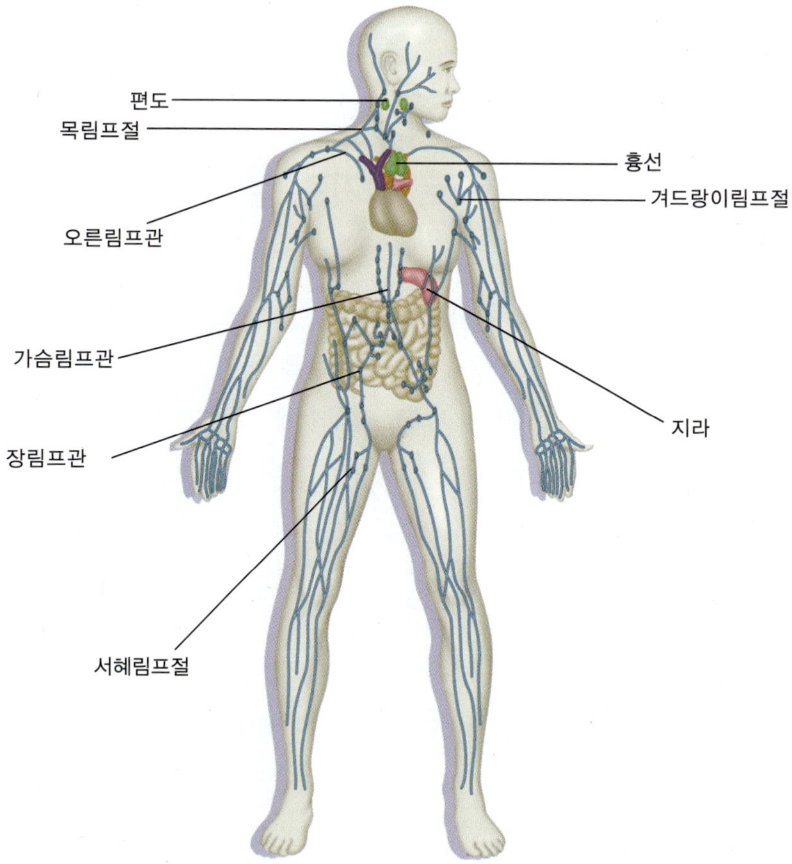

그림 8-17 림프계통의 구조

check point

- 림프계의 작용

① 림프계는 조직액 내로 나온 혈장단백질을 회수하여 조직압이 올라가는 것을 막아 준다.
② 림프계는 지방 흡수의 통로 역할을 한다.
③ 면역작용을 통해 생체방어기능을 담당한다.

림프모세관은 림프관에 연결되어 있고, 림프관에는 군데군데 판막이 있어서 림프는 한 방향으로만 흐르게 된다. 흐름의 속도는 매우 느리고, 근육운동에 의한 압력을 받아서 신체 중심부쪽으로 이동하게 된다.

림프관은 여러 개가 모여 점점 굵은 관이 되고, 굵은 우림프관과 흉관으로 모인 후에 좌우 각각의 쇄골하 정맥을 통해 혈관과 합쳐서 심장으로 들어간다. 림프관의 곳곳에는 림프절이 있으며, 이곳에서도 역시 림프구가 생성되어 쇄골하 정맥을 통해 혈액에서 합쳐진다.

8-5 심장의 이상으로 생기는 질환

심장은 우리 체내의 각종 장기 가운데서도 가장 많은 일을 하는 기계적인 장기로, 펌프와 같은 역할을 한다. 심장근육은 평생 쉴 새 없이 일해야 하므로 그만큼 산소의 소비량이 많고, 저산소에 대한 반응도 빠르다. 따라서 심장에 산소와 영양분을 공급해 주는 관상동맥의 순환장애는 심장의 작용에 큰 영향을 주게 된다.

1. 관상동맥 또는 허혈성 심장질환

협심증과 심근경색이 있는데, 이들은 심장에 혈액을 공급하는 혈관인 관상동맥에 콜레스테롤 등이 끼어 동맥경화가 생긴 결과이다. 관상동맥경화는 심장 자체의 혈액공급이 줄어들어 허혈증을 일으키며, 산소공급량도 부족해져서 결국은 협심증이나 심근경색 등이 발생하게 되는 것이다.

2. 심부전(heart failure)

심부전이란 심장의 수축성이 감소되어 적정한 심박출량을 유지하지 못하는 상태이다. 좌심실부전(left heart failure)은 좌심장이 정상 심박출량을 유지하지 못하는 경우로, 폐순환의 울혈에 의해 폐부종이 발생하며 가스교환 장애를 초래한다. 우심실부전(right heart failure)은 체순환 시에 정맥 울혈과 부종을 일으킨다. 심부전이 진행되면 심근의 수축력이 점차 감소하고, 그 결과로 심장과 정맥에 혈액이 축적되며, 이러한 경우를 '울혈성 심부전(congestive heart failure)'이라고 한다.

3. 기립성 저혈압

누워 있다가 갑자기 일어서거나 더운 곳에서 장시간 가만히 서 있으면 혈압이 낮아지는 경우가 있는데, 이러한 경우를 기립성 저혈압(orthostatic hypotension)이라고 한다. 이것은 하지 정맥에 혈액이 저류되어 정맥 환류량의 부족으로 인해 심박출량이 적어져서 나타나는 현상으로, 뇌혈류의 부족으로 실신(fainting)하기도 한다.

8-6 운동과 순환계의 조절

운동은 골격근의 수축활동이 증가한 상태로, 근육의 대사가 증가하고, 그 결과로 혈관을 확장시키는 K^+, 아데노신(adenosine) 등 국소적 인자가 생성되어서 골격근의 혈류(muscle blood flow)가 증가한다.

한편 운동이 시작되기 전에도 운동을 하려는 의지만으로 직접 교감신경 활동이 증가하고 부교감신경의 활동이 감소한다. 교감신경의 활동성의 증가는 심장을 자극하여 심박출량을 증가시키는 한편, 피부·신장·위장관 등의 혈관수축을 통해 혈류가 골격근에 집중되게 한다. 또한 골격근에 분포되어 있는 교감신경 섬유의 일부는 아세틸콜린을 분비하여 근육의 혈관을 확장시키기도 한다.

운동이 시작되면 대사산물이 화학수용기(chemoreceptor)를 자극하고, 이 자극이 심혈관 중추에 전달되어서 교감신경의 활동성이 증가하게 된다.

운동을 함에 따라 체온이 증가하고 체열의 발산을 위해서 혈관확장이 일어난다. 운동 중에 골격근의 혈류는 10~15L/min까지 증가하며, 심박출량은 35L/min까지 증가할 수 있다.

check point

심혈관질환(CVD)과 영양

심혈관질환은 최근 급증하고 있으며 심혈관질환 가운데 동맥경화성 질환인 허혈성 심장병과 뇌혈관 질환으로 인한 사망률이 지속적으로 증가하고 있다. 일반적으로 혈청 콜레스테롤 농도가 10% 감소하면 심장병에 의한 사망률이 20% 정도 감소될 수 있는 것으로 알려지고 있으며, 따라서 혈청 콜레스테롤을 낮추는 것이 심질환 예방에 매우 중요하다.

동물성 지방인 포화지방을 과다 섭취하면 세포막의 유동성이 감소하고 LDL 수용체의 활성이 저하되며, 트랜스지방산을 식이의 10% 정도 섭취했을 때 LDL-콜레스테롤이 증가하고 HDL-콜레스테롤은 감소하는 것으로 보고되고 있다. 단일불포화지방산(MUFA)의 섭취는 LDL을 감소시키며, n-3계 지방산인 EPA와 DHA는 VLDL을 감소시키고 혈액의 점성을 저하시켜 심장병의 위험을 감소시키는 것으로 알려져 있다.

항산화제인 비타민 E의 섭취는 심혈관질환을 억제하는 것으로 보고되고 있으며, 베타카로틴도 혈관 내막의 상피세포를 유지시킴으로써 심장병의 위험을 감소시킨다. 충분한 칼슘을 섭취하면 칼슘이 장에서 지방산과 결합하여 지방 흡수를 감소시키며, LDL을 감소시키는 것으로 보고되고 있다. 식이섬유소의 섭취가 부족하거나 비타민 B_6의 섭취가 부족할 때, 또는 식이 셀레늄(selenium) 섭취가 부족할 때, 심장질환의 위험이 증가하는 것으로 나타났다.

Chapter

9. 호 흡

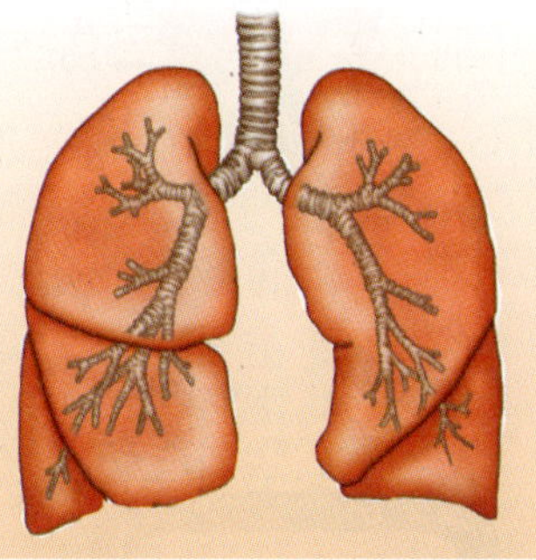

사람은 소화와 흡수 과정을 통해 얻은 영양소를 순환작용에 의해서 각 조직세포로 공급하고, 그 영양소를 산화시켜 생명활동에 필요한 에너지를 얻는다. 산화과정에서 산소가 전자와 수소의 궁극적인 수용체가 되므로 산소가 없으면 사람은 에너지를 얻을 수 없다.

사람은 체내에 산소를 저장할 능력이 없으므로 외부로부터 계속해서 산소를 공급받아야 하고, 산화 결과로 생긴 이산화탄소도 체내에 다량 축적될 수 없기 때문에 곧 외부로 방출하여야 한다.

이와 같이 사람은 항상 외부로부터 산소를 얻고, 체내에서 생성된 이산화탄소를 외부로 배출하는 기체의 교환을 하고 있는데, 이 과정을 '**호흡**(呼吸, respiration)' 이라고 한다. 호흡기계는 기체를 교환하는 폐와 체외에서 외기도입의 통로가 되는 비강·인두·후두·기관지 등의 호흡기도로 구성된다.

호흡기는 혈액의 pH를 유지하는 기능을 담당하기도 한다. 호흡은 '세포대사를 유지하기 위하여 대기로부터 조직까지 이동하는 O_2의 수동적 움직임' 과 '조직으로부터 대기까지 대사적으로 생성된 CO_2의 계속적인 수동적 움직임' 을 말한다.

호흡기계는 대기와 혈액 사이의 O_2와 CO_2 교환에 의해 항상성 유지에 기여하며 혈액은 호흡기계와 조직 사이의 O_2와 CO_2를 운반한다. 이를 통한 가스교환을 **외호흡**이라고 하고, 혈액과 조직세포 사이의 가스교환을 **내호흡**이라고 한다.

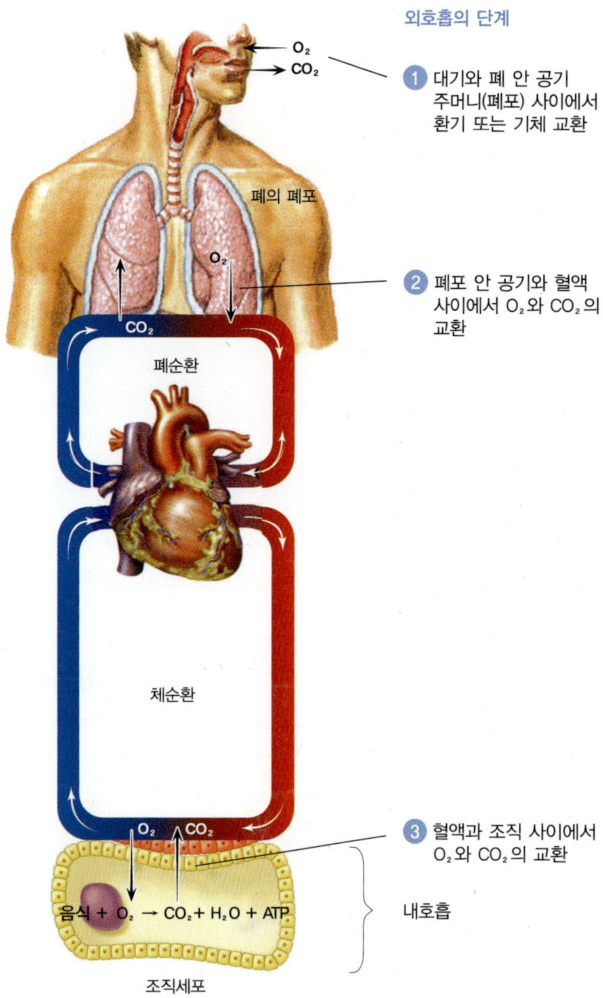

그림 9-1 외호흡과 내호흡

9-1 호흡기계의 구조

1. 호흡기계의 구조

코나 입으로 들이마신 숨은 인두, 후두, 기관, 기관지를 거쳐 폐포에까지 이른다. 기능적으로 호흡기도는 실제 기체교환이 일어나는 호흡영역(respiratory zone)과 호흡영역에 이르기까지 공기가 통과하는 전도영역(conductory zone)으로 나뉜다. 호흡기계의 전도구역은 입·코·인두·후두·기관·기관지·세기관지·종말 세기관지로 구성되며 호흡영역은 호흡 세기관지와 말단 폐포낭을 포함한다.

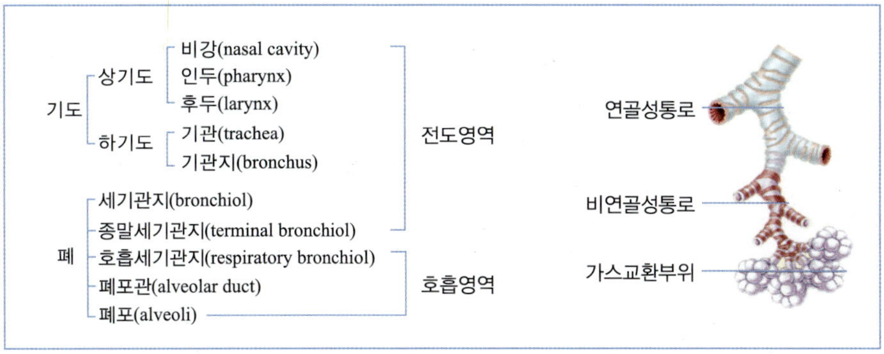

그림 9-2 전도영역과 호흡영역

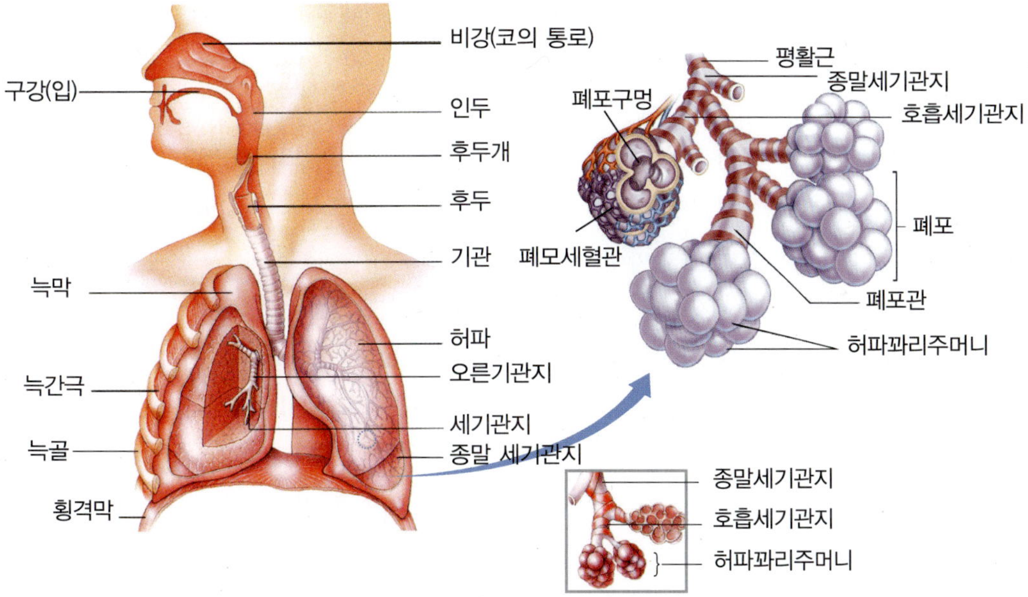

그림 9-3 호흡기계의 구조

(1) 인두와 후두

인두(pharynx)는 입과 코 양쪽에 모두 연결되는 부분으로 음식과 공기는 반드시 인두를 통해서 각각 위와 폐로 이동하게 된다. 인두 아래 끝부분에는 앞뒤로 움직이는 후두개(epiglottis)라는 돌기가 있어 음식물이 지나갈 때는 후두 입구를 닫음으로써 기관으로 들어가는 것을 막는다.

인두 아래, 기관의 위쪽에 위치한 9개의 연골로 이루어진 후두(larynx)에는 두 종류의 주름으로 이루어진 성대(vocal cord)가 들어 있다. 공기가 기관과 폐로 들어가거나 나오기 위해서는 성대주름 사이에 있는 성문(glottis)이라는 판막과 같은 구멍을 통과하여야 한다. 흔히 '목젖'이라고 부르는 목 앞쪽의 돌기는 후두의 가장 큰 연골에 의해 형성된 것이다.

(2) 기관(trachea)

공기는 비강(nasal cavity)과 인두, 후두를 지나 기관에 이른다. 식도 앞에 위치한 기관은 길이가 약 11cm, 지름이 약 2cm인 관으로, 위쪽으로 식도에 접해 있는 부분을 제외한 나머지 부분은 16~20개의 연골성 고리에 의해 둘러싸여 있으며, 항상 열려 있다.

(3) 폐

폐는 우측에 3개, 좌측에 2개의 폐엽(lobes)으로 나뉘어져 있고, 기관지 이하의 호흡기도는 폐 속에 들어 있다. 각각의 폐엽은 흉막 또는 늑막(pleura)이라는 견고한 섬유성막으로 싸여 있다.

기관은 폐로 들어가기 전 가지를 한 번 쳐서 좌우의 기관지(bronchus)가 되고, 각 기관지는 폐로 들어가 점점 더 작은 세기관지(bronchiole)로 가지를 친다. 기관지의 끝 부분에 가면 폐포관이 있고 여기에 폐포(alveoli)라고 하는 작은 공기주머니가 포도송이처럼 달려 있다.

폐에서의 가스교환은 약 3억 개에 이르는 아주 작은 폐포(지름 0.25~0.5mm)를 통해 일어난다. 폐포벽은 두 겹의 세포막으로 구성되어 있으나 한 겹의 세포로 구성된 단일 세포층으로 구성되며, 폐포 바깥쪽에 명주실보다 가늘게 그물처럼 싸고 있는 모세혈관 내피세포와의 거리가 매우 가까워 확산을 통한 이들 사이의 가스교환이 빠르게 이루어진다.

폐는 신전성(compliance)이 매우 커서 장난감 체표면적보다 40배 이상 넓어질 수 있으며, 탄성 단백질(elastin)을 많이 함유하고 있으므로 탄성(elasticty) 또한 크다.

(4) 흉강(thoracic cavity)

흉강은 돔 모양의 얇은 횡문근으로 형성된 횡격막(diaphragm)의 윗부분을 가리킨다.

흉강은 앞쪽의 흉골과 뒤쪽의 척추, 그리고 이들을 둥글게 연결하고 있는 늑골에 의해 둘러싸여 있다. 흉강의 위쪽은 목의 조직에 의해 닫혀져 있고 아래쪽은 횡격막에 의해 구분되어 있다. 또한 흉막은 폐의 표면을 덮고 있는 폐흉막(pulmonary pleura)과 흉벽 안쪽을 형성하고 있는 체벽흉막(parietal pleura)으로 구성되며, 폐는 두 겹의 젖은 유리가 서로 달라붙어 있는 것과 같은 모양으로 흉벽에 붙어 있어 떨어지는 일이 없다. 따라서 흉강은 밀폐된 공간이며, 호흡운동 중에 폐는 흉강과 함께 팽창하고 수축한다.

흉강에는 중앙으로 심장·큰 혈관·기관·식도·흉선이 있고 양쪽으로 좌폐와 우폐가 흉강을 채우고 있다. 횡격막을 기준으로 아랫부분인 복부골반강에는 간·췌장·위장관·비장·생식비뇨기관 등이 포함되어 있다.

9-2 호흡운동

호흡은 외부의 공기를 폐포 내로 들여보내는 **흡식**(inspiration)과 공기를 외부로 배출하는 **호식**(expiration)이 주기적으로 일어나는 것으로, 폐내압과 대기압의 차이에 의하여 공기가 이동된다. 흡식이 근육들의 수축에 의한 능동적 운동인 반면, 호식은 흡식에 의해 따라붙는 수동적 운동이다. 이 두 호흡운동(respiratory movement)의 작용기전은 다음과 같다.

1. 흡식운동

먼저 혈액 중의 CO_2의 증가로 인해 호흡중추가 자극되어 흥분한다. 그리고 호흡중추의 흥분은 미주신경에 의하여 횡격막이나 늑간골에 전달되어 이들 두 근육이 수축운동을 시작하게 한다. 이어서 외늑간근이 수축하여 늑골을 위로 치켜 올리고, 횡격막이 수축하여 아래로 내려오면 흉강이 확장된다. 흉강이 확장되면 흉강내압이 낮아져서 폐가 확장된다. 폐가 확장함에 따라 외부로부터 공기가 폐포쪽으로 이동하게 된다.

① **혈액 중 CO_2의 증가로 인한 호흡중추의 흥분**: CO_2 양이 증가하면 호흡중추가 자극되어 흥분한다.

② **미주신경에 의한 흥분의 전달**: 호흡중추의 흥분은 미주신경에 의하여 횡격막이나 늑간근에 전달되어 이들 두 근육이 수축운동을 시작한다.

③ 외늑간근이 수축하여 늑골을 위로 치켜 올린다.

④ 횡격막이 수축하여 아래로 내려오면 흉강이 확장된다.

⑤ **폐의 확장**: 흉강이 확장되면 흉강내압이 낮아지면서 폐가 확장된다. 또한 호흡기도의 상피세포에서 분비되는 지단백의 일종인 표면활성제(surfactant)가 폐포 내면의 공기와 계면을 형성하여 폐포의 표면장력을 약화함으로써 폐포의 확장을 돕는다.

> *Guide*
> **표면장력**
> 물과 공기가 접하는 계면에서 물분자들끼리 서로 잡아당기는 힘이 작용하여 표면적이 커지는 것을 방지하는 현상

⑥ **복부근육의 이완**: 횡격막이 수축하여 아래로 내려올 때, 그 밑의 복부근육이 이완함에 따라 흉강이 확장된다.

⑦ **흡식**: 폐가 확장됨에 따라 외부로부터 공기(O_2)가 폐 속으로 들어온다. 이때 들이마시는 공기를 '**흡식**'이라고 한다.

2. 호식운동

폐의 확장으로 인한 자극이 신경을 거쳐 호흡중추에 전달되면 중추의 기능은 쇠퇴한다.

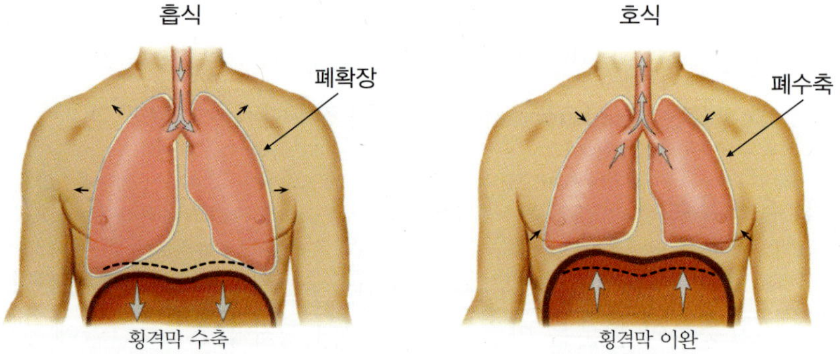

(a) 흡식운동 (b) 호식운동

그림 9-4 호흡운동

① 폐의 확장으로 인한 자극이 신경을 거쳐 호흡중추에 전달되면 중추의 기능은 쇠퇴한다.

② 호흡중추의 기능 쇠퇴 결과로 횡격막과 외늑간근이 이완되면 흉강은 수축된다.

> *Guide*
> **내늑간근의 수축**
> 의식적인 깊은 호식을 할 때 내늑간근이 수축된다.

③ 폐의 수축: 흉강 수축으로 흉강압이 높아지면 기계적으로 수축된다.
④ 호식: 폐의 수축으로 폐 속의 공기(CO_2)는 밖으로 밀려 나가게 되는데, 이때 방출되는 공기를 '**호식**'이라고 한다.

9-3 호 흡 수

안정상태에서 이루어지는 호흡을 정상호흡이라고 한다. 성인은 1분당 13~22회, 5세는 25회, 신생아는 40~70회 정도로 연령에 따라서 차이를 보이고, 성별에 따라서도 차이가 있는데 성인 남자의 경우 13~18회/분, 성인 여자의 경우 16~22회/분이다. 또한 호흡수는 수면 시에 감소하고 체온의 상승이나 운동에 의해서 증가한다. 또 운동 후와 같이 환기능률을 높여야 하는 경우에는 깊은 호흡, 즉 심호흡을 계속하는 '**과도호흡**(hyperpnea)'이 된다. 그리고 호흡하는 빈도가 현저하게 많은 경우를 '**호흡촉진**(tachypnea)', 호흡이 곤란한 경우를 '**호흡곤란**(dyspnea)', 호흡 중 일시 중단되는 경우를 '**무호흡**(apnea)'이라고 한다.

9-4 폐의 용적과 용량

폐환기(pulmonary ventilation)란 단위시간의 환기량을 말하는 것으로, 폐의 크기가 문제가 된다. 폐가 간직하는 공기량을 조건에 따라 4개의 용적(volume)과 4개의 용량(capacity)으로 구분하고 있다. 폐용적과 폐용량을 측정하는 데에는 폐활량계(spirometer)를 사용한다.

1. 폐용적

① 일호흡용적(호흡량: tidal volume, TV): 안정 시 1회의 흡식이나 호식으로 폐 내에 출입할 수 있는 기체량으로, 정상 성인남자에서는 약 500mL 정도이다.

② 흡식성 예비용적(흡기 예비량 : inspiratory reserve volume, IRV) : 정상 상태에서 1회 호흡량을 흡입한 후 최대로 더 흡입할 수 있는 양으로, 정상 성인에서는 약 3,000mL이다.

③ 호식성 예비용적(호기 예비량 : expiratory reserve volume, ERV): 1회 호흡량을 호출한 후에 최대로 더 호출할 수 있는 기체량으로, 정상 성인에서는 약 1,200mL이다.

④ 잔기용적(잔류용적 잔기량 : residual volume, RV) : 최대로 호흡한 후, 폐 내에 남아 있는 기체량으로, 정상 성인에서 약 1,200mL이다.

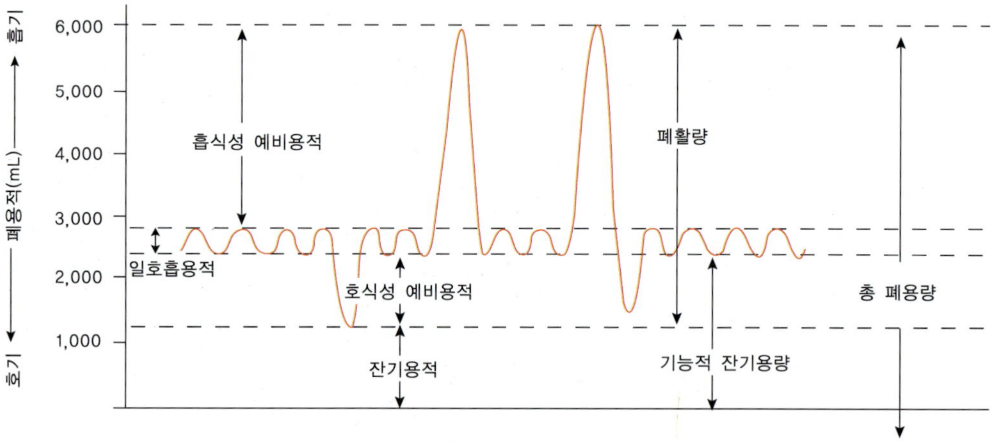

그림 9-5 폐의 용적과 용량

2. 폐용량

폐용적 중 2가지 이상의 합을 말하며, 다음 4가지 용량으로 구분된다.

① 흡식용량(inspiratory capacity, IC) : 일호흡용적과 흡식성 예비용적을 합한 것이다. 즉, IC=TV+IRV이다.

② 기능적 잔기용량(functional residual capacity, FRC) : 호식성 예비용적과 잔기용적의 합으로, 정상 호식 후에 폐 내에 남아 있는 기체량을 말한다. 즉, FRC=ERV+RV이다.

③ 폐활량(vital capacity, VC) : 최대로 흡입한 후에 최대로 호출할 수 있는 최대의 기체량으로, 호흡량의 최대치이다. 따라서 폐기능 척도의 중요한 인자이며, 정상 성인의 경우는 약 4,000~4,800mL이다. 즉, VC=TV+IRV+ERV이다.

④ 총 폐용량(total lung capacity, TLC): 최대의 흡입으로 폐 내에 수용할 수 있는 기체량으로, 네 개의 용적을 모두 합친 것으로 약 5,200~6,000mL 정도이다. 즉, TLC=VC+RV이다.

3. 폐환기량과 무효공간

폐환기량은 1분 동안 폐에 들어 가는 공기의 양을 의미한다. 1분 간의 호흡 수에 일호흡용적을 곱한 것을 총 분당 호흡량(total minute volume)이라 하며, 성인은 1분당 약 12번의 호흡을 하므로 6L/min이 된다. 그러나 운동 중에는 일호흡용적과 분당 호흡수가 증가하므로 총 분당 호흡량은 100~200L/min까지 증가할 수 있다.

흡식으로 들여마신 신선한 공기가 모두 가스교환을 하는 폐포까지 도달하는 것은 아니다. 호흡기계의 전도구역은 가스교환이 일어나지 않는 곳으로 이 부분을 무효공간(dead space) 또는 사강(死腔)이라고 한다. 무효공간 안에 있는 공기는 신선한 공기에 비해 산소 농도는 낮고, 이산화탄소 농도는 높다. 흡식 시 폐포 내로 먼저 들어가는 공기는 무효공간 속의 공기이므로 실제 폐포로 들어가는 공기의 양은 일호흡용적보다 적다.

무효공간은 약 150mL의 공기를 지닐 수 있으므로 일호흡용적이 500mL인 경우 실제 환기량은 350mL가 된다. 그러나 만일 운동 등에 의해 일호흡용적이 2,000mL로 증가한다면 실제 환기량은 1,850mL로 증가할 것이다.

4. 기 타

폐포 내의 공기와 혈액 사이에 가스교환을 할 수 있는데, 중요한 것은 최대호흡능(maximum breathing capacity)이다. 이는 15초 동안 자의에 의해 최대한도로 빠르고 깊은 호흡을 수행하여 폐활량계로 기록한다. 공기의 유통 속도와 매회의 출입공기의 용적이 함께 관계된다. 예를 들어, 폐포의 탄력성이 저하된 섬유증은 폐활량이 감소되나, 최대호흡능에는 큰 변동이 없다. 또한 천식과 폐기종의 폐활량은 변동이 없으나, 최대호흡능은 현저하게 줄어든다.

표 9-1 호흡 상태에 따른 폐포 환기

호흡 양상 패턴	1호흡용적 (mL/breath)	호흡 속도 (breath/min)	무효 공간 부피 (mL)	환기 (mL/min)*	폐포 환기 (mL/min)**
안정 시 평온한 숨쉬기	500	12	150	6,000	4,200
깊고 느린 숨쉬기	1,200	5	150	6,000	5,250
얕고 빠른 숨쉬기	150	40	150	6,000	0

*1호흡용적×호흡속도

**(1호흡용적－무효공간부피)×호흡속도

9-5 가스교환과 운반

1. 가스교환(pulmonary gas exchange)

혈액과 폐포 사이의 가스교환은 전적으로 두 가스의 분압(partial pressure) 차이에 따른 **확산**(diffusion)에 의해 이루어진다. 폐포 내 산소의 분압은 약 100mmHg이며, 이산화탄소의 분압은 40mmHg인데 비하여, 폐포 모세혈관 내의 산소분압은 훨씬 낮아서 40mmHg에 지나지 않는다.

따라서 폐포 내의 산소가 혈액 속으로 확산한 결과, 혈액이 허파를 떠나 조직으로 갈 때, 산소의 분압은 폐포의 그것과 같은 100mmHg까지 올라가게 된다. 이와 마찬가지로 폐포 모세혈관 내의 이산화탄소(CO_2) 분압은 46mmHg 정도의 압력을 가지며, 폐포 내 이산화탄소의 분압은 40mmHg 정도이므로 이산화탄소는 혈액에서 폐포로 확산되는 것이다.

혈액과 체내 조직세포 간의 기체의 교환도 역시 기체의 분압 차이에 의한 확산으로 이루어지는데, 호흡경로에 따른 각 부분의 기체분압은 표 9-2와 같다.

(a) 모세혈관에 둘러싸인 폐포

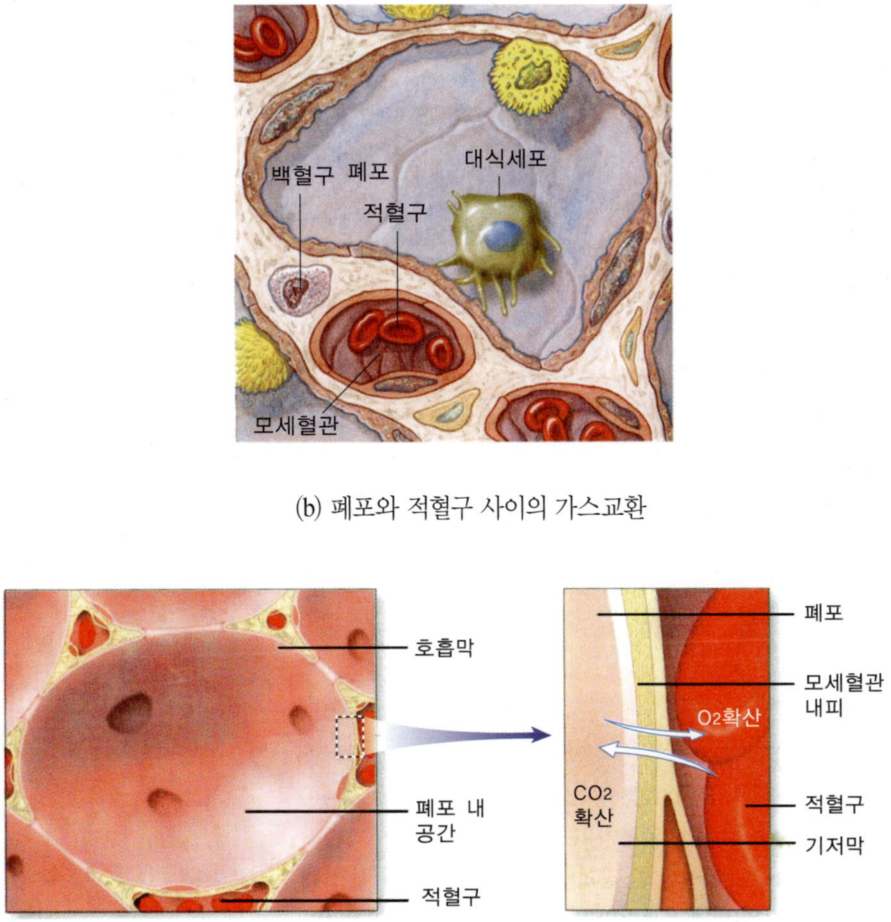

(b) 폐포와 적혈구 사이의 가스교환

그림 9-6 호흡막 구조

표 9-2 호흡의 각 경로에서의 공기의 가스분압

(mmHg)

호흡양상 패턴	O_2	CO_2	질 소	수증기	합 계
들이마신 공기	158	0.3	596	5.7	760
내쉬는 공기	116	32	565	47	760
폐포 내의 공기	100	40	573	47	760
동 맥 혈	100	40	573	47	760
정 맥 혈	40	46	573	47	760
조직세포	30	50	573	47	760

2. 가스운반(gas transport)

(1) O_2 운반

기체의 분압차에 의해 혈액 속으로 들어온 산소는 대부분(99.5%)이 적혈구 내에 있는 **혈색소**(hemoglobin)와 결합하여 **산소헤모글로빈**(oxyhemoglobin HbO_2)을 형성하여 혈액을 타고 각각 필요한 기관으로 운반된다. 나머지 0.5%의 산소는 혈장에 물리적으로 용해된 상태로 운반된다.

각 기관의 모세혈관에 도달된 혈액의 산소분압은 100mmHg인데 비해 조직 내 산소의 분압은 평균 30mmHg이므로 70mmHg이 산소분압차에 의한 확산의 원리에 따라 산소가 조직 쪽으로 이동된다. 이때 혈색소에 결합되어 있던 산소는 **산소해리곡선**에 따라 효율적으로 해리된다.

check point

● 보어 효과(Bohr's effect)

Hb의 산소해리곡선이 PCO_2 증가에 의해 우측으로 이동되는 것을 말하며, PCO_2 증가 때문에 대사가 활발한 조직에서는 pH가 저하되는데, 혈색소가 분자의 입체구조를 변화시킨 생리적 결과이다.

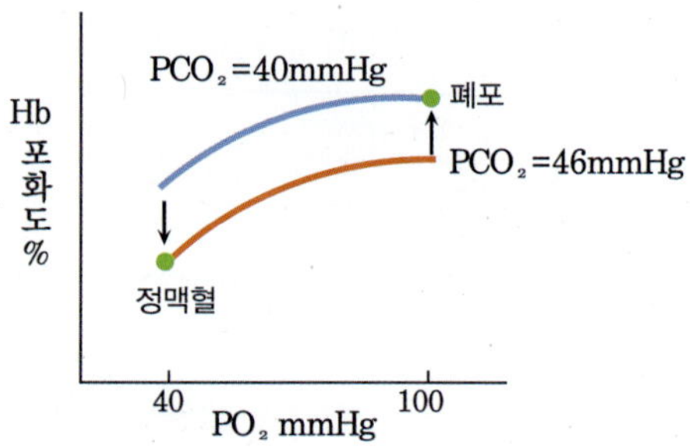

즉, 혈색소는 폐포로부터 더 많은 산소와 결합을 하고 조직에서는 더 많은 산소를 방출해야 효과적으로 O_2를 운반할 수 있다는 점에서 보어의 효과가 일치된다.

● 산소해리곡선과 영향요인

산소분압과 Hemoglobin(Hb)의 산소포화도(%)와의 관계를 나타내는 곡선을 산소결합곡선 또는 **산소해리곡선**(oxygen dissociation curve)이라고 한다.

혈액의 **산소분압**이 올라가면 산소와 결합하는 Hb의 양은 증가하고, 산소분압이 내려가면 산소와 결합하는 Hb의 양은 감소하는데, 이 곡선은 완만한 S자형(Sigmoid)을 하고 있다. 이것은 산소분압이 높은 부분에서는 그 이상 산소분압이 높아지더라도 혈액의 산소함유량은 그다지 증가하지 않는다는 것을 뜻하는데, 산소분압이 낮은 곳에서는 근소한 산소분압의 저하로 Hb이 대량의 산소를 해리한다는 것을 의미한다.

그밖에도 Hb의 산소해리곡선은 혈액의 pH가 정상(pH=7.4)보다 저하되면 오른쪽 아래로 기울고, pH가 상승하면 왼쪽 위로 치우친다.

이 곡선이 오른쪽 아래로 기운다는 것은 같은 산소분압일지라도 혈액의 pH가 낮아지면 Hb의 산소친화성이 감소하여 지금까지 결합하고 있던 산소를 해리한다는 것을 뜻한다.

또 혈액의 온도변화에 따라서 온도가 상승하면 곡선은 오른쪽 아래로 기울기 때문에 대사가 활발하고 열생산이 현저한 조직을 흐르는 혈액에서는 산소가 Hb에서 해리하기 쉽게 된다. 한편 혈액의 온도가 낮아지면 곡선은 왼쪽 위로 치우치는데, 이것은 폐포를 흐르는 혈액이 폐포에 들어오는 외기에 의해 냉각되면 Hb에 산소가 결합하기 용이해진다는 것을 의미하고 있다.

Hb에서 산소해리를 촉진하는 물질로서 DPG(Diphospoglyceric acid)라는 물질이 있는데, DPG는 적혈구 중의 해당과정에서 생성되는 물질로서(무산소증과 같은 상황일 때, 적혈구 내 DPG 농도가 증가하는 경우) Hb과 결합할 때, Hb에서 산소를 해리시켜 곡선이 오른쪽 아래로 기운다.

이와 같이 Hb과 산소의 결합은 산소분압, 수소 이온 농도(pH 변화), 온도, DPG에 의해 좌우되면(폐포를 흐르는 혈액에서는 Hb과 산소의 결합을 촉진하고 체조직을 흐르는 혈액에서는 해리되는 것을 촉진하기 때문에) 폐에서 체조직으로 산소를 운반하는 데 합리적인 기전으로서 작용한다.

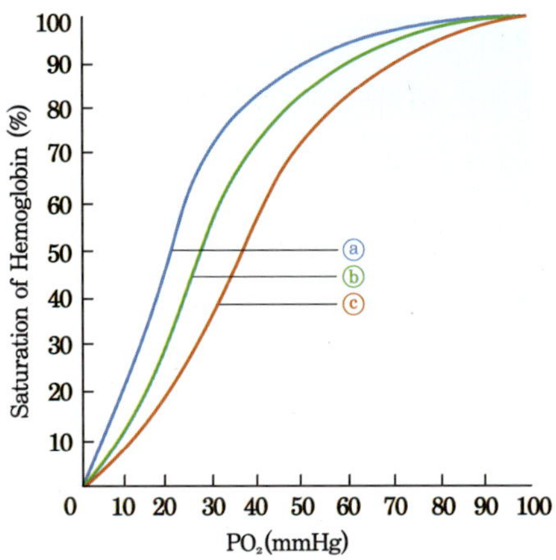

ⓐ PCO_2=20mmHg, pH=7.6, 온도=20℃
ⓑ PCO_2=40mmHg, pH=7.4, 온도=30℃
ⓒ PCO_2=80mmHg, pH=7.2, 온도=40℃

[산소해리곡선]

(2) CO_2 운반

탄산가스의 분압은 조직에 따라 다르지만, 평균 46mmHg이다. 동맥혈 속에 있는 탄산가스의 분압은 40mmHg이므로 6mmHg의 분압차에 의한 확산에 의해서 조직에 있는 탄산가스가 혈액으로 이동된다. 조직에서 확산되어 혈액 속으로 들어온 탄산가스는 다음의 3가지 운반형태를 가진다.

① 탄산가스 자체로 운반되는 것인데, 이는 물리적으로 물에 용해된 상태로 운반된다. 그 운반능력은 전체의 약 10% 정도이다.

② 탄산가스가 물과 결합하여 탄산(H_2CO_3)을 만든 다음, 탄산이 포화 상태가 되면 수소이온(H^+)과 중탄산이온(HCO_3^-)으로 해리되어 탄산 이온의 상태로 운반된다. 이는 총 탄산가스 운반의 약 65%에 해당된다.

$$CO_2 + H_2O \underset{\text{탄산탈수효소 (CA)}}{\rightleftharpoons} H_2CO_3 \underset{\text{탄산탈수효소 (CA)}}{\rightleftharpoons} H^+ + HCO_3^-$$

③ 적혈구에 있는 혈색소와 결합하여 **칼바미노**(carbamino) 화합물인 $HHbCO_2$의 형태로 약 25%가 운반된다.

이와 같이 탄산가스는 탄산가스의 분압에 따라 결합 또는 해리의 방향이 결정된다. 탄산가스 분압이 높은 곳에서는 결합상태인 것이 많고, 탄산가스 분압이 낮은 곳에서는 해리된 상태가 된다.

그리고 적혈구 내로 들어간 CO_2의 대부분은 **탄산탈수효소**(Carbonic anhydrase; CA)의 촉매작용을 받아서 수화(hydration)되어 H_2CO_3를 형성하며, 해리 결과로 생긴 H^+의 대부분은 혈색소에 의하여 완충되고, 생성된 대부분의 HCO_3^-는 혈장으로 확산하여 나온다.

따라서 적혈구 내에는 음이온이 적어져서 평형이 깨지므로 다시 평형을 이루기 위해서는 같은 수의 음이온이 혈장 내에서 적혈구 내로 들어가야 하는데, 이때 들어가는 음이온이 Cl^-이온이고 이를 'Cl^- shift'라고 한다. 이때 적혈구로 들어온 Cl^-은 폐포에 분포된 혈관에서 탄산가스가 폐포 내로 배출될 때에 다시 혈장으로 나오게 된다.

check point

할데인 효과(Haldane effect)

H_2CO_3의 해리 후에 대부분의 적혈구 내에 축적된 H^+는 Hb과 결합하게 된다. Hb에서 O_2 방출이 CO_2와 CO_2에서 발생된 H^+를 제거하는 Hb의 능력을 증가시키는 효과를 할데인 효과라고 한다. CO_2의 해리곡선은 혈색소가 환원될수록(HHb가 많이 형성될수록) 좌측으로 이동되어 더 많은 CO_2를 함유할 수가 있다. HbO_2가 HHb로 될 때 CO_2와의 결합능이 증가되는 것을 할데인 효과라 한다.

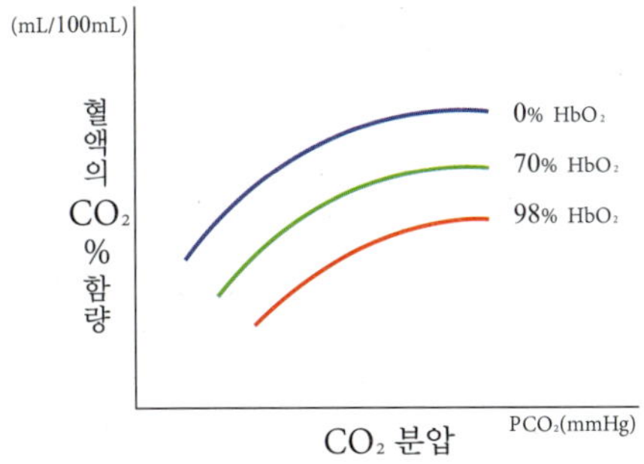

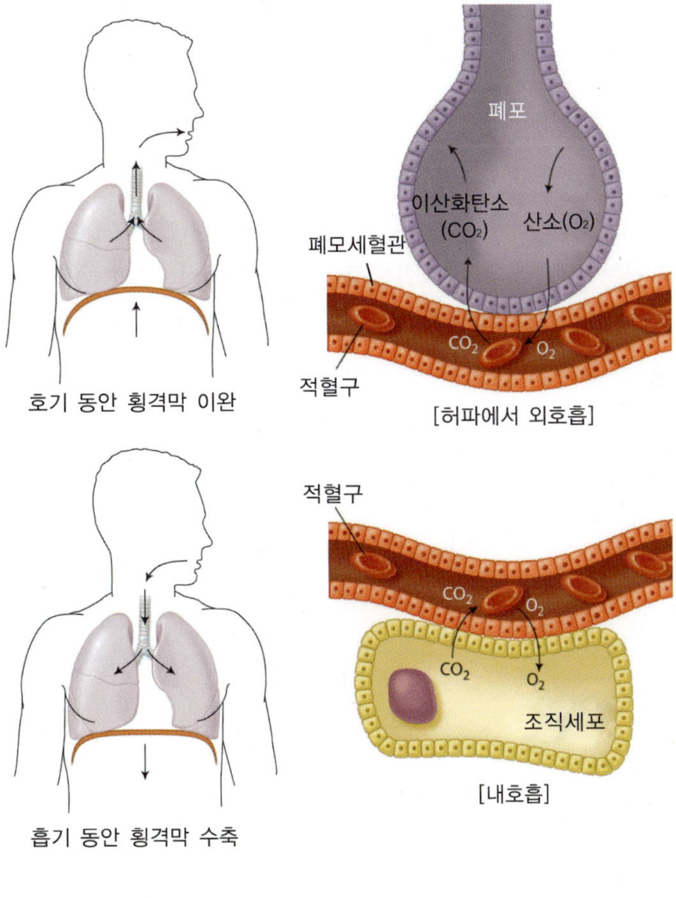

그림 9-7 호흡에서 이산화탄소 수송

9-6 호흡 조절

사람들은 활동상태에 따라 호흡속도(조직세포의 산소소비량)가 변한다. 심한 운동을 하면 조직세포의 산소소비량이 평상시의 20~25배까지 증가되므로 호흡운동을 빨리 또 깊이 하여 필요한 산소를 공급하게 된다. 반대로 산소가 적게 필요하면 그 정도에 맞추어 산소량을 감소시킨다.

이와 같은 현상을 '**호흡조절**(respiratory regulation)'이라고 하는데, 이는 신경성 조절과 화학적 조절에 의하여 이루어진다. 신경성 조절은 뇌교와 연수에 있는 호흡중추의 활동성을 통하여 반사적으로 조절되는 것을 말하고, 화학적 조절은 순환혈액 및 체액의 화학적 조성의 변동을 통한 조절로 신경성 조절을 보완하는 경우라고 할 수 있다.

1. 신경성 조절

신경성 조절은 호흡조절중추(respiratory center)에 의해 조절된다고 볼 수 있는데, 이는 뇌교(pons)와 연수(medulla)에 존재한다.

뇌교에는 위쪽에 호식조절중추(pneumotaxic center)가 있고, 뇌교의 2/3 뒤쪽에 지속성 흡식중추(apneustic center)가 있다. 연수에서는 앞쪽 부분이 흥분하면 흡식운동을 일으키기 때문에 '**흡식중추**(inspiratory center)'라고 하고, 연수의 뒤쪽 부분이 흥분되면 호식을 일으키기 때문에 이곳을 '**호식중추**(expiratory center)'라고 한다.

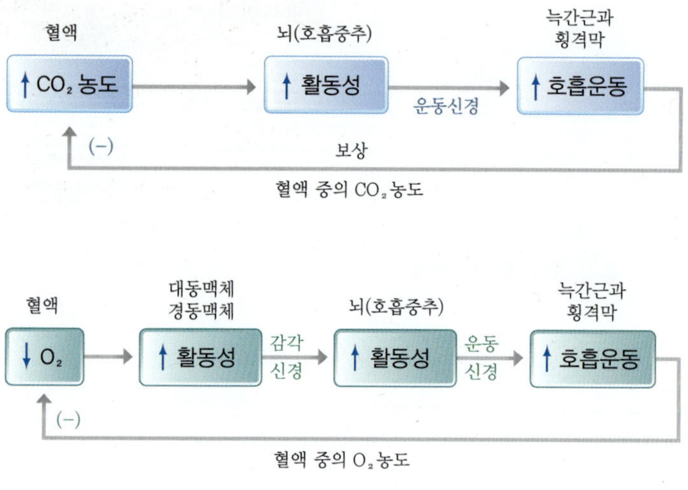

그림 9-8 혈액 중의 O_2와 CO_2 농도 조절

최근에는 뇌교에 있는 지속성 흡식중추와 호식조절중추의 구분이 어렵고, 연수의 호흡중추에 있는 흡식중추와 호식중추도 정확하게 구별하기 어려울 정도로 밀접하게 연관되어 있다고 한다.

연수의 호흡중추는 많은 수용체로부터 올라오는 정보를 받아서 고위 중추로 연락하는데, 흡식중추와 호식중추는 흡식중추가 흥분하면 호식중추가 억제되는 관계에 있다.

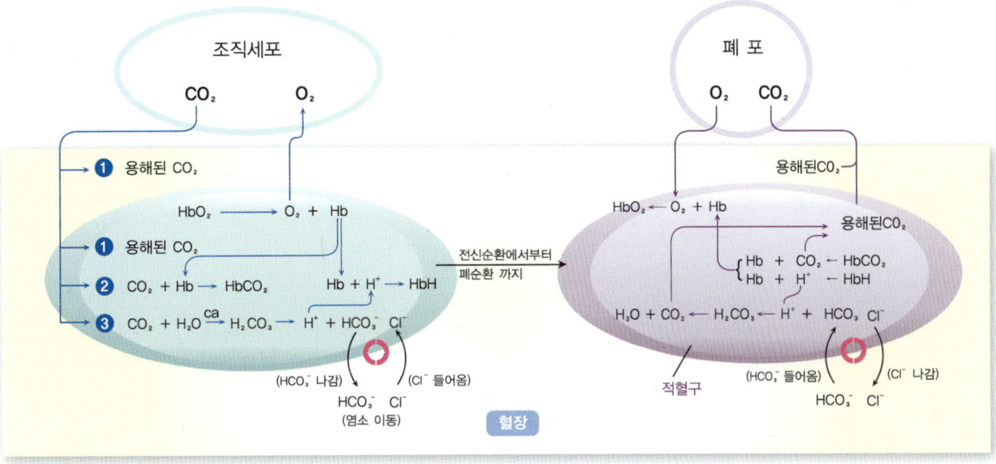

그림 9-9 뇌간에 있는 호흡조절중추

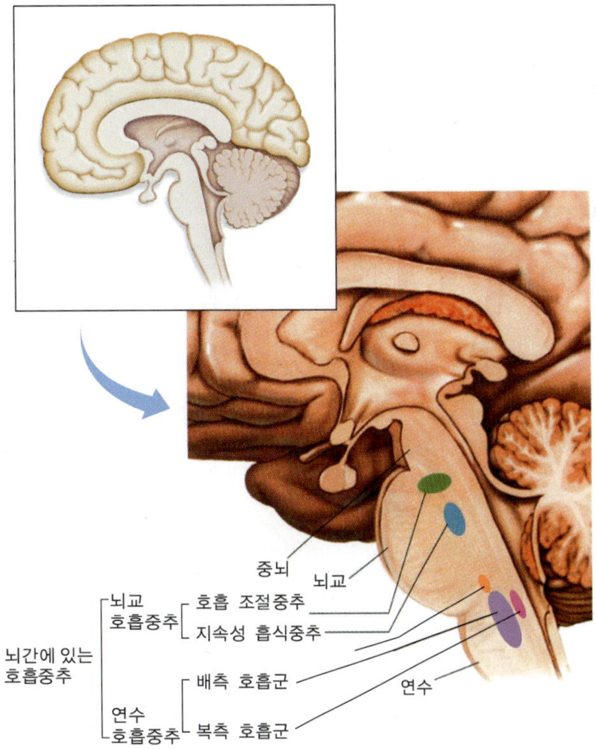

그림 9-10 호흡의 조절

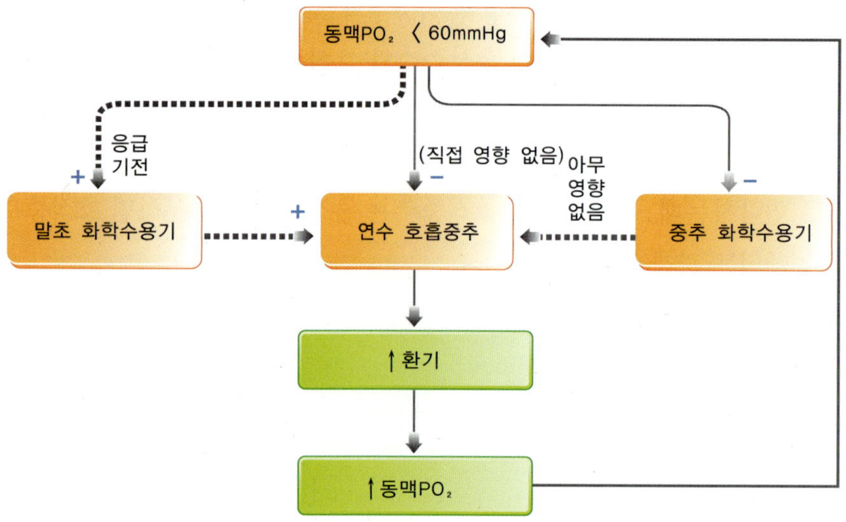

그림 9-11 뇌간에 있는 호흡 조절중추

Guide
중추 화학수용기
- 연수

말초 화학수용기
- 대동맥소체
- 경동맥체

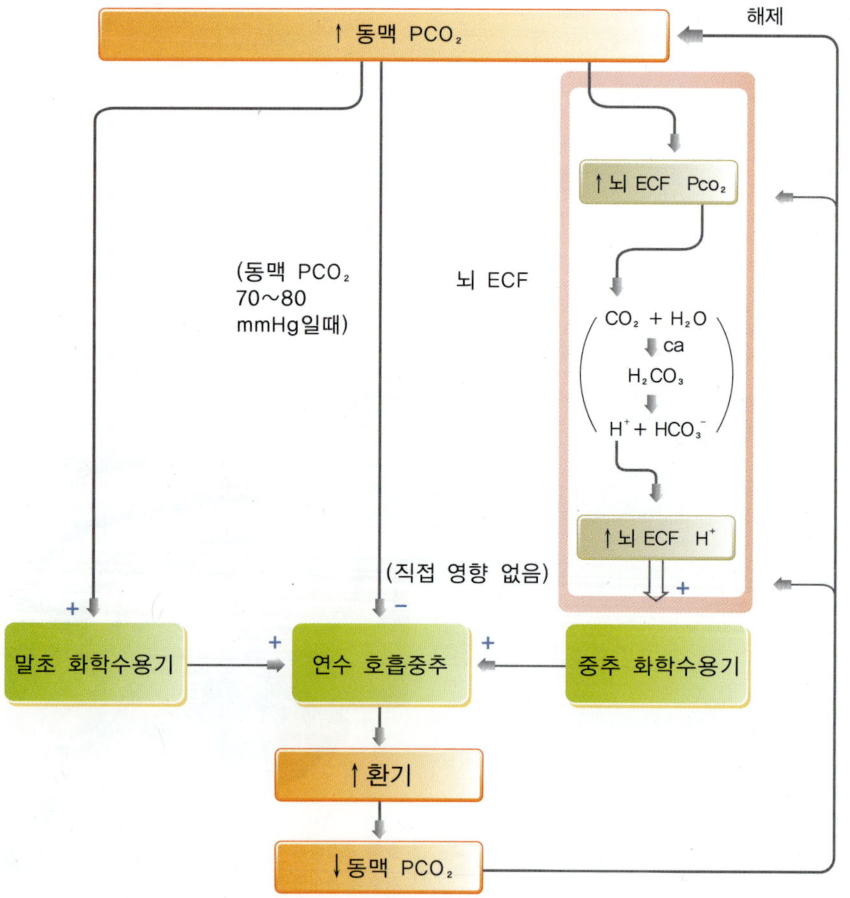

그림 9-12 증가된 동맥 PCO_2가 환기에 미치는 영향

예를 들어, 흡기가 절정에 달해 폐포가 팽창되면 폐의 호흡성 세기관지 또는 폐포벽에 위치하고 있는 **신장수용기**(stretch receptor)가 흥분되고, 이것이 구심신경흥분이 되어 호흡조절중추로 전달된다. 그러면 외늑간근과 횡격막으로 가는 수축성 신경흥분을 멈추거나 흥분빈도를 감소시킨다.

따라서 근육은 이완되어 호식을 일으킨다. 폐포가 수축되면 신장수용기에서 생성된 흥분이 멎게 되어 구심신경흥분이 없어진다. 그러면 호흡조절중추는 다시 횡격막과 외늑간근에 수축성 신경흥분을 보내서 흡식운동을 하게 된다.

2. 화학적 조절(chemical regulation)

혈액 내에 있는 탄산가스와 산소의 분압, H^+ 및 체온변화와 같은 신체 요구에 따라 호흡의 주기성이 조절되는 것을 화학적 조절이라고 한다.

check point

- 화학수용기(chemoreceptor)

체내에서 화학적 환경변화에 반응하는 수용체를 화학수용체라고 하는데, 이는 동맥혈의 PCO_2, PO_2 및 H^+의 변화에 민감하게 반응하여 환기량을 조절하게 된다. 화학수용기는 대동맥궁(aorticarc)에 위치하는 대동맥소체(aortic body), 외경동맥과 내경동맥의 분기점에 있는 경동맥체(carotid body)에 위치한다. 그리고 중추화학수용기는 연수상부의 PCO_2, H^+ 변동에 민감하게 반응하는 화학감수영역(chemosensitive area)이 있다(그림 9-12).

혈액 내의 PCO_2가 상승하게 되면 두 가지 경로에 의해 호흡운동이 자극받는데, 이는 말초화학수용기와 연수의 화학감수영역이다.

① 탄산가스가 **경동맥**이나 **대동맥궁**에 있는 **말초화학수용기**를 자극하여 구심신경 흥분성을 높여서 호흡운동을 촉진한다.

② 탄산가스의 상승으로 인해 증가된 H^+($H_2O + CO_2 \rightarrow H_2CO_3 \rightarrow H^+ + HCO_3$) 이온에 의해 나타난 산증에 예민하게 반응하는 연수의 화학감수영역에 영향을 미쳐서 호흡조절중추의 흥분성을 높여 호흡을 촉진한다.

어떤 경로든지 호흡이 촉진되면 많은 환기량을 얻게 되고, 따라서 탄산가스가 많이 배출되어 혈액 속에 있는 탄산가스의 분압은 낮아진다. 즉, H^+ 농도가 낮아지면 호흡조절중추의 흥분성도 낮아지므로 촉진되어 있던 호흡이 억제된다.

반면에 PO_2의 저하에 대해서는 말초화학수용체에서만 반응이 나타나며, 반응의 정도는 탄산가스의 작용에 비해 미약하다. PO_2가 60mmHg로 감소해야만 환기량의 증가가 현저하게 나타난다. 그러나 질식의 경우와 같이 PCO_2가 동시에 증가했을 때는 PO_2 저하에 대한 호흡반응에 상승적 효과를 주므로 환기량의 증가가 현저해진다.

그밖에도 신진대사의 촉진으로 생산된 대사산물의 축적으로 혈액이 산성화되어 호흡조절중추에 영향을 미치며, 호흡이 촉진된다. 또는 어떤 질병으로 발열상태가 계속되어 체온이 높아지는 경우에도 호흡조절중추는 자극되어 호흡이 촉진된다(그림 9–13 참조).

(a) 경동맥체의 위치와 구심신경 (b) 대동맥궁의 위치와 구심신경

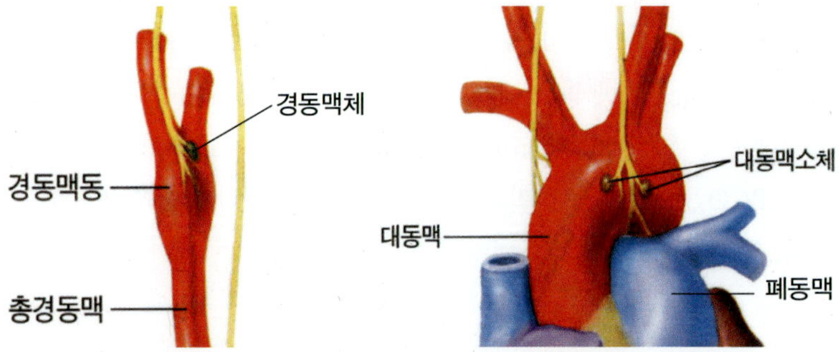

그림 9–13 화학수용기의 위치

표 9–3 폐와 혈액 및 신장에서의 산과 염기 조절작용

	폐	혈 관	신 장
산 증	↑ CO_2+H_2O 빨리 숨을 내쉰다. ⇄	$H_2CO_3 \rightleftarrows HCO_3^-+H^+$ HCO_3 혈액에 유지한다. →	H^+ 소변으로 배출
염기증	↓ CO_2+H_2O 천천히 숨을 내쉰다. ⇄	$H_2CO_3 \rightleftarrows HCO_3^-+H^+$ H^+ 혈액에 유지한다. →	HCO_3^- 소변으로 배출

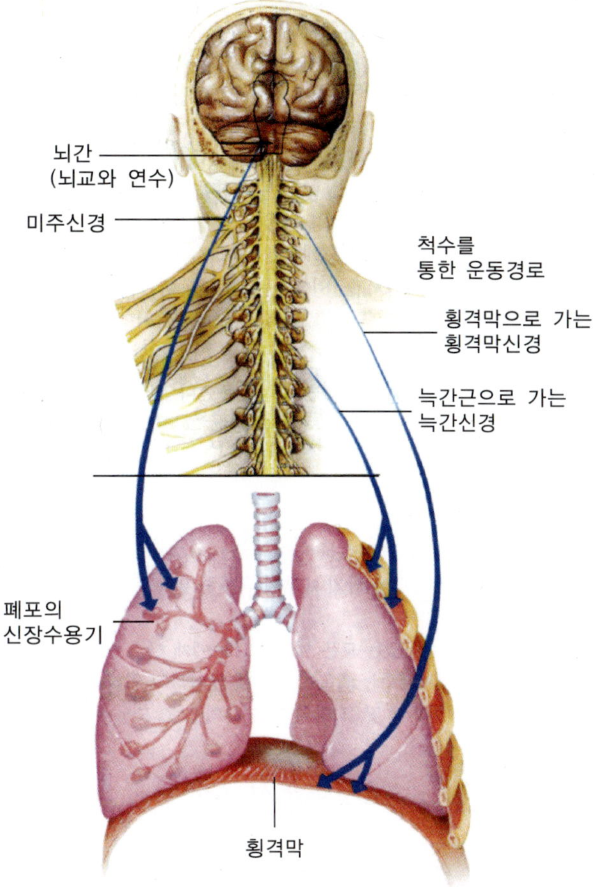

그림 9-14 호흡조절중추의 상호작용

9-7 산소결핍증

산소공급량이 적어서 조직의 산소 이용이 제한된 상태를 산소결핍증이라고 하며, 원인에 따라서 저장성·빈혈성·허혈성·조직중독성 산소결핍으로 분류하고 있다.

1. 저장성 산소결핍

흡기량 부족, 폐의 환기장애, 폐염, 폐기종 같은 질환에 의해 폐의 확산용량이 감소되어 동맥혈의 산소분압이나 산소포화도, 산소함유량이 감소해서 나타난다. 산소결핍에 의해서 과호흡 또는 빈호흡이 일어나고 호흡곤란을 느끼게 된다.

저장성 산소결핍이 장기간 계속되면 적혈구, 미오글로빈(myoglobin), 시토크롬(cytochrome), 미토콘드리아(mitochondria)가 증가하여 조직에서의 산소를 이용하기 쉬워진다. 뇌는 산소결핍에 매우 약해서 산소가 4~5분간 전혀 공급되지 않으면 장해가 나타나며, 심한 경우에는 회복이 불가능해 진다.

2. 빈혈성 산소결핍

빈혈성 산소결핍은 혈중 Hb이 감소되어 조직에 산소를 충분히 공급하지 못하는 상태이다(동맥혈의 산소분압, Hb의 포화도는 정상 혹은 그 이상이나 산소함유량은 감소한다).

정맥혈에는 산소분압, 산소포화도, 산소함유량이 감소한다. 혈액 중에 함유된 적혈구 양이 적은 경우와 적혈구의 헤모글로빈 양이 감소한 경우 또는 일산화탄소가 헤모글로빈과 결합하여 헤모글로빈과 산소가 결합되지 않는 경우에는 혈액의 산소운반능력이 저하되어 산소부전이 나타난다.

3. 허혈성 산소결핍 및 조직중독성 산소결핍

허혈성 산소결핍은 조직의 혈류량이 감소하여 조직에 산소결핍이 일어난 상태이다. 이에 반해, 조직중독성 산소결핍은 혈류에 의해 충분한 산소가 운반되더라도 조직으로 산소이동이 되지 않는 경우를 말한다.

이는, 청산중독 시에 청산이 시토크롬 산화로 산소작용을 저해하기 때문에 산소결핍 및 조직중독성이 발생한 것이다.

9-8 호흡의 종류

1. 정상호흡

안정상태에서 이루어지는 호흡을 **정상호흡**이라고 하며, 1분 동안에 13~22회 정도의 호흡수를 정상호흡수라고 한다. 이러한 호흡수는 나이·성별·자세·근육운동·체온·정신상태 및 질병에 따라 달라진다.

2. 호흡의 이상

(1) 무호흡(apnea)

무호흡은 호흡운동이 정지되는 경우인데, 의식적으로 심호흡을 계속하게 되면 자동적으로 호흡이 일시 정지된다. 이때 혈액 내 PCO_2는 40mmHg에서 15mmHg로 떨어지며, PO_2는 100mmHg에서 120~140mmHg로 높아지므로 호흡중추에 작용하던 자극이 감소되기 때문에 이러한 호흡이 일어난다. 호흡이 정지되면 자연히 혈액 내의 PCO_2가 높아져서 40mmHg로 증가하게 되며, 이때 CO_2는 호흡중추를 자극함으로써 호흡이 다시 시작된다.

(2) 호흡곤란(dyspnoea)

이는 호흡운동을 하는데 매우 힘이 드는 것을 말한다. 즉, 숨이 가쁘다든지, 가슴이 답답하다든지 하여 의식적으로 노력하지 않으면 호흡운동을 하기가 매우 힘든 상태를 말한다. 주원인은 혈액 속의 탄산가스분압이 높아지면서 호흡중추를 지나치게 자극하여 나타난다. 이러한 현상은 상기도의 저항을 크게 하는 천식, 복강·복막염·늑막염에서 많이 나타난다. 또한 폐포막의 두께를 크게 하는 폐염이나 규폐증환자에게서도 볼 수 있다.

(3) 체인스톡 호흡(cheyne-stokes respiration)

무호흡과 **호흡곤란**이 되풀이되어 계속 나타나는 것을 말한다. 이는 호흡중추의 흥분성이 현저하게 낮아져서 일어나므로 무호흡과는 다르다. 호흡중추의 흥분성이 낮아지므로 혈액 내의 PCO_2가 높아져야만 비로소 흥분하게 된다. 따라서 매우 힘겨운 호흡운동, 즉 호흡곤란을 일으킨다.

그 이후에 CO_2가 폐포를 통해 외부로 배출되면 자연히 혈액 내 PCO_2가 낮아져서 그 결과로 호흡이 정지되어 무호흡이 된다.

이 호흡은 두개강 내압의 상승, 마약 및 일산화탄소 급성중독, 중병으로 인한 빈사상태, 중추신경계의 질환, 혈액의 순환시간 증가에서 볼 수 있으며, 생체가 죽기 직전에는 반드시 체인스톡스 호흡을 한다.

(4) 비오 호흡(biot respiration)

교대성으로 무호흡이 일어나는 호흡형이다. 이 호흡형은 체인스톡스 호흡처럼 서서히 깊은 호흡이 되는 것이 아니고, 무호흡기에서 갑자기 과호흡이 시작되며, 과호흡기는 돌연 무호흡기로 바뀌는 특징이 있다. 또한 이 호흡형은 뇌압항진을 수반한 뇌염·수막염·뇌종양 등에서 나타나는 경우가 있다.

(5) 쿠스말형 호흡(kussmaul respiration)

중증인 당뇨병과 신부전으로 과산증(acidosis)이 강한 때, 같은 호흡이 비교적 규칙적으로 이어지는 호흡형이다.

check point

감기와 영양

인간이 가장 쉽게 자주 걸리는 병이 감기이며, 이런 감기 중 독감을 인플루엔자라고 한다. 이들의 병원체는 바이러스(virus)로 인체가 감염되면 갑자기 고열이나 추위를 느끼며 떨고 기침을 하고 콧물이 나며 목이 아픈 등의 여러 증세를 호소하게 된다. 보통 기관지나 폐 속으로 들어가지 못하던 잡균들이 폐로 들어가서 기관지염(bronchitis) 및 폐렴(pneumonia) 등을 일으키기도 하고, 구조가 서로 통해 있기 때문에 중이염(otitis media), 부비강염(sinusitis)이 되기도 한다.

감기의 병원성 바이러스가 몸 속에 침입했다고 하여 누구나 다 감기에 걸리는 것은 아니다. 감기에 걸리면 미생물의 발병력과 우리 몸의 저항력이 서로 겨루게 되고, 대개는 우리 몸이 병을 이겨내지만, 이기지 못하면 발병하게 된다. 그러므로 평소에 적당한 운동과 영양섭취 등으로 건강을 유지하여 감기에 대한 저항력을 기르는 것이 감기를 이겨내는 지름길이다. 감기의 바이러스에 대한 면역체는 오래지 않아 소실되며, 최근의 독감예방접종도 감기를 약한 상태로 지나치게 할 뿐, 큰 효과가 없는 실정이다.

감기와 특정 영양소와의 관계는 비타민 C의 효과가 추측된다. 감기에 걸려 있는 동안에는 백혈구 내의 아스코르브산(Ascorbic Acid) 함량이 감소되며, 아스코르빈산을 대량으로 섭취하면 백혈구 내의 그 수치가 정상치로 돌아온다고 하여 폴링(Pauling)은 아스코르브산의 대량섭취가 감기를 예방하거나 치료한다고 주장하였다.

그러나 감기의 예방과 감염기간 단축에 과연 효과가 있는지에 대해서 지속적이고 명확한 증거가 부족하다. 다만, 아스코르브산을 다량 섭취하면 혈액 내 히스타민의 함량이 감소되는 것으로 보아, 다량의 비타민 C 섭취가 감기예방 및 기간 단축에 효과가 있을 것으로 추측된다.

9-9 산-염기 평형(Acid-base balance)

세포의 대사과정에서 생긴 이산화탄소, 탄산, 인산, 황산 등의 유기산(organic acid)은 계속해서 세포외액으로 배출된다. 그 중에서 탄산과 같은 휘발성산(volatile acid)은 폐를 통해, 그리고 비휘발성산(non-volatile acid)은 신장을 통해 배설된다. 이와 같이 상당한 양의 산이 계속해서 세포외액으로 배출된다. 그러나 세포외액의 pH가 별 변동을 일으키지 않는 이유는 세포외액의 완충작용 때문이다.

병적으로 또는 약물에 의해 완충작용이 저하되면 세포외액의 pH가 변화되는데, 그 원인에 따라 호흡성 및 대사성 과산증 혹은 과염기증으로 분류한다. 호흡중추 기능이 억제되거나, 기도가 기계적으로 막히거나, 폐의 병변으로 이산화탄소가 축적되면 호흡성 산혈증이 나타난다. 이와는 반대로 체온이 증가하거나 고산지대와 같이 저산소증(hypoxia)에 노출되거나, 주위 온도가 높거나 또는 호흡중추를 자극하는 약물을 먹었을 때에는 체내 이산화탄소 함량이 감소되어 호흡성 알칼리혈증이 초래된다.

또는 신부전(renal failure)으로 인산, 황산, 유기산 등의 배설이 원활하지 않거나, 당뇨병으로 케톤체 형성이 증가하거나, 설사 등으로 체액이나 장액이 손실되면 대사성 과산증이 나타난다. 반대로 구토가 지속되면 대사성 과염기증이 나타난다.

check point

산증(acidosis)과 염기증(alkalosis)

혈장의 pH가 정상범위보다 낮아진 경우를 산증(acidosis)이라 하고, 높아진 경우를 염기증(alkalosis)이라고 하며, 각각에 두 가지의 주요원인이 있다. 그 하나는, 호흡기계에 장애가 있을 때 체액 중의 CO_2 농도가 낮아지든가 높아지든가 할 경우로, 각각 대사성 산증, 대사성 염기증이라고 한다.

이것은 대사이상에 의해 유기산이 생산된다든가 신장기능장애에 의해 CO_2 이외의 산 배설이 장애를 받아 그 물질이 체내에 축적할 경우에 일어난다. 산이 체내에서 증가하면 HCO_3^-가 산을 중화하기 위해 사용되며, 그 농도가 낮아진다. 그런 결과로 산증이 일어난다.

일반적으로 호흡성 산증에서는 동맥혈 중의 PCO_2 상승으로 호흡곤란이 일어나고, 호흡성 염기증에서는 동맥혈 중의 PCO_2가 저하되어 과도호흡이 일어나며 대사성 산증에서는 동맥혈 HCO_3^-감소로 설사를 초래하고, 대사성 염기증에서는 동맥혈 HCO_3^-의 증가로 구토가 유발된다.

Chapter

10. 소화와 흡수

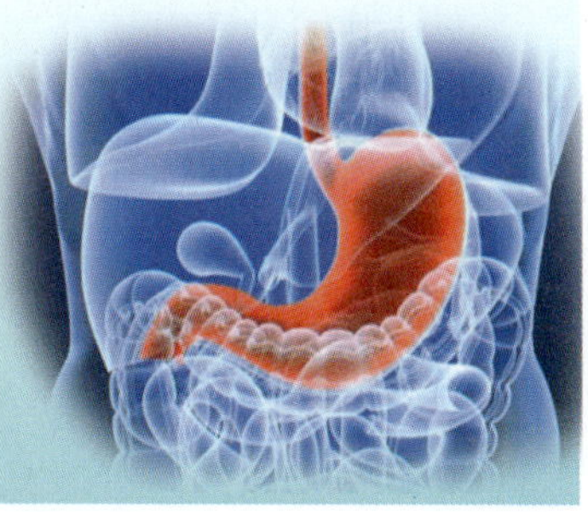

소화기관은 소화관(구강·인두·식도·위·소장·대장과 항문 등)과, 소화관의 일부는 아니지만 소화관과 연결되어 분비작용을 하는 분비기관(침샘·간·담낭과 췌장)들로 이루어져 있다.

성인의 소화관은 약 9 m 길이의 긴 관으로, 입에서부터 항문까지 연결되어 있다. 엄밀히 말해서 소화관 내부(lumen)는 외부환경과 연결되어 있기 때문에 소화관 내의 내용물들은 인체의 외부환경이라고 말할 수 있다.

예를 들면, 대장 내에는 수많은 세균이 살고 있는데, 이들은 대부분이 무해하고 인체에 유익한 세균도 있다. 그러나 맹장이 터진다거나 하는 경우에, 동일한 세균이 혈액 내로 들어온다면 이러한 세균들은 매우 위험하고 심지어는 치명적인 경우도 있다.

우리가 섭취하는 대부분의 음식물에는 탄수화물, 지방, 단백질과 같은 영양소들이 거대분자 상태로 들어 있다. 그것들은 곧바로 소장벽을 통과할 수 없기 때문에 섭취한 음식물이 흡수되기 위해서는 반드시 크기가 작은 분자로 잘라져야 하는데, 이것이 '소화작용(digestion)'이다. 이러한 분해와 절단과정은 위에서 분비되는 염산이나, 췌장의 외분비선 등에서 분비되는 여러 소화효소에 의해 일어난다.

소화과정은 저작이나 소화관의 운동과 같은 기계적인 소화작용과 소화관 및 부속기관에 의해 분비되는 소화효소에 의한 화학적인 가수분해 작용으로 이루어지며, 소화관 점막은 모든 과정 동안 소화관 분비선에서 분비되는 점액에 의해 물리·화학적인 외상으로부터 보호된다.

흡수(absorption)는 소화과정을 통해 가수분해된 영양소의 최종분해산물들이 소화관 점막을 통과해서 체내로 들어가는 과정이며, 대사(metabolism)란 세포 내에서 영양소가 에너지와 열로 전환되고 새로운 물질이 합성되는 모든 과정을 말한다(그림 10-1).

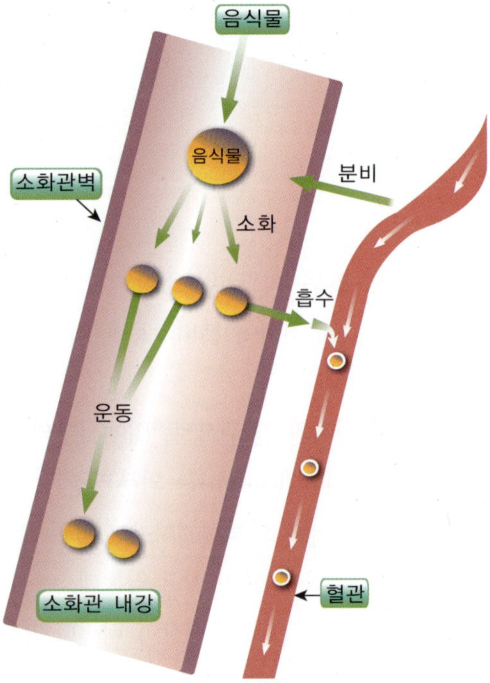

그림 10-1 소화관에서의 소화과정

check point

소화와 흡수 및 분비와 운동성

- 소 화(digestion) : 음식물 중 크기가 큰 분자(macromolecules)들을, 소화관벽을 통과할 수 있는 크기의 작은 분자(micromolecules)로 잘라 주는 작용. 소화관의 운동으로 인한 기계적인 소화와, 소화효소에 의한 화학적인 소화작용이 있음.
- 흡 수(absorption) : 소화작용으로 생긴 분자들이 장내피세포(epithelia cell)벽을 통과해서 장 내부(lumen)에서 혈액이나 림프 속으로 들어가는 것.
- 분 비(secretion) : 외분비선으로부터 소화관 내로 소화물질을 방출하는 것.
- 운동성(motility) : 소화관벽의 평활근 수축으로 음식물과 소화효소들이 섞이면서 입에서 항문으로 이동시키는 작용.

10-1 소화관의 구조와 특성

소화관은 섭취한 음식물을 최대한 흡수할 수 있는 구조로 되어 있다. 따라서 소량의 대사산물(metabolic product)만이 소화관을 통해서 배설되며, 내부환경에서 형성된 노폐물은 대부분이 폐와 신장을 통해서 제거된다. 다시 말해서 소화관의 노폐물 제거기능은 미약하다.

대변은 대부분이 세균과 흡수되지 않은 물질들인데, 이것들은 내부환경에서 생성된 노폐물이 아니다.

1. 소화관의 구조

음식물을 섭취하여 그 중의 영양소를 소화시켜 양분을 흡수하는 기관계를 '소화기계(gastrointestinal system)'라고 한다. 소화기계는 입에서부터 항문에 이르는 긴 관으로, 약 9m에 달한다. 음식물이 그 사이를 통과하는 소요시간은 평균 약 24시간이다.

입으로 섭취한 음식물은 위를 거쳐 소장과 대장으로 이어지며 전체 소화관을 통해 소화·흡수 과정을 거친 나머지 노폐물은 항문으로 배설된다.

소장은 십이지장, 공장 및 회장으로 이루어져 있다. 그리고 대장은 결장, 맹장 및 직장으로 되어 있다. 이러한 고유의 소화관 외에 부속기관으로 타액선, 간장, 췌장 등이 소화관과 관을 통해 연결되어 있어서 소화액을 공급해 주고 있다.

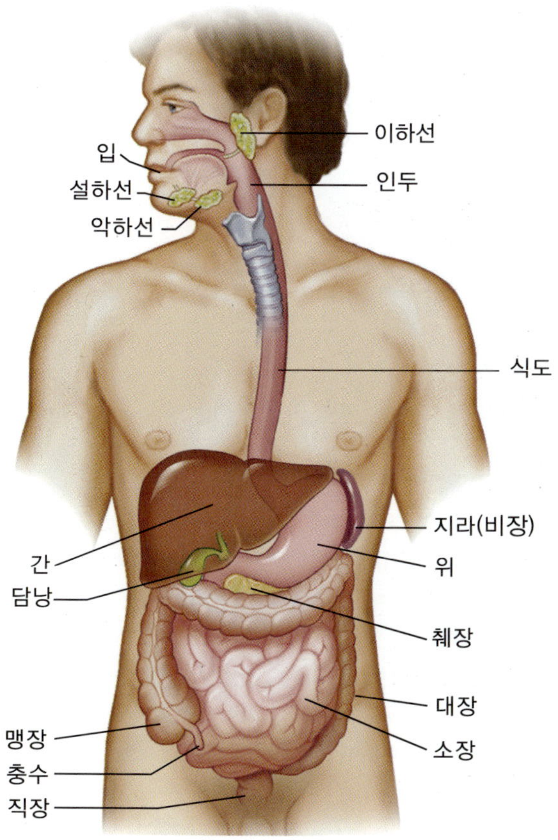

그림 10-2 소화관의 구조

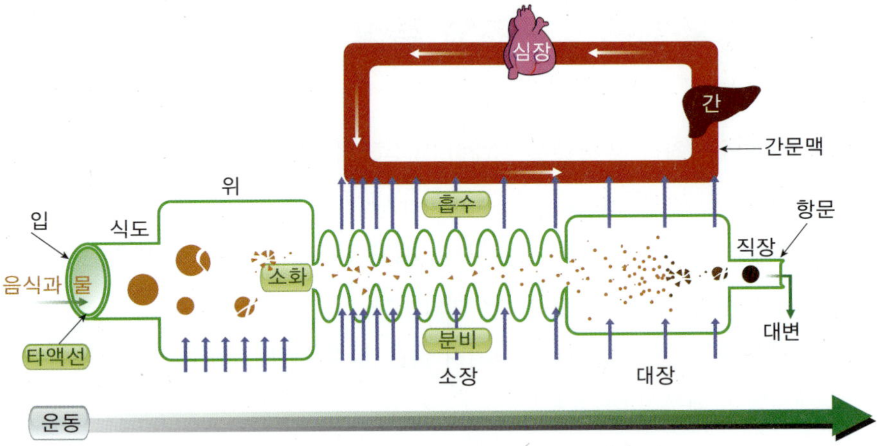

그림 10-3 소화관에서의 소화와 분비 및 흡수와 운동과정

2. 소화관 벽의 구조

소화관의 횡단구조를 살펴보면 식도(esophagus)의 중간부분부터 항문에 이르기까지 소화관 벽은 공통적으로 그림 10-4와 같은 구조로 이루어져 있다. 소화기관 내부쪽(luminal side) 표면은 흡수를 최대한 늘리기 위해 매우 주름진 구조로 되어 있다. 소화관의 벽은 점막층–점막하층–근육층, 그리고 장막층의 네 층으로 이루어져 있으며, 많은 신경세포가 분포되어 있다.

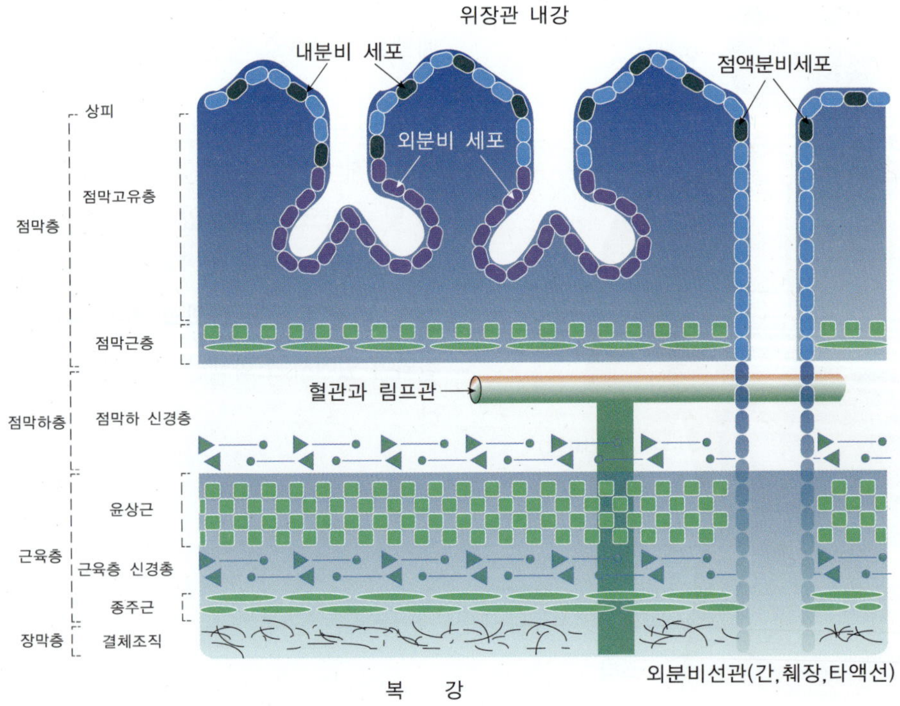

그림 10-4 소화관 벽의 구조

(1) 점막층(mucosa)

소화관 벽의 가장 내층으로, 상피세포층과 이것을 지지하는 결합조직(connective tissue)으로 구성되어 있다.

위에서부터 관찰되는 상피세포(epithelial cell)는 외분비선을 이루어 소화액(digestive juice)과 점액을 분비한다.

소화액은 입과 회장 사이에서 분비된다. 그리고 점액은 입에서 항문까지 분포하는 모든 선에서 분비되며, 소화관의 점막을 보호하고 윤활제의 구실을 한다. 점막층은 상피(epithelium), 고유층(lamina propria), 점막 내 근육(muscularis mucosa)의 세 층을 말한다.

(2) 점막하층(submucosa)

점막층의 바로 아래쪽에 위치하고, 신경세포가 분포되어 있으며, 아래의 근육층과 연결된 혈관과 림프관이 있다.

(3) 근육층(muscularis externa)

입·인두·식도상부 및 외항문괄약근을 제외하면 모두 평활근으로 구성되어 있으며, 근육의 수축과 이완으로 음식물이 혼합되고 이동한다.

① **환상근**(circular muscle): 비교적 두껍고 안쪽에 위치한 근육이다. 소화관 축에 직각으로 배열되어 수축되면 관의 직경을 좁게 한다.

② **종주근**(longitudial muscle): 비교적 얇고 소화관 축에 평행되게 배열되어 수축하면 관의 길이가 짧아진다.

환상근과 종주근의 작용으로 소화기관의 운동이 일어나게 된다.

(4) 장막층(serosa)

식도를 제외한 소화관의 가장 바깥층을 싸고 있는 결합조직이다. 소화관을 보호하고 지지하는 역할을 한다. 장막은 장간막(mesentery)과 연결되어 있는데, 이 장간막 속에는 소화관과 연결된 신경과 혈관 및 림프절과 림프관이 위치하고 있다. 식도는 장막 대신 섬유막으로 덮여 있고, 기관과 거의 밀착되어 있다.

소화관에 분포되어 있는 신경은 자율신경(교감신경과 부교감신경)으로, 부교감신경의 흥분성이 증가하면 소화관의 운동과 소화액의 분비가 촉진되며, 교감신경의 흥분성이 증가하면 소화관의 운동과 소화액의 분비가 억제된다.

소장벽에는 영양소의 흡수를 늘리기 위해 소장벽이 주름져 있는 융모(villi) 구조를 이루고 있다. 각 융모의 표면은 미세융모(microvilli)가 덮고 있다. 융모와 미세융모는 소장의 표면적을 600배 이상 증가시킨다. 사람 소장의 최대 표면적은 약 300 m^2나 되는데, 이 면적은 테니스장의 면적과 같다.

소화관 내부의 상피세포 표면은 계속 세포의 분열이 일어나서 오래된 세포들이 새로운 세포로 대치되고, 떨어져 나간 세포들은 소화관 내에서 소화과정을 거치게 된다. 매일 약 1억7천만 개의 세포들이 바뀌고 있으며, 이것은 대략 5일마다 소장 상피세포 전부가 새것으로 바뀌는 것과 같다.

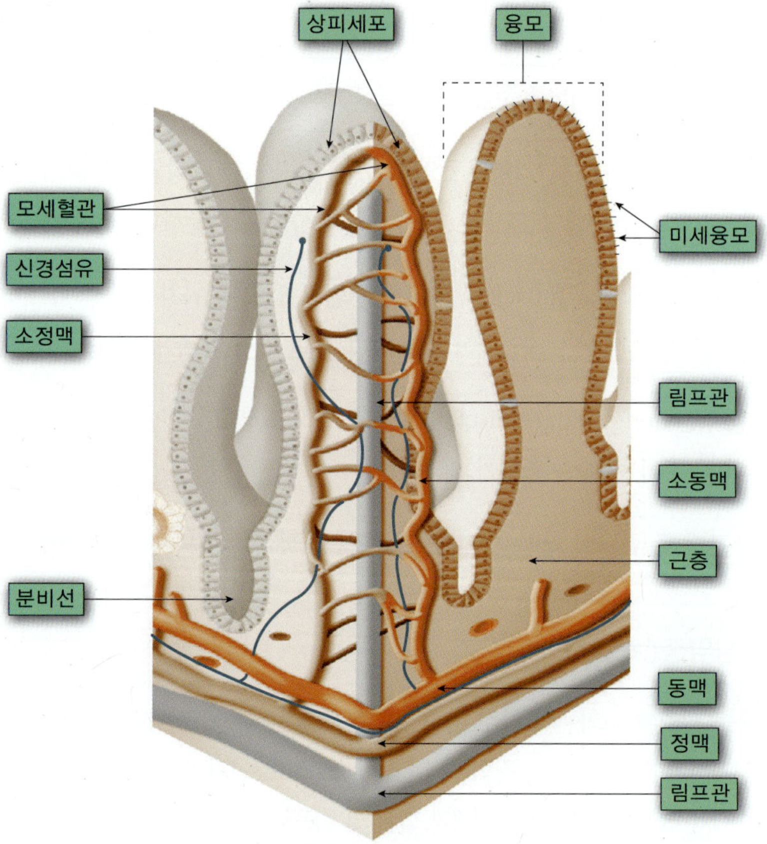

그림 10-5 소장 융모의 구조

이처럼 상피세포의 교체율이 빠르기 때문에 방사선 조사나 항암제와 같이 세포분열을 방해하는 약물들에 의해 쉽게 손상이 일어나기도 한다.

소장 융모의 내부에는 림프관인 유미관(lacteal)과 모세혈관이 닿아 있고, 모세혈관은 간문맥을 통해 간으로 들어간 후에 정맥계로 들어간다. 따라서 소장의 모세혈관을 통해 흡수된 영양소들은 일반 순환계로 들어가기 전에 먼저 간으로 가서 대사될 수 있다.

10-2 치 아(tooth)

1. 치아의 종류

치아는 유치(젖니)와 영구치로 나눌 수 있다. 유치는 생후 6~7개월부터 나오기 시작하여 2~3세에 전부 완성되며, 상하 각각 10개씩 20개이다. 유치가 빠지면 영구치가 나오게 되는데, 영구치는 상하 각각 16개씩 32개가 있다.

$$\text{유 치: } \frac{2.1.2}{2.1.2} \times 2 = 20$$

$$\text{영구치: } \frac{2.1.2.3}{2.1.2.3} \times 2 = 32$$

2. 치아의 구조

치아는 치관(tooth crown)과 치근(tooth root)으로 나뉜다. 치관은 밖으로 나와 있는 부분이고, 치근은 그 안에 들어 있는 부분이다. 치관과 치근 사이를 '치경부(tooth neck)'라고 한다. 젖니가 빠지고 나서 나온 영구치의 치근은 1개다. 하지만 소구치에는 1~2개가 있고, 대구치에는 2~3개가 있다.

치아의 가운데에는 상아질(dentin)이 있고, 치관의 밖은 에나멜질이 덮고 있다. 그리고 치근의 표면은 시멘트질로 덮여 있다. 상아질 안에는 치수강(pulp cavity)이 있으며, 그 속에 치수가 들어 있다. 치아의 주요부분은 에나멜질, 상아질, 시멘트질로 구성되어 있으며, 모두 석회염류를 다량 포함하고 있다. 그 중에서도 특히 에나멜질은 무기질이 97~98% 함유되어 있어 가장 단단하다.

10-3 음식물 섭취와 조절

한국인들의 식품 섭취량은 하루에 약 1,000g 내외로 비교적 일정하게 유지되고 있다. 운동과 같이 에너지의 소비가 많을 때는 음식물의 섭취량도 증가하게 된다.

공복감(hunger feeling)은 음식물을 섭취하고 싶은 욕구의 인식이다. 공복감은 보통 위의 수축과 연관된 공복통(hunger pain)과 증가된 타액의 분비, 음식물을 찾는 행위를 수반한다. 그러나 실험적으로 위를 적출하고 난 후에도 공복감을 느낄 수 있으므로 공복감은 단순히 위가 비었을 때에 위의 수축으로 인해 나타나는 현상은 아니다.

공복감이 음식물에 대한 욕구의 인식이라면, **식욕**(appetite)은 음식물을 섭취하고 싶은 욕망이다. 공복감은 생리적 변화에 영향을 받는 반면, 식욕은 감각기관의 자극과 같은 여러 요인들에 의해 영향을 받고, 공복감이 사라지고 난 후에도 지속될 수 있다.

포만감(satiety)은 음식섭취 후의 공복감 상실을 의미한다. 공복감과 포만감은 신경계인 시상하부에 의해 조절된다.

(1) 섭식중추(feeding center)

시상하부(hypothalamus)의 복외측핵(ventrolateral nuclei)에 존재하며, 이곳을 자극하면 음식물을 섭취하게 된다. 개의 경우에 시상하부의 양쪽 외측을 자극하면 과식을 하게 되지만, 이 부분을 파괴하면 먹이를 보고도 먹지 않게 되어 체중이 감소하는 것을 볼 수 있다.

(2) 포만중추(satiety center)

시상하부의 복내측핵(ventromedial nuclei)에 존재한다. 포만중추를 자극하면 더 이상의 음식물 섭취를 억제하며, 이 부분을 파괴하면 비만이 되어도 계속 음식물을 섭취하게 된다.

이들 두 중추가 길항적으로 작용하여 균형을 이룰 때 정상적인 음식섭취가 이루어진다.

10-4 소화관의 조절 작용

위장관 내에서의 조절은 기본적으로 신체의 영양상태에 의해 조절된다기보다는 장내용물의 부피와 성분에 의해 조절된다.

위장관 반사는 몇몇 장내의 자극에 의해 시작된다. 즉, 장내용물에 의한 장벽의 확장과 미즙(chyme)의 삼투압, 미즙의 산도 및 단당류, 지방산, 펩타이드와 아미노산과 같은 특정 소화물들의 농도에 의해 자극된다. 이러한 자극들은 소화관 벽에 있는 기계적 수용체(mechanoreceptor)와 삼투수용체(osmoreceptor) 및 화학수용체(chemoreceptor) 등을 자극하여 소화관 벽을 수축시키거나 소화액을 분비하도록 한다.

위장관에서의 조절작용은 신경성 조절과 호르몬 조절이 있다.

1. 신경성 조절(neural regulation)

자율신경인 교감신경과 부교감신경은 모두 소화관에 닿아 있으며, 이 경로를 통해 중추신경계는 소화관의 운동과 분비작용에 영향을 미칠 수 있다. 또한 중추신경계와는 독립적인 신경반사도 일어나며, 냄새나 감정상태 등도 중추신경계를 통해 영향을 준다.

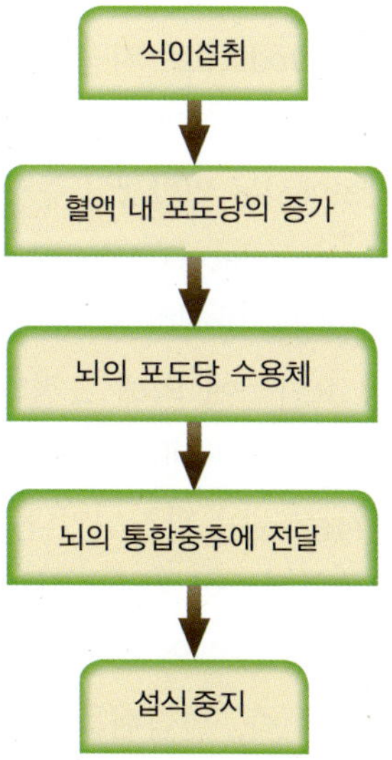

그림 10-6 혈당에 의한 섭식조절 기전

check point

섭식조절에 관련된 요인들

최근에 비만이 사회적인 문제로 대두되면서 섭식조절에 대한 관심이 증가하고 있다. 음식의 섭취는 식품의 냄새와 모양, 맛, 그리고 뇌의 조절작용에 의해 영향을 받는 것으로 알려지고 있다.

1953년 메이어(Mayer)가 항당기설(glucostatic control theory)을 주장한 이후, 혈액 내 포도당의 농도가 배고픔의 신호가 될 수 있음이 밝혀졌다.(그림 10-6)

식이 내 단백질과 탄수화물의 비율도 혈청 속의 중성아미노산과 트립토판의 비율에 영향을 주어 뇌에서 트립토판의 흡수를 결정하게 되는데, 트립토판은 세로토닌(serotonin)의 전구물질로 작용하고 세로토닌은 포만감을 느끼게 하여 식이섭취에 영향을 주게 된다.

세로토닌의 농도가 높아지면 식이 섭취가 저하되므로 이것을 기초로 한 다양한 비만 치료제가 개발되고 있다. 그 밖에 식이지방의 섭취가 식이조절 인자로 된다는 항지방이론(lipostatic theory)도 있으나 널리 받아들여지지는 않고 있다. 최근에는 식이섭취 조절이 간에서 이루어진다는 이론이 대두되고 있다.

포도당 외에 여러 호르몬들도 섭식조절에 관여할 것으로 생각되고 있다. 예를 들어, 인슐린은 식후에 증가하며, 배고픔을 억제하여 식이섭취를 감소시키는 역할을 한다. 글루카곤은 고단백식이나 혼합식이를 한 후에 증가하는데, 역시 배고픔을 억제하는 것으로 보인다.

렙틴(leptin)은 체내에서 항비만 요인으로 작용하며, 식이섭취를 증가시키는 펩타이드(NYP; neuropeptide)의 농도를 저하시키고 활성을 약화시킨다. 렙틴은 비만유전자의 생성물(ob gene product)로 지방조직에서 분비되며, 시상하부를 통해 식욕을 조절한다. 열량섭취가 증가하면 흰색지방세포의 렙틴 발현이 증가되어 식이섭취가 억제되고, 또한 갈색 지방세포에서는 열발생이 증가하여 포도당이 지방으로 저장되는 것을 억제한다. 당류코르티코이드(glucocorticoid)는 렙틴의 합성을 촉진하며, 카테콜라민(catecholamine)은 렙틴의 합성을 방해한다.

식이섭취는 다른 여러 요인들에 의해 조절되지만 냄새나 맛 및 질감 등도 영향을 준다. 사람들이 좋아하는 카페테리아식 식이를 공급한 쥐들의 70~80%는 과식을 했으며, 곧 비만해지는 것이 관찰되었다. 또한 비만한 사람들에게 튜브에 든 단조로운 음식을 주었을 때 체중이 감소하였다.

동기유발이나 욕구 및 스트레스와 같은 행동적 요인(behavioral factor)도 섭식조절에 중요한 작용을 한다. 즉, 실험쥐들의 꼬리를 찌르는 자극(tail-pinching)을 계속하면 과식을 하며, 마약과 비슷한 구조를 갖는 약물을 투여하면 식욕이 저하되었다.

2. 호르몬 조절(hormonal regulation)

소장 점막표면에는 상피세포가 있고 여기에는 많은 내분비세포가 분포되어 있다. 미즙 내의 여러 물질들이 호르몬의 분비를 자극한다.

대표적인 위장관 호르몬으로는 세크레틴(secretin), 콜레시스토키닌(cholecystokinin, CCK), 가스트린(gastrin), GIP(glucose insulinotropic peptide)가 있다. 이들 호르몬은 한 개 이상의 표적기관(target organ)을 갖고 있으며, 되먹이 기전에 의해 조절(feedback control)된다.

표 10-1 위장관 호르몬의 기능

호르몬 / 구분	가스트린 (gastrin)	CCK	세크레틴 (secretin)	GIP
구 조	펩타이드	펩타이드	펩타이드	펩타이드
분비장소	위	소 장	소 장	소 장
자극물질	위 내의 아미노산, 펩타이드, 부교감신경	소장 내의 아미노산, 지방산	소장의 산(acid)	소장의 포도당과 지방
억제물질	위 산	–	–	–
기 능	위산 분비촉진 소장과 대장의 운동 자극	secretin의 작용 촉진 췌장의 소화효소 분비촉진 담낭수축 자극 괄약근 이완	위산분비 억제 위의 수축 억제 췌장의 중탄산염 분비촉진 CCK 작용 촉진 간의 중탄산염 분비 촉진	인슐린 분비촉진

10-5 입에서의 소화

구강은 음식물을 섭취하여 치아나 근육의 운동에 의하여 기계적으로 잘게 씹고, 타액선에서 분비되는 타액을 혼합시킴으로써 소화액의 작용을 쉽게 한다.

1. 입에서의 운동

1) 저작운동(mastication)

저작운동은 구강 내에서 일어난다. 즉, 4개의 저작근과 혀의 협동운동으로 치열 사이로 운반된 음식물이 턱의 운동에 의하여 잘게 부서진 후에 침과 섞이게 된다. 이것은 대뇌피질에 의해 수의적으로 시작되지만, 저작중추인 연수에 의해 반사적으로 수행된다.

[저작의 목적]

① 음식물의 크기를 작게 하여, 연하작용을 도와 준다.
② 침과 충분히 섞여, 타액의 소화작용을 쉽게 받도록 한다.
③ 미뢰(taste bud)를 통한 미각의 자극을 강화시키는 작용을 한다. 단맛은 수용액 상태에서만 느낄 수 있으며, 저작 정도에 따라서 느낄 수 있는 맛이 달라진다. (chapter 14 참조)

check point

질 식

한국인들은 누구보다도 식사시간이 빠른 것으로 알려져 있다. 빨리 식사를 하다 보면 음식물을 잘 씹지 않고 덩어리째 삼키게 되는 경우가 있다. 그것은 공기가 폐로 들어가는 통로인 기도를 막을 수도 있으므로 매우 위험하다. 매년 이러한 질식으로 인해 사망하는 사람들이 있으며, 이것은 종종 심장마비로 혼동되기도 해서 막힌 음식물을 제거하여 기도를 확보하려는 노력을 하지 않게 된다.

하임리히 요법(Heimlich maneuver)은 기도로부터 음식물을 제거하기 위한 좋은 방법이다. 기도가 막힌 사람의 뒤쪽에 서서 배꼽 윗부분을 양손으로 감싸고는 위쪽으로 강한 압력을 빠르게 가하면 복강 내의 압력이 증가하여 횡격막을 위로 올라가도록 해서 기도의 압력을 올리는 강제 호흡법으로, 이물질을 뱉어내도록 한다.

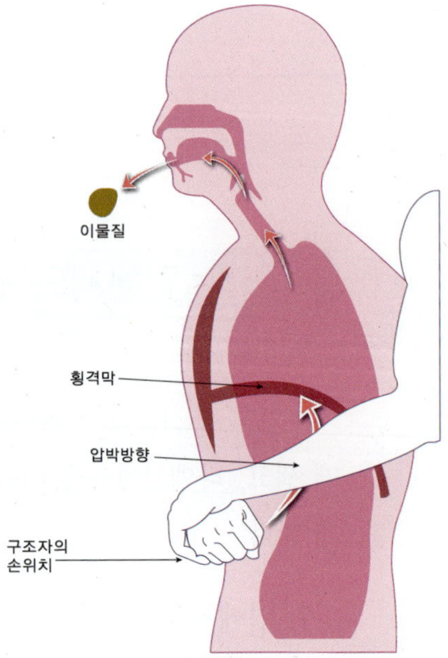

그림 10-7 하임리히 요법

Guide

연수
(medulla blongata)

연수에는 소화작용과 관련된 많은 중추들이 존재한다. 연하중추외에 타액분비중추, 저잔반사중추, 흡반사중추, 구토중추, 위액분비중추 등이 있다.

2) 연하작용(swallowing, deglutition)

입 안에서 만들어진 식괴(bolus)가 인두와 식도를 거쳐서 위로 들어가기까지의 과정을 '연하(swallowing)'라고 한다. 이때의 시간은 5~10초가 걸리며, 연하중추는 뇌의 연수(medulla oblongata)에 위치한다.

2. 입에서의 소화

1) 타액의 특징

타액선(salivary gland)은 이하선(parotid gland), 악하선(submandibular gland) 및 설하선(sublingual gland) 등이 각각 한 쌍씩 있고, 그 외에 입안 전체에 흩어져 있는 협선 형태의 작은 타액선들로 구성되어 있다. 타액의 분비량은 1일 1~1.5L(약 1 mL/1 min)이며, 주로 식사할 때 분비되나 식사와 관계없이 시간당 15 mL씩 분비되고 있다.

타액은 pH 5.45~6.06의 약산성이며, 완충제로서 HCO_3^-와 HPO_4^{2-}가 존재하므로 강산이나 강알칼리성 식품을 섭취하여도 pH가 잠시 변할 뿐이지 타액의 pH는 일정하게 유지된다.

2) 타액의 기능

타액의 주성분은 아밀라아제(amylase)와 뮤신(mucin)이다. 뮤신은 물과 함께 섞이면 매우 점액성인 용액이 된다. 침 속의 프티알린(ptyalin)은 가용성 전분을 맥아당(85%)과 포도당(13%)으로 가수분해한다.

음식물이 입 속에 머무는 시간은 짧기 때문에, 타액의 효소작용이 진행되기 전에 음식물은 식도를 통해서 위로 보내진다. 따라서 타액 중 프티알린의 소화작용은 위 속에서도 음식물이 위액에 의해 산성이 될 때까지인 15~30분 동안 계속된다. 이때 전분의 50% 정도가 가수분해를 받게 된다. 개, 말, 고양이 등의 동물은 타액 중에 프티알린을 함유하고 있지 않으며, 타액 속에 프티알린의 분비는 사람에게서만 볼 수 있다.

그 밖에 타액은 음식물을 적셔서 부드럽게 하여 삼키기 쉽게 도와 주는 일과, 음식물을 용해시켜서 미뢰를 자극하여 맛을 느끼게 하고 식욕을 촉진시키는 역할을 한다. 또한 구강을 깨끗이 해주고, Ca^{2+}이 많아서 충치발생을 지연시키며 말을 하기 쉽게 하고, 체내에 들어온 바이러스나 Hg 및 Pb 등의 분자량이 큰 물질을 배설하기도 한다. 타액에는 sIgA가 함유되어 있어서 면역반응을 나타내기도 한다.

3) 타액분비의 조절

타액선에는 교감신경과 부교감신경이 풍부하게 분포되어 있다. 다른 기관에서와는 달리, 구강에서는 교감신경이나 부교감신경 중 어느 것을 자극해도 타액의 분비는 촉진되지만, 그 특성에 차이가 있다. 교감신경을 자극시키면 타액의 분비량은 적어지는 반면에, 농도가 진한 타액이 분비된다. 한편, 부교감신경을 자극하면 점성이 적은 다량의 타액이 분비된다. 실제로 타액분비에 있어서 부교감신경의 역할이 중요하다.

음식물을 섭취하면 화학수용체와 압력수용체의 자극에 의해 타액분비가 시작된다. 이것은 음식물이 구강점막을 자극하는 기계적 자극이나 음식물의 신맛 또는 단맛 등의 맛에 의한 화학적인 자극에 의해서 입안에 분포되어 있는 신경이 흥분하여 연수에 존재하는 타액중추를 흥분시켜 반사적으로 나타나는 현상이다. 이렇듯 다시 반복되는 반사를 '무조건반사(unconditioned reflex)'라고 한다.

반면에 음식물이 없더라도 맛있는 음식을 본다든지, 냄새를 맡는 경우나 또는 생각을 하는 것과 같은 감각자극만으로도 타액분비가 촉진되는데, 타액반사에 필요한 자극을 주지 않아도 조건만으로도 반사가 일어나기 때문에 이와 같은 반사를 '조건반사(conditioned reflex)'라고 한다. 예를 들어, 신 김치나 석류를 생각하면 타액선이 자극되어 타액이 분비되는 것을 흔히 경험할 수 있다.

10-6 위에서의 소화

위는 장의 일부가 발달하여 만들어진 기관이다. 위는 심장의 바로 밑에 위치한다. 위는 음식물의 저장고 역할을 한다. 굶었을 경우에는 위의 용적이 50 mL에 불과하지만 음식물을 섭취하고 난 후에는 1.5 L 이상으로 증가하기도 한다.

check point

타액분비를 위한 무조건반사와 조건반사

- 무조건반사(unconditioned reflex): 구강이나 점막 미각기 등을 직접 자극함으로써 타액분비가 일어나는 것. 음식물 등이 입안에 접촉되면 2~3초 후에 침이 분비되는 현상이다.
- 조건반사(conditioned reflex): 음식물을 보거나 생각하거나 소리를 듣거나 냄새만 맡아도 타액분비가 일어나는 현상. 그와 같은 음식을 먹고 맛, 모양, 냄새를 경험했을 때 나타나며, 이러한 조건이 만족되지 않으면 나타나지 않는다.

1. 위의 구조

사람의 위는 복부의 좌상부, 심장의 바로 밑에 위치한다. 위의 모양은 위의 내용물이나 사람의 자세(서 있거나 누워 있을 때), 위 주변에 위치하는 장관의 상태에 따라서 변화한다.

위의 구조에 있어서 위의 입구인 식도와 위의 경계를 '분문(cardiac region)', 위의 출구인 위와 십이지장과의 경계를 '유문(pylorus)'이라 한다. 그리고 분문 아래의 팽창한 부분을 '위저(fundus)'라 부르고, 위저와 유문 위의 팽창한 부분을 '위강(antrum)'이라 하며, 분문 및 유문부를 제외한 나머지 부분을 '위체(body)'라 한다. 위체는 염산과 펩시노겐, 그리고 점액을 분비한다. 위강은 벽이 두껍고 산분비는 적지만, 내분비세포가 많이 분포되어 있어서 가스트린을 분비한다.

1) 위벽과 점막의 구조

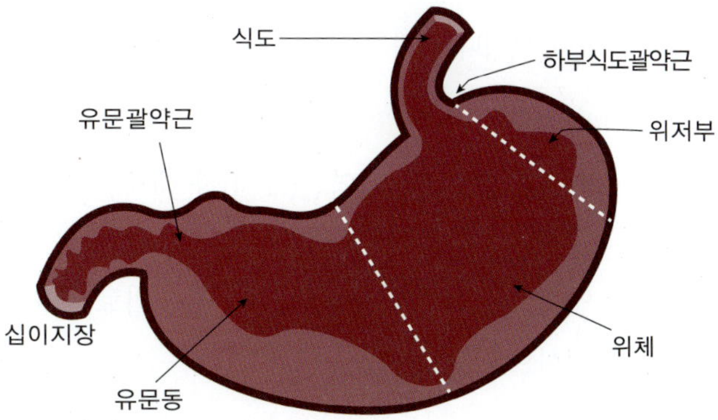

그림 10-8 위의 구조

위벽의 분홍색을 띤 두껍고 미끄러운 점막으로 덮여 있다. 위벽의 평활근은 다른 소화관 벽과 달리 3층으로 되어 있으며, 음식물이 위 안에 있을 때는 유문이 닫혀서 위액에 의한 소화가 충분히 이루어지도록 한다. 위의 점막(gastric mucosa)을 자세히 관찰하면 추벽(세로주름, rugae)으로 덮여 있는데, 표면에는 두껍고 굳은 점액이 0.5~2.5mm 가량 덮고 있다. 추벽에는 1cm당 100개의 '위소구(gastric foveolae)'라고 불리는 작은 함몰부가 있으며, 여기에 3~7개의 관상선(tubular gland)이 분포되어 있다.

Guide

위벽 평활근층

다른 소화관이나 혈관의 평활근층은 환상근과 종주근의 2층으로 되어 있는 반면, 위벽은 환상근, 사직근, 종주근의 3층 구조로 되어 있다.

2) 관상선을 이루는 세포와 그 기능

위선에는 분문선, 유문선, 위저선의 3종류가 있다. 분문선과 유문선은 각각 분문부 및 유문부의 점막 고유층(lamina propria)으로 모두 한 가지 종류의 선세포로 되어 있으며, 점액을 분비하고 있다. 위저선은 '고유위선' 이라고 말하며, 위저(fundus) 및 위저부의 점막고유층에 분포한 관상선은 포유동물에서는 3종류의 세포, 즉 주세포, 벽세포 및 부세포로 구성되어 있다. 각 세포의 특징과 기능은 다음과 같다.

① 점액세포(surface mucosa cell)

분문 부위에 특히 많고, 점액을 분비하여 추벽을 덮고 있다. 점액은 휴식기의 위에서는 투명하지만 위액분비가 활발해지면 점액장벽(mucus barrier)을 이루어 상피세포층이 염산이나 펩신(pepsin)에 의해 자가소화(autodigestion)가 되는 것을 방지한다. 또한 점액층은 알칼리성을 유지하여 순간순간 산을 중화하는 기능을 갖는다.

점액층 외에 위점막은 십이지장 점막과 같이 그 상피세포의 구조 자체가 해부학적으로 밀착된 구조여서 염산이 다시 세포 내로 역류되지 않게 하며, 상피세포의 재생능력 또한 뛰어나서 자가소화의 위험으로부터 보호되고 있다.

② 벽세포 (parietal cell)

벽세포는 위 전체에 분포되어 있고, 염산(HCl)과 내재인자(intrinsic factor)를 분비한다. 포유동물의 벽세포에서 염산은 강산의 형태로 분비되는 것이 아니라, 수소이온과 염소이온의 형태로 분비되어 세포 외로 방출한 두 이온이 위 내에서 결합하여 염산으로 된다.

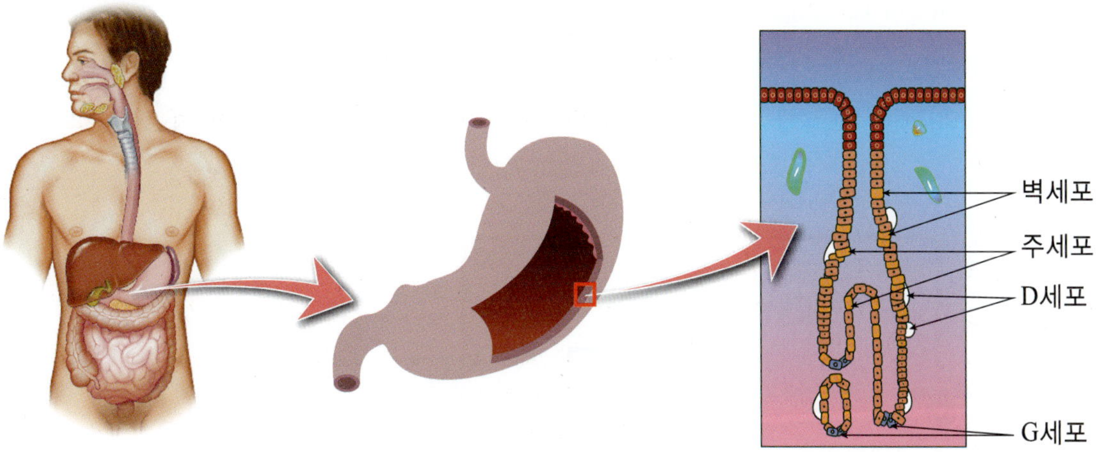

그림 10-9 위점막 세포의 종류

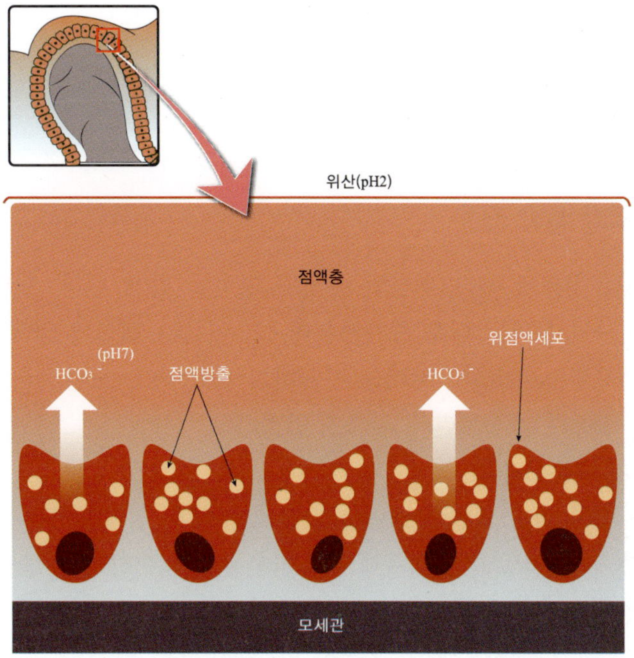

그림 10-10 위 점액의 분비와 HCO_3^- 보호벽

염산은 펩시노겐(pepsinogen)을 펩신(pepsin)으로 활성화하며, 위액의 pH를 1.0~1.5의 강산으로 만들고 살균작용을 갖는다.

내재인자는 당단백질(mucoprotein)로 비타민 B_{12}가 어떠한 변화도 받지 않고 소장까지 운반되게 함으로써 소장에서 비타민 B_{12}가 흡수될 수 있도록 해준다.

내재인자는 비타민 B_{12}의 흡수에 필요한 양보다 많은 양이 분비되며, 부족할 경우는 비타민 B_{12}결핍에 의해 악성빈혈(pernicious anemia)에 걸리게 되는데 심하면 사망한다.

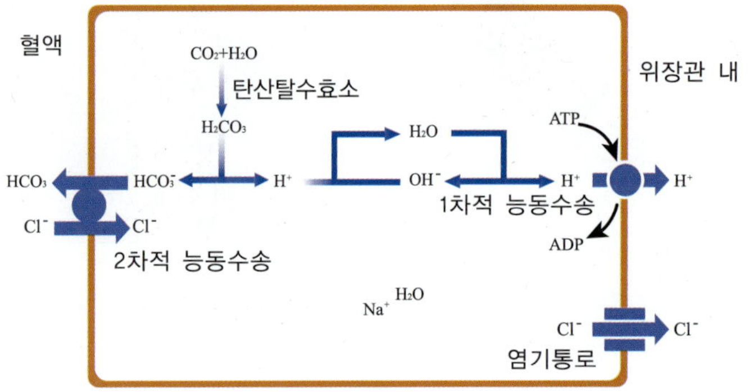

그림 10-11 벽세포에서 위산의 분비과정

check point

위산 분비 조절

식사의 내용에 따라 위산의 분비도 영향을 받게 된다. 단백질이 많은 식사를 하면 위산의 분비는 더욱 증가하는데, 그 이유는 펩신에 의해 분해된 펩타이드들이 가스트린(gastrin)의 분비를 자극하기 때문이다. 또한 이렇게 해서 높아진 산 농도가 오히려 가스트린의 분비를 방해하고, 따라서 가스트린에 의한 산 분비도 억제하기 때문이다.

위가 비어 있게 되면 수소이온의 분비는 매우 적지만, H^+이온과 결합할 수 있는 완충제가 거의 없기 때문에 수소이온농도가 오히려 높아지고, 이것은 가스트린의 분비를 억제한다.

식품 중의 단백질은 매우 훌륭한 완충제이므로 위 속에 들어오면 H^+와 결합하여 유리상태의 H^+을 감소시킨다. 식이단백질이 많을수록 완충제의 역할도 커지며, 가스트린 분비가 증가하여 산 분비 역시 증가한다.

카페인은 가스트린 분비를 촉진하고 위산을 증가시키므로, 아침 공복 시에 커피를 섭취하는 습관은 바람직하지 못하다.

③ 주세포(chief cell)

위 전체에 분포하며, 숫자도 가장 많다. 단백질 분해효소인 펩신을 전구체인 펩시노겐(pepsinogen) 형태로 분비한다. 펩시노겐은 염산이나 이미 분비된 펩신에 의해 활성화되어 펩신이 되며, 단백질을 프로테오스(proteose)와 펩톤(peptone)으로 분해한다. 이처럼 단백질 소화효소는 불활성화된 형태로 분비되는데, 효소를 합성하고 분비하는 세포가 손상(자가소화)되는 것을 막아준다.

Guide

가스트린(gastrin)

위의 말단에서 분비되는 호르몬. 위산보다 이자액 생산을 유도하고 위, 소장, 대장의 움직임도 촉진한다.

④ G 세포(argentaffin cell)

유문동에 특히 밀집되어 있으며, 내분비 세포로서 가스트린을 분비한다.

2. 위에서 일어나는 운동

1) 공복기 수축(hunger contraction)

음식물을 섭취하지 않아서 위가 비었을 때 율동적으로 20초 간격을 두고, 혹은 비율동적으로 12~180초 간격을 두고, 30~45분 동안 수축이 지속된다.

그 후 30분~2시간은 수축이 중단되었다가 다시 반복되는 현상을 '공복기 수축'이라고 한다. 이때 위에서 불쾌감과 통증이 유발되며, 공복감을 느끼게 된다. 식후 12~24시간이 지나도 음식물이 섭취되지 않으면 위통이 생기는데, 이것을 '공복통(hunger pain)'이라고 한다. 3~4일에 가장 심하고, 그 후에는 점차 소실된다.

2) 연동운동(digestive peristalsis)

음식물이 위로 들어오게 되면 위벽이 늘어나면서 연동운동이 시작된다. 연동운동은 매분 3~4회(20초/1회)씩 규칙적으로 일어나며, 위체부의 중간에서 시작하여 유문쪽으로 느리게 수축파가 진행되어서 유문에 도달하는 데에 약 10~40초가 걸린다. 연동운동을 하는 동안에 분문과 유문은 닫힌 채로 있다.

연동에 의해서 위 내의 식괴(bolus)와 소화효소, 염산, 점액 등이 잘 혼합되어 위에 도달한 음식물은 2~4시간을 위 내에 남아 있으면서 유동성 있는 미즙(chyme)으로 된다. 연동파가 유문 쪽에 가까워지면 유문부는 좁아져서 유화된 미즙이 십이지장으로 들어가게 되며, 나머지는 다시 위체부로 가서 더욱 액화된다.

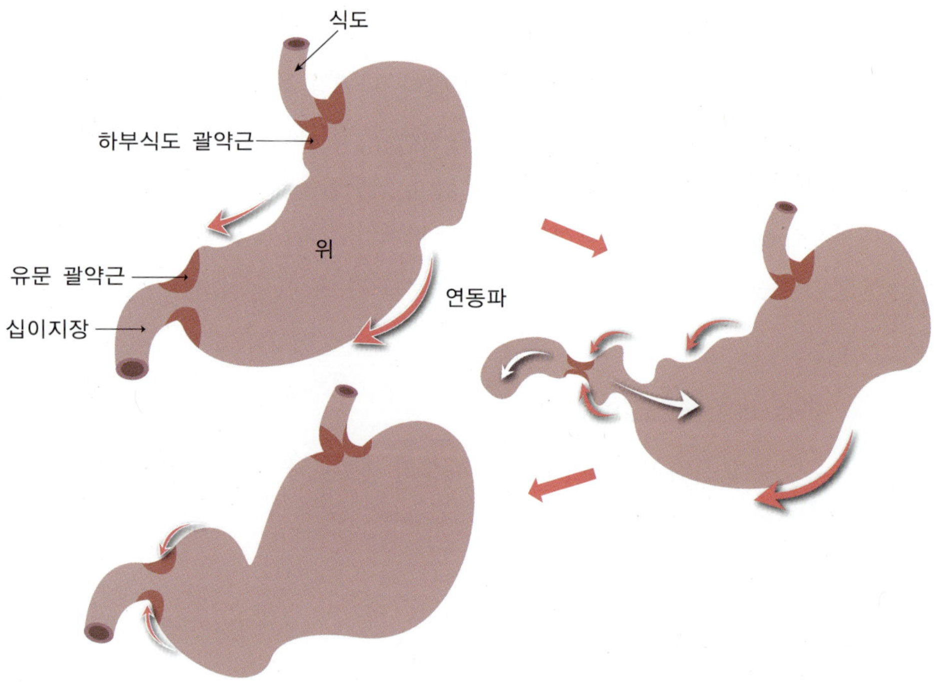

그림 10-12 위의 연동운동

위에서 흡수되는 것은 알코올 이외에는 거의 없는데, 이것은 영양소의 흡수 능력이 없고 유즙의 내용물이 충분히 분해되지도 않았기 때문이다.

3) 위 배출(gastric emptying)과 체위시간

위의 소화액과 섞이고 위의 연동운동으로 액화된 위의 내용물이 십이지장으로 배출되는 현상을 '위배출(gastric emptying)'이라고 한다. 음식물이 위 안에 남아 있는 시간은 섭취량과 그 내용에 의해서 달라진다. 물이나 수프 등을 섭취했을 때는 단시간에 위에서 배출되지만, 보통의 혼합식을 섭취할 경우에 체위시간은 3~4시간이다. 즉, 위의 내용물의 상태에 영향을 받는다.

특히 지방이 풍부한 음식을 섭취할 경우는 위에 머무는 시간이 6시간 이상이나 되는 경우도 있다. 위배출속도(gastric emptying rate)에 영향을 주는 요인은 다음과 같다.

① 위 안에 있는 미즙의 상태이다. 미즙의 유동성이 크면 위 배출은 빨라진다. 위의 내용물의 용적이 클수록, 즉 다량의 음식을 섭취했을 때 위배출 속도는 빨라진다. 또한 섭취한 음식물의 크기가 작을수록 위배출 속도가 빨라진다. 영양소 중 탄수화물이 가장 체위시간이 짧고, 단백질은 2배 정도 길며, 지방은 위의 소화운동을 억제하여 체위시간이 길어진다.

그러므로 단백질이나 지방분이 많은 식사를 섭취하면 만복감이 오랫동안 지속된다. 그 반면에 수분이 많고 탄수화물이 풍부한 식사는 공복감을 쉽게 느끼게 한다. 또한 삼투질 농도가 높아질수록 위배출 속도가 느려지므로 물의 배출속도가 가장 빠르다.

② 위즙을 받아들이는 십이지장의 작용에 의해 영향을 받는다. 십이지장 내에 도달되는 미즙의 양이 많아지면 위의 운동과 위액분비는 반사적으로 억제된다. 이와 같은 현상을 '소장–위 반사(enterogastric reflex)' 또는 신경성 조절이라고 한다. 위의 작용을 억제하는 여러 종류의 호르몬이 십이지장 점막에서 분비되며 이를 엔테로가스트론(enterogastrone)이라고 총칭하고 있다.

③ 부교감신경은 위운동을 촉진시켜 위배출속도를 빠르게 하며, 반대로 교감신경은 위운동을 억제시켜 배출속도를 느리게 한다.

④ 정서상태에 따라서 영향을 받기 때문에 기분이 좋을 때는 위의 배출이 촉진되고, 불쾌하거나 흥분될 때와 공포 시에는 위의 운동과 위액분비가 억제되므로 위의 배출이 느려진다.

4) 트림(eructation)과 구토(vomiting)

음식물과 함께 삼켜진 공기에 의해 위가 팽창되면 하부식도 괄약근이 이완되어 위의 가스가 식도로 역류하게 된다. 이때 트림이 유발된다.

구토는 위나 장내로 들어갔던 음식물이 입을 통해 다시 나오는 현상이다. 내용물 자체가 자극적이거나 인두 또는 위 및 장이 자극됨으로써 나타난다. 특히 십이지장이 가장 예민하게 반응한다. 구토중추는 연수에 있다. 이것은 복잡한 반사회로를 포함하기 때문에 일반적으로 구토 시에는 오심, 타액분비 증가, 얼굴의 창백함, 발한과 빈맥 등과 같은 자율신경계의 반응이 나타난다.

소화기 이외의 장기인 자궁, 신장, 심장, 미로의 평형기관 등에 있는 수용체의 비정상적인 자극도 구토를 유발할 수 있다.

① **심인성 구토**(psychic vomiting) : 구역질 나는 광경이나 냄새 혹은 맛의 경우와 같이 눈, 코, 입을 통해 들어온 자극이나 정신적 긴장에 의해 조건반사적으로 나타나는 구토를 말한다.

② **중추성 구토**(central vomiting) : 두 개의 손상, 뇌압의 상승, 뇌종양 혹은 뇌막 자극과 같은 경우에 직접 연수의 구토중추가 자극되어 나타나는 현상이다. 이때 나타나는 구토는 형태가 투사성(projection)으로, 분수처럼 뿜어져 나오는 것이 특징이다.

이러한 구토가 지속되면 체액의 손실과 함께 수소이온의 손실이 생겨서 산-염기 평형에 장애가 나타나며, 대사성 과염기증이 초래된다.

3. 위액분비의 조절

위는 하루 약 2L의 위액을 분비한다. 위에서 분비되는 산소이온의 농도는 혈액에 비해 약 3백만 배나 산도가 높은 것이다.

음식물을 섭취하면 위액 분비가 시작되고, 음식물이 넘어가서 40~50분이 경과한 후에 분비가 가장 활발하다. 위액의 분비는 하루 중에도 변동을 보이는데, 보통은 저녁에 최대로 분비된다. 그 반면에 아침(새벽 2시경)에는 최저치를 보이고, 이때의 pH는 중성에 가깝다. 위액의 분비는 자극이 주어지는 위치에 따라서 편의상 3종류로 구분한다.

1) 뇌 상(cephalic phase)

'반사성 분비'라고 하며, 타액의 분비와 같이 위액의 분비가 반사에 의해서 일어날 때를 말한다. 음식물이 입 안에 있거나 냄새를 맡거나 음식물을 생각하거나 음식물에 관한 이야기를 들을 때, 이러한 자극이 조건반사적으로 대뇌피질을 통해 부교감신경을 활성화시켜서 위액분비를 촉진시키는 현상이다. 좋아하는 음식의 경우에는 그 기억이 대뇌피질에 저장되어 있다가 부교감신경을 통해서 위액분비를 촉진하게 된다. 이러한 사실은 파블로프에 의해서 발견되었다.

과도한 스트레스에 의해서 위 점막의 자기소화 현상인 소화성 궤양이 발생하는 것은 미주신경을 통해 촉진된 위산의 분비항진의 결과로 일어나는 것이다.

2) 위 상(gastric phase)

뇌상의 위액분비는 시간이 지나면 약하게 된다. 그래서 음식물이 위로 넘어가게 되면 화학적 분비인 호르몬에 의한 본격적인 위액분비가 시작된다. 이 분비를 위상의 분비라고 부르며, 3~4시간 동안 계속된다.

음식물이 위 속에 들어오게 되면 음식물이 위를 확장시키는 기계적인 효과와 음식물 중의 단백질 분해물이나 단백질 농축액에 의한 화학적 자극에 의해 위의 유문 및 유문전정부의 점막상피에 존재하는 G세포로부터 가스트린이 분비되어 주로 벽세포로부터 염산 분비를 촉진시킨다. 또한 효과는 약하지만, 펩시노겐의 분비도 촉진하게 되어 위액분비가 항진된다. 위산에 의해 위 내용물 전체가 pH 2 이하의 산성이 되면 가스트린 분비가 끝나며, 따라서 위액의 분비도 끝나게 된다.

3) 장 상(intestinal phase)

음식물이 소장에 들어가서 장이 확장될 때 위액분비가 촉진되는 현상을 말한다. 뇌상이나 위상에 비해서 위액분비 촉진효과가 적고, 그 매개인자도 밝혀져 있지 않다.

최근의 연구에 의하면 손상된 세포에서 분비되는 히스타민(histamine)도 위산분비를 증가시킨다고 하며, 에탄올과 카페인도 위산분비를 촉진시킨다.

10-7 췌장의 구조와 기능

1. 췌장의 구조

췌장(pancreas)은 십이지장의 위쪽에 가까이 위치하고 있는, 가늘고 길며 붉은 미색을 띤 회백색의 기관이다. 크기는 길이가 15 cm, 두께가 약 2 cm이며, 무게는 110~135 g 정도이다. 췌장은 여러 개의 소엽으로 나누어져 있고, 이것들은 외분비선과 내분비선으로 구성되어 있다.

외분비선을 구성하는 선세포는 조면소포체 및 골지체 등이 풍부하고 트립시노겐(trypsinogen), 키모트립시노겐(chymotrypsinogen), 리파아제(lipase), 아밀라아제(amylase) 등의 소화효소가 들어 있으며, 췌관을 따라 십이지장으로 배출된다. 또한 췌장의 랑게르한스(Langerhans)섬은 α세포, β세포, δ세포 등으로 구성되어서 펩티드 호르몬인 인슐린이나 글루카곤 등을 합성하여 췌도 내의 모세혈관 쪽으로 방출한다.

2. 췌액의 특징

췌액(pancreatic juice)은 무색투명한 약알칼리성의 소화액으로, 하루에 500~1,000mL(혹은 200~800mL)를 분비한다. 췌액은 소화효소와 알칼리성 수용액의 혼합액으로서 췌장 전체에 산재해 있는 선세포(acinar cell)로부터 만들어진다. 합성된 췌액은 췌관(pancreatic duct)을 통해 총담관(common bile duct)으로 연결되고, 총담관을 경유하여 십이지장과 연결된다.

췌액의 삼투압 농도는 약 300 mOSm/L이다. 혈액과 같으며, 함유하고 있는 전해질로는 HCO_3^-, Na^+, Cl^-, K^+ 등이 있다. 이 가운데 특히 HCO_3^-의 농도가 높은 것이 특징으로 pH는 8.0~8.5로 유지된다. 췌장에서 분비되는 중탄산이온의 양은 위에서 분비되는 수소이온의 양과 거의 같다. 따라서 췌액은 위에서부터 십이지장으로 넘어온 산성의 미즙을 중화시켜서 내용물이나 소장의 내부환경을 약알칼리성으로 만들어 주게 되고, 소장점막의 자가소화를 방지해 주며, 소장에서 소화효소의 작용을 높여 주는 역할을 한다.

장기간의 설사는 장관 내 중탄산이온의 다량 손실을 일으켜서 혈액 내에 산을 축적하게 된다.

3. 췌액 중의 소화효소

췌장액 중에는 탄수화물, 지방 및 단백질을 분해할 수 있는 소화효소가 모두 포함되어 있다. 췌액 중의 단백질 분해효소는 전구체(precursor) 형태로 분비되지만, 탄수화물과 지방분해효소는 활성 형태(active form)로 분비된다.

(1) 단백질 분해효소

① Trypsin: 트립시노겐(trypsinogen) 형태로 합성되며, 십이지장으로 분비된 후에 십이지장 점막의 융모에 존재하는 엔테로키나아제(enterokinase)와 이미 분비된 트립신에 의해 활성화되어 트립신으로 전환된다.

② Chymotrypsin: 키모트립시노겐(chymotrypsinogen) 형태로 합성되며, 십이지장에서 트립신에 의해 키모트립신이 된다. 이들 둘은 펩티드 중간 분해효소인 엔도펩티다아제(endopeptidase) 작용이 강하여 펩티드 결합(peptide bond)을 잘라서 단백질을 펩티드로 분해한다. 키모트립신은 트립신보다 단백질 분해능이 약하다.

표 10-2 췌장의 소화효소

소화효소	기질	작 용
trypsin, chymotrypsin (endopeptidase)	단백질	펩티드 결합을 파괴하여 단백질을 펩티드로 분해
carboxypeptidase (endopeptidase)	단백질	단백질의 카르복실기 끝에서부터 분해
lipase	지 방	중성지방을 유리지방산과 모노글리세리드(monoglyceride), 글리세롤로 분해
amylase	다당류	다당류를 포도당과 말토오스(maltose)로 분해
ribonuclease, deoxyribonuclease	핵 산	핵산을 유리 모노뉴크레오타이드(mononucleotides)로 분해

③ carboxypeptidase: 카르복시펩티다아제는 전구체인 프로카르복시펩티다아제(procarboxypeptidase)로 분비되어 트립신에 의해 카르복시펩티다아제로 되며, 카르복실기 말단에서부터 순서대로 가수분해하여 펩티드를 아미노산으로 분해시키는 엑소펩티다아제(exopeptidase)이다.

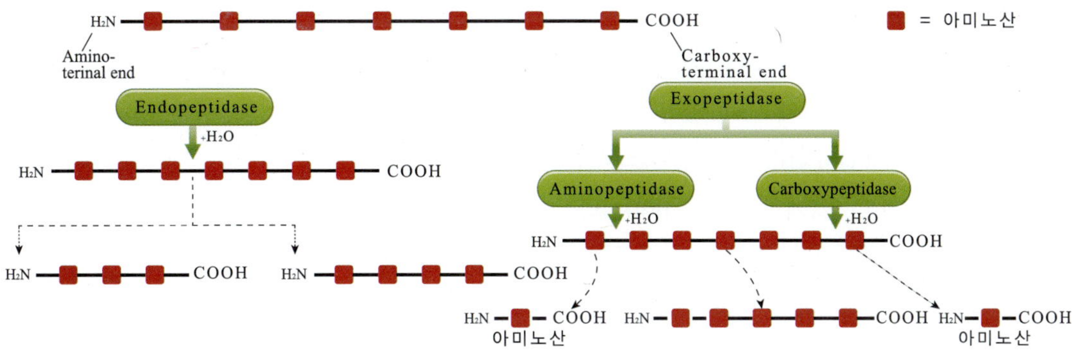

그림 10-13 Endopeptidases와 exopeptidases

(2) 전분 분해효소

췌장의 α-아밀라아제(pancreatic amylase, amylopsin)는 타액 중에 함유된 아밀라아제보다 효소활성이 강력하여 익히지 않은 전분과 글리코겐까지 분해하여 이당류인 맥아당으로 만들어 준다. 그러나 셀룰로오스는 분해되지 않는다.

(3) 지방 분해효소

췌장 리파아제(pancreatic lipase, steapsin)는 췌장에서 분비된 직후에는 작용이 약하다. 그러나 담즙산염(bile salt)에 의해 그 작용이 강화되며, 지방을 지방산과 글리세롤, 모노글리세라이드(monoglyceride)로 가수분해한다. 이때 담즙산염이 부족하면 지방의 가수분해가 장애를 받는다.

췌액의 분비가 부족하면 여러 영양소의 소화에 심각한 장애를 초래하며, 특히 지방과 단백질의 소화장애가 현저해진다.

4. 췌액분비의 조절

췌액분비의 조절은 신경성 조절인 반사작용과 호르몬의 조절을 받는데, 반사작용보다 호르몬의 조절이 더욱 중요하다.

세크레틴(secretin)과 판크레오지민-콜레시스토키닌(pancreozymin-cholecystokinin, PZ-CCK)은 십이지장 점막에서 분비되며, 췌액분비를 촉진하는 호르몬이다. 십이지장 점막에 산성상태의 위 내용물이 접촉하면 십이지장 점막상피에 존재하는 S 세포에서 세크레틴이 합성되어 췌장으로 분비되며, 이것은 상피세포로부터 HCO_3^-와 수분의 분비를 촉진시킨다.

따라서 세크레틴의 자극에 의해 분비된 췌액은 HCO_3^-가 풍부한 묽은 액으로 소화효소는 거의 함유하지 않는다. 세크레틴은 27개의 아미노산으로 구성된 펩티드 호르몬으로, 분자량은 약 5,000이다.

또한 위 내용물 중의 단백질 분해산물 등이 십이지장 점막에 도달하면 점막상피에 존재하는 I세포에서 판크레오지민(pancreozymin)이라고 하는 호르몬이 합성된다. 이것은 선세포에서 소화효소가 풍부한 췌액을 분비하도록 한다. 따라서 판크레오지민에 의한 자극으로 소화효소가 풍부한 췌액의 분비가 일어난다.

판크레오지민은 아미노산이 33개로 구성되어 있는 펩티드 호르몬인데, 분자량은 약 5,000이다. 콜레시스토키닌(CCK)과 판크레오지민은 같은 화학물질이라는 사실이 밝혀졌다. 또한 가스트린도 췌액의 분비를 촉진하는 것으로 알려져 있다.

Guide

콜레시스토키닌(CCK)

1928년 Ivy와 Oldberg에 의해 개의 담낭수축인자로 발견되었다.

10-8 소화작용에서 간의 역할

1. 간의 구조와 특징

(1) 간의 구조

간은 붉은 담색을 띤 장기이다. 크기는 1,200~1,600 g 정도이며, 여자는 약 1.2 kg, 남자는 약 1.4 kg 정도로 알려져 있다. 간의 부피는 1,000 L 정도로 인체 내에서 가장 큰 하나의 선(gland)이다. 간에는 1분간 약 1,500 mL의 혈액이 출입하고 있기 때문에 혈액이 풍부한 기관이다.

간의 위치는 오른쪽 횡격막의 아래이다. 우엽, 좌엽, 이상엽, 방형엽의 4개의 엽으로 나누어져 있다. 좌엽은 우엽보다 작고 위의 윗 부분을 덮고 있으며, 우엽 아래에는 에는 담낭(gallbladder)이 있다.

간은 육각형 모양을 한, 직경 약 2 mm 정도 되는 간소엽(hepatic lobules)들이 모여서 이루어져 있다. 간소엽은 간의 구조 및 기능상의 단위라고 할 수 있고, 50만~100만 개 가량이 된다. 이 소엽 가운데에는 중심정맥이 있으며, 그 주위를 둘러싸고 간세포삭(hepatic cell cord)이 방사상으로 배치되어 있다.

간세포삭에는 다각형으로 된 간세포가 2열로 줄을 서서 있으며, 외측에 모세혈관이 위치한다. 이 모세혈관은 소엽 내에서 모세혈관망을 만들고 있으며, 혈액과 간세포를 밀착시켜서 이 둘 사이의 물질이동을 쉽게 해준다. 이 모세혈관 내에는 간 특유의 대식세포인 쿠퍼세포(Kupffer cell)가 존재한다.

(2) 간의 특징

간의 구조가 복잡한 것은, 다른 장기와는 달리 역할이 다른 2종류의 혈관이 간 안으로 유입되기 때문이다. 그 중 하나는 간동맥으로, 동맥혈에 의해 간에 산소와 영양을 공급하고 있다. 또 하나는 문맥에서 흐르는 정맥혈로, 장에서 흡수된 영양소를 간으로 운반한다. 간에 흐르는 혈액은 전체의 약 1/5이 간동맥에서부터 오고, 나머지 약 4/5가 문맥에서부터 온다.

들어온 혈액은 소엽 내에 합류하여 중심정맥을 거쳐서 간정맥으로 들어가며, 그 후 하대정맥으로 들어간다.

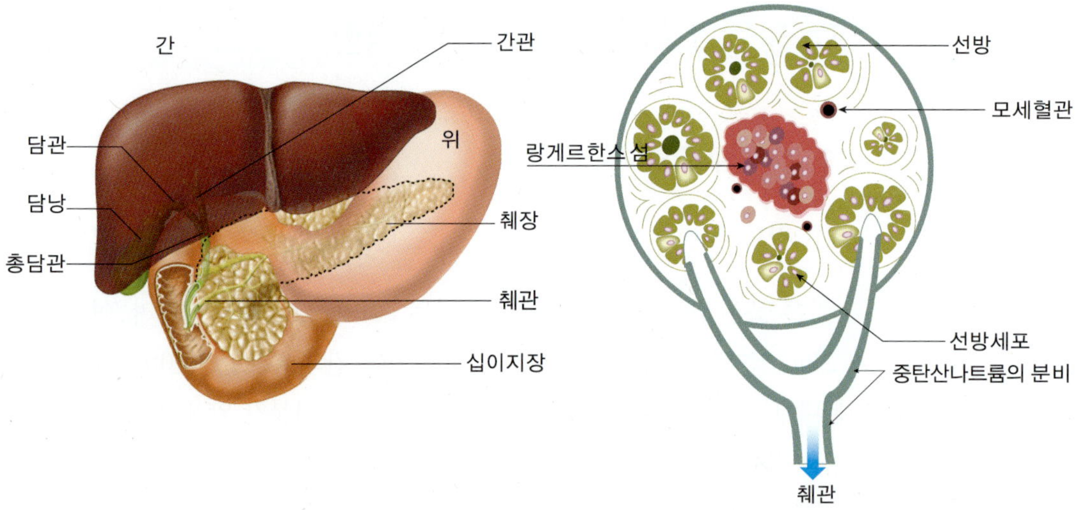

(a) 간담도계 (b) 췌장의 분비선

그림 10-14 간담도계

2. 간의 기능

간은 생체 내에서 일어나는 화학반응, 즉 물질대사의 중심기관이다. 그러므로 간은 당질·지방·단백질·무기질·비타민 대사에 있어서 중요한 역할을 하고 있다. 또한 장관 내에서 흡수된 여러 가지 영양소는 간문맥을 거쳐서 간 내로 운반되고 간세포에서 대사된다.

그리고 간은 영양소의 저장기관이다. 글리코겐·지방·단백질을 비롯하여 철분·코발트와 같은 무기질이나 각종 비타민을 저장하였다가 필요시에 이들을 체내외의 기관과 조직에 공급해 준다.

간 전체에 저장된 글리코겐은 간중량의 약 8%인 100g 정도이다. 또 간에 축적된 지방량은 정상시에는 간중량의 2~6% 정도이다. 간은 담즙을 생성하여 지방의 소화흡수를 도와준다.

(1) 담 즙(bile)

담즙은 간세포에 의해 모세담관(bile canaliculi)이라고 불리는 작은 관으로 분비된다. 담낭은 담즙을 농축하여 저장하며, 담낭이 수축되면 담관을 통해 담즙이 분비된다.

담낭을 제거해도 간의 담즙생성이나 분비에는 지장이 없다. 실제로 많은 동물들은 담낭이 없지만 간의 담즙 분비기능이나 담즙의 작용에 이상이 없다. 담즙은 6가지의 주요한 성분을 함유한다.

① 담즙염	② 콜레스테롤
③ 레시틴(인지질)	④ 중탄산이온과 다른 염류
⑤ 미량원소들	⑥ 담즙색소와 유기물 대사의 최종산물들

담즙염(bile salt)과 레시틴은 간에서 합성되며, 담즙은 소장에서 지방의 유화작용을 한다. 중탄산이온은 십이지장의 산 중화작용을 도와 주고, 대사물질과 미량원소는 변을 통해 체외로 배출되는 물질들이다.

담즙색소는 적혈구의 분해로 생긴 헤모글로빈 중 헴(heme)이 파괴되면서 만들어진다. 담즙색소로 대표적인 것은 빌리루빈(bilirubin)이다.

간세포는 혈액으로부터 빌리루빈을 끌어온 뒤에 담즙을 통해서 분비한다. 담즙의 노란색은 빌리루빈에 의한 것이며, 장관 내의 박테리아에 의해 고동색으로 변하게 된다. 색소의 일부는 혈액으로 들어와 소변을 통해서 배설되며, 이것이 소변을 황색으로 보이게 한다.

소화의 측면에서 볼 때, 담즙의 성분 중에서 가장 중요한 것은 담즙염이다. 담즙염은 지방의 소화와 흡수에 반드시 필요하다.

(2) 담즙의 분비

담즙(bile juice)은 간의 polygonal세포에서 골지체(Golgi)나 활면소포체의 작용에 의해 계속 일정하게 만들어진다. 간세포에 의해 만들어진 담즙은 97%가 수분이지만, 간관(hepatic duct)과 담낭관(cystic duct)을 거쳐서 담낭(gallbladder)에 저장되면서 5~10배로 농축되어 있다가 분비자극이 있을 때에 담낭에서 담낭관, 총담관을 거쳐 십이지장으로 배출된다.

성인의 간에서 분비되는 담즙은 1일 500~1,000mL이며, pH는 8.0~8.6이다. 담즙은 담낭 내에서 농축될 때 무기염과 전해질, 특히 HCO_3^-가 흡수되어 중성 혹은 약알칼리성이 된다. 이와 같이 농축될 수 있기 때문에 50~80mL의 용량밖에 안 되는 담낭이 12시간 동안 간에서 분비되는 담즙을 저장할 수 있다.

표 10-3 간의 기능

기 능	내 용
소화기능	위산의 중화작용과 지방의 유화작용으로 소화를 도와 준다.
배설기능	담즙은 콜레스테롤, 지방, 헤모글로빈의 분해로 생긴 빌리루빈과 같은 담즙색소 등 배설물들을 포함하고 있다.
영양소의 저장기능	간세포는 혈당을 글리코겐 형태로 저장하며 지방과 비타민(A, B_{12}, E, K), 구리와 철분을 저장한다.
영양소의 전환기능	간은 몇몇 영양소를 다른 영양소로 전환한다. 즉, 아미노산은 지방이나 포도당으로, 지방은 인지질로 전환되며, 비타민 D는 활성형태로 전환된다.
유해 화학물질의 해독작용	간세포는 혈액의 암모니아를 제거하여 요소로 전환시켜서 소변을 통해 배설한다. 다른 유해물질들도 해독한 뒤에 담즙과 소변을 통해 배설한다.
새로운 물질의 합성작용	알부민, 피브리노겐, 글로불린, 혈액응고인자 등과 같은 혈액 단백질들을 합성한다.

음식물 특히 지방이나 단백질을 많이 섭취하면 섭취하지 않았을 때보다 담즙의 양은 3~6배 증가한다. 식사로 인한 담즙분비는 미주신경을 실험적으로 절단하면 감소하므로 신경성 조절이라고 생각할 수 있지만, 직접 십이지장에 음식물을 주입해도 간의 담즙분비가 촉진되는 것으로 보아서 주로 소화관 호르몬에 의해 조절된다고 생각되고 있다. 담즙의 형성은 미주신경의 자극과 세크레틴(secretin)에 의해 증가된다.

(3) 담 낭

1) 담낭(gallbladder)의 구조

담낭은 가지와 같은 형태를 나타내며, 간의 우엽 아래쪽에 부착되어 있고, 부피가 30~50mL 정도 되는 기관이다. 포유동물 중에는 돌고래, 말, 생쥐와 같이 담낭이 없는 동물도 있다. 담낭은 생명을 유지하는 데에 필수 불가결한 장기는 아니다. 담낭벽의 평활근이 수축하면 담낭에 저장된 담즙이 담낭관-총담관을 거쳐서 십이지장으로 배출된다.

음식물이 입안으로 들어왔을 때, 담낭에 연결된 총담관의 Oddi 괄약근(총담관이 십이지장 내에 연결된 부위에 있는 근육)이 담즙의 십이지장 쪽 배출을 조절해 주는 역할을 한다.

2) 담즙의 조성과 기능

담즙은 3~4% 정도의 고형분을 함유한 황갈색의 액체이다. 즉, 지방소화에 필요한 담즙염(bile salt)과 담즙색소(bile pigment), 콜레스테롤, 레시틴, 무기염, 전해질 및 물로 구성되어 있는 알칼리성 액체(pH 7.8~9.6)이다. 소화효소는 함유되어 있지 않지만, 담즙산염은 지질을 유화시켜 유화액을 만들어서 지방의 표면적을 크게 함으로써 췌장 리파아제의 작용을 쉽게 받도록 한다. 담낭 내에 저장하는 동안에 물이나 무기질의 흡수로 담즙이 농축되어 점성이 있는 담갈색의 담낭담즙이 된다.

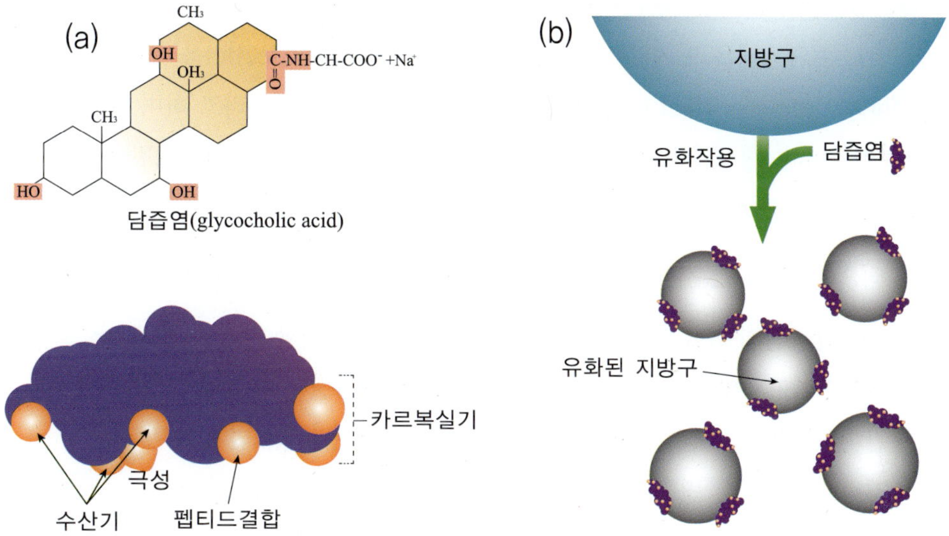

그림 10-15 담즙산의 구조(a)와 유화작용(b)

① 담즙염(bile salt)

담즙의 가장 중요한 성분으로, 간에서 콜레스테롤을 원료로 하여 합성된다. 담즙산의 Na염 또는 K염으로 함유되어 있으며, 아미노산인 글리신(glycine)이나 타우린(taurine)과 결합하여 글리코콜산(glycocholic acid) 또는 타우로콜산(taurocholic acid)으로서 존재하고 있다.

사람의 담즙에서는 담즙산(cholic acid), 디옥시콜산(deoxycholic acid), 키노데옥시콜산(chenodeoxycholic acid), 리토콜산(lithocholic acid)의 담즙산을 볼 수 있다. 담즙에서 약간 맛이 나는 것은 이들 담즙산 때문이다.

담즙 중에는 소화효소가 함유되어 있지 않으며, 담즙성분 가운데서 담즙산만이 소화에 관여하고, 나머지 성분들은 소화와 직접적인 관계가 없다.

담즙산염은 양성물질(amphipatic molecule)로 친수성 부위와 소수성 부위를 함께 갖고 있다. 따라서 지방과 물 사이의 표면장력을 감소시키므로 지방이 유화되어 표면적이 넓어짐으로써 리파아제(lipase)의 작용을 쉽게 받아서 지방산, 글리세롤 및 모노글리세리드(monoglyceride)로 분해되도록 도와준다. 즉, 담즙산은 췌장 리파아제의 작용을 위한 닻(ankor)과 같은 역할을 함으로써 지방분해효소의 작용을 도와준다. 분해 결과로 생긴 지방산은 담즙산과 결합하여 가용성이 되므로 장에서 흡수하기 쉬운 형태가 된다. 따라서 담즙산은 소장의 연동운동을 활발하게 만드는 작용이 있다.

담즙산염은 어느 임계농도 이상으로 증가되어야 소장에서 지방산, 모노글리세리드, 콜레스테롤 및 인지질 등과 함께 응집되어 미셀(micelle)을 형성한다. 이러한 농도를 critical micellular concentration(CMC)이라고 하며, 약 2mm 정도이다. 형성된 미셀이 소장을 이동하는 동안에 미셀로부터 지방산, 글리세롤, 모노글리세리드 등이 재빨리 소장점막을 통해서 흡수된다.

② 담즙산의 장-간순환(enterohepatic circulation of bile acid)

분비된 담즙산의 90%는 소장의 회장부위에서 재흡수되어 문맥을 통해 간으로 되돌아가고, 이것이 담즙의 성분이 되어 다시 분비된다. 이것을 '담즙산의 장간순환'이라 하며, 하루에 6~10번 순환이 반복된다. 한 번에 분비되는 양은 2~4g 정도이고, 변을 통해 배설되는 양은 0.6 g 정도이다.

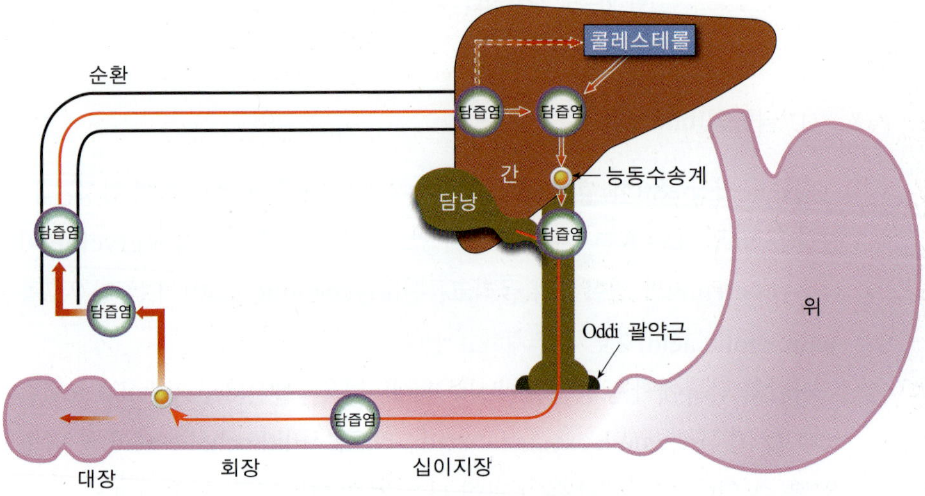

그림 10-16 담즙염의 장-간 순환

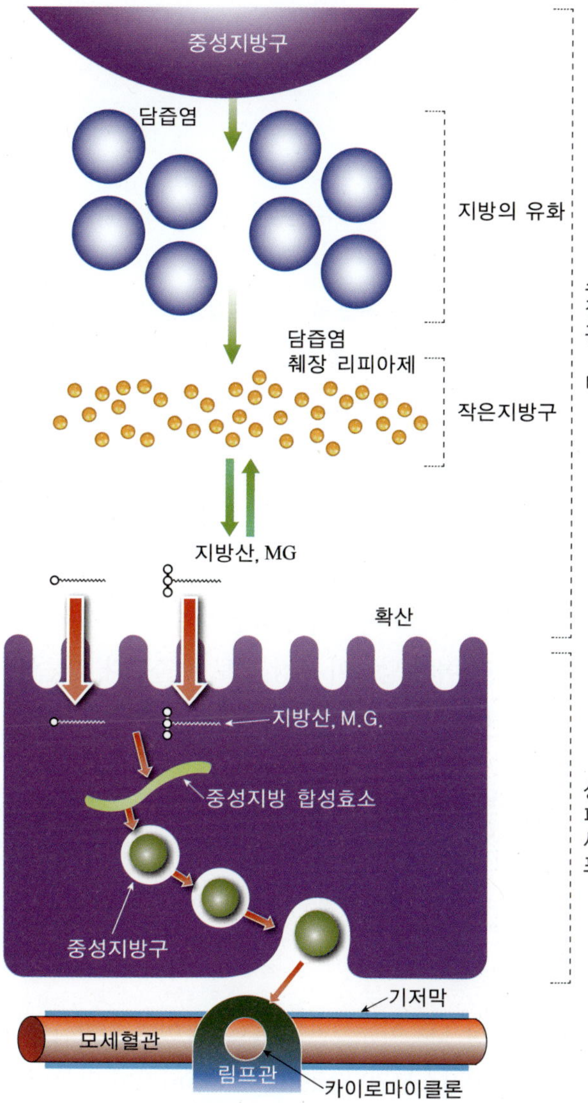

그림 10-17 소장벽을 통한 지방의 흡수과정

③ 담즙색소

담즙색소로 황갈색의 빌리루빈(bilirubin), 녹색의 빌리베르딘(biliverdin)이 담즙 내에 들어있으며, 담즙 고형성분의 15~20%를 차지하는데, 그 중의 대부분은 빌리루빈이다. 이들 담즙색소는 헤모글로빈에서부터 합성되며, 쿠퍼세포(Kupffer cell)인 식세포가 노화된 적혈구를 파괴하여 헤모글로빈을 분해하게 되면 빌리루빈을 만들게 된다.

[빌리루빈의 배설경로]

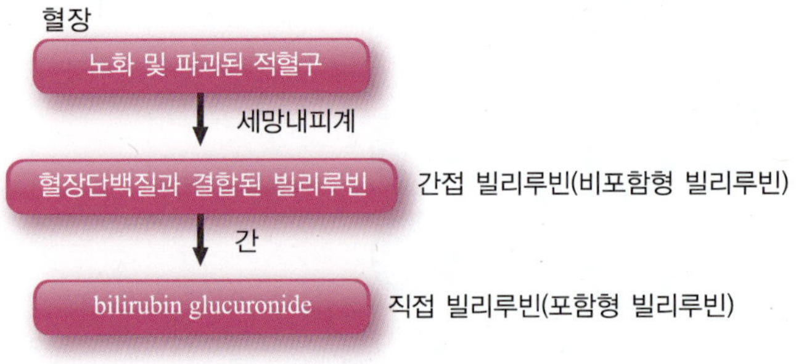

황달은 담즙색소가 혈액 중에 비정상적으로 증가한 것으로, 이것은 간기능에 장애가 있을 때나 담관이 협소하게 되었을 때에 나타난다.

3) 담즙배출의 조절

음식물을 섭취하면 보통 30분 이내에 담낭의 수축이 시작된다. 또한 동시에 담관괄약근이 이완하여서 담즙이 소장 내로 배출된다. 담즙의 배출은 2가지 경로에 의해 조절된다.

① 신경성 조절(neural control)

반사작용으로 음식물이 입 안에 들어오면 반사에 의해 미주신경이 흥분하게 되고, 동시에 담낭수축과 담관괄약근의 이완이 일어나게 된다.

② 호르몬에 의한 조절

위 내용물이 십이지장으로 이동하면 그 중 지방이나 지방산에 의해 소장 점막상피가 자극되어 콜레시스토키닌(cholecystokinin)이 만들어진다. 이 호르몬은 담낭벽을 수축시키고 담낭 괄약근을 이완시켜서 담즙 분비를 촉진한다.

10-9 소장에서의 소화

Guide

소화기계통의 일반적인 질환

- 구토
- 설사
- 변비
- 소화성 궤양

1. 소장의 구조와 특징

소장은 십이지장(duodenum), 공장(jejunum) 및 회장(ileum)으로 이루어졌다. 작은 창자는 직경 2~4cm, 길이가 약 285 cm인 가늘고 긴 관이다. 십이지장의 길이는 약 25cm 정도로 처음 부분은 십이지장구(duodenal bulb)라고 하며, 위의 유문부에서 넘어온 산성의 내용물이 부딪치는 곳으로 소화성 궤양(peptic ulcer)을 일으키는 부위이다. 십이지장 다음 부위인 소장의 40%가 공장이고 그 다음 소장의 60%가 회장이다.

소장벽의 구조를 보면, 소장벽의 점막은 융모로 덮여 있다. 그 점막 $1mm^2$에 20~40개의 융모가 있고, 그 융모의 길이가 0.5~1mm크기로 손가락과 같이 돌출되어 있다. 융모상피의 상단에 미세융모(microvilli)와 솔변연(brush border)이 형성되어 있다. 따라서 소장의 흡수 표면적은 소장 내부 면적의 약 600배 정도가 되어 흡수능력이 증가하게 된다.

소장 점막세포는 장선(intestinal gland)에서 형성된 세포가 융모의 끝쪽으로 이동되며, 평균수명은 2~5일이다. 사람의 경우, 하루에 약 17억 개의 세포가 장내로 떨어져 나가며, 단백질량으로 환산하면 약 30g에 해당되는 양이다.

2. 소장의 운동

미즙이 위에서 소장으로 내려오면 소장은 수축운동을 일으키게 된다. 소장의 운동은 소장성 서파(small bowel slow wave)에 의하여 조절되며, 이것은 십이지장 환상근으로부터 항문 쪽으로 이동된다. 소장운동은 미즙을 혼합시키고 대장 쪽으로 이동시키는데, 공장에서는 1분에 12회, 회장에서는 1분에 9회 정도이다. 소장에서 일어나는 운동의 종류를 보면 다음과 같다.

(1) 연동운동(peristalsis)

식도나 위에서 일어나는 것과 같다. 소장벽의 환상근(circular muscle)이 수축하여 수축환을 만들고, 위에서 큰 창자쪽으로 이동시킨다. 이동속도는 매분 1 cm 정도로 아주 느리며, 연동운동이 일어나는 거리는 수축지점에서 4~5cm 정도이나 때때로 한 번에 25 cm 거리까지 이동되는 경우도 나타난다. 이것을 '급속연동(peristaltic rush)' 이라고 한다.

(2) 분절운동(segmentation)

소장의 환상근이 거의 동시에 여러 곳에서 수축하여 수축환을 이루어 소장의 내용물을 여러 토막으로 나누고, 5~6초가 지난 후에 각 토막의 중앙에 새로운 수축환을 만들어서 소장내용물과 소화액이 잘 혼합되게 한다.

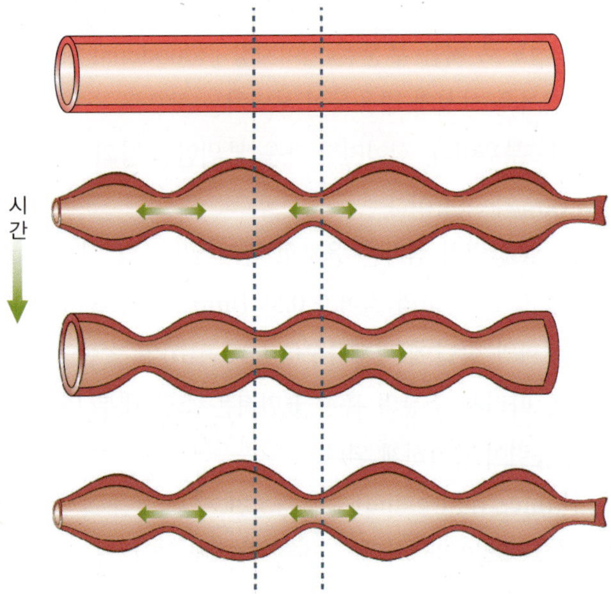

그림 10-18 소장의 분절운동

(3) 융모의 채찍운동

소장벽은 융모(villi)라는 손가락 모양의 돌기로 원상주름을 하고 있는 평활근 섬유가 있어서 좌우로 움직이는 채찍운동을 한다. 이 운동은 음식물과 소화액의 혼합을 촉진시켜 소화작용을 돕고, 소화된 영양물질과 융모의 접촉을 촉진시켜 소화된 영양물질의 흡수를 도와 준다.

소장의 운동은 자율신경계의 지배를 받는데, 즉 부교감신경을 자극하면 콜린 동작성 물질이 분비되어 소장운동을 촉진시키고, 교감신경을 자극하면 아드레날린 동작성 물질을 분비시켜 소장운동을 억제한다.

3. 소장에서 분비되는 소화효소

십이지장의 브루너선(Brunner's gland)은 진한 알칼리성 점액을 분비하는데, 이것은 위에서 내려오는 위산으로부터 소장 점막을 보호하기 위한 것이다. 또한 소장점막에는 리이벨켄 음와(Lieberkühn's crypt)라고 하는 특별히 함몰된 단순판상성의 구조가 있는데, 이것을 장선(intestinal gland)이라고 부른다.

하루에 분비되는 장액량은 약 3,000 mL이나 그 분비기전은 현재 불분명하다. 그러나 소장에 분포된 신경, 액성물질 또는 소장벽에 대한 음식물의 기계적 자극 등이 장액분비를 조절하는 것으로 보인다.

소화효소는 탄수화물 분해효소로서 말타아제, 수크라아제, 락타아제가 있다. 이들은 소장점막에 부착되어서 맥아당과 자당 및 유당을 가수분해하여 단당류로 분해시킨다.

단백질 분해효소로는 아미노펩티다아제와 디펩티다아제(dipeptidase)로 폴리펩티드와 디펩티드를 분해하여 아미노산을 만든다. 그 밖에 엔테로키나아제(enterokinase), 장 리파아제(intestinal lipase), 뉴클레오리파아제(nucleolipase), 핵산분해효소 등도 있다.

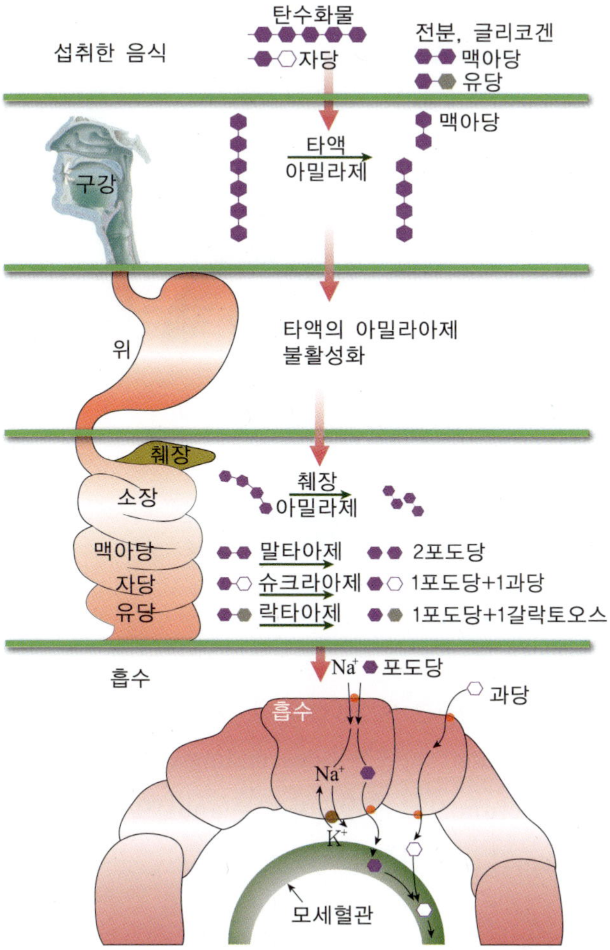

그림 10-19 탄수화물의 소화

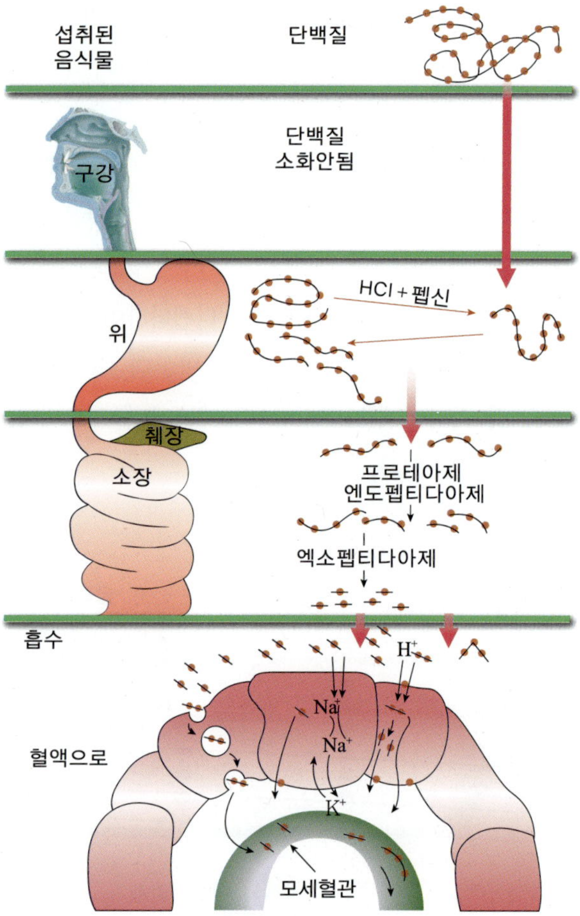

그림 10-20 단백질의 소화

10-10 대장에서의 소화

1. 대장의 구조

대장은 회장에서 이어지는 맹장(cecum), 상행결장(ascending colon), 횡행결장(transverse colon), 하행결장(descending colon), S자상결장(sigmoid colon) 및 직장(rectum)으로 구성되며 항문(anus)으로 연결된다. 길이는 약 1.5 m, 지름 7.5 cm의 굵은 관이다.

2. 대장의 운동

대장의 운동은 내용물을 항문까지 운반시키는 기능을 하며, 부교감신경이 흥분할 때는 촉진되고, 교감신경이 흥분할 때는 억제된다.

(1) 팽기수축(haustral contraction)

소장과 달리, 대장은 대장 전체에 종주근이 고르게 분포되어 있지 않고 외측으로 모여, 3개의 띠를 형성하고 있다. 이것을 '결장뉴(tenia coli)' 라고 하며, 이것이 수축될 때 대장의 길이가 짧아지면서 환상근이 일정한 거리를 두고 수축하게 되는데, 수축하지 않은 곳에 불룩한 주머니 모양의 팽기(haustra)를 형성하게 된다.

팽기수축은 주로 맹장과 상행결장에서 흔히 나타나며, 소장에서의 분절운동과 같이 내용물이 잘 혼합되어서 대장에서 흡수가 일어나도록 하는 기능을 한다.

(2) 집단운동(mass movement)

집단운동은 하루에 3~4회 일어나는 운동으로, 위대장 반사(gastrocolic reflex), 십이지장대장 반사(duodenocolic reflex)에 의해 나타나게 된다. 즉, 식사 후에 위나 십이지장이 충만되면 이것이 자극이 되어 반사적으로 결장의 환상근과 종주근이 강력히 수축하여 결장팽기가 소실되면서 상행결장과 횡행결장의 내용물들이 하행결장과 S자형결장 및 직장으로 이동되어 변의를 유발하게 된다. 그러나 집단운동이 늘 변의를 유발시키는 것은 아니며, 변의를 유발하지 않는 경우에는 집단운동에 의한 내용물의 이동이 직장 앞에서 멈추게 된다.

일반적으로 내용물들이 대장 내에서 최저 12시간 동안을 머무르게 되며 어떤 경우에는 직장으로 이동되기 전에 3일 동안이나 S자상 결장에 정체되어 있는 경우도 있다. 위대장반사, 십이지장대장반사는 개개인이 매우 다르게 반응하는 것으로 알려져 있다. 주요 자극원으로는 음식물, 커피, 담배를 들 수 있다.

3. 대장에서의 소화

대장 점막은 소화효소를 포함하고 있지 않은 알칼리성 점액만을 분비한다. 따라서 영양소의 소화작용은 없다. 회맹판을 통해 소량씩 이동한 내용물(하루 500 mL)은 대장에서 수분과 전해질이 흡수되어 고형으로 된 후에 체외로 배출되며, 그 양은 하루에 150 mL 정도이다.

대장 내에는 여러 종류의 미생물들이 있는데, 이들은 대장의 내부가 알칼리성이므로 쉽게 증식할 수 있다. 위와 소장상부에는 미생물이 없으나 소장하부, 즉 회맹판 가까이에는 탄수화물 발효균이 있다. 대장에는 박테리아인 대장균과 비병원성 구균 등이 있으며, 대장의 내용물들은 이 생물에 의해 쉽게 부패한다. 태아가 출생 시에는 무균상태이지만 생후 몇 개월 동안에 장내세균이 군집하게 된다.

[대장 내 미생물의 기능]

① 다른 미생물의 감염에 대하여 저항하는 역할을 한다(유산균).

② 대장의 미생물은 비타민 B 복합체와 비타민 K를 쉽게 장내합성 하므로, 섭취하지 않아도 결핍증이 나타나지 않도록 해준다. 그러나 항생물질을 장기간 복용하면 대장 내 미생물의 발육이 억제되고, 그 분포상태도 달라져서 비타민 결핍증이 나타나는 경우가 있다.

대장 내에는 가스가 존재하는데, 일반적으로 가스는 O_2, CO_2, N_2, H^+, 메탄 등으로 구성된다. O_2, CO_2, N_2는 연하된 공기와 혈액으로부터 확산되어 발생한 것이며, 메탄이나 H^+ 등은 세균 발효와 음식물 잔여물의 부패에 기인한다.

4. 배변과 변비

(1) 배 변(defecation)

직장은 보통 때는 비어 있으나, 집단운동에 의해 결장에 모여 있던 변이 일부 직장으로 들어가게 되면 직장이 확장되면서 직장내압이 30~40mmHg로 올라가게 된다. 직장벽에는 압력수용체가 있어서 압력의 증가를 감지하며, 그 정보를 구심성 신경인 음부신경(pudendal nerve)과 골반신경(pelvic nerve)을 통해 배변중추(천수·요수 및 시상하부)로 보낸다.

배변중추에서는 정보를 대뇌피질로 전달시키는 한편, 부교감신경을 통해 하부결장과 직장을 강력히 수축하도록 해서 내항문괄약근을 이완시킨다. 대뇌피질에서는 외항문괄약근을 이완시키고, 복근을 강하게 수축하여 복압을 100~200mmHg로 증가시킴으로써 배변을 유발시키고 촉진하게 된다.

(2) 변 비(constipation)

변비는 대장 기능부전의 한 증상이다. 변의는 직장 내 용적이 15~25 mL로 증가하여 직장내압이 상승할 때마다 느낄 수 있는데, 만일 이때 배변이 되지 않으면 압력수용체가 압력에 적응이 되어서 더 큰 용적의 변화가 있어야만 반응하게 된다. 이때에도 배변을 하지 않으면 또 적응이 되어서 더 큰 압력이 요구된다. 이와같은 상태의 반복은 직장 내 압력수용체의 흥분성을 소실시키게 된다. 그러나 설사제의 복용은 압력수용체의 기능을 더욱더 약화시킨다.

[음식물의 섭취와 변의 조성]

성인의 경우에 매일 75~170 g의 변을 배설하는데, 그 중 25~30%는 고형성분이고 나머지는 수분이다. 고형성분 중 30%는 세균이다. 만일 섭취하는 음식물 중에 채소나 과일의 양이 많고, 특히 날것으로 섭취하는 경우에는 변의 양이 증가된다. 변의 pH는 7.5~7.9이다.

변의 총량 가운데 소량만이 음식물의 소화결과로 생긴 잔여물이며, 대부분은 소화되지 않은 단백질과 지방 및 무기질로 구성된다. 대변의 단백질 성분의 1/2은 세균에서 온 것이고, 나머지는 흡수되지 않은 장 분비물, 점액, 탈락된 점막세포 및 소량의 효소이다.

지방성분도 세균과 탈락된 세포에서 유래한다. 대변의 색깔은 주로 스테르코빌린(stercobilin) 때문이며, 냄새는 아미노산이 대사되어 생기는 인돌(indole)과 스카톨(skatole) 및 황화물 때문이다.

10-11 영양소의 흡수

소화기관을 거치면서 가수분해된 포도당과 아미노산, 지방산 및 글리세롤, 비타민과 무기질, 물 등은 소화관의 점막을 통해 혈액이나 림프에 의해서 체내로 들어오게 된다. 이러한 작용을 흡수라고 한다. 흡수과정은 약 70%가 소장에서 일어나며, 10%가 위와 대장에서 일어난다. 흡수는 확산과 같은 수동적인 이동과 에너지를 필요로 하는 능동적인 이동에 의해 이루어지며, 흡수능력은 소화관의 부위별로 차이가 크다. 위에서는 알코올 이외에는 흡수되는 것이 없다. 소장의 상반부(십이지장과 공장의 1/2)에서 거의 모든 물질들이 흡수되고, 대장에서는 수분과 전해질이 흡수된다. 따라서 영양분의 흡수는 거의 다 소장에서 일어난다고 볼 수 있다.

(1) 소장점막의 특성

소장점막의 면은 흡수에 적합한 구조 및 운동성을 갖는다. 표면은 많은 윤상주름을 형성하며 표면적을 확대하고, 특히 십이지장 및 공장에서는 약 3배가 된다. 윤상주름의 표면은 융모로 덮여서 표면적은 다시 10배로 확대되고, 또한 융모의 원주상피 세포의 표면에는 약 600개의 미세한 융모가 솔변연(brush border)을 이루면서 약 20배로 확대된다. 융모에는 혈관, 림프관이 풍부하게 분포하고, 융모근의 신축에 의하여 흡수물질이 운반 된다.

표 10-4 소장점막의 표면적

구 조	상대적인 표면적 증가(배)	표면적(mm^2)
실린더로서의 소장 (intestine as a cylinder)	1	0.33
윤상주름(circular rold)	3	1.00
융 모(villi)	30	10.00
미세융모(microvilli)	600	200.00

(2) 탄수화물의 흡수

탄수화물은 소장 내에서 대부분 단당류 또는 이당류로 가수분해된 후에 주로 소장에서 흡수되는데, 능동적인 방법과 수동적인 방법에 의해 이동된다. 소장에서 형성되는 단당류 중에는 포도당이 80%로 가장 많다. 흡수속도는 포도당을 기준(100)으로 했을 때 갈락토오스(110), 포도당(100), 리보오스(74), 과당(43), 만노오스(19), 자일로오스(15), 아라비노오스(9) 순이다. 소장점막세포에는 이당류를 분해하는 효소가 부착되어 있고, 막을 통과하면서 분해하는 막소화가 이루어진다.

포도당은 소장점막에서 운반체와 결합하여 세포 안으로 흡수된다. 포도당 운반체는 Na^+이온과도 결합하며, Na^+의 농도차에 따라 세포 안으로 이동될 때에 같이 이동된다. 따라서 세포 밖의 Na^+ 농도가 높아지면 포도당의 이동이 촉진되며, 반대로 낮아지면 억제된다. 세포 내로 들어간 Na^+는 장막쪽으로 이동되는데, 이때는 Na^+펌프에 의해 능동적으로 방출되고, 포도당은 확산에 의해 모세혈관으로 이동된다. 포도당의 수송은 2차성 능동수송의 예이다.

갈락토오스는 포도당과 같은 운반체를 사용하지만, 과당은 별개의 운반체로 수송된다고 알려져 있다.

(3) 단백질의 흡수

단백질은 아미노산뿐만 아니라, 펩티드로도 흡수된다. 소장에서 펩티드나 아미노산으로 분해되는데, 아미노산은 능동적인 방법과 수동적인 운반방법에 의해 장점막을 통해 흡수된다.

펩티드는 점막의 솔변연(brush border)에서 펩티다아제에 의해 디펩티드와 트리펩티드로 된 후에 세포질로 들어가서 아미노산으로 분해되어 혈액 내로 흡수된다. 따라서 문맥혈류(portal venus flow)에 나타나는 것은 거의 모두 아미노산 형태이며, 극히 적은 양만이 디펩티드나 단백질의 형태로 이동한다.

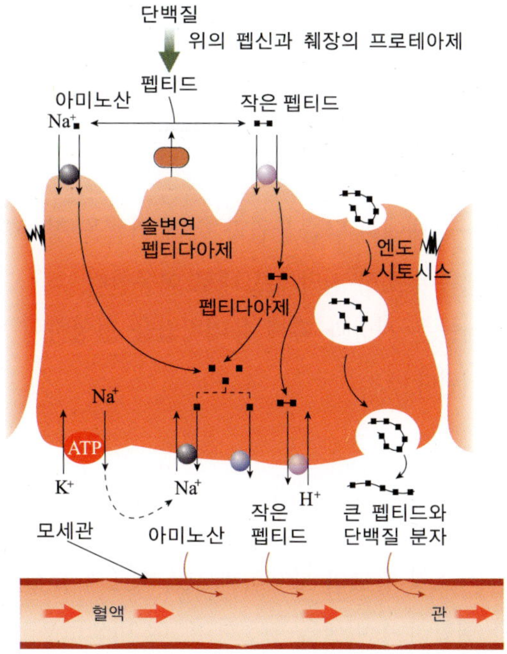

그림 10-21 펩티드의 흡수

(4) 지방산과 글리세롤의 흡수

지방은 소장 내에서 지방산, 글리세롤 및 모노글리세리드로 가수분해된다. 지방 중에서도 탄소수가 많지 않은 지방의 경우에는 분해되었을 때에 글리세롤과 탄소 수 10개 이하의 지방산을 형성하게 되는데, 이들은 가용성이므로 소장점막을 통해 직접 문맥(portal vein)으로 수동적인 흡수를 할 수 있다.

그러나 음식물 속에 포함된 지방은 탄소수가 많은 지방이 대부분으로, 이들이 가수분해되면 글리세롤과 탄소 수 14개 이상인 지방산 및 모노글리세리드를 형성하게 된다. 지방산과 모노글리세리드는 담즙산염과 함께 미셀을 형성하게 되고, 이 미셀로부터 지방산과 모노글리세리드가 점막세포 내로 이동된다. 일단 세포 내로 이동된 지방산과 모노글리세리드는 장점막세포 내에서 다시 지방으로 재합성된다. 재합성된 지방은 가용성 형태로 직경 1μ 이하의 작은 지방질 알맹이인 유미미립(chylomicron)을 형성한다. 유미미립은 80%가 지방이고, 그 밖에 콜레스테롤, 인지질(phosphatides) 및 지용성 비타민으로 구성되며, 겉은 수용성의 인지질과 단백질로 둘러싸여 있다. 유미미립은 그 크기가 크므로 모세혈관으로 들어가지 못한다. 융모 중앙의 중심유미관(central lacteal)을 통해 림프관으로 들어가서 결국 순환혈액 내로 유리되는데, 지방의 70~80%가 이와 같은 형태로 흡수된다.

(5) 콜레스테롤의 흡수

콜레스테롤은 소장 내에서 담즙산염과 함께 미셀을 형성하며, 이 미셀로부터 서서히 콜레스테롤이 소장 점막세포 내로 이동한다.

이동된 콜레스테롤은 지방과 함께 유미미립을 형성하여 림프관을 통해서 순환혈액 내로 유리된다.

(6) 비타민의 흡수

수용성 비타민은 소장 융모의 모세혈관으로 빠르게 흡수되고, 지용성 비타민은 담즙산염과 결합하여 미셀을 형성하며, 이 미셀로부터 소장점막세포 내로 이동한 후에 유미지립(chylomicron)을 형성하여 림프관을 통해 순환혈액 내로 유리된다. 따라서 지방흡수에 문제가 생기면 지용성 비타민의 흡수도 감소된다. 대부분의 비타민은 소장상부에서 흡수되지만, 비타민 B_{12}는 회장에서 흡수된다.

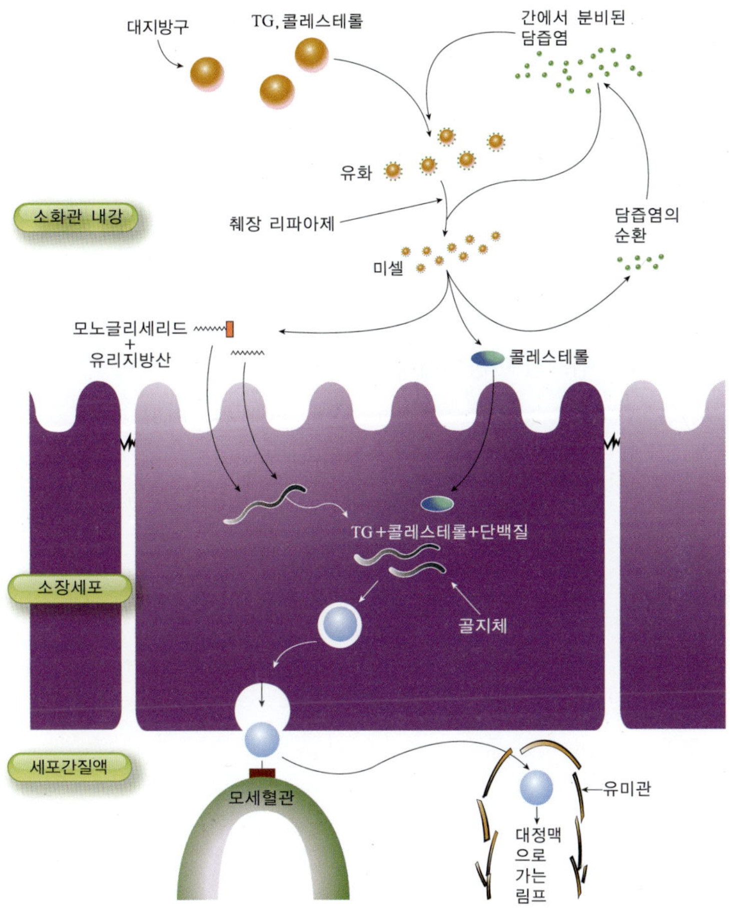

그림 10-22 지방소화에서 담즙의 역할

(7) 무기질의 흡수

Na^+는 능동적으로 소장 상부에서 흡수되며, 이때 알도스테론(aldosterone)은 공장과 회장에서 Na^+의 흡수를 촉진시킨다.

Na^+이 이동할 때 전기적 균형을 유지하기 위해 Cl^-가 수동적으로 흡수된다. Cl^-는 회장과 결장에서는 능동적으로 흡수되는데, 이때 HCO_3^-가 그 대신 교환되어 분비되므로 소장하부와 결장에서 장 내용물의 pH는 8.0까지 증가된다. 섭취한 K^+는 수동적으로 대부분 흡수되지만, 일부는 분비되기도 한다

(8) 물의 흡수

물은 유미즙 중에 가장 많은 성분이다. 약 9,000 mL의 수분이 매일 섭취되어 소장으로 들어간다. 그러나 500 mL만이 대장에 도달하며 섭취한 물의 95%는 소장에서 흡수된다. 소장 점막세포는 물에 대하여 매우 투과성이 크다. 그러므로 용질의 능동적인 이동에 의해 수분의 농도차가 생길 때마다 수분의 확산이 일어나게 된다. Na^{+}이온은 유미즙 내에 가장 풍부한 이온이므로 대부분의 능동적 이동의 원인이 된다. 나트륨 이온의 흡수는 주로 능동적 이동으로 $Na^{+}-K^{+}$ 펌프를 이용하게 된다.

Chapter

11. 신 장

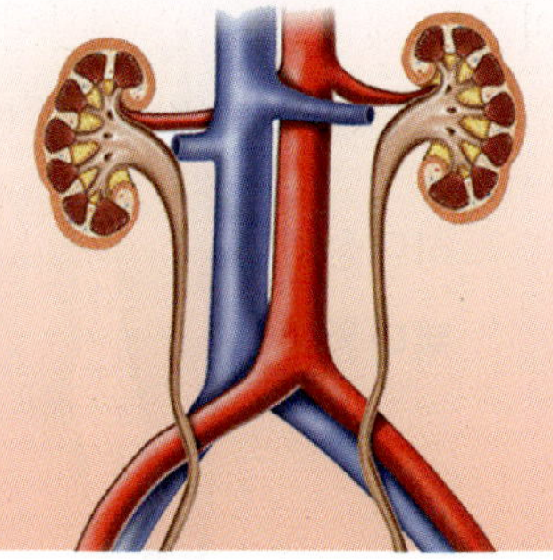

신장(kidney)은 소변을 만들어내는 장기이다. 체중의 0.5%에 불과한 신장이 정상적인 휴식상태에서 심장 박출량의 25%나 되는 혈액을 받아들인다. 분당 약 1,300 mL의 혈액이 신장 동맥을 통하여 신장으로 들어가고 1,298~1,299 mL의 혈액이 신장 정맥을 통해서 나가며, 1~2 L의 수분이 요관을 통해서 소변으로 배출된다.

분당 소량의 1~2 mL의 소변형성을 위해 신체 혈액 공급량의 1/4이 신장으로 가서 복잡한 과정을 거치게 된다. 소변은 어떤 성분을 함유하고 있으며 형성과정은 왜 중요한가?

소변은 구성성분(물, 소금, 소량의 산, 요소 등과 같은 여러 폐기물) 이외에도 소변의 구성물과 그 양이 어떻게 변화하여 체액의 양과 구성물의 항상성을 유지하는지가 중요하다.

체액의 구성은 입으로 먹는 것에 의해서가 아니라 신장이 보존하는 성분에 의해 결정된다. 위장관은 흡수를 최대화하기 위해 설계된 것으로 보이지만, 조절과정에서의 역할은 적은 편이다. 실제로 신장은 내부 환경을 조절하는 중요한 역할을 한다.

신장은 체액을 하루에 15회 정도 재생한다. 신체가 탈수상태가 되면 배설되는 물의 양은 감소한다. 체액이 산성이 되면 신장은 더 많은 산을 배설한다. 체액의 K^+함량이 높아지면 신장은 더 많은 K^+를 배설한다.

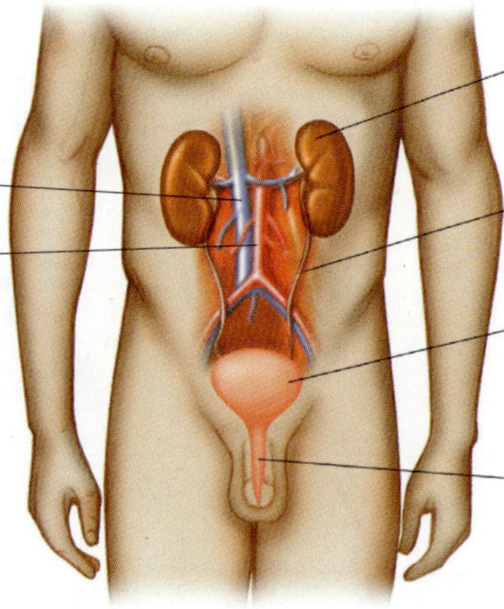

그림 11-1 비뇨기계의 구조

신장은 요관, 방광, 요도와 함께 비뇨기계를 이루고 있는데, 보통 신장은 신체 내 배설만을 담당하는 기관으로 생각된다. 그러나 신장은 배설 기능 외에도 신체 내 조절기능, 내분비기능을 담당함으로써 생체 내외 환경을 언제나 일정하게 유지시켜 주는 중요한 기관이다.

신장은 길이 약 12cm, 폭 6cm, 두께 3cm 정도의 강낭콩(kidney bean)과 비슷한 구조로 허리선 바로 위 등쪽 횡경막 바로 밑에 좌우 2개가 붙어있다. 한 개의 무게는 약 100~150g 정도가 된다. 신장을 잘라서 열면 외부영역(콩팥 피질)과 내부영역(콩팥 수질)의 두 영역이 나타난다.

신장은 1차적으로 우리 몸 속에서 일어나는 여러 가지 음식물 대사과정의 부산물인 노폐물과 몸 속으로 들어온 이물질을 소변을 통해 몸 밖으로 배설하는 기능을 가지고 있다. 신장은 몸의 과잉수분과 노폐물을 몸 밖으로 걸러내고, 체액의 성분과 농도를 일정하게 유지시켜 줄 뿐만 아니라 비타민 D 활성화, 적혈구 생성과 혈압 유지 등의 역할을 맡고 있다.

신장은 인체 내 어떤 장기보다 항상성 유지에 큰 기여를 한다. 신장은 체내 환경의 염류 조성, 체액 총량, 삼투압, pH를 조절할 뿐 아니라 폐로 이산화탄소를 제거하는 것을 제외하고는 모든 대사과정의 노폐물을 제거한다.

신장은 유용한 물질을 보존하는 한편, 대사 노폐물이나 섭취한 과잉의 염 또는 물과 같이 신체가 더 이상 필요로 하지 않는 것을 제거함으로써 이러한 조절 기능을 발휘한다. 그리고 다양한 경로를 통해 물질이 체내로 들어오거나 체외로 나가기도 하지만 신장은 개체의 생명 유지를 위해서 혈장성분의 조성을 아주 정밀하게 조절할 수 있다. 실제로 심장에서 흘러나오는 순환 혈액의 3/4은 다른 장기로 순환되고 신장으로 유입되는 나머지 1/4만으로 이런 복잡한 기능을 수행하고 있다.

check point

신장 기능의 요약

① 체내 수분 총량의 조절과 유지
② 수분의 총량 조절을 통한 체액의 적정 삼투질 농도 조절과 유지
③ 세포외액에 존재하는 이온성분의 양과 농도 조절
④ 적정 혈장량 유지를 통한 동맥혈압 유지에 기여
⑤ 적정 산-염기 균형 유지
⑥ 요소, 요산, 크레아티닌과 같은 체내 유해대사물질의 배출
⑦ 이물질의 배설
⑧ 조혈인자(에리트로포이에틴) 생산
⑨ 레닌의 생성
⑩ 비타민 D의 활성화

11-1 신장의 구조

신장을 세로로 잘라 보면 바깥쪽의 피질과 안쪽의 수질로 구분되며, 수질의 안쪽에는 생성되는 소변이 방출되는 신우(renal pelvis)가 있고, 이것은 요관으로 이어져 있다.

신장은 신장 동맥을 통하여 혈액을 공급받는데, 혈액은 대·소동맥을 거쳐 촘촘히 얽힌 실핏줄 뭉치인 사구체에 모인다. 사구체에서 혈액이 여과되면 노폐물이 걸러지고, 이렇게 걸러진 혈액은 신장정맥을 지나 대정맥으로 간다(그림 11-2).

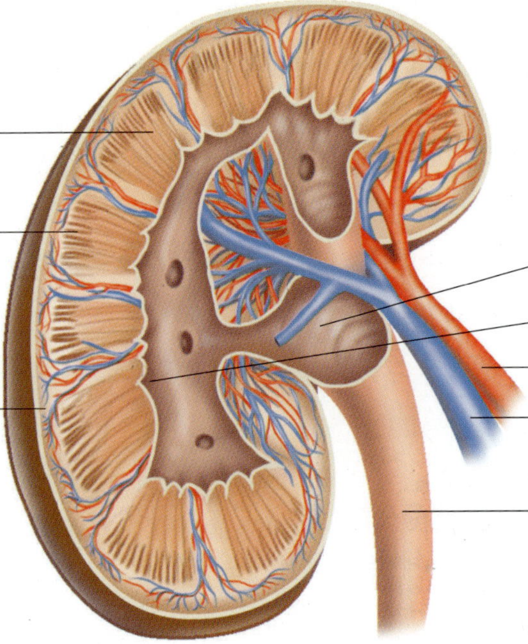

그림 11-2 신장의 구조

사구체를 둘러싸고 있는 세뇨관벽을 **보우만**(Bowman) **낭**이라고 한다. 사구체와 보우만 낭, 그리고 이에 연결된 세뇨관들을 통틀어 네프론(nephron)이라고 한다. 네프론은 소변을 만드는 해부학적 기능의 기본단위이며, 좌·우 신장에 각각 약 백만 개씩 총 이백만 개의 네프론이 있다(그림 11-3). 네프론의 한 부분인 사구체에 이어진 근위세뇨관은 사구체 주위에서 이른바 **헨레고리**(Loof of Henle)를 형성한다.

헨레고리는 여자들의 머리핀 모양으로 되어 있으며, 근위세뇨관과 연결된 부위가 수질부 깊숙이 하행하였다가(헨레 고리 하행각, descending Henle's loop) 고리를 형성한 후에 돌아서 하행각과 평형하게 상행하여(헨레 고리 상행각, ascending Henle's loop) 원위세뇨관에 연결된다. 세뇨관의 길이는 네프론 한 개당 3cm이므로 전체길이는 무려 60km나 된다.

원위세뇨관이 모여서 사구체가 있는 피질부위까지 도달한 후 집합관(collecting duct)을 만들어 피질부위에서 수질부위로 내려간다. 이 집합관이 모여서 신우(renal pelvis)를 만들고, 최종적으로 수뇨관(ureter)에 연결된다.

신장의 혈관계를 살펴보면, 신장에 혈액을 공급하는 신동맥(renal artery)은 복부대동맥에서 출발하여 신장으로 들어온 다음에 여러 개의 작은 혈관으로 분지되다가 사구체로 연결된다. 사구체로 들어오는 소동맥을 구심성 소동맥(afferent arteriole)이라고 한다.

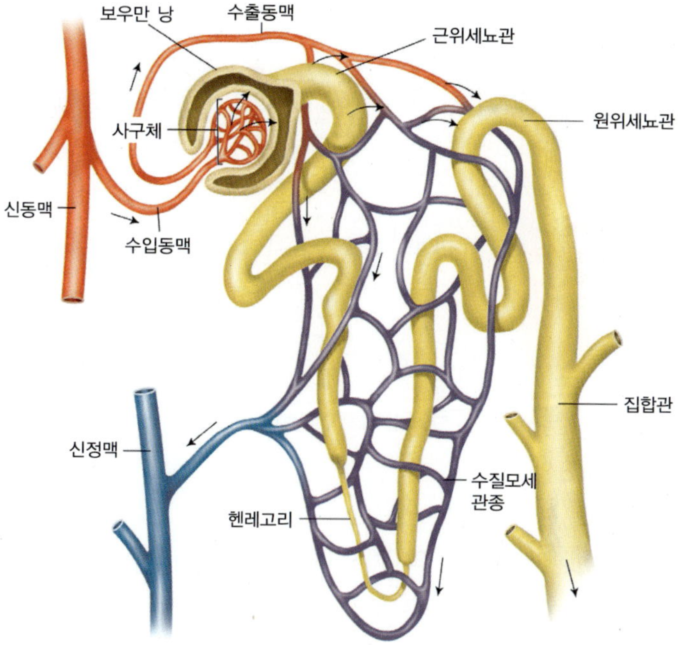

그림 11-3 네프론의 구조

사구체의 모세혈관들은 다시 모여 원심성 소동맥(efferent arteriole)이 되어 보우만 낭을 빠져나온 후에 모세혈관망(capillary network)을 형성하여 근위세뇨관, 헨레고리, 원위세뇨관 및 집합관을 둘러싸고 이들과 물질교환을 한 다음에 다시 모여 신정맥(renal vein)을 형성하고 나서 신장을 나간다. 정상적인 사람의 신장혈액유통량은 1분 동안에 약 1,200mL로 심박출량의 약 25%에 해당된다.

11-2 요(尿)의 형성과정

인체의 혈액은 사구체여과(glomerular filteration), 세뇨관 재흡수(tubular reabsorption), 세뇨관분비(tubular secretion)의 과정을 거쳐서 소변(urine)을 만들어 체외로 배설한다.

1. 사구체여과

요형성의 첫 번째 단계는 사구체 여과이다. 사구체 여과는 사구체로 유입된 혈액 중 혈장의 약 1/5이 사구체의 막과 보우만 낭의 막을 투과하여 보우만 낭 내로 이동되는 것을 말한다.

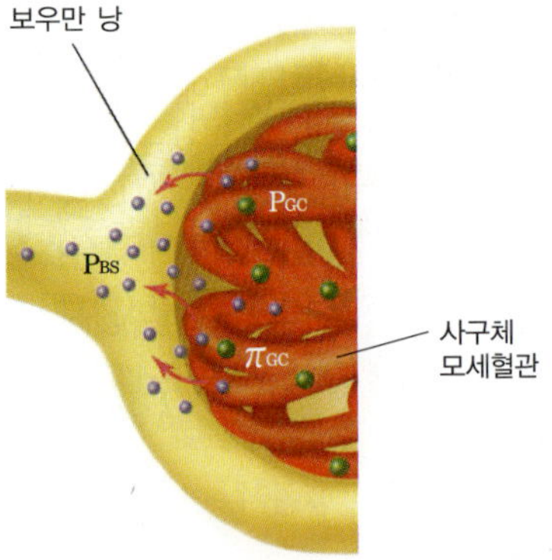

압력	mmHg
• 여과압	
– 사구체모세혈관압(P_{GC})	60
• 역여과압	
– 보우만낭내압(P_{BS})	15
– 교질삼투압(π_{GC})	29
• 총사구체여과압 = $P_{GC} - P_{BS} - \pi_{GC} = 16$	

그림 11-4 사구체 여과압

사구체 모세혈관막은 직경 약 70~100Å의 많은 구멍(pore)이 존재하는 다공성막으로, 직경이 구멍보다 큰 물질들(혈구, 혈장단백질)은 여과되지 못하고 그 밖에 혈장 내의 모든 성분들은 여과되는데, 이를 원뇨라고 한다. 이때 보우만 낭으로 투과되어 나온 액체, 즉 사구체 여과액(glomerular filterate)은 혈액에서 혈구와 단백질을 제외시킨 성분과 같다.

사구체여과는 여과압, 즉 여과를 촉진하는 힘과 여과를 방해하는 힘의 차이로 결정된다.

따라서 사구체의 혈압은 일반조직에 분포되어 있는 모세혈관의 혈압보다 높은 약 60mmHg이고, 혈액의 교질삼투압은 약 29mmHg이다. 보우만 낭 내의 내압은 15mmHg이다. 스탈링(Starling)의 가설에 따라 여과압은 60mmHg－29mmHg－15mmHg=16mmHg가 된다.

1분 동안에 사구체에서 보우만 낭으로 여과되는 양을 **사구체 여과율**(glomerular filtration rate, GFR) 혹은 **사구체 여과 속도**라고 하는데, 이는 체표면적과 상관관계가 있기 때문에 사구체 여과율을 표시할 때는 항상 1.73m^2의 체표면적을 기준으로 한다. 사구체 여과율은 성인남자의 경우에 약 120 mL/분이고, 성인여자의 경우는 약 110 mL/분이다.

매분당 신장으로 들어오는 신혈장류량(renal plasma flow)이 600 mL/분이므로 신혈장류량의 약 20%가 사구체에서 여과되는 셈이며, 이 비율을 '여과분율(filtration fraction)'이라고 한다. 신혈장류량을 측정하는데는 마뇨산(PAH: Para-aminohippuric acid) 제거율을 이용한다.

표 11-1 사구체 여과액 형성률과 요 형성률 사이의 관계

사구체여과 형성요소	양(mL/분)
심박출량	5,000
신혈류량	1,250
신혈장류량	600
여과액의 형성	125
요 형성	1
여과액의 재흡수	124

check point

사구체 여과속도(GFR) 측정에 사용하는 물질

세뇨관에서 재흡수되거나 분비되지 않아야 하며, 이눌린(inulin), 크레아티닌, 만니톨 등을 이용하여 간접적으로 측정한다. GFR은 혈장에서 신장의 물질제거능력을 의미한다.

Inulin을 이용한 사구체 여과속도 측정

$$GFR = \frac{U_{in} \times U_V}{P_{in}} = \frac{\text{오줌의 inulin농도} \times 1\text{분간의 오줌량}}{\text{혈장 내의 inulin 농도}}$$

제거율(clearance rate)

이눌린 제거율에 대한 어떤 물질의 클리어런스를 제거율이라고 한다. 이 비율이 1보다 작으면 이 물질은 세뇨관에서 재흡수되었고, 1보다 크면 이 물질은 세뇨관에서 분비되었음을 의미한다. 따라서 혈장 제거율(clearance rate)을 통해서 신장기능을 알 수 있다.

2. 세뇨관의 기능

사구체의 여과는 선택성이 없이 단백질을 제외한 혈장 내의 모든 성분을 보우만 낭을 통해 세뇨관강 내로 이동시키는 과정이므로 노폐물뿐만 아니라 포도당, 아미노산, Na^+, K^+, Cl^- 같은 전해질과 수분이 그대로 세뇨관 내로 들어오게 된다.

실제로 여과액이 세뇨관을 지나는 동안에 여과액과 세뇨관 주위 모세혈관 사이에서 물질이동이 일어나게 되는데, 이는 대단히 선택성이 높아서 인체에 필요한 물질은 혈액으로 재흡수(reabsorption)되고, 혈액에서 제거되어야 할 물질들은 세뇨관강 내로 분비(secretion)된다. 따라서 세뇨관의 재흡수와 분비 기능에 의해서 소변의 화학성분과 그 농도는 사구체 여과액의 조성과 매우 달라진다.

(1) 세뇨관 재흡수

세뇨관에서 재흡수되는 정도는 물질마다 다르며, 또 같은 물질이라 하더라도 체내 상태에 따라서 재흡수되는 정도가 달라진다.

포도당, 단백질 및 아미노산 등은 근위세뇨관에서 완전히 재흡수되고, Na^+은 근위세뇨관에서 전체 재흡수량의 7/8이 재흡수되며, 그리고 나머지 1/8이 원위세뇨관에서 재흡수된다. K^+은 근위세뇨관에서 완전히 재흡수되고, 원위세뇨관에서 다시 분비되기 때문에 오줌에 있던 K^+은 사구체에서 여과된 여과액 내에 있던 K^+이 아니다. 그리고 크레아티닌 및 요산염(urate) 등은 세뇨관에서 재흡수가 거의 없고 분비만이 있다(표 11-2).

세뇨관에서 여러 가지 물질이 재흡수되는 기원은 물질에 따라 다르지만, 능동적 재흡수와 수동적 재흡수로 구분된다.

표 11-2 여과와 재흡수에 의해 처리된 여러 물질들의 평균치

물 질(단위)	하루 중 여과되는 양	하루 중 배설되는 양	재흡수되는 %
물(L)	180	1.8	99.0
Na^+	630	3.2	99.5
포도당(g)	180	0	100
요 소(g)	54	30	44

① 포도당의 재흡수

포도당은 근위세뇨관 세포에 존재하는 포도당 운반체(glucose carrier)에 의해 능동적으로 재흡수된다.

포도당 운반체의 수가 제한이 되어 있기 때문에 단위시간에 재흡수할 수 있는 최대흡수치(transfer maxima of glucose, TM)가 있게 되는데, 성인남자에서 약 375mg/분이며, 이때의 혈당치는 300mg%(300mg/100mL)이다.

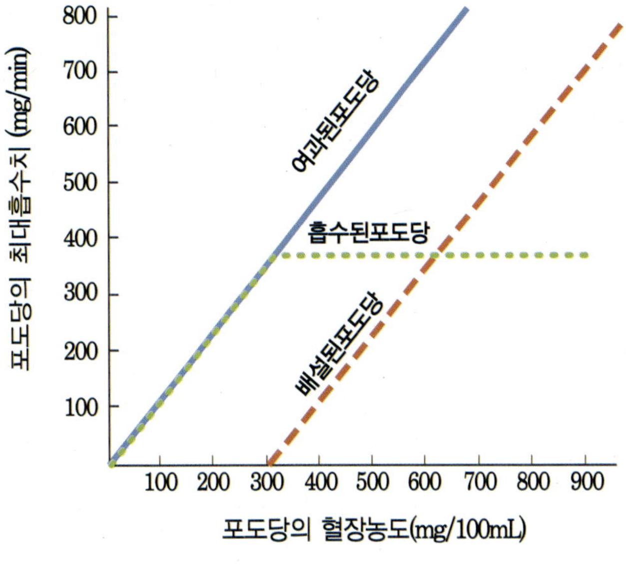

그림 11-5 세뇨관의 포도당 적정곡선

정상인의 혈당치는 100mg%이므로 요에 당이 배설되지 않지만, 혈당치가 300mg% 이상이 되면 분당 375mg 이상의 포도당이 세뇨관강 내로 들어오게 되므로 375mg만 세뇨관세포를 통해 재흡수되고 나머지는 요에 의해 배설된다. 그러나 실제로는 사구체 여과율과 세뇨관 재흡수 간의 불균형이 존재하기 때문에 혈당치가 180mg% 이상이 되면 요 중에 당이 배설되는데(포도당의 신장역치, renal threshold of glucose), 이를 'splay 현상' 이라고 한다(그림 11-5).

표 11-3 신장의 혈장 포도당농도 조절

물질의 혈장농도 x GFR = 여과된 물질의 양

예 : 100mg 포도당/ 100mL혈장 x 125mL여과된 혈장/min = 125mg 여과된 포도당/min

혈장농도 (mg/100mL)	GFR (mL/min)	여과된 양 (mg/min)	Tm 값 (mg/min)	재흡수된 양 (mg/min)	배설된 양 (mg/min)
(1) 80	125	100	375	100	0
(2) 100	125	125	375	125	0
(3) 200	125	250	375	250	0
(4) 300	125	375	375	375	0
(5) 400	125	500	375	375	125
(6) 500	125	625	375	375	250

② Na^+의 재흡수

Na^+은 능동적으로 재흡수된다. 여과된 Na^+의 약 80%는 근위세뇨관에서, 그 밖에 헨레고리의 상행각·원위세뇨관 및 집합관에서 재흡수된다. 양이온인 Na^+이 재흡수될 때 음이온인 Cl^-가 함께 재흡수된다. 원위세뇨관에서의 Na^+의 재흡수는 부신피질에서 분비되는 호르몬인 알도스테론에 의해 조절된다.

알도스테론은 부신피질에서 분비되는 염류 코르티코이드 호르몬 중의 하나로, 원위세뇨관에서 Na^+재흡수를 촉진하는 기능을 갖고 있다. 알도스테론의 분비는 혈장 내의 Na^+농도가 낮아졌거나 K^+농도가 높아진 경우, 세포외액량이 감소된 경우나 출혈이나 외상을 입었을 경우에 촉진된다.

③ K^+의 재흡수

여과된 K^+의 80%는 항상 근위세뇨관과 헨레고리 및 집합관에서 재흡수된다. 원위세뇨관에서는 보통 K^+이 분비되지만, 체내 K^+ 함량이 작을 때에는 재흡수된다.

④ 수분의 재흡수

수분은 수동적으로 재흡수된다. 여과된 물의 약 70~80%는 근위세뇨관에서 Na^+이 재흡수될 때 생기는 삼투질 농도차에 의해 재흡수된다. 그 이외에 헨레고리 하행각·원위세뇨관 및 집합관에서도 재흡수되는데, 특히 원위세뇨관과 집합관의 수분에 대한 투과도는 뇌하수체 후엽에서 분비되는 항이뇨 호르몬(antidiuretic hormone, ADH)에 의해 조절된다.

(2) 세뇨관 분비

신장으로 들어오는 혈장량의 20%만이 사구체에서 여과되고, 나머지 80%는 다시 신정맥을 통해 체내로 들어온다. 따라서 체내에서 생성되는 노폐물과 체외에서 들어온 이물질의 배설이 단순히 여과에 의해서만 배설된다면 독성물질의 배설면에서 효율성이 낮게 된다.

그러나 세뇨관에는 세뇨관 주위 모세혈관 속에 들어 있는 물질들이 세뇨관강 내로 이동하는 세뇨관 분비과정이 있으므로 신장으로 들어온 노폐물 중 20%는 사구체 여과과정에 의해 배설되고, 나머지 80%는 세뇨관 분비과정에 의해 배설되어 100% 모두 인체에서 제거된다. 세뇨관에서 분비되는 물질은 페니실린(penicillin), 크레아티닌(creatinine), PAH 등이다.

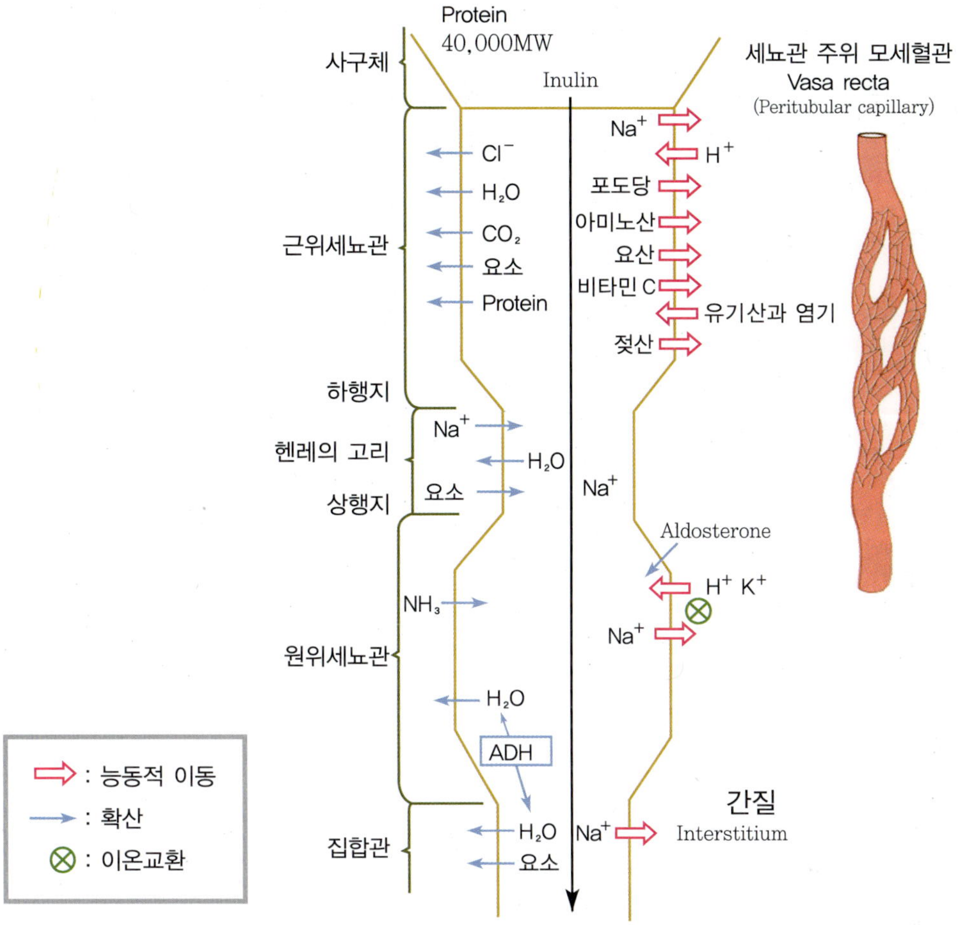

그림 11-6 각 물질들의 세뇨관에서의 이동

세뇨관 분비도 능동적인 과정(유기산, 유기염기)과 수동적인 과정(약산, 약염기)이 있다. 그 밖에 H^+은 세뇨관에서 능동적으로 분비되고 있는데, 이는 산-염기 균형에 중요한 역할을 담당한다.

한편 K^+은 사구체에서 여과된 후에 근위세뇨관에서 재흡수되고, 원위세뇨관에서 분비가 일어난다. K^+의 분비는 K^+과 H^+이 경쟁적으로 세뇨관으로 이동된다.

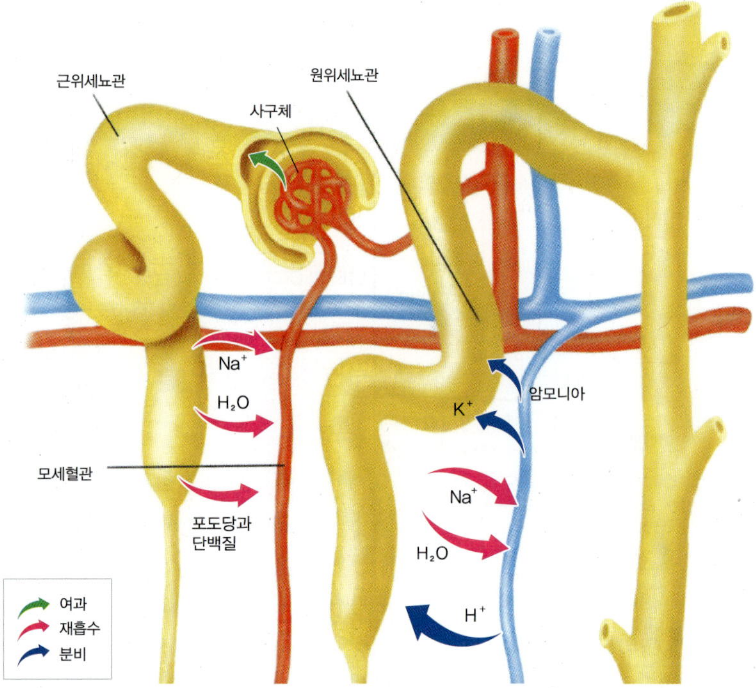

그림 11-7 요 형성의 전체과정

표 11-4 세뇨관의 근위와 원위부에서 발생하는 수송기전

근위세뇨관	
재흡수	분비
• 여과된 Na^+의 67%가 능동적으로 재흡수, 조절을 받지 않음. Cl^-은 수동적으로 따름 • 모든 여과된 포도당과 아미노산은 이차적 능동수송 기전으로 재흡수, 조절을 받지 않음 • 여과된 PO_4^{2-}과 다른 염류의 다양한 양으로 재흡수, 조절을 받음 • 여과된 물의 65%가 삼투질에 의해 재흡수, 조절을 받지 않음 • 여과된 요소의 50%가 수동적으로 재흡수, 조절을 받지 않음 • 거의 모든 여과된 K^+이 재흡수, 조절을 받지 않음	• 체내 산-염기의 상태에 따라 다양한 양의 H^+이 분비 • 유기이온이 분비, 조절을 받지 않음
원위세뇨관과 집합관	
재흡수	분비
• 알도스테론에 의해 조절되어 다양한 Na^+ 재흡수, Cl^-은 수동적으로 재흡수 • 항이뇨호르몬 조절에 의해 조절되어 다양한 물 재흡수	• 산-염기 상태에 따른 다양한 H^+ 분비 • 알도스테론 조절에 의한 다양한 K^+ 분비

11-3 체내 Na^+함량 및 수분량 조절

인체 내 체액량은 체내의 전해질함량에 따른다. 평상시에 체내로 섭취되는 전해질함량이나 수분량이 일정하지 않더라도, 체액량이 비교적 일정하게 유지되는 것은 신장에서의 전해질과 물의 배설조절 때문이다.

세포외액에 가장 다량으로 존재하는 전해질은 Na^+와 Cl^-이온이고, 이 두 이온에 의해 나타나는 삼투질농도는 250mOsm / L이며, 이는 평상시에 일정하게 조절되는 체액의 삼투질농도인 300mOsm / L의 약 80%에 해당되는 양이다. 즉, 세포외액 내 삼투질의 대부분은 NaCl이므로 세포외액량은 결국 NaCl함량에 비례하게 되고, 따라서 세포외액량을 조절하기 위해서는 신장에서 여과된 Na^+의 재흡수를 조절함으로써 체내의 NaCl 및 수분함량을 조절해야 한다.

평상시에 성인의 사구체 여과량은 하루에 약 180L에 이르고, 이 중 99% 이상이 신세뇨관에서 재흡수되고 약 1% 만이 소변으로 배설된다.

식염섭취량이 증가하는 등의 요인으로 체내 Na^+ 함량이 변화되면 그에 따라 소변 중 Na^+배설량이 0~13%로 조절된다. 이 경우에도 체내 Na^+ 함량이 쉽게 변하지 않는 것을 볼 수 있는데, 이는 신장의 다음과 같은 Na^+ 조절반응 때문이다.

표 11-5 신세뇨관의 부위별 기능

부 위	기 능
근위세뇨관	<u>재흡수</u> 여과된 수분과 NaCl의 70% 포도당 요 소 요 산 아미노산 K^+, Mg_2^+, Ca_2^+, HPO_4^-, HCO_3^- <u>분비</u> 유기산과 염기 H^+과 NH_3
헨레고리	NaCl과 수분의 재흡수(반류배가 장치)
원위세뇨관	<u>재흡수</u> 여과된 수분과 NaCl 중 소량 <u>분비</u> H^+과 NH_3, K^+ (알도스테론 농도에 의존)

부 위	기 능
집합관	**재흡수** NaCl 수분(항이뇨 호르몬 농도에 의존) **분비** H^+, NH_3, K^+

표 11-6 하루의 물 섭취량과 소비량

섭 취 량(mL)		소 비 량(mL)	
음료수 식품 중의 물 대사과정에서 생성된 물	1,200 1,000 350	불감손실(피부와 폐) 땀 분 변 소 변	900 50 100 1,500
합 계	2,550	합 계	2,550

1. 식염섭취량의 증가

식염섭취량이 증가한 경우, 체내 Na^+ 함량이 증가하고 자연히 물의 섭취가 많아지며 그에 따른 세포외액량의 증가로 혈압이 높아지는 부작용을 초래할 수 있다. 그러나 정상인의 경우에는 신장의 Na^+ 배설을 증가시키는 기전을 가동시켜 체내 Na^+ 균형을 유지한다.

즉, 사구체 여과율을 증가시켜 Na^+여과와 소변 중 배설이 증가하는 경우인데, 어떠한 기전에 의해 사구체 여과율만이 증가하는지는 밝혀지지 않았다. 그리고 사구체 여과율의 조절은 Na^+ 균형에 크게 기여하지는 않는다.

2. 세뇨관의 Na^+ 재흡수 변동

평상시에 사구체로부터 여과된 약 80%는 근위세뇨관에서 재흡수되고, 나머지 Na^+는 원위세뇨관에서 재흡수된다. 따라서 세뇨관의 Na^+ 재흡수를 조절하는 것이 Na^+ 균형을 조절하는 데에 가장 효율적인 방법이다. 즉, 근위세뇨관의 Na^+ 재흡수는 자동적으로 조절되는 여과량에 맞추어 항상 일정한 비례로 재흡수됨으로써 사구체여과량의 변화에 따른 Na^+ 배설량의 급격한 변화를 방지한다.

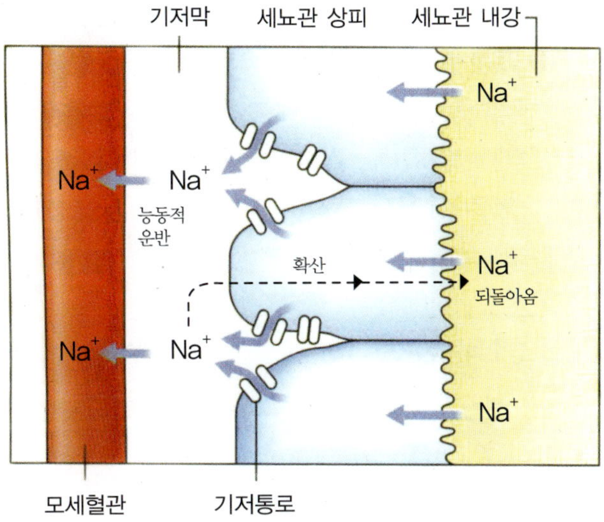

그림 11-8 세뇨관의 Na^+ 운반

다시 말하면, 그림 11-8에 표시된 바와 같이, 여과된 Na^+이 우선 세뇨관세포의 측면세포막(lateral cell membrane)에 위치하는 Na^+ pump에 의하여 세포측면간격(lateral intercellular space, LIS) 내로 이동되면 Cl^-와 물이 따라 들어가게 되고, 결국은 NaCl용액의 형태로 세뇨관 주위 모세혈관(peritubular capillary) 내로 흡수된다.

혈액 내의 Na^+량이 감소하는 경우, 사구체로 들어가는 구심성 소동맥의 사구체 옆 장치(juxtaglomerular cell)에서 레닌(renin)이라는 효소를 합성하여 혈액 내로 분비한다.

분비된 레닌은 간에서 합성되어 혈장 내에 존재하고 있는 앤지오텐시노겐에 작용하여 angiotensinⅠ은 효소에 의해 angiotensinⅡ로 전환된다. 엔지오텐선Ⅱ는 부신피질로 가서 알도스테론의 분비를 촉진시키고, 알도스테론은 네프론의 원위세뇨관에서 Na^+ 재흡수를 촉진시켜 수분 재흡수를 증가시킨다. 따라서 혈액량과 혈압이 정상적으로 회복된다. 실제로 알도스테론의 분비조절로 세뇨관에서 Na^+ 재흡수를 1~2%밖에 조절할 수 없다.

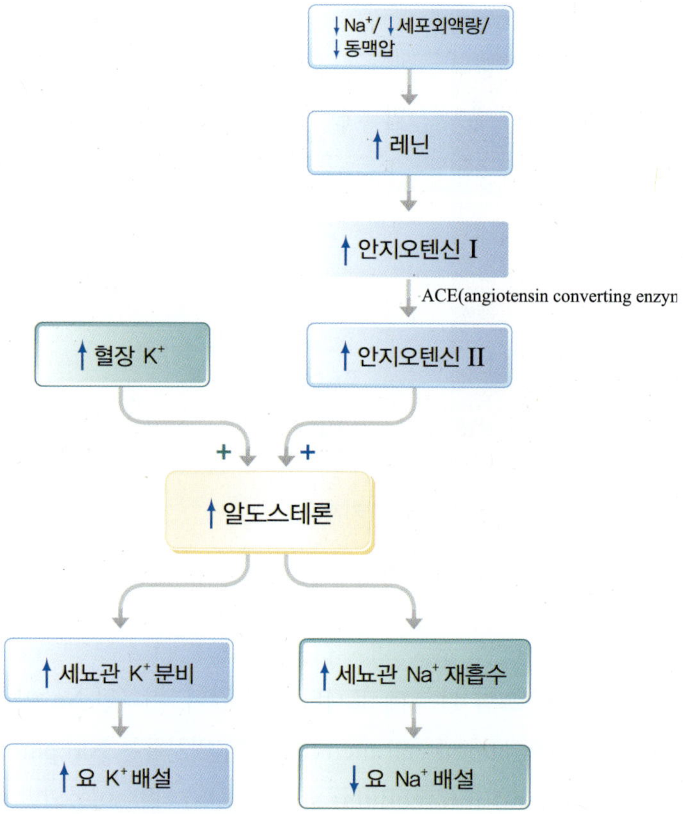

Na^+은 세뇨관의 상피세포의 기저막에서 능동적 운반에 의하여 이동되고, 상피세포의 구경경계에서는 확산에 의하여 이동한다.

그림 11-9 세뇨관의 Na^+운반

11-4 체액의 삼투질농도 조절

정상인의 체액의 삼투질농도는 약 300 mOsm/L로 유지되고 있다. 이는 물의 배설량을 적절히 조절하여 체액의 삼투질농도를 일정하게 유지시키는 신장의 기능 때문이다. 평상시는 하루에 약 180 L의 물이 사구체에서 여과되는데, 그 중 체내에 필요한 양만 세뇨관에서 재흡수하고 나머지는 배설된다.

그런데 만약 물의 재흡수가 근위세뇨관에서 NaCl에 의해서만 이루어지면 땀을 많이 흘리게 되면 심한 탈수가 된다. 그러나 물을 많이 마셔서 체액의 삼투질 농도가 낮아지면 이를 조절하는 것이 불가능하다. 즉, 체액의 원활한 삼투질농도 조절을 위해서는 물의 재흡수가 NaCl의 재흡수와는 다르게 조절되어야 한다.

실제로 원위세뇨관과 집합관에서 물의 재흡수가 일어나고, 이는 뇌하수체 후엽호르몬인 항이뇨호르몬에 의해 조절된다.

신장에서 물의 이동은 삼투압 농도차이에 의해서 일어난다. 즉 세뇨관강 내에 비해 주위조직이 고장성일 때만 물이 재흡수된다. 신장조직의 삼투압농도는 피질부위가 약 300 mOsm/L 이지만, 수질내부로 들어갈수록 점차 증가하여 수질 끝 유두부에서는 1,200 mOsm/L 에 달한다. 신장수질 내의 삼투압 농도가 이렇게 높은 것은 신세뇨관과 혈관계의 구조 및 기능상 특성 때문이다(그림 11-10).

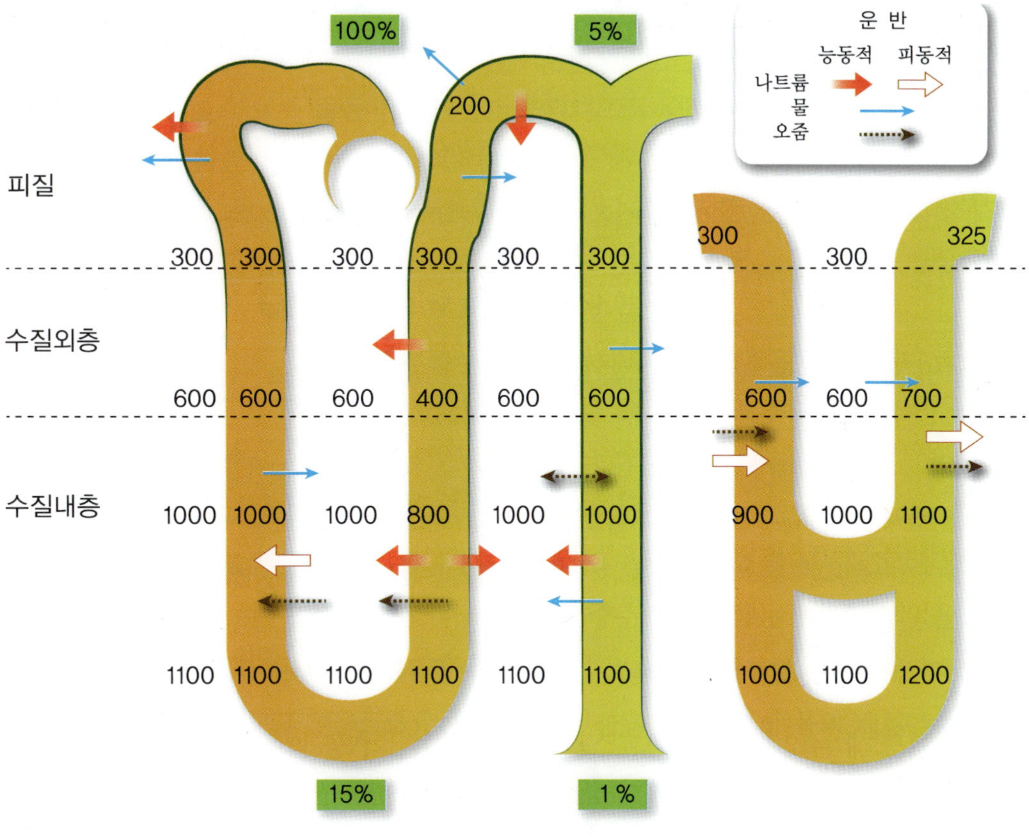

그림 11-10 요의 농축 및 희석원리

네프론(Nephron)의 헨레고리는 수질 깊숙히 내려갔다가 다시 상행하여 피질에 이른 후 원위세뇨관에 연결되고, 원위세뇨관은 다시 집합관에 연결된 후 수질내부로 내려간다. 따라서 세뇨관을 흐르는 소변은 우선 헨레고리 하행각을 따라 수질내부를 향하여 흐르다가 헨레고리 만곡부를 돌아서 상행각을 따라 다시 피질 쪽으로 역류하며, 집합관에 이른 후에는 다시 수질 내부로 흐르는 이중역류계(double countercurrent system)를 나타낸다.

헨레고리 하행각은 물에 대한 투과도가 커서 주위조직과 전해질 및 물을 자유롭게 교환하여 삼투평형(osmotic equilibrium)을 이룰 수 있다.

헨레고리 상행각은 물에 대한 투과도가 매우 낮으며, 또한 이곳에는 강력한 Cl^- pump가 있어 NaCl을 재흡수하므로, 이곳을 지나는 동안에 소변의 삼투질농도는 점차 떨어져서 체액의 삼투압보다 낮은 저장성뇨(100 mOsm)의 형태로 원위세뇨관에 도달한다.

한편 헨레고리 상행각에서 흡수된 NaCl은 수질조직의 삼투압을 높이고, 그 결과로 헨레고리 하행각으로부터 물이 재흡수되어 소변의 삼투질농도는 점차 증가됨으로써 헨레고리 만곡부에 이를 때에 1,400 mOsm/L가 된다. 즉, 소변은 헨레고리 하행각을 따라 내려오면서 점차 농축되었다가 상행각을 따라 올라가면서 다시 희석되어 저장성 소변의 형태로 원위세뇨관에 도달한다.

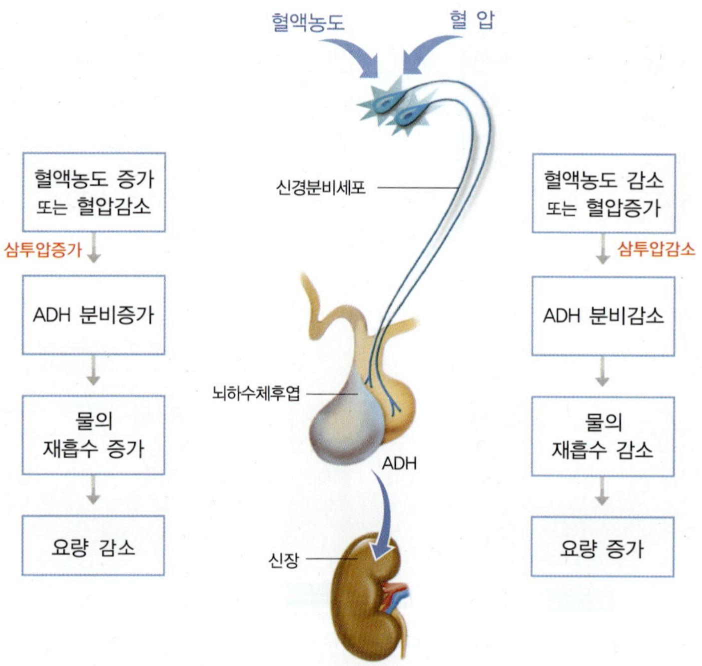

그림 11-11 ADH 분비에 의한 요량 조절기전

이렇게 형성된 저장성 소변은 원위세뇨관과 집합관을 흐르는 동안에 체액의 삼투압농도조절에 이용된다. 즉, 체액의 삼투압농도가 낮을 때는 원위세뇨관과 집합관에서 물이 재흡수되지 않기 때문에 저장성 소변이 그대로 체외로 배출되고, 만약에 체액의 삼투질농도가 높은 경우에는 이를 낮추기 위해 물이 필요하므로 물이 재흡수되기 때문에 고장성뇨가 된 다음에 배출된다. 그런데 원위세뇨관과 집합관세포는 원래 물의 투과도가 극히 낮지만, 뇌하수체후엽에서 분비되는 항이뇨호르몬에 의해 투과도를 변화시켜 물이 재흡수되는 양을 조절할 수 있다. 따라서 최대로 희석된 소변이 배출되는 경우에 소변의 삼투질농도는 100 mOsm이고, 보통 때는 항이뇨호르몬이 적절히 분비되므로 약 600~900 mOsm의 소변이 배설된다.

항이뇨호르몬의 분비는 다음과 같이 조절된다. 물을 많이 섭취하여 세포외액, 특히 혈장의 삼투압농도가 낮아지면 혈액이 중추로 흐를 때 시상하부(hypothalamus)에 존재하는 삼투수용기(osmoreceptor) 주위를 흐르는 혈액의 삼투질농도가 감소하여 수분이 혈장에서 삼투수용기 쪽으로 이동되어 삼투수용기가 커진다. 그렇게 되면 뇌하수체 후엽으로 정보가 전달되지 않아서 항이뇨호르몬의 혈중 농도는 감소된다. 따라서 원위세뇨관 및 집합관에서 물이 재흡수되지 않아서 헨레고리 상행각에서 형성된 저장성 소변이 그대로 배설되는데, 이러한 현상을 '수분성 이뇨(water diuresis)'라 한다. 이러한 이뇨현상은 체액의 삼투압농도가 정상으로 회복될 때까지 계속된다.

그 반면에 탈수 등으로 인해 체액의 삼투질농도가 높아지면 삼투수용기가 축소하고, 항이뇨호르몬의 분비가 많아져서 원위세뇨관과 집합관에서 물의 재흡수가 촉진된다. 특히 수질조직의 높은 삼투압농도 때문에 집합관에서 물이 다량 재흡수되어 체내 삼투질농도는 정상으로 되고 고장성 소변을 배설하게 된다.

11-5 산과 염기의 균형

인체는 산도(pH)의 변화에 예민하게 반응하며, pH 7.35~7.45의 범위에서 유지된다.

인체의 산·염기의 균형은 매우 중요하다. 세포 내의 대사과정에 의해 생성된 다량의 탄산·인산·황산 및 여러 종류의 유기산은 H^+ 이온을 포함한 것이기 때문에 계속 세포외액으로 배출시켜야 한다.

이러한 중요한 산과 염기의 균형은 주로 신장과 폐에 의해서 조절된다. 휘발성 산은 폐를 통해 배출하고 비휘발성 산은 신장을 통하여 배출한다.

신장은 혈장 HCO_3^-농도를 24~28 mEq/L로 안정시키고, 폐는 혈장의 H_2CO_3농도를 1.2~1.4 mEq/L로 유지하여 산·염기의 균형을 조절한다. 또한 신장은 HCO_3^-의 재흡수, 수소이온의 분비, 암모니아의 생성 등의 방법으로 산·염기의 균형을 조절하고 있다. 중탄산이온(HCO_3^-)의 재흡수는 산증을 방지하는 기전으로 세뇨관에서 동시에 수소이온을 분비하여 체액의 산도를 정상으로 유지한다.

신장은 폐보다 훨씬 더 많은 산을 배설할 수 있고 필요한 경우에는 많은 염기도 배설할 수 있어서 혈액 pH를 조절하는 데에 가장 효과적인 기관이다. 정상인에서는 혈중으로 들어오는 산의 양이 염기보다 많으므로 산배설량은 염기배설량보다 많다. 즉, 소변 중으로 산이 많이 배설되고, 소변의 pH는 혈중 pH보다 낮으며, 산증의 경우에는 pH 4.8 부근까지 떨어진다. 신장세뇨관 주위에는 많은 모세혈관이 뻗어 있는데, 모세혈관에서의 흡수나 분비는 모세혈관액과 세뇨관 내 여과액 사이의 물질교환이다. 모세혈관 내의 탄산가스는 근위세뇨관과 원위세뇨관을 구성하는 세포 안으로 들어간다.

세뇨관세포에서는 탄산가스를 곧 탄산으로 변화시킨다. 탄산 중 일부는 수소이온과 중탄산이온으로 해리된다. 수소의 이온은 세뇨관 내로 분비되어 세뇨관액이 중탄산이온과 결합하여 탄산을 거쳐 탄산가스로 된다. 탄산가스는 다시 세뇨관세포 속으로 들어가서 암모늄이온이 많을수록 소변의 pH는 낮아지게 된다. 따라서 신장은 혈액 안에 간직된 대사산물인 탄산가스를 이용하여 소변을 산성화시키면서 염기를 혈중으로 거두어들여 혈액 pH를 적절하게 유지시키는 가장 중요한 기관이다.

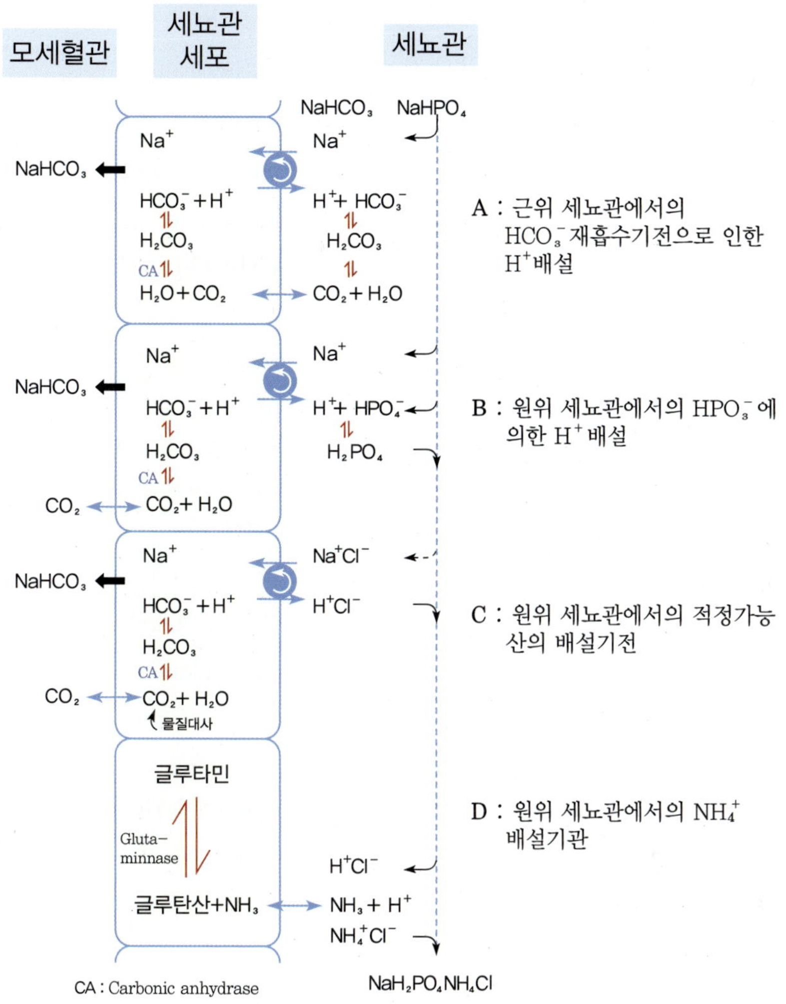

그림 11-12 H^+의 세뇨관에서의 배설

check point

완충작용(buffer action)

pH를 7.35~7.45로 유지시키기 위해 H^+를 주거나 받는 화학작용이다. 체액 내에서 가장 중요한 완충작용은 carbonic acid-bicarbonate system($H_2CO_3-HCO_3^-$)에 의해 이루어진다. 혈장 내에서 정상적으로 bicarbonate(H_2CO_3) 1 mEq의 비율이 되었을 때 pH가 7.35~7.45를 유지한다.

소변형성의 내분비조절

사람의 항상성을 유지하는 중요한 기능의 하나는 혈압조절작용이다. 혈압은 인체의 상태나 질환에 따라 높아지기도 하고 낮아지기도 하는데, 그 평형을 신장이 유지시켜 준다.

이 기능은 신장 안쪽에 위치한 수질과 바깥쪽의 과립형으로 된 피질에서 주로 담당한다. 신장수질에서 생성되는 프로스타글란딘(prostaglandin)이라는 호르몬은 혈압이 높을 때 분비되어 확장시켜 줌으로써 정상혈압으로 되돌아오게 한다.

레닌(renin)이라는 호르몬은 반대로 혈압을 높여 주는 역할을 하는데, 신장피질에서 만들어져서 혈압이 낮아지면 혈액 속으로 자동방출된다. 또 에리트로포이에틴(erythropoientin)이라는 적혈구 형성촉진 호르몬에 의해 골수에서의 적혈구 형성을 촉진한다. 따라서 신장의 기능이 왕성할 경우에 어느 정도는 고혈압과 저혈압의 조절이 가능하다.

다른 기관에서 만들어진 호르몬의 활동을 조절하는 예 중에서 대표적인 것은 항이뇨호르몬이다. 이 호르몬은 뇌하수체 후엽의 자극으로 생성되어 이뇨를 억제하는 기능을 갖고 있는데, 콩팥은 자신이 감지한 수분 및 영양상태를 토대로 해서 배설의 필요가 증대된 때는 이 호르몬의 활동을 억제하고, 감소될 때는 호르몬의 활동을 촉진시켜 이뇨작용을 조절한다.

11-6 배 뇨

신장에서는 보통 분당 1 mL의 소변이 형성되어 매초 2~3 cm의 속도로 방광으로 이동된다. 방광에 약 300 mL의 소변이 수집되면 방광벽이 확장되면서 장력이 발생한다. 이 장력이 어떤 역치 수준 이상으로 높아지면 배뇨반사(micturition reflex)가 일어나서 방광의 율동적 수축이 일어나고 그 결과로 방광내압을 높이는 동시에 방광의 외괄약근(external sphincter)이 이완되면서 요가 밖으로 나온다. 이를 '배뇨'라고 한다.

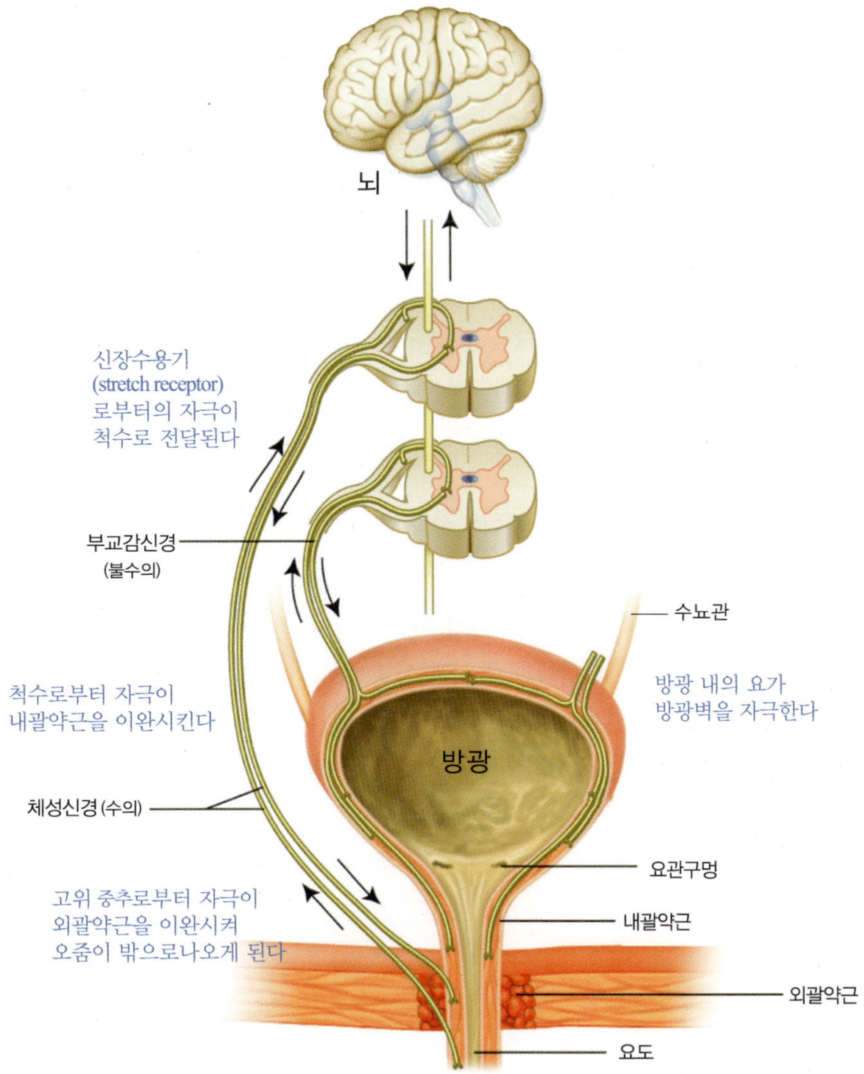

그림 11-13 배뇨반사

이 과정에서 구심성 섬유는 골반신경(pelvic nerve)이며, 반사중추는 천수와 요수(sacral and lumbar cord)이다. 배뇨중추에서는 원심성섬유인 부교감신경을 통해 방광벽의 배뇨근을 수축시키고, 방광입구에 위치한 내요도 괄약근을 이완시키며, 한편으로는 대뇌피질로 정보를 보내 요의를 인식하도록 한다.

대뇌피질은 의식적으로 배뇨반사의 억제 및 촉진에 더하여 외요도 괄약근의 수축을 유지하며, 배뇨를 억제하고 복근 및 횡격막을 의식적으로 수축하여 복압을 높여서 배뇨를 촉진하기도 한다.

11-7 신장질환

1. 급성 신부전

급성 신부전의 경우 갑자기 신장기능이 망가져서 하루의 소변량이 300 mL 미만이 되어, 가끔 한 방울의 소변도 나오지 않는 수가 있다. 급성 신부전의 원인은 유행성출혈열, 일부 약물을 비롯한 다른 1차적 질환에 의한 것들이다.

급성 신부전이 발병하면 응급으로 전문적 치료를 받아야 한다. 이때는 인공투석기의 사용도 포함된다. 인공투석은 잘 알려져 있는데, 특수한 재료로 만들어진 막에 노폐물이 빠져 나갈 만한 50Å 정도의 미세한 구멍들을 뚫어 놓고, 그 막을 사이에 두고 혈액과 투석액을 막으로 다른 쪽에서 흘러가게 하면 혈액과 투석액 간의 농도 차이로 혈액의 노폐물이 투석액 쪽으로 흘러서 제거되는 원리에 근거하고 있다. 즉, 인체의 노폐물 제거원리를 그대로 이용하고 있는 것이다.

check point

신부전의 주요 증상

① 요독증

- 노폐물의 축적으로 발생한다.
- 소화기계 이상으로 오심, 구토, 설사, 궤양 등이 나타난다.
- 혈소판 기능 이상으로 출혈 경향이 증가한다.
- 중추신경계 장애로 정신–경각심 저하, 불면증, 짧아지는 주의집중 시간, 발작과 의식 불능 상태 등의 증상이 보인다.
- 말초신경장애로 비정상적 감각과 운동신경활동이 보인다.

② 대사성 산성증

- 대사활동으로 체액에 축적되는 H^+을 신장이 적절히 분비하지 못해서 생긴다.
- 체내 pH가 산성화되면서 효소활성에 변동이 온다.
- 신경원의 흥분성을 방해하는 산성 물질들이 많아짐으로 중추신경계의 억제증상이 보인다.

③ K^+ 저류현상

- 세뇨관에서 K^+를 적절히 분비하지 못해 발생한다.
- 흥분성 세포들의 안정막전위들이 변동되어 심장과 신경원들의 흥분성에 영향을 준다.

④ Na^+ 불균형

- Na^+ 섭취와 배설의 조절 불가로 발생한다.
- 많은 Na^+ 섭취 시 혈압 상승, 부종, 울혈성 심부전증 등을 동반한다.
- 너무 적은 Na^+ 섭취 시 저혈압이 발생하고 심할 경우 순환성 쇼크가 발생한다.

⑤ 인산과 칼슘 불균형

- 염류의 부적절한 재흡수 때 발생한다.
- 골격계에 불필요한 칼슘 인산 결정체의 축적으로 뼈가 필요 이상으로 단단해진다.

⑥ 혈장단백의 소실

- 사구체여과막의 누출현상으로 발생한다.
- 혈장–교질 삼투질농도의 감소로 부종이 발생한다.

⑦ 요의 농도 조절 불능

- 반류계에 손상이 있을 때 발생한다.
- 과잉의 물을 섭취할 경우 체액이 저장성으로 바뀐다.
- 너무 적은 물을 섭취할 경우 체액이 고장성으로 바뀐다.

⑧ 고혈압

- 나트륨과 물의 저류와 과잉의 안지오텐신Ⅱ에 의한 혈관 수축작용이 합쳐져서 나타난다.

⑨ 빈혈

- 조혈인자의 생성이 저하되어 나타난다.

⑩ 면역계의 기능 저하

- 노폐물과 산성 물질이 증가되면 나타난다.
- 감염에 대한 감수성이 증가된다.

2. 만성 신부전

오랜 기간을 두고 서서히 신장기능이 손상되는 만성 신부전은, 회복이 가능한 급성 신부전과는 달리, 완전회복이 곤란하다. 신장기능의 감소로 노폐물이 체내에 축적되어 오심, 구토, 식욕부진, 피로감, 호흡부전, 사지경련 등이 나타나는 소위 요독증에 빠지게 된다.

만성 신부전의 원인은 사구체 신장염, 고혈압, 당뇨병, 만성 신우신염, 신장결핵, 선천성 기형(낭포성 신장, 신장형성 부진), 약물남용 등이 있다.

만성 신부전의 증상이 드러난 요독증은 신장기능이 70~90% 이상 소실된 상태에서 표출된다. 즉, 정상 신기능의 10~30%만 남을 정도가 되어야 임상증상이 나타난다. 따라서 상태가 많이 나빠지기 전까지는 모르고 지내는 경우가 왕왕 있다. 만성 신부전의 요독증상은 구토, 부종, 두통, 소양증, 거뭇해지는 피부, 식욕부진, 의식혼란 등이 포함된다.

만성 신부전의 치료원리는 신장기능의 저하를 가능한 늦추는 데에 바탕을 두며, 이것이 또한 만성 신부전의 치료목적이 된다. 따라서 고혈압의 치료, 약물 오·남용의 금지, 요로감염·요로폐색·타수·전해질 장애와 같은 만성 신부전 악화인자의 적절한 치료, 식사요법 등을 통하여 그 목적을 달성한다.

이러한 방안들로 최대한 병의 진행을 지연시키면서 인공투석·신장이식의 적응을 때에 따라 신중히 검토한다. 인공투석의 실시 시기는 여러 여건들을 고려하여 결정하는데, 대개 신장의 잔여기능이 정상의 5%, 혈중 크레아티닌치가 10 mg/dL가 되면 시작한다.

3. 사구체 신장염

사구체 신장염은 면역학적 원인에 의해 오는 것으로, 반드시 신장조직 검사로 분류하고 치료해야 한다.

4. 신우신염

신우신염은 남자보다 여자에게 자주 발생한다. 옆구리 통증·고열·오한이 오며, 반드시 항생제의 적극 투여가 요구된다.

5. 신증후군

신증후군은 요단백이 1일 3.5g 이상 배설되는 것으로 약물·세균감염·당뇨병 등에 의해 발병한다. 또한 B형 간염·악성종양 등도 원인질환이 된다. 신증후군에서는 지질대사 이상도 동반된다.

6. 신결석

신결석은 심한 통증, 혈뇨로 표현되는데, 양쪽 신장에 생기는 것도 10~15%가 된다. 20~30대에 가장 많고, 다음으로 40~50대에 호발한다. 신결석에 감염이 겹치면 오한과 발열이 난다. X선 촬영으로 판명되나, 신결석의 10~20%에선 음영이 없어서 발견이 안 되는 수도 있다. 신결석이 진행되고 염증이 반복되면 신기능이 감소되기도 한다.

신결석은 신장뿐만 아니라 요관 또는 방광에도 존재하는데, 이는 신장에서 하강한 것이다. 요결석의 크기가 X선상 1.0×1.6cm 이하이면 대개 충분한 수분섭취로 자연배출을 기대해 볼 만하다. 신장 속에 있는 것은 5mm보다 작아야 자연배출이 기대된다.

7. 신장성 고혈압

신장성 고혈압은 만성 신장염, 당뇨병 성신증, 호르몬분비 이상과 연관되어 생긴다. 신장성 고혈압은 1차 질환의 개선으로 대개 교정이 되는데, 고혈압은 충분히 치료하지 않으면 그 자체가 1차 질환을 악화시키는 경우가 일반적이다.

8. 신장종양

다른 장기와는 달리, 신장종양은 늦게 발견되는 경향이 있다. 특히 신장암은 상당히 진행한 후에야 발견된다. 혈뇨·허리통증·암종괴로 발현하는 신장암은 신장종양의 60~70%를 차지하며, 50대 이후에 주로 발생한다.

check point

고단백식이와 Ca 배설

골다공증은 대개 노년기, 특히 폐경기 이후 여성에게서 흔히 나타나는 골격계통 질환으로, 뼈로부터의 칼슘 손실로 인해 골격이 약해지고 골절사고가 쉽게 일어난다. 대개 골다공증의 원인으로는 나이, 폐경, 과체중, 운동부족, 약물중독, 부적절한 식사 등이 거론되고 있다. 그러나 Ca와 비타민 D 섭취부족, 그리고 과도한 인의 섭취로 인한 Ca/P비율의 균형이 깨지는 식사상의 요인도 원인으로 지적되고 있다.

또한 고단백식이도 한 가지 원인으로 생각되는데, 이는 일반적으로 고단백식이를 섭취하는 사람들에게서 골다공증이 많은 것으로 나타나고 있으며, 육식위주의 식습관을 가진 에스키모(Eskimo)인의 골격밀도가 낮고 골절사고율이 높은 데에서도 관찰할 수 있다.

이와 같이 육류 혹은 단백질이 골격손실을 촉진하는 기전은 신장의 기능과 관련지어 설명될 수 있다. 고단백식이는 성장기에는 골격의 성장을 촉진시키지만, 나이가 증가하면서 신장의 구조 및 기능의 퇴화를 촉진하여 소변을 통한 Ca 배설량을 증가시키고, 결국은 음의 Ca 균형을 이루게 된다. 이에 따라 혈청 Ca 수준을 일정하게 유지하기 위해 골격으로부터 Ca 재흡수를 증가시키므로 고단백식이는 노년기 골다공증의 원인이 될 수 있다.

식이단백질이 소변 Ca 배설에 미치는 기전으로는 사구체에서 Ca 여과의 증가와 세뇨관에서의 Ca 재흡수 감소가 중요한 원인으로 생각된다. 신장은 나이가 증가함에 따라 그 기능의 감소가 현저한 장기인데, 이러한 신장기능의 퇴화는 단백질 섭취량의 영향을 많이 받는다. 즉, 단백질의 섭취증가는 사구체여과율을 증가시키고 Ca 재흡수를 감소시켜 과칼슘뇨증(hypercalciuria)을 유발한다.

Chapter

12. 뇌와 신경

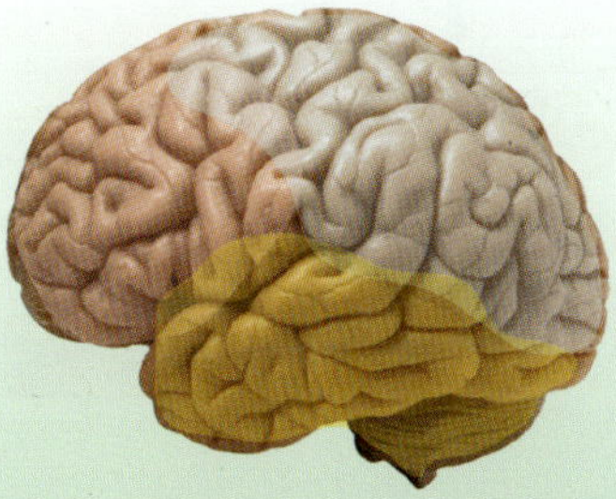

12-1 신경계의 구성과 기능

1. 신경계의 구성

신경계는 뇌와 척수로 구성되는 중추신경계(central nervous system, CNS)와 이를 제외한 모든 신경계인 말초신경계(peripheral nervous system, PNS)로 구분된다.

신체는 시각·후각·청각·미각 등의 특수 감각과 피부·근육·관절 및 내장의 감각을 통해 정보를 수집한다(14장 감각 참조). 감각계에 의해 전달된 우리 몸 내외 환경에 대한 정보는 감각을 담당하는 말초신경계를 통해 중추신경계로 전달되고, 중추신경계에서는 이러한 정보를 다른 정보들과 합쳐, 과거의 경험에 의해 축적된 정보와 비교하면서 이 정보에 대하여 어떠한 반응을 나타낼 것인지를 결정한다.

중추신경계가 새로운 정보에 대한 반응의 종류 및 정도를 결정하게 되면 말초신경계는 운동을 담당하는 말초신경계를 통해 반응을 전달하고 중추신경계의 명령을 수행한다.

말초신경계는 체성신경계(somatic nervous system)와 자율신경계(autonomic nervous system)로 구분된다. 운동을 담당하는 말초신경계는 근육과 분비샘에 명령을 전달하고, 새로운 정보에 대해 어떻게 반응해야 할지 알려주는 역할을 담당한다. 따라서 말초신경계는 골격근의 조절과 수의적 운동을 담당하는 체성신경계와 평활근과 심근 및 다양한 분비샘을 조절하는 자율신경계로 구성된다.

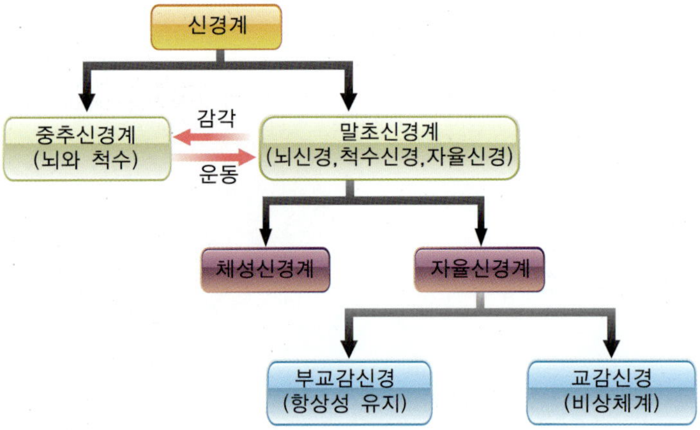

그림 12-1 신경계의 구성

자율신경계는 정상적인 인체의 항상성을 유지하는 기능인 **부교감신경계**(parasympathetic nervous system)와 인체의 비상상태에서의 반응을 조절하는 **교감신경계**(sympathetic system)로 구분된다.

신경계의 각 부분은 서로 떨어져 있지만 우리 몸 내외에서의 환경변화를 파악하고 이에 대해 적절한 반응을 나타낼 수 있도록 효과적으로 연결되어 있다.

(1) 중추신경계의 구성

중추신경계는 뇌(brain)와 척수(spinal cord)로 구성되어 있다. 중추신경계는 발생과정에서 외배엽으로부터 분화되어 전뇌(forebrain, prosencephalon), 중뇌(midbrain, mesencephalon), 능뇌(hindbrain, rhombencephalon)를 형성한다.

전뇌는 대뇌반구를 형성하는 종뇌(telencephalon)와 중심핵을 형성하는 간뇌(diencephalon)로 나뉘고, 능뇌는 후뇌(metencephalon)와 수뇌(myele ncephalon)로 나뉜다. 후뇌는 뇌교(pons)와 소뇌(cerebellum)를 형성하고, 수뇌는 연수(medulla oblongata)로 분화한다.

(2) 말초신경계의 구성

말초신경계는 뇌와 척수 바깥의 신경섬유와 신경절(ganglion)로 구성된다. 말초신경계는 중추신경계와 달리 두개골이나 척추에 의해 보호받지 못하며, 혈액-뇌 장벽에 의해서도 보호되지 않는다.

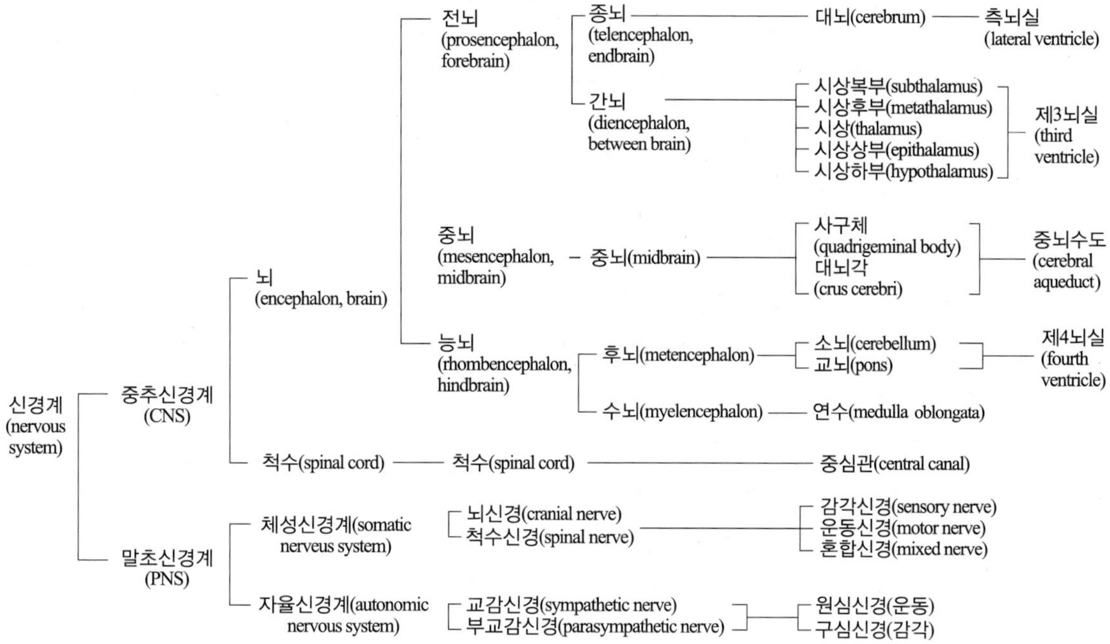

그림 12-2 신경계의 분류

말초신경계는 감각정보를 중추로 전달하는 감각신경(sensory nerve) 섬유와 중추의 명령을 근육이나 분비샘으로 전달하는 운동신경(motor nerve) 섬유의 두 방향으로 자극을 전달하는 신경섬유가 있다.

한편 혼합신경(mixed nerve)은 같은 신경다발 안에 감각신경섬유와 운동신경섬유를 함께 포함하고 있어 안으로 들어가는 감각정보와 밖으로 나가는 운동명령을 모두 수행한다.

2. 뇌와 척수를 둘러싸는 조직

뇌와 척수는 매우 부드러운 조직이므로 뼈조직인 두개골(skull)과 척추(vertebral column)에 의해 보호되고 있다. 뇌와 척수를 공통으로 둘러싸는 피막을 수막(meninges)이라고 하는데, 뇌와 척수가 연결되어 있는 것처럼 수막도 연결되어 있다. 가장 바깥쪽에 위치하고 두꺼운 막이 경막(dura mater)이며, 경막에는 뇌의 작은 혈관으로부터 오는 혈액을 모으는 공간인 경막정맥동(dural sinuses)이 포함되어 있다. 경막정맥동의 혈액은 경정맥동으로 흘러 들어가서 두개골 밖으로 나간다(그림 12-3).

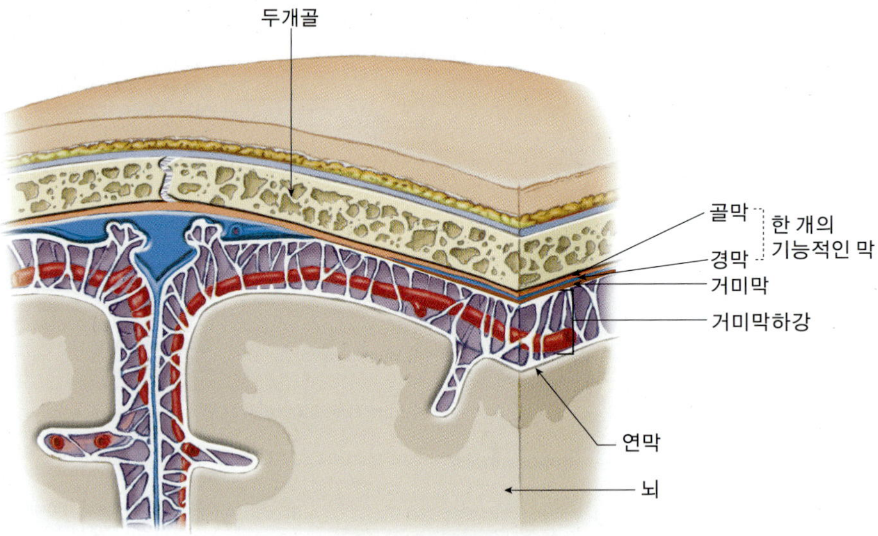

그림 12-3 뇌를 둘러싸는 조직

두번째 수막은 매우 얇고 성긴 모양의 거미막(arachnoid layer)이다. 세번째 막은 연막(pia mater)이라고 하며 뇌와 척수표면과 밀착되어 있는 막이다. 거미막과 연막 사이에는 거미막 하강(subarachnoid space)이 있으며, 뇌척수액으로 채워져 있고 뇌혈관이 분포되어 있다.

3. 회색질과 백색질

뇌와 척수의 조직을 색으로 구분한다면 수초가 없는 무수(unmyelinated) 상태인 회색질(gray matter)은 신경세포체, 수상돌기 및 축색종말 등을 구성한다. 신경세포체는 뇌와 척수 양쪽에 집합체의 형태로 모여 있으며, 뇌의 몇몇 부분에서 층을 이루거나 같은 기능을 하는 뉴런이 덩어리를 형성한다. 뇌와 척수에서 발견되는 이 덩어리들을 핵(nuclei)이라고 하며, 보통은 적핵 또는 시상핵 등의 특수한 이름으로 불린다.

백색질(white matter)은 매우 적은 세포체를 갖는 축색으로 구성된다. 이들의 엷은 색은 축색을 둘러싼 지방성분이 많은 수초층 때문이며, 중추신경계의 다른 영역으로 연결하는 긴 백질의 투사로를 전도로(tracts)라고 한다. 상행전도로는 주로 척수에서부터 뇌로 감각정보가 이동하는 통로이며, 하행전도로는 주로 뇌로부터 척수로 원심성 신호가 전달된다.

그러나 고유 척수전도로(propriospinal tract)는 척수 안에 남아 있다. 중추신경계에서의 전도로는 말초신경계의 신경섬유에 해당된다.

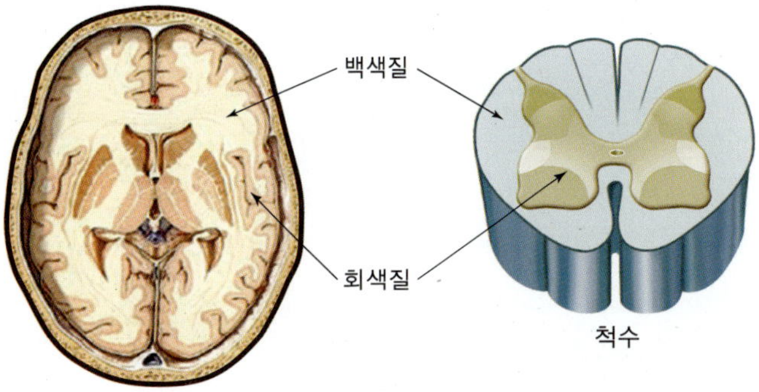

그림 12-4 뇌와 척수의 회색질과 백색질

뇌는 대뇌피질이나 뇌의 중앙부에 위치하는 핵이 회색질이고 그 외는 백색질이지만 척수는 반대로 바깥쪽의 하얀 부분이 백색질이고 안쪽의 어두운 부분이 회색질이다(그림 12-4).

4. 뇌실과 뇌척수액

(1) 뇌실

중추신경계는 뇌 안의 뇌실(ventricles)과 척수의 중심관으로 구성되는 액체로 채워진 공간을 포함한다. 각 대뇌반구는 상대적으로 커다란 측뇌실(lateral ventricle)을 갖고 있다. 두 개의 측뇌실은 추간공(foramen magnum)이라고 하는 작은 구멍을 통하여 간뇌 중심안의 보다 작은 제3뇌실과 연결되어 있다. 또한 좁은 통로인 중뇌수도(cerebral aqueduct)는 제3뇌실을 소뇌의 하면에 위치한 제4뇌실과 연결시켜 준다. 제4뇌실은 척수의 중심관과 연결되어 있으며, 거미막 하강 안으로 흘러 들어간다.

(2) 뇌척수액

두개강의 용적은 약 1.4 L이며, 이 중 1 L는 세포가 차지하고, 나머지 용적은 두 종류의 체액이 차지하고 있다. 두 종류의 체액이란 100~150 mL에 이르는 혈액과 250~300 mL에 이르는 뇌척수액(cerebrospinal fluid) 및 세포간질액이다. 뇌척수액은 각 뇌실 안의 맥락총(choroid plexus)이라고 불리는 특수화된 막에 의하여 생산되어 측뇌실로부터 제3뇌실, 제4뇌실의 방향으로 흐르는 염용액이다.

뇌척수액은 제4뇌실벽의 작은 구멍을 통하여 거미막 하강으로 들어가거나 척수중심관으로 들어간다.

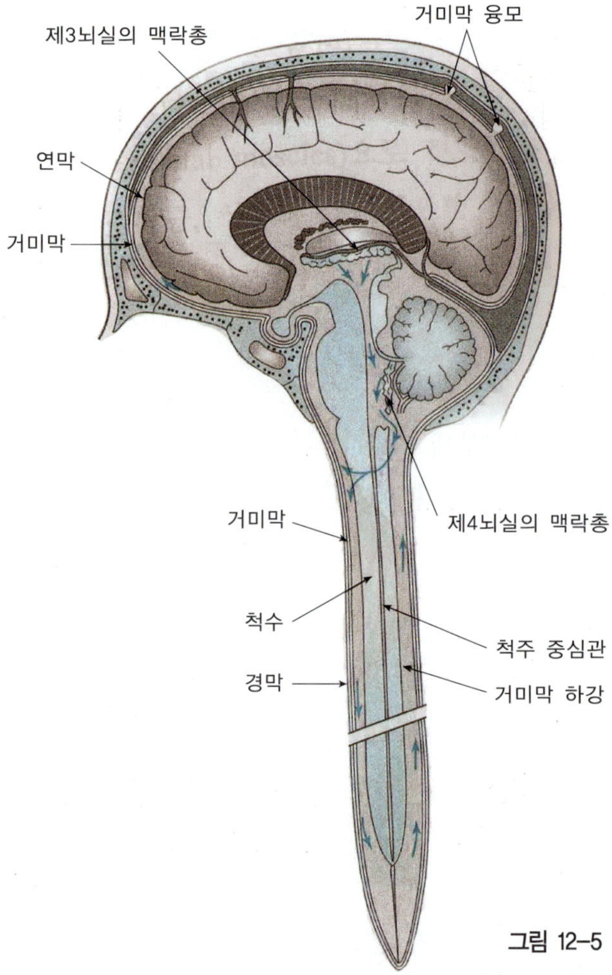

그림 12-5 뇌척수액의 흐름

중뇌수도나 제4뇌실과 거미막 하강 사이의 구멍이 막히게 되면 뇌실 안에 뇌척수액이 축적되어 뇌수종(hydrocephalus)을 일으킨다. 이는 뇌압을 상승시켜 뇌세포를 압박하고 뇌실을 팽창시킨다.

check point

척수 천자(Spinal Tap)

척수는 척추의 제2요추 부위까지만 뻗어 있지만 수막에 의하여 둘러싸인 척수신경은 척추(vertebral column) 끝까지 뻗어 있다. 즉, 척추의 아랫부분에는 척수가 없으므로 이 부분의 거미막 하강에 바늘을 꽂으면 척수를 다치지 않게 할 수 있다. 척수 마취 시에 약물을 주입하면 활동전압의 전도를 막아서 사람의 경우에 하체부의 감각을 느끼지 못하게 된다.

뇌척수액의 채취를 위한 척수 천자는 뇌막염과 같은 질병을 진단하거나 대량 출혈에 따른 액압을 측정할 때 사용한다.

뇌세포의 압박은 결국 회복될 수 없는 뇌의 손상을 가져온다. 만일 태아나 신생아처럼 두개골이 완전히 딱딱해 지지 않은 경우에 뇌수종이 생기면 압력에 의해 머리가 심각하게 커질 수도 있다. 뇌수종의 경우 높은 뇌내압을 낮추기 위하여 뇌실 안에 튜브를 꽂아 뇌척수액을 빼는 처치를 한다.

5. 혈액-뇌 장벽(Blood-Brain Barrier)

다른 조직과 달리 신경조직은 정상적인 환경 상태에서는 뉴런을 위한 유일한 연료로써 포도당만을 요구한다. 따라서 혈당농도는 정상적인 뇌기능을 유지하기 위해 항상 일정하게 조절되고 있다. 뉴런은 또한 막대한 양의 산소를 필요로 하므로 혈당과 산소의 요구를 충족시키기 위하여 심박출량의 약 15%에 해당하는 혈액이 뇌로 간다. 만일 뇌로 향하는 혈액의 공급이 차단된다면, 몇 분 안에 뇌사상태를 맞게 된다. 이와 함께 뇌는 우리 몸의 중심이 되므로 혈액 내의 여러 유해성분들로부터 보호되어야 한다. 뇌의 모세혈관은 체내 다른 곳의 모세혈관에 비해 투과성이 훨씬 낮으며, 다른 조직에서는 모세혈관을 통과할 수 있는 많은 분자들이 뇌로는 들어가지 못한다. 이처럼 상대적으로 투과성이 낮은 뇌조직의 모세혈관을 **혈액-뇌 장벽**(blood-brain barrier, BBB)이라고 부른다. 이들은 호르몬·이온·신경전달물질과 같은 신경활성물질의 혈액 내 농도가 변동하는 것으로부터 뇌를 보호하기 위한 기전이다.

그러나 혈액-뇌 장벽도 혈액으로부터 영양소와 다른 유용한 성분들을 받아들인다. 그러나 지용성 분자들은 세포막을 통해 확산됨으로써 뉴런 사이의 세포간질액으로 들어간다. 이것이 몇몇 항히스타민제들을 복용했을 때 졸음이 오는 이유이다. 예전의 항히스타민제들은 지용성 아민으로서 쉽게 혈액-뇌 장벽을 통과하여 뇌중추에 작용하였지만, 새로운 약제들은 지방에 녹는 정도가 훨씬 약하므로 전과 같이 졸리게 하는 작용을 나타내지는 않는다.

뇌의 모세혈관 투과성이 낮은 이유는 모세혈관 벽을 구성하는 내피세포의 연결 상태가 다른 조직에 비해 훨씬 조밀하기 때문이다. 이러한 조밀한 연결은 옆에 있는 성상교세포에 의해 분비된 분비물(paracrines)에 의해 유도된다.

그러나 뇌의 작은 부위에는 이 장벽이 결여되어 있는 부위가 있다. 이 영역에서는 인접한 뉴런의 기능이 혈액과의 직접 접촉에 의존한다. 예를 들어 뇌하수체후엽은 신경분비호르몬을 방출하는데, 이들이 분비되기 위해서는 모세혈관 벽을 가로질러 가야만 한다. 또한 연수의 구토중추 역시 혈액 내에 존재하는 독성물질의 존재를 감지하고 구토를 유발하게 함으로써 소화기계 내로 들어간 내용물을 제거하도록 한다.

12-2 뇌와 신경계

인체의 전체 시스템을 조절하고 명령하는 뇌와 뇌에서 시작되어 특정 신체부위까지 이어져 있어 말초의 정보를 뇌로 보내고 뇌의 명령을 전달하는 뇌신경은 신경계의 주요 조직이다.

1. 뇌의 구조와 기능

사람의 뇌는 1,200g~1,500g 정도의 무게로, 체중의 1/40 정도를 차지한다.

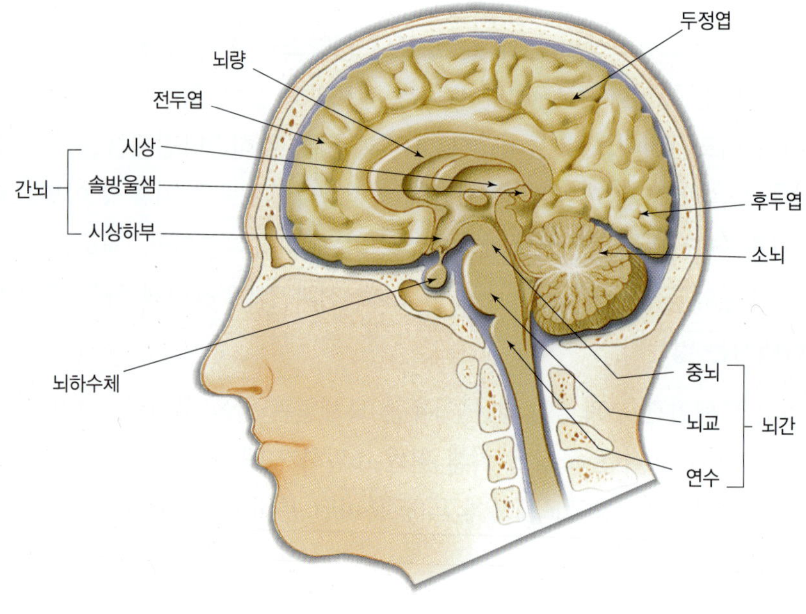

그림 12-6 뇌의 구조

하지만 인체가 호흡하는 산소의 약 20%를 소모할 만큼 활발한 정신활동을 하는 동시에, 자율 신경이나 호르몬을 통하여 생명을 유지하는 역할을 하고 있다. 뇌를 바깥쪽에서 보면 대뇌와 소뇌가 뒤쪽으로 크게 부풀어 있다. 그 밖에 숨은 부분은 뇌간이라고 한다.

대뇌 표면의 피질은 많은 주름을 통해 표면적을 늘리고 있다. 대뇌에는 시각이나 청각, 운동의 지령 등의 역할이 정해진 장소가 있고, 그 사이에는 고도의 정신 활동을 하는 연합영역이 크게 퍼져 있다.

소뇌도 표면에 가는 주름이 많아서 피질의 표면적을 확대시키고 있다. 소뇌는 내이가 담당하는 평형감각에 의하여 안구의 움직임을 조절하거나, 대뇌 또는 척수와 연결하여 운동이나 자세를 조절하고 있다.

대뇌의 기부에 있는 간뇌는 시상과 시상 하부로 이루어진다. 시상은 척수 등에서 온 감각의 정보를 대뇌에 전하고 대뇌의 운동지령을 조절한다. 시상 하부는 본능이나 정서의 중추이고, 뇌하수체에서 분비되는 호르몬을 조절하는 역할도 한다. 간뇌보다 아래에 있는 뇌간(brain stem)은 중뇌·뇌교·연수로 나뉜다. 이는 생명을 유지하는 데 중요한 자율기능을 조절한다(그림 12-6).

중추신경계는 뇌의 위치에 따라 기능의 수준이 다르다. 척수는 가장 하위의 수준에 있으며, 연수 → 중뇌 → 시상하부 → 시상 → 대뇌피질 순서로 기능의 순위가 고위화되어 있다. 즉, 정교하고 중요한 기능일수록 대뇌피질 쪽에서 그 기능을 담당하게 되는데, 이것을 '**대뇌화**(encephalization)'라고 한다.

2. 대뇌(Cerebrum)

(1) 대뇌피질(cerebral cortex)

1) 대뇌피질의 구조

대뇌는 뇌 전체의 약 80%를 차지하며, 정중선(median line)에서 좌우 대뇌반구로 나뉜다. 이들은 내부에서 뇌량(corpus callosum)에 의해 연결되어 있다(그림 12-6). 대뇌의 회색질은 피질(cortex)과 내부의 핵(nucleus) 덩어리들로 구성되며, 안쪽은 백질로서 '수질(medulla)'이라고 한다. 백색질은 신경다발로 구성된다.

이들은 피질부와 핵, 그리고 뇌의 다른 부분들과 척수를 연결시킨다. 대뇌피질은 깊게 패인 많은 주름이 잡혀 있으며, 튀어나온 부분을 '회(gyrus)', 들어간 부분을 '구(sulcus)' 라고 부른다.

이 구와 회에 의해 5개의 '엽(lobe)'으로 구분한다. 그들을 덮고 있는 두개골의 이름을 따서 각각 전두엽, 두정엽, 측두엽, 후두엽으로 명명한다(그림 12-7).

이들의 기능을 간단히 요약하면 다음과 같다.

① **전두엽**(frontal lobe): 대뇌반구의 앞부분에 해당한다. 자발적인 행동과 동기유발(motivation)에 관여하며, 공격성과 기분을 억누르는 등 고등한 정신기능을 담당한다.

② **두정엽**(parietal lobe): 기관에 운동명령을 내리는 운동중추와 통증·촉각·압각 등의 체감각 처리에 관여하며, 피부·근골격계·내장·미뢰로부터의 감각신호를 담당한다.

③ **측두엽**(temporal lobe): 청각 정보에 대한 평가와 기억에 중요하며, 해마(hippocampus)를 포함하고 있어서 장기기억 형성에 중요한 역할을 담당한다.

④ **후두엽**(occipital lobe): 시각적 정보의 인지, 눈의 초점을 맞추는 동작의 통합에 관여한다. 다른 엽과 완전히 구분되어 있지 않다.

⑤ **섬**(insula): 전두엽과 측두엽으로 덮여 있는 안으로 접혀 들어간 대뇌피질 영역으로 정서, 체내 항상성 조절에 관여한다.

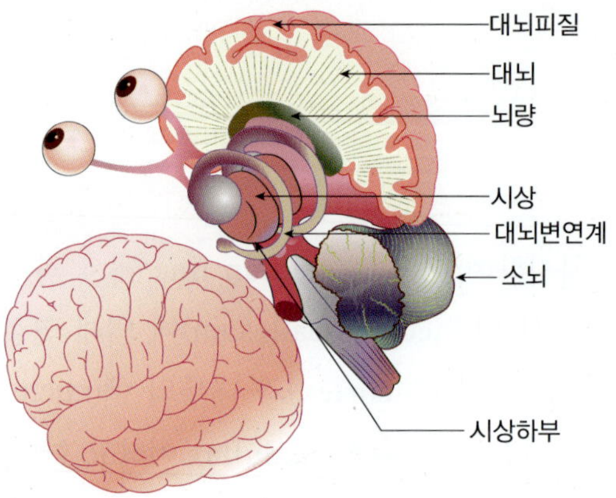

(a) 대뇌의 구조

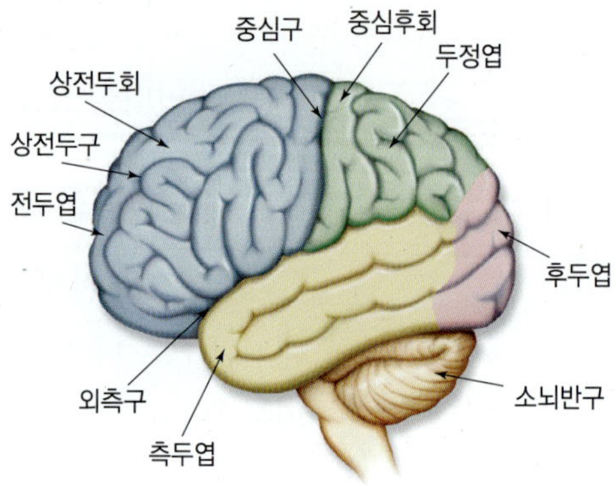

(b) 대뇌엽

그림 12-7 대뇌질의 구조

피질 밑에는 백색질로 되어 있는 대뇌수질이 있는데, 여기에는 피질의 신경세포들과 연결되는 신경섬유가 여러 방향으로 달리고 있다. 대뇌수질의 신경섬유는 유수신경섬유이므로 희게 보여 백질을 이루는 것이며, 이들 섬유가 달리는 방향과 기능을 기준으로 다음 3가지로 분류할 수 있다.

① **투사섬유**(projection fiber) : 대뇌의 운동영역에서 출발한 신경흥분을 척수로 내려보내는 섬유

② **연합섬유**(association fiber) : 같은 쪽 대뇌반구의 피질 사이를 연결하는 섬유

③ **교련섬유**(commissural fiber) : 좌우 대뇌반구의 피질세포를 연결

2) 대뇌피질의 감각영역과 운동영역

대뇌피질은 대뇌의 여러 부위 중에서도 전반에 걸쳐 특수한 감각과 운동을 담당하는 가장 상위에 있는 부위이며, 대뇌피질의 특정부위를 자극하면 특정한 움직임을 나타내거나 특정한 감각을 느끼게 된다. 이 부위들의 지도를 그려보면 그림 12-8과 같으며, 대뇌피질의 윗부분은 신체의 하체부분, 대뇌피질의 아랫부분은 신체의 상체부분에 해당하는 영역이 자리잡고 있다.

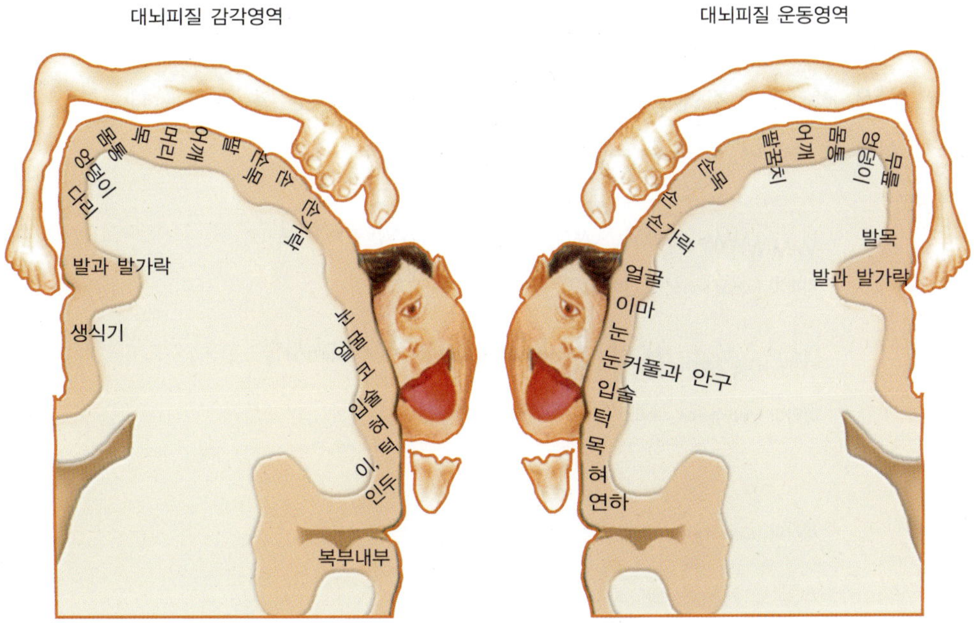

(a) 대뇌피질 감각영역　　(b) 대뇌피질 운동영역

그림 12-8 대뇌피질의 구조

이들 영역의 크기는 실제 신체 부위의 크기와 일치하지 않으며 수용체의 수가 많아 감각이 민감하고, 움직임이 정교한 부위일수록 대뇌피질의 넓은 영역을 차지하고 있다.

3) 뇌파(brain wave)

뇌에서 발생하는 특이한 리듬을 가진 전압변동을 뇌파 또는 뇌전도(electroencephalogram; EEG)라고 한다. 이때 기록되는 곡선은 대체로 정현곡선(sine curve)에 가까운 파동이며, 주파수에 따라 α, β, θ, δ파의 4가지 파로 분류한다(그림 12-9). 뇌파는 생리적으로 수면과 각성상태를 연구하는 데 이용되고, 임상적으로는 뇌의 이상상태를 알아내는 데 이용되는 등 현재 유용하게 쓰이는 검사방법의 하나이다.

① 알파파(α-wave): 두정엽과 후두엽에 걸쳐 시각영역에 해당하는 부위에서 잘 포착되며, 일반적으로 눈을 감고 조용히 쉬고 있을 때에 잘 기록된다. 중간속파로 주파수는 초당 10~12Hz이다.

② 베타파(β-wave): 전두엽에서 가장 뚜렷하게 포착되며, 시각적 자극과 주의를 집중하여 정신활동을 할 때 뇌 전체에서 광범위하게 나타난다. 진폭이 가장 작은 속파로 주파수는 초당 13~25Hz이다.

③ 세타파(θ-wave): 측두엽과 후두엽으로부터 포착되며 신생아에게서 흔히 볼 수 있다. 강한 흥분상태의 어른이나 어린이에게서 나타난다. 5세 이하의 어린이가 각성 시 발생하는 세타파는 정상이지만 그 이상은 정서적 스트레스와 신경성 질환, 노화의 징후로 볼 수 있는데, 서파에 속하며, 주파수는 초당 5~8Hz이다.

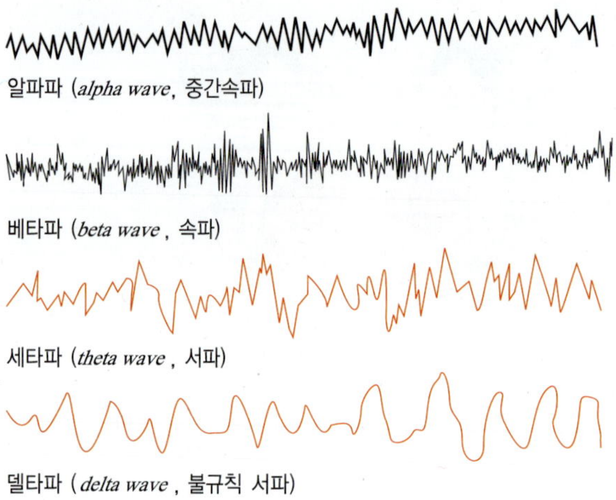

그림 12-9 뇌파의 종류

④ 델타파(δ-wave): 정상 시 깊은 수면상태에서 발생하며, 어른의 경우 뇌에 종양(tumor)·중독·정신박약·간질 등 이상이 있을 때는 각성 시에도 나타난다. 불규칙한 서파로 주파수가 초당 1~5Hz의 불규칙 서파이다.

4) 수면(sleep)

사람은 휴식하는 대부분의 시간을 '수면'을 취함으로써 보낸다. 수면은 혼수(coma)와 달리 쉽게 활성상태로 전환될 수 있는 가역적 불활성(inactivity) 상태라고 할 수 있으며, 수면은 외부환경과의 상호반응이 부족한 상태로 특징지을 수 있다.

수면시간 동안 뇌로 가고 오는 감각정보와 운동정보는 장애를 받게 된다. 따라서 수면은 뇌로부터의 자극이 줄어든 결과 나타나는 수동적인 상태라고 생각되어 왔으나 수면 중에도 뇌간으로부터 피질로 올라가는 전도로에서의 뉴런활성이 필요하다는 것이 밝혀졌다.

수면은 크게 빠른 눈 움직이기 수면이라고 하는 REM 수면(rapid eye movement sleep)과 서파수면인 비REM 수면의 두 가지 상태로 구분한다.

① 비REM 수면(서파수면)

비REM 수면 중 호흡과 심장박동수는 규칙적이다. 혈압이나 호흡 빈도가 저하되어 깊은 잠을 자는 모습을 보이며, 꿈은 꾸지만 기억되지 않는다(dreamless sleep). 이 수면단계 동안 잠든 사람은 뇌로부터의 어떠한 의식적인 명령 없이 자세를 조정하게 된다. 연구결과에 의하면 이 수면은 기억 강화에 도움이 된다고 한다.

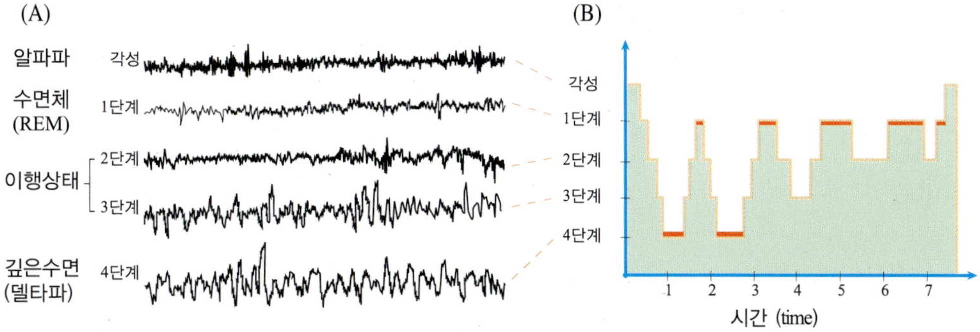

그림 12-10 수면상태의 뇌파와 수면의 단계

② REM 수면(빠른 눈 움직이기 수면)

REM 수면은 깨어있는 사람에게서 나타나는 뇌전도 패턴과 비슷하게 빠르고, 작은 크기의 뇌파를 나타낸다. 이 수면동안 뇌 활동은 운동뉴런이 골격근으로 가는 것을 방해한다. 그러므로 마비상태라고 할 수 있다. 이 마비상태에서 예외가 되는 것은 안구를 움직이는 근육과 호흡을 조절하는 근육이다. REM 수면동안 항상성 기능 조절 능력은 감소하며, 체온은 주위온도까지 떨어진다. REM 수면은 꿈꾸는 시간에 해당하며, 안구는 닫힌 눈꺼풀 뒤에서 꿈에서의 행동을 따라 움직인다.

그림 12-10은 수면 중의 뇌파의 단계적 형태 및 주기를 나타낸 것이다.

사람은 잠이 들 때 4개의 다른 단계의 수면을 거친 다음 비REM 수면에 들어가고, 다시 REM 수면으로 올라오는 주기를 반복한다. 이 주기는 각각 거의 90분 정도 지속된다. 일반적으로 자연스럽게 잠을 깨는 경우는 REM 수면으로부터 깨어나는 경우에 해당한다.

1단계 수면은 크기가 작고 빠른 뇌파를 나타내는 REM 수면으로, 수면 초기에는 5-10분 정도로 짧으나 수면이 진행될수록 길어지는 경향을 보인다. 60세 이후에는 4단계 수면이 나타나지 않아 깊은 수면에 빠지기가 어려워진다.

5) 언어

인간에게 있어서 의사소통은 말을 하거나 글을 씀으로써 이루어진다. 언어기술은 듣고 보는 것과 같은 감각정보가 대뇌 피질로 들어가고, 여러 중추에서 정보처리를 하며, 말을 하고 글을 쓰기 위한 운동 정보의 조정 과정 등이 요구된다. 언어능력은 주로 대뇌의 좌반구에서 발견되는데, 왼손 또는 양손잡이의 경우는 약 70%가 말하기 위하여 좌뇌를 사용한다.

말을 하기 위한 의사소통 능력은 두 가지 과정으로 이루어진다. 즉, 단어를 구성하기 위하여 다른 여러 소리들을 조합하는 일(발성)과 문법적으로 정확하고 의미 있는 문장을 만들기 위하여 단어들을 조합하는 일이 그것이다.

사람의 뇌에 있어서 말의 통합은 피질의 두 개의 영역을 필요로 한다. 뇌의 측두엽에 있는 베르니케 영역(Wernicke's area)과 운동영역에 가까운 전두엽의 브로카 영역(Broca's area)이다(그림 12-11).

언어영역으로의 정보는 시각피질(reading)이나 청각피질(listening)로부터 온다. 이러한 감각정보는 우선 베르니케 영역으로 가고, 그 다음으로 브로카 영역으로 간다. 여기서 통합과 정보처리를 거친 후에 운동피질로 가서 말을 하거나 쓰는 반응을 유발시킨다. 만일 베르니케 영역에 손상이 오면 사람은 어떤 말이나 시각정보를 이해할 수 없게 된다. 따라서 그 사람은 자신의 실수를 감지하지 못한다. 이러한 상태를 **수용성 실어증**(receptive aphasia)이라고 한다. 반면, 브로카 영역에 손상이 오면 말이나 글을 이해하기는 하지만 자신의 반응을 정상적인 언어로 표현할 수 없다. 즉, 그들은 물음에 대한 답을 하기 위하여 적절한 단어를 임의적인 순서로 연결시켜 구성하며, 그들 스스로가 자신의 실수를 알지만 고칠 힘이 없으므로 절망하게 된다. 이러한 상태를 **표현적 실어증**(expressive aphasia)이라고 한다. 실어증의 기계적 형태는 운동피질의 손상에 의하여 소리를 말로 구체화하거나 팔의 근육을 조정하여 글을 쓸 수 없는 상태로 나타나기도 한다.

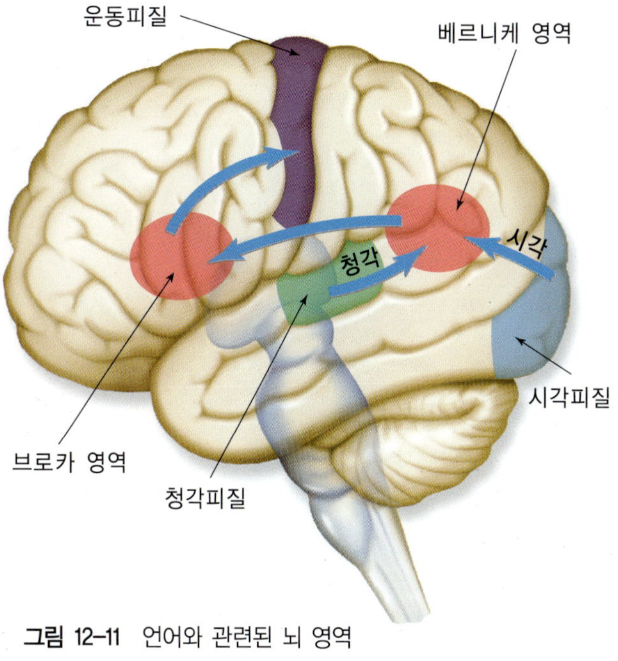

눈으로 본 시각적 언어는 대뇌의 시각피질로 가고, 귀로 들은 청각적 언어는 청각피질로 가며, 이들은 모두 베르니케 영역으로 가고 그 다음으로 브로카영역으로 간다. 그리고 통합과 정보처리를 거친 후에 운동피질로 간다.

그림 12-11 언어와 관련된 뇌 영역

6) 정서와 동기유발

뇌에서 정서(emotion)와 관련된 가장 중요한 부분은 시상하부(hypothalamus)와 대뇌변연계(limbic system)이다.

대뇌변연계는 형태학적으로 간뇌를 둘러싸고 있는 대뇌피질의 가장자리 영역을 가리킨다. 따라서 뇌를 대뇌피질에 해당하는 신피질(neocortex)과 대뇌변연계로 구분한다.

변연계는 뇌량 주위에 존재하는 해마(hippocampus), 편도체(amygdala), 대상회(cingulate gyrus), 시상전핵(anterior thalamic nucleus), 유두체(mamillary body), 후구(olfactory bulb), 중격핵(septal nucleus) 등으로 구성된다. 또한 변연계의 중요한 기능 중 하나는 동기유발(motivation)이며, 후각정보와도 관련되어 있으며, 학습·기억 및 각성에 특별한 기능을 담당한다. 해마는 짧은 시간 동안의 기억에 관여하며, 뇌간의 망상체와 관련하여 각성 및 주의 집중에 관여한다.

대뇌변연계는 동물이 생존하기 위한 섭식행동, 음수행동, 투쟁, 개체보존과 종족보존을 위한 집단행동과 성행위 등 본능행동에 깊이 관여할 뿐만 아니라, 그에 따른 희로애락의 느낌에 대해 공포, 도피, 분노 또는 공격반응을 나타내는 등의 정서반응에도 관여한다. 그러므로 변연계를 정서뇌라고도 한다.

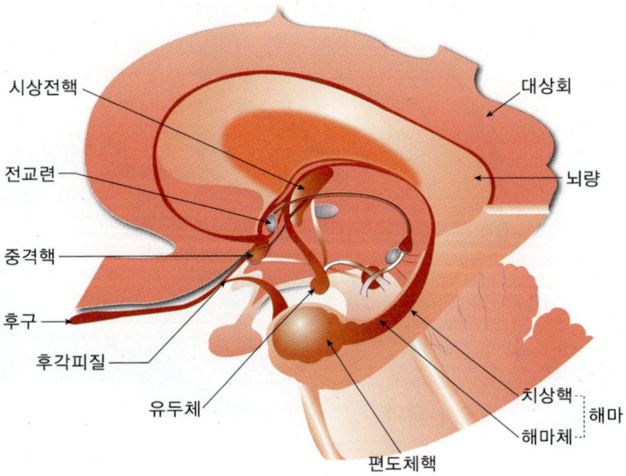

그림 12-12 대뇌변연계

check point

● 전전두엽 영역(prefrontal area)의 기능

전두엽의 앞부분에 해당하는 전전두엽 영역은 어떤 행동을 계획하고 시작하기 위한 동기유발(motivation)과 예측을 하는 기능에 관련되어 있다. 특히 이 영역은 영장류 중 사람에게서 잘 발달되어 있으며, 정서적인 행동, 기분의 조절과도 관련이 있다. 이 영역은 동기유발과 관련하여 공격성을 나타내는 기능적 중심이 된다.

과거에 정신병원 입원환자 중 도저히 통제가 불가능할 정도의 공격성을 지닌 사람의 전전두엽 영역을 제거한 임상사례가 보고된 적이 있다. 이 수술은 환자의 공격성을 제거했다는 점에서는 성공적이었다. 그러나 그 수술은 다른 일을 하고자 하는 동기유발능력도 동시에 손상시켰으며, 개성(personality) 또한 함께 파괴되었다는 점에서 부정적이기도 했다.

7) 학습과 기억

① 단기기억과 장기기억

기억에는 복합적인 저장단계가 있다. 그리고 우리의 기억 저장고는 항상 변화하고 있다. 자극이 중추신경계에 들어올 때, 그것은 우선 단기기억(short term memory) 저장고로 간다. 여기에 저장된 정보는 그것을 보다 영구한 형태로 저장하지 않으면 사라져 버린다(그림 12-13). 단기기억을 장기기억으로 강화하는 데는 해마·편도체·대뇌피질 접합부위 등으로 구성되는 **내측측두엽**(medial temporal lobe)의 기능이 중요하다.

그러나 기억이 일단 장기기억으로 전환되고 나면 내측측두엽과는 상관이 없어진다. 즉 간질 증세를 완화시킬 목적으로 해마의 일부를 파괴시킨 환자는 새로운 정보를 기억하는 데는 문제가 있으나 수술 전에 이미 기억된 정보는 손상되지 않는다.

단기기억의 특별한 형태는 작업 기억(working memory)이다. 대뇌피질의 한 영역은 정보가 얻어진 후에 발생하는 일에서 그 정보들을 이용하기에 충분할 만큼 길게 그 정보를 저장하는 데에 기여한다. 이 영역에서의 작업 기억은 장기기억(long-term memory) 저장고와 연결되어 있고, 따라서 새로이 얻은 정보는 저장되어 있는 정보와 함께 통합되고 그에 따라 행동할 수 있다.

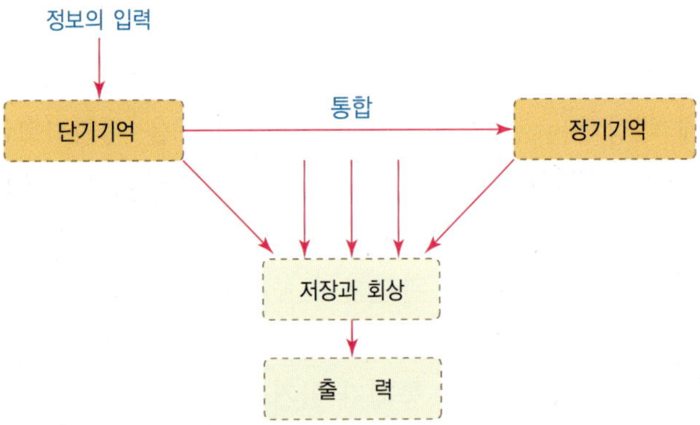

그림 12-13 기억의 처리

예를 들어, 우리가 길을 건너려고 하면 도로의 좌우상황을 살피게 된다. 우선 왼편을 살펴서 차가 오지 않는다는 것을 알게 되면 그 정보를 작업기억에 저장하게 되고, 그 상태에서 오른편을 보아서 차가 오지 않는다는 사실을 알게 되면 안심하고 길을 건너게 된다. 그런데 뇌의 해당 영역에 손상을 받은 사람은 오른편에 차가 오지 않는다는 사실을 확인했을 때, 그 전에 왼편이 안전했다는 기억을 떠올릴 수가 없으므로 길을 건너기가 훨씬 더 어려워진다. 따라서 작업기억은 우리로 하여금 장·단기 기억으로부터 정보들을 논리적으로 모아서 문제를 해결하거나 행동을 계획하는 데에 이용하게 한다.

② 장기기억의 분류

장기기억은 다시 암시적 기억과 명시적 기억으로 구분된다. **암시적 기억**(implicit 또는 nondeclarative memory)은 자율적이고 그 기억을 회상하는 데 있어서 의식적인 과정을 필요로 하지 않는다. 이런 종류의 기억에 저장된 정보는 보통 반복에 의해 서서히 획득된다.

예를 들어, 어렸을 때 배워서 익힌 수영의 동작은 오랜 시간이 흐른 후에 다시 하여도 자연스럽게 그 동작을 회상시킬 수 있는 것처럼 주로 운동성 기술 등이 암시적 기억의 범주에 들어간다.

명시적 기억(explicit 또는 declarative memory)은 반대로 회상해 낼 때에 의식적인 주의를 요한다. 전날 공부한 내용을 시험보기 위해서는 상당히 주의를 집중시켜 회상하는 과정이 필요하다. 이처럼 명시적 기억은 추리·비교·평가와 같은 고도의 인지적인 기술을 이용하여야 하며, 우리 스스로나 주변 세계에 대한 지식을 다루게 된다.

때때로 정보는 명시적 기억에서 암시적 기억으로 전환될 수도 있다. 올바른 수영 자세를 배우는 과정에서는 어설픈 자신의 자세를 정확한 자세로 교정하기 위하여 서술적 기억 과정을 통하여 의식적인 노력을 하여야 하지만, 그 자세를 반복하게 되면 이러한 자세는 암시적 기억으로 전환된다. 명시적 기억은 뇌의 측두엽을, 암시적 기억은 소뇌의 편도(amygdala)와 소뇌를 필요로 한다. 그리고 기억의 몇몇 요소들은 그들이 처리되는 감각피질, 예컨대 그림은 시각피질, 소리는 청각피질에 저장된다.

(2) 기저핵(basal ganglia)

대뇌반구의 수질부인 백색질에도 신경핵들이 집단을 이루고 있는 회색질의 덩어리들이 있는데, 이를 기저핵이라고 한다.

기저핵은 시상과 대뇌피질 사이에 많은 신경섬유들이 왕래하는 곳으로 추체외로의 억제기능과 깊은 관련이 있다. 또한 소뇌와 함께 신체운동과 자세조정에 관여하는 많은 반사활동을 통합하고 있다. 따라서 기저핵에 장애가 생기면 운동기능의 통합이 불완전해지고 자발적인 운동의 이상이 일어난다.

기저핵에 존재하는 신경전달물질에는 도파민(dopamine)과 아세틸콜린(acetylcholine)이 있으며, 그 밖에 GABA, 글루타민산, serotonin, norepinephrine, substance P 등이 있다. 기저핵 신경전달물질의 결핍이 원인인 파킨슨씨병(Parkinson's disease)의 증상은 손이나 안면근이 경직되어 무표정해지며, 보행 시 다리를 들어 올리지 못하여 질질 끌고, 앞으로 구부린 자세로 작고 빠른 보폭으로 넘어질 듯이 걷게 된다. 또한 손과 안면근이 빠른 빈도로 떨려서 글씨쓰기, 혼자서 식사하기 등과 같은 행동이 어려워진다. 그 외에 무도병(chorea), 무정위 운동증(athetosis), 편무도병(hemiballism) 등이 나타나는데, 이들은 일종의 운동과다 현상이다.

3. 간뇌 (diencephalon)

간뇌는 뇌간(brain stem)의 위쪽 끝으로 대뇌와 중뇌 사이에 위치하는 회색질의 큰 덩어리이며, 대뇌반구로 덮여 있어서 외부에서는 관찰이 불가능하다. 대뇌피질 바로 아래쪽에 있는 것이 시상(thalamus)이고, 시상의 아래쪽에 있는 것이 시상하부(hypothalamus)이다(그림 12-14).

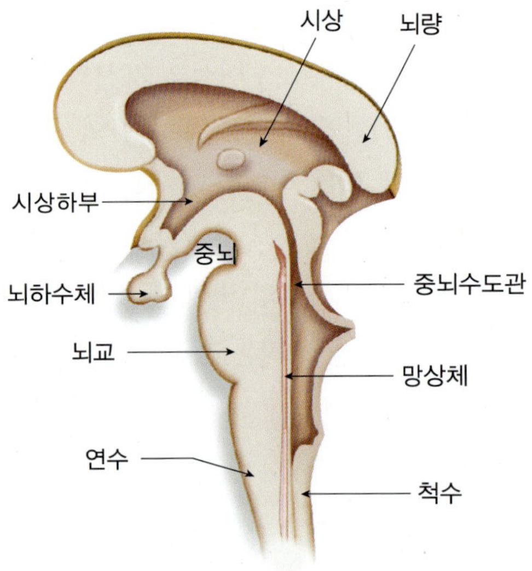

그림 12-14 간뇌의 구조

시상하부에는 배고픔과 갈증 같은 행동들의 욕구를 일으키는 여러 중추들이 있고, 항상성 유지에 가장 중요한 역할을 담당하며, 다양한 내분비 기능과 자율신경계의 많은 기능에도 관여한다.

1) 시상(thalamus)

시상은 달걀 모양의 구조물로 거의 전부가 회색질로 되어 있으며, 감각의 연결중추로서 후각을 제외한 모든 감각을 종합하고 대뇌피질로 전달하는 역할을 수행한다. 따라서 대뇌피질의 많은 영역은 시상과 연결이 단절되면 완전히 기능을 상실하게 된다. 시상은 대뇌피질이 발달하지 못한 하등동물의 경우에 최고의 감각 중추역할을 담당한다.

시상은 동통 및 온도감각을 통합하기도 하는데, 그 예로 통증 및 온도의 변화, 촉각의 인식을 강화시키거나 또는 감소시키기 때문에 때로는 심한 통각으로, 때로는 기분 좋은 자극으로 전환시킬 수도 있다. 또한 걷는 상태를 유지하도록 위치감각을 인지하게 하며, 즐거움이나 불쾌감을 느끼게 하는 정서적 기전과 복잡한 반사운동에도 관여한다.

2) 시상하부(hypothalamus)

시상하부는 시상 바로 밑의 신경핵 집단으로 맨 아래쪽에는 내분비기관인 뇌하수체(pituitary gland)가 달려 있다.

시상하부는 내장의 기능을 조절하는 자율신경계 최고의 중추이며, 의·식·주와 인간의 감정 및 정서반응을 조절하는 중추이기도 하다. 시상하부의 주요 기능은 표 12-1과 같다.

뇌하수체는 대뇌피질, 망상체 및 감각 수용기를 포함한 여러 곳으로부터 정보를 받고, 그 결과는 시상과 복합적인 효과기 경로를 통해 나간다. 시상하부 내의 대부분의 경로는 하행경로로써 시상하부로부터 뇌하수체 후엽으로 가는 신경호르몬의 경우와 상행경로로서 망막으로부터 시신경교차상핵(suprachiasmatic nucleus)에 이르는 두 경우를 제외하고는 양방향성이다. 이 시신경교차상핵은 생체리듬에 관여하는 영역이다.

3) 시상상부와 시상후부

시상의 상부에는 송과체(pineal body)가 있어서 생식선의 조기발육억제 호르몬을 분비하며, 일주기 리듬(circadian rhythm)의 확립에 관여한다. 또한 시상의 뒤에는 2쌍의 슬상체가 있다. 내측 슬상체(medial geniculate body)는 청각의 중계소, 외측 슬상체(lateral geniculate body)는 시각의 중계소 역할을 한다.

표 12-1 시상하부의 기능

기 능	내 용
교감신경계의 활성화	• 부신수질로부터 카테콜라민 분비 통제 • 췌장 내분비계를 통해 혈당 수준 유지
체온의 유지	• 떨림 또는 발한(체온조절중추)
체내 삼투압의 조절	• 갈증과 음수행동 조절(음수중추) • vasopressin(ADH)의 분비
생식기능의 조절	• oxytocin의 분비(자궁수축 및 유즙분비) • 뇌하수체 전엽의 자극호르몬 조절(FSH, LH 등)
음식물 섭취 조절	• 섭취중추, 포만중추
행동 및 정서의 조절	• 변연계와의 연계작용
수면과 각성상태 조절	• 망상체와의 연계작용(수면중추, 각성중추)
심장, 혈관운동에의 영향	• 연수에 있는 심장, 혈관 운동중추에 영향

4. 뇌 간

뇌간(brain stem)은 뇌의 가장 아랫부분으로 중뇌(midbrain), 교(pons), 연수(medulla oblongata)로 구성되어 있다. 위쪽으로는 간뇌와 이어지고, 뒤쪽으로는 소뇌가 있으며 아래쪽으로는 척수와 연결되어 있다.

1) 중뇌(midbrain)

중뇌는 간뇌와 교(pons) 사이에 위치하며 삼각형 모양으로 뇌간 중 가장 작은 뇌이다. 중뇌의 앞쪽은 대뇌각(cerebral peduncle)으로 대뇌의 운동명령을 아래로 내려 보내는 원심성 운동신경이 지나는 신경로이며, 중앙부는 추체로(pyramidal tract)가 차지하고 있다. 중앙부의 피개(tegmentum)는 대뇌로 흥분을 전달하는 구심성 감각신경이 지나는 곳이며, 그 중심에 있는 적갈색 회색질로 된 계란 모양의 1쌍의 적핵(red nucleus)은 추체외로(extrapyramidal tract)가 지나는 신경로이다.

중뇌개(tectum of midbrain)에는 2쌍의 사구체(corpora quadrigemina)가 있어, 상구(superior colliculi)는 시각 전도로의 중계소로 시각반사, 동공반사, 수정체의 초점 조절을 담당한다. 그리고 하구(inferior colliculi)는 청각전도로의 중계소로 청각반사를 나타낸다. 중뇌에서 제3뇌신경(동안신경)과 제4뇌신경(활차신경)이 시작된다.

2) 뇌교(pons)

뇌교는 중뇌와 연수를 연결하며, 연수 바로 위에 위치한다. 포유동물 중 특히 사람에게서 잘 발달되어 있으며, 대뇌와 연수로 달리는 신경섬유가 연수보다 많고, 뒤의 소뇌에서 받은 신경섬유 다발이 포함되어 있기 때문에 연수보다 더 큰 부피를 이룬다. 따라서 운동의 조절에 관여한다.

check point

● 뇌간과 망상체 활성계

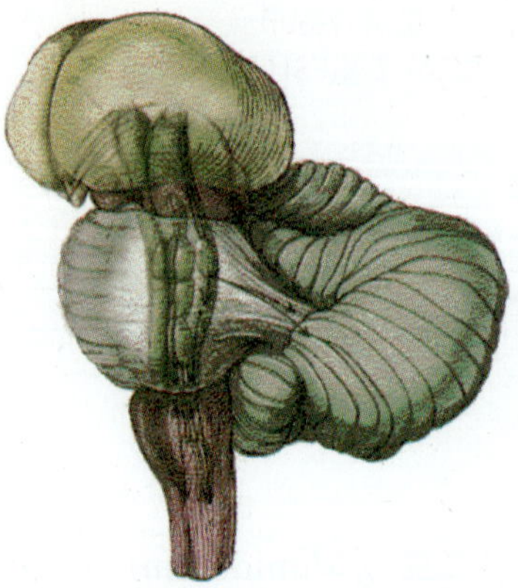

망상체 활성계는 계통발생적으로 뇌의 가장 오래된 부분이며, 뉴런의 무리들이 분산되어 있는 모양으로, 뇌의 윗부분과 척수 안으로 과다한 열십자 모양의 축색이 풍부하게 가지를 쳐서 만들어진 망(network)과 같은 구조를 띠고 있다.

망상체 활성계는 잠 자는 것(수면)과 깨는 것(각성)을 통제하는 스위치의 역할을 하는 것으로 알려져 있으며, 최근에는 근육의 정상적인 상태와 신장반사, 호흡의 조정, 혈압조절 및 통증의 조절 등에도 관련한다는 사실이 밝혀졌다.

중뇌에서 연수에 걸쳐 망상체 활성계(reticular activating system)가 있다. 뇌교에서는 제5뇌신경(3차신경), 제6뇌신경(외전신경), 제7뇌신경(안면신경) 및 제8뇌신경(내이신경)이 시작한다.

3) 연수(medulla oblongata)

흔히 '숨골'이라고 부르는 연수는 길이 약 3cm, 무게 6~7g의 신경조직으로 교와 척수를 연결한다. 척수와는 명확한 경계가 없지만 뇌간의 가장 아래쪽에 위치하며, 해부학적으로는 대뇌와 척수 사이의 정보를 안내하는 피질척수섬유 전도로(corticospinal fiber tracts)를 포함한다. 이 피질척수섬유 전도로의 많은 부분은 연수 내의 추체(pyramids)라고 알려진 영역에서 정중선(midline)을 넘어 몸의 반대편에 이른다. 따라서 뇌의 한 쪽 부분은 반대쪽 몸을 지배하게 된다. 연수에는 생명현상에 직접 관여하는 많은 중추들이 있어, 다음과 같은 기능들을 나타낸다.

- **호흡중추** : 혈액 내 CO_2의 농도가 높아지면 호흡중추가 자극되어 호흡이 활발해지며, 기침이나 재채기에 관한 중추도 있다.
- **심장·혈관운동 중추** : 대동맥궁이나 경동맥동에 있는 압력수용기로부터 혈압을 감지하여 심장의 활동을 조절한다.
- **소화에 관한 중추** : 타액분비중추, 저작반사중추, 흡반사중추, 연하중추, 구토중추, 위액분비 중추가 있기 때문에 지배적으로 소화에 관여하고 있다.
- **발한중추** : 발한중추가 있어, 땀의 분비조절에도 관여하고 있다.
- **눈의 보호작용을 하는 중추** : 각막이나 결막 등의 자극에 의해 눈을 감는 반사중추와 눈물분비중추가 있다.

그 밖에도 연수로부터 12쌍의 뇌신경 중에서 제9뇌신경(설인신경), 제10뇌신경(미주신경), 제11뇌신경(부신경), 제12뇌신경(설하신경) 등이 시작된다.

5. 소뇌

소뇌는 움직임을 계획하고 자세와 평형을 통제하며, 팔다리의 움직임을 조절하는 기능을 담당한다.

1) 소뇌의 구조

뇌교와 연수 뒤쪽에 있는 무게 약 120g의 소뇌는 신체운동의 협조 및 평형 또는 근육의 긴장 등에 관여한다. 대뇌와 소뇌 사이는 소뇌천막(tentorium cerebelli)이라는 경막에 의하여 구분되어 있다. 대뇌처럼 소뇌의 중심부는 백색질, 주변부는 회색질로 이루어져 있으며, 뇌 중에서 가장 많은 주름을 이루고 있다.

2) 소뇌의 기능

골격근의 활동 시에 일차 운동근과 협력근 및 길항근이 서로 협동하여 부드러운 근육활동을 수행할 수 있도록 작용하며, 내이(inner ear)로부터 오는 구심성 충동을 받아들여 신체의 평형을 유지하도록 조절한다.

소뇌를 완전 제거하면 먼저 사지가 강직성 발작(opisthotonus)을 일으키며, 그 후에 1주 정도가 지나면 경직이 풀리지만, 그 다음에 현저한 운동장애가 일어나서 겨냥이상(dysmetria)·떨림(tremor)·저긴장(hypotonia)·운동해리(decomposition) 증상 등이 나타난다.

소뇌피질도 대뇌피질에서와 같이 소뇌 각 부위에서의 전기적 활동을 포착하여 표시해 보면 운동 및 감각 기능이 각각 한정된 소뇌피질 부위에 따라 명확하게 나타나게 되는데, 이것을 '소뇌의 기능적 국재(localization of cerebellum)' 라고 한다.

6. 뇌신경

중추신경계가 제 기능을 하기 위해서는 말초신경계의 신경섬유를 통해 외부세계와 연결되어 있어야 한다. 따라서 중추신경계인 뇌와 척수를 외부로 연결시켜 주는 신경을 갖고 있는데 이를 각각 뇌신경과 척수신경이라고 한다.

뇌신경(cranial nerve)은 뇌에서 직접 나오는 말초신경으로 좌우 12쌍이 있다(그림 12-15). 뇌신경은 정보를 받아들이는 감각신경, 활동을 지시하는 운동신경과 감각과 운동신경이 혼합되어 있는 혼합신경으로 구분된다. 뇌신경은 뇌의 가장 위부분에서 나오는 뇌신경을 제I뇌신경으로 하여 차례대로 로마숫자로 번호를 붙이기도 하지만 척수신경보다 더 특수화되어 있으므로 그 기능에 따라 명칭을 붙이기도 한다(표 12-2).

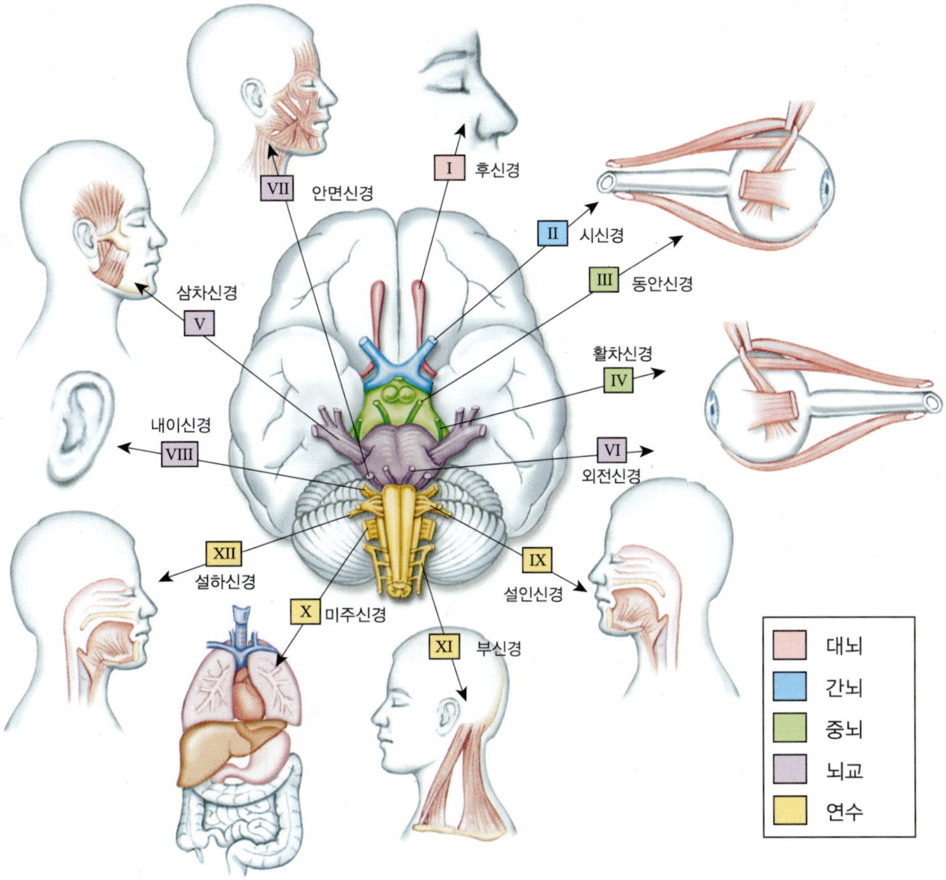

그림 12-15 뇌신경

표 12-2 뇌신경의 종류와 기능

번 호	명 칭	유 형	기 능
I	후신경	감 각	코로부터의 냄새정보
II	시신경	감 각	눈으로부터의 시각정보
III	동안신경	혼 합	주로 눈 움직임에 대한 운동
IV	활차신경	혼 합	주로 눈 움직임에 대한 운동
V	삼차신경	혼 합	주로 얼굴에 대한 운동
VI	외전신경	혼 합	주로 얼굴 근육에 대한 운동
VII	안면신경	혼 합	감각 : 맛 감각 운동 : 눈물, 침 분비, 얼굴 표정을 위한 원심성 신호
VIII	내이신경	감 각	청각과 평형
IX	설인신경	혼 합	감각 : 구강, 혈관의 압력 · 화학 수용기로부터의 감각 운동 : 연하, 이하선을 위한 신호
X	미주신경	혼 합	감각 : 장기, 근, 분비선으로부터의 감각 운동 : 장기, 근, 분비선으로의 신호
XI	부신경	혼 합	운동 : 후두, 연구개, 머리, 목 움직임 감각 : 머리, 목, 어깨로부터의 신호
XII	설하신경	혼 합	주로 혀 근육의 운동과 감각

check point

● 미주신경(Vagus nerve)

열 번째 뇌신경인 미주신경은 연수에서 시작되는 인체 최대의 부교감신경으로 운동신경과 감각신경을 모두 포함하는 혼합신경이다. 미주(迷走)란 라틴어의 'vagus', 영어로는 'wandering'이라는 뜻으로 '헤매고 돌아다닌다'라는 의미인데, 내장 여러 기관에 분포하는 이 신경을 더듬어 내려가다 보면 교감신경과 섞이는 부분도 있어서 보통 방법으로는 전부 더듬어 가기가 불가능하기 때문에 붙여진 이름이다.

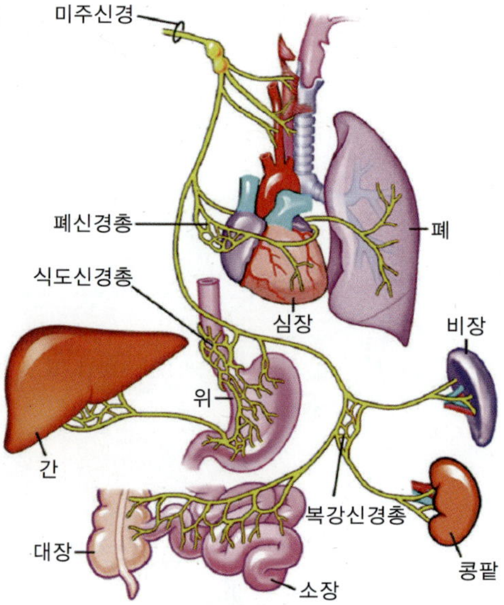

자율신경계의 가장 중요한 부분을 차지하는 미주신경은 목과 흉부에서는 인두 · 후두 · 심장 · 폐 · 식도 등에 분포하고, 복부에서는 위 · 간 · 췌장 · 비장 · 콩팥 등에 분포한다. 미주신경은 이들 장기에서 교감신경과 길항적으로 작용하면서 내장의 평활근 운동과 분비샘의 기능을 조절한다.

12-3 척수와 척수 신경

1. 척수(spinal cord)

척수는 척추관(vertebral canal) 내에 보호되어 있다. 위로는 뇌와 척수가 연결되는 대후두공(foramen magnum) 높이에서 연수와 연결되고 아래로는 요추 부근에서 끝나는 길이 약 40~45cm의 원추형 신경조직이며, 우리 몸에서 매우 정교한 신경정보를 전달하는 초고속도로의 역할을 담당한다. 척수를 둘러싸고 있는 막은 뇌막의 연속으로 3겹의 막으로 되어 있으며, 지주막하강(subarachnoid space)에는 뇌척수액(cerebrospinal fluid)이 들어 있다.

척수는 크게 경수(cervical), 흉수(thoracic), 요수(lumbar) 및 천수(sacral)의 4부분으로 구분하고, 각각의 영역은 다시 분절로 구분하며, 각각의 분절에는 양측으로 한 쌍씩 전부 31쌍의 척수신경이 연결되어 있다(그림 12-16).

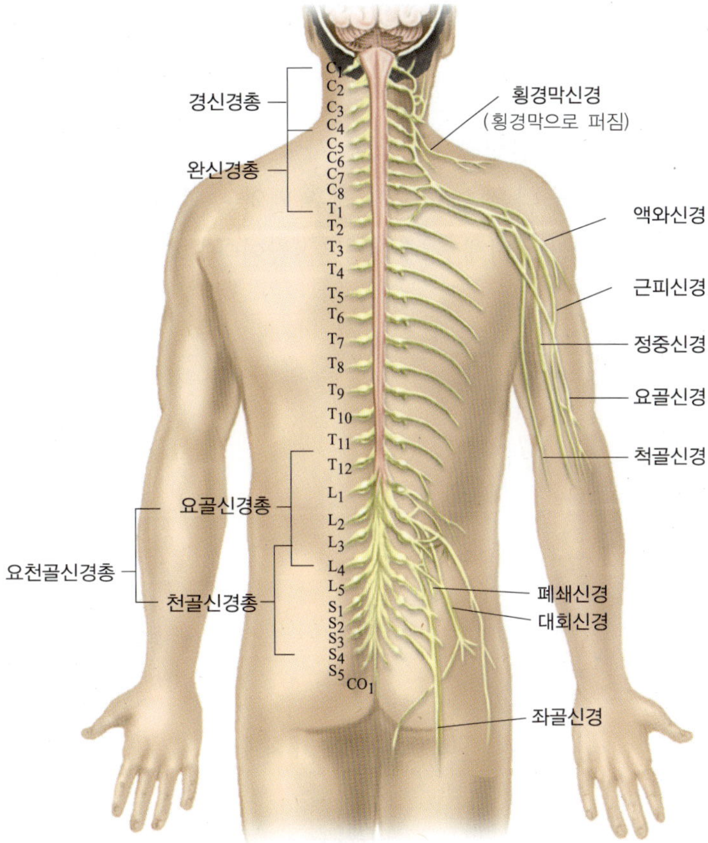

그림 12-16 척수와 척수신경

척수는 앞쪽에 깊게 파인 틈새와 뒤쪽에 얕게 파인 홈으로 구분되어 있고 단면은 백색질인 섬유단(columns)과 회색질인 뿔(horns)로 구성되어 있는데 회색질의 모양은 나비 또는 H자 모양을 하고 있다. 회색질의 뿔은 세 종류가 있는데 후각(dorsal horns)은 감각기능에 관여하고, 전각(ventral horn)은 운동기능을 담당하며, 측면에 있는 측각(lateral horn)은 자율신경기능을 담당한다.

후각과 전각에서는 각각 후근(ventral root)과 전근(dorsal root)이 뻗어져 나와 척수신경으로 연결되는데 척수신경의 후근은 감각정보가 들어오도록, 전근은 중추신경계로부터의 정보가 근이나 분비선으로 갈 수 있도록 특수화되어 있다(그림 12-17).

2. 척수신경

척수신경은 척수로 출입하는 31쌍의 신경을 뜻한다. 척수신경은 뇌신경처럼 각각 고유한 이름은 갖고 있지 않으며, 신경이 빠져나가는 척추의 높이를 기준으로 부른다. 경신경(cervical nerve) 8쌍, 흉신경(thoractic nerve) 12쌍, 요신경(lumber nerve) 5쌍, 천골신경(sacral nerve) 5쌍, 미골신경(coccygeal nerve) 1쌍으로 구성된다.

척수신경은 모두 혼합신경이며, 척추 사이에 있는 추간공(intervertebral foramen)에서 1쌍씩 나온다. 따라서 척추 뼈의 수와 관련이 있는데, 경추골의 경우만은 7개인데 비해, 경수신경은 8쌍이다(그림 12-16).

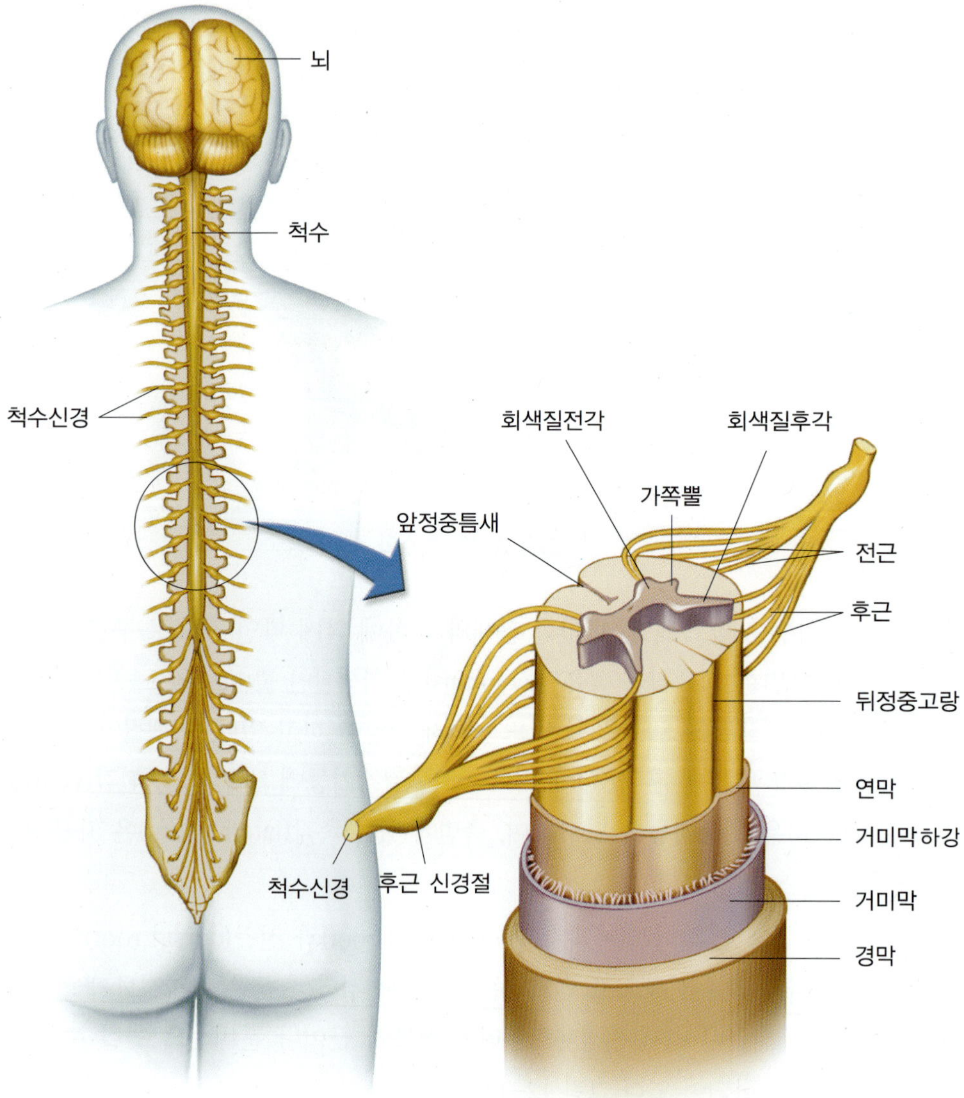

그림 12-17 척수의 단면

척수신경은 척수의 전근을 통해 나오는 신경다발(운동성 신경)과 후근을 통해 들어가는 신경다발(감각성 신경)로 구성되며, 이들은 다시 많은 수의 가지를 형성한다.

후근에는 척수신경절(spinal ganglion)이 있으며, 여기에는 감각신경의 신경세포체가 모여 있다. 이들 중 뒷가지(posterior ramus)는 등쪽의 근육과 피부에 분포하고, 앞가지(anterior ramus)는 나머지 체벽을 둘러싸듯이 지배하고 있다.

척수신경(spinal nerve)은 척수에서 뻗어 나와서 다양한 경로를 통해 말초 조직에까지 도달한다. 흉수에서 나온 척수신경은 다른 가지를 치지 않고 흉곽의 늑골 사이로 직접 뻗어 있다. 그러나 경수, 요수 및 천수에서 시작하는 척수신경들은 말초 조직에 도달하기 전에 다른 척수신경들과 섞이면서 말초조직에 도달하게 되는데 이를 신경총(nervous plexus)이라고 한다.

check point

벨-마잔디(Bell-Magendie's law)의 법칙

척수의 전근은 운동신경이며 후근은 감각신경으로 되어 있는 것을 가리켜 벨-마잔디의 법칙이라고 한다. 1811년 영국의 해부학자인 벨(Charles Bell)은 척수의 전근을 자극하였더니 근육이 움츠리는 것을 관찰하였고, 11년 후 프랑스의 생리학자인 마잔디(Francois Magendie)는 후근을 절단하면 감각은 없어지지만 근육이 마비되지는 않으며, 전근을 절단하면 감각은 그대로이나 근육이 마비되는 것을 밝혔다.

마잔디의 실험은 9년 후인 1831년 독일의 내과 의사이자 생리학자인 뮐러(Johannes Peter Müller)의 개구리 실험을 통하여 증명되었다. 그는 이 실험을 한 명의 학생의 도움을 받아 실시하였는데 그 학생이 후에 말초신경섬유의 슈반세포(Schwann cells)를 발견한 슈반(Theodor Schwann)이다.

3. 척수로

(1) 감각신경 전도로(상행로)

우리 몸의 수용체 대부분에서 감지된 감각정보는 척수의 위로 전도하는 신경섬유의 상행로(ascending tract)를 따라 뇌로 전달된다.

반면 뇌가 말초로 지시하는 운동 정보는 신경섬유의 하행로(descending tract)를 따라 척수의 아래로 전달된다. 따라서 상행로는 피부수용체(cutaneous receptor), 고유수용체(proprioceptor), 내장수용체(visceral receptor)로부터의 감각정보를 뇌로 전달하는 길이다. 이 상행 전도로는 뇌의 연수나 척수에서 교차(decussation)가 일어난다. 이로 인하여 몸의 오른쪽에서 시작된 대부분의 감각정보가 교차되어 뇌의 왼쪽 부위에 도달하게 되고, 왼쪽에서 오는 정보는 뇌의 오른쪽에 도달하게 된다.

(2) 운동신경 전도로(하행로)

대뇌피질에서 시작한 수의적 운동신경 정보는 두 개의 주된 경로인 추체로(pyramidal tract)와 추체외로(extrapyramidal tract)를 통해 내려온다.

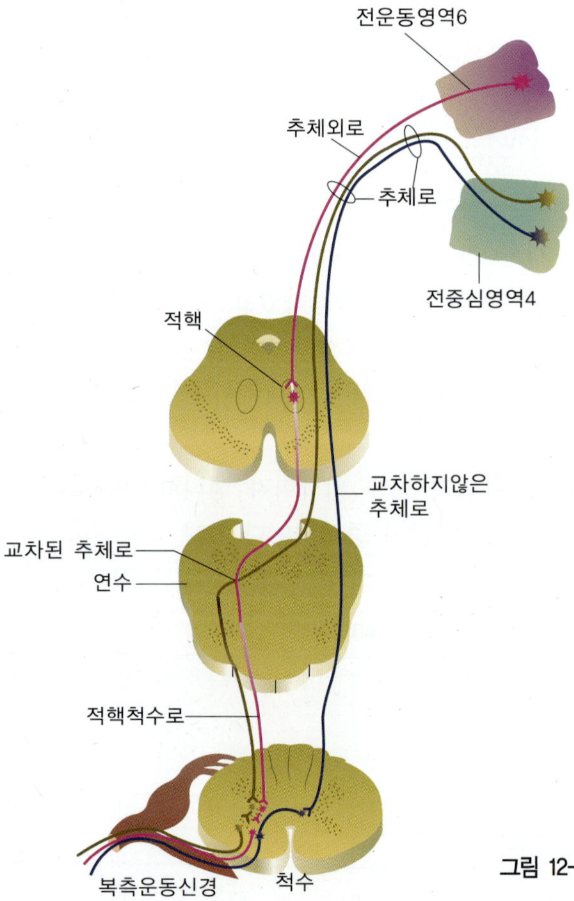

그림 12-18 추체로와 추체외로

추체로 신경섬유의 세포체들은 주로 중심전회(precentral gyrus)에 위치하는데 여기서 출발하여 연수의 추체(pyramid)를 거쳐 척수 및 말단근육에까지 직접 이어진다. 이들 섬유의 80~90%는 척수로 내려가기에 앞서 연수의 추체에서 반대편으로 서로 교차하여 척수로 내려가고, 나머지는 연수에서 교차하지 않은 채 그대로 척수로 내려가며 척수에서 대부분 반대편으로 교차된다(그림 12-17). 따라서 오른쪽 뇌가 손상된 경우 몸의 왼쪽이 마비되는 반면 왼쪽 뇌가 손상된 경우는 오른쪽에 마비가 오게 된다.

추체외로는 골격근의 반사적 또는 무의식적 운동과 긴장에 관여하는 신경전도로로서 추체로 중추(중심전회) 이외의 대뇌피질과 소뇌, 중뇌 등에서 지시하고 기저핵의 일부가 관련되어 내려가는 운동신경 전도로를 총칭한다.

수의 운동을 하는 데 있어서 추체계와 추체외계로는 차이가 있는데 추체계는 한 개의 근육 또는 소수의 근육을 수축시켜서 하는 정밀한 운동에 관여하고, 추체외계는 많은 근육이 수축하여 일어나는 큰 운동에 관여한다.

4. 척수반사

(1) 반사궁(reflex arc)

말초감각기로부터 모든 정보들이 뇌로 가는 것은 아니며, 척수는 아주 간단한 반사작용을 스스로 통합하는 기능을 갖고 있다. 맛있는 음식냄새를 맡았을 때 군침이 돌고, 강한 빛이 눈에 들어올 때 눈을 감는 것과 같은 반응은 자극에 의하여 감각신경에서 생긴 충동이 대뇌피질에 도달하는 도중에 자율신경(타액분비)이나 운동신경으로 전해지기 때문이다. 이와 같이 대뇌피질의 작용과 관계없이 어떤 자극에 대하여 무의식적으로 반응하는 것을 반사(reflex)라고 한다. 이러한 반사작용은 중추신경계의 가장 기본적인 기능이며, 척수의 가장 주된 기능이기도 하다.

반사활동은 아무리 간단한 것이라고 하여도 반드시 5가지 요소를 거침으로써 이루어지게 된다. 즉, ① 수용기(receptor) ② 구심성신경(afferent nerve) ③ 반사중추(reflex center) ④ 원심성신경(efferent nerve) ⑤ 효과기(effector)로 구성된다. 이들 일련의 구조를 가리켜 반사궁(reflex arc)이라고 한다(그림 12-19).

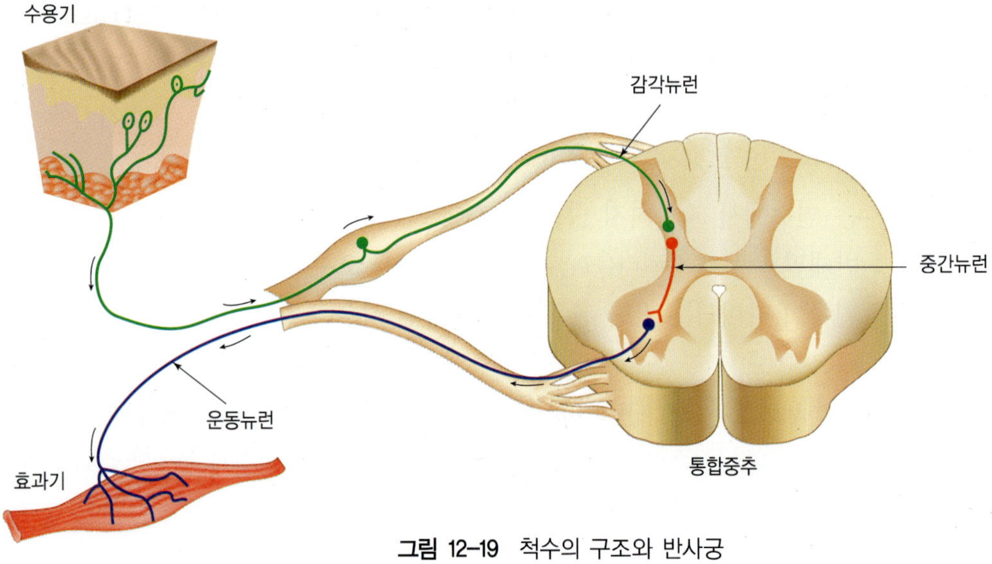

그림 12-19 척수의 구조와 반사궁

1) 수용기(receptor)

신체 내외의 관련 변화를 감지하여 감각 흥분이 시작되는 곳이다. 피부 또는 골격근에 있는 수용기를 체성수용기(somatic receptor), 내장에 있으면서 자율신경계의 반응을 일으키는 것을 장기수용기(visceral receptor)라고 한다. 체성수용기에는 신체외부에서 오는 자극을 받아서 흥분하는 외수용기(exterocepter)와 근육·관절·내이에 있으면서 평형 및 자세를 유지시키는 고유수용기(propriocepter)가 있다.

2) 구심성신경(afferent nerve)

감각신경(sensory nerve)으로, 수용기의 흥분을 척수의 후근을 거쳐 반사중추에 전달한다.

3) 반사중추(reflex center)

감각뉴런과 운동뉴런이 연결되는 곳을 반사중추라고 하며, 척수와 뇌간의 회백질 내에 존재한다. 반사중추에는 한 개의 중간 뉴런(interneuron)으로 연결되는 단일 시냅스 반사궁(monosynaptic reflex arc)으로부터 2개 이상의 중간 뉴런을 필요로 하는 중복 시냅스 반사궁(multisynaptic reflex arc)까지 다양한 연결방식을 갖는 것이 있다.

신체의 반사활동은 중복 시냅스 반사궁을 거쳐서 일어나는 경우가 더 많다. 한편 반사활동은 한 개의 척수절 속의 운동 뉴런과 단일 시냅스 반사궁을 구성하여 몸의 국한된 부위에서 반응을 일으키는 국한성 반사기구(circumscribed reflex mechanism)와 중간뉴런을 거쳐 동시에 여러 척수절에 걸쳐서 많은 운동뉴런과 연접을 이룸으로써 몸의 여러 부위에서 반사활동을 일으키는 광범위성 반사기구(diffused reflex mechanism)에 의한다.

4) 원심성 신경(efferent nerve)

원심성 신경은 운동뉴런이다. 척수의 전각으로 빠져 나오며, 반사중추에서 통합되어 처리된 흥분을 효과기에 전달한다.

5) 효과기(effector)

원심성 신경의 지배를 받아서 근육(muscle)은 수축하고 선(gland)에서는 액을 분비한다. 반사활동은 환경변화에 대해 신속한 반응을 나타냄으로써 위험으로부터 신체를 보호하며, 신체의 활동에 유익한 반응을 나타내도록 한다.

(2) 척수반사

반사활동 중에서 척수에 있는 반사중추에 의해서 일어나는 반사를 척수반사라고 한다. 척수반사에는 신장반사(stretch reflex), 도피반사(withdrawal reflex), 내장반사(visceral reflex) 등이 있다. 척수반사는 운동신경의 가장 기본적인 반응이며, 운동신경계의 이상을 진단하기 위하여 사용되기도 한다.

1) 신장반사(stretch reflex)

신장반사에는 슬개건반사·발목반사·복부반사 등이 있으며, 가장 대표적인 예가 슬개건반사(knee jerk reflex)이다. 무릎 밑의 슬개건을 가볍게 두드림으로써 근방추가 흥분되고, 여기서 발생된 흥분이 구심신경을 거쳐 요수부위(lumbar portion)의 척수로 들어가서 반사중추를 거쳐 운동신경을 흥분시킴으로써 근이 수축하게 된다. 슬개건반사는 단일 시냅스 반사궁의 대표적인 예이다(그림 12-20).

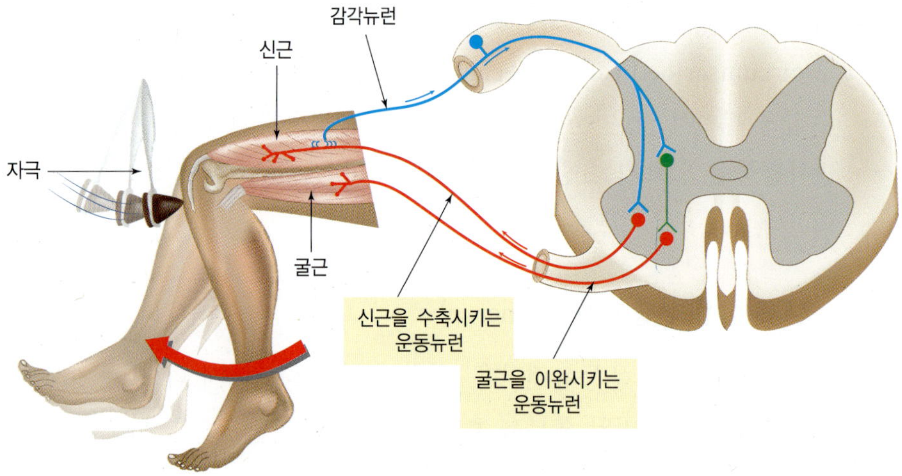

그림 12-20 슬개건반사

2) 도피반사(withdrawal reflex)

피부수용기(cutaneous receptors)를 포함하는 반사를 도피반사라고 한다. 예를 들어, 걸음을 걷다가 못에 찔리게 되었을 때 발바닥의 통각수용기(pain receptors)를 통하여 통증에 대한 감각이 척수로 전해지고 못으로부터 발을 떼기 위하여 한 쪽 사지를 굴곡시키게 된다. 반면에 다른 쪽 다리는 균형을 유지하기 위해 늘어나야 한다. 이 같은 반응을 교차신전반사(crossed extension reflex)라고 한다.

3) 내장반사(visceral reflex)

방광이나 직장 내에 소변이나 변이 차서 요의나 변의를 느끼고 그 자극이 척수의 배뇨반사 중추나 배변반사 중추에 전해지면 반사적으로 내용물을 밀어내는 반사 역시 척수반사의 예이다. 그러나 이러한 반사중추는 유아기를 지나면 대뇌피질이나 중뇌 등 상위중추에 의해 억제된다.

12-4 자율신경계

1. 자율신경계의 특징

말초신경계는 크게 골격근을 조절하는 **체성신경계**(somatic nervous system)와 불수의근을 조절하는 **자율신경계**(autonomic nervous system)로 구분된다.

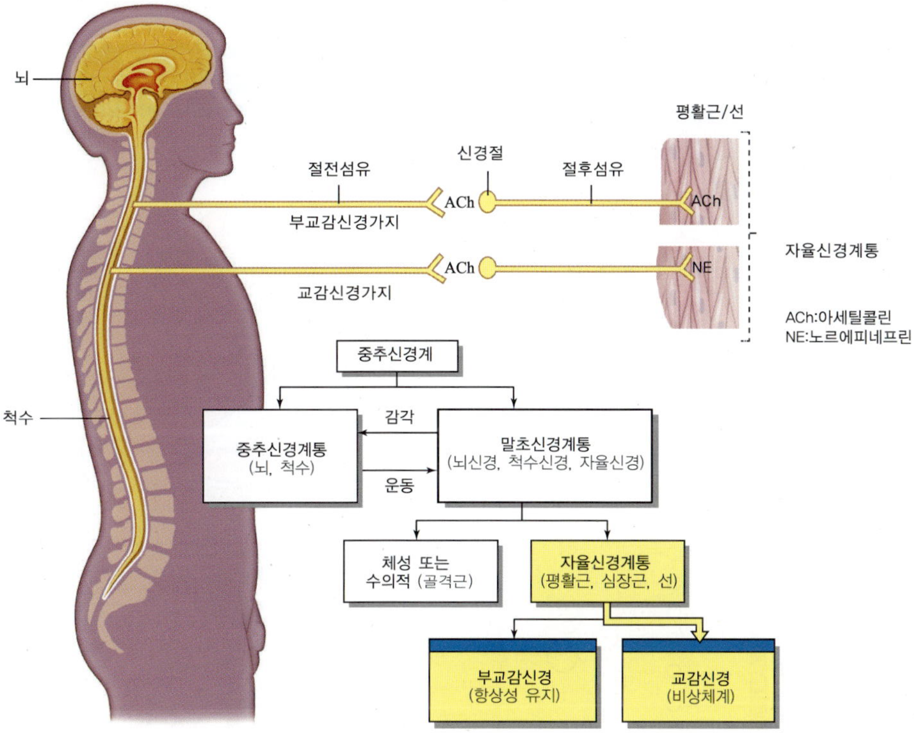

그림 12-21 자율신경계의 일반적 기능

의식과는 상관없이 호흡·소화·순환·배설·생식 등 생물로서 기본적으로 갖추어야 하는 식물성 기능을 조절하는 신경들은 일반 신경계에 비해 비교적 뇌의 지배로부터 독립하여 작용한다는 의미에서 자율신경계(autonomic nervous system)라고 한다. 이들은 평활근·심장·근육·선(gland)을 지배함으로써 신체의 항상성(homeostasis) 유지에 관여한다.

(1) 길항지배

자율신경계에 의한 생리적 조절은 거의 대부분 교감신경계(sympathetic division)와 부교감신경계(parasympathetic division)의 길항작용(antagonistic innervation)에 의하여 이루어진다. 즉, 이들 두 신경은 어떤 기관의 활동을 촉진시키기도 하고 억제시키기도 한다. 예를 들어, 교감신경은 동공산대근을, 부교감신경은 동공축소근을 지배한다. 그러나 모든 기관에서의 작용이 길항적인 것은 아니다. 또한 길항지배에 있는 어떤 기관에 대해서 교감신경의 활동이 항진되어 있을 때에는 부교감 신경의 활동은 억제되고, 부교감 신경의 활동이 항진되어 있을 때에는 교감신경의 활동이 억제된다. 이와 같은 관계를 '상반신경지배(reciprocal innervation)'라고 한다.

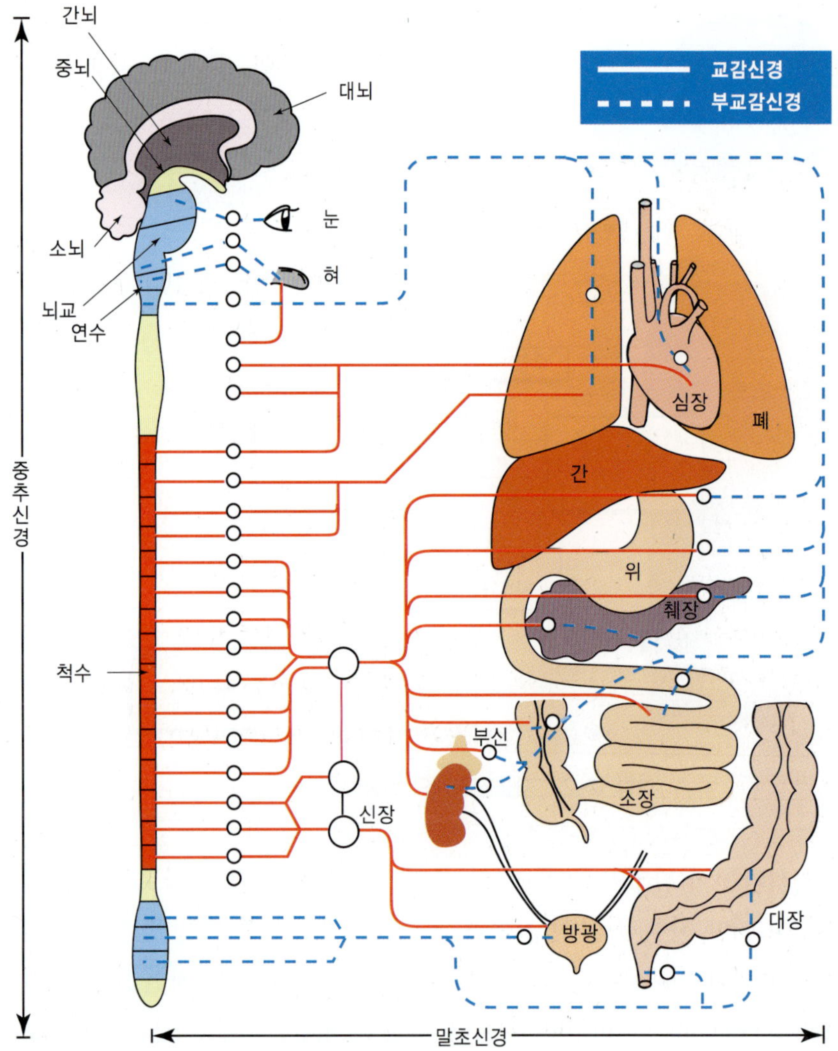

그림 12-22 자율신경계

(2) 절전섬유와 절후섬유

교감신경과 부교감신경은 모두 중추를 빠져 나온 후 표적기관(target organ)에 도착하기 전에 반드시 한 번은 신경절(ganglion)을 지나게 되는데, 여기에서 뉴런을 교대한다. 이때 신경절에 들어오는 섬유를 절전섬유(preganglionic fiber), 나가는 섬유를 절후섬유(postganglionic fiber)라고 한다. 신경절은 중추신경계 밖에 신경세포체가 모여 있는 것으로 신호를 다음 회로로 보내기 위한 일종의 중계소의 역할을 담당한다.

2. 교감신경계(sympathetic nerve system)

교감신경계는 절전섬유가 흉수와 요수에서 시작되며, 신경절이 효과기와 떨어져 있기 때문에 절후섬유의 길이가 길다. 1개의 신경절에 있어서는 보통 절후섬유의 수가 많은데, 그것은 신경연접부에서의 발산이 있기 때문이다. 교감신경은 특히 발산이 많아서 절후섬유의 지배영역이 넓다.

교감신경은 도피 또는 싸움(flight–or–fight) 반응을 조절하고 인체가 에너지를 발산하도록 충전시킨다. 교감신경의 효과는 심박동 증가, 혈당 상승, 혈압 상승, 발한 및 구강건조 등 아드레날린이 분비되는 모든 반응들이 여기에 해당한다. 예를 들어 무서운 개를 만나게 되면 빠른 속도로 도망을 가야 한다.

이를 위해서는 근육에 더 많은 혈액을 공급하기 위해 심장 박동이 증가되며 호흡은 가빠지고 진땀이 나게 된다. 또한 빠른 에너지 생산을 위해 혈당 수준은 올라가야 한다. 반면, 소화흡수, 비뇨생식계의 운동 및 분비 활동은 억제된다. 보통 정신적 흥분상태나 운동 시에 교감신경의 활동이 항진된다(표 12–3).

표 12–3 자율신경 흥분에 대한 효과기의 반응

효 과 기		교감신경(수용기)	부교감신경
눈	동공산대근	수축(동공확대)(α_1)	–
	동공괄약근	–	수축(동공축소) (M)
심 장	심박동수	증 가 (β_1)	감 소 (M)
	수 축 력	증 가 (β_1)	감 소 (M)
혈 관	피부, 내장	수 축 (α, β)	–
	골격근 혈관	이 완 (β_2)	–
		이 완 (M)	–
기관지	세기관지평활근	이 완 (β_2)	수 축 (M)
위장관	평 활 근	이 완 (β_2)	수 축 (M)
	괄 약 근	수 축 (α_1)	이 완 (M)
	분 비 선	억 제 (α_1)	촉 진 (M)
방광	배 뇨 근	이 완 (β_2)	수 축 (M)
	괄 약 근	수 축 (α_1)	이 완 (M)
생식기	자 궁	수 축 (α_1)	이 완 (M)
	남성생식기	사 정 (α_1)	발기(혈관확장) (M)
피 부	입모 평활근	수 축 (α_1)	–
	땀샘(체온조절)	증 가 (M)	–

* α, β : 아드레날린 동작성 수용체, M : 무스카린성 콜린 동작성 수용체

교감신경 절전섬유 말단에서는 아세틸콜린을 분비하며, 절후섬유 말단에서는 노르에피네프린을 분비한다. 또한 교감신경계가 담당하는 가장 중요한 기능 중 하나는 부신에서 에피네프린의 분비를 자극하여 혈류에 순환되도록 하는 것이다.

3. 부교감신경계(parasympathetic nerve system)

부교감신경계의 절전섬유는 뇌간과 천수에서 시작되는데, 뇌쪽에서는 제 3·7·9·10 뇌신경이, 척수쪽에서는 천수의 S_2~S_4의 신경이 이에 해당된다. 부교감신경계(parasympathetic division)는 교감신경계처럼 독립된 체계를 만들지 않고, 뇌척수신경에 섞여 주행하며, 각 뇌신경 소속의 신경절 또는 지배 장기의 신경총 내에서 뉴런을 교체한다. 그러므로 부교감 신경의 절후섬유는 짧다.

교감신경이 자동차의 가속페달에 해당한다면 부교감신경은 브레이크의 역할을 담당한다. 부교감신경의 이러한 효과를 '휴식과 소화(resting and digesting) 효과' 라고 부르는데 이는 일상생활의 안정 상태를 유지하여 흥분이나 스트레스로부터 신체의 항상성을 유지하는 역할을 한다. 따라서 정상적인 편안한 상태에서는 교감신경계보다는 부교감신경계가 더 많은 기능을 발휘한다. 평상시에 부교감신경계는 음식의 소화나 간에서의 글리코겐 합성, 췌장의 소화효소 분비나 심장박동수의 저하 등에 필요한 위나 장의 반응들을 이끌어 낸다. 이러한 반응을 비롯한 모든 부교감신경계의 작용에 의해 신체의 건강유지에 필요한 각종 물질의 소화나 저장 따위의 일들이 이루어지고 있다. 또한 동공을 축소시키고 수정체의 두께를 조절하며 생식기의 발기를 촉진시키지만, 내항문괄약근과 방광괄약근은 이완시키므로 배변과 배뇨가 원활해진다.

부교감신경의 절전섬유 및 절후섬유 말단에서는 아세틸콜린을 분비한다.

4. 자율신경전달물질

자율신경계는 내장 각 기관에 교감신경계와 부교감신경계가 모두 분포하여 길항적인 작용을 함으로써 이중 지배(double innervation)를 하고 있다.

이와 같은 작용은 신경섬유의 말단에서 분비되는 신경전달물질이 서로 다르므로 내장기관에 미치는 효과가 달라지기 때문이다. 자율신경계의 신경전달물질로서 작용하는 것에는 아세틸콜린과 노르에피네프린(노르아드레날린)이 있다.

교감신경계와 부교감신경계의 절전섬유, 그리고 부교감신경계의 절후섬유는 모두 아세틸콜린(acetylcholine)을 분비하므로 이들 섬유를 '콜린 동작성 뉴런(cholinergic neuron)' 이라고 한다. 그러나 대부분의 교감신경계 절후섬유는 노르에피네프린과 같은 아드레날린 모양의 물질을 분비하기 때문에 이들을 '아드레날린 동작성 뉴런(adrenergic neuron)' 이라고 한다. 그러나 교감신경계 절후섬유 가운데 근육에 있는 혈관과 땀샘까지 이어진 섬유는 예외적으로 아세틸콜린을 분비한다.

check point

● 카테콜라민(cathecholamine)

카테콜라민은 스트레스 반응이 있을 때 부신수질에서 분비되는 호르몬이다. 이들 호르몬은 모두 '카테콜(cathechol)' 구조를 갖고 있으며 아미노산인 티로신으로부터 유래된다. 인체에서 가장 풍부한 카테콜라민은 에피네프린, 노르에피네프린, 도파민이다.

부신수질 세포는 발생학적으로 교감신경 절후섬유와 관련되어 있으므로 이들 세포는 85%의 에피네프린과 15%의 노르에피네프린을 분비한다. 에피네프린과 노르에피네프린의 차이는 에피네프린이 메틸기를 하나 더 갖고 있다는 점이다.

(1) 아드레날린 동작성 수용체

혈액 중의 에피네프린과 교감신경 말단에서 분비되는 노르에피네프린은 심장근이나 혈관의 평활근을 수축시키는 반면 세기관지와 다른 혈관의 평활근의 수축은 억제시킨다. 같은 화학물질에 대해 이렇듯 상반된 반응이 나타나는 이유는 세포에 따라 카테콜라민에 대한 서로 다른 막수용체 단백질을 갖고 있기 때문이다.

이러한 아드레날린 동작성 수용체(adrenergic receptor)에는 알파(α) 수용체와 베타(β) 수용체라는 두 가지 주요한 종류가 있으며, 이들은 각각 α_1과 α_2,과 β_1과 β_2의 아형(subtype)이 존재한다. 교감신경 절후섬유에서 분비되는 노르에피네프린이 표적기관 세포막 표면의 아드레날린 동작성 수용체에 결합함으로써 다양한 효과를 나타낸다. 즉, α_1-아드레날린 동작성 수용체와의 결합은 피부와 내장의 혈관을 수축시키며, α_2-아드레날린 동작성 수용체의 자극은 평활근을 지속적으로 수축시키고 따라서 교감신경의 혈관수축효과를 나타낸다.

β 아드레날린 동작성 수용체는 소화기관이나 세기관지, 자궁의 이완을 촉진시키나 심장근의 수축과 심박동수의 증가는 촉진시킨다. 따라서 이들 수용체에 대한 자극이 주어지면 심장의 두근거림은 빨라지면서 호흡량이 많아지지만 소화는 억제된다.

(2) 콜린 동작성 수용체

운동뉴런과 자율신경섬유의 절전섬유 및 부교감신경의 절후섬유 말단에서는 모두 아세틸콜린을 분비한다. 이 중 운동뉴런과 자율신경섬유의 절전섬유 말단에서 분비되는 아세틸콜린은 표적세포에 항상 흥분성을 나타낸다. 그러나 부교감신경 말단에서 분비되는 아세틸콜린의 경우는 대부분 흥분성이지만 어떤 경우는 억제성으로 작용한다. 이러한 아세틸콜린에 대한 상반된 효과는 콜린 동작성 수용체의 특성 때문이다.

아세틸콜린의 수용체는 니코틴성(nicotinic) 수용기와 무스카린성(muscarinic) 수용체가 있다. 니코틴성 수용체는 아세틸콜린뿐 아니라 니코틴에도 민감하며, 무스카린성 수용체 역시 아세틸콜린 이외에 무스카린이라는 약물에도 반응한다. 니코틴 수용체는 큐라레(curare)라고 하는 독성물질에 의해, 무스카린성 수용체는 아트로핀(atropin)이라는 물질에 의해 특이적으로 기능이 억제된다.

Chapter

13. 내분비 호르몬

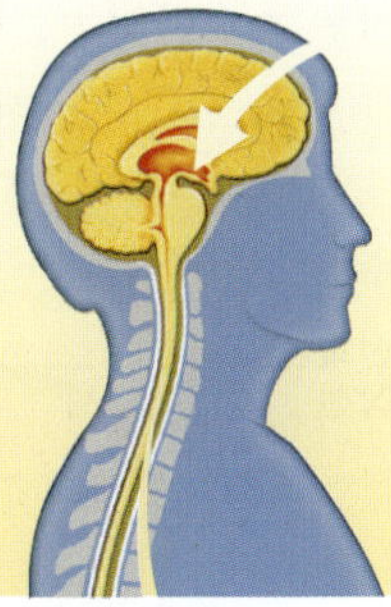

사람은 내외적인 환경변화에 대하여 여러 기관의 기능을 통합·조절함으로써 통일성이 있고 조화된 활동을 가능하게 하는 두 가지의 중요한 조절체계를 갖고 있는데, 이는 신경계와 내분비계이다. 이들은 각 조직과 기관의 기능을 통합·조절함으로써 인체가 항상성을 유지하도록 돕는 역할을 한다.

내분비계는 호르몬을 분비하는 내분비선(endocrine gland)으로 이루어져 있다. **신경계와 호르몬계의 차이점**을 보면, 신경계는 정보 신경섬유 및 신경전달 물질을 사용하여 정보를 전달하므로 체내외의 환경변화에 대응하는 반응력이 빠르고 그 작용범위가 국소적인데 비해, 내분비계는 반응력은 느리지만 오래 지속되고 반응범위도 넓다.

또한 호르몬은 내분비선에서 생성되어 혈액으로 분비되는 물질로 표적기관(target cell)이나 특정한 조직세포로 운반되어 대사조절 작용을 하여 체내 항상성을 유지하도록 돕는다.

우리 몸에는 여러 종류의 내분비선이 있고, 그곳에서 분비되는 호르몬이 많이 있는데, 그 기능과 구조가 모두 밝혀지지는 않고 있다. 그림 13-1, 표 13-1은 내분비선의 위치와 종류를 나타낸 것이다.

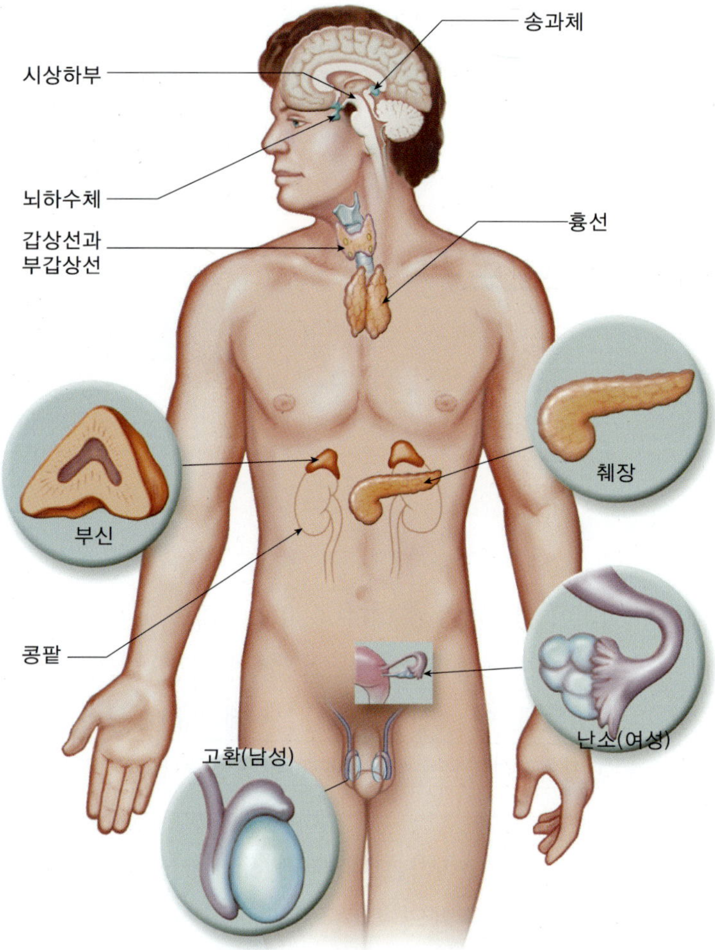

그림 13-1 내분비선의 위치

13-1 호르몬의 구조(분류)와 작용

1. 호르몬의 구조(분류)

호르몬은 일반적인 화학구조에 따라, 단백질로 이루어진 단백질계 호르몬과 콜레스테롤로 이루어진 스테로이드 호르몬으로 분류된다.

(1) 단백질계 호르몬

① 아미노산 유도체 호르몬

갑상선 호르몬(thyroxine), 부신수질 호르몬(adrenal medullary hormone) 등이 이에 속한다.

표 13-1 내분비 장기의 기능

내분비 장기 endocrine organ	호르몬 유리 hormone released	효과 effect
시상하부 (hypothalamus)	〈표 13-3〉 참조	뇌하수체 호르몬 분비 조절
송과선 (pineal)	멜라토닌 (melatonin)	수면 조절
뇌하수체 (pituitary)	〈표 13-3〉 참조	다른 내분비 장기들을 조절
갑상선 (thyroid)	티록신 (thyroxine)	세포 대사 조절
	삼요드티로닌 (triidothyronine)	
	칼시토닌 (calcitonin)	혈중 칼슘 저하
부갑상선 (parathyroid glands)	부갑상선 호르몬 (parathyroid hormone)	혈중 칼슘 증가
췌장 (pancreas)	인슐린 (insulin)	혈당 저하(인슐린)
	글루카곤 (glucagon)	혈당 증가(글루카곤)
부신 (adrenal gland)	에피네프린 (epinephrine)	도피 혹은 투쟁반응
	노르에피네프린(norepinephrine)	
	부신피질스테로이드 (adrenocorticosteroid)	다양한 효과
난소/고환 (ovaries/testes)	에스토로겐 (estrogen) 프로게스테론 (progesterone)	유성생식 조절(난포/정자 성숙), 2차 성징 발현
	테스토스테론 (testosterone)	

② 펩티드 호르몬

일부 뇌하수체 전엽 호르몬(성장호르몬, 프로락틴, 부신피질자극 호르몬), 뇌하수체 후엽 호르몬, 칼시토닌, 부갑상선 호르몬, 췌장 호르몬 등이 이에 속한다.

③ 당단백질계 호르몬

난포자극 호르몬, 황체형성 호르몬, 갑상선자극 호르몬 등이 이에 속한다.

(2) 스테로이드 호르몬

콜레스테롤을 원료로 하여 합성되며, 부신피질 호르몬과 성호르몬이 이에 속한다. 이러한 호르몬의 다른 구조 때문에 혈액 내의 호르몬 이동은 다른 양태를 보인다.

펩티드와 카테콜아민 호르몬은 수용성이므로 혈장에 용해된 상태로 운반되는 반면, 스테로이드 호르몬과 갑상선 호르몬은 물에 잘 녹지 않으므로 주로 혈장단백질인 알부민과 결합된 상태로 운반되며, 소량은 혈장에 용해된 형태로 운반된다. 이들 결합체가 표적세포 및 기관에서 작용하게 될 때는 혈장단백질에서 유리되어 유리형 호르몬으로 전환된다.

$$\text{Free hormone} + \text{binding protein} \rightleftharpoons \text{hormone}-\text{protein complex}$$

단지, 이 유리형 호르몬만이 모세혈관벽을 가로질러 표적기관에 도착한다는 사실이 중요하다. 예를 들면, 갑상선 호르몬의 1%도 안 되는 양이 유리형 호르몬이다.

표 13-2 호르몬의 분류

형 태	혈장 내 형태	수용체의 위치	유도기전의 signal	배설률
펩타이드& 카테콜아민	유 리 형	혈 관 벽	receptor-operated channels cyclic AMP, cyclic GMP Ca_2^+, IP_3, DAG	빠 름
스테로이드& 갑상선 호르몬	단 백 질 결 합 형	내부세포 (cell interior)	유전자 활성화	느 림

2. 호르몬 합성 및 작용기전

호르몬 합성에는 대략 2가지 방법이 있다. 첫째로 **단백호르몬**은 호르몬 생산세포에 있는 조면소포체의 리보솜(ribosome)에서 프로호르몬(prohormone)의 형태로 형성되어 골기체로 이동되어 그 곳에서 부분적으로 잘려서 성숙한 호르몬이 되어 저장되어 분비과립의 형태로 저장되었다가 필요시 분비된다.

둘째로 **지방호르몬**은 장관에서 흡수한 콜레스테롤, 아세트산을 재료로 지방호르몬 생산세포에서 필요시 합성되어 분비된다.

지방호르몬 생산세포는 뇌하수체에서 분비되는 부신피질자극 호르몬, 갑상선자극 호르몬, 성선자극 호르몬 또는 안지오텐신 등의 작용을 받아서 세포 내에 있던 측쇄절단효소(side chain cleavage enzyme)가 활성화하여 콜레스테롤의 측쇄를 절단함으로써 프레그네놀론(pregnenolone)을 형성하고 다시 프로게스테론(난소)으로 전환된다.

표 13-3 각 내분비선에서 분비되는 호르몬과 그 작용

내분비선		호르몬	작용
시상하부		도파민(DA)	프로락틴 분비억제
		부신피질자극호르몬 방출호르몬(CRH)	ACTH분비촉진
		갑상선자극호르몬 방출호르몬(TRH)	TSH분비촉진
		성장호르몬 방출호르몬(GRH)	GH분비촉진
		성선자극호르몬 방출호르몬(GnRH)	FSH와 LH의 분비촉진
		소마토스타틴(SS)	성장호르몬 분비억제
뇌하수체	전엽	프로락틴	유선, 황체
		부신피질자극호르몬(ACTH)	부신피질
		갑상선자극호르몬(TSH)	갑상선
		성장호르몬(GH)	전반적 작용
		황체형성호르몬(LH)	정소(고환에서 테스토스테론 분비 자극) 난소(배란과 황체형성 자극)
		난포자극호르몬(FSH)	정소(정자 생산) 난소(난포 성장과 난자 생성 촉진)
	후엽	옥시토신	평활근 · 자궁근
		항이뇨호르몬(ADH)	동맥관, 신세뇨관
	중엽	멜라닌세포자극호르몬	멜라닌 색소세포
갑상선	부갑상선	부갑상선호르몬(PTH)	골격, 신장, 1,25-디히드록시비타민 D의 생성
부신피질		알도스테론	신장에서 나트륨과 칼륨 배출
		당류피질호르몬	스트레스에 대해 반응, 물질대사
		안드로겐	남성호르몬
부신수질		에피네프린	심근, 평활근, 혈관운동촉진
		노르에피네프린	스트레스에 반응
정소		테스토스테론	생식기발달, 2차 성징 발현, 근육 발달
난소		에스트로겐	생식기 발달, 여포 성숙
황체		프로게스테론	임신상태 유지, 체온 증가, 유선, 자궁
췌장		인슐린	혈당 저하, 동화작용
		글루카곤	혈당 상승, 이화작용
소화관		세크레틴	췌장에서 중탄산염 분비촉진
		콜레시스토키닌	담낭수축과 췌장효소 분비 촉진
		위억제펩티드(GIP)	위 운동과 위액 분비 억제
		가스트린	위 운동과 위산 분비 촉진

그 다음은 특유의 합성경로를 거쳐서 부신피질호르몬인 글루코코르티코이드와 알도스테론 형성과 안드로스테네디온을 거쳐 스테로이드 호르몬인 테스토스테론(정소)과 에스트로겐(난소)을 형성한다. 다만, 지방호르몬은 미리 합성되어 저장되지 않고 분비작용을 받은 후에 생산된다는 것이 단백호르몬과 다르다.

호르몬 분비는 분비과립이 미세소관(microtubule)을 따라 세포 내를 이동하며, 세포막과 융합하면 과립이 터져서 호르몬이 방출된다. 이때에 Ca^{2+}이 꼭 필요하다. 소요되는 Ca^{2+}은 세포외액에서 유입되는 것과 미토콘드리아 등에 저장되어 있던 것이 세포질로 방출되어 충당하게 된다.

3. 호르몬의 분비와 대사

호르몬의 분비는 우리 몸 내외부의 자극에 따라 조절된다. 신경에 의한 조절로 위장관 호르몬의 분비는 부교감신경에 의해 촉진되고, 교감신경에 의해서 억제된다. 또 뇌의 자극호르몬에 의한 조절로 시상하부나 뇌하수체 전엽에서 분비되는 자극호르몬은 관련된 내분비선의 성장촉진과 해당 호르몬 분비를 자극하는 상위호르몬으로 혈액 농도에 의해 조절된다.

예를 들면 시상하부의 TRH(갑상선자극호르몬 방출호르몬)가 분비되어 뇌하수체 전엽에서 TSH 분비가 촉진되면 TSH가 갑상선을 자극하여 티록신 분비를 촉진하게 된다.

그 결과 티록신 농도가 정상 이상으로 높아지게 되고, 호르몬 농도가 정상 이상으로 높아지면 시상하부와 뇌하수체의 작용을 억제하여 각 내분비선의 호르몬 분비가 억제되고(음성 피드백), 그 결과 갑상선의 티록신 분비가 감소되어 호르몬 농도를 정상으로 유지하게 된다.

혈장 내 호르몬 농도는 내분비선의 분비율뿐만 아니라 혈액으로부터의 제거율에 따라 결정된다. 호르몬은 혈액 내의 호르몬 농도가 신호가 되어 호르몬의 분비량이 조절되며, 이 조절기전을 음성되먹이기전이라 하며, 혈액 중의 농도가 높으면 분비가 억제되고 혈액 중의 농도가 낮으면 분비가 촉진되어 항상 일정한 양의 호르몬을 체내의 필요에 따라 생산한다. 간과 신장은 호르몬을 대사시키거나 배설시키는 중요한 기관이다. 또는 호르몬이 작용을 한 세포 안에서 자체적으로 대사되어 분해도 된다.

4. 호르몬의 조절작용

호르몬은 조직의 대사에 관여한다. 그러나 대사 그 자체에 관여하는 것이 아니라, 대사의 속도를 조절하는 작용을 하게 된다.

① **에너지 생산의 조절** : 인슐린·글루카곤·에피네프린·성장호르몬·코티솔·갑상선 호르몬은 에너지대사에 관여하며, 여러 대사물질의 저장·동원·상호전환 및 이용을 조절한다.

② **체액의 양 및 조성의 조절** : 항이뇨 호르몬·알도스테론·코티솔·타이로칼시토닌 및 부갑상선 호르몬은 체액의 양과 조성을 일정하게 유지하는데 함께 작용한다.

③ **주위환경에의 적응** : 뇌하수체 호르몬, 부신 호르몬 및 갑상선 호르몬이 관여한다. 하위 척추동물에서 나타나는 위장을 위한 피부색의 변화에서부터 고등동물의 추위에 대한 적응·감염·스트레스에 대한 저항같은 복잡한 조절에 이르기까지의 복잡한 반응을 포괄한다.

④ **성장과 발달** : 모든 호르몬의 복잡한 상호작용이 정상적인 성장과 성숙을 결정한다.

⑤ **생 식** : 생식은 생존을 위해 필요한 것이 아니라 종의 보존을 위해 요구된다. 호르몬은 생식세포의 생성과 성숙에서부터 생식기관의 발육 및 임신·수유까지 대부분의 단계에 관여한다.

check point

● 호르몬 수용체란?

호르몬은 혈액을 타고 운반되므로 호르몬은 모든 세포에 쉽게 도착된다. 그러나 인체반응은 매우 특이적(specific)이므로 반응하는 능력은 이러한 호르몬에 대한 표적기관의 특이한 수용체의 존재에 좌우된다. 화학전령 호르몬(chemical messenger hormone)의 표적기관에 대한 작용은 messenger가 세포의 특이수용체(specific receptor)에 결합되었을 때 처음으로 시작된다. 그러면 호르몬 수용체는 표적기관의 어디에 위치하는가?

스테로이드 호르몬과 갑상선 호르몬의 수용체는 표적기관 내에 있는 단백질이다. 왜냐하면, 이러한 호르몬들은 지용성이고, 그들은 혈관벽을 통과해 그들의 특이 수용체에 결합할 수 있기 때문이다. 그 반면, 펩타이드 호르몬과 카테콜라민 호르몬의 수용체는 표적기관의 혈관벽에 위치한 단백질이다.

이 호르몬의 작용기전은 명백히 밝혀지지는 않았지만, c-AMP계에 의해 세포 기능을 변동시킨다는 것이다.

13-2 시상하부와 뇌하수체

1. 시상하부

시상하부(hypothalamus)는 신경계통과 내분비계통을 연결하는 중요한 역할을 한다. 시상하부는 뇌하수체전엽 호르몬 분비를 조절하는 상위 내분비선이다.

시상하 부호르몬의 종류는 다음과 같다. 갑상선자극호르몬방출호르몬(thyrotropin releasing hormone, TRH), 부신피질자극호르몬방출호르몬(corticotropin releasing hormone, CRH), 성장호르몬방출호르몬(growth hormone releasing hormones, GRH), 성선자극호르몬방출호르몬(gonadotropin releasing hormone, GnRH)은 황체형성호르몬과 난포자극호르몬의 분비를 촉진하며, 프로락틴방출호르몬(prolactin releasing hormine, PRH) 등 뇌하수체자극호르몬을 분비한다. 또 뇌하수체전엽호르몬의 분비를 억제하는 호르몬으로 소마토스타틴(somatostatin, SS)은 성장호르몬의 분비를 억제하고, 도파민(dopamine, DA)은 프로락틴의 분비를 억제한다.

시상하부에서는 뇌하수체후엽호르몬을 분비하여 신경축색을 따라 뇌하수체 후엽에 저장되었다가 신경흥분이 전해지면 혈액 내로 방출한다.

2. 뇌하수체(pituitary gland)

뇌하수체는 뇌 아래쪽에 붙어 있는 무게 0.5g 정도의 작은 조직으로, 그 형태와 기능에 따라 전엽·중엽·후엽으로 나누어지고, 시상하부와 연결되어 있다. 전엽은 선조직 구조를 하여 선하수체라 한다.

중엽은 퇴화되어 흔적만 보이고, 후엽은 시상하부의 신경조직이 연장된 것으로 직접 호르몬을 분비하는 것이 아니라, 시상하부의 호르몬이 신경축색을 따라 이곳에 와서 저장되었다가 신경흥분이 전달되면 혈액 내로 방출되는 신경과 같은 조직이므로 신경하수체라 한다.

뇌하수체는 다른 내분비계의 기능을 촉진시키는 기능이 있고, 그 위치가 뇌의 아래쪽에 위치하여 신경계와 내분비계가 서로 연관되어 있어서 뇌의 정보가 뇌하수체로 연결될 수 있음을 보여 준다.

3. 뇌하수체 전엽호르몬

전엽호르몬은 주로 다른 내분비선의 기능을 조절하는 중추적 역할을 맡고 있는 단백질호르몬으로서 성장호르몬(growth hormone; GH), 갑상선자극호르몬(thyroid stimulating hormone; TSH), 부신피질자극호르몬(adrenocorticotrophic hormone; ACTH), 난포자극호르몬(follicle stimulating hormone; FSH), 황체형성호르몬(Luteinizing hormone; LH), 유선자극호르몬(lactogenic hormone, prolactin) 등이 있다.

(1) 성장호르몬

성장호르몬은 다른 호르몬과는 달리, 일정한 표적기관 없이 인체 모든 조직에 영향을 미치는 호르몬이다. 성장호르몬은 모든 세포의 크기와 수를 증가시켜 성장기 어린이의 긴뼈(장골)의 말단에 있는 연골의 증식을 촉진하여 키를 크게 하고, 체내 단백질 합성을 촉진하여 근육과 체중을 증가시키며 내장의 장기도 크게 한다.

또 당질대사는 세포 내로 포도당 이동을 억제시켜 혈당을 증가시키고, 지방대사를 촉진하여 지방산을 에너지원으로 사용하여 단백질 이용을 감소시키는 작용을 한다. 즉, 성장호르몬은 단백질 합성의 증가, 탄수화물 이용의 감소 및 지방분해 촉진효과를 갖는다.

출생기부터 성장이 완료될 때까지는 분비량이 많으나, 어른이 된 후에는 극히 소량(1~4mg/day, 혈중농도 0.3mg/mL)이 분비된다. 성장기에 성장호르몬의 과잉 분비는 거인증(giantism)을 초래하며, 과소 분비는 뇌하수체성 소인증(pituitary dwarfism)를 초래한다(그림 13-3).

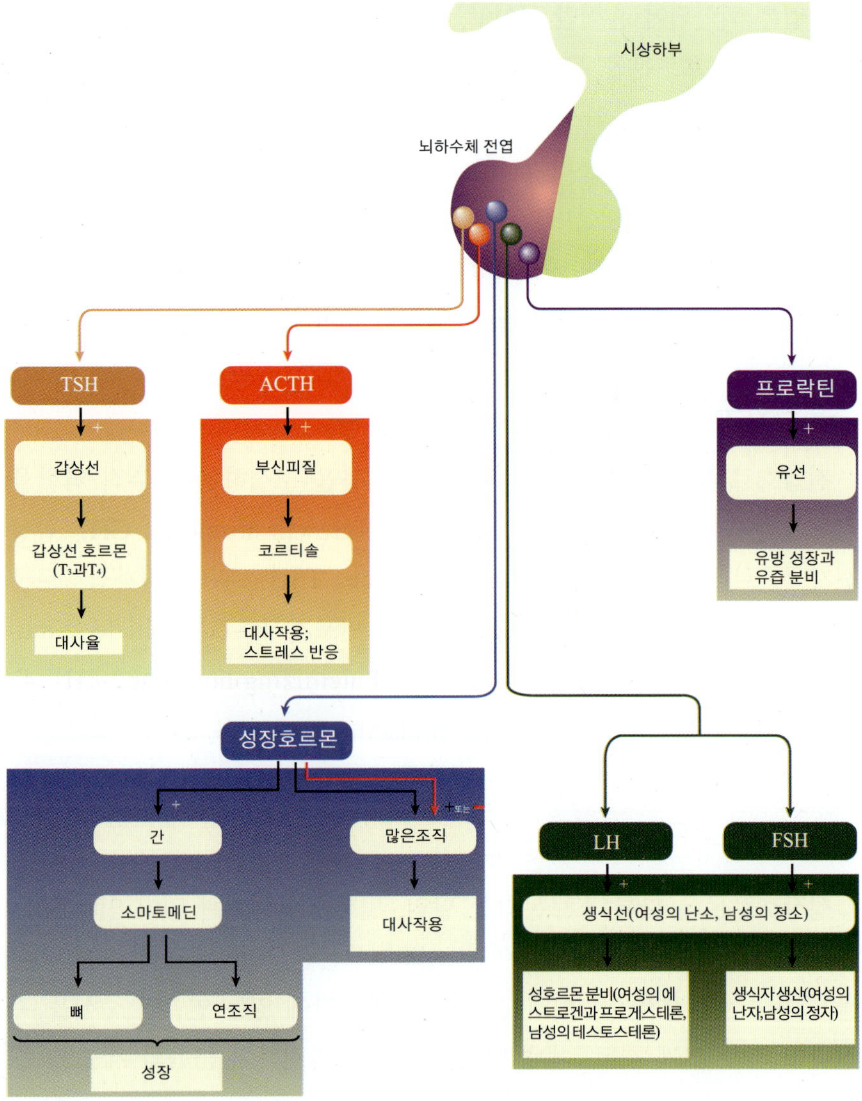

(A) 뇌하수체 전엽호르몬의 기능

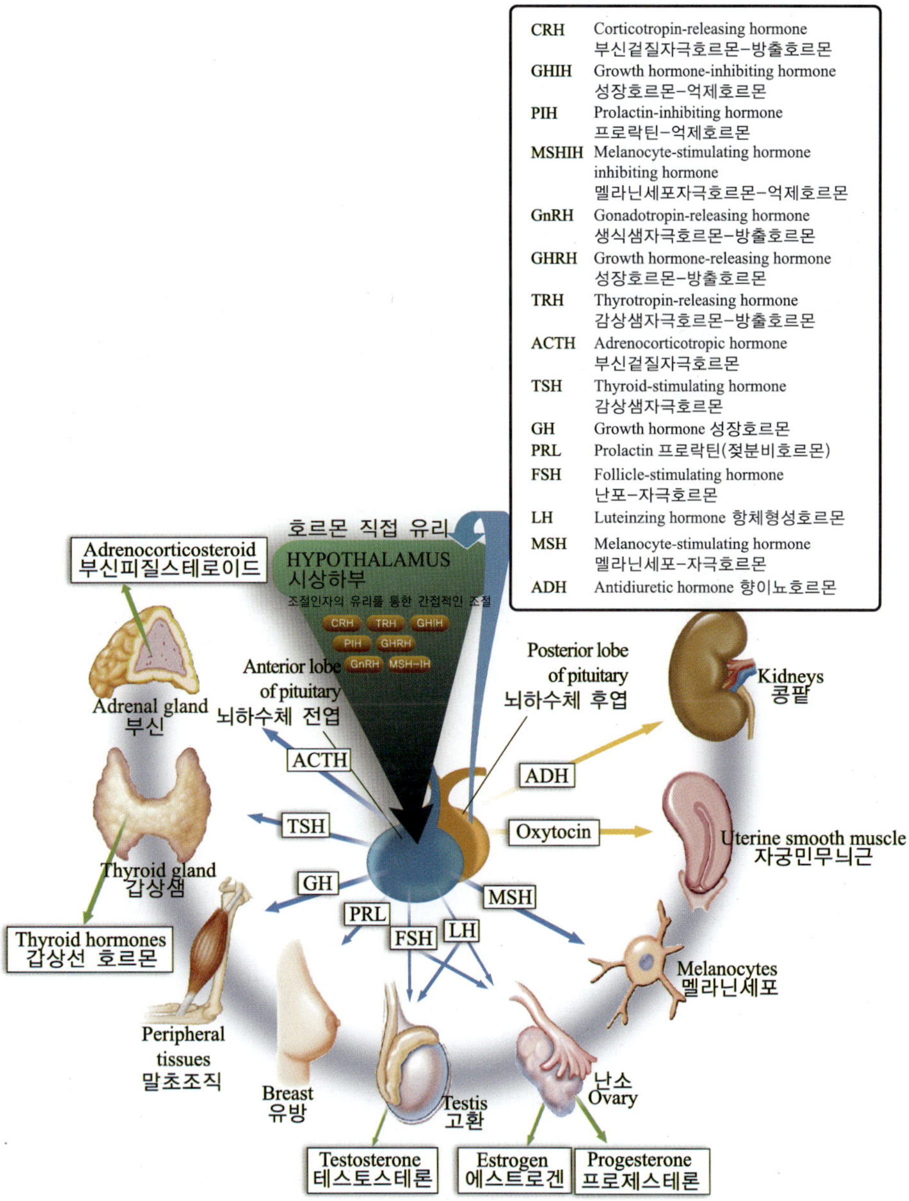

(B) 뇌하수체 호르몬과 표적기관

그림 13-2 뇌하수체 호르몬

손·발의 뼈 및 두개골은 일생 동안의 성장능력을 갖고 있으므로 성장이 완료된 후에 성장호르몬이 과다하게 분비되는 경우에는 손발이 커지고 턱이 길어지며, 협골이 튀어나오는 **말단비대증**(acromegaly)이 된다.

성장호르몬의 분비조절은 활동 후에 숙면 중·저혈당증·스트레스·임신시기 등에 그 분비가 증가되며, 고혈당증에서는 분비가 감소된다.

성장호르몬 분비는 시상하부에서 분비되는 성장호르몬유리호르몬에 의해 조절된다.

(2) 부신피질자극 호르몬

ACTH는 아미노산으로 구성된 폴리펩타이드로서 부신피질에 있는 선세포(gland cell)를 자극하여 부신피질에서 글루코코티코이드와 알도스테론, 부신 안드로겐의 생성과 분비를 촉진하는 호르몬이다. 만일에 이 호르몬이 없어지면 부신피질자체도 위축된다.

(3) 갑상선자극 호르몬

TSH는 약 8%의 탄수화물을 포함하는 당단백질로 갑상선을 자극하여 갑상선 호르몬인 티록신(thyroxin)의 합성 및 분비를 촉진시킨다. 또한 갑상선의 선세포를 증식 및 비대시킨다. 갑상선 호르몬분비가 억제되면 티록신 분비가 억제되는 것은 물론이고, 갑상선 자체도 억제된다.

(4) 성선자극 호르몬

성선기능은 특히 성장호르몬을 분비시키는 뇌하수체의 지배를 많이 받는다. 뇌하수체의 기능이 사춘기 이전에 억제되면 성선은 전혀 발육되지 못하고, 소아기의 모습을 그대로 지닌다. 그리고 정자나 난자도 형성될 수 없다.

성인이 된 후에 뇌하수체를 제거하면 남자의 고환은 정상의 약 1/10의 크기로 위축되고 정자의 형성도 멎으며, 남성호르몬의 생성도 멎게 된다.

여자의 경우에는 난포도 형성되지 않고 난자의 성숙 및 여성호르몬의 생산도 멎게 된다. 이에 따라 월경주기도 없어지고 만다. 임신초기의 뇌하수체 제거는 유산을 일으키며, 임신에 필요한 난소 및 황체가 소실된다.

(5) 난포자극 호르몬

당단백질로 난소를 자극하여 난포 발육과 난자의 성숙을 촉진한다. 또한 난소를 자극하여 에스트로겐의 생성과 분비를 촉진시킨다. 남성에서는 정세관의 지지세포(Sertoli's cell)를 자극하여 정자 형성을 촉진한다.

(6) 황체형성 호르몬 또는 간질세포자극 호르몬

당단백질로 여성의 난포자극 호르몬에 의해 성숙된 난포에서 배란을 유발시키는 호르몬이며, 배란 후에 난포가 황체를 형성할 때 황체형성을 촉진하며 황체호르몬인 프로게스테론을 분비하게 하고, 배란 후에는 현저하게 증가한다. 남성에서는 정소의 간질세포에 작용하여 남성호르몬인 테스토스테론의 분비를 촉진시킨다.

(7) 프로락틴

프로락틴(prolactin)은 단백질 호르몬으로, 임신 5주부터 분비되기 시작하여 분만 직후에 대량 분비되어 유선을 자극하여 유즙생성과 분비를 촉진시킨다. 임신 중에 프로락틴 분비가 증가하여도 유즙분비가 일어나지 않는 이유는, 이 시기에 태반에서 다량으로 분비되는 에스트로겐과 프로게스테론에 의해 분비가 억제된다.

프로락틴의 분비는 수유에 의해 증가되며 수유 중에는 프로락틴 분비가 증가되어 있어서 난소주기가 억제되어 임신이 억제된다. 프로락틴 분비는 분만 후에 몇 주일이면 임신 전과 같은 수준으로 돌아가지만, 아기가 젖을 빨면 프로락틴 분비가 증대되어 유즙분비가 촉진된다.

그러나 아기가 엄마의 젖꼭지를 빠는 자극이 없고, 유선의 젖을 비워주지 않으면, 젖의 분비는 일찍 멎는다. 남성에서 프로락틴의 역할은 밝혀져 있지 않지만 다양한 스트레스는 남녀 모두에게 프로락틴 분비를 증가시킨다. 시상하부는 프로락틴 억제인자와 프로락틴 방출인자를 생산하고 뇌하수체로 분비하는데, 프로락틴 분비는 주로 억제인자에 의해 조절한다.

4. 뇌하수체후엽 호르몬

뇌하수체후엽에서는 펩티드호르몬인 옥시토신(oxytocin)과 항이뇨 호르몬(antid-iuretic hormone; ADH)의 두 가지 호르몬이 분비된다. 이들은 시상하부에서 생성되어 뇌하수체후엽에 저장되었다가 시상하부에서 오는 신경흥분에 따라 저장되었던 호르몬을 분비하므로 후엽을 신경하수체라고도 한다.

그림 13-3 뇌하수체 왜소증, 거인증, 평균신장

(1) 옥시토신

옥시토신은 분만 시기에 자궁평활근의 수축작용에 관여해서 분만을 촉진시킨다. 실제로 분만 시에 합성된 옥시토신을 정맥 내로 주입하여 분만 촉진제로 이용된다. 또한 분만 후에는 자궁을 수축시켜 자궁출혈을 방지한다. 또한 젖의 배출작용을 한다. 젖은 유방의 선세포에서 분비되는 선포(alveoli) 내에 저장되는데, 이 선포벽의 근상피세포(myoepithelial cells)가 옥시토신의 작용으로 수축하게 되므로 젖이 용이하게 배출된다.

아기가 유두를 빨면 구심흥분이 시상하부에 전도되며, 이 전도가 뇌하수체 줄기를 따라서 뇌하수체후엽에 작용하여 옥시토신을 분비시킨다. 분비된 옥시토신은 혈액을 통해 뇌하수체 전엽으로 가서 프로락틴의 분비를 자극하는 것으로 알려져 있다.

(2) 항이뇨 호르몬

항이뇨 호르몬은 신장의 원위세뇨관에서 수분의 재흡수에 영향을 미침으로써, 분비가 증가되면 수분재흡수를 촉진시켜 소변량이 감소된다. 반대로 이 호르몬의 분비가 감소하면 소변량이 증가하여 **요붕증**(diabetes insipidus)이 발생된다.

이것을 과량투여하면 혈관평활근을 수축시켜 혈압을 상승시키므로 바소프레신(vasopressin)이라고도 한다.

항이뇨 호르몬의 분비조절은 혈액 내 삼투질농도와 혈액량에 의해 이루어진다. 즉, 혈액 내 삼투질 농도가 300 mOsm보다 증가하게 되면 항이뇨 호르몬의 합성과 분비가 증가되어 신장의 집합관에서 수분재흡수가 촉진되므로 증가되었던 삼투질농도가 300 mOsm로 조절된다.

삼투질농도가 300 mOsm보다 감소되면 혈중 항이뇨호르몬의 양이 감소되고, 집합관에서 수분재흡수가 감소되어 소변량이 증가되기 때문에 삼투질농도가 증가한다. 술을 마시면 ADH분비가 억제되어 소변량이 증가하고, 추위에 노출되어도 혈액이 중심부에 모이게 되어 중심부 혈액의 수분비율이 증가되어 삼투압이 낮아져서 항이뇨 호르몬 분비가 감소되어 소변을 자주 보게 된다.

13-3 갑상선(Thyroid)

갑상선은 목의 후두 아래와 기관지 위쪽을 감싸고 있는 나비 모양의 내분비선으로 내분비선 중 가장 크며 무게가 약 20g 정도이다. 갑상선에는 여포세포(follicular cell)와 부여포세포(parafollicular cell)의 호르몬 생성세포가 있는데, 여포세포에서는 티록신을 분비하고 부여포세포에서는 칼시토닌을 분비한다. 갑상선 호르몬의 분비는 시상하부의 갑상선자극호르몬 방출호르몬과 뇌하수체 전엽의 갑상선자극 호르몬에 의해 촉진된다.

(1) 티록신

갑상선에서 주로 분비되는 호르몬은 티록신(T_4, thyroxine)이며, 소량 분비되는 트리요오드티로닌(T_3, triiodothyronine)이다. 이들은 신체 내 모든 조직세포에서의 신진대사를 적절한 수준으로 유지, 조절하는 기능을 한다. 즉, 인체의 성장 및 성숙에 영향을 주고, 지방대사 및 탄수화물대사 등에 작용하여 산소소비를 증가시키며 열량생산이 증대된다.

1) 생성과 작용

갑상선 호르몬은 아미노산인 티로신(tyrosine)과 요오드(iodine)를 사용하여 합성한다.

티록신(tetraiodothyronine)은 티로신에 요오드 4개가 붙었고, 트리요오드티로닌(triiodothyronine)은 티로신에 요오드 3개가 붙은 것으로 작용은 동일하나 효력은 T_3가 강하다. 영양소 대사 작용으로는,

- **열량생산, 산소소비의 증가** : 갑상선이 전혀 없으면 신진대사율이 약 1/2로 떨어지고, 반대로 과잉이면 신진대사율이 2배로 증가하며, 기초대사를 항진한다.
- **단백질대사** : 효소단백질의 조절, 성장기의 체단백질 합성
- **탄수화물대사** : 조직의 아드레날린 감수성을 상승시키고 글리코겐분해를 촉진시켜 혈당상승을 가져오고, 인슐린 감수성도 상승시켜 포도당 이용을 증가시킨다.
- **지방대사** : 지방질의 합성과 분해를 동시에 촉진한다. 보통은 분해를 강하게 촉진시키며, 혈중 유리지방산의 증가, 글리세롤의 증가, 콜레스테롤의 증가 등의 역할을 한다.

또한 뼈의 발육을 촉진하여 성장에 관여하고 정신기능을 자극하여 지능발달을 촉진한다.

2) 갑상선 기능 이상

갑상선이 비대해져서 분비과잉이 되면 기초대사가 항진되고 빈맥·발한·손떨림·글리코겐이 과다분해되어 고혈당증(hyperglycemia)이 된다.

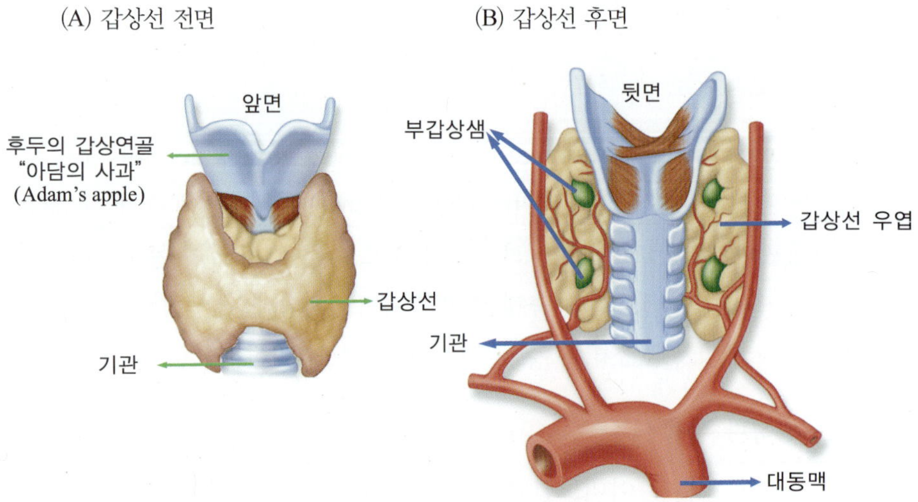

그림 13-4 갑상선과 부갑상선

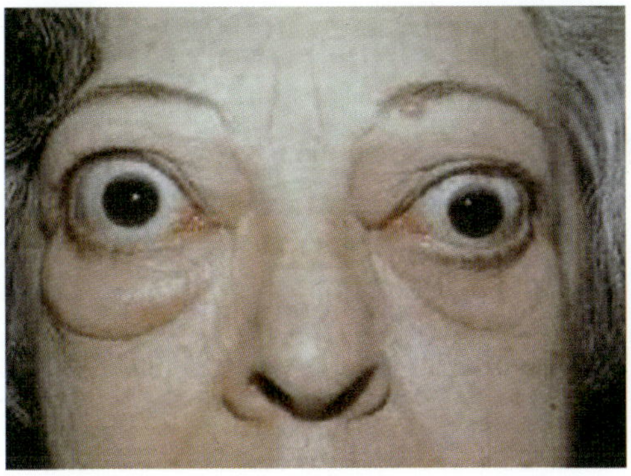

그림 13-5 안구돌출증을 보이는 환자

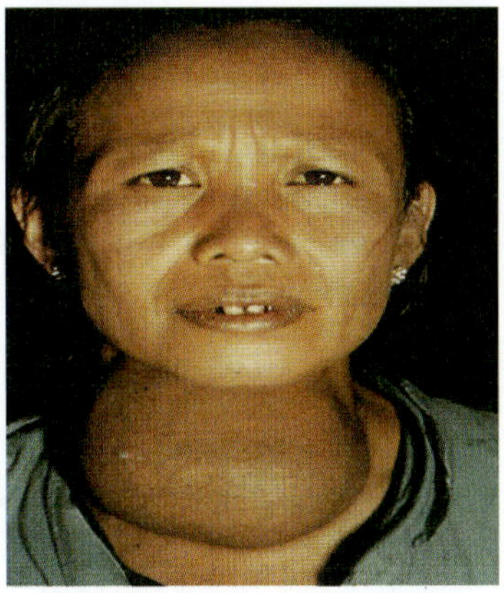

그림 13-6 갑상선종을 앓고 있는 환자

몸무게 감소 및 심해지면 안구돌출·정신적 흥분으로 인한 신경질적 상태·갑상선의 비대로 갑상선종이 생기는 바세도우씨병(Basedow's disease)에 걸린다. 그 반대로 갑상선 기능 저하로 분비가 부족하면 신진대사 저하로 소아기에 분비가 부족한 경우에는 대사율 저하로 성장발육 저하로 갑상선성 소인, 정신적 및 성적발육부진의 증상을 갖는 크레틴병(creatinism)에 걸린다.

이는 중추신경계의 발육 저하를 동반하여 지능저하도 함께 나타난다. 성인이 된 이후에 갑상선 기능 저하가 생기면 기초대사 저하·정신기능 저하·피부건조·탈모·피하에 점액이 저류되어 전신적으로 붓는 점액수종(myxedema)을 나타낸다. 갑상선의 기능은 뇌하수체 전엽호르몬의 하나인 갑상선자극호르몬(TSH)에 의해 조절되어 인체 내 정상 신진대사 유지를 위해 갑상선호르몬의 양이 일정 수준 유지된다(그림 13-7).

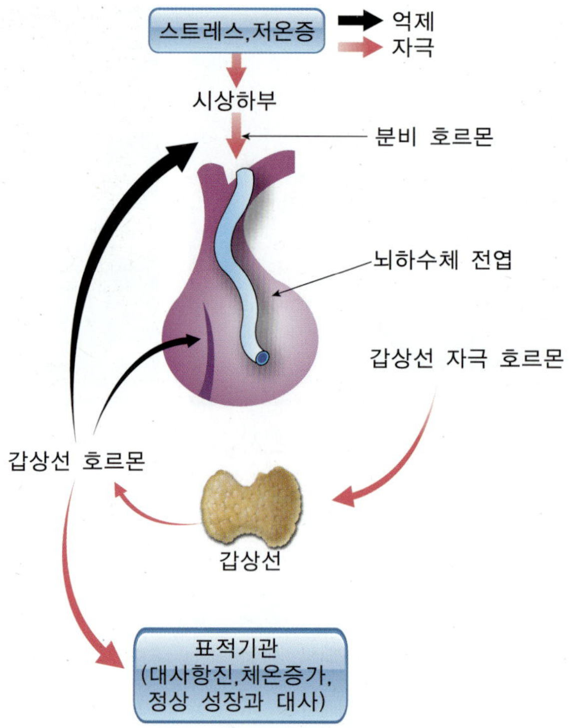

그림 13-7 갑상선호르몬 분비의 조절

(2) 칼시토닌

칼시토닌(calcitonin)은 갑상선의 부여포세포(parafollicular cell)에서 분비되며, 표적기관은 골조직으로서 성장기에 골조직 발달에 주로 관여한다. 이 호르몬의 혈액에서 골조직으로 Ca^{2+}의 이동을 촉진하여 조골세포(osteoblast)의 활성도를 증가시켜서 Ca^{2+}유리를 억제하여 혈액 내 Ca^{2+}농도를 감소시키는 작용을 한다.

이 호르몬의 분비는 혈액 내의 Ca^{2+}농도에 의해 조절되는데, 즉 혈중 Ca^{2+}농도가 증가하면 칼시토닌 분비가 증가하여 혈중 Ca^{2+}농도를 낮추고, 혈중 Ca^{2+}농도가 낮아지면 칼시토닌 분비가 억제된다.

이러한 칼시토닌에 길항적으로 작용하여 혈중 Ca농도를 일정하게 유지하는데 기여하는 호르몬은 부갑상선호르몬(PTH)이다. 즉, 혈중 Ca^{2+}농도가 감소하면 부갑상선호르몬이 분비되어 Ca^{2+}농도를 증가시킨다.

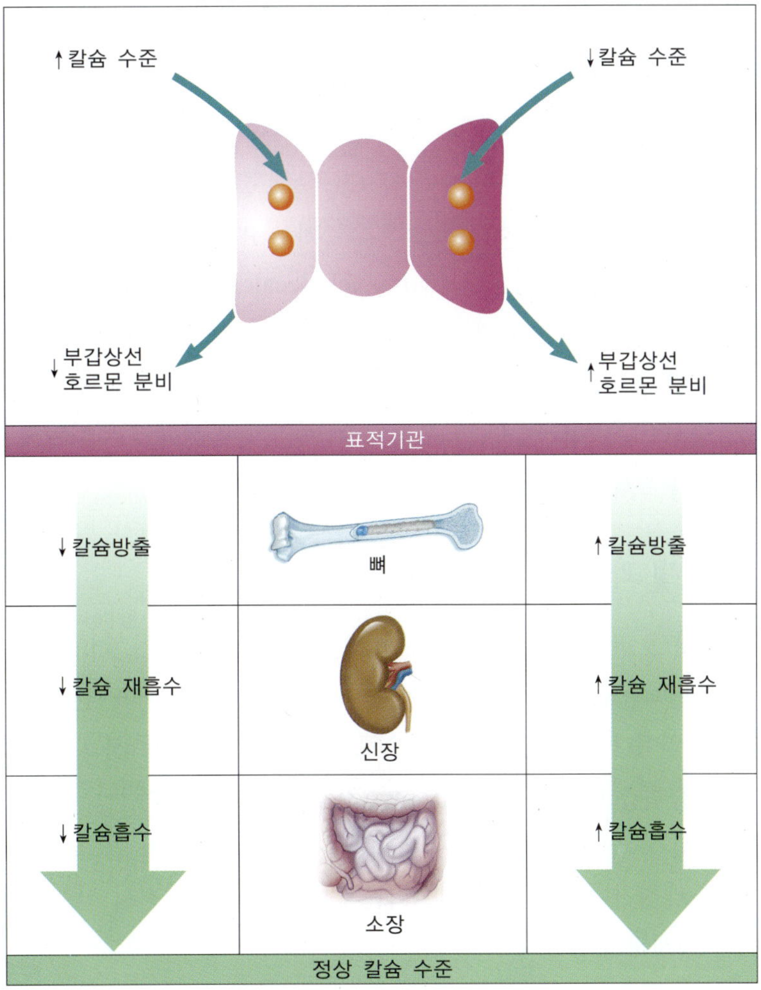

그림 13-8 혈중칼슘농도의 조절

13-4 부갑상선(Parathyroid, 상피소체)

부갑상선(parathyroid gland)은 갑상선 뒤쪽의 아래위에 각 1쌍씩 4개로 쌀알 정도의 크기이다. 여기서 펩티드계 호르몬인 부갑상선호르몬(parathormone; PTH)을 분비한다. 부갑상선호르몬은 표적기관인 뼈, 신장 및 소화관에 작용하여 혈액 내 Ca^{2+} 농도를 높이고 PO_4^{2-}를 낮춤으로써 체액 내 Ca^{2+}와 PO_4^{2-}를 조절하는데, 이 과정에서 비타민 D를 필요로 한다. 갑상선의 칼시토닌과 길항작용을 한다.

1. 부갑상선호르몬의 작용

PTH의 작용은 혈액의 Ca^{2+}농도가 저하되면, 골조직으로부터 Ca^{2+}의 방출을 증가시키고, 장에서 Ca^{2+}흡수를 촉진시키며, 신세뇨관에서 Ca^{2+}의 재흡수를 촉진시킴으로써 혈액 내 Ca^{2+}농도를 10~12mg/dL로 증가시키는 작용을 한다. 이 같은 Ca^{2+}의 흡수증가는 PTH에 의해 조절된다.

이는, PTH가 비타민 D_2(25-hydroxycholecalciferol)를 비타민 D_3로 전환시켜서 활성형 비타민 D가 소장에서 Ca^{2+}흡수를 돕고, 신장에서 칼슘의 재흡수를 높이고 뼈의 칼슘을 혈장으로 이동하도록 하여 혈장 칼슘 농도를 상승시킨다. 비타민 D_3가 부족하면 뼈의 콜라겐이 석회화되지 못하여 구루병을 초래한다.

2. 결핍 및 과잉증

부갑상선 호르몬 분비가 감소하면 혈장 내 Ca^{2+}농도가 6mg% 이하로 감소되어 신경근접합부의 흥분성이 높아져 경미한 자극에도 근육의 경련과 경직이 일어나며, 심해지면 질식으로 호흡곤란이 일어나서 사망할 수도 있는 저칼슘혈증 테타니(hypocalcemic tetany)가 나타난다.

PTH분비가 과다하면 골조직에서 Ca^{2+}유리가 증가되어 골연화증, 골다공증을 초래하거나 소변으로 배설되는 Ca^{2+} 양이 많아져서 신결석(renal stone)을 형성하기도 한다.

13-5 부 신(adrenal gland)

부신은 신장 위에 얹혀 있는 삼각형 형태의 내분비선으로, 무게는 각각 5g이다. 구조와 기능상 판이한 두 부분으로 나누어져 있다. 외부를 '피질(cortex)'이라 하고, 내부를 '수질(medula)'이라 한다.

부신피질과 부신수질은 발생학적 유래가 서로 다르며, 각각 전혀 다른 호르몬이 분비된다.

부신피질은 3층으로 이루어져 있는데, 외층은 사구대로 염류코르티코이드(mineralcorticoid)를 분비하고, 중층은 속상대로 당류코르티코이드(glucocorticoids), 내층은 망상대로서 안드로겐(androgen)을 분비한다. 부신수질은 에피네프린(epinephrine)과 노르에피네프린 (norepinephrine)을 분비한다(그림 13-9).

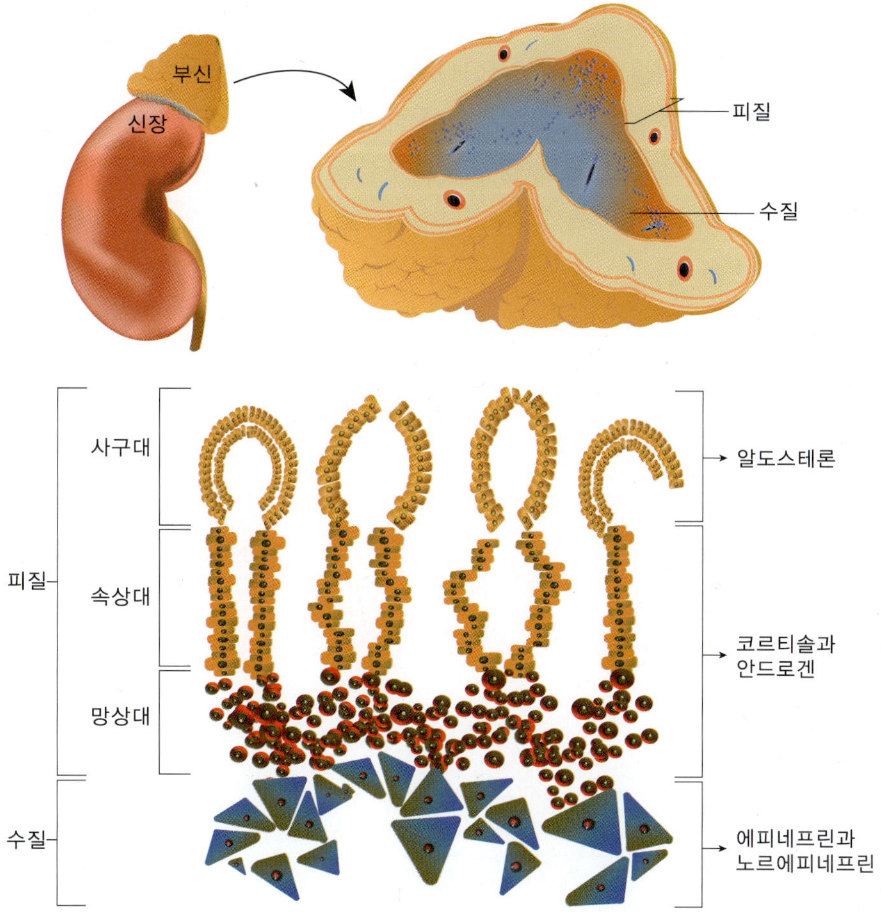

그림 13-9 부신의 해부도와 분비 호르몬들

1. 부신피질호르몬(adrenal cortical hormone)

부신피질은 40여 종의 피질스테로이드(corticosteroid)를 분비하는데, 이것은 염류코르티코이드와 당류코르티코이드로 분류되고 염류코르티코이드는 알도스테론이 95% 이상의 작용을 나타낸다.

당류코르티코이드는 코티솔(cortisol)이 대표적인 물질로 95% 이상의 작용을 나타낸다. 또 성호르몬으로 적은 양의 안드로겐을 분비한다.

(1) 당류피질호르몬

당류피질호르몬(glucocorticoids)의 대표적 물질인 코티솔(cortisol)은 지방과 단백질을 당질로 전환하는 작용을 한다. 이러한 포도당신생(gluconeogenesis) 작용에 의해 혈당을 상승시키는 작용이 있어 이 호르몬이 다량 분비되면 당뇨병이 악화될 수 있다.

또 다른 물질인 코르티손(cortisone)은 조직에 염증이 진행될 때 염증반응을 억제하는 항염증 작용이 있으므로 류머티스성 질환 치료에 사용된다. 또한 당류피질호르몬은 각종 충격에 대한 저항력을 증가시켜 스트레스에 대처하게 한다. 스트레스 때에는 대부분의 호르몬 분비가 증가되지만 가장 많이 증가 되는 호르몬은 코티솔이므로, 코티솔을 일명 스트레스 호르몬이라고 한다.

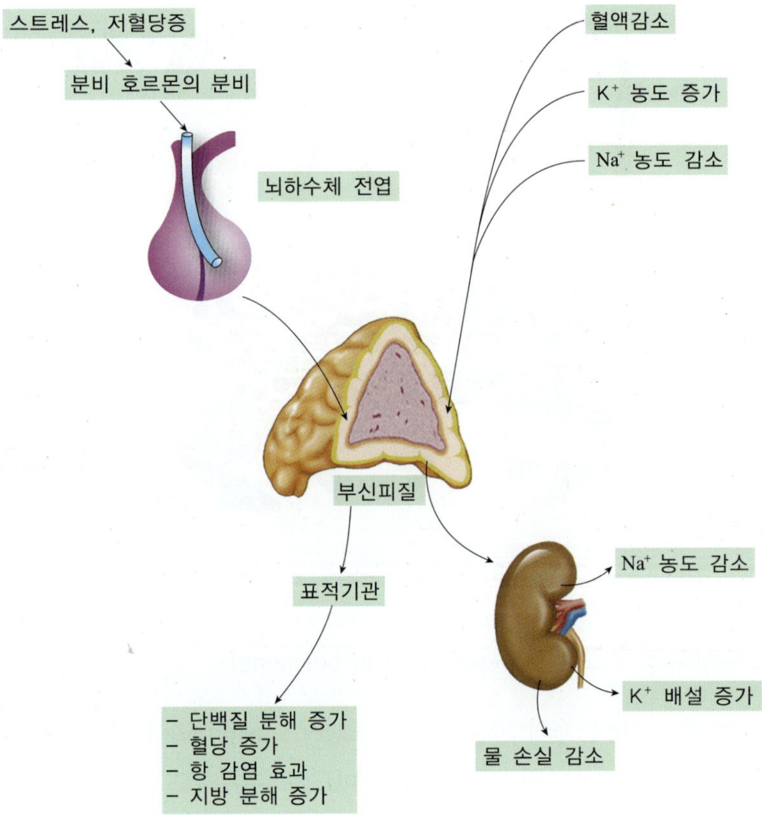

그림 13-10 부신피질 호르몬의 작용

(2) 염류피질호르몬

염류코르티코이드(mineralocorticoids)의 대표적 호르몬인 알도스테론(aldosterone)은 신장의 원위세뇨관에서 Na^+의 재흡수와 K^+의 분비를 촉진시켜 혈액 전해질 농도를 정상으로 유지하여 삼투압과 혈압을 조절하는 작용을 한다.

부신기능 부전 시에 Na^+배설이 증가되면, 체내 Na^+ 함량이 감소되어 세포외액량, 특히 혈액량이 감소되어 심박출량감소로 순환부전이 나타난다.

Aldosterone의 분비는 안지오텐신 II(angiotensin II)에 의해 분비가 촉진된다. 세포외액의 Na^+ 농도가 낮아지면 K^+ 농도가 높아지거나 세포외액량이 감소하면 신장혈류량도 감소되어 신장의 사구체 옆장치(juxtaglomerular apparatus)에서 레닌(renin)이 분비되어 혈관수축전구물질인 안지오텐시노겐(angiotensinogen)을 분해하여 angiotensin I을 만들고, 이는 안지오텐신 전환효소에 의해서 angiotensin II로 전환된다. 이것이 부신피질에 작용하여 알도스테론 분비를 촉진시킨다. 그 결과 원위세뇨관에서 Na^+ 재흡수가 촉진되어 혈장 Na^+ 농도가 정상으로 높아진다.

알도스테론의 과잉 분비가 원인이 되어 고혈압이 되는 질환을 알도스테론증이라 한다. 이는 혈액 중의 Na^+ 농도가 높아지고 Na^+은 수분을 보유하게 되므로 혈액량이 증가하여 고혈압이 된다.

(3) 부신 안드로겐

안드로겐(androgen)은 남성호르몬으로 단백질합성과 성장촉진효과를 갖고 있다. 안드로겐은 주로 정소에서 분비되며, 소량이 부신피질로부터 분비되며 작용은 같다. 분비조절은 뇌하수체에서 분비되는 부신피질자극호르몬에 의해 이루어진다. 부신피질에서 분비되는 안드로겐은 테스토스테론 작용의 20%밖에 안되며 정상인의 경우에 남성화 작용은 낮다.

부신피질에서 분비되는 3종의 호르몬이 동시에 과다하게 분비되면 **쿠싱증후군**(Cushing syndrome)이 발생한다(그림 13-11). 이는 근무력, 보름달과 같은 얼굴·굵은 목·몸통 비대·골다공증·우울증·당뇨·고혈압, 여성의 경우 남성화된 용모·정신이상 등의 증상이 나타난다. 반대로 과소 분비되면 저혈압·저혈당·피로·쇠약·나약·피부가 검게 되는 병인 에디슨병(Addison's disease)이 나타난다.

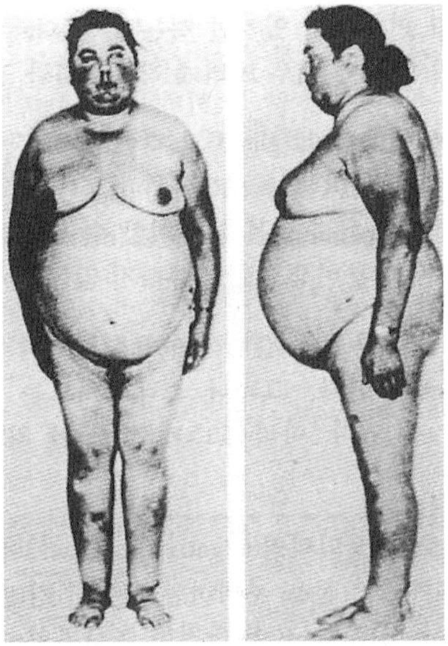

그림 13-11
쿠싱증후군

2. 부신수질(adrenal medulla)

부신수질은 75%의 epinephrine(adrenaline)과 25%의 norepinephrine(noradrenaline)을 분비하는데, 화학구조가 아미노산유도체인 카테콜아민(catecholamine)이다. 호르몬의 생성과정은 아미노산인 티로신(tyrosine)으로부터 DOPA를 거쳐 도파민(Dopamine), 그리고 노르에피네프린을 생성한다. 여기에 메틸(methyl)기가 부가된 것이 에피네프린이다.

카테콜아민(catecholamine)은 교감신경말단에서도 유리되어 신경전달물질로 작용하며, 신경에서의 분비는 부신수질에 비해 분비속도가 빠르고, 노르에피네프린을 에피네프린보다 3배 정도 더 분비한다.

(1) 부신수질호르몬의 작용

안정 시에는 카테콜아민이 분비되는 양이 적으나, 부신수질을 지배하는 교감신경이 자극되면 에피네프린이 분비된다. 노르에피네프린은 α수용체와 결합하고, 에피네프린은 α, β 수용체에 다 결합하므로 그 작용이 강력하다.

노르에피네프린의 작용은 혈관수축, 심장의 활동촉진, 소화관활동의 억제, 동공확대 등이다. 에피네프린의 작용은 노르에피네프린의 작용과 거의 같으나, 심장에 대한 작용은 노르에피네프린보다 20배 정도 강하고 혈관수축작용은 약하다.

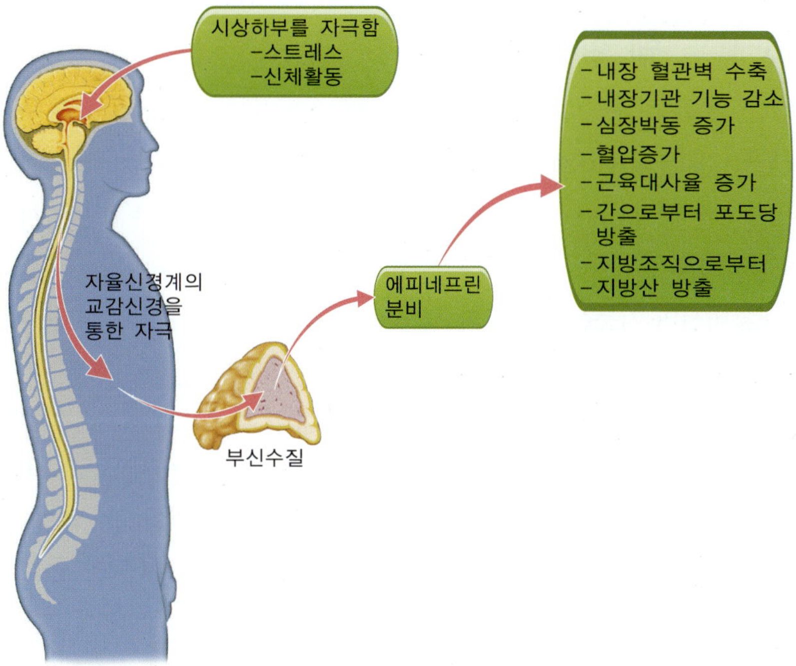

그림 13-12 부신수질 호르몬의 작용

카테콜아민 중 특히 **에피네프린**은 조직의 에너지 대사를 증가시킨다. 즉, 간과 근육에서 글리코겐 분해를 촉진시켜 혈당을 상승시키며, 지방조직에서 중성지방을 지방산과 글리세롤로 분해하여 에너지원으로 이용되도록 한다.

(2) 분비

분비는 생리적으로 신경적 조절에 의해 이루어지는데, 특히 교감신경 자극 시에 동시에 분비가 되어서 각성상태를 촉진하는 작용을 한다.

안정 시에 카테콜아민의 분비량이 낮으며 수면 시에는 더 저하한다. 운동을 시작하면 부신수질의 분비가 증가하여 에피네프린의 혈관확장작용에 의해 골격근의 혈관을 확장한다. 긴급 시에는 교감신경활동의 항진으로 카테콜아민의 분비가 많아지고 부신수질로부터 카테콜아민의 분비도 증가한다.

이 결과로 동맥혈압의 상승, 골격근으로 혈액증가, 혈당치 상승, 근의 해당작용증가, 정신활동 촉진 등의 현상이 나타난다. 또한 스트레스 시에 분비된 카테콜아민은 보통상황에서는 불가능한 신체활동을 가능하게 한다.

13-6 췌 장(pancreas)

췌장(pancreas)은 위의 뒷부분에 위치하고, 벽측 복막에 횡으로 길게 되어 있으며, 무게 100g 정도의 장기이다. 췌장은 외분비선과 내분비선을 모두 포함한다.

내분비선의 기능은 랑게르한스(Langerhans)섬에 의해 이루어지는데, 췌장 전체에 산재하지만, 췌장 무게의 1~2%를 차지한다.

랑게르한스(Langerhans)섬의 세포들은 α, β 및 δ 세포로 구분된다. 그 중 가장 많은 β**–세포**(75%)에서는 인슐린(insulin)을, α**–세포**(20%)에서는 글루카곤(glucagon)을, 그리고 δ**–세포**(5%)에서는 소마토스타틴(somatostatin)을 분비한다. 이 중 인슐린이 인체에서 분비되는 호르몬 중 혈당을 낮춰주는 유일한 호르몬이다. 인슐린은 동화작용(anabolism)에 관여하나, 글루카곤은 이화작용(catabolism)에 관여해서 길항적으로 작용한다.

1. 인슐린(insulin)

인슐린은 당질 대사에 지대한 작용을 하여 포도당 대사속도의 증가, 혈액 내 포도당 농도의 감소, 간장 이외의 조직 내 당원질의 저장량 증가 등이 그 구체적인 기능이다.

포도당이 세포 내로 이동될 때 인슐린의 작용이 필요한 조직세포로는 근육세포, 지방조직세포, 심장근 및 자궁근 세포에서 효과가 크다. 뇌세포·간장·소화관·점막 및 신장 세뇨관 등에서는 혈액 포도당을 세포 내로 이동시키는 데 인슐린이 관여하지 않아, 이들 조직세포는 인슐린없이 포도당을 흡수할 수 있다. 대뇌는 혈액–뇌 장벽에 의하여 포도당 운반에 영향을 미치기 때문인 것 같으나, 뇌세포의 에너지 공급원은 포도당이다.

인슐린의 작용이나 분비 부족으로 고혈당과 여러 대사 이상으로 나타나는 증상을 당뇨병(diabetes mellitus)이라 한다.

(1) 간의 탄수화물 대사

인슐린은 당 대사에서 혈당을 저하시키는 유일한 호르몬이다. 인슐린의 혈당 저하작용은 근육조직에서는 혈액 중의 포도당을 세포 속으로 이동시켜 에너지원으로 이용하고 남은 것은 간에서 포도당을 글리코겐으로 합성하여 간에 저장하고 분해되는 것은 억제한다. 또 지방세포에서는 지방을 합성하여 저장하는 작용을 한다. 그 결과 식후에 혈당이 상승하면 췌장의 β-세포에서 분비되어 혈당을 70~110mg/dL로 저하시켜 일정하게 유지되도록 한다.

(2) 단백질 대사

인슐린은 아미노산 중 발린(valine), 류신(leucine), 이소류신(isoleucine), 티로신(tyrosine) 및 페닐알라닌(phenylalanine) 등을 세포 안으로 이동을 촉진하여 조직 세포 내에서 단백질 생산을 촉진하고 단백질 분해를 억제하여 식사 후에 얼마 동안은 단백질을 체내에 저장한다. 따라서 인슐린이 부족하면 단백질 형성이 정지되고, 단백질이 잘 분해되기 때문에 혈중 아미노산 농도가 증가하게 된다. 이들 아미노산은 간에서 포도당 생산에 이용되고, 또한 에너지원으로 사용되기 때문에 조직에서 단백질이 손실되어 무력하게 된다.

(3) 지방 대사

간장에서 당원질을 형성하고 남은 포도당을 인슐린이 지방산으로 전환하여 지방조직에 저장한다. 또한 인슐린은 지방조직 자체에 작용하여 포도당을 지방세포로 운반하여 지방산으로 전환하고, 더 나아가서 글리세롤 생산을 자극하여 중성지방(triglyceride)의 저장을 촉진한다.

만일 인슐린이 부족하면 리파아제(lipase)가 활성화되어 저장지방을 분해하여 혈중의 지방산과 글리세롤을 에너지원으로 이용하고, 간에 들어온 지방산과 글리세롤은 간세포에서 트리글리세라이드(triglyceride; TG) 형태로 저장되기 때문에 심하면 지방간(fatty liver)이 되기도 한다. 또 이 지방산의 일부는 인지질과 콜레스테롤로 전환되고 이들이 혈관으로 이동되어 동맥경화증(atherosclerosis)을 유발하기도 한다.

또 일부는 미토콘드리아로 운반되어 acetyl CoA를 경유하여 에너지원으로 이용되기도 한다. 그 결과, 케톤(ketone)체로 전환되어 당뇨병 말기의 산증과 혼수의 원인이 되기도 한다.

(4) 인슐린과 혈액의 포도당 농도

대뇌조직은 포도당을 에너지원으로 이용하는데, 그 이용량이 막대하다. 앞서 말한 바와 같이 대뇌세포막에는 인슐린의 작용이 없기 때문에, 대뇌에 포도당을 충분하게 공급하기 위해서는 혈액 내 포도당 농도가 항상 적정 수준(90~100mg/100mL의 혈액)을 유지하여야 한다. 만일 포도당 농도가 높으면 혈액의 삼투압이 높아져서 세포 안으로부터 세포 밖으로 수분의 이동이 촉진되고 포도당이 신장을 통하여 배설되면 당뇨가 된다.

예컨대 인슐린이 없는 경우, 소화관에서 흡수된 포도당은 세포 내로 이동되지 못하고 혈액 속에 머물러 있어서 300~1,200mg/100mL까지 높아진다. 그 반대로 과도한 인슐린은 포도당을 과도하게 세포 내로 이동시키기 때문에 혈액 내 농도는 20~30mg/100mL까지로 내려간다.

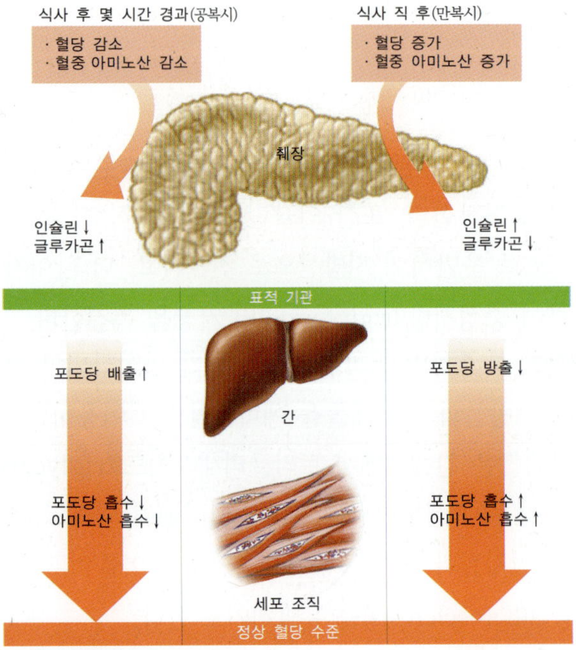

그림 13-13 인슐린과 글루카곤 분비의 조절

2. 글루카곤(glucagon)

글루카곤은 췌장의 α-세포에서 분비되며, 인슐린의 작용과는 반대로 혈당을 상승시키는 작용을 하는 호르몬이다. 혈당이 저하되면 분비되어 간 글리코겐을 포도당으로 분해하여 혈당을 정상으로 조절한다.

그 기전은 글루카곤이 간장세포 내의 활성화된 가인산분해효소(phosphorylase)를 증가시켜서 당원질의 분해를 촉진시킴으로써, 혈액 내 포도당 농도를 높인다. 글루카곤의 작용이 4시간 동안 계속된다면 간의 당원질이 고갈된다고 한다. 한편 간에 도달된 아미노산은 당원질을 형성하기 때문에 간의 당원질이 완전히 고갈되지는 않는다. 그러나 간장세포 이외의 다른 조직세포에서는 위와 같은 작용이 없다.

다시 말해서 글루카곤은 간장에서 당원질을 동원하여 혈당값을 높이고, 인슐린은 포도당을 세포에서 이용할 수 있게 한다. 그 밖에 글루카곤은 지방세포에 작용하여 지방산을 유리하여 간으로 이동시켜, 간에서 지방산 분해와 케톤체 생성도 촉진한다. 혈당상승호르몬으로는 성장호르몬, 글루코코르티코이드, 에피네프린 등이 있다.

3. 소마토스타틴(somatostatin)

소마토스타틴(성장호르몬 유리억제 호르몬)은 최근에 펩티드 호르몬으로 규명되었다. 이 호르몬은 중추신경계, 시상하부, 췌장의 D 혹은 A 세포들, 위 및 갑상선에서 발견되고, 그밖에도 많은 아드레날린작동성 뉴런(adrenergic neuron)의 세포체에서 발견된다. 또한 포도당, 아미노산, 콜레시스토키닌-판크레오지민, 세크레틴 및 글루카곤은 췌장의 소마토스타틴 유리를 촉진한다.

소마토스타틴은 세포에서 cAMP치와 Ca^{2+}유입을 감소시키며 성장호르몬, 갑상선자극호르몬, 가스트린, 인슐린, 글루카곤 및 엔테로글루카곤(enteroglucagon)의 유리를 억제한다. 또한 이 호르몬은 부교감신경 말단에서 아세틸콜린 유리를 억제함으로써 위장관 활동을 감소시키고 소화된 영양물질이 순환혈액 내로 들어가는 것을 지연시킨다.

check point

● 당뇨병이란?

혈당의 일부가 오줌으로 배설되는 경우를 '당뇨병(diabetes mellitus)'이라고 한다. 이 병은 췌장에서 인슐린 분비가 적어지거나 또는 정지되면 발생된다. 인슐린이 부족하게 되는 원인은 아직 확실하게는 알려져 있지 않으나, 다만 췌장에 있는 β-세포가 유전적인 요인에 의하여 위축 또는 변성이 일어나기 때문이라고 한다. 우리나라에서는 현재 당뇨병 환자수가 약 30~50만 명으로 추산되고 있으나, 앞으로 더욱 늘어날 것으로 생각된다. 이 병은 식생활 수준과도 밀접한 관련이 있으며, 일반적으로는 뚱뚱한 사람에게서 더 잘 나타난다고 알려져 있다.

당뇨병의 초기 증상은 당뇨 · 갈증 · 다뇨(polyurea) 및 피로 등이며, 또한 식욕이 왕성해져서 식사를 많이 하는데도 불구하고 계속하여 몸무게가 감소되며, 이 병이 심하면 말초신경염이 생겨서 팔 또는 다리의 감각에 이상이 생기고, 고혈압 · 동맥경화증 · 망막출혈 등의 여러 가지 합병증이 일어난다.

한편 에너지원으로 포도당이 이용되지 못하고 지방과 단백질이 이용되기 때문에 영양부족 상태가 되며, 항상 공복감을 느끼게 되고, 다량의 케톤산(ketonic acid)이 만들어짐으로써 산증이 되어 혼수(coma)에 빠져서 위독한 상태가 된다. 치료방법으로는 적당량의 인슐린 투여에 의존하고 있다.

13-7 스트레스와 호르몬

스트레스는 현대인에게 피할 수 없는 신체적·심리적 자극이 되고 있다. 스트레스에 의한 반응은 호르몬과 매우 밀접한 관련을 가지고 일어난다. 즉, 스트레스에 의해서 위협적으로 신체적·사회심리적 자극이 오면 신경내분비의 반응을 이끌어 내어 교감신경계를 활성화하여 부신피질로부터 호르몬이 분비된다.

부신피질에서는 고리구조의 지용성 스테로이드계 호르몬을 총칭하는 부신피질스테로이드(adrenal corticosteroid)가 분비된다. 주된 것으로는 코티솔, 알도스테론(aldosterone), dehydrosteroid가 있다. 특히 코티솔은 흔히 스트레스 호르몬으로 알려져 왔고, 스트레스를 받았을 때 혈중농도가 올라간다.

분비경로는 스트레스 신호가 오면 시상하부의 신경세포가 반응하여 먼저 ACRH(adrenocorticotropin-releasing hormone)을 만들어 혈관으로 방출하면 이 호르몬은 뇌하수체로 가서 ACTH분비를 촉진하고, 이 ACTH는 부신피질로 가서 코티솔의 분비를 자극하게 된다.

쥐에게 스트레스를 주면 혈중 코티솔 농도가 증가함을 볼 수 있고, 대학생의 조사에서도 인위적 스트레스를 주었더니 심리검사에서 갈등점수가 높았으며, 혈청 코티솔 농도가 증가하는 것을 볼 수 있었다. 그밖에도 스트레스 반응은 카테콜아민, adrenocorticoides, 성장호르몬, 티록신과 같은 여러 종류의 호르몬분비를 증가시키며, 에너지원의 방출을 증가시키고 새로운 환경에 적응하게 한다고 볼 수 있다.

check point

환경호르몬이란?

환경호르몬은 인체호르몬이 나오는 내분비계의 작용을 방해하는 것으로 추정되는 물질이다. 인체호르몬은 세포 등에 정보를 전달하는데, 화학구조가 유사한 환경호르몬이 이 역할을 방해하여 이상을 일으킨다. 정자수 감소 등 수컷을 암컷화하는 것으로 알려져 있지만, 최근 신경계나 면역계에도 악영향을 미친다는 주장이 제기되고 있다.

일반 환경독성물질과 달리, 환경호르몬은 '호르몬'으로 작용하기 때문에 미량 으로도 악영향을 미칠 수 있다는 것이다. 특히 태아~생후 2세에 환경호르몬에 노출되면 위험하다.

미국환경보호국(EPA)에 따르면 유해성이 입증된 환경호르몬은 살충제인 DDT, 산업폐기물을 태울 때 나오는 다이옥신 등의 몇 개 물질이며, '유해할 것으로 의심되는 환경호르몬'은 이들 물질과 화학구조가 유사한 유기염소계 물질이 대부분이다.

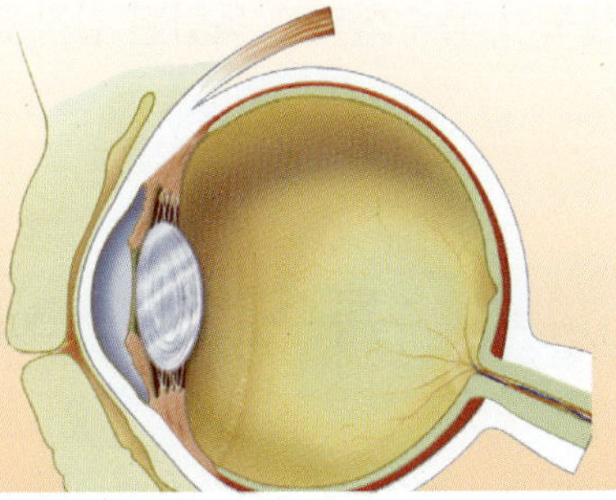

Chapter

14. 감 각

모든 생물은 환경의 변화를 민감하게 받아들이고, 이에 적절한 조치를 취함으로써 생존하고 있다. 즉, 외부환경 변화를 감지(sensation)하고 감지한 정보를 정확하게 인지(cognition)하며, 인지한 정보를 기초로 적절한 의사결정을 내리고, 이에 대한 반응(reaction)을 행하도록 하는 일련의 사이클을 지속적이고 순간적으로 수행해 나아감으로써 생명을 유지한다.

감각은 뇌가 바깥 세계와 몸에 대한 정보를 수집하는 수단이다. 자극은 감각 수용기로 하여금 활동전압을 발생시키도록 하고, 그 활동전압은 감각 신경섬유를 따라 중추신경계로 들어간다. 그곳에서 실제적으로 감각이 인지된다.

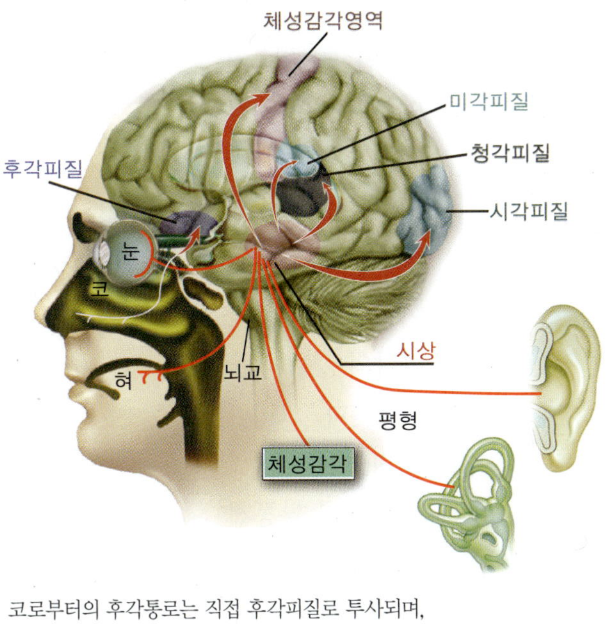

코로부터의 후각통로는 직접 후각피질로 투사되며,
평형감각통로는 뇌교를 거쳐 소뇌로 투사된다.
많은 감각들이 시상을 거쳐 대뇌피질중추로 간다.

그림 14-1 후각수용기

여기서 식별·분석된 감각에 대한 반응은 운동신경(motor nerve)을 통해 효과기(effector)로 보내져서 생체가 반응을 적절하게 수행할 수 있도록 한다.

감각은 크게 **일반감각**과 **특수감각**으로 구분된다.

촉각–압각·온도·통증과 같은 체성감각(somatic sensation), 그리고 근과 관절 등에서 느끼는 감각인 고유감각과 같은 감각은 일반감각이다.

또 미각·후각·시각·청각 및 평형감각과 같이 그 감각을 감지하는 기관과 세포가 특수화되고 독립된 감각을 '특수감각'이라고 한다.

14-1 특수감각 (Special Sensation)

특수감각을 만들어 내는 감각기관은 고도로 특수화되어 있다. 예를 들어, 맛과 냄새에 반응하는 감각기관은 화학적 자극에 반응하도록 특수화되어 있다. 그리고 눈은 빛에 대하여, 귀는 기계적 자극에 대하여 반응함으로써 소리와 평형상태를 감지할 수 있다.

1. 후각과 미각

냄새와 맛은 모두 화학물질을 감지하는 화학적 수용기(chemoreceptor)에 의존하는 감각이다. 체계적인 신경계를 갖고 있지 않은 원시동물도 먹이와 배우자의 위치를 찾기 위하여 화학 수용기를 사용한다는 사실은, 화학 수용기적 감각이 진화과정에 있어서 가장 오래된 감각의 하나라는 사실을 뒷받침해 준다.

세균에 대한 연구에서도 그들이 환경에 대한 감각의 총체적인 인식을 위하여 화학 수용기적 감각을 이용한다는 사실이 밝혀졌다. 사람에 있어서 이러한 감각은, 냄새와 맛이라는 특수감각으로 발전되었다.

(1) 후각(olfaction)

어느 날 갑자기 아무런 냄새도 맡지 못하는 상황이 벌어진다면, 우리가 음식을 먹는 행위는 더 이상 즐거움이 아닌 생존을 위한 하나의 행위에 불과하게 될 것이다. 후각은 수천 종류의 냄새를 구분하게 해준다. 그러나 이러한 우리의 코도, 다른 동물들에 비하면 민감한 것이 못된다.

후각 뉴런이 냄새를 감지하는 데에 필요한 역치는 매우 낮아서 활동전압을 일으키는 데에는 매우 적은 수의 냄새분자만을 필요로 한다. 또한 우리가 감지하는 다양한 범위의 냄새는 실제로 몇 가지의 냄새성분이 조합된 것이다.

1) 후각의 전달경로

후구(olfactory bulb)는 1차 후각 뉴런으로부터의 자극을 감지하는 뇌의 일부분으로서 대뇌의 가장 오래된 부분 중의 하나이다(그림 14-2). 따라서 냄새는 아마 가장 오래된 감각이라고 할 수 있다.

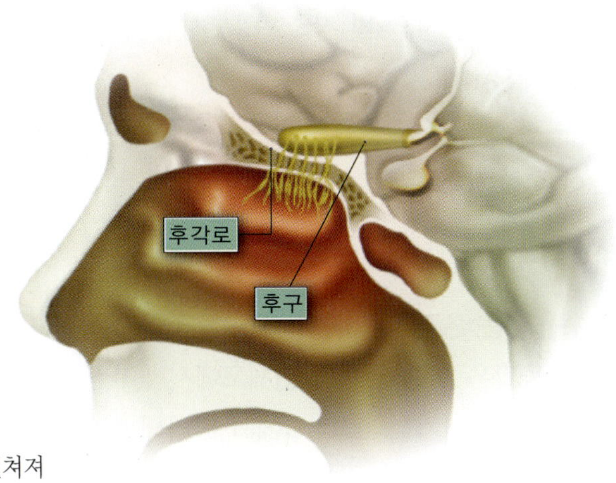

후각상피는 비강 위쪽에 펼쳐져 있으며, 후각상피 표면의 수용기 세포는 후구로 투사된다.

그림 14-2 후각상피의 구조

후각 수용기는 비강의 위쪽 후각상피(olfactory epithelium)의 약 $5cm^2$ 정도 부위에 집중되어 있다. 이 수용기들의 한 쪽은 후각상피의 표면에, 또 다른 한 쪽은 후구에 닿아 있다. 전두엽 밑에 위치하고 있는 뉴런들인데, 체내의 다른 뉴런들과는 달리 후각 수용기는 계속해서 분열하는 세포로 두 달에 한 번꼴로 새 뉴런과 교체된다.

후각상피의 표면은 수용기 세포의 둥근 종말로 구성되어 있고, 각각의 둥근 종말에는 비운동성의 많은 섬모가 자라나며, 이 섬모의 막은 신호전달과정을 시작하는 데에 필요한 수용기 단백질 분자를 함유하고 있다. 섬모는 점막 밑에 묻혀 있으므로 단백질 분자들이 수용기와 결합하려면 우선 점액을 통과해야만 한다. 이 과정에는 점액 중에 존재하며 냄새분자를 농축시키고 그 분자를 수용기에 닿게 해주는 수용성 단백질인 후각결합 단백질(olfactory binding proteins)의 도움을 받는다. 일단 냄새성분이 섬모상의 수용기 단백질과 결합하면 특정한 G단백(G protein, *Golf*)이 활성화된다.

2차 이상의 고차 뉴런은 후구로부터 후각피질로 투사된다. 더욱이 후각전달경로는 정서와 기억을 포함하는 변연계의 일부인 편도(amygdala)와 해마(hippocampus)로도 이어진다. 후각의 놀라운 점의 하나는 냄새와 기억과 정서가 서로 연결된다는 것이다. 오랜만에 먹어 보는 음식을 접하면 옛날 할머니나 어머니가 그 음식을 만들어 주시던 고향집과 그에 대한 추억을 떠올리게 되는 것은, 특별한 향기나 음식의 냄새가 기억을 자극할 뿐만 아니라, 그 향기와 연관된 시간 및 장소 또는 사람에 대한 향수(nostalgia)를 불러일으키기 때문이다.

2) 후각의 역치와 순응

① 후각의 역치

후각의 수용기는 후각상피와 접촉하여 그곳에 녹아 있는 물질에 대해 반응한다. 이 물질은 후점막 중의 선세포에서 분비된 것이다. 여러 물질에 대한 인간의 후각의 역치를 표 14-1에서 나타내고 있다. 이것을 보면 인간은 어떤 물질에는 매우 민감하게 반응한다는 것을 알 수 있다. 예를 들면 마늘냄새로 나타나는 메틸(methyl mercaptane)은 1L의 공기 중에 1mg의 백만 분의 1보다 낮은 농도에서도 냄새를 맡을 수 있다. 이와 반대로, 어떤 물질에 대한 냄새의 변별력은 아주 낮다.

표 14-1 후각의 역치 수준

물 질	공기 1ℓ 중의 함량(mg)
ethyl ether	5.83
chloroform	3.30
pyridine	0.03
oil of peppermint	0.02
Iodoform	0.02
butyric acid	0.009
propyl mercaptane	0.006
Artificial musk	0.00004
methyl mercaptane	0.0000004

일반적으로 냄새는 농도를 약 30% 정도 변화시키지 않으면 냄새 강도의 차이를 느끼지 못한다. 이에 비해 시각적 밝기의 변별 역치는 1%에 지나지 않는다.

사람은 2,000~4,000종의 다른 냄새를 식별할 수 있는 능력을 갖고 있다. 그러나 후각 식별에 대한 생리학적 기전은 잘 알려져 있지 않다. 암컷이 발정을 하면 냄새를 풍겨서 수컷으로 하여금 성적 흥분을 유발시킴으로써 교미를 하게끔 유인하기도 한다. 동물 중에는 후각과 성 기능에 밀접한 관계가 있는 경우가 많다.

인간도 이와 유사한데, 향수에 관한 광고가 많은 것으로도 이것을 입증할 수 있다. 사람에 있어서 후각의 느낌은 일반적으로 남자보다 여자가 더 예민하며, 특히 배란시기의 여성은 더욱 정확하다고 한다.

② 후각의 순응

아무리 불쾌한 냄새일지라도 오래 맡으면 그 냄새를 별로 느끼지 못하게 되는 경우를 일상생활에서 쉽게 접할 수 있다. 이러한 현상은 후각계의 빠른 순응(adaptation)에 기인한다. 순응은 현재 맡고 있는 특정한 냄새에 대해서만 발생하는 것이고, 그 밖의 냄새에 대한 역치는 변하지 않는다. 후각의 순응 현상의 일부는 중추에서의 현상이기도 하나, 동시에 수용기에 생기는 변화에도 기인한다.

③ 후각의 이상

후각수용기 또는 후각중추기전의 광범위한 장애로 인하여 일시적 또는 영구적으로 후각기능이 상실되는데, 이를 '**후각상실**(anosmia)'이라 한다. 후각에는 여러 가지 수용기가 있으나, 그 중에서 몇몇 수용기가 손상을 입으면 어떤 특수한 물질에 대한 후각만 상실된다. 이것을 '선택적 후각상실(preferential anosmia)'이라고 한다. 반면에 히스테리, 뇌내압 상승 및 뇌질환 환자 중에 후각이 지나치게 예민한 경우가 있는데 이것을 '**후각과민**(hyperosmia)'이라고 한다.

후각이상으로는 '**후맹**(odor blindness)'이 있는데, 이는 특정물질이 아닌 다른 냄새에 대해서는 정상적으로 인식하지만, 특정물질에 대한 냄새에는 예민성이 감소되는 경우를 말한다.

정신분열증을 일으키는 환자에게서 볼 수 있는 **'환각성 후각**(olfactory hallucination)'은 냄새 물질이 없는 상태에서 냄새를 느끼는 경우로, 불쾌한 냄새를 느끼기도 한다. 그리고 후각은 나이가 증가하면 감소하게 되는데, 80세 이상 노인의 75%가 냄새를 제대로 맡지 못한다.

(2) 미각(taste)

우리가 심한 감기에 걸리면 '음식의 맛'을 느끼지 못하게 되는 것에서 알 수 있듯이 맛이란 향기(aroma)와 밀접하게 연관되어 있다. 냄새가 수백 가지의 다른 수용기에 의해 감지되는 것과는 달리, 맛은 단맛·신맛·짠맛·쓴맛과 감칠맛이라고 하는 다섯 가지의 기본 감각의 조합으로 인해 느끼게 된다.

감칠맛(umami)이란 글루탐산 및 몇 가지 핵산과 관련되는 맛으로 음식의 풍미를 증진시켜 주는 기본 맛이다. 감칠맛의 증진을 위하여 우리나라와 일본 등의 몇 나라에서는 MSG(monosodium glutamate)와 같은 물질을 식품첨가물로 사용한다.

1) 미각의 생리적 의의

미각이 다섯 가지의 제한된 기본 감각으로 구성된다 할지라도, 하나 하나의 감각은 생체에 필수적인 기능과 관련되어 있다. 신맛(sour taste)은 H^+에 의해 자극되고, 짠맛(salty taste)은 Na^+에 의하여 자극을 받는다. 이 두 이온은 체액 중에 다량 들어 있으며, 생리적으로 긴밀하게 조절되는 이온들이다. 나머지 세 가지 맛의 감각은 유기분자로부터 유래된다. 단맛(sweet taste)과 감칠맛(umami)은 영양성 식품과 관련이 있는 반면, 쓴맛(bitter taste)은 독성 물질에 대한 일종의 경계의 의미로써 생체에 인식되는 맛이다.

맛을 느끼게 하기 위해서는 우선 그 물질이 침과 입 안의 점액에 녹아야 한다. 이 과정을 촉진시켜 주는 물질로 후각의 결합단백질과 비슷한 미각 결합단백질(taste binding protein)이 존재한다고 한다.

2) 미각의 전달경로

① 미각의 수용기인 미뢰

미각은 주로 맛의 수용기인 **미뢰**(taste bud)에 의한 감각이지만, 후각(smell)과 구강 내에서 음식물의 물리적 상태에 의해 일어나는 촉감(texture), 그리고 통각신경섬유 등의 영향을 받아서 총체적으로 맛을 느끼게 된다. 미뢰는 50~150개의 수용기세포(receptor cell), 지지세포(supporting cell) 및 재생을 위한 기저세포(basal cell)로 이루어진 50~70μm의 타원형 기관이다. 미뢰는 혀의 표면에 무리지어 존재하며, 구개와 인두 및 후두에도 분포되어 있다.

수용기세포는 작은 끝부분이 불거져 나오도록 상피 쪽으로 주름잡힌 분극화된 상피세포이며, 세포 사이에서 미뢰 안으로 분자의 이동을 제한하기 위해서 세포의 정상 끝부분이 단단한 경결(tight junction)에 의해 묶여 있다. 구강 쪽으로 확장된 세포막은 환경과의 접촉면적을 늘려 주기 위하여 미세융모(microvilli)로 변형되어 있다.

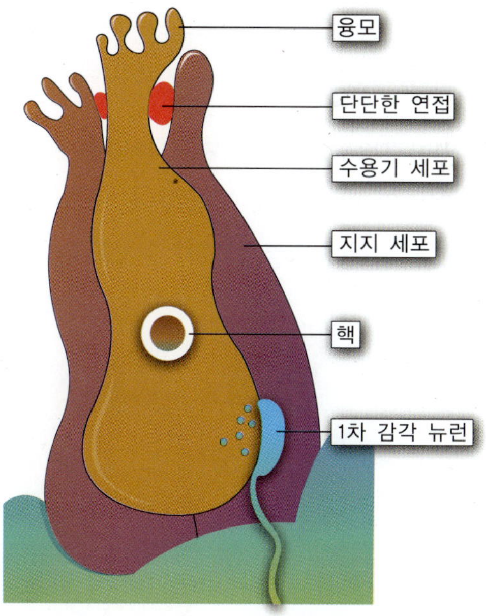

맛의 수용기인 미뢰는 수용기세포, 지지세포 및 재생을 위한 기저세포로 이루어진 타원형 기관이다.

그림 14-3 미뢰의 구조

② 미각의 전달경로

세포의 기저면은 1차 감각 뉴런과의 시냅스를 형성한다. 맛 물질은 맛의 수용기 세포로 하 여금 세포 외액으로부터 Ca^{2+}을 유입시키거나 세포 내의 저장고로부터 Ca^{2+}을 방출시키도록 탈분극시킨다.

세포 내의 Ca^{2+}신호는 시냅스 안으로 신경전달물질을 방출시키고 감각 경로를 따라 활동전압을 발생시켜 간다.

네 가지의 1차 맛감각은 감각뉴런을 활성화시키기 위하여 서로 다른 세포기전을 이용한다.

쓴맛과 단맛은 2차 전달체계에 의해 매개되는 반면, 짠맛과 신맛의 결합물질(ligands)은 막 이온 통로에 직접 결합한다. 쓴맛 결합물질은 트랜스듀신(transducin)이라고 불리는 G단백질을 활성화시킨다. 이 경로는 축색종말 안의 세포 내 저장고로부터 Ca^{2+}을 유리시키고, 이때 Ca^{2+} 신호는 시냅스쪽으로 주머니 속의 내용물을 유리시킨다.

단맛, 짠맛과 신맛 결합물질 또한 칼슘 신호를 일으키거나 세포를 탈분극시켜 전압에 의해 열리는 Ca^{2+} 통로(voltage-gated Ca^{2+} channels)를 연다. 짠맛 결합물질인 Na^+는 열려진 Na^+ 통로를 통하여 들어옴으로써 수용기 세포를 탈분극시킨다. 신맛의 결합물질인 H^+는 K^+ 통로를 막고 K^+의 유출을 느리게 함으로써 양이온을 보유하여 세포가 탈분극되도록 한다. 단맛의 결합물질은 또한 거스트듀신(gustducin)이라고 불리는 특별한 G단백질의 도움으로 K^+투과성을 감소시켜 cAMP 경로를 시작하게 한다.

모든 미뢰는 이들 네 가지 기본맛을 모두 감지할 수 있으나, 각 미뢰는 보통 한 가지 맛에 가장 민감하다. 또한 각 미뢰가 가장 강하게 반응하는 맛의 종류는 혀에 있는 미뢰의 위치와 관련이 있다(그림 14-4 참조).

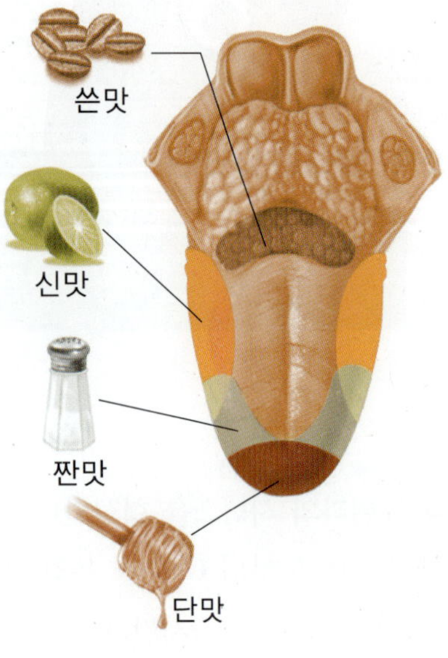

4가지 기본맛을 주로 감지하는 영역

그림 14-4 미각 감지영역

3) 미각의 특성

미각은 후각과 마찬가지로 개인차가 크고 환경에 대한 영향이 있다. 예컨대 미각은 온도의 영향을 받는다. 동일한 농도의 설탕물이라도 찬물과 더운물에서의 단맛은 느낌이 다르다. 짠맛도 마찬가지로 미각의 차이가 발생하기 위해서는 먼저 맛본 농도에 있어서 30% 정도의 변화가 있어야 전자와 후자의 식별이 가능한 것으로 알려져 있다.

미각을 잘못 느끼는 것을 '미각이상'이라 하는데, **미각소실**(ageusia), **미각둔감**(hypogeusia), **미각장애**(dysgeusia) 등이 있다. 약품에 의해서도 미각 이상이 발생할 수 있는데, 예를 들면 **캅토프릴**(captopril), **페니실라민**(penicillamine) 같은 약물은 일시적으로 미각을 소실시킨다.

check point

● 특이적 공복(specific hunger)

우리의 몸에 당분이 부족할 때 단것을 먹고 싶어지듯이 특별한 영양소가 부족한 사람이나 동물들은 그 물질에 대한 욕구를 느끼게 된다. 체내 Na+의 부족으로 대표되는 짠맛에 대한 식욕(salt appetite)에 대해서는 오래 전부터 알려져 왔는데, 사냥꾼들은 동물들이 소금을 핥기 위하여 함염지(含鹽地)나 바닷가로 모여든다는 사실을 이용하여 사냥을 하였다.

짠맛에 대한 욕구는 체내 Na^+ 농도와 직접 연관되어 있으며, Ca^{2+}나 K^+과 같은 다른 양이온을 섭취하여도 저하되지 않는다. 다른 식욕들은 특별한 영양소 요구와 연결시키기 어렵지만, 아마도 생리적 · 심리적 · 환경적 그리고 문화적 영향 등 복잡하고 복합적인 요인에 의하여 영향을 받는 것으로 보인다.

● 우주에서 합성된 새로운 감미료

미국 내에서만 당뇨병 치료에 해마다 1천 50억 달러를 쓰고 있는 상태이므로 칼로리가 없으면서도 단맛에 대한 욕망을 만족시켜 줄 만한 대체 감미료를 찾아내는 것은 많은 식품 과학자들이 도전할 만한 커다란 과제이다. 이 분야에서 최근의 관심은 서부 아프리카의 관목 열매에서 찾아낸 두 개의 자연 단백질인 소마틴(thaumatin)과 모넬린(monellin)에 그 초점이 맞춰져 있다.

소마틴의 경우, 무당도를 0, 설탕의 당도를 1로 잡을 때 무려 3천에 이르는 당도를 나타낸다. 인공감미료인 사카린이나 아스파탐(aspartame)과 비교해 보아도 각각 500배와 180배에 해당하는 단맛을 나타낸다.

그러나 소마틴과 모넬린의 상업적 이용에서의 문제점은, 자연 상태의 단백질이므로 공급에 제한이 있다는 것이다. 현재 이들에 대한 상업적 생산성을 검토하기 위해 소마틴에 대하여 다양한 미생물을 이용한 유전자 조작을 시도하고 있으며, 이를 대량으로 수확하기 위한 유전자 공학적인 농작물의 연구에도 노력을 기울이고 있다.

최근 미국 항공우주국(NASA)은 우주왕복선 콜롬비아호에서 소마틴의 합성에 성공하였다. 중력도 거의 없고, 결정형성에 어떤 힘도 미치지 않는 우주에서 생산된 소마틴은 지상에서 제조된 것보다 25%나 크고 결정도 두 배나 더 많이 생겨났다고 한다.

2. 시 각(visual sensation)

시각의 주요 감각기관인 눈은 매우 복잡한 기관이다. 원래는 무척추동물의 체표에 있으면서, 빛을 감지하는 원시적인 점(點)에서 진화하였다. 눈은 외부로부터 보호받기 위하여, 내부에는 한 층의 수용기층, 빛을 모아서 수용기층에 초점을 맺는 렌즈시스템, 수용기에서 뇌로 자극을 전달하는 신경계로 구성된다.

(1) 눈의 구조

광원으로부터 눈에 들어오는 광선은 각막(cornea), 수정체(lens) 및 초자체(vitreous body)를 거치는 동안에 굴절되어 망막(retina)에 상을 맺는다. 망막에 있는 시각수용체(visual receptor)는 시각 물질에 화학적 변화를 일으켜서 시신경의 흥분을 유발하게 하고, 시신경 흥분 전도로를 거쳐 대뇌피질의 시각영역에 전달한다. 대뇌는 양쪽 눈에 맺혀진 영상을 분석함으로써 물체를 인식하게 된다.

1) 안구의 구조

안구(eyeball)는 전면에 약간 둥글게 융기되어 있는, 혈관을 포함하지 않은 투명한 조직인 각막(cornea)과 그 주위의 하얀 결막(conjunctiva)으로 이루어져 있다. 그리고 이 결막은 나머지 안구를 싸고 있는 공막(sclera)으로 연결된다. 또 각막의 뒷면에는 홍채(iris)와 그 중심을 구성하는 동공(pupil)이 있다.

각막과 홍채 사이는 '안방수(aqueous humor)'라는 맑은 액체가 있어 각막의 형태를 유지시키며, 홍채 뒤에는 투명한 젤라틴(gelatin)성 물질로 가득한 초자체와 수정체가 있어 광선의 굴절기능을 담당한다. 각막을 제외한 안구의 나머지 벽은 모두 불투명하며, 바깥층인 공막(scle-ra), 중간층인 맥락막(choroid), 내층인 망막의 3개 층으로 구성되어 있다(그림 14–5).

안구는 안와(orbital cavity) 내에 들어 있다. 안와에는 안구 외에 안구를 움직이는 6개의 외안근(extrinsic eye muscle), 눈물을 분비하는 누선(lacrimal gland), 혈관, 신경, 지방조직(fatty tissue) 등이 있다.

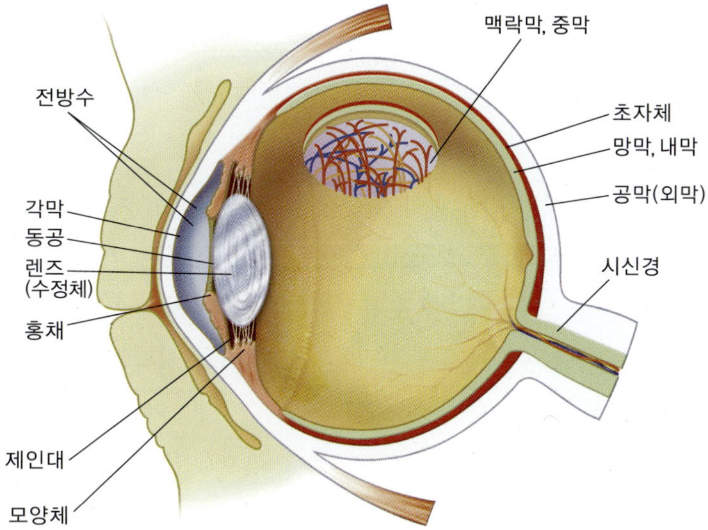

그림 14–5 안구의 구조

2) 안구 각 부위의 기능

① 맥락막(choroid)

안구벽의 중간층으로, 혈관이 매우 풍부하게 분포되어 있어서 그 주변 조직에 영양물질을 공급한다. 많은 색소세포로 인하여 자줏빛을 띠고 있으며, 안구 안으로 들어온 광선을 흡수하여 안구벽에서의 반사를 막아 줌으로써 망막에 선명한 상이 맺히도록 한다. 안구 전면에서는 맥락막이 홍채와 모양체(cilliary body)로 된다.

② 홍채(iris)

전안방(anterior chamber)과 수정체 사이에 위치하고, 수정체 앞에서 중앙을 제외한 가장자리를 덮고 있다.

그 가운데 부분을 '동공(pupil)'이라 한다. 홍채에는 색소과립을 가진 세포가 모여 있기 때문에 밖에서 들어오는 광선을 차단한다. 이 세포에 함유된 색소과립의 밀도에 따라 녹색·청색·갈색·검은색 등으로 여러 가지 눈동자색을 나타내는데, 이는 유전인자에 의하여 결정된다.

홍채에는 '조리개근(sphincter muscle)'과 '확대근(dilator muscle)'이라는 2개의 평활근이 있어서 동공의 크기를 조절하고, 자율신경계의 지배를 받는다. 예를 들어 눈으로 들어오는 광선량이 많으면 부교감신경의 지배를 받고 있는 조리개근의 수축으로 동공이 수축되고, 광선량이 적게 들어오면 교감신경의 지배를 받고 있는 확대근이 수축되므로 동공이 확대된다. 이와 같은 반응은 반사기전에 의해 이루어지며, 이것을 '동공반사(pupillary light reflex)'라고 한다.

③ 망막(retina)

망막에는 빛에 대한 감수체의 역할을 하는 2종류의 시각세포인 간상세포(rod cell)와 원추세포(cone cell)가 있다. **간상세포**는 약간 어두운 곳에서 밝고 어두움을 느끼는 밤의 수용기이며, **원추세포**는 망막의 중심 부분인 황반에 많고, 밝은 곳에서 빛과 색을 느끼는 낮 시각의 수용체이다.

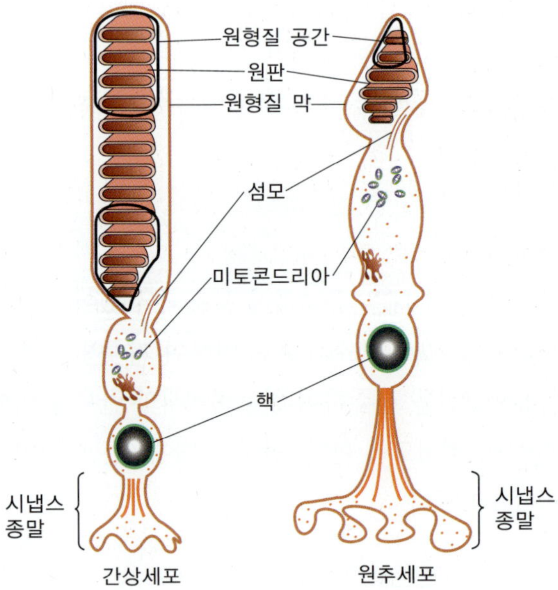

간상세포는 약간 어두운 곳에서 명암을, 원추세포는 밝은 곳에서 빛과 색을 느끼는 수용기 세포이다. 세포질 내 원판(discs)의 막에는 로돕신(rhodopsin) 또는 요돕신(iodopsin)과 같은 시각색소가 함유되어 있어서 광선을 받으면 활성화되어 시각을 나타내게 된다.

그림 14-6 시각세포인 간상세포와 원추세포

망막은 이들 두 종류의 시각세포 외에도 4종의 신경세포인 수평세포(horizontal cell), 양극세포(bipolar cell), 무축색 세포(amacrine cell), 신경절 세포(ganglion cell)로 구성되어 있다(그림 14-6 참조).

- **간상세포**(rod cell) : 세포체가 원추세포보다 더 길고 끝이 짧은 막대 모양으로 되어 있다. 이 세포는 광선에 예민하게 화학변화를 일으키는 **로돕신**(rhodopsin; 또는 시자홍, visual purple)이라는 시각색소를 갖고 있다. 사람의 한 쪽 안구에는 약 1억 2천만 개의 간상세포가 있다고 한다.
- **원추세포**(cone cell) : 세포체의 끝부분이 원추모양을 하고 있고, 여기에 광선에 반응하는 시각색소로서 **요돕신**(iodopsin)이 들어 있어, 간상세포의 로돕신과 유사한 광화학적 과정을 거친다. 사람의 한쪽 눈에는 700만 개의 원추세포가 있어서 간상세포의 약 1/20에 해당하지만, 간상세포의 경우는 심한 폭주현상을 나타내므로 물체에 대한 정확한 인식은 주로 원추세포에 의해 이루어지고 있다. 즉, 원추세포는 밝은 환경에서의 시각과 색에 관한 감각에 관여한다.

④ **수정체**(lens)

수정체는 홍채 바로 뒤에 있는 투명하고 탄력성이 있는 것으로서 양면이 돌출(convex)되어 있는 원형의 볼록렌즈 모양이다. 그리고 이것은 인대(ligament)로 모양체(cilliary body)에 고정되어 있다.

모양체는 부피가 작지만 매우 빠르고 부지런하게 움직이는 근육이다. 모양체를 수축시키면 수정체는 두꺼워져서 가까이 있는 물체를 보기 알맞게 되고, 반대로 모양체가 늘어나면 수정체는 얇아져서 먼 곳에 있는 물체를 보기에 알맞게 된다.

⑤ **초자체**(vitreous body)

수정체의 뒤와 망막 사이에는 초자체가 있다. 이것은 투명한 젤리 형태의 반유동체로서 안구의 형태를 구형으로 유지하는 구실을 하고, 수정체에서 망막에 이르는 광선의 통로가 된다.

3) 안구를 보호하는 기능

① 안검(eyelid)

안검에는 괄약근의 일종인 안검근이 있어 안검을 수의적으로 뜨고 감을 수 있게 하므로, 어떤 물체가 갑자기 안구에 가까이 올 때 반사적으로 안검을 닫게 한다. 이는 안구의 망막에서 광선 자극으로 생긴 흥분이 뇌로 가서 반사중추를 거쳐 다시 안검근까지 오는 반사궁(reflex arc)을 통해서 일어나는 반사작용이다.

② 누선(lacrimal gland)

누선도 안구를 보호하는 기관이다. 누선은 안와 밖의 위쪽에 있으며, 눈물을 분비한다(그림 14-7). 눈물은 약한 살균력을 가진 액체로, 언제나 결막을 젖어 있게 하여 안구와 안검운동에 있어서 윤활제의 역할을 한다. 또 눈물은 안구의 앞쪽을 적셔서 각막의 건조를 막아 주고 각막 표면에 상처를 입힐 수도 있는 이물을 씻어내는 본래의 작용 외에 감정의 변화와도 연관성이 깊은 물질이다.

안구면에서 분비된 눈물은 거의 모두가 증발하여 없어진다. 하지만 일부는 안와의 안쪽, 즉 코쪽에 있는 비루관(nasolacrimal duct)을 통해서 콧구멍 안으로 흘러 들어간다. 눈물을 많이 흘리면 콧물도 함께 흐르게 되는 것은, 이러한 해부학적 이유 때문이다.

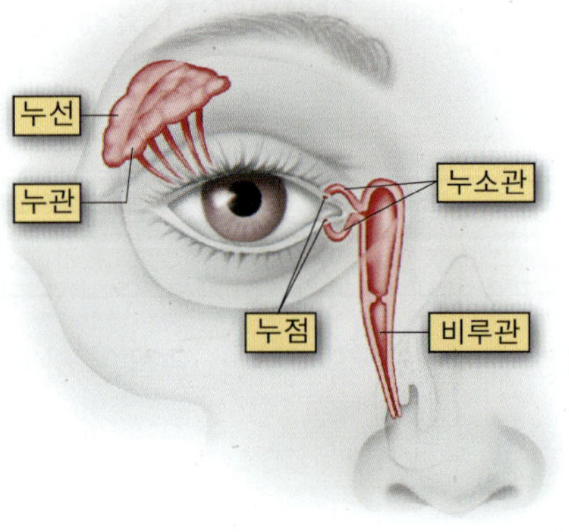

누선에서 생성된 눈물은 증발하거나 결막·각막을 적시고 모여서 비루관을 통해 비강으로 들어간다.

그림 14-7 눈물의 생성과 배출통로

③ 지방조직(fatty tissue)

지방조직은 안구에 가해진 외력에 대하여 완충작용을 하여 안구의 손상을 막는다.

④ 눈썹(eyebrows)

눈 위에 떨어지는 작은 물체에 대한 보호작용을 한다.

(2) 시신경 전달경로

외부에서 눈으로 들어오는 광선은 각막, 안방수, 수정체, 초자체를 통과하여 망막에 도달한다. 광선은 이와 같은 투명체의 굴절률에 따라 알맞게 굴곡된다. 그 중 수정체는 모양체근에 의하여 자유롭게 변화되어 광선을 망막의 한 점에 집합시키는 역할을 하고 있다.

이러한 경로로 망막에 투사된 광선은 ① 망막의 제1신경원인 원추세포와 간상세포로 이루어진 시세포층(visual cell layer)을 자극하고, ② 제2신경원인 양극세포층(bipolar cell layer)은 원추세포와 간상세포에서 오는 흥분을 받아서 신경절 세포로 보내며, ③ 제3신경원인 신경절 세포층(ganglionic cell layer)의 축색이 망막내부를 지나 시신경 원판에 모여 안구 밖으로 나가면서 시신경(optic nerve)이 되어 대뇌의 후두엽피질 중 제17영역에 도달된다. 이때 왼쪽과 오른쪽 코쪽 망막(nasal retina)의 절반부에서 나온 시신경섬유는 **시신경이 교차**(optic chiasm)하여 반대측의 시삭(optic tract)을 지나 외측슬상체(lateral geniculate body)로 들어간다. 한편 바깥쪽에 접한 절반의 망막에서 나온 시신경섬유는 교차하지 않고 같은 측의 시삭으로 들어가서 교차된 나머지 시신경섬유와 함께 외측슬상체를 지나 대뇌의 후두엽에 있는 시각중추에 투사된다.

여기서는 시신경 전도로를 거쳐서 전도된 망막의 상(image)을 분석하여 물체를 인식하게 된다. 그림 14-8과 같은 시각경로의 각 부분에서 원활한 정보의 전달이 이루어지지 않을 경우, 인간의 시각은 부분적인 인식에 그칠 수밖에 없다.

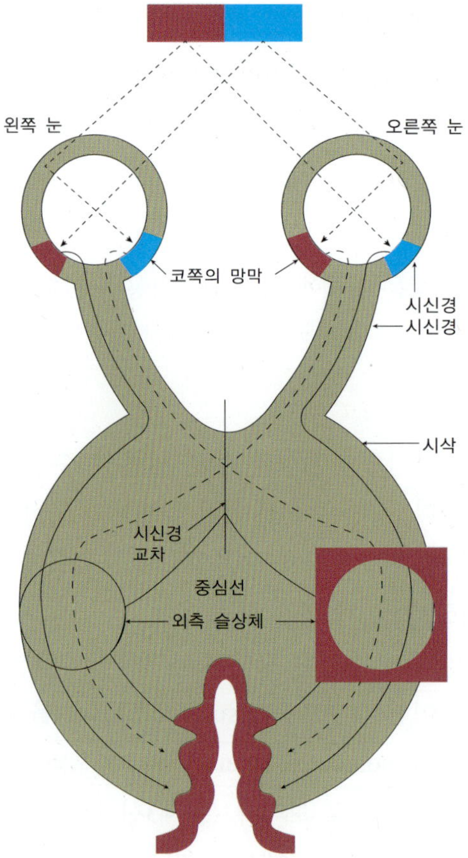

그림 14-8 시각경로

왼쪽과 오른쪽의 코쪽 망막에서 나온 시신경은 교차한 뒤 반대측 시삭을 거쳐 외측 슬상체로 들어간다. 반면 귀쪽의 망막에서 나온 시신경은 교차하지 않고 같은 쪽 시삭을 거쳐 외측 슬상체로 들어가 교차된 시신경과 함께 대뇌 시각중추에 투사된다.

(3) 결상 메커니즘

인간의 눈은 가시광선 스펙트럼의 에너지를 시신경의 활동전위로 변환시킨다. 일반적으로 가시광선 파장의 범위는 대개 397~723mm이다. 주위 환경의 어떤 물체의 상은 렌즈를 통해 망막에 상을 맺는다(결상). 이때 망막에 도달한 광선은 간상세포의 활동전위를 발생시키고, 망막에 도달한 전기자극이 대뇌피질에 전달되며, 거기에서 시각이 발생한다.

4) 광학적 원리

빛이 어떤 물질에서 밀도가 다른 물질을 통과할 때, 빛은 경계면에 수직으로 입사하지 않는 한 굴절된다. 볼록렌즈에 평행광선이 입사하면 렌즈 반대편의 한 점(주초점, principal focus)에 모인다. 이때 렌즈와 주초점 간 거리를 '**주초점거리**(principal focal distance)'라고 한다. 렌즈의 만곡도가 크면 클수록 굴절력도 크다. 렌즈의 굴절력은 일반적으로 디옵터(diopter, D)로 측정한다. 디옵터란 미터로 표시한 주초점거리의 역수이다. 예를 들면 0.25m인 주초점거리의 렌즈 굴절력은 1/0.25, 즉 4디옵터이다. 인간의 눈에 굴절력은 무조절 시에 약 66.7디옵터이다.

5) 초점의 조절(accomodation)

모양체근이 이완되어 있는 경우, 평행광선이 광학적으로 정상적인 눈에 들어오면 이 광선은 망막에 상을 맺는다. 그런데 관찰자로부터 6m 이내에 있는 물체로부터의 광선은 망막의 뒤에 초점이 맞추어지므로 물체가 흐리게 보인다. 즉, 근접한 물체로부터의 발산광선이 망막 위에 상을 맺도록 하기 위해서는 렌즈와 망막 간의 거리를 늘리거나, 아니면 렌즈의 만곡도를 크게 해야 한다. 일반적으로 포유류의 경우, 렌즈의 만곡도를 크게 함으로써 이 문제를 해결하고 있다.

이처럼 렌즈의 만곡도를 크게 하여 망막 위에 물체의 상이 제대로 맺히도록 하는 과정을 '**초점의 조절**(accommodation)'이라고 한다.

조절을 최대한으로 하였을 때 명확하게 볼 수 있는, 눈에서 가장 가까운 거리의 한 점을 '**근점**(near point)'이라 하며, 조절휴식 상태에 있을 때 정확하게 망막에 결상되는 먼 거리의 한 점을 '**원점**(far point)'이라고 한다. 근점과 원점 사이의 거리를 '**조절영역**(range of accommodation)' 이라 하며, 이를 디옵터로 표시한 것을 '**조절력**'이라 한다.

조절력은 나이가 어릴수록 수정체의 탄력성이 좋아서 강하며 나이가 많아짐에 따라 그 탄력성이 나빠져서 약하게 된다. 조절력의 수치는 측정한 학자와 방법에 따라 약간의 차이가 있으나, 돈더(Donder)의 연령별 평균치는 표 14-2와 같다.

표 14-2 조절력의 연령별 평균치

연 령	조절력(diopter)	근점거리(cm)
10세	14 D	7
20세	10 D	10
30세	7 D	14
40세	41/2 D	22
50세	21/2 D	40
60세	1 D	100

조절하지 않은 상태에서 평행광선이 망막에 초점을 맺으면 이를 **'정시안(emmetropia)'**이라 하며, 망막보다 앞에서 결상하면 **'근시(myopia)'**, 망막 뒤에서 결상하면 **'원시(hyperopia)'**라고 한다.

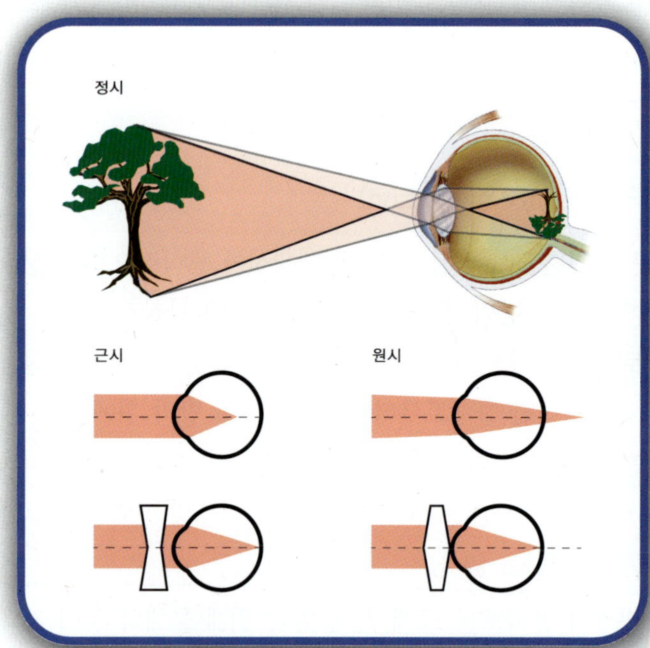

가까운 곳은 잘 보이나 먼 곳의 물체는 상이 너무 앞쪽에 맺히므로 오목렌즈를 이용하여 보정한다.

먼 곳은 잘 보이나 가까운 곳의 물체는 상이 너무 뒤에 맺히므로 볼록렌즈를 이용하여 보정한다.

그림 14-9 망막의 결상과 결상의 이상(근시와 원시)

굴절면의 만곡도가 균일하지 않으면 모든 굴절광선이 같은 점에 초점을 맺지 못하는데, 이를 **'난시(astigmatism)'**라 한다. 이와 같이 근시, 원시 및 난시의 상은 안축의 길이와 굴절력의 균형이 맞지 않기 때문에 발생된다(그림 14-9).

① 원시(hyperopia)

조절하지 않은 상태에서 평행광선이 망막에 의해 가로막히는 상태, 즉 주초점이 망막 뒤에서 맺히는 경우를 **원시**라 한다. 이러한 원시안은 먼 거리 물체로부터 오는 평행광선이나 근거리 물체로부터의 광선이 망막에 초점을 맺지 못하므로 망막 위에 흐리고 확산된 상을 맺게 된다. 이를 극복하기 위해 굴절력을 최대 한계점까지 조절하거나 렌즈를 이용해 교정함으로써 선명한 상을 느끼도록 만든다.

② 근시(myopia)

조절하지 않은 상태에서 평행광선이 망막 앞에 주초점을 맺으므로 선명치 않은 상을 맺게 되는 상태를 말한다. 편의상 −2.0D 이하를 **경도**, −2.0~6.0D를 **중등도**, −6.0D 이상을 **고도 근시**라고 한다.

근시의 가장 흔한 증상은 시력장애이다. 그러나 상당수의 사람들이 시력검사를 하기 전까지는 선명한 상을 볼 수 없는데도 스스로 인식하지 못하는 경우가 많다. −4.0D 이상의 근시가 아니면 근거리 시력은 정상이므로 독서하는 데에 전혀 지장이 없고, 오히려 안경을 쓰지 않은 근시에서의 망막상이 정시안에서보다 크기 때문에 더 세밀한 작업을 할 수 있게 된다. 또한 눈을 가늘게 뜸으로써 눈으로 들어오는 주변의 광선을 제거하여 망막에 선명한 상을 맺게 하는 요령을 터득하고 있다.

어린 아이들은 독서 시에 망막상을 크게 하기 위하여 책을 가깝게 하려고 한다. 이 경우 조절에 비하여 폭주가 그다지 필요하지 않게 되어 외사시를 보이게 되며, 이로 인한 근성 안정피로(muscular asthenopia)를 호소하여 두통, 안통, 안검의 자극증상 및 때때로 눈부심을 호소하게 된다.

③ 난시(astigmatism)

모든 방향의 굴절력이 균일하지 않고, 눈의 경선에 따라 굴절력에 차이가 있는 상태이다. 평행광선이 한 점으로 결상되지 않고 두 점 혹은 그 이상의 초점을 갖는다. 난시는 정난시와 부정난시로 나뉜다.

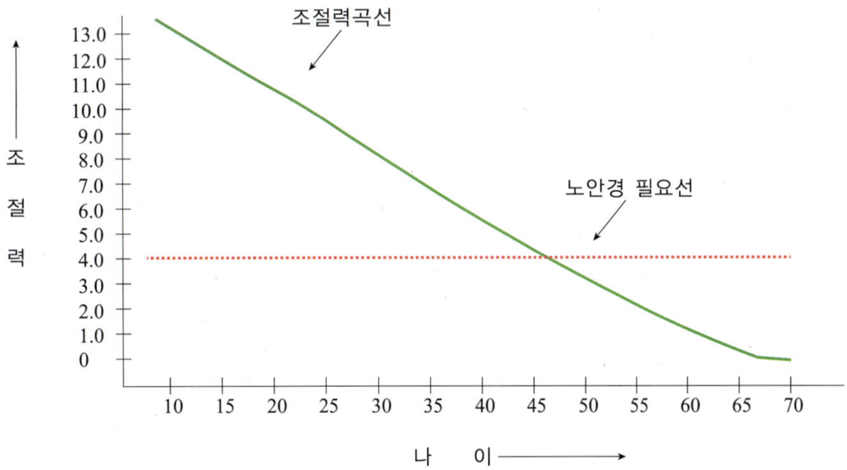

그림 14-10 나이에 따른 수정체 조절력의 변화곡선

④ 노안(presbyopia)

가까운 물체를 명시하기 위해서는 조절이 필요하다. 즉, 모양체근의 수축에 반응하여 모양소대의 이완에 따라 수정체의 만곡이 증가되는 것이다. 그러나 연령이 높아질수록 수정체의 탄력성은 감퇴되므로 이런 수정체의 변형이 어려워진다. 이러한 조절력의 감퇴로 인하여 근거리(약 25 ~30cm)에서의 작업이 어려운 상태를 '노안'이라고 한다.

(4) 여러 가지 시기능

1) 시력(visual acuity)

시력이란 물체의 크기나 주변과의 관계가 어느 정도 확실하게 인지되는가를 구분하는 능력이다. 일반적으로 시력은 최소분해능(minimum separable)으로 결정된다. 즉, 2개의 선이 2개의 선으로 인지되는 최단간격으로 시력을 측정하는 것이다. 일반적으로 자주 사용되는 스넬런(Snellen)식 시력표는 6m의 거리에서 시력을 측정하는데, 결과는 분수로서 측정한다. 즉, 분자는 피측정자와 시력표와의 거리 6이고, 분모는 피측정자가 구분 가능한 가장 가는 선을 정상시력인이 볼 수 있는 최대거리로 표시한다. 예를 들어, 정상시력이 6/6이고 시력이 6/4.6인 사람의 경우, 이 사람은 정상시력보다 시력이 좋다고 말할 수 있다.

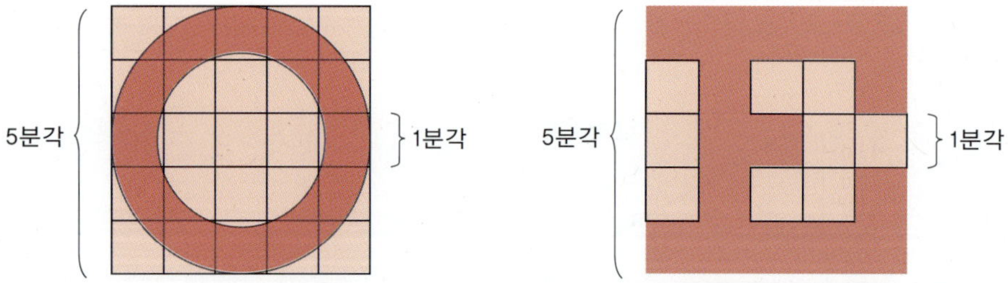

(A) Landolt 고리표시 (B) Snellen 'E' 시표

그림 14-11 여러 가지 시력측정표

국제안과학회에서는 직경이 7.5mm이고, 폭이 1.5mm인 란돌트(Landolt) 고리(그림 14-11)를 그려, 그 고리에 1.5mm의 간격을 둔 것을 '표준시표'로 한다. 그리고 5m 거리에서 그 간격의 방향을 알아맞히고, 이보다 작은 시표를 식별하지 못하는 눈의 시력을 1.0으로 하였다.

5m에서 최소시각(minimum visual angle) 2분이 되는 눈의 시력은 0.5, 최소시각이 10분이 되면 0.1이고, 30초의 시각이면 2.0이 되는 식으로 기록한다. 일반적으로 시력은 분간할 수 있는 최소 공간을, 눈에서 보는 시각(visual angle, VA)의 역수로 측정한다.

그림 14-12에서, 10° 이하에서의 시각은

$$VA분 = \frac{3438 \times H}{D}$$

로 계산한다. 여기서 H는 자극의 높이이고, D는 눈에서 목표까지의 거리이다.

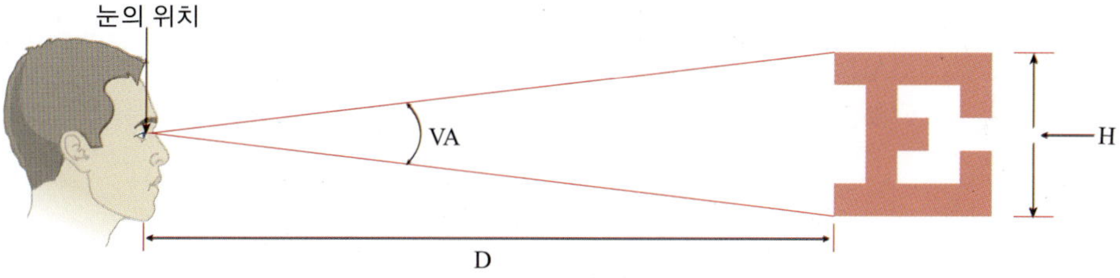

그림 14-12 시력척도

2) 시 야(visual field)

한쪽 눈으로만 보면 세상은 양쪽 눈으로 보는 것보다 좁게 보인다. 눈으로 한 점을 주시하고 있을 때에 그 눈이 볼 수 있는 외계의 범위를 **'시야'**라 한다. 이러한 주변시야로써 우리들은 외계의 물체를 발견하고 그 상호위치 관계를 파악할 수 있으므로 주변시야는 중심시야에 못지않게 중요하다. 주변시야는 물체의 형태 및 색채는 선명하지 못하지만, 물체의 움직임에는 예민하다. 중심시야가 양호하여도 시야가 좁아지면 외계와의 위치관계가 파악되지 않으므로 활동에 제한을 받는다.

시야의 주변부는 '시야계(perimeter)'라는 장치에 의해 측정할 수 있다. 이것을 '시야측정(perimetry)'이라고 하는데, 우선 한쪽 눈을 가리고 열린 눈을 중앙의 한 점에 고정시킨다. 그리고 작은 지표를 움직여서 그 지표가 보이기 시작하면 각도로써 나타내어 표시한다. 이것을 전부 연결하면 시야를 그릴 수 있다.

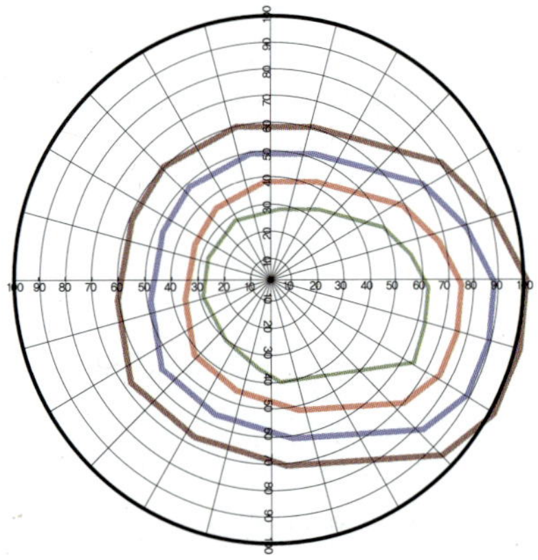

(A) 오른쪽 눈

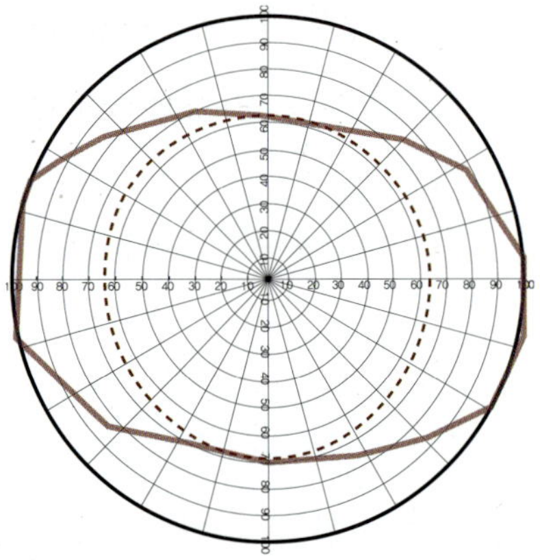

(B) 두눈 보기 시야

(A)는 오른쪽 눈만으로 관찰한 시야이며,
(B)는 두 눈을 다 뜨고 관찰한 시야의 범위이다.

그림 14-13 시야의 범위

3) 순응(adaptation)

오랫동안 밝은 곳에 있던 사람이 어두운 곳으로 들어오면 잘 볼 수가 없지만 시간이 지나면 서서히 주위가 보이기 시작하는 것을 우리는 극장 안에서 경험할 수 있다. 이와 같은 시각역치의 저하를 '**암순응**(dark adaptation)'이라고 한다. 일반적으로 암순응은 20분 정도 지나면 최대치에 달한다. 이와 반대로, 어두운 곳에서 갑자기 밝은 곳으로 나오면 빛이 매우 강하게 느껴지고 눈이 매우 부시게 된다. 그러나 시간이 지나면 시각의 역치가 올라가서 눈이 밝은 곳에 적응하게 된다. 이와 같은 순응에는 약 5분이 소요되며, 이것을 '**명순응**(light adaptation)'이라고 한다. 그러나 이것을 엄밀하게 말하자면, 단순히 암순응이 소실된 상태에 지나지 않는다.

암순응의 경과를 시간적으로 관찰하면 처음 2~3분간은 급속히, 다음 5~6분은 서서히 오르게 된다. 이 부위는 원추세포의 순응에 상당한다. 다음 시기는 간상세포의 순응에 의하여 처음에는 급속하게, 30분 후부터는 서서히 광각이 올라가서 약 50~60분에는 최고에 달한다. 따라서 암순응검사를 위해서는 최소한 30~40분간을 암실에 머물러 있어야 된다. 암순응 시에는 광각이 약 10만 배로 오르게 된다.

4) 안구운동(eye movement)

시야에는 중심시야와 주변시야가 있다. 인간의 눈은 대상물을 자세히 관찰하기 위해서 대상물을 항상 중심시야에 위치시키려고 노력한다. 즉, 안구를 대상물 쪽으로 끊임없이 향하게 하는데, 이때 생기는 움직임을 '안구운동'이라고 한다. 안구운동에는 4가지 형태가 있는데, 각각의 형태는 별개의 신경계통에 의해 지배된다. 그러나 최종적인 신경계는 동일하여, 외안근 군을 지배하는 운동 뉴런에 의해 조절된다.

단속성 운동(saccade)은 눈이 어느 한쪽에 고정된 다음에 다시 빠르게 옆으로 움직여서 다시 고정되는 형태의 운동인데, 독서 중에 쉽게 나타나는 현상이다. 추적운동(smooth pursuit movement)은 안구가 움직이는 물체를 추적할 때 나타나는 운동이다. 미로성 운동(vestibular movement)은 머리가 움직임에 따라 시선을 대상물에 고정시키는 운동이다. 수렴운동(convergence movement)은 몸 근처의 물체에 주의를 집중할 때 주시선을 그 물체에 모으기 위한 운동을 말한다.

5) 색각 (color sensation)

① 색의 특징

색은 **색상**(hue), **명도**(luminosity), **채도**(saturation)라는 3개의 특성을 가진다. 색상이란 스펙트럼 단색광에서 볼 수 있는 것처럼 파장의 차이로 인해 생기는 색채를 말하며, 빨강(647nm 이상)·노랑(585~575nm)·초록(575~492nm)·보라(424nm 이하) 등으로 나타낸다.

명도란 밝기의 차이를 나타낸다. 색은 백색성분의 혼합도에 따라 순수하고 선명한 색과 흐린 색으로 구별할 수 있는데, 채도란 이러한 정도를 말한다. 색상, 명도, 채도의 관계를 색원추로 표현하기도 한다.

스펙트럼의 갖가지 색을 빨강, 주황, 노랑, 파랑, 보라 순서로 배열한다. 빨강과 보라 사이는 스펙트럼에 없는 적자색을 끼워서 연결시키면 색상환이 만들어진다. 이 환의 색채는 가장 높은 채도의 순색으로 대표한다.

두 개 또는 그 이상의 단색광을 혼합하든지, 또는 동시에 망막의 같은 장소를 자극하면 단색광의 어느 것과도 다른 색각이 나타난다. 단색광 중에서 적당히 3개를 선택하여 이를 혼합하면 백색뿐만 아니라, 모든 단계의 색광을 얻을 수 있다. 이러한 세 가지 색을 '원색(primary color)'이라고 하며, 빨강·초록·파랑이 이에 해당된다.

또 모든 색광에서 다른 색광과 혼합하면 백색광이 되는 두 색을 '보색(complementary color)'이라고 한다. 빨간색과 청록색, 노란색과 자청색 등이 이에 해당되며, 색상환에서 서로 반대측에 위치하고 있다. 보색보다 근접하여 있는 두 색광의 혼합은 그 중간 색광이 되며, 더 떨어져 있으면 적자색조의 색이 된다. 이를 색명으로 부른 것이 너무 주관적이기 때문에 색채의 색상·명도·채도를 숫자적으로 표시하는 법, 또는 좌표식으로 표시하는 법 등이 이용되고 있다.

② 색각의 신경 메커니즘

색의 감각에 대해서 현재 가장 신빙성이 높은 학설은 영–헬름홀츠(Young–Helmholtz)의 '3원색설(trichromatic theory)'이다. 즉, 원추세포에는 적색(red), 녹색(green), 청색(blue)의 3가지 색 중 한 가지 색에만 예민한 3종류의 원추세포가 있는데, 이들 세포에서 감지된 자극에 의하여 대뇌피질로 하여금 여러 가지 색을 느끼게 한다는 학설이다(그림 14–14).

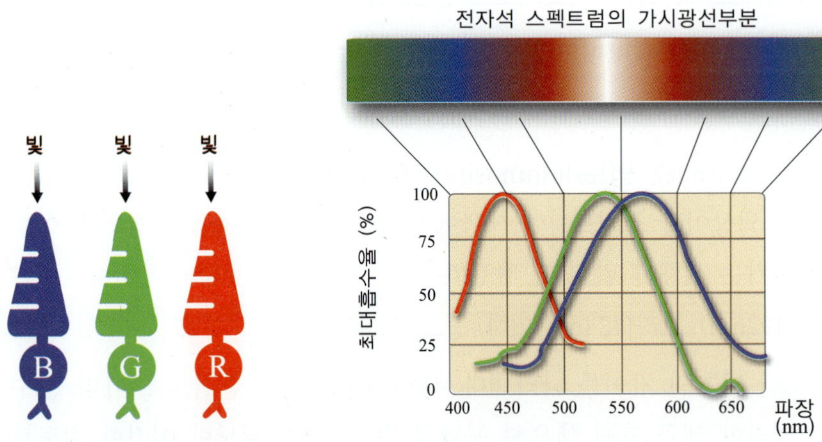

(A) 원추세포의 종류 (B) 색각 파장곡선

그림 14–14 원추세포의 종류와 각 세포의 스펙트럼 파장 범위

이 학설의 필요조건으로는, 첫째로 망막에 3종류의 원추세포가 존재할 것, 둘째로 각 원추세포는 별개의 감광색소를 가질 것, 셋째로 각 감광색소는 3원색의 하나에 대해 최대의 감수성을 가질 것 등을 요구한다. 다시 말하면 그렇게 해서 감지되는 색은 각 원추세포로부터 전기자극의 상대적 빈도에 의해 결정된다고 하는 설이다. 이 학설은 현재 DNA연구에 의한 각 감광색소가 밝혀져서 화학적으로 증명할 수 있게 되었다.

그러나 어떤 사람은 특정의 색을 구별하지 못하거나 전혀 느끼지 못하는데, 이것을 '색각이상(color blindness)'이라고 하며, 원추세포에 이상이 있을 때 발생한다. 색각이상은 정도에 따라 색약과 색맹으로 구분한다.

- **색약**은 정상인과 같이 3색계의 원추세포를 모두 지니고 있으나, 한 가지 또는 두 가지 형 이상의 원추세포가 기능적으로 부실하여 해당되는 색깔이 다른 색깔과 섞여 있을 때에 그 색깔을 구별하지 못하는 것을 말한다. 적색약, 녹색약, 청색약으로 구분하며 대체로 적색약과 청색약이 대부분이다.
- **색맹**은 3색계의 원추세포 가운데 어느 한 색계의 원추세포가 결손되어, 2색계만으로 모든 색조를 보는 경우를 말한다. 예를 들어, 적색계 원추세포가 결손되었을 때를 적색맹이라고 한다.

3. 청각(auditory sensation)

귓속에는 청각 이외에도 평형감각을 받아들이는 감각기관도 있다.

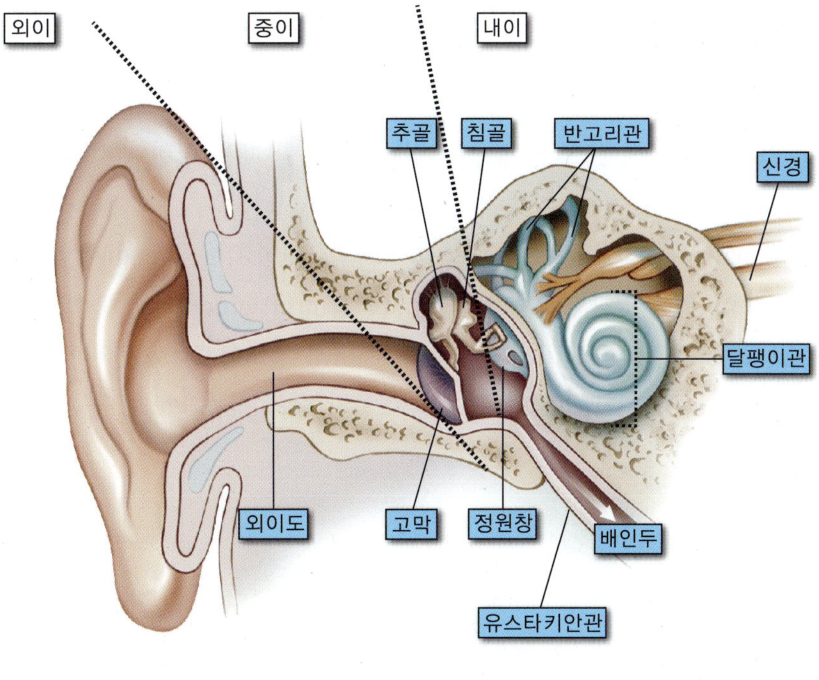

그림 14-15 귀의 구조

(귀는 크게 외이·중이·내이로 구분된다)

즉, 외이·중이·내이의 와우관은 청각에 관련된 기관이고, 내이의 반규관·난형낭은 평형감각에 관련된 기관이다. 청각과 평형감각의 감각 수용기는 유모세포이며, 내이에는 6종류의 유모세포가 있다.

⑴ 귀의 형태와 구조

① 외이(external ear)

외이는 귓바퀴(auricle)와 외이도(external acoustic meatus)로 이루어진다. 귓바퀴는 불규칙한 모양의 탄력연골로 되어 있으며, 음파를 모아서 외이도로 전달하는 기관이다.

외이도는 소리를 고막으로 유도하는 2.7cm의 S자 모양의 관이다. 고막이 받는 공기진동의 압력을 강하게 하며, 고유진동수는 3,000회/초 가량이다. 특히 외이도에 있는 피지선은 귀기름(ear wax)을 분비하여 피부건조를 막아줄 뿐만 아니라, 외부로부터 들어오는 먼지를 흡수하여 귀지를 만든다. 또한 외이도에는 가느다란 털(cilia)이 있어서 외부로부터 유입된 이물에 대하여 고막을 보호하는 등의 방어기능을 담당하고 있다.

② 중이(middle ear)

중이는 측두골 중에 있으며 공기로 충만된 공간이다. 중이는 이관을 통해 비인두와 연결되며, 또한 비인두를 거쳐서 외부로 향해 열려 있다. 이관은 평상시에 막혀 있으나, 재채기, 하품 등을 할 때는 열린다. 이로 인해 **고막**(tympanic membrane) 양측의 기압이 같아진다.

추골(malleus), 침골(incus), 등골(stapes)의 3개의 **이소골**(auditory ossicle)은 중이 속에 있다. 그 중 등골은 난원창(oral window)에 붙어 있다. 이들은 25mg, 27mg, 2.5mg의 크기에 지나지 않으며, 서로 관절에 의해 결합되어 음파에 의한 고막의 진동을 내이의 림프 진동으로 바꾸는 역할을 담당한다.

③ 내이(inner ear)

내이는 크게 2부분으로 구분된다. 한 개 부분은 다른 한 개 부분의 내부에 존재한다. 골성미로(bony labyrinth)는 측두골의 추체 내에 묻혀 있는 기관으로서, 이 안은 외림프(perilymph)라는 액체로 채워져 있다.

골성미로 안에는 막성미로(membranous labyrinth)가 있으며, 막성미로는 골성미로와 유사한 형태를 가진다. 막성미로는 내림프(endolymph)로 충만되어 있다.

골성미로는 전정(vestibule), 달팽이관(와우관, cochlea), 반고리관(semicircular canals)으로 되어 있다. 전정에는 난원창이 있고, 난원창은 등골의 진동으로 전정의 외림프액에 전달되며, 여기에서 다시 청각 수용기가 있는 와우각으로, 또는 평형감각 수용기가 있는 반고리관으로 전달된다.

달팽이관은 달팽이 껍질 모양으로 된 나선형의 긴 관이다. 사람의 달팽이관은 길이 35mm 정도로 2 3/4회전하고 있다. 달팽이관의 내부에는 코르티기관(organ of Corti)이 있다. 이것은 청각수용기인 유모세포(hair cell)로 구성된 기관이며, 기저막 위에 있다(그림 14-16). 유모세포의 돌기는 지지세포에 의해 지지되고 있다.

반고리관은 서로 수직방향으로 세워져 있는 3개의 고리를 따라 볼록해진 구형낭(saccule)과 난형낭(utricle)의 두 종류의 주머니가 발달한 구조로 되어 있고, 그 속은 림프액으로 가득 차 있다. 고리의 한 쪽 끝에는 팽대(ampulla)가 있고, 그 안에 회전가속을 감지하는 수용기인 팽대부(crista)가 있다. 그리고 이곳에서 전정신경(vestibular nerve)이 시작된다. 딱딱한 망상판(reticular lamina)에 의해 고정되어 있다.

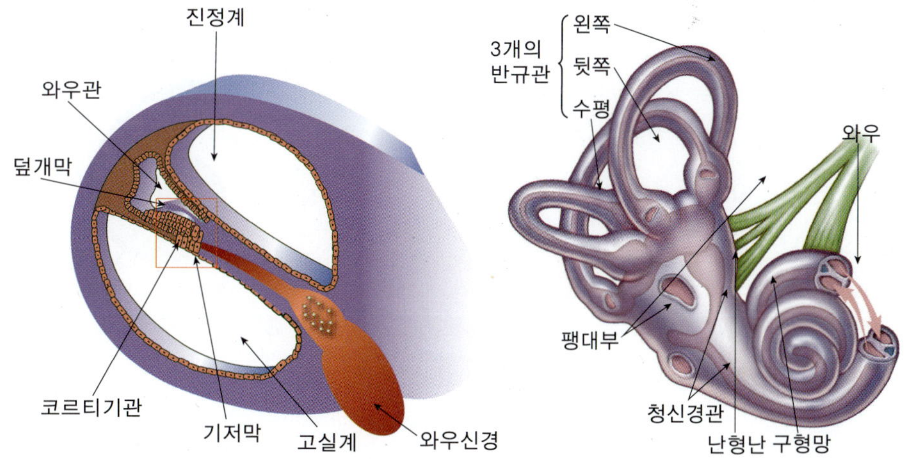

(A) 달팽이관 : 청각을 감지　　(B) 반고리관 : 회전 및 평형, 머리위치 등을 감지

그림 14-16 달팽이관과 반고리관의 구조

한편, 구형낭과 난형낭의 청각수용기는 청신경반(maculae)으로, 이석(耳石, otolith)이라고 불리는 작은 결정들이 있기 때문에 몸이 기울어지면 이석이 따라서 움직여서 기울어짐을 감지하게 된다. 그러므로 청신경반은 평형가속과 머리위치를 감지하는 수용기이다.

1) 청각의 신경전달

청신경의 전기 자극을 전달하는 신경세포는 와우핵에서 발생하여 여러 경로를 거쳐서 하구(inferior colliculus)에 도달한다. 하구란 주로 청각에 관련된 반사중추이다. 이것은 다시 시상의 내측 슬상체(medial geniculate body)를 지나 대뇌 청각피질(auditory cortex)에 도달한다.

양쪽 귀로부터의 정보는 최종적으로 대뇌 1차 청각피질에 도달하는데, 이곳은 사람의 경우 대뇌 외측구의 아랫부분에 있으며, 보통 뇌의 표면에서는 보이지 않는다.

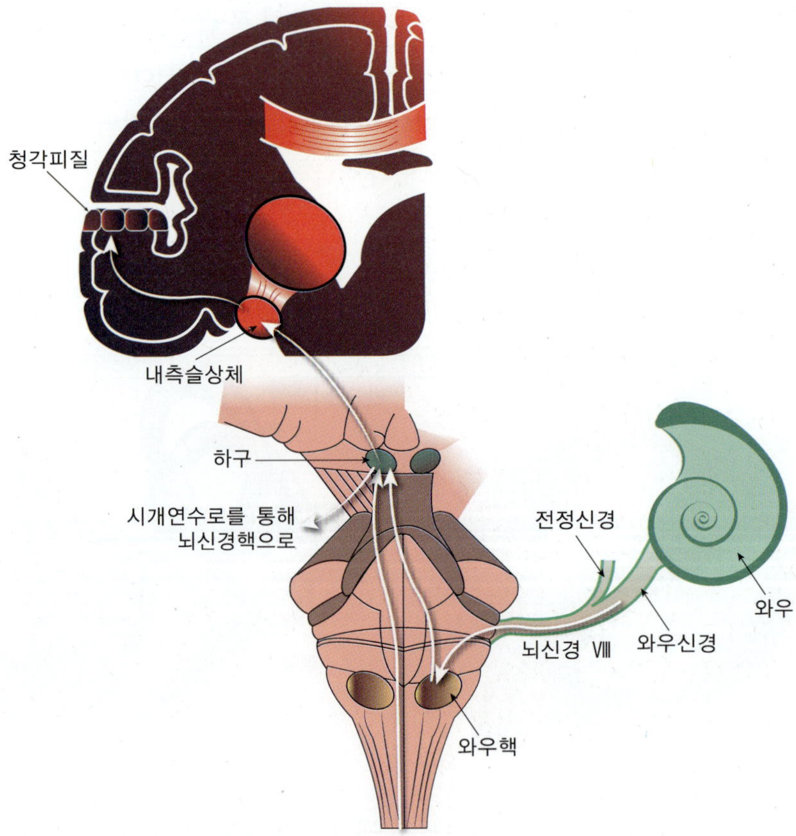

그림 14-17 청각 흥분전도로

(2) 음파의 느낌

귀에서 일어나는 기계적 과정에 대해서는 오래 전부터 알려져 있었으나, 음의 진동을 듣고 구별하는 과정은 아직도 완전히 이해되지 않고 있다. 청각과정에 대한 여러 이론은 보통 다음과 같이 두 가지로 양분된다.

2) 진동수 또는 전화기설

이 설은 기저막이 전체적으로 진동한다는 원리에 근거를 두고 있으며, 따라서 달팽이관은 진동수를 분석하는 것이 아니라, 단순히 전화기와 같이 귀로 들어온 음파에 의해 가해지는 진동수를 그대로 신경계에 전달할 뿐이라는 것이다. 그러므로 신경 충동(neural impulse)을 분석하여 해석하는 일은 뇌가 하게 된다.

이 설은 다음과 같은 현상을 잘 설명해 준다. 즉, 약 60Hz까지의 저주파 영역에서는 기저막의 진동이 청신경에 음의 장단(rhythm)과 일치하는 바늘(spike) 모양의 전기적 신경 충동들을 일제히 일으킨다. 그리고 음압(강도)이 증가하면 이에 따라 각 장단 주기 내에 들어찬 '바늘' 수도 증가한다. '바늘' 수와 이들의 장단이 음량과 음의 높이를 전달한다.

3) 위치(place) 또는 공진(resonance)설

60Hz를 넘어서면서부터는 다른 현상이 시작된다. 기저막은 전체적으로 같이 진동하지 않고, 음에 따라 막이 최대로 진동하는 위치가 달라진다. 진동수가 높아지면 음의 높낮이를 나타내는 '바늘' 들의 장단이 불규칙하게 되고, 진동수에 따른 막의 다른 부분의 선택성이 점차 높낮이의 결정을 떠맡게 된다. 4,000Hz를 넘어서면, 음의 높이는 전적으로 기저막 상의 최대 진폭의 위치에 의해서 결정된다.

이 현상을 설명하는 것이 위치설 혹은 공진설이다. 이는, 기저막의 섬유는 그 위치에 따라 길이가 서로 다르기 때문에 진동수에 따라 감수성이 달라지게 되어, 음의 높고 낮은 느낌을 준다는 가정에 근거를 두고 있다. 이 경우, 배음들은 기저막 상의 여러 위치에 있는 일련의 섬유들을 자극한다.

(3) 음파의 성질

소리 또는 음(sound)은 음원이 진동함으로써 발생한다. 음원의 진동은 주로 대기를 통해 귀로 전달된다. 소리의 기본적인 속성은 주파수(진동수)와 세기(진폭)이다.

소리굽쇠(tuning fork)를 두드리면 소리굽쇠가 진동하면서 정현파(sinusoidal wave)를 만든다. 정현파는 중심선 상하의 파형이 동일한 형태로 반복되는 특징을 가진다. 이때 1초당 사이클 수를 '진동수'라 하며, hertz (1Hz=1cycle/s)단위로 표시한다. 피아노에서 중앙 '다(C)' 음의 주파수는 256Hz이다. 사람의 귀는 20~20,000Hz를 감지할 수 있는데, 물리적 음의 주파수는 인간이 감지하는 음높이와 관련이 있다. 주파수가 크면 고음이 되고, 주파수가 작으면 저음이 된다.

음의 세기(sound intensity)는 인간이 감지하는 음의 크기와 관련이 있다. 음의 세기의 기본단위는 bel이다. 이 값은 두 개의 음의 세기의 비를 대수 log로 나타낸 것이다. 일반적으로 데시벨(decibel, dB)을 사용하며, 1dB=0.1B이다.

음압 수준(SPL, sound pressure level)이란 음원의 출력을 측정하는 기준으로, 다음과 같이 정의된다.

$$SPL(dB) = 10 \log P_1^2/P_0^2$$

여기서 P_1은 측정하려는 음압이고, P_0는 기준 음압이다.

표 14-3 여러 음에 대한 데시벨(dB) 수준

소 음 권	dB	음압비	sone*
경보사이렌	140	107	1,024
제트엔진(15m 거리)	130	106.5	512
회전 톱	110	105.5	256
압기식 드릴(3m 거리)	100	105	64
공장(사람 통행 많음)	80	104	16
사무실(사람 통행 적음)	60	103	4
조용한 사무실	40	102	1
속삭임	20	10	0.25
가청 최소 수준	0	1	

*sone(음의 상대적 · 주관적 크기)

이 식은,

$$SPL(dB) = 20 \log P_1/P_0$$

로 바꿀 수 있으며, 일반적으로 $P_0=20\mu m\ N/m^2$이다.

표 14-3에는 전형적인 음원에 대한 dB 수치가 나와 있다.

14-2 체성감각(Somatic Sensation)

피부, 관절, 장기 등을 자극하면 촉각, 압각, 온도감각, 통각 등의 여러 감각이 발생하는데, 이것은 감각점(sensory spot)이라는 부위가 점 모양으로 전신에 흩어져서 분포되어 있기 때문이다. 이들 감각점을 거쳐 일어나는 감각 중에서 피부, 관절 및 건에서 시작되는 감각을 체성감각(somatic sensation)이라고 한다.

체성감각은 크게 네 가지, 즉 촉각-압각(touch-pressure), 고유감각(proprioception), 온도(temperature)감각과 유해자극 감각(nociception)으로 구분된다.

1. 체성감각의 전달 경로

체성감각은 감각 뉴런들을 거쳐 대뇌의 체성감각 피질과 소뇌로 투사된다. 즉, 1차 감각 뉴런은 정보를 체성 수용기로부터 중추신경계로 보내는데, 이 중 유해자극 감각, 온도 및 몇몇 촉각 자극과 관련된 뉴런들은 척수에서 시냅스를 형성한다. 대부분의 촉각과 고유 수용기의 뉴런은 수용기에서 시작하여 척수나 연수에 이르는 매우 긴 축색을 갖고 있다.

체내의 모든 감각은 좌·우가 교차된다. 2차 감각 뉴런은 시상(thalamus)으로 가고, 거기서 대뇌 피질의 체성감각 영역으로 투사되는 3차 감각 뉴런과 시냅스를 형성한다. 한편 대부분의 경로는 이들 정보가 몸과의 균형, 움직임들과 조화를 이룰 수 있도록 소뇌로 가지를 쳐서 보낸다. 체성감각 피질은 상행 감각로가 시작되는 위치를 감지하는 뇌의 일부분으로 각각의 감각로는 대뇌피질에 해당 영역을 갖고 있다(chapter 12 참조).

check point

● 대뇌피질 체성감각 영역의 연구는 어떻게 이루어졌을까?

체성감각 피질에 관한 재미있는 연구 중의 하나가 간질성 발작을 일으키는 신경조직을 파괴하는 뇌수술을 받는 환자에게서 이루어졌다. 뇌조직은 통각 섬유를 갖고 있지 않다. 따라서 국소마취를 하여 환자가 의식이 있는 상태에서 뇌수술을 하는 과정에 뇌의 특정한 영역을 자극하고, 이때 느끼는 감각을 설명하게 함으로써 뇌 영역에 대한 많은 지식을 얻을 수 있다. 또한 동물의 말초 수용기를 자극하고 피질에서의 전기적 활성을 측정할 수도 있다.

이러한 실험들로부터 알게 된 사실 중의 하나는 몸의 특정한 부위가 촉각 및 다른 감각들에 대하여 예민하면 할수록 피질에서의 그 감각에 해당하는 영역이 더욱 더 넓어진다는 것이며, 피질 영역의 크기가 고정되어 있지 않다는 것이다.

따라서 우리가 몸의 특정한 부위를 훨씬 다양하게 이용한다면 해당 피질영역의 면적은 더욱 넓어질 수 있다는 것이다. 실제로 시각 장애인이 손끝으로 점자를 읽게 되면 손끝에 해당하는 체성감각 피질영역이 넓어진다. 손톱 크기의 면적에 1천여 자의 글씨를 새겨 넣는 경우와 같은 인간의 능력은 그러한 형태의 뇌의 가소성(plasticity)에 의한 것이라고 할 수 있다.

2. 촉각-압각(touch-pressure sensation)

촉각-압각 수용기는 우리 몸에서 가장 흔한 수용기의 하나이며, 피부의 최상층과 내장 등에 모두 존재한다(그림 14-18). 이들 수용기의 크기는 매우 작아서 연구에 어려움이 따르며, 그 중 체내에서 가장 큰 수용기의 하나인 파치니 소체(Pacinian corpuscles)에 대하여 가장 많은 연구가 되어 있다.

파치니 소체는 결체조직에 둘러싸인 신경종말로 구성되어 있으며, 피하, 근육, 관절 및 내장기관에서 발견된다.

파치니 소체는 매우 높은 빈도의 진동에 반응하며, 이때 기계적인 힘에 의하여 열리는 이온통로(mechanically gated ion channels)를 연다. 이 소체는 그 자극이 계속되는 경우에도 자극 전달을 종결시켜 버리는 적응이 빠른 수용기(phasic receptor)이다. 이 성질 때문에 촉각은 변화에 쉽게 반응하지만, 곧 그것에 무디어지는 현상을 나타낸다. 표 14-4에 촉각-압각 수용기의 종류와 특성을 나타내었다.

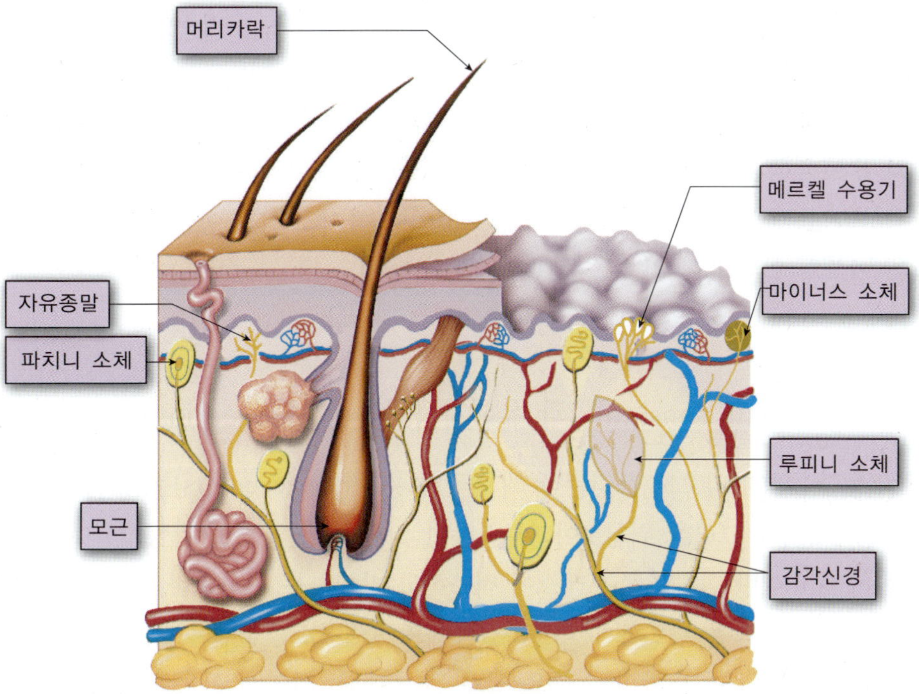

그림 14-18 촉각-압각 수용기

표 14-4 촉각-압각 수용기

수 용 기	자 극	수용기의 위치	구 조	적응성
자유신경종말 (free nerve endings)	다양한 촉각, 압각의 자극	모근 주위와 피부 표면 아래	무수신경 종말	다양함
마이스너 소체 (Meissner's corpuscle)	근진동(flutter)	피부 밑 얕은 곳	결체조직에 둘러싸인 모양	빠름
파치니 소체 (Pacinian corpuscles)	진동	피부 깊숙한 곳	결체조직에 둘러싸인 모양	빠름
루피니 소체 (Ruffini corpuscles)	피부의 계속된 압박	피부 깊숙한 곳	팽창된 자유종말	느림
메르켈 수용기 (Merkel receptors)	피부의 계속된 압박	피부 밑 얕은 곳	팽창된 자유종말	느림

3. 온도감각(temperature sensation)

온도수용기는 피부의 피하층에서 끝나는 자유종말이다. 냉각 수용기(cold receptors)는 우선적으로 체온보다 낮은 온도에 민감하며, 온각 수용기(warm receptors)는 체온(37℃)보다 높은 온도에서 45℃ 사이의 온도에서 자극을 받는다. 이 이상의 온도에서는 통각수용기(pain receptors)가 활성화되며, 통증을 수반한 열감을 느끼게 된다.

온도수용기에 대한 감지 영역은 직경 1mm 정도이며, 수용기는 전신에 걸쳐 산재되어 있다. 온각수용기보다는 냉각수용기가 더 많다. 온도수용기는 보통 20~40℃ 사이에 적응하며, 그 밖의 범위에서는 수용기가 적응하지 못하므로 조직이 손상될 우려가 있다. 한편 뜨거운 국을 마시면서 '시원하다'고 하는 경우처럼 45℃ 이상 고온의 자극이 오히려 냉감을 일으키는 경우가 있는데, 이것을 모순냉각(paradoxcial cold sensation)이라고 한다.

4. 통각(pain sensation)과 유해자극감각(nociception)

'통각수용기'라고도 불리는 유해자극 수용기(nocireceptors)는 조직을 손상시키거나 그러한 위험성이 있는 강한 자극들에 의하여 활성화된다. 통증(pain)이란 환경적 스트레스에 적응하고 방어하는 반응이다. 예를 들어 우리가 근육을 과도하게 사용하였음에도 불구하고, 불편을 느끼지 못한다면 근육은 더욱 빨리 손상을 입게 될 것이다. 따라서 통증은 오히려 생체가 더욱더 심한 손상을 입지 않도록 주의를 줌으로써 우리를 보호하는 기능을 담당한다.

(1) 통각의 전달경로

통증에 대한 구심성 신호는 두 종류의 서로 다른 1차 감각 섬유에 의해 전달된다(표 14-5). 날카로우면서도 국소적으로 나타나는 빠른 통증(fast pain)은 작은 유수 신경섬유인 Aδ섬유에 의해 빠르게 전달된다. 한편, 보다 둔하고 분산되어 있는 자극인 느린 통증(slow pain)은 작은 무수 신경섬유인 C섬유에 의해 전달된다. 이들의 시간적 차이는 돌에 발부리를 채인 경우처럼 중추신경계로부터 멀리 떨어진 곳에서 자극이 발생할 때에 명확하게 알 수 있다. 이 경우, 처음에는 빠르고 찌르는 듯한 통증을 느끼지만, 뒤이어서 둔한 통증이 짧은 간격으로 반복된다.

통증에 대한 수용기는 화학적·기계적 또는 온도적 자극에 대해 반응하는 자유신경종말이다. 이 수용기는 조직이 손상을 받으면서 유리되는 많은 종류의 분자들이 활동전압 역치를 낮춤으로써 활성화된다. 통각의 화학 매개체는 상해세포에서 유리된 히스타민이나 프로스타글란딘뿐만 아니라 상처에 의해 활성화된 혈소판에서 유리된 세로토닌 등이 포함된다.

한편 1차 감각뉴런은 신경전달물질이면서 통증경로를 항진시키는 조절자(modulator)로서의 역할을 담당하는 펩티드인 substance P를 방출한다.

고통스런 자극은 대뇌피질로 가서 의식이 되는데, 모든 자극에 대한 반응이 피질로 가는 것은 아니며, 일부는 척수로 가서 반사(reflexes)를 일으킨다(chapter 12 참조). 통증감각의 상행로는 피질의 감각영역뿐만 아니라 변연계와 시상하부로도 간다. 따라서 통증은 정서적인 고통과 메스꺼움, 구토, 땀 등의 자율신경적인 반응을 동반한다.

(2) 통증의 억제통로

같은 강도의 자극에 대하여 어느 정도의 통증을 느끼는지는 신경계에 의해서 조절될 수 있다. 그것은 과거 경험에 의해 커질 수도 있고, 죽느냐 사느냐가 문제가 되는 비상상태에서는 상해로 인한 통증을 느끼지 못하기도 한다. 후자의 경우, 통증의 하행로는 시상을 거쳐 지나가서 유해자극 수용기를 억제한다. 통증은 자극이 상행 감각로로 올라가기 전에 척수의 후각(dorsal horn)에서 억제될 수도 있다.

통증조절에 관한 한 이론(gating theory)은 비자극성의 체성 수용기로부터의 Aβ와 Aδ뉴런은 그들의 억제활성을 증가시키도록 억제 뉴런과 시냅스를 형성한다는 것이다. 자극이 A와 C섬유로부터 동시에 억제 뉴런에 닿게 되면 전체 반응은 통증의 상행로를 부분적으로 억제시키며, 따라서 뇌가 느끼는 통증은 줄어들게 된다.

팔꿈치나 정강이를 부딪쳤을 때 문지르면 통증이 완화되는 것도, 아마 그러한 촉각성 자극이 A섬유를 활성화시켜서 통증 신호가 피질로 전달되는 것을 막는 데에 도움이 되기 때문일 것이다.

표 14-5 체성감각 신경섬유의 분류

섬유 타입	섬유의 특성	전도 속도	관련 자극
Aβ	유수 신경 섬유, 크다	30~70m/초	기계적 자극
Aδ	유수 신경 섬유, 작다	12~30m/초	낮은 온도, 빠른 통증, 기계적 자극
C	무수 신경 섬유, 작다	0.5~2m/초	느린 통증, 온도, 기계적 자극

(3) 골격근과 내장의 통증

통증은 피부뿐만 아니라 골격근과 내장에서도 느낄 수 있는데, 운동 중 느끼는 근육의 통증은 근육대사 시에 산소결핍으로 인한 혐기적 대사산물에 의한 현상이다. 산소공급이 저하되면 혈류량이 부족해지면서 오는 허혈성의 근육통이 심근경색증(myocardial infarction)에서도 일어나는데, 통증은 보통 그 위치에서 일어난다기보다는 자극의 발생지와 떨어진 곳에서 느끼게 된다(그림 14-19).

예를 들어, 심근 경색증의 통증은 목과 왼쪽 어깨, 팔 아래에서 느껴진다. 이러한 현상을 '연관통(referred pain)'이라고 하며, 이것은 복합성의 1차 감각 뉴런이 하나의 상행로로 수렴되기 때문에 일어난다. 이 현상은 통증 자극이 내장 수용기에서 일어났을 때에 뇌는 이 신호를 체성 수용기로부터 발생한 다른 보통 신호들과 구분할 수 없게 되고, 따라서 뇌는 그 통증이 내장뿐만 아니라 다른 체성영역으로부터도 온 것으로 해석하게 된다.

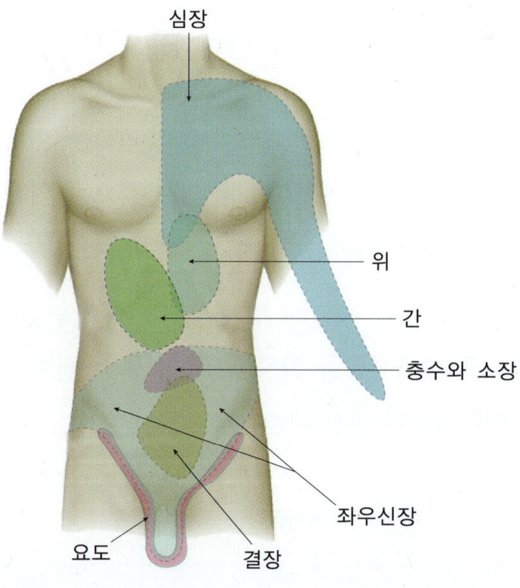

그림 14-19 연관통(referred pain)

내장 부위에서 발생한 통증이 그곳에서 느껴지기보다는 오히려
통증 발생 부위에서 떨어진 체표부위 등에서 느껴지는 통증을 말한다.

check point

환상지 현상(Phantom Phenomenon)

환상지(幻想肢) 현상이란 절단해 버린 손가락처럼 이미 존재하지 않는 사지 등에서 느끼는 통증이다. 손가락 안에서의 정상적인 통증의 인식은, 손가락 내에 있는 통각 신경섬유 종말의 자극에서 온다. 활동전압이 통각 뉴런에 의해 중추신경계(CNS)로 전달되고, 그곳에서 통증이 감지된다. 만일 손가락이 절단되었다면 손가락에 있는 신경종말도 없어졌을 것이다. 그런데 통각 뉴런의 나머지 부분은 아직도 남아 있다.

만일 이 중에 어느 곳이라도 자극을 받는다면 활동전압은 예전과 같이 CNS로 전달될 것이다. CNS는 그 활동전압이 신경종말에서 온 것인지 감각 뉴런의 다른 부분에서 온 것인지를 구분할 수 없기 때문에 그 통증이 예전처럼 손가락에서 온 것이라고 해석을 내린다.

이것은 환상지 현상이 어려서부터 손가락이 절단된 경우에는 잘 나타나지 않고, 신경의 성장 · 발달이 끝난 성숙한 상태에서 전달된 경우에 나타나는 것을 보아도 이해할 수 있다. 비슷한 현상이 팔꿈치를 가로지르는 척골 신경(ulnar nerve)을 부딪혔을 때 나타난다. 그 뉴런은 팔꿈치가 자극을 받았어도 통증은 4번째와 5번째 손가락에서 느끼게 된다.

비록 감각 뉴런으로부터 들어온 정보에 환상지 현상의 요소가 있다고 할지라도, 아마도 다른 요소들도 포함되어 있을 것이다. 최근에 뇌는 끊임없이 몸의 다른 부분들을 인식하고 있고, 그것을 위한 신경망(neural network)이 갖추어져 있다는 제안이 나오고 있다. 몸의 부분들이 제거되었을 때조차도 뇌는 그 부분이 아직도 거기에 있다는 느낌을 만들어 낸다.

통증 조절에 있어서의 진통제, 엔돌핀과 침(針)의 역할

- **진통제**(analgesic drugs) : 만성통증에 시달리는 많은 사람들을 위한 효율적이면서도 안전하고 새로운 진통제의 개발은, 많은 의료인들의 중요한 관심사이다. 진통제의 종류는 아스피린에서부터 모르핀(morphine)과 같은 아편성 약품(opiates)에 이르기까지 다양하다. 아스피린은 프로스타글란딘을 억제하여 상해를 입은 곳으로부터 통증의 전달을 늦추는 것으로 보인다. 아편성 약품은 뇌에 작용하여 하행로를 활성화시킴으로써 통증 신호가 뇌로 들어오는 것을 저해한다.

- **엔돌핀**(endorphins): 흔히 수술을 위하여 사용하는 마취(anesthesia)는, 느낌이나 감각을 잃게 하는 것이다. 특히 통증 감각이 소실된다. 국소마취는 신경 근처에 약물을 주입하여 몸의 부분으로부터 통증 전달을 억제하는 것이며, 일반적인 마취는 사람을 무의식 상태에 있게 함으로써 통증을 느끼지 못하도록

한다. 그러나 약을 복용하는 것만이 통증을 억제시키는 유일한 길은 아니다. CNS 내에는 자연적인 통증억제체계가 있으며, 뇌와 척수는 엔돌핀 및 그와 유사한 화학물질을 생산한다. 엔돌핀은 '생체 내에서 생산된 내인성의 모르핀(endogenous morphine)과 비슷한 화학 물질' 이라는 뜻에서 따 온 명칭이다.

오래 전부터 사람들은 모르핀이 통증을 억제한다는 사실을 알아왔으나, 그것이 어떻게 작용하는지는 이해하지 못하였다. 모르핀은 엔돌핀과 구조적으로 유사하며, 그러한 물질이 생체 내에서 생성된다. 엔돌핀과 몰핀은 시냅스에 작용하여 활동전압이 뉴런을 통해 전달되는 과정을 저해한다.

사람이 고통스런 자극을 받게 되면 활동전압은 감각 뉴런에 의해 CNS로 전해지며, 감각뉴런은 이 감각을 대뇌피질과 뇌의 다른 부분으로 전하기 위해 연합 뉴런과 시냅스를 형성한다. CNS 안에서 엔돌핀은 통증과 관련된 신경로에 활동전압이 전달되는 것을 막는다.

결과적으로 훨씬 적은 활동전압만이 대뇌피질에 도달하게 되므로 통증을 덜 느끼거나 느끼지 않게 된다. 운동, 임신과 다른 형태의 스트레스를 겪는 동안에 고통스런 자극에 대한 감수성이 줄어드는 것도, 엔돌핀 및 이와 유사한 화학물질의 생성이 증가한 결과일 것이다.

• 침(acupuncture): 최근 서양에서는 통증을 조절하는 데에 있어서의 침의 효과를 매우 긍정적으로 받아들이고 있다. 침술은 몸의 특정한 위치에 바늘을 찔러 넣음으로써 기(氣)라고 하는 에너지의 형성을 증가시켜서 회복을 촉진시키는 동양의 의술이다. 오랜 동안 서양의 의학은 침이 위약(僞藥)의 효과에 기인하는 것이라고 비난하며, 그 효과에 냉소적이었다.

실제로 환자가 치료를 믿으면 치료가 되는 경우가 많다. 그런데 최근 침의 치료효과가 실험에 의해 생리학적으로 증명되는 예가 많이 발표되고 있다.

침에 대한 선구적 이론은, 적당한 위치에 찔러 넣은 침이 어떤 형태의 감각뉴런을 자극하고, 그것이 뇌에 의해 엔돌핀(endorphine)의 방출을 자극한다는 것이다. 현재 서양에서의 침에 대한 연구는 통증을 완화시키는 측면에만 집중되어 있지만, 뇌졸중에 따른 신경손상으로부터의 회복과 약물 및 알코올 중독의 치료에 있어서도 유용한 연구 결과가 기대된다.

Chapter

15. 생식

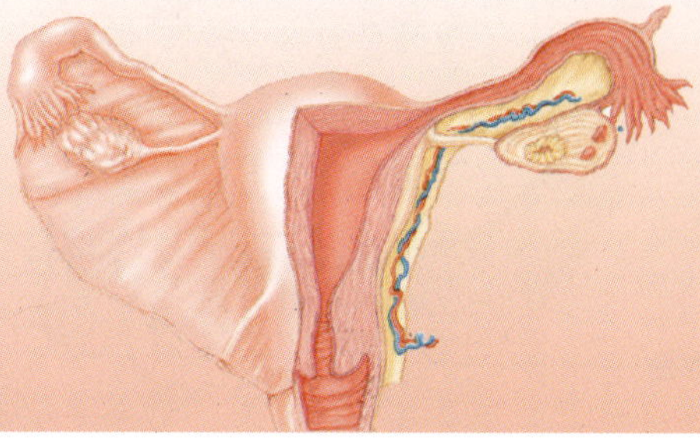

사람의 **생식**(reproduction)은 인류의 종족보존이란 관점에서 매우 중요한 의미를 갖는다. 사람뿐 아니라 모든 생물체의 가장 기본적인 본능의 하나가 생식이다.

인간의 수명은 한정되어 있고, 인류의 계속적인 존속은 생식의 과정을 통해 새롭게 이루어지는 것이다. 생식에서 가장 중요한 역할을 하는 기관은 **성선**(gonad)과 **뇌하수체**(pituitary gland)이다. **성선**은 성호르몬(sexual hormone)을 분비시키는 기관으로서 남성에서는 **정소**(testis), 여성에서는 난소(ovary)가 해당되며, 생식세포(난자·정자) 생성과 성호르몬 분비기능을 갖고 있다. 한 개의 정자와 난자가 접합하여 수정란(fertilized ovum)이 된다. 수정란은 여성의 자궁 내에서 발육하여 태아(fetus)가 되고, 그 후 분만에 의하여 신생아(new–born baby)가 된다.

뇌하수체는 신경계와 연결되어 성선의 기능을 조절하고, 내외환경에서 오는 여러 자극들을 조절하여 생식작용에 관여한다.

15–1 남성의 생식

1. 남성생식기

남성생식기는 정자와 성호르몬을 생성하는 정소(고환, testis)에서 정자의 체외 수송통로인 수정관(vas deferens), 정액을 생산하는 생식부속선(accessary gland) 및 정자를 여성의 질(vagina) 내로 유도하게 하는 음경(penis)으로 구성되어 있다(그림 15–1).

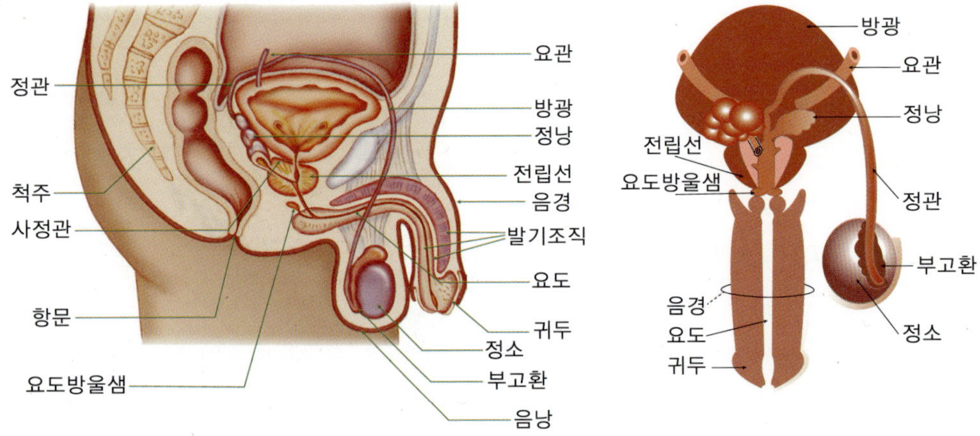

그림 15-1 남성생식기

정소는 한 쌍이 음낭(scrotum)에 싸여 있고, 음낭은 체외로 노출되어 정소의 온도를 체온보다 2~3°C 낮게 유지해 주는 역할을 한다. 그 이유는 만약 온도가 체온과 같거나 높으면 정자형성이 불가능하기 때문이다. 정소 내에는 정자를 생성하는 정세관(seminiferous tubules)이 있다. 정세관에서 생성된 정자는 부정소(epididymis)를 지나 정관(ductus deferens)을 통해 사정(ejaculation)되는데, 정낭의 이동통로는 짧고 가는 사정관(ejaculatory duct)으로서 요도(urethra)와 합쳐지게 되며, 그 끝이 음경이다.

사정관으로 요도가 합쳐지는 부분에 있는 생식부속선인 전립선(prostate), 쿠퍼씨 선(Cowper's gland) 등에서는 알칼리성의 정액(semen)이 분비되어 정자와 합해짐으로써 정자가 활발한 운동성을 갖게 해준다.

1회 사정 시에 약 3.5mL의 정액이 방출되고, 그 속에는 약 4억 개의 정자가 들어 있다. 정세관과 정세관 사이의 간질세포(interstitial cell)에서는 황체형성 호르몬(LH)의 도움을 받아 정자형성을 촉진하고, 2차성징을 나타나게 하는 남성호르몬인 테스토스테론(testosterone)이 분비된다.

2. 정자형성과정(spermatogenesis)

남성의 정소에서 형성되는 성세포를 '정자(spermatozoa)'라 하며, 그 형태는 길이가 50~60μm이고 머리와 가늘고 긴 꼬리로 구분된다. 머리에는 유전인자(gene)가 든 핵이 있고, 꼬리부분에는 운동력을 지닌 편모가 있다(그림 15-2, D 참조).

여성생식기 내에서 정자는 1~4mm/min의 속도로 운동하며, 사정 후 30~60분이 지나면 난관에 도달한다.

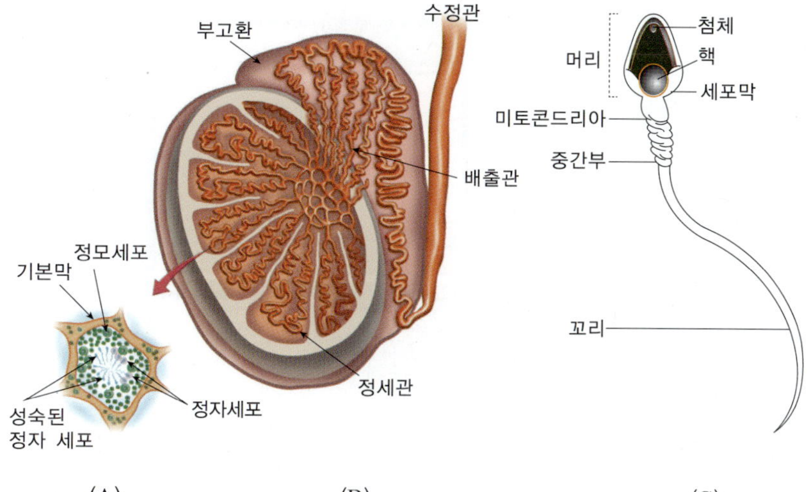

그림 15-2 고환의 구조(A, B: 고환의 조직학적 구조, C: 정자세포의 구조)

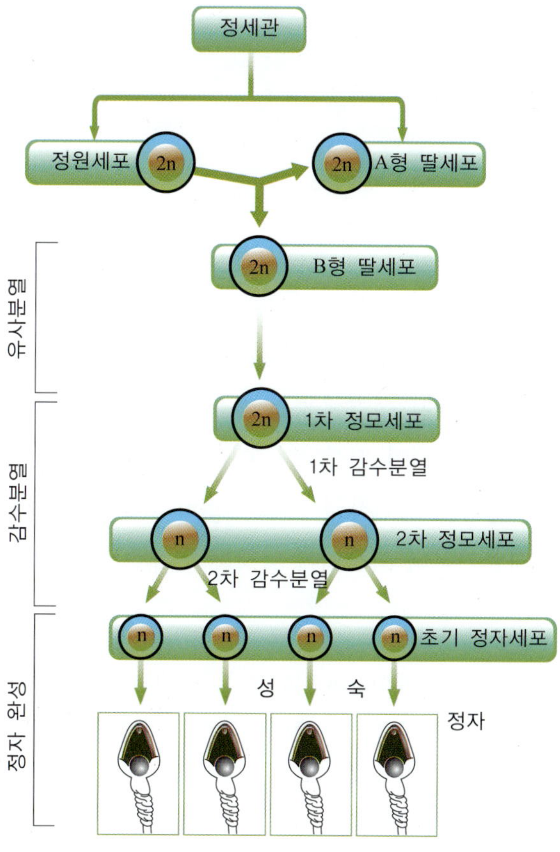

그림 15-3 정자 생성과정

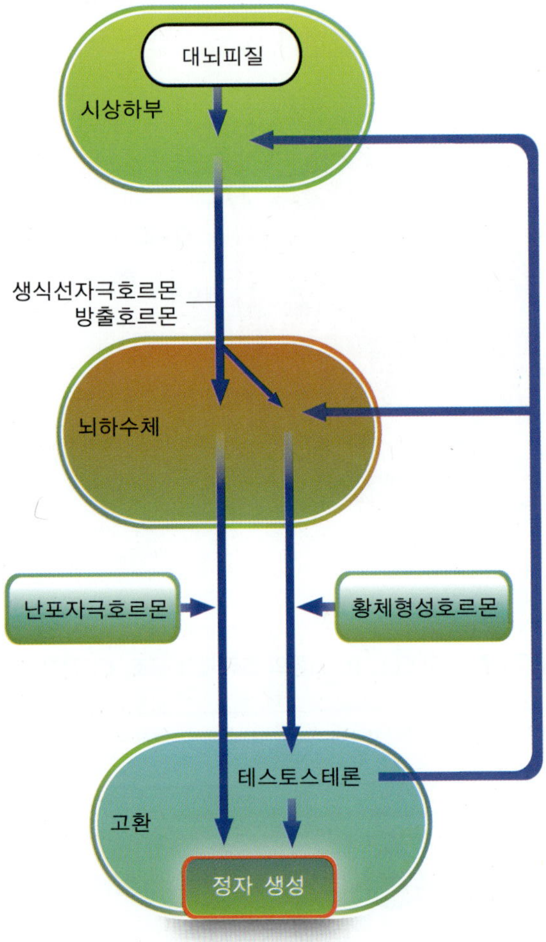

그림 15-4 남성호르몬 생성과 조절

핵에는 X와 Y 두 종류의 성염색체가 있어서 여성의 X성염색체와 결합하게 되는데, 난자가 어떤 성염색체를 가진 정자와 수정하느냐에 따라서 여성(XX), 남성(XY)의 성이 결정된다. 이러한 정자가 형성되는 과정은 다음과 같으며 정자형성은 성선자극 호르몬(gonadotropic hormone)이 분비되기 시작하는 사춘기부터 시작되어 일생동안 계속된다.

정세관벽의 배아상피가 있는 정원세포(spermatogonium)는 성숙되어 1차 정모세포(primary spermatocyte)가 되고, 다시 감수분열을 일으켜서 짝수인 46개의 염색체가 23개로 줄어든 2개의 2차 정모세포(secondary spermatocyte)가 된다.

2차 정모세포가 유사분열을 거쳐 정세관의 내강으로 이동하여 초기의 정자세포(spermatid)로 되면 세르톨리(sertoli)세포에 둘러싸여서 세르톨리세포가 분비하는 호르몬, 효소 및 영양물질을 받아 정자로 성숙된다. 정자생성, 즉 1차 정모세포 형성부터 정세관에서 미성숙한 정자가 배출될 때까지 약 64~75일이 소요된다. 고환의 정세관 내 미성숙 정자는 이동하는 동안 성숙되고 정관에서 사정될 때까지 보관된다. 정원세포의 성숙에는 여포자극 호르몬(follicle stimulating hormone, FSH)이 필요하고, 테스토스테론의 분비는 황체형성 호르몬에 의해 조절된다.

3. 발 기(erection)

음경(penis)은 남성의 교정기이면서 요도의 역할을 하는 원주상의 발기성 조직이다. 음경의 외피가 자극을 받으면 음부신경을 통해 척수의 천수(sacral cord)에 있는 발기중추가 흥분된다. 이 흥분은 부교감신경 섬유를 거쳐서 음경에 있는 발기조직의 혈관에 도달하게 된다. 그 결과로 발기조직에 있는 소동맥이 확장되고, 혈액이 높은 압력으로 들어가 발기조직 내에 많은 양의 혈액이 충만되어 음경이 단단하게 굵어지고 커지는 발기상태가 된다. 이는 반사성 발기이고, 성적 의욕에 의한 정신적 발기의 경우는 감각자극이 대뇌를 경유해서 대뇌로부터 흉·요수의 교감신경과 천수의 부교감신경을 통해 이루어진다.

4. 사 정(ejaculation)

사정은 척수반사로서, 정액이 요도로 이동하여 체외로 배출되는 현상이다. 즉 교감신경의 자극으로 남성생식기, 즉 고환을 비롯하여 부고환·정관·정낭·전립선 및 음경의 평활근을 수축시켜서 고환의 정자와 정액이 요도로 배출되어 질 내로 사출되는데, 이를 '사정'이라고 한다.

5. 남성호르몬

출생 후 14세 정도까지는 남녀간에 성적인 차이를 나타내지 않다가, 남성의 경우에 사춘기가 되면 난포자극 호르몬은 정세관에서 정자를 생산하도록 자극하고 황체형성 호르몬 혹은 간질세포자극 호르몬이 간질세포를 활성화한다. 성기관의 발달에 따라 이때부터 고환에서 테스토스테론(testosterone)이 분비되기 시작하여 남성의 특징을 갖추게 된다.

뇌하수체에서 분비되는 성선자극 호르몬(gonadotropin)에 의해서 고환의 라이디히(leydig)세포에서 테스토스테론이 하루 4~9mg 정도 분비된다. 이는 분비된 테스토스테론 중 97%에 해당되고, 나머지 5%는 부신피질에서 분비된다.

표 15-1 각 조직에서의 테스토스테론의 효과

조 직	반 응
음경과 음낭	분화 촉진
(털)모낭	털 성장에 관련 : 남성다움을 강조하는 가슴 · 얼굴 등의 부위에 털 성장 촉진
피 부	피부를 거칠게 함 : 남성적인 피부특성
후 두	후두를 증대시켜 변성시키는 역할
대부분 조직	대사율의 촉진
적혈구	적혈구생성 촉진 : 적혈구생성 촉진인자(erythropoietin)분비 증가의 결과로서 약 20% 증가
신 장	소금과 물 보유의 증가 : 여성보다 남성에서 더 크다.
뼈	빠른 뼈성장을 가져오고, 성장률을 증가시킨다.

분비된 테스토스테론 중 소량은 에스트로겐(estrogen)으로 전환되나, 대부분은 간에서 대사되어 담즙과 소변을 통해 배설된다.

테스토스테론은 남성의 제2차 성징 발현에 관여한다. 남성의 내외 생식기를 발육시키고 난포자극 호르몬과 함께 정자를 성숙시킨다. 또 생식기의 색소침착과 음낭의 주름을 깊게 하며, 몸 전체에 작용해서 얼굴·겨드랑이·가슴·음부 등에 털이 나게 한다. 또한 변성기가 오며, 피부에 있는 피지선의 분비를 증가시켜 여드름이 생기게 하고, 전두부 외측의 머리칼이 빠져서 여성이나 아이의 머리선과는 다른 형태를 갖게 된다. 유전적 소인이 있는 사람은 대머리가 되기도 한다.

테스토스테론은 다른 호르몬과의 작용으로 기초대사율이 5~15% 정도 증가하고, 단백질 합성을 촉진시켜 근육이 발달하고 성장이 촉진되며, 골격의 성장을 촉진시키고, 후에는 골단선의 폐쇄를 일으켜 성장을 정지시키는 작용도 한다. 반면에 결핍하면 성장 속도가 느리지만 성장기간이 연장된다(표 15-1).

성충동과 행위도 테스토스테론의 작용에 의한 것이며, 사춘기 전에 고환을 제거하면 2차 성징이 일어나지 않고, 여성적인 체형을 나타내며 근육의 증가량도 적다.

check point

● 남성불임증

남성의 불임증은 남성생식기의 염증, 생식관의 폐색, 전신적 감염 및 방사선조사 등으로 고환의 파괴가 일어난 경우이다. 이밖에도 선천적 기형의 정자형성 또는 정자의 수효가 너무 적은 경우(보통 1회 사정 시에 3억 개의 정자가 사출되는데, 1억 개 이하의 정자가 사출될 경우)에도 불임이 된다.

최근에는 환경호르몬의 영향으로 남성 정자 수가 감소된다는 학설이 있고, 이로 인한 남성불임이 우려되고 있다.

15-2 여성의 생식

1. 여성생식기

여성의 생식기는 내생식기인 난소·난관·자궁·질 등과 외생식기인 치구(smegma)·대음순(labia majora)·소음순(labia minora)·질전정(vestibule of vagina)·음핵(clitoris) 등이 있다.

여성의 주생식기관인 난소는 자궁의 좌우에 1쌍이 있으며 난자를 생성하고, 여성호르몬을 분비한다. 난관은 난소와 자궁 사이를 연결하는 약 10cm의 가는 관이며, 넓어진 부위를 난관팽대부라 한다. 그 끝에는 나팔관이 있다. 나팔관은 배란 시 난소로부터 배출된 난자를 받아서 난관팽대부를 통해서 난관으로 보낸다. 이 난자가 난관 내에서 수정이 되어 수정란이 되면 난관표면의 섬모들에 의해 자궁으로 내려간다. 그러나 수정이 되지 않으면 자궁내막의 탈락으로 월경혈이 배출된다(그림 15-5).

양쪽 난관이 만나는 곳에 자궁이 있는데, 자궁은 두꺼운 '평활근층'과 '자궁내막(endometrium)'이라고 불리는 점막층으로 되어 있다. 자궁의 하단부는 '경부(cervix)'라고 하며, 질로 이어져 있다.

2. 난자의 성숙과 배란

난자형성 과정은 정자형성 과정과 그 양상은 비슷하지만, 성숙되는 시기가 다르다.

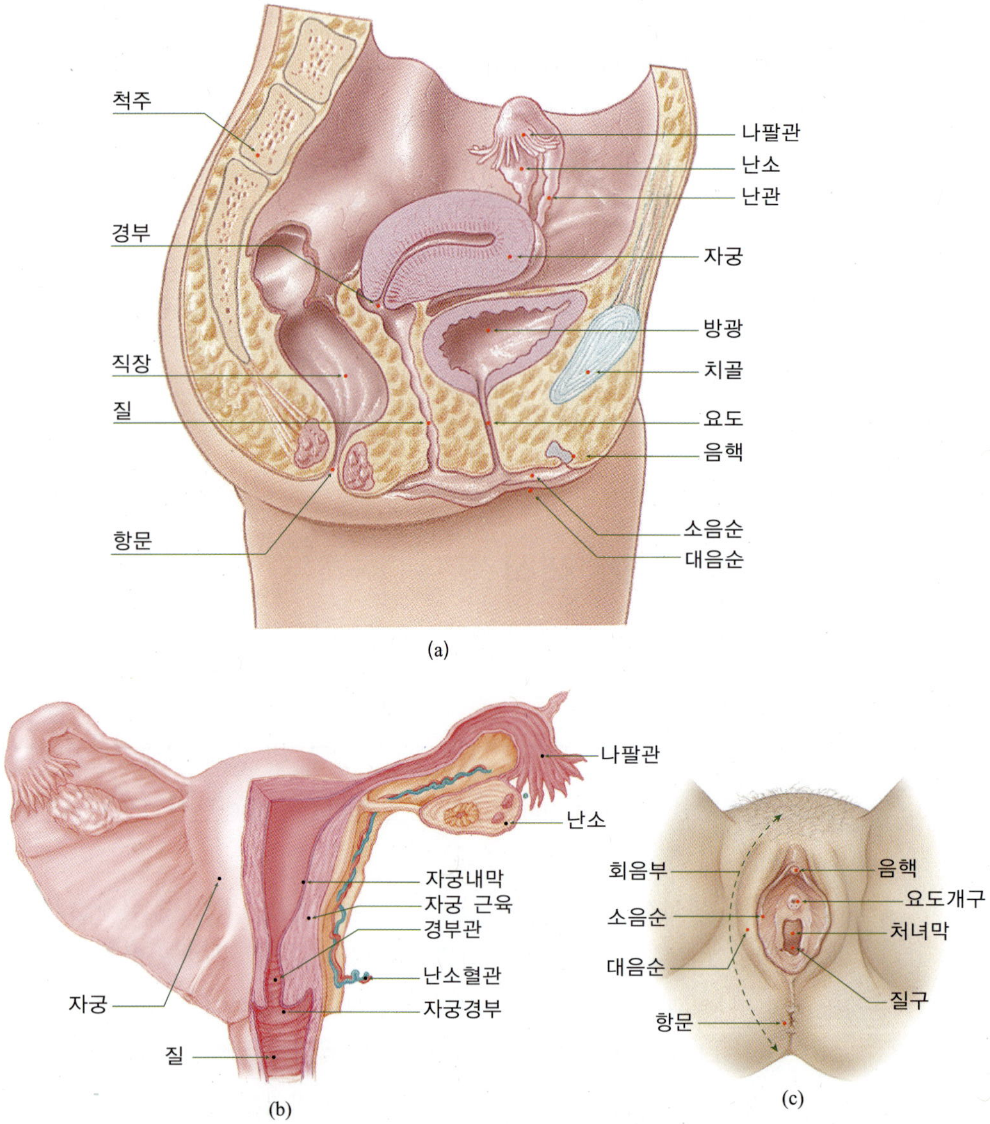

그림 15-5 여성생식기

남자의 경우는 정원세포가 사춘기에 이르러 성숙되기 시작하는 반면, 여자는 난원세포가 태아 때부터 이미 생성되어 있다가 이것이 일부 성숙되어 1차 난모세포(primary oocyte)로 되고 나머지는 퇴화한다.

'원시난포(primary follicle)'라 하는 1차 난모세포는 사춘기 때에는 40~50만 개가 존재하지만, 모두 성숙하여 난자가 되지는 않는다. 대부분이 유년기, 사춘기 및 생식기를 거치는 동안 변성·배란되어 수정할 기회를 가질 수 있는 것은 약 400개로, 여성 생식 연한인 30년 동안에 하나하나가 순차적으로 성숙한다.

성숙된 난자는 월경 후 14일째에 성숙된 난포가 파열되면서 난소에서 배출되어 복강으로 나와 난관 내에 들어가는 데 이를 배란이라 한다. 배란 후 난포는 황색조직인 황체가 된다. 황체세포는 황체호르몬(luteinizing hormone, LH)을 분비한다. 황체는 2주간 지속되다 수정이 안 되면 백체가 되며 호르몬은 분비되지 않는다. 대부분의 성주기는 난포 성숙, 배란, 황체와 백체의 형성으로 약 28일을 주기로 이루어지며 주로 뇌하수체 호르몬과 여성호르몬에 의해 조절된다.

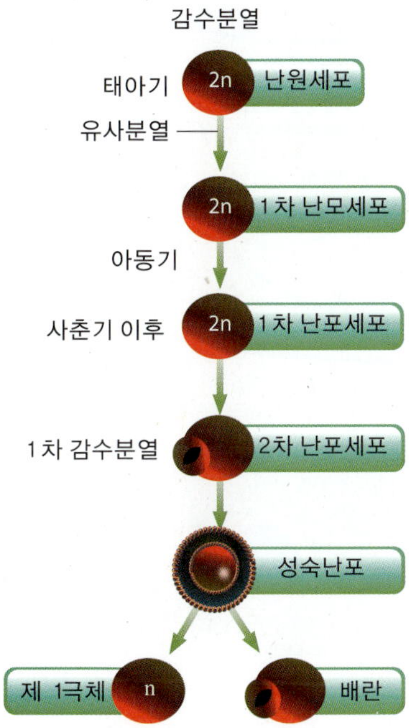

그림 15-6 난자 형성 과정

배란이 있은 이후에는 호르몬의 영향을 받아서 체온이 약간 상승하므로 배란의 유무를 판단할 수 있어서, 기초 체온곡선을 이용하여 배란일을 알 수 있다.

3. 월경주기(menstrual cycle)

사춘기 이후 여성은 대개 평균 28일을 주기로 3~5일에 걸쳐 약 20~200mL의 출혈을 하는데, 이를 월경(menstruation)이라고 한다. 여성은 정상적으로 일생을 통해 약 300~400회의 월경을 한다. 주기적으로 일어나는 월경은 성선자극 호르몬과 난소 호르몬에 의해 조절된다. 난포자극 호르몬과 황체형성 호르몬은 난소 등의 성선에 작용하므로 성선자극 호르몬이라고 하며, 서로 밀접하게 관련되어 있다.

월경개시 직후에 뇌하수체 전엽에서 난포자극 호르몬(FSH)의 분비가 증가하고 FSH에 의해 원시난포세포가 발육되어 성숙난포세포가 된다. 성숙난포세포는 난포 호르몬인 에스트로겐을 분비하고 자궁내막에 작용하여 자궁내막을 증식시킨다.

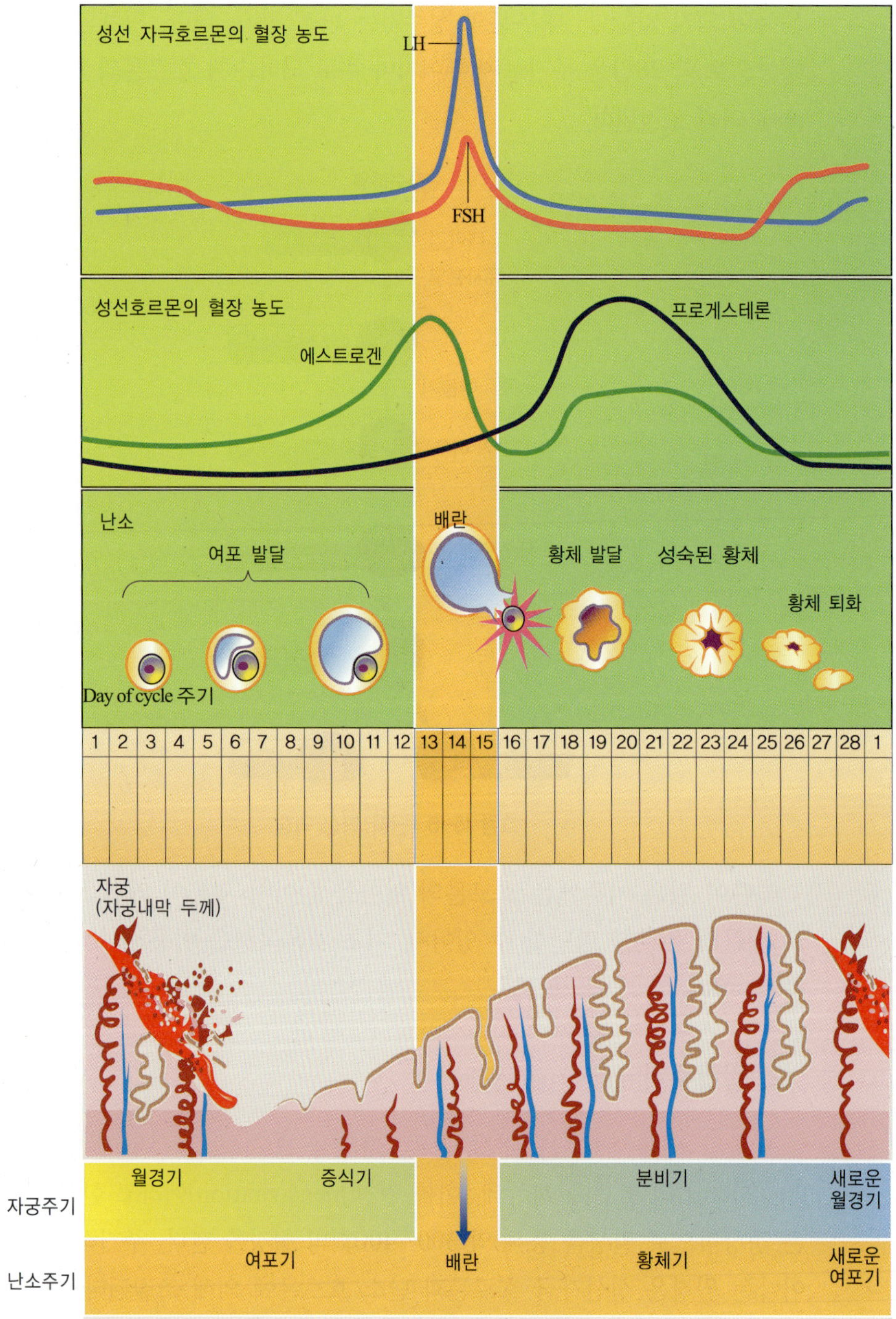

그림 15-7 월경의 주기적 변화

에스트로겐의 분비가 절정에 도달하면 뇌하수체 전엽을 자극하여 난포자극 호르몬의 분비를 억제한다. 증식기는 월경이 시작된 날부터 5~14일에 해당된다.

난포자극 호르몬의 분비가 억제되면 황체형성 호르몬(luteinizing hormone, LH)이 분비되어 성숙난포세포를 파열시켜 난자가 배출되는 배란이 일어난 후 난포강을 자극하여 황체를 형성한다. 황체에서는 황체호르몬인 프로게스테론(progesterone)이 분비되어 자궁내막을 수정란이 착상하기에 가장 적합하게 한다. 이 때가 분비기로 성주기의 후반 15~28일에 해당하며, 이후부터 뇌하수체를 자극하여 LH의 분비를 억제한다.

임신이 되지 않으면 황체는 다음 월경의 약 4일 전(월경 시작부터 24일 후)부터 퇴화하기 시작한다. 황체의 퇴화가 시작되면 프로게스테론의 분비가 중단되고 자궁내막의 대부분이 탈락되어 기저층이 노출되며 질구 밖으로 밀려나는데, 이것이 월경이다. 이 탈락된 자궁내막은 항응고제를 분비하므로 월경혈은 응고되지 않는다.

에스트로겐과 프로게스테론의 분비가 중단되어 혈액 중 농도가 저하되면 다시 뇌하수체 전엽은 자극을 받아 난포자 극호르몬을 분비하여 새로운 난포발육을 시작한다.

난소에서는 난포성숙, 배란, 황체형성과 퇴화의 과정이 한 달에 한 번씩 반복되는데, 이것을 난소의 성주기라 한다.

4. 수 정(fertilization)

난자가 난소에서 배출된 후에 생존할 수 있는 기간은 약 12~24시간이다. 난관의 섬모운동으로 이루어진 난관 내 액체의 흐름에 따라 자궁 쪽으로 이동하는 난자와 동시에 질을 통하여 자궁 쪽으로 들어온 정자가 난관에서 만나 **수정**된다(그림 15-8).

난소에서 배란된 난자는 그 둘레를 많은 과립세포가 둘러싸고 있는 상태로 배출된다. 이 과립세포를 '**방사관**(corona radiata)'이라고 한다. 이것은 정자에서 분비되는 히알루로니다아제(hyaluronidase)라는 효소에 의해 난포막에 구멍을 만들고, 정자가 난포세포질로 들어가 수정이 된다. 히알루로니다아제는 방사관의 단백질을 분해하고 세포를 흩어지게 하는데, 만일 이 효소가 적으면 남성불임증이 된다.

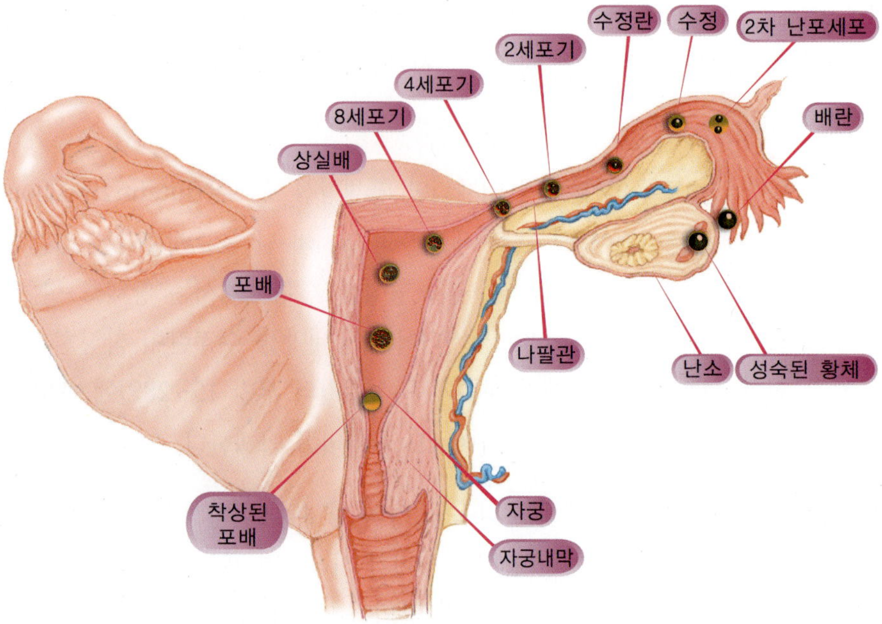

그림 15-8 난자의 수정과 착상과정

수정이 되면 수정란 주변에는 난황막이 형성되어 더 이상 다른 정자들은 난자 속으로 들어갈 수 없게 되는데, 이란성 쌍둥이는 예외이다. 임신 가능 기간은 여성의 월경 시작일에서 12~16일로 약 5일간과 남성 정자의 자궁 내 생존 기간인 약 3일을 합하여 총 8일 정도이다.

난자의 지름은 약 130μm, 무게는 1.5μm에 불과하다. 수정 후 약 30시간만에 두 개의 딸세포로 분열되고, 그 후 매 15분 내지 1시간에 한 번씩 분열을 거듭하여 수정란이 자궁에 도달될 무렵에는 세포 수가 16개 또는 32개가 된다. 이때부터 세포의 분화가 일어나서 약 40주 후에는 몸무게가 3~4kg인 태아로 성장한다(그림 15-7).

5. 임 신(pregnancy)

난자는 난관의 팽대부에서 정자와 만나 수정란이 된 후, 약 7~10일에 걸쳐서 자궁 내로 들어온다. 이 수정란이 자궁내막에 트립신(trypsin)을 분비하여 자궁내막을 녹여 자궁 상피 내에 착상하여 임신이 되면, 황체는 퇴화하지 않고 배란 후 약 2주일부터 태반에서 생성되어 분비되는 융모성 성선자극 호르몬(human chorionic gonadotropin, HCG)에 의하여 황체의 기능을 계속 유지한다.

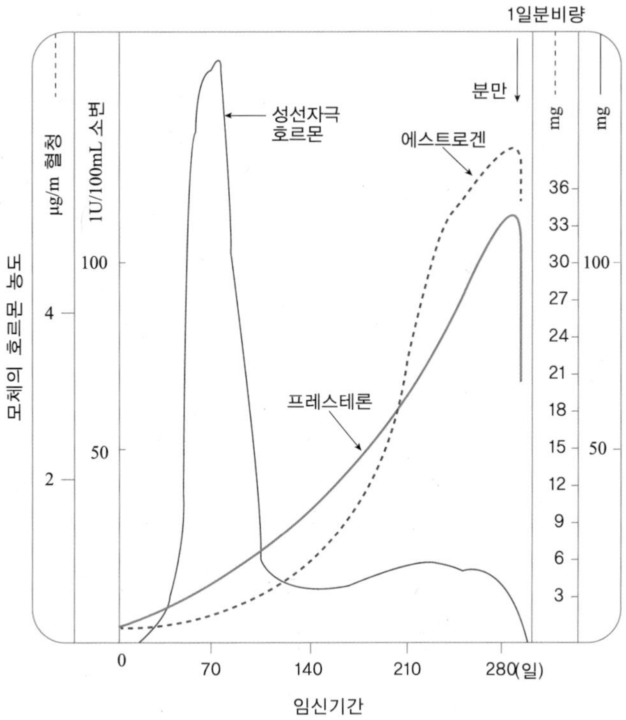

그림 15-9 임신 시의 호르몬 농도 변화

황체의 기능은 임신 4주경에 최대에 도달했다가 임신 10주가 되면 거의 기능을 상실한다. 그러나 이때부터는 태반에서 에스트로겐 및 프로게스테론의 분비가 급속히 증가한다. 임신 중 **에스트로겐**은 자궁내막 증식, 유방발달 및 태아의 성장에 기여하고, **프로게스테론**은 자궁근의 수축성을 억제시켜 유산을 방지하고 임신을 지속시킨다(그림 15-9).

6. 분 만(parturition)

평균 임신기간은 수정 후 270일, 혹은 마지막 월경개시일로 따져서 284일이다. 대개 1~2주 정도의 오차가 있어서, 임신 38~41주를 정상 분만으로 본다. 분만 예정일은 최종 월경일을 기준하여 1~3월 사이에는 마지막 월경 시작달에 9를 더하고 마지막 월경 시작일에 7을 더하여 계산하고, 4~12월 사이에는 마지막 월경 시작달에 3을 빼고 마지막 월경 시작일에 7을 더하여 계산한다. 예를 들어 마지말 월경일이 2월 8일이면 11월 15일이 예정일이다.

분만을 유도하는 자극이 무엇인지는 아직 확실히 밝혀지지 않았으나, 분만이 시작될 때는 자궁근의 수축성을 억제하는 프로게스테론의 혈중

농도는 감소하고, 그 반면에 자궁근의 옥시토신(oxytocin)에 대한 감수성을 예민하게 하는 에스트로겐의 혈중 농도는 증가하여 자궁근의 수축이 시작된다.

자궁근이 수축하면 자궁경부가 확장되고, 이 경부확장이 자극이 되어 자궁수축이 강해지며, 또 옥시토신의 분비가 많아져 자궁수축이 더욱 강하게 된다. 이러한 자궁의 수축에 의해 태아가 밀려나오면 질벽에 대한 태아의 자극으로 인해 반사기구를 통한 옥시토신의 분비가 더 증가되고 자궁수축이 더욱 강해진다. 그밖에도 자궁수축을 증대시키는 요인은 질벽에 가해지는 기계적인 자극에 의해 반사적 혹은 의식적으로 복강내압이 증대되는 것이다. 결국 이러한 여러 복합기전이 협동적으로 작용하여 분만이 원만히 진행된다.

7. 유선발달과 유즙분비

여성은 사춘기부터 유선이 발달하기 시작하여 임신말기에 완성된다. 유방과 유선의 성장과 발달은 주로 에스트로겐에 의해 이루어지지만 프로게스테론, 프로락틴(prolactin)의 도움으로 유선도관과 포상선증식이 이루어진다. 유두와 유륜부의 발달과 착색은 에스트로겐 단독으로 된다(그림 15-10).

임신 중에는 혈중 에스트로겐과 프로게스테론의 높은 농도와 프로락틴에 의해서 유선이 발육된다. 그러나 임신 중의 유즙생성은 억제된다. 이는, 에스트로겐과 프로게스테론이 고농도로 유지되면서 프로락틴 분비 증가를 억제시키기 때문이다. 분만 시에 태반이 떨어지면 에스트로겐과 프로게스테론의 혈중 농도가 갑자기 감소되고, 이는 프로락틴의 분비촉진을 가져와서 분만 후 1~3일 내에 유즙생성이 이루어져 모유 분비가 시작된다(그림 15-11). 이렇게 생성된 유즙은 상술한 옥시토신이 유선의 배관벽에 있는 근상피세포를 수축시켜 유두를 통하여 나가게 된다. 옥시토신의 분비는 유두를 빨거나 자극함으로써 증가된다(그림 15-12).

분만 후에 수유하지 않는 경우에는 6주 후가 되면 월경을 시작한다. 수유를 계속할 경우에는 프로락틴의 분비가 계속되고, 프로락틴은 성선자극

호르몬의 분비를 감소시켜 월경주기가 일어나지 않는다. 수유부의 50%에서는 유아가 이유할 때까지 배란하지 않으므로 자연스러운 터울조절이 이루어져 왔다고 할 수 있다.

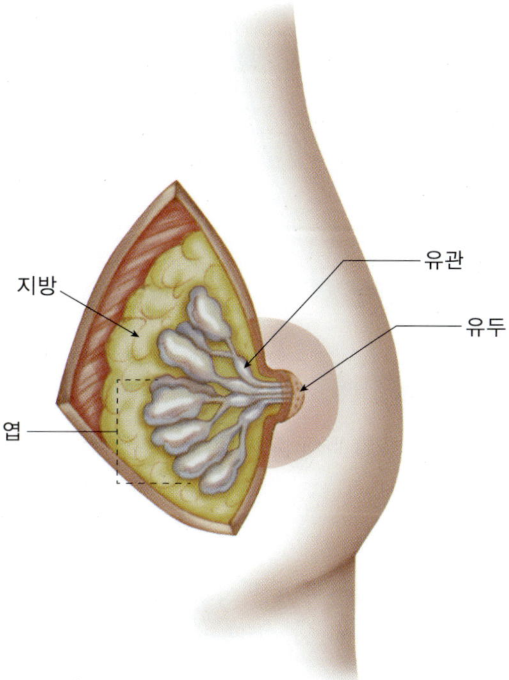

그림 15-10 유방의 구조

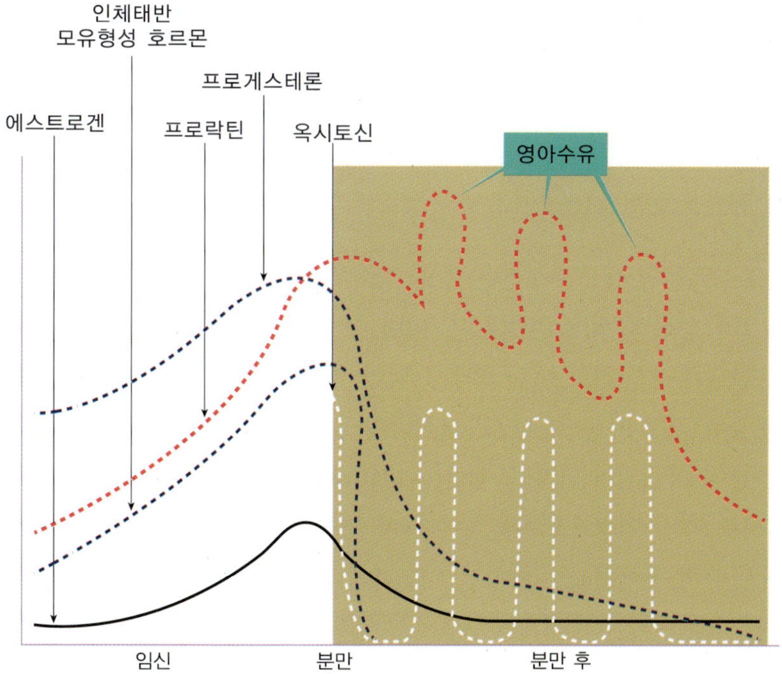

그림 15-11 분만 후 호르몬 분비 변화

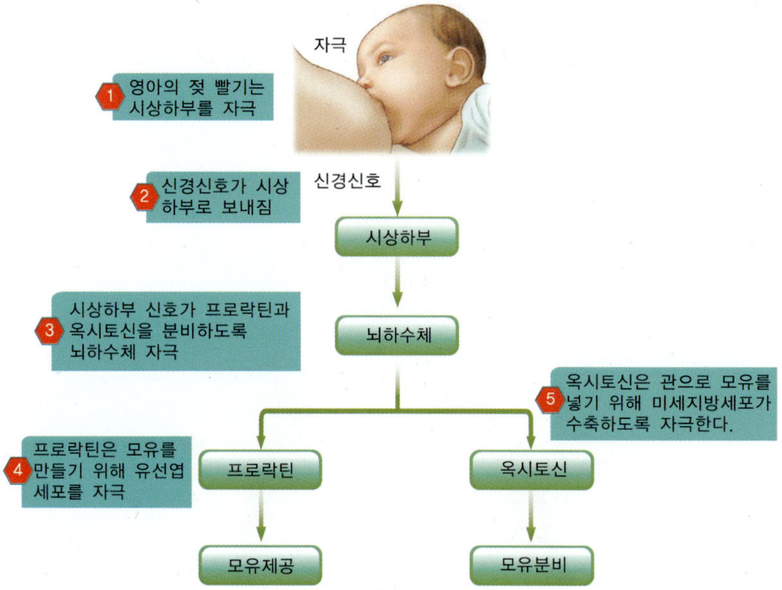

그림 15-12 수유의 호르몬 조절

8. 여성호르몬

어린 동물에서 난소를 적출하면 생식기관이 발달하지 못하고 어린 형태로 남아 있으며, 성숙된 후에도 난소를 적출할 경우 자궁, 유선 및 질점막이 위축된다. 난소에 있는 난포가 성장한 끝에 파괴되어 난자가 배란(ovulation)된 후 황체로 되며, 난포와 황체에서는 각기 여성호르몬을 분비하여 생식기의 발달과 기능유지, 물질대사와 일반 행동에까지 영향을 미친다. 대표적인 여성호르몬은 에스트로겐과 프로게스테론을 들 수 있다.

(1) 에스트로겐 (estrogen)

난포호르몬인 에스트로겐은 주로 성숙된 난포에서 분비되며, 작용은 여성의 2차 성징 발현에 관여한다. 어린 동물에서 난소를 적출하면 생식기관이 발달하지 못하고 어린 형태로 남아 있으며, 성숙된 후에도 난소를 적출할 경우 역시 자궁·유선 및 질점막이 위축된다. 난소에 있는 난포가 성장한 끝에 파괴되어 난자를 배란(ovulation)한 후 황체로 되며, 난포와 황체에서는 각기 여성호르몬을 분비하여 생식기의 발달과 기능유지, 물질대사와 일반 행동에까지도 영향을 미친다.

에스트로겐은 태반에서도 분비되고 정소와 부신피질에서도 소량 분비되지만, 사춘기 이후 성선자극호르몬 분비증가에 의해 난소에서 다량 분비되어 자궁·질·외음부의 발육이 현저하게 촉진된다. 또한 에스트로겐은 난포를 자극하여 난자의 성장을 촉진시키고, 난관의 운동성을 높여서 난자의 이송을 돕고 자궁근에 대하여서도 형태 및 기능발달에 필요하다.

에스트로겐은 근수축력을 증가시켜 운동성을 크게 하고 피하지방의 침착, 모발분포 양식, 골격의 규모, 짧은 성대 등 2차성징에도 관여한다. 그 밖에 에스트로겐은 전해질 대사에도 영향을 미친다.

(2) 프로게스테론 (progesterone)

프로게스테론은 배란된 후 형성되는 황체에서 분비되며, 월경주기 중에서 분비기에만 분비된다. 또 에스트로겐에 의해 증식된 자궁내막을 부종성으로 되게 하고, 자궁내막의 혈관증식을 촉진하여 수정란의 착상을 돕는다. 또 프로게스테론은 배란을 억제하며 자궁근의 수축을 억제하여 유산을 방지하는 등 임신유지에 꼭 필요한 호르몬으로 태반에서도 분비되며, 임신한 토끼에서 황체를 제거하면 1~2일 내에 유산이 된다.

황체호르몬, 즉 프로게스테론의 분비량은 뇌하수체전엽의 황체형성호르몬(LH)에 의해서 조절되며, 황체형성호르몬의 분비가 증가하면 프로게스테론의 분비도 증가한다.

프로게스테론을 투여하면 황체형성호르몬(LH) 분비를 감소시켜 배란이 억제되는 피임효과가 있어 강력한 합성 프로게스테론제제를 피임제로 많이 사용하고 있다. 프로게스테론은 배란이 되어 황체에서 프로게스테론 생성이 증가되면 약간의 체온상승 효과가 있어 기초체온이 0.5℃ 정도가 올라가게 된다. 이런 사실로 배란의 유무를 확인할 수 있다.

check point

월경과 철 결핍성 빈혈

월경으로 인해서 많은 혈액을 잃는 여성의 경우, 이로 인해 철 결핍성 빈혈을 유발할 수 있다. 그러나 많은 여성들은 자신의 월경량이 지나치게 많다는 것을 모를 수 있기 때문에 문제가 된다.

철 결핍성 빈혈은 대개 3단계로 진행되는데, 첫째는 철 저장량이 감소하고, 둘째는 적혈구 생성량이 감소하며, 셋째로 빈혈(anemia)로 발전한다.

빈혈은 만성적인 철 결핍이 오래 지속된 경우에 나타나고, 다양한 증상을 나타낸다. 부적당한 근육기능으로 인해 활동능력과 운동력이 떨어지고 피곤감, 식욕부진과 같은 행동변화를 가져온다.

최근의 한 조사에 의하면, 한국 여대생의 빈혈률이 20%로 나타났다고 한다. 이는 지나친 식이조절(diet)로 인한 결과라고 생각되며, 특히 월경을 하는 여성의 경우는 철 섭취량에 주의를 기울여야 한다. 철의 영양권장량을 살펴보면 남자 성인의 경우 1일 철 섭취량을 10mg으로 권장하고 있지만, 여자성인의 경우의 1일 철 섭취량은 남성의 두 배에 가까운 18mg을 권장하고 있다.

Chapter

16. 운동 생리

운동은 힘을 생산해 내며 항상성(homeostasis)을 방해하는 근육활동이라고 정의할 수 있다. 달리기는 동적인 지속운동(dynamic endurance exercise)이다. 그 반면에 근력운동과 weight lifting은 동적인 저항운동(dynamic resistance exercise)의 예이다.

16-1 운동과 대사

운동은 골격근육의 수축으로 시작되며, 골격근육은 수축에는 에너지원인 ATP가 필요하다. 그렇다면 골격근육을 위해 필요한 에너지는 어디로부터 오는 것일까?

수축이 시작될 때는 아주 소량의 에너지가 근섬유에 존재하지만, 이것은 곧 분해되어 ADP나 인산크레아틴으로 전환되면서 근육에 에너지를 공급하고, 약 15초 가량의 심한 운동을 하고 나면 에너지가 고갈되고 만다. 따라서 그 이후에는 근섬유가 ATP를 합성해야 한다.

1. 운동의 에너지원

운동을 위한 에너지의 일차적인 급원은 탄수화물과 지방이다. 해당과정과 TCA회로를 통해 유산소적인 과정을 통해 ATP를 합성하는 것은 세포가 포도당과 지방산을 산화시킬 만큼 충분한 산소가 있을 때에 ATP를 얻는 가장 효과적인 방법이다.

그러나 만일 근육의 산소량이 부족하면 포도당의 대사과정은 혐기적인 해당과정으로 전화되고 젖산이 축적되게 된다. 산소가 부족하게 되면 지방산의 분해를 통한 에너지 생산은 급격히 감소한다.

운동을 위한 주요 에너지원은 당원-젖산계(glycogen-lactic acid system), 유산소계(aerobic system) 및 인원질계(phosphagen system)이다.

(1) 당원-젖산계(무산소 과정)

근육 내로 산소공급이 부족할 때나 400m 달리기나 100m 수영과 같이 신체활동 강도가 높을 때, 포도당은 피루브산까지만 분해되어 근육 내에 축적되게 된다. 이와 같이 포도당이 피루브산으로 분해되는 과정을 해당작용(glycolysis)이라 하며, 산소가 없는 조건에서 피루브산은 젖산(lactic acid)으로 분해되면서 ATP를 생성한다.

혐기적인 대사과정은 유산소 대사과정에 배해 2.5배나 빨리 ATP를 합성할 수 있다. 그러나 이 과정은 몇 가지 단점을 가지고 있다. 우선 에너지 생성효율이 낮다는 것이다. 즉, 포도당 한 분자가, 유산소 대사과정으로 분해되었을 때에 30~32개의 ATP를 합성할 수 있는 것에 비해, 혐기적인 대사과정으로 분해되었을 때는 단지 2분자의 ATP만을 합성할 수 있다. 또한 이 과정에서 생성되는 젖산은 근육에 축적되면서 근육의 산도를 증가시켜 피로를 느끼게 하며, 대사적 산증(metabolic acidosis)을 유발할 수 있다. 그리고 이 과정은 ATP 생성을 장기간 지속할 수 없다. 당원-젖산계에 의해 운동 중 30~40초 동안만 에너지를 공급할 수 있으며, 따라서 해당과정은 운동 시작 후 30초에서 2분 사이의 주요 에너지원이다.

(2) 유산소 과정

운동 중에 사용되는 포도당은 혈장 포도당풀이나 근육과 간에 저장된 글리코겐, 혹은 간에서 아미노산 등을 이용하여 새로 합성한 포도당(포도당 신생과정, gluconeogenesis)의 3종류이다.

근육과 간의 글리코겐 저장고는 약 2,000 kcal에 해당하는 에너지를 낼 수 있고, 이것은 보통 사람이 약 20마일을 달리기에 충분한 에너지의 양이다. 그러나 마라톤 선수와 같이 지구력을 필요로 하는 운동의 경우, 포도당만으로는 충분한 ATP를 공급할 수 없다.

이러한 경우에는 저장된 지방을 에너지원으로 사용해야 한다. 체지방에는 일인당 약 70,000 kcal의 에너지가 저장되어 있는데, 실제로 유산소계 운동을 할 때는 ATP의 급원으로 포도당과 지방산의 분해가 함께 일어난다.

조깅이나 장거리 수영과 같은 중등 정도 또는 낮은 강도의 운동을 할 때는, 근육 내로 산소의 공급이 충분하면 해당과정을 통해서 생성된 피루브산이 근육세포의 미토콘드리아로 들어가 전자전달계에서 에너지를 생성한다. 따라서 이 과정은 산소를 필요로 하므로 유산소 과정이라 한다.

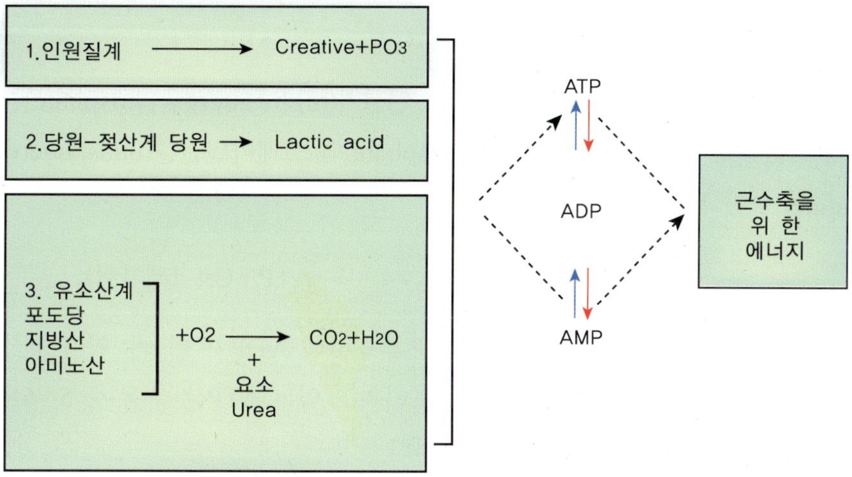

그림 16-1 운동 중 에너지 공급을 위한 주요 대사경로

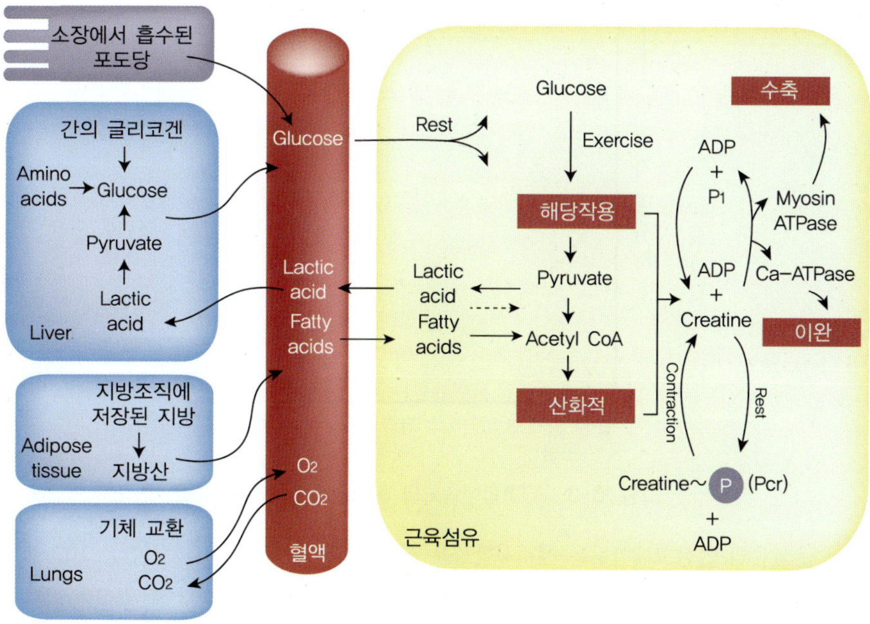

그림 16-2 골격근육에서의 에너지대사

유산소계 운동을 약 30분 정도 하고 나면, 혈액 내의 유리지방산 농도가 현저히 증가하며, 이것은 지방이 지방조직으로부터 이동되었음을 보여주게 된다. 그러나 베타 산화를 통한 지방산의 분해는 무산소 과정인 해당과정보다 느리기 때문에 근섬유는 에너지원으로 지방산과 포도당을 둘 다 사용하는 것이다. 유산소훈련은 근섬유 내의 글리코겐과 지방의 저장고를 증가시킨다. 그러므로 훈련을 하면, 근육은 지방산을 ATP의 급원으로 더 쉽게 사용할 수 있게 된다.

(3) 인원질계

인원질(phosphagen)이란 고에너지 인산기(high−energy phosphate)를 갖는 물질로, ATP(adenosine triphosphate)와 크레아틴인산(phosphocreatine)이 있다.

$$\text{포스포크레아틴(PCr)} + \text{ADP} \longrightarrow \text{ATP} + \text{Cr(크레아틴)}$$

1mole의 ATP가 고에너지 인산기를 분리하여 ADP가 될 때, 약 11 kcal의 에너지를 방출한다. 그러나 근육이 가지고 있는 ATP는 운동 중 5~6초 동안에 사용할 수 있는 소량에 불과하다.

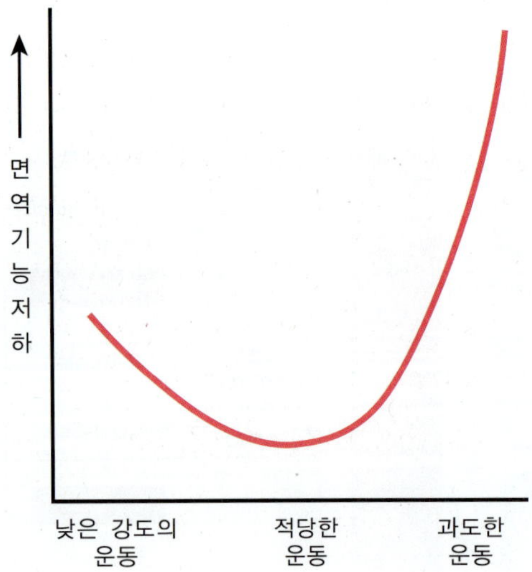

그림 16-3 ATP합성속도와 최대근육활동 유지시간

근섬유의 인산크레아틴은 에너지합성은 최대이지만, 최대운동지속시간은 10초에 불과하다. 혐기성 대사과정은 유산소성 대사보다 2.5배나 빠르게 ATP를 합성하지만, 약 1분간만 최대 근육운동을 지속할 수 있다. 또 포도당과 지방산의 초기성 대사과정은 ATP 합성속도는 느리지만, 근육활동지속시간은 가장 길다.

크레아틴 인산의 고에너지 인산기는 ATP보다 더 많은 에너지를 함유한다. 근육이 보유하고 있는 크레아틴 인산은 운동 중에 10~15초 동안을 사용할 수 있는 양에 불과하다.

2. 운동 중의 대사에 영향을 미치는 호르몬

운동 중에는 포도당과 지방대사에 영향을 미치는 몇 가지 호르몬의 분비형태에 변화가 나타난다. 즉, 운동 중에는 혈청 내의 글루카곤(glucagon), 코티솔(cortisol), 카테콜라민(catecholamine, 에피네프린과 노르에피네프린) 및 성장호르몬의 농도가 증가한다.

성장호르몬과 함께 코티솔과 카테콜라민은 중성지방의 글리세롤과 지방산으로의 전환을 촉진시킨다. 글루카곤, 카테콜라민과 코티솔은 또한 간의 글리코겐을 이동시켜서 혈청 포도당 수준을 증가시킨다.

운동 중에는 혈청 포도당의 농도가 증가하며 인슐린의 분비가 감소하는데, 이것은 일반적으로 인슐린 분비가 증가할 때에 혈청 포도당 농도가 증가하는 것과는 다른 현상이다. 이것은 운동 중에 교감신경이 췌장의 베타세포를 억제하기 때문인 것으로 생각된다.

운동 중에 혈청 인슐린 수준이 감소한다는 것은, 근섬유 이외의 다른 세포에서 근육이 포도당을 사용할 수 있도록 혈액으로부터 포도당의 유입을 감소하는 포도당 절약작용이며, 근육은 인슐린 수준이 낮아도 아무런 영향을 받지 않는다.

3. 운동 중의 산소소모량

운동의 강도는 운동의 종류에 따라 매우 다양하며, 일반적으로 산소소모량(V_{o2})을 기준으로 운동강도를 측정한다.

산소소모량(oxygen consumption)은 미토콘드리아 내에서 산소가 수소와 결합하여 물을 형성하는 산화적 인산화과정 중에 소모되는 산소의 양이다. 따라서 산소소모량은 세포 내 호흡량이며, 일반적으로 일분당 소모되는 산소의 양(liter)을 측정한다.

(1) 운동강도와 산소소모량

운동의 강도(intensity of exercise)가 증가하면 산소소모량(oxygen consumption)은 최대치가 될 때까지 직선적으로 증가한다.

정상인의 안정 시에 산소 소모량은 약 0.25 L/min이고, 강한 운동(heavy exercise)시는 8~10배(2~3 L/min)까지 증가할 수 있다. 훈련된 운동선수의 경우에는 운동 중 산소 소모량이 안정 시의 20배(5~6 L/min) 이상 증가할 수 있다.

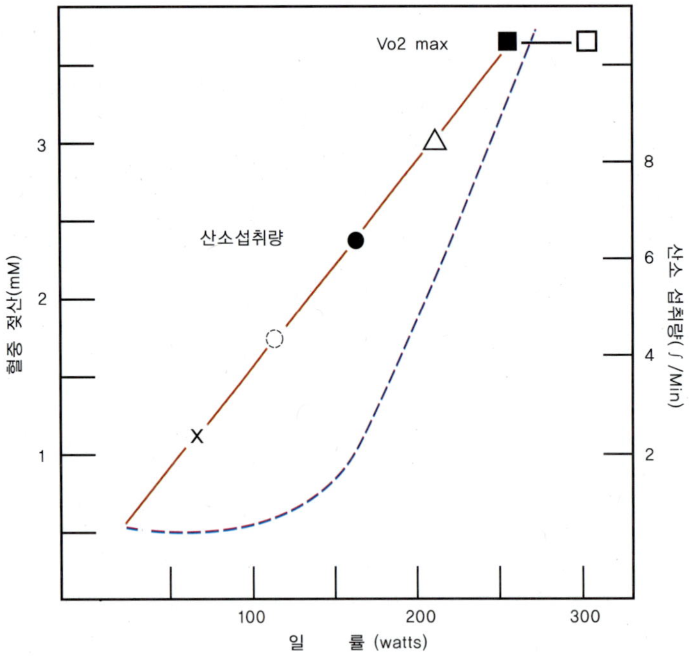

그림 16-4 운동 강도에 따른 산소섭취량과 혈중 젖산농도의 변화

많은 경우에 산소소모량은 체중에 대한 비율(mL/kg/min)로 표시한다. 즉, 안정 시 산소 소모량은 약 3.5 mL/kg/min이며, 최대운동 시에 일반인은 44~51 mL/kg/min, 운동선수는 50~60 mL/kg/min의 산소소모량을 나타낸다. 산소소모량이 최대치에 도달하면 운동 강도를 증가시키더라도 산소소모량이 더 이상 증가하지 않고 평형상태(plateau)를 형성하는데, 이러한 산소소모량의 최대치를 최대산소소모량(maximun oxygen consumption, V_{02max})이라 한다. 최대산소소모량은 개인의 최대유산소능력(maximal aerobic power)을 표현한다.

(2) 산소부채

운동을 시작하면 산소요구량은 갑자기 증가하게 되지만, 순환호흡계에 의한 산소의 공급과 근육세포의 유산소 대사능력이 증가하는 데는 몇 분의 시간이 걸린다. 따라서 운동 초기에는 기존의 저장산소를 소모하는데,

이 부분은 운동 후에 다시 보충해야 하므로 운동이 끝난 후에도 호흡수가 증가하게 된다. 이것을 산소부채(oxygen debt)라 한다. 운동이 끝난 후에도 산소는 젖산을 대사하고, ATP와 인산크레아틴 수준을 다시 회복하고, 미오글로빈과 결합된 산소를 회복하기 위해 필요하다.

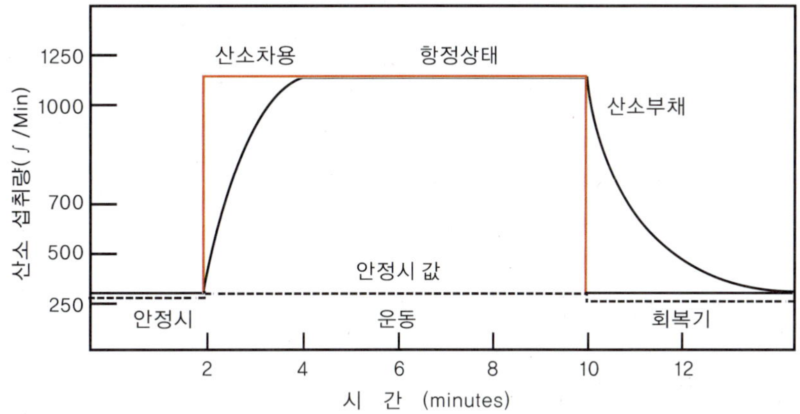

그림 16-5 운동 중의 산소부채와 산소소모량

16-2 운동과 호흡

운동능력은 무엇 때문에 차이가 나는 것일까? 물론, 운동의 종류에 따라 운동능력에 차이가 나타난다. 예를 들면, 근력훈련(strength training)과 같은 resistive exercise는 산소의 유용성에 따라 달라지며, 근육은 대부분 혐기적인 에너지 생산에 의존하게 된다.

1. 호흡기능의 증가

(1) 폐 환기의 증가

운동 중에는 산소를 빨리 공급하고 이산화탄소를 빨리 제거하기 위해 폐 환기가 증가한다. 운동 중에 폐의 환기량은 산소소모량의 증가에 비례하여 증가한다. 폐의 환기량은 안정 시에는 5~6 L/min이지만, 단기간 심한 운동을 할 때는 150 L/min까지 증가할 수 있다. 정상인의 최대환기량(maximal breathing capacity)은 약 170 L/min이므로 정상적인 경우에 환기량은 최대 운동을 위한 제한요소(limiting factor)가 되지는 않는다.

(2) 폐 확산능의 증가

운동 중에는 폐의 확산능(diffusing capacity)이 증가하여 산소와 이산화탄소에 대한 확산이 커지게 된다. 이것은 운동 중에 폐순환혈류(plumonary blood flow)가 증가되어 폐모세혈관의 확장으로 확산을 위한 표면적이 증가되기 때문이다.

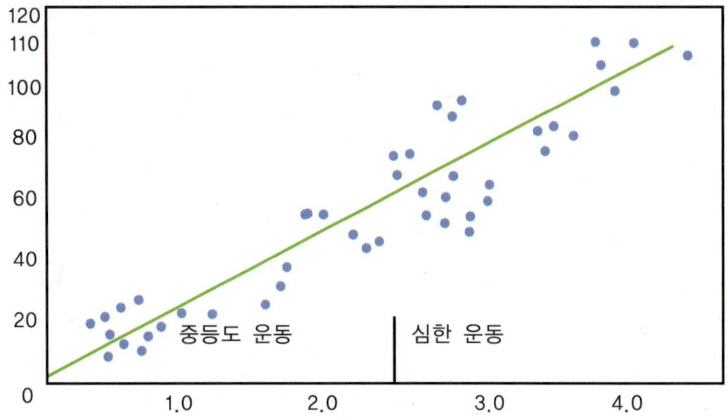

그림 16-6 운동 강도에 따른 산소소모량과 폐 환기량

2. 운동 중의 폐 환기 조절

운동 중의 호흡기능은 체액성 기전(humoral mechanism)과 신경성 기전(neural mechanism)에 의해 조절된다.

(1) 체액성 기전(humoral mechanism)

심한 운동 중에는 동맥혈의 수소이온농도(H^+)와 이산화탄소 분압(PCO_2)의 증가로 인해 호흡중추가 자극된다. 그러나 이러한 체액성 자극만으로 운동 중에 나타나는 폐의 환기 증가를 다 설명할 수는 없다.

(2) 신경성 기전

운동 직전과 운동 시작 시에 나타나는 환기의 증가는 부분적으로 대뇌의 운동피질(motor cortex)에서 직접 호흡중추를 자극하는 신호(neural signal)가 보내지기 때문이다. 운동 중 근육의 수축과 사지의 움직임은 관절(joint)과 근방추(muscle spindle)의 고유수용기(proprioreceptor)를 자극하고, 그 구심성 신호(afferent signal)가 호흡중추를 자극하게 된다.

16-3 운동과 순환

운동 중에 필요한 산소와 영양물질을 공급하고 생성된 이산화탄소와 대사산물을 제거하기 위해서는 순환기의 기능이 증가하여야 한다.

1. 근혈류량의 증가

동적 운동(dynamic exercise) 중에는 근혈류량(muscle blood flow)이 안정 시의 25배까지 증가한다. 근혈류량 증가의 약 50%는 근육의 대사가 증가함에 따라 나타나는 국소적 혈관확장(local vasodilation) 반응에 의한 것이며, 나머지는 주로 동맥혈압이 증가함으로써 나타나는 것이다. 근육이 수축하는 동안에는 근육 내의 혈관이 압박되어서 근혈류량은 감소한다.

2. 심박출량의 증가

운동의 강도가 증가하면 산소소모량이 증가하고, 이에 비례하여 심박출량(cardiac output)도 증가하게 된다.

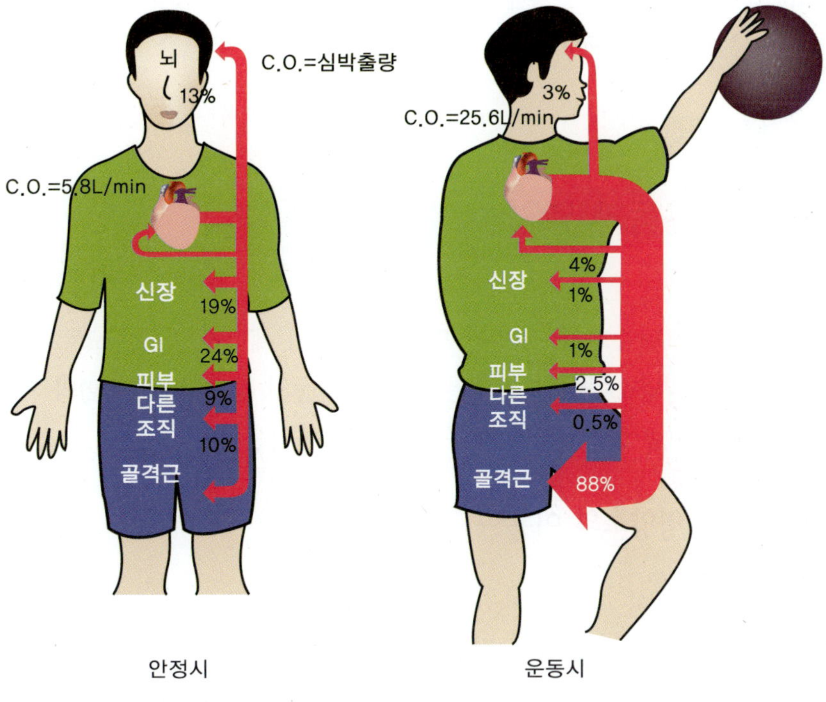

그림 16-7 안정 시와 운동 시의 심박출량의 분포

최대 운동 시에 심박출량은 일반인은 안정 시의 4배까지, 운동선수는 6배까지 증가한다. 훈련된 운동선수의 심박출량이 더 많이 증가하는 것은 주로 심장의 비대(hypertrophy)로 인한 것이다.

운동 중 심박동수(heart rate)는 안정 시의 2.5배까지 계속 증가하지만 1회 박출량(stroke volume)은 안정 시의 50%까지만 증가한다. 최대운동 시에 심박출량은 최대치의 약 90%까지 증가하므로, 정상적인 경우에 최대운동에 대한 제한요소는 순환기의 기능이다.

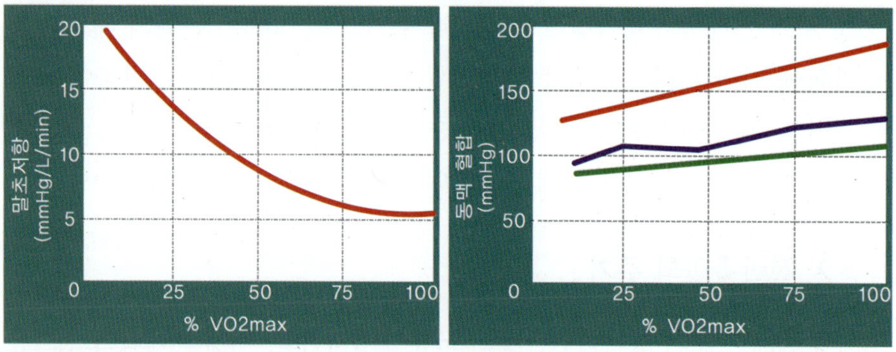

그림 16-8 운동 중의 말초저항과 동맥의 혈압

(a) 운동을 계속하면 운동하는 근육의 혈관확장으로 말초저항이 감소하게 된다.
(b) 저항이 감소해도 운동 중에 평균혈압이 약간 증가하는데 이것은 심장박동률과 박출량이 증가하기 때문이다.

16-4 운동과 영양

운동 중에는 탄수화물, 지방산 및 아미노산이 에너지 공급원으로 사용된다. 이러한 영양소들이 사용되는 비율은 운동의 강도(intensity)와 지속시간(duration) 및 영양소들의 저장량에 따라 달라진다.

1. 운동과 영양소의 이용

(1) 탄수화물

글리코겐은 체내 포도당의 저장형태로 간에 약 100g, 근육에 약 300g 정도가 존재한다. 글리코겐은 근육의 ATP 생성을 위한 포도당의 공급원으로 강한 강도의 운동을 2시간 이상 지속할 수 있게 한다.

간의 글리코겐이 고갈되면 혈당이 떨어지고, 근육의 글리코겐이 고갈되면 피로를 초래한다. 그러므로 글리코겐이 고갈되면 운동능력이 50% 이하로 저하된다. 탄수화물이 많은 식사는 근육의 글리코겐 저장량을 증가시켜서 피로를 지연시키고 운동의 지속시간을 늘린다.

운동 중에 탄수화물을 공급하면 근육 내에 글리코겐을 절약할 수 있어서 피로를 지연시킨다. 자전거 타기와 같은 강도가 높은 지구력 운동의 경우에 시간당 30~80g의 탄수화물을 공급하면 피로를 30~60분 정도를 지연시킨다.

(2) 지 방

지방은 지속적인 낮은 강도 운동의 주요 에너지원으로, 신체의 에너지 저장형태 중에서 가장 많은 양이 존재한다. 지방조직에 저장된 중성지방은 에너지 생성을 위해 지방산 3분자와 글리세롤 1분자로 분해된다. 이 지방산은 근육세포 내의 미토콘드리아로 이동되는데, 이 때 카니틴이 필요하다. 지방산이 ATP를 생성하는 과정에는 산소가 필요하다.

근육이 지방산을 사용하는 속도는 근육의 훈련 정도에 따라 달라지며, 훈련을 많이 받은 근육일수록 지방을 연료로 사용하는 능력이 커진다. 유산소 훈련을 받은 근육세포는 미토콘드리아가 많아서 ATP 생성능력이 커진다. 또한 혈액의 지방산 농도가 높을수록 지방의 에너지원으로의 사용이 많아진다. 즉, 지방조직에 저장된 지방산이 보다 많이 혈액으로 방출될수록 근육에서 지방의 사용은 증가하게 된다. 또한 운동시간이 길어질수록, 특히 운동강도가 낮거나 중등 정도의 유산소 운동일 때에 지방의 사용이 많아진다. 삼종경기와 같은 장시간의 운동을 할 때는 전체 에너지 필요량 중 70~90%를 지방으로부터 얻게 된다.

(3) 단백질

단백질은 아미노산으로 분해되어 에너지원으로 사용되기는 하지만, 이것은 전체 에너지 필요량의 2~5% 정도를 공급하는 소량이다. 그러나 장기간의 지구력 운동으로 근육의 글리코겐이 모두 소모되면, 전체 에너지 소모량의 약 10% 정도의 에너지를 공급한다.

역기와 같은 근력운동에서는 단백질이 거의 에너지원으로 사용되지 않으며, 이때의 주요 에너지원은 포스포크레아틴과 탄수화물이다.

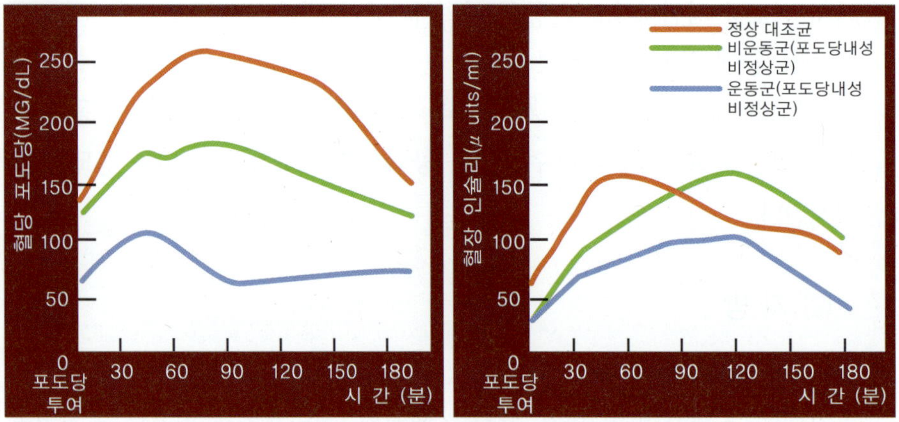

그림 16-9 포도당내성과 인슐린분비에 미치는 운동의 영향

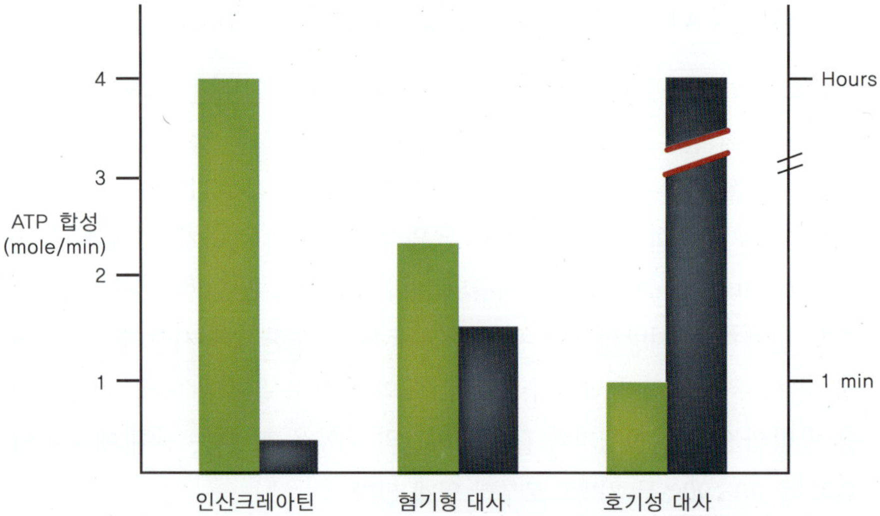

그림 16-10 운동과 면역기능

(적당한 운동은 면역기능을 향상시키지만 과도한 운동은 면역기능을 저하시킨다)

2. 운동과 영양공급

(1) 운동 시의 열량소모량

운동을 할 때 필요한 에너지 필요량은 체격, 체구성 성분, 훈련의 형태나 경기의 종류 등에 따라 달라진다. 다음 표 16-1은 운동 시의 열량소모량을 나타낸 것이다.

표 16-1 운동 시의 열량소모량

활 동 종 류	Kcal/hr/Kg 체중	활 동 종 류	Kcal/hr/Kg 체중
서 있기	1.23	줄넘기(60~80/분)	9.0
배드민턴	4.0~9.0	빨리 줄넘기(120~140/분)	11.5
농구 게임	7.0~12.0	달리기(12분/마일)	8.70
농구 연습	3.0~9.0	달리기(10분/마일)	10.20
볼 링	3.0	달리기(8분/마일)	12.50
권 투	13.3	달리기(6분/마일)	16.30
카누 경기	3.0~8.0	롤러스케이팅	5.8~8.0
자전거 타기	4.36	스 키	5.0~8.0
에어로빅	6.0~9.0	스키(크로스컨트리)	6.0~12.0
사교 댄스	3.7~7.4	축 구	5.0~12.0
필드하키	8.0	수영(18m/분)	4.22
낚 시	3.7	수영(37m/분)	8.44
골 프	2.0~3.0	탁 구	3.0~5.0
핸드볼	8.0~12.0	정 구	4.0~9.0
라켓볼	8.0~12.0	배 구	3.0~6.0

(2) 탄수화물

탄수화물은 만성적인 피로를 예방하고 근육과 간에 글리코겐을 저장하기 위해 체중당 5g 이상을 섭취해야 한다. 특히 유산소 운동과 1시간 이상의 지구력 훈련을 하는 경우에 체중당 8~10g이 필요하다.

(3) 단백질

단백질은 하루에 체중당 1.2~1.0g 정도의 섭취를 권장한다. 단백질 필요량이 증가하는 것은 운동을 할 때 근육을 발달시키고 훈련과 경기 도중 생긴 손상을 치유하며, 땀과 요로 배설량이 증가하고 에너지원으로 사용되기 때문이다. 지구력 운동의 경우 에너지원으로 단백질을 사용하는 비율이 더 높으며, 근력운동의 주요 에너지 공급원은 탄수화물이다.

(4) 비타민과 무기질

운동선수의 비타민과 무기질 필요량은 일반인과 비슷하거나 약간 증가한다. 항산화 비타민인 비타민 C와 E의 필요량은 증가하며, 이것은 근육이 산소를 많이 사용함으로써 항산화 비타민의 보호가 필요하기 때문인 것으로 보인다. 리보플라빈, 비타민 B_6, K, Mg, 철분, 아연, 구리, 크롬 등은 에너지 대사에 참여하거나 땀으로 배설량이 증가하므로 충분한 양을 섭취해야 한다. 그러나 권장량의 1.5배 이상을 섭취하지 않는 것이 좋다. 만일 체중감량을 위해 하루에 1,500kcal 이하로 섭취해야 할 경우에는 비타민과 무기질이 부족되지 않도록 주의해야 한다.

check point

스포츠 음료와 운동능력 향상을 위한 보조제들

최근에 각종 스포츠 음료들이 판매되고 있으며, 이의 사용도 증가하고 있다. 과연 스포츠 음료를 마시는 것은 물을 마시는 것보다 더 좋을까?

이것은 운동을 얼마나 지속하는가에 따라 다른 것으로 알려지고 있다. 즉, 30분 이하의 운동에서는 스포츠 음료의 사용이 불필요하지만, 60~90분 이상을 지속되는 운동의 경우에는 도움을 준다고 본다. 지속적인 운동의 경우 탄수화물과 전해질이 포함된 스포츠 음료는 체내에서 물과 포도당의 흡수를 촉진하여 혈액량을 보존하고, 에너지 공급을 빠르게 하며, 운동수행능력을 향상시키는데 도움을 주게 된다.

스포츠 음료 외에도 운동능력을 향상하기 위한 각종 보조제들이나 강화제가 이용되기도 한다. 그러나 이들 중 과학적인 근거가 있고 효과가 증명된 것도 있지만, 사용할 때의 부작용으로 인해서 사용이 금지된 것이나 효과가 임상적으로 증명되지 않은 것도 많기 때문에 사용에 주의해야 한다. 카페인은 에너지원으로 지방산의 사용을 증가시켜서 글리코겐을 절약하여 운동능력을 향상시키는 것으로 알려져 있다. 그러나 심장박동 변화나 메스꺼움, 현기증 등으로 운동능력을 손상시키는 경우가 있어 올림픽 사무국에서는 과량의 카페인 섭취를 금지하고 있다.

스테로이드 경우, 체내 합성량보다 10~30배로 투여하면, 대체로 근육이 비대해지고 근력이 증가하며, 경기능력이 향상된다. 그러나 골단폐쇄, 간낭포 형성, 심장병 증가, 혈압상승, 생식기 이상 등 많은 부작용으로 인해 사용이 금지되고 있다. 또한 일부의 운동선수들이 근육량과 근력을 증가시키기 위해 성장호르몬을 투여하였으나 뚜렷한 효과가 없는 것으로 보고되고 있다.

참고문헌

- 강남이·김순미·정혜경·조미숙 공저, "최신 영양생리학", 지구문화사, 2010
- COLBERT, ANKNEY, LEE 공저, 강성례 외 공역, "new해부생리학", 메디시언, 2011
- Steve Parker, Rovert Winston 공저, 박경한 외 4인 옮김, "The Human Body Book", 사이언스 북스, 2010
- Kenneth S. Saladin, "Anatomy & Physiology", McGraw Hill, 2010
- 고려대학교 해부학 교실, "인체해부학", 청구문화사, 2006
- Michelle McGUIRE, Kathy A. Beerman, 이상선 외 공역, 지구문화사, 2008
- DeBruyne, Pinna, Whitney, 김혜영 외 20인 공역, "식이요법", 지구문화사, 2011
- 서광희·서정숙·이승교·정현숙, "New 영양학", 지구문화사, 2011
- 한정순·최은숙·이영미·문소현·김향미·강광순 공저, "new 간호와 영양", 메디시언, 2011
- 하대유 편역, "면역학", 고문사, 1994
- 김광진 외 3인 공저, "인체생리학", 정문각, 1998
- 김종대 외 3인 공저, "인체생리학", 정문각, 1997
- 소명숙 외 3인 공저, "인체생리학", 고문사, 1997
- 신문균, 조원순 공저, "인체생리학", 현문사, 1997
- 이인모, 이상목 공저, "인체생리학", 형설출판사, 1994
- 장남섭 외 4인 공저, "인체생리학", 수문사, 1998
- 정영태 저, "인체생리학", 청구문화사, 1999

- Malvin, Johnson, Malvin, "Concepts of human physioligy", Addison wesley longman Inc, 1997
- Sherwood, "Fundamentals of Physiology", 2nd ed, West, 1995
- D. Moffett, S. Moffett, C. Schauf, "Human physiology", foundations & Frontiers, 1993
- Rhodes and Pflanzer, "Human Physiology", Saunders College Publishing 1989
- Silverthron, "Human physiology", prentice hall, 1998
- Vander, Sherman, Luciano, "Human Physiology", McGraw Hill, 5th ed, 1990
- Tate, Seeley. Stephens, "Understanding the human body", Mosby, 1994
- Kindt. Goldsby. Osborne, "Kuby Immunology. 6th ed", Freeman, 2007

찾아보기

ㅅ

ㅇ

ㅈ

기타

NEW 영양생리학 [제3개정판]

2012년 3월 15일 초 판 발행
2015년 2월 20일 개정2판 발행
2017년 3월 1일 개정2판 2쇄 발행
2021년 3월 1일 개정3판 발행

저 자 강남이 · 권순형 · 김경민
김순미 · 정혜경 · 조미숙

발행인 주 병 오
발행처 지구문화사
JIGU PUBLISHING Co.
경기도 파주시 회동길 209(문발동)
파주출판문화정보산업단지
영업팀 (031) 955 – 7566 · 7577
편집팀 (031) 955 – 7731
FAX (031) 955 – 7730
홈페이지 www.ji-gu.co.kr
전자우편 jigupub@hanmail.net
등록번호 1979년 7월 13일 제 9–57호

ISBN 978–89–7006–804–6 값 27,000원

GENERAL

a or *an* = not or without

anti = against

di = two

dys or mal = bad

endo = inside or within

exo or extra = outside

genesis = gives rise to, making

homeo = the same

hyper = over, above normal, excessive

hypo = below normal, under, beneath

inter = between, in the midst

intra = within

-itis = infection or inflammation

-lysis = break

macro = large

micro = tiny

mone = one

neo = new

-osis = condition

peri = around

poly = many

pre or *pro* = before

-stasis = staying

tri = three

BODY

arterio = artery

cardiac or *cardio* = heart

cyte = cell

enteron = intestine

gastro = stomach

hemo or *-emia* = blood

hepatic = liver

myo = muscle

osteo = bone

pulmo = lung

renal = kidney

ure or *-uria* = urine

vaso = vessel

vena = vein

CHEMISTRY

-al = aldehyde

-ase = enzyme

-ate = salt

glyc or *gluc* = glucose

hydro or *hydrate* = water

lipo = lipid

-ol = alcohol

-ose = sugar

saccharide = sugar

GENERAL

a or *an* = not or without

anti = against

di = two

dys or mal = bad

endo = inside or within

exo or extra = outside

genesis = gives rise to, making

homeo = the same

hyper = over, above normal, excessive

hypo = below normal, under, beneath

inter = between, in the midst

intra = within

-*itis* = infection or inflammation

-*lysis* = break

macro = large

micro = tiny

mone = one

neo = new

-*osis* = condition

peri = around

poly = many

pre or *pro* = before

-*stasis* = staying

tri = three

BODY

arterio = artery

cardiac or *cardio* = heart

cyte = cell

enteron = intestine

gastro = stomach

hemo or -*emia* = blood

hepatic = liver

myo = muscle

osteo = bone

pulmo = lung

renal = kidney

ure or -*uria* = urine

vaso = vessel

vena = vein

CHEMISTRY

-*al* = aldehyde

-*ase* = enzyme

-*ate* = salt

glyc or *gluc* = glucose

hydro or *hydrate* = water

lipo = lipid

-*ol* = alcohol

-*ose* = sugar

saccharide = sugar